CONTROLE **BIOLÓGICO**

COM PARASITOIDES E PREDADORES

NA AGRICULTURA BRASILEIRA

Coordenação editorial **Prof. Dr. José Roberto Postali Parra**

Supervisão editorial **Jaqueline Antonio (Mtb 28.498)**

Projeto gráfico e editoração **Maria M. Leão Gomes de Moraes**

Revisão de texto **Rafael Varela**

Criação/adaptação das ilustrações **Adriano Gomes Garcia** (páginas 569 e 570); **Alexandre José Ferreira Diniz** (páginas 24, 34, 46, 47, 80, 84, 141, 391, 589, 590); **Alexandre de Sene Pinto** (página 179); **Aline Bertin** (páginas 403 e 405); **Carolina Reigada Montoya** (páginas 552, 553, 556, 558, 560, 562); **Davisson Floriano Júnior** / *Urbanus Studio* (páginas 392, 585, 587); **Fábio Hecht** / *Sapiens Ilustrações Científicas* (páginas 83, 145, 213, 417); **Fabrício Fagundes Pereira** (página 329); **Fernando Ribeiro Sujimoto** (páginas 261 e 266); **Jaci Mendes Vieira** (página 136); **José Maurício Bento** (página 515); **Patrícia Milano** (página 133); **Pedro Henrique Brum Togni** (páginas 100, 110, 115); **Vanessa Sontag** / *Illus Scientia* (página 207)

Fotos: Koppert Biological Systems (páginas 16, 126, 248, 378, 480 e 576), Francisco José de Sosa Duque (página 16: *Menochilus sexmaculatus* e *Chrysoperla externa*), Francisco de Assis Santana (página 362) e iStock Photos (página 548)

1ª edição (2021): 2.000 exemplares

Impresso no Brasil pela Pancrom.

Nota dos editores: o conteúdo dos capítulos é de inteira responsabilidade dos respectivos autores.

Dados de Catalogação na Publicação
DIVISÃO DE BIBLIOTECA – DIBD/ESALQ/USP

Controle Biológico no Brasil com parasitoides e predadores na agricultura brasileira / edição de José Roberto Postali Parra...[et al.]. - - Piracicaba : FEALQ, 2021.

592 p. : il.

ISBN: 978-65-89722-04-5

1. Controle biológico 2. Insetos parasitoides 3. Insetos predadores 4. Pragas agrícolas I. I. Parra, J. R. P., ed. II. Pinto, A. de S., ed. III. Nava, D. E., ed. IV. Oliveira, R. C. de, ed. V. Diniz, A. J. F., ed. VI. Título

CDD 632.96

Elaborada por Maria Angela de Toledo Leme - CRB-8/3359

José Roberto Postali Parra
Alexandre de Sene Pinto
Dori Edson Nava
Regiane Cristina de Oliveira
Alexandre José Ferreira Diniz
EDITORES

CONTROLE BIOLÓGICO

COM PARASITOIDES E PREDADORES

NA AGRICULTURA BRASILEIRA

SPARCBIO
São Paulo Advanced Research Center for Biological Control

USP
USP ESALQ
FAPESP
KOPPERT BIOLOGICAL SYSTEMS

AUTORES

Adeney de Freitas Bueno
Empresa Brasileira de Pesquisa Agropecuária,
Embrapa Soja – Rod. Carlos João Strass
Distrito de Warta, PR – 86 001-970
adeney.bueno@embrapa.br

Adriano Gomes Garcia
Escola Superior de Agricultura "Luiz de Queiroz" (Esalq/USP)
Departamento de Entomologia e Acarologia
Av. Pádua Dias, 11 – Piracicaba, SP – 13 418-900
adrianogomesgarcia@gmail.com

Alexandre de Sene Pinto
Centro Universitário Moura Lacerda
Av. Dr. Oscar de Moura Lacerda, 1520
Ribeirão Preto, SP – 14 076-510
aspinn@uol.com.br

Alexandre José Ferreira Diniz
Escola Superior de Agricultura "Luiz de Queiroz" (Esalq/USP)
Departamento de Entomologia e Acarologia
Av. Pádua Dias, 11 – Piracicaba, SP – 13 418-900
aleniz@usp.br

Aline Bertin
Escola Superior de Agricultura "Luiz de Queiroz" (Esalq/USP)
Rua Independência, 543
Carlos Barbosa, RS – 95 185-000
aline.bertin@alumni.usp.br

Aloisio Coelho Junior
Escola Superior de Agricultura "Luiz de Queiroz" (Esalq/USP)
Departamento de Entomologia e Acarologia
Av. Pádua Dias, 11 – Piracicaba, SP – 13 418-900
aloisiocoelho@usp.br

Anderson Dionei Grützmacher
Universidade Federal de Pelotas (UFEPel)
Rua Gomes Carneiro, 1 – Pelotas, RS – 96 010-610
anderson.grutzmacher@pq.cnpq.br

Beatriz Aguiar Giordano Paranhos
Empresa Brasileira de Pesquisa Agropecuária,
Embrapa Semiárido – Rod. BR-428, Km 152
Petrolina, PE – 56 302-970
beatriz.paranhos@embrapa.br

Carlos Frederico Wilcken
Universidade Estadual Paulista Júlio de Mesquita Filho (Unesp)
Avenida Universitária, 3780 – Botucatu, SP – 18 610-034
carlos.wilcken@unesp.br

Carlos Reinier Garcia Cardoso
Universidade Federal da Grande Dourados (UFGD)
Rua Claudio Goelzer, 1500 - Ap. 22 - Bl. 11
Dourados, MS – 79 823-352
cr.garcia.cardoso@gmail.com

Carolina Reigada Montoya
Universidade Federal de São Carlos (UFSCar)
Rodovia Washington Luis, Km 235
São Carlos, SP – 13 565-905
creigada@ufscar.br

Dori Edson Nava
Empresa Brasileira de Pesquisa Agropecuária,
Embrapa Clima Temperado – BR 392, Km 78
Caixa Postal 403 – Pelotas, RS – 96 010-971
dori.edson-nava@embrapa.br

Edison Ryoiti Sujii
Empresa Brasileira de Pesquisa Agropecuária, Embrapa
Centro Nacional de Pesquisa de Recursos Genéticos e
Biotecnologia (Cenargem)
Caixa Postal 02372 – Brasília, DF – 70 010-971
edison.sujii@embrapa.br

Fabricio Fagundes Pereira
Universidade Federal da Grande Dourados (UFGD)
Rod. Dourados-Itahum, Km 10 – Caixa Postal 181
Dourados, MS – 79 804-970
fabriciofagundes@ufgd.edu.br

Geraldo Andrade Carvalho
Universidade Federal de Lavras (UFLA)
Caixa Postal 3037 – Lavras, MG – 37 200-900
gacarval@ufla.br

Gilberto José de Moraes
Escola Superior de Agricultura "Luiz de Queiroz" (Esalq/USP)
Departamento de Entomologia e Acarologia
Av. Pádua Dias, 11 – Piracicaba, SP – 13 418-900
moraesg@usp.br

Grazielle Furtado Moreira
Universidade Adventista de São Paulo (Unasp)
R. Dionísio Berton, 324
Engenheiro Coelho, SP – 13 445-042
grazielle.f.moreira@gmail.com

Gustavo Rodrigues Alves
Koppert do Brasil
Rua 18 de Agosto, 56
Charqueada, SP – 13 515-000
gralves@alumni.usp.br

Harley Nonato de Oliveira
Empresa Brasileira de Pesquisa Agropecuária, Embrapa
Agropecuária Oeste – Rod. BR-163 Dourados-Caarapo, Km 253
Caixa Postal 449 – Dourados, MS – 79 804-970
harley.oliveira@embrapa.br

Jaci Mendes Vieira
Koppert do Brasil
Rua 18 de Agosto, 56
Charqueada, SP – 13 515-000
jacimendesvieira@gmail.com

Joop Coert van Lenteren
Wageningen University
P. O. Box 8031, 6700EH, Wageningen, The Netherlands
joop.vanlenteren@wur.nl

Jorge Braz Torres
Universidade Federal Rural de Pernambuco (UFRPE)
Estrada de Aldeia, Km15, Casa H17
Camaragibe, PE – 54 759-040
jorge.torres@ufrpe.br

José Adalberto de Alencar
Empresa Brasileira de Pesquisa Agropecuária,
Embrapa Semiárido – Rod. BR-428, Km 152
Petrolina, PE – 56 302-970
adalberto.alencar@embrapa.br

José Cola Zanuncio
Universidade Federal de Viçosa (UFV)
Viçosa, MG – 36 570-900
zanuncio@ufv.br

José Maurício Simões Bento
Escola Superior de Agricultura "Luiz de Queiroz" (Esalq/USP)
Departamento de Entomologia e Acarologia
Av. Pádua Dias, 11 – Piracicaba, SP – 13 418-900
jmsbento@usp.br

José Roberto Postali Parra
Escola Superior de Agricultura "Luiz de Queiroz" (Esalq/USP)
Departamento de Entomologia e Acarologia
Av. Pádua Dias, 11 – Piracicaba, SP – 13 418-900
jrpparra@usp.br

Leonardo Rodrigues Barbosa
Empresa Brasileira de Pesquisa Agropecuária,
Embrapa Florestas, Estrada da Ribeira, Km 111
Caixa Postal 319 – Colombo, PR – 83 411-000
leonardo.r.barbosa@embrapa.com.br

Luiz Alexandre Nogueira de Sá
(in memoriam)
Embrapa Meio Ambiente
Jaguariúna, SP

Madelaine Venzon

Empresa de Pesquisa Agropecuária de Minas Gerais
(EPAMIG - Zona da Mata), Vila Gianetti, 46
Viçosa, MG – 36 571-000
madelaine@epamig.br

Marcelo Poletti

PROMIP Manejo Integrado de Pragas
Estrada Municipal CHL 362, Km 01
Tujuguaba - Conchal, SP – 13 835-000
mpoletti@promip.agr.br

Marcos Roberto Bellini

Tropbio Insumos Biológicos Ltda.
Fazenda Famosa, Sítio Gravier
Tibau, RN – 56 678-000
marcos@topbiobrasil.com.br

Maria Fernanda Gomes Villalba Peñaflor

Universidade Federal de Lavras (UFLA)
Av. Dr. Sylvio Menicucci, 1001
Caixa Postal 3037 – Lavras, MG – 37 200-900
fernanda.penaflor@ufla.br

Patrik Luiz Pastori

Universidade Federal do Ceará (UFC)
Rua Dom Manuel de Medeiros, 2 199
Fortaleza, CE – 60 455-305
plpastori@ufc.br

Paulo Eduardo Degrande

Universidade Federal da Grande Dourados (UFGD)
Rod. Dourados-Itahum, Km 10 – Caixa Postal 533
Dourados, MS – 79 804-970
paulodegrande@ufgd.edu.br

Paulo Rebelles Reis

Empresa de Pesquisa Agropecuária de Minas Gerais
(EPAMIG - Sul de Minas/Ecocentro)
Lavras, MG – 37 200-000
paulo.rebelles@epamig.ufla.br

Pedro Henrique Brum Togni

Campus Universitário Darcy Ribeiro
Universidade de Brasília (UNB)
Brasília, DF – 70 910-900
pedrotogni@unb.br

Pedro Takao Yamamoto

Escola Superior de Agricultura "Luiz de Queiroz" (Esalq/USP)
Departamento de Entomologia e Acarologia
Av. Pádua Dias, 11 – Piracicaba, SP – 13 418-900
pedro.yamamoto@usp.br

Regiane Cristina de Oliveira

Universidade Estadual Paulista Júlio de Mesquita Filho (Unesp)
Avenida Universitária, 3780 – Botucatu, SP – 18 610-034
regiane.cristina-oliveira@unesp.br

Roberto Antonio Zucchi

Escola Superior de Agricultura "Luiz de Queiroz" (Esalq/USP)
Departamento de Entomologia e Acarologia
Av. Pádua Dias, 11 – Piracicaba, SP – 13 418-900
razucchi@usp.br

Samir Oliveira Kassab

Legado Pesquisa e Consultoria Agronômica
Rua Arthur Frantz, 1455 – Dourados, MS – 79 823-290
samir.kassab@legadopca.com.br

Saulo Renê Damião Sala

PROMIP Manejo Integrado de Pragas
Estrada Municipal CHL 362, Km 01
Tujuguaba - Conchal, SP – 13 835-000
saulorsala@gmail.com

Tiago Cardoso da Costa-Lima

Empresa Brasileira de Pesquisa Agropecuária,
Embrapa Semiárido – Rod. BR-428, Km 152
Petrolina, PE – 56 302-970
tiago.lima@embrapa.br

Vanda Helena Paes Bueno

Universidade Federal de Lavras (UFLA)
Av. Dr. Sylvio Menicucci, 1001 – Lavras, MG – 37 200-900
vhpbueno@ufla.br

Wesley Augusto Conde Godoy

Escola Superior de Agricultura "Luiz de Queiroz" (Esalq/USP)
Departamento de Entomologia e Acarologia
Av. Pádua Dias, 11 – Piracicaba, SP – 13 418-900
wacgodoy@usp.br

Winnie Cezario Fernandes

Instituto de Desenvolvimento Rural do Paraná
(IAPAR - EMATER), Rod. BR 158, 5517
Pato Branco, PR – 85 501-970
winniefernandes7@gmail.com

Agradecimentos

A todos os órgãos estaduais, federais e instituições privadas que financiaram projetos de pesquisa na área de Controle Biológico, com ênfase à Universidade de São Paulo (USP), Fundação de Amparo à Pesquisa do estado de São Paulo (Fapesp) e à *Koppert Biological Systems*, pela confiança depositada no Controle Biológico de Pragas e cuja parceria permitiu a concretização do Centro Avançado de Pesquisas em Controle Biológico do estado de São Paulo (SPARCBio) e pela consequente realização do presente livro.

Aos estagiários e bolsistas dos diferentes níveis de especialização que, com entusiasmo e perseverança, competência e dedicação, possibilitaram o desenvolvimento de projetos com inimigos naturais.

Aos pioneiros entusiastas do Controle Biológico no Brasil, que mesmo em épocas desfavoráveis sempre acreditaram nessa alternativa de manejo de pragas.

Aos 45 autores dos vários capítulos, por terem aceito nosso convite e pela confiança depositada na concretização deste livro.

Os editores

Sumário

Prefácio 10

PARTE 1 | INTRODUÇÃO

CAPÍTULO 1
Conceitos e evolução do controle biológico 17

CAPÍTULO 2
Elaboração de programas de controle biológico: uma visão inter e multidisciplinar 39

CAPÍTULO 3
Taxonomia e controle biológico: uma relação mútua 55

CAPÍTULO 4
Casos de sucesso de CB, com parasitoides e predadores no Brasil, em diferentes culturas 77

CAPÍTULO 5
Controle biológico conservativo 99

PARTE 2 | CONTROLE BIOLÓGICO APLICADO

CAPÍTULO 6
Manejo do psilídeo dos citros com uso do parasitoide *Tamarixia radiata*: uma nova abordagem em controle biológico 127

CAPÍTULO 7
O caso de *Cotesia flavipes* na cana-de-açúcar no Brasil 159

CAPÍTULO 8
Trichogramma spp. um caso de sucesso no controle biológico aplicado no Brasil 203

CAPÍTULO 9
Utilização de *Telenomus podisi* no manejo de *Euchistus heros* 235

CAPÍTULO 10
Insetos predadores no controle biológico aumentativo de pragas 249

CAPÍTULO 11
Uso de ácaros predadores no Brasil 283

CAPÍTULO 12
Controle biológico em frutíferas e hortaliças no semiárido 305

CAPÍTULO 13
Uso de eulofídeos no controle biológico de pragas 317

CAPÍTULO 14
Controle biológico de pragas florestais introduzidas 363

PARTE 3 | PRODUÇÃO E LIBERAÇÃO DE INIMIGOS NATURAIS

CAPÍTULO 15
Criação massal de inimigos naturais 379

CAPÍTULO 16
Controle de qualidade de inimigos naturais 401

CAPÍTULO 17
Tecnologia de liberação de parasitoides e predadores 427

PARTE 4 | ESTRATÉGIAS PARA INCREMENTO DA EFICIÊNCIA DO CONTROLE BIOLÓGICO

CAPÍTULO 18
Seletividade de produtos fitossanitários: uma estratégia viável para a agricultura sustentável 481

CAPÍTULO 19
Uso de semioquímicos no controle biológico de pragas 511

CAPÍTULO 20
Modelos matemáticos e computacionais como ferramenta analítica e preditiva em programas de controle biológico 549

PARTE 5 | CONSIDERAÇÕES FINAIS

CAPÍTULO 21
Perspectivas e desafios do controle biológico no Brasil 577

PREFÁCIO

Numa época de poucas publicações sobre Controle Biológico, foi lançado, em 2002, o livro Controle Biológico no Brasil – parasitoides e predadores, tendo como editores José Roberto Postali Parra, Paulo Sérgio Machado Botelho, Beatriz Spalding Corrêa-Ferreira e José Maurício Simões Bento – e publicado pela Editora Manole. O assunto começava a se tornar efervescente no mundo e no Brasil, e o referido livro foi bem aceito por pesquisadores, profissionais ligados ao assunto, professores, estudantes de graduação e pós-graduação, exatamente por preencher a lacuna referida naquela época.

Hoje, 19 anos depois, período em que o Brasil passa a liderar o Controle Biológico em "áreas abertas" ("open fields") no mundo, verificamos ser necessário o lançamento de outro livro relacionado ao assunto, dentro da mesma linha do publicado em 2002 – até porque aquela edição se encontra esgotada há algum tempo. Mudaram os editores, mas mantido o prof. Parra e outros quatro editores – Alexandre de Sene Pinto, Dori Edson Nava, Regiane Cristina de Oliveira e Alexandre José Ferreira Diniz – todos especialistas em Controle Biológico no país.

É importante lembrar que, dentro de um contexto mundial, a situação mudou e hoje o Brasil avança na utilização do Controle Biológico, com crescimento de sua utilização, maior do que a do resto do mundo, que hoje cresce na ordem de 10 a 15% ao ano.

Desta forma, considerando-se que o novo desafio é desenvolver um modelo de Controle Biológico para Regiões Tropicais, como fizemos com nossa Agricultura – da qual hoje somos líderes mundiais, com uma tecnologia própria –, o presente livro apresenta 21 capítulos com vasto material sobre o assunto. Esse material nos permitirá suplantar as barreiras atualmente existentes e atingir o objetivo proposto, que é chegarmos ao modelo de Controle Biológico para Regiões Tropicais.

O livro, voltado para macro-organismos (insetos e ácaros), e denominado "Controle Biológico com Parasitoides e Predadores na Agricultura Brasileira", é dividido em cinco seções. Aborda assuntos básicos e aplicados, especialmente para elaboração de programas inter e multidisciplinares, desde a taxonomia até um modelo praga/inimigos naturais. Isso é fundamental para que bons resultados sejam obtidos em diferentes culturas, e esses resultados sejam transferidos ao agricultor. São capítulos escritos por especialistas de Controle Biológico no país.

Na seção 1 são discutidos conceitos e evolução do Controle Biológico, e uma visão inter e multidisciplinar para elaboração de programas de Controle Biológico; taxonomia e o Controle Biológico, relacionando-os e uma visão bastante geral de casos de sucesso no Brasil por macro-organismos, com parasitoides e predadores e potenciais agentes de Controle Biológico. Além disso, uma nova abordagem de Controle Biológico para transmissores de doenças é apresentada para *Diaphorina citri* e seu parasitoide, *Tamarixia radiata*. Mais ainda, aborda uma visão sobre Controle Biológico Conservativo com manejo do hábitat, um procedimento ainda pouco utilizado pelo agricultor em geral, porém com grande potencial em nosso país.

Na seção 2, discute-se o Controle Biológico Aumentativo ou Aplicado, com exemplos de programas brasileiros de sucesso, com parasitoides em diferentes regiões, em diferentes culturas, incluindo Controle Biológico em florestas. Insetos e ácaros – os predadores – são exaustivamente discutidos nesta seção.

Na seção 3 aborda-se a criação massal de insetos, bem como a qualidade dos inimigos naturais produzidos, assunto relevante para o sucesso de qualquer programa de Controle Biológico. Discutem-se, ainda, de forma geral, os procedimentos para implementação de programas de Controle Biológico, com ênfase à tecnologia de liberação de parasitoides e predadores.

Na seção 4 é apresentada a importância do Controle Biológico no Manejo Integrado de Pragas (MIP), incluindo seletividade de produtos químicos, considerada uma estratégia viável para a Agricultura Sustentável. Enfatizam-se os semioquímicos e sua relação com o Controle Biológico. Os modelos matemáticos e computacionais são discutidos como importantes "ferramentas" para programas de Controle Biológico.

Finalmente, na seção 5, discutem-se as perspectivas e desafios do Controle Biológico no Brasil.

Esperamos que este livro sobre macro-organismos seja a base para o incremento de novos programas de Controle Biológico no Brasil. Assim como o livro de 2002, lance as sementes para novos pesquisadores no país na área de Controle Biológico, para chegarmos o mais rapidamente possível ao modelo de Controle Biológico proposto para Regiões Tropicais.

Esse é o nosso desafio.

Esse é o nosso sonho...

Os editores

Trichogramma pretiosum

Cotesia flavipes

Telenomus podisi

Orius insidiosus

Menochilus sexmaculatus

Chrysoperla externa

Phytoseiulus persimilis

Amblyseius swirskii

Neioseiulus californicus

CAPÍTULO 1

Conceitos e evolução do controle biológico

José Roberto Postali Parra
Alexandre de Sene Pinto
Dori Edson Nava
Regiane Cristina de Oliveira
Alexandre José Ferreira Diniz

Introdução

O uso do Controle Biológico (CB) vem aumentando, no mundo, na ordem de 10-15% ao ano (van Lenteren et al., 2018) para controle de pragas agrícolas. A filosofia atual prevê a utilização de CB nem sempre isoladamente, mas sim como um componente do Manejo Integrado de Pragas (MIP), definido por Kogan (1998) e que pode ser simplificado como "um conjunto de medidas (estratégias ou táticas) que visa manter as pragas abaixo do nível de dano econômico, levando-se em conta, critérios econômicos, ecológicos e sociais". O Controle Biológico é uma dessas medidas. Assim, o MIP engloba diferentes áreas com ações inter e multidisciplinares, envolvendo, portanto, pesquisadores de diversas disciplinas, muitas vezes com vocabulários próprios, sem que haja uma padronização de termos para CB, tanto assim que há sugestões para unificar a terminologia nesta área, sugerindo-se, entre coisas, que o termo "Controle Biológico" seja restrito a organismos vivos (Eilenberg et al., 2001).

No Brasil, embora o aumento de utilização do CB, nos últimos anos, seja até maior do que o incremento mundial, ainda prevalece a "cultura de químicos" no controle de pragas agrícolas (Parra, 2014). Além disso, quando se fala em CB, pensa-se em ações em casas-de-vegetação ou em áreas fechadas, quando na verdade, hoje, em nosso país, utiliza-se CB em grandes áreas abertas ("open fields"), onde um único agricultor pode ter áreas enormes com uma única cultura (10.000, 20.000, 50.000, 100.000 ha) para utilização dessa prática de controle. Por outro lado, os "sistemas de produção" brasileiros nessas grandes áreas envolvem sucessão e rotação de culturas (soja, milho, algodoeiro, trigo etc.), plantio direto, irrigação, plantas transgênicas (neste caso, em mais de 50 milhões de ha) etc., produzindo duas ou três safras por ano, situação completamente diferente de outros locais do mundo. Assim, se hoje somos líderes mundiais em Agricultura Tropical, o nosso desafio agora é desenvolver um modelo de CB para regiões tropicais, talvez até, no futuro, com uma terminologia própria (*vide* capítulo 21).

Assim, define-se Controle Biológico como um fenômeno natural que consiste na regulação de plantas e animais por inimigos naturais e que seriam os agentes de mortalidade biótica.

Todas as espécies de animais e vegetais têm os seus inimigos naturais atacando seus vários estágios de vida. Dentre os agentes de mortalidade biótica, incluem-se organismos muito diversificados, como insetos, ácaros, fungos, vírus, bactérias, nematoides, protozoários, rickéttsias, micoplasmas, aranhas, anfíbios, peixes, répteis, aves e mamíferos.

Muitos deles não são usados pelo homem, por serem inespecíficos, como aves, peixes, répteis e mamíferos, apesar de destruírem um grande número de insetos. É o caso de lagartixas, sapos, rãs, tamanduás, tatus, morcegos, saguis e pássaros (várias espécies) (Parra et al., 2002).

O Controle Biológico foi primeiramente utilizado para controlar insetos, ácaros e ervas daninhas. Com o tempo, a aplicação do método tornou-se mais ampla – e outros invertebrados e potógenos de plantas e mesmo alguns vertebrados são agora considerados alvo (Parra et al., 2002). Atualmente, é muito comum falar-se de macro-organismos para insetos e ácaros (organismos visíveis) e micro-organismos para patógenos entomófagos de um modo geral (fungos, vírus, bactérias, nematoides, protozoários, rickéttsias, micoplasmas) (organismos invisíveis a olho nu).

Existem outras definições de CB e segundo van den Bosch et al. (1982) o "Controle Biológico é um fenômeno dinâmico que sofre influência de fatores climáticos, da disponibilidade de alimentos e da competição, assim como de aspectos independentes e dependentes da densidade".

O fato é que, no início dos tempos, todas as espécies de plantas e animais estavam em equilíbrio. Entretanto, para suprir as necessidades mundiais de alimento cada vez mais crescentes, foram necessários os "sistemas de produção", que com a aplicação sistemática de produtos fitossanitários, tornaram-se cada vez mais desequilibrados, e, tais desequilíbrios podem ser restituídos com a utilização do CB.

Outras definições para CB foram propostas, como aquela por van Lenteren et al. (2011): "Uso de um organismo para reduzir a população de outro organismo" ou a de Eilenberg et al. (2001): "Uso de organismos vivos para suprimir a população de uma praga específica, tornando-a menos abundante e menos danosa". Mas na verdade, não se trata de definições de CB, mas sim de sua utilização pelo homem.

O presente livro tratará de aspectos relacionados a insetos (parasitoides e predadores) e ácaros (predadores), portanto a macro-organismos, com a sua utilização em nosso país. A abordagem será sempre direcionada à supressão de populações de insetos/ácaros/pragas por meio do CB, sempre que possível dentro da filosofia do Manejo Integrado de Pragas (MIP). Não serão discutidos os micro-organismos, uma importante área de CB na atualidade, com inúmeros livros-textos sobre o assunto, publicados no Brasil (Alves, 1986; Alves, 1998; Alves & Lopes, 2008), e nem o Controle Biológico de ervas daninhas, área bastante estudada em vários países do mundo (Muniappan et al., 2009; Bettiol et al., 2014).

O objetivo do presente capítulo é definir e padronizar alguns conceitos sobre CB que serão abordados ao longo dos capítulos deste livro, uma vez que muitos termos são provenientes de traduções de língua inglesa e utilizadas de forma, nem sempre, adequada.

Histórico do Controle Biológico

Embora hoje se fale muito em CB, dando a impressão de que se trata de algo recente, os chineses já usavam predadores no século III a.C., no caso, formigas da espécie *Oecophylla smaragdina* (Fabr.) para controle de desfolhadores e coleobrocas de citros (Clausen, 1956; van den Bosch et al., 1982).

No mesmo século III a.C. foram também os chineses que relataram "provavelmente" *Exorista*, um gênero de Tachinidae, parasitoide de *Bombyx mori* L. (Cai et al., 2005). Entretanto, a literatura registra U. Aldrovandi como o primeiro a observar, em 1602, o parasitismo de *Apanteles brassicae* (L.), embora com falta de precisão, pois confundiu os casulos do parasitoide com ovos da praga. Seguiram-se outros relatos equivocados em termos técnicos. Por essa razão, Antonio Vallisnieri, da cidade de Pádua (Itália), é considerado o primeiro a relatar o parasitismo por insetos em sua publicação no final do século XVII e início do século XVIII (1696 ou 1706), segundo DeBach (1974), embora Leeuwenhoek, em 1701, tenha descrito corretamente o parasitoide de uma vespa ("saw fly") que atacava salgueiro, portanto, anterior a Vallisnieri.

Existem relatos de parasitoides pelos chineses em *Locusta migratoria manilensis* (Meyen) em 1196, mas sem correção taxonômica.

Um detalhado esforço sobre a história do CB foi feito em 2005, publicado na revista *Biological Control* (32, 1, janeiro de 2005), com o título Biological Control: Theory and Application in Pest Management. Nesta revisão, apresenta-se o histórico de parasitoides no mundo (van Lenteren, 2005); na China (Cai et al., 2005); na Holanda e Grã-Bretanha (van Lenteren & Godfray, 2005); na Alemanha (Vidal, 2005); na Itália (Tremblay & Masutti, 2005); na França (Carton, 2005) e no Japão (Hirose, 2005). No Brasil, uma revisão foi feita por Parra (2014) e por van Lenteren et al. (2020).

Um marco histórico do CB é a introdução de *Rodolia cardinalis* (Mulsant) (atualmente *Novius cardinalis*) da Austrália para controlar o "pulgão-branco-dos-citros", *Icerya purchasi* Maskell, nos pomares de citros da Califórnia (EUA) em 1888, e que em pouco tempo (um ano) já havia exercido total controle da praga. Assim, em 1989, comemorou-se o centenário do Controle Biológico com um Simpósio, realizado em Riverside, Califórnia, denominado "Vedalia Symposium of Biological Control: a century of success" (Leppla & Williams, 1992), considerando-se a Califórnia como o "Berço do Controle Biológico".

A partir desse caso histórico houve um grande avanço na área de CB, totalizando, entre 1890 e 1975, 176 casos de sucesso, parcial ou total de programas de CB (Parra et al., 2002) em diferentes países (van den Bosch et al., 1982; Stehr, 1975), sendo que apenas no período de 1930-1940, houve 57 casos de sucesso de programas de CB com sucesso total ou parcial.

Aumentaram as introduções de espécies exóticas, sendo que Greathead & Greathead (1992) registraram que 543 espécies de insetos foram alvos de mais de 1.200 introduções em programas de CB até a publicação referida. Seguiram-se os programas de CB, e o número de introduções conforme Cock et al. (2010) e van Lenteren et al. (2018), apenas com uma inversão de mais espécies de inimigos naturais nativas em relação às exóticas (Figura 1).

No Brasil, em 1921 – portanto 32 anos após o primeiro caso de sucesso mencionado, de controle de *I. purchasi* por *R. cardinalis* importado da Austrália –, deu-se a primeira importação. Veio a espécie *Encarsia berlesei* Howard (Hymenoptera: Aphelinidae) (anteriormente chamada *Prospaltela berlesei*) dos EUA, para controle da cochonilha-branca-do-pêssego, *Pseudaulacaspis*

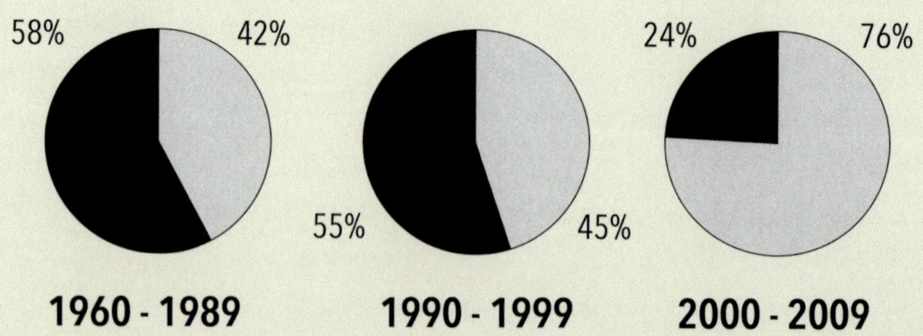

Figura 1. Proporção do uso de inimigos naturais em Programas de Controle Biológico aumentativo ao longo dos anos, exóticos (preto) e nativos (cinza) (Adaptado de Cock et al., 2010)

pentagona (Targioni Tozzetti) programa este não bem-sucedido. Seguiram--se outras introduções até 1944 (Tabela 1) (Parra, 2014).

Em 1939, a descoberta das propriedades inseticidas do DDT (diclorodifeniltricloroetano) por Paul Müller, que recebeu o Prêmio Nobel por tal fato, levou a população a pensar que todos os problemas seriam resolvidos com inseticidas, pensamento vigente até a década de 1960. Em 1962, Rachel Carson publicou o livro "Primavera Silenciosa", que alertou para os problemas gerados pelo uso inadequado de produtos fitossanitários na agricultura, incluindo desequilíbrios ecológicos; resistência de insetos e ácaros a tais produtos químicos; explosões populacionais de pragas secundárias; ressurgência de pragas; efeitos negativos à saúde humana e aos inimigos naturais das pragas, a peixes e a outros organismos não alvos, além de resíduos em alimentos, água e solo (Carson, 1962).

Portanto, no período de 1940 a 1960, segundo Kogan (1998) ocorreu o "período negro" do controle de pragas, que passou a ser questionado em função não somente do livro "Primavera Silenciosa", mas principalmente, devido à nova filo-

Tabela 1. Introdução de inimigos naturais usados para controle biológico no Brasil (Parra, 2014)

Praga alvo	Ano de introdução	Origem	Inimigo natural
Pseudaulacaspis pentagona (Hymenoptera: Diaspididae)	1921	EUA	*Encarsia berlesei* (Hymenoptera: Aphelinidae)
Hypothenemus hampei (Coleoptera: Curculionidae)	1923	África	*Prorops nasuta* (Hymenoptera: Bethylidae)
Eriosoma lanigerum (Hemiptera: Aphididae)	1928	Uruguai	*Aphelinus mali* (Hymenoptera: Encyrtidae)
Ceratitis capitata (Diptera: Tephritidae)	1937	EUA (Havaí)	*Tetrastichus giffardianus* (Hymenoptera: Eulophidae)
Grapholita molesta (Lepidoptera: Tortricidae)	1944	EUA	*Macrocentrus ancylivorus* (Hymenoptera: Braconidae)
Antonina graminis (Hemiptera: Pseudococcidae)	1967	EUA (Texas)	*Neodusmetia sangwani* (Hymenoptera: Encyrtidae)
Diatraea saccharalis (Lepidoptera: Crambidae)	1970s	Trinidad e Tobago, Paquistão	*Cotesia flavipes* (Hymenoptera: Braconidae)
Pulgões do trigo	1970s	Vários países	Parasitoides e predadores
Tuta absoluta (Lepidoptera: Gelechiidae)	1990s	Colômbia	*Trichogramma pretiosum* (Hymenoptera: Trichogrammatidae)
Phyllocnistis citrella (Lepidoptera: Gracillariidae)	1998	EUA (Flórida)	*Ageniaspis citricola* (Hymenoptera: Encyrtidae)

sofia proposta, de "Manejo Integrado de Pragas", que foi uma resposta da comunidade científica aos problemas gerados pelo uso inadequado de produtos químicos na Agricultura, levando-se em conta não somente os critérios econômicos, mas também os ecológicos e sociais. A partir daí retornaram as importações de inimigos naturais no Brasil, especialmente com a criação do "Sistema de Quarentena Costa Lima", em Jaguariúna, SP, na Embrapa Meio Ambiente em 1991.

Cerca de 772 espécies de inimigos naturais, incluindo parasitoides, predadores (com a inclusão de ácaros) e patógenos (Parra, 2014), foram importados nos últimos anos no referido Sistema Quarentenário, incluindo algumas espécies com potencial de serem utilizadas em programas de CB, como *Telenomus remus* Nixon (Hymenoptera: Scelionidae) para *Spodoptera* spp., e inimigos naturais para controlar pragas de florestas, como, *Psyllaephagus bliteus* Rick (Hymenoptera: Encyrtidae) para controlar o psilídeo-de-concha e *Cleruchoides noackae* Liu & Hüber (Hymenoptera: Mymaridae) para controlar o percevejo-bronzeado-do-eucalipto *Thaumastocoris peregrinus* Carpinteiro & Dellapé (Hemiptera: Thaumastocoridae) (*vide* capítulo 14).

Como comentado anteriormente, no início do CB no mundo eram usados inimigos naturais exóticos. Entretanto, houve uma alteração, pois de 1960-1985 tinham sido utilizados 42% de inimigos naturais nativos, aumentando para 76% de 2000-2009 (Cock et al., 2010). No Brasil, o CB Aumentativo começou realmente a ser utilizado pelo agricultor a partir da década de 1970, tendo como exemplo a utilização do parasitoide importado *Cotesia flavipes* Cameron, para controle de *Diatraea saccharalis* (Fabr.), hoje utilizado em mais de 3 milhões de ha (*vide* capítulo 7).

As principais famílias de parasitoides são listados na Tabela 2 (Parra et al., 2011).

Tabela 2. Principais famílias de parasitoides e predadores (Parra et al., 2011) (adaptada de Godfray, 1994; Hanson & Gauld, 2006).

Ordem	Família	Ordem	Família
Hymenoptera	Ampulicidae	Hymenoptera	Pompilidae
	Aphelinidae		Proctotrupidae
	Apidae		Pteromalidae
	Aulacidae		Rhopalosomatidae
	Bethylidae		Roproniidae
	Braconidae		Rotoitidae
	Bradynobaenidae		Sapygidae
	Ceraphronidae		Scleroggibidae

Ordem	Família	Ordem	Família
Hymenoptera	Chalcididae	Hymenoptera	Scolebythidae
	Chrysididae		Scoliidae
	Crabronidae		Sierolomorphidae
	Diapriidae		Signiphoridae
	Dryinidae		Tanaostigmatidae
	Embolemidae		Tetracampidae
	Encyrtidae		Tiphiidae
	Eucharitidae		Torymidae
	Eulophidae		Trichogrammatidae
	Eupelmidae		Trigonalidae
	Eurytomidae		Vanhorniidae
	Evaniidae	Coleoptera	Carabidae
	Figitidae		Meloidae
	Gasteruptiidae		Rhipiphoridae
	Heloridae		Staphylinidae
	Ibaliidae	Diptera	Acroceridae
	Ichneumonidae		Bombylidae
	Ismaridae		Cecidomyiidae
	Leucospidae		Conopidae
	Liopteridae		Nemestrinidae
	Maamingidae		Phoridae
	Megalyridae		Pipunculidae
	Megaspilidae		Sarcophagidae
	Monomachidae		Tachinidae
	Mutillidae	Neuroptera	Epipyropidae
	Mymaridae	Strepsiptera	Pyralidae
	Mymarommatidae		Mantispidae
	Ormyridae		Corioxenidae
	Orussidae		Elenchidae
	Pelecinidae		Halictophagidae
	Perilampidae		Myrmecolacidae
	Platygastridae		Stylopidae
	Plumariidae		

Dentre os inimigos naturais, os parasitoides mais utilizados são os da ordem Hymenoptera e, em menor grau, os da ordem Diptera. Das famílias de Hymenoptera, as mais frequentes são representantes de Braconidae e Ichneumonidae em Ichneumonoidea e Eulophidae, Pteromalidae, Encyrtidae, Aphelinidae e Trichogrammatidae em Chalcidoidea e Platygastridae (Scelionidae) em Platygastroidea. Dentre os dípteros, o grupo mais utilizado é o dos Tachinidae. Dentre os predadores, as famílias Anthocoridae, Pentatomidae, Reduviidae, Carabidae, Coccinellidae, Staphylinidae, Chrysopidae, Miridae, Cecidomyiidae, Syrphidae e Formicidae são as mais frequentes e utilizadas. Dentre os ácaros, os da família Phytoseiidae são os mais utilizados, além de Laelapidae, Macrochelidae e Cheyletidae (*vide* capítulo 11).

Nos últimos anos, houve uma grande evolução do CB no mundo e estes avanços se deveram ao aperfeiçoamento nas técnicas de criações massais. Atualmente, o CB assume importância cada vez maior em programas de MIP em direção a uma Agricultura Sustentável. O CB não somente é importante como alicerce de programas de Manejo Integrado de Pragas (MIP), ao lado da taxonomia, amostragem e níveis de controle, como também é importante como medida de controle para manutenção das pragas abaixo do nível de dano econômico, ao lado de plantas geneticamente modificadas e plantas resistentes, e os métodos comportamentais (como os feromônios) que podem ser harmonicamente integrados com métodos químicos, especialmente produtos seletivos (que matem as pragas e não inimigos naturais) de última geração (Figura 2).

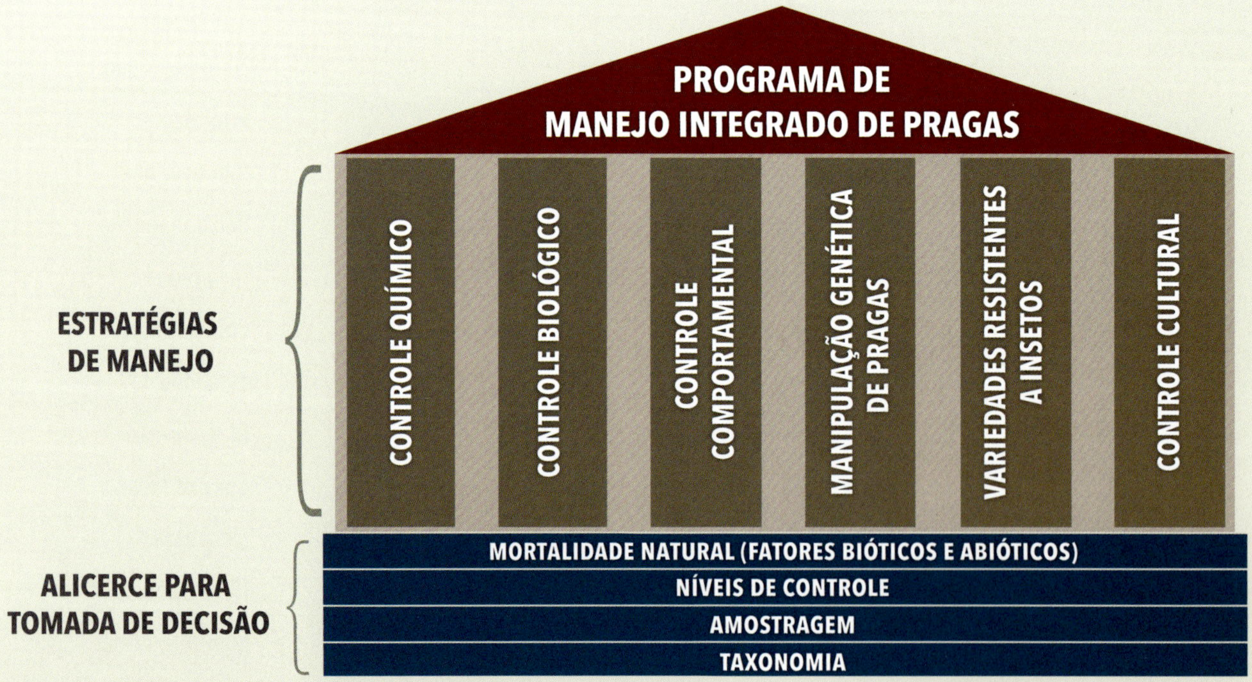

Figura 2. Programa de Manejo Integrado de Pragas (MIP)

Conceitos e definições

Dentro de programas de MIP, devem ser adotados os **procedimentos básicos de controle biológico,** que são: *introdução, conservação* e *multiplicação.*

Introdução – Referia-se ao Controle Biológico Clássico, que consiste na importação e colonização de parasitoides ou predadores, visando ao controle de *pragas exóticas.* Como comentado anteriormente, hoje há predominância de utilização de parasitoides e predadores nativos (Cock et al., 2010), tendo em vista as Convenções em Diversidade Biológica, que apresentam "Acordos que governam o acesso a tais recursos e o compartilhamento dos benefícios provenientes do seu uso" ("Access and Benefit Sharing"). Tais acordos poderão dificultar o futuro do CB (van Lenteren et al., 2011). No caso do Controle Biológico Clássico, após as introduções, os inimigos naturais são multiplicados e liberados em pequenas quantidades (liberações inoculativas), mesmo porque à época não se dispunha de técnicas de criação de insetos para produção de grandes quantidades destes inimigos naturais.

Embora pudessem ser feitas mais de uma liberação inoculativa, este tipo de controle biológico é visto *como uma medida de controle a longo prazo,* pois a população destes agentes de controle biológico tende a aumentar e se estabelecer apenas com o passar do tempo, e, portanto, somente se aplica a culturas perenes ou semiperenes, pois para a sua multiplicação, as plantas e os hospedeiros devem estar presentes. É o caso clássico de CB de *Iceria purchasi* por *Rodolia cardinalis* em 1888, citado anteriormente. Atualmente existem novas modalidades de CB, ou seja, pragas nativas x pragas exóticas e pragas nativas x pragas nativas. Não existe uma nova nomenclatura para este tipo de CB (Eilenberg et al., 2001).

Em casas-de-vegetação são feitas *liberações inoculativas periódicas,* esperando-se que o organismo liberado controle a praga temporariamente após sua multiplicação. Existem casos clássicos, podendo ser citada a utilização de *Encarsia formosa* Gahan (Hymenoptera: Aphelinidae) para controlar a mosca branca, *Trialeurodes vaporariorum* (Westwood) (van Lenteren, 2000; Eilenberg et al., 2001). Neste caso, não se espera o estabelecimento da população. No final da safra, a casa-de-vegetação é limpa e inicia-se novamente o controle com as novas plantas existentes. Isto é válido para macro e micro-organismos (bioinseticidas). No caso de casas-de-vegetação, muitas vezes, por não se ter perfeitamente definida a época de liberação do predador ou do parasitoide, ou para aumentar a possibilidade de multiplicação da espécie liberada, são liberados hospedeiros alternativos, como ovos de *Anagasta kuehniella* para alimentação de parasitoides, como *Trichogramma,* ou para diversas espécies de predadores.

Conservação – Trata-se do método *Conservativo* ou *Natural.* O objetivo, neste caso, é manter (conservação) e, se possível, aumentar o número de insetos benéficos na natureza. Visa-se a conservação e manipulação ambiental, com algumas práticas, como: utilizar inseticidas seletivos em épocas corretas, reduzir a dosagem de produtos químicos, evitar práticas culturais inadequadas, preservar o hábitat, oferecer fontes de alimentação para os inimigos naturais e fazer o rodízio de princípios ativos de produtos químicos para diminuir a seleção de organismos resistentes. Os inimigos naturais, sejam eles parasitoides, predadores ou patógenos, são os responsáveis pela mortalidade natural no agroecossistema (Figura 2) e consequentemente pela manutenção do nível de equilíbrio das pragas (*vide* capítulo 5).

Multiplicação – Refere-se ao *Controle Biológico Aplicado* ou *Aumentativo,* que consiste de *liberações inundativas* de parasitoides ou predadores após a criação massal em laboratório (*vide* capítulo 15), visando a rápida redução da população da praga para seu nível de equilíbrio. Este tipo de controle é bem aceito pelo agricultor por ter uma ação rápida, muito semelhante à dos inseticidas convencionais. Como já comentado, quando apenas existia o CB Clássico, pois as técnicas de criação, à época, eram incipientes, eram apontadas como desvantagens do CB a sua ação lenta e a necessidade de ser utilizado apenas em culturas perenes ou semiperenes. Com o desenvolvimento do CB Aplicado ou Aumentativo, tais desvantagens foram superadas. O CB Aplicado ou Aumentativo, refere-se ao preceito básico de CB atualmente chamado de multiplicação (criações massais), que evoluiu muito a partir da década de 1970, com o desenvolvimento de dietas artificiais para insetos (Parra, 2001) (*vide* capítulo 15). Portanto, a ação do inimigo natural é imediata, não se esperando, contudo, que o inimigo natural se multiplique e aumente sua progênie; evidentemente ele pode até permanecer, mas não é esse o objetivo da liberação. São feitas várias liberações, dependendo das características da praga visada, com números, época e intervalos de liberação, determinados pela pesquisa (Diniz et al., 2020; Garcia et al., 2019).

Manejo Externo – Mais recentemente foi referido um novo procedimento em CB. É o Manejo Externo (Diniz et al., 2020), em que o inimigo natural é liberado fora do local de cultivo (onde se deseja a redução da praga), e é utilizado para pragas transmissoras de doenças como o psilídeo dos citros (*Diaphorina citri* Kuwayama) – o vetor das bactérias causadoras do huanglongbing (HLB); neste caso, o inimigo natural, o parasitoide *Tamarixia radiata* (Waterston) (Hymenoptera: Eulophidae) é liberado fora dos pomares comerciais, em locais onde há o foco da doença (nos quais os insetos se contaminam e se reproduzem), como pomares abandonados, orgânicos, áreas com murta (planta hospedeira do psilídeo), áreas de fundo de quintal ou ainda quaisquer áreas com hospedeiros e sem aplicação de alguma medida de controle, principalmente uso de inseticidas, fazendo-se liberações inundativas do inimigo natural.

Estratégias de liberação e sistema alvo

Existem três formas de liberação de inimigos naturais: *inoculativa*, *inundativa* e *inoculativa estacional* ou *periódica*, que são dependentes do sistema visado (alvo):

A liberação *inoculativa* é para sistemas com baixa variabilidade temporal, ou seja, *sistemas abertos*. É típica do controle biológico clássico e se aplica a culturas perenes, semiperenes e florestas [embora existam exceções, pois o controle de *Lymantria dispar* (L.) em florestas é feito com liberações inundativas].

Por outro lado, a liberação *inundativa* é para sistemas (culturas) com alta variabilidade temporal (culturas anuais). A liberação *inoculativa estacional* ou *sazonal* é normalmente feita em casas-de-vegetação no período de ocorrência da praga (cultivos de curta duração) (van Lenteren, 2000). Esperam-se efeitos por várias gerações da praga. Na verdade, é uma mistura do método inundativo e inoculativo, pois é liberada uma grande quantidade de insetos para se obter um controle imediato e espera-se o crescimento das populações para controle das gerações tardias.

Em sistemas fechados com baixa variabilidade temporal, como armazéns de cereais, o controle pode ser feito com liberações inundativas ou inoculativas estacionais.

Parasito, predador e parasitoide

Parasito – É um organismo usualmente menor que o hospedeiro, e um único indivíduo não mata esse hospedeiro. Por exemplo: tênia, piolhos, pulgas e pernilongos. Os parasitos podem completar seu ciclo de vida em um único hospedeiro (piolhos), ser de vida livre e não parasitar durante parte de sua vida (pernilongos e pulgas) ou ter um ciclo de vida envolvendo diversas espécies hospedeiras (tênias).

Predador – É um organismo de vida livre durante todo o ciclo de vida, que mata a presa; usualmente é maior do que ela e requer mais do que um indivíduo para completar o desenvolvimento.

Parasitoide – Tem sido incluído na categoria de parasito, mas um parasitoide é muitas vezes do mesmo tamanho do hospedeiro, mata este e exige somente um indivíduo para completar o desenvolvimento; o adulto tem vida livre.

Segundo van den Bosch et al. (1982), os entomologistas usam o termo **parasito** para designar insetos que parasitam insetos e **patógenos** para organismos que causam doenças em insetos. Por outro lado, os parasitologistas (relacionados com ciências médicas e veterinárias) empregam "parasitos" para qualquer organismo que viva em um hospedeiro, incluindo micro-organismos e organismos multicelulares. Assim, para evitar confusão, os autores sugerem que os entomologistas considerem os parasitos como **parasitoides** e usem esse termo de forma generalizada, pois, como dito anteriormente, muitos consideram parasitos as duas categorias referidas por Stehr (1975) (parasitos e parasitoides).

Embora introduzido em 1913 por Reuter, o termo "parasitoide" apenas nos últimos 40 anos se tornou internacionalmente aceito. O termo "parasito protélico" é algumas vezes utilizado para se referir a parasitoides e insetos que são parasitos verdadeiros no estágio larval. Flanders (1973) tentou substituir "parasitoides" por "carnivoroides", sem sucesso (Godfray, 1994). Como o termo "parasitoide" é atualmente mais aceito, alguns tentam utilizar, em vez de "parasitismo", "parasitoidismo". A nosso ver, não é conveniente essa terminologia, pois não existe o ato de "parasitoidar" e sim o de "parasitar".

Categorias de parasitismo

Parasitoide primário – Espécie que se desenvolve sobre hospedeiros não parasitados.

Hiperparasitoide (ou parasitoide secundário) – Parasitoide que se desenvolve em outro parasitoide (é um parasitoide de um parasitoide). Podem existir vários níveis de hiperparasitismo.

Endoparasitoide – Parasitoide que se desenvolve dentro do corpo do hospedeiro. O endoparasitoide pode ser **solitário** (quando uma única larva completa seu desenvolvimento em determinado hospedeiro) ou **gregário** (quando várias larvas se desenvolvem até a maturidade em um único hospedeiro).

Ectoparasitoide – Espécie que se desenvolve fora do corpo do hospedeiro (a larva se alimenta inserindo as peças bucais através do tegumento da vítima). Como os endoparasitoides, existem ectoparasitoides solitários e gregários.

Parasitismo múltiplo – Situação na qual mais de uma espécie de parasitoide ocorre dentro ou sobre um único hospedeiro. Em muitos casos, somente um indivíduo sobrevive, os outros sucumbem. Em casos raros, como espécies de *Trichogramma* (parasitoides de ovos de Lepidoptera), mais do que uma espécie pode completar seu desenvolvimento no ovo.

Superparasitismo – Fenômeno no qual vários indivíduos de uma espécie de parasitoide podem sobreviver em um hospedeiro. Quando ocorre superparasitismo com endoparasitoides solitários, destruição mútua ou supressão fisiológica das larvas ou ovos excedentes, pode resultar em sobrevivência de um indivíduo dominante. Em alguns casos, entretanto, o hospedeiro morre prematuramente, antes que os excedentes sejam eliminados, e todos morrem.

Adelfoparasitismo – Também chamado de **autoparasitismo**, fenômeno no qual uma espécie de parasitoide é parasito de si mesma. Por exemplo, em *Coccophagus scuttelaris* Dalman, o macho é parasitoide obrigatório da fêmea.

Cleptoparasitismo – Fenômeno no qual um parasitoide ataca preferencialmente hospedeiros que já estejam parasitados por outras espécies. O cleptoparasitoide não é hiperparasitoide, mas no caso existe um multiparasitismo, no qual há competição das duas espécies, com a espécie cleptoparasitoide usualmente dominando.

Poliembrionia – O adulto coloca um único ovo por hospedeiro, o qual, posteriormente, divide-se em muitas células, cada uma desenvolvendo-se independentemente. Formam-se diversos embriões a partir de um novo parasitado. É comum em Encyrtidae e Braconidae. O encirtídeo *Ageniaspis citricola* Logvinovskaya parasitoide do minador-dos-citros, *Phyllocnistis citrella* Stainton produz de dois a dez indivíduos por ovo parasitado.

Existem parasitoides de ovos, larvas (ou ninfas), pupas e adultos. Parasitoides que ovipositam em um estágio mas emergem em outro são denominados de acordo com o início e final do parasitismo. Assim, um encirtídeo que parasita ovo e emerge na larva é um parasitoide ovo-larva.

Formas de exploração do hospedeiro

Cenobiontes: parasitoides que permitem que o hospedeiro cresça (e continue a se alimentar) em tamanho após o parasitismo (Asken & Shaw, 1986). Os tipos mais importantes de cenobiontes são: parasitoides ovo-larva e larva-pupa e aqueles parasitoides larvais que não paralisam permanentemente o hospedeiro (presa) na oviposição.

a. **Ectoparasitoides de ovos:** as substâncias injetadas pela fêmea apenas inibem a troca de tegumento do hospedeiro (as demais estruturas devem estar disponíveis, principalmente na fase de ovo); o parasitoide deve se alimentar do hospedeiro sem causar danos aos tecidos;

b. **Ectoparasitoide larvais:** competem com tecidos dos hospedeiros pelos recursos da hemolinfa (sincronismo de desenvolvimento).
c. **Ectoparasitoide de adultos:** o sucesso dependerá da longevidade do hospedeiro e da competição com tecidos reprodutivos do hospedeiro. Normalmente, o parasitoide reduz a capacidade reprodutiva do hospedeiro ou promove sua castração.

Assim os cenobiontes têm a capacidade de regular o seu desenvolvimento ou o do seu hospedeiro. A classificação dos cenobiontes é baseada na função do córion de ovos ***hidrópicos*** e ***anidrópicos***.

- *Hidrópicos:* o endoparasitoide expande o córion em poucas horas ou dias após ser depositado na hemolinfa do hospedeiro.
- *Anidrópicos:* tanto para endo quanto para ectoparasitoides, o córion é impermeável, espesso e rígido. A expansão depende da tomada de alimento via cutícula, da permeabilidade do córion e de componentes da hemolinfa do hospedeiro.

Idiobiontes: Ecto e endoparasitoides de ovos e pupas, os quais matam seus hospedeiros antes da emergência e se desenvolvem em hospedeiros mortos ou paralisados. São os parasitoides de ovos, pupas e adultos, além dos parasitoides larvais, que, por meio de "picadas", paralisam permanentemente a presa. Os idiobiontes dependem da qualidade nutricional do hospedeiro no momento do parasitismo e do tamanho da progênie alocada no hospedeiro.

a. **Idiobiontes de ovos:** fêmeas injetam substâncias que interrompem o desenvolvimento embrionário e enzimas que auxiliam na digestão do vitelo.
b. **Idiobiontes de pupas:** injetam substâncias para paralisar o desenvolvimento do hospedeiro e preservar seus tecidos e produzem enzimas para auxiliar na digestão dos tecidos.
c. **Ectoparasitoide de hospedeiro abrigado:** liberam veneno paralisante ou trocam o tegumento da cutícula do hospedeiro (necessitam "acertar" se o hospedeiro é rico em nutrientes no momento do parasitismo).

Tipos de reprodução e estratégias reprodutivas

Existem variações em um fenômeno básico em todos os himenópteros, conhecido como **partenogênese haploide**. Portanto, um ovo não fertilizado pode desenvolver-se partenogeneticamente e produzir um adulto normal. O indivíduo haploide é um macho, e o ovo fertilizado desenvolve-se em uma fêmea adulta. Entretanto, existem diferenças no modo como alguns parasitoides seguem esses padrões básicos. Essas diferenças no modo de reprodução são chamadas **arrenotoquia**, **deuterotoquia** e **telitoquia**.

Arrenotoquia – Ovos não fertilizados produzem machos, e os fertilizados, fêmeas. Consequentemente, fêmeas virgens podem dar descendentes, mas eles serão todos machos. Espécies que seguem esse modo de reprodução são chamadas **biparentais.** Em algumas espécies biparentais, a fêmea copulada pode produzir macho ou fêmea por meio de controle externo ou interno de fertilização. Em outros casos, a fêmea copulada produz somente fêmeas.

Deuterotoquia (anfitoquia) – Maneira pela qual fêmeas não copuladas produzem machos e fêmeas. Essas espécies são chamadas **uniparentais.** Os machos haploides produzidos não são funcionais (ecológica e biologicamente). As fêmeas produzem em sua progênie de fêmeas uma condição diploide por meio de vários mecanismos genéticos. Muitas vezes, em espécies que apresentam deuterotoquia, a proporção de machos produzida (em relação à progênie total) varia com condições externas, como temperatura.

Telitoquia – As fêmeas virgens produzem somente fêmeas, e os machos são desconhecidos. Em alguns casos, espécies telítocas, sob determinadas condições de temperatura, mudam para deuterotoquia e produzem machos haploides e fêmeas diploides.

Pró-ovigenia – Caso em que, quando ocorre a emergência, todos os ovos estão maduros, prontos para serem colocados, sem necessidade de seu desenvolvimento.

Sinovigenia – Caso em que poucos ovos estão maduros na emergência, havendo um amadurecimento gradual. Com isso, os adultos necessitam de proteínas em sua dieta. Muitas vezes, essa proteína é obtida em uma ação predatória, matando o hospedeiro pela introdução do ovipositor para se alimentar da hemolinfa exudada. Muitos parasitoides necessitam de carboidratos para maior longevidade e postura (van Driesche & Bellows Jr., 1996).

A Pró-ovigenia e Sinovigenia envolvem adaptações morfofuncionais e estratégias de manipulação do hospedeiro, tratam-se de estratégias reprodutivas. Especialmente as estratégias de desenvolvimento têm maior eficiência em Hymenoptera, pois o surgimento deste modo de vida data de 200 a 250 milhões de anos (início do Jurássico).

Simbiontes

As pesquisas com simbiontes foram intensificadas nos últimos anos, e como eles estão presentes em grande quantidade de espécies, passou a ter grande importância para o CB. Nessa relação simbiótica dos insetos, com micro-organismos, os fungos, bactérias, leveduras, protozoários etc. têm grande relevância. Tais simbiontes podem ser integrados à célula, ao hospedeiro, ou ao sistema de cultivos (cupins e formigas). Os simbiontes podem localizar-se externamente (como fungos) e internamente. Dentre os internos, eles podem ser primários ou obrigatórios (*Buchnera*) e secundários ou facultativos. Grande parte dessa relação está envolvida com a nutrição dos insetos.

Entretanto, existem interações simbióticas não nutricionais. Neste caso, um dos simbiontes mais conhecidos é *Wolbachia,* uma alfaproteobactéria presente em grande quantidade de insetos. Esta bactéria é transmitida através do citoplasma de ovos e pode envolver vários mecanismos para manipular a reprodução de seus hospedeiros, incluindo indução de incompatibilidade reprodutiva, partenogênese e feminização. É também transmitida horizontalmente entre artrópodes e muito estudada no parasitoide de ovos *Trichogramma* spp. (Stouthamer et al., 1990; Werren, 1997) e outros estudos gerais (Bourtzis & Miller, 2003).

Semioquímicos

São substâncias químicas utilizadas na comunicação entre os seres vivos na natureza. Os sinais (semion = sinal) que atuam entre indivíduos da mesma espécie, ou seja, intraespecíficos, são chamados de feromônios e os que têm ação interespecífica são denominados aleloquímicos.

O termo *aleloquímico* foi utilizado por Whittaker (1970) para substituir o termo *substâncias secundárias,* proposto por Fraenkel da Universidade de Illinois, EUA (Fraenkel, 1959) no final da década de 1950, e foi definida como uma substância não nutritiva, produzida por indivíduos da mesma espécie, que influencia a biologia, o comportamento, a sanidade e, como consequência, o crescimento da população de outra espécie.

Embora os feromônios, para CB, possam ser importantes para monitoramento da população da praga para definição do momento de liberação do inimigo natural, de modo geral são os aleloquímicos os mais importantes (*vide* capítulo 19).

Dentre eles, os mais importantes são os cairomônios e os alomônios (Nordlund, 1981; Whittaker & Fenny, 1971).

- ***Cairomônios*** – sinais químicos que favorecem o receptor; por exemplo, *Trichogramma* spp. é favorecido por substâncias químicas (tricosano) presentes nas escamas das asas de lepidópteros, deixados por ocasião da postura e que irão atraí-lo (desfavorecendo o emissor).
- ***Alomônios*** – químicos que favorecem o emissor, isto é, aquele que emite o sinal, por exemplo, venenos e secreções defensivas (desfavorecendo o receptor).

Nordlund & Lewis (1976) propuseram o termo sinomônio para a relação inseto/planta, quando se considera o terceiro nível trófico.

- *Sinomônios* – químicos produzidos por um organismo e que provocam reações favoráveis (comportamentais ou fisiológicas) tanto ao emissor quanto ao receptor. Por exemplo, plantas que ao serem atacadas por herbívoros liberam substâncias que atacam os parasitoides.
- *Antimônios* – (Whitman, 1988) – químicos produzidos por um organismo e que provocam reações desfavoráveis (comportamentais e fisiológicas) tanto ao emissor quanto ao receptor.
- *Apneumônio* – substâncias químicas liberadas por organismos não vivos, como por exemplo, farinha de aveia e que atrai o parasitoide *Venturia canescens* (Gravenhorst). Por se tratar de organismo não vivo, muitos não o consideram como aleloquímico.

Considerações finais sobre parasitoides e predadores

Segundo Eilenberg et al. (2001), os agentes de CB podem ser utilizados de diferentes formas, sendo os principais: 1) controle biológico de pragas (invertebrados) com parasitoides, predadores e patógenos; 2) controle biológico de ervas daninhas, utilizando-se herbívoros e patógenos; 3) controle biológico de patógenos de plantas utilizando-se micro-organismos antagonistas e resistência de plantas induzida. Hoje o CB está sendo cada vez mais explorado, na veterinária e medicina humana. Isto gerou um grande número de produtos biológicos disponíveis com diferentes formas de atuação (Figura 3).

Figura 3. Diferentes categorias de produtos biológicos já disponíveis no mercado (Adaptado de Dunham, W. C., 2015)

Para um inimigo natural ser eficiente, deve apresentar os seguintes atributos:

- especificidade hospedeira;
- sincronismo com a praga;
- potencial biótico elevado;
- habilidade de sobreviver em períodos de baixa população do hospedeiro ou mesmo na sua ausência;
- boa capacidade de busca.

Dentre os inimigos naturais, com ênfase aos macro-organismos (insetos e ácaros), ou seja, parasitoides e predadores, os parasitoides são mais utilizados em relação aos predadores, embora ambos sejam responsáveis pela mortalidade natural no agroecossistema, e, portanto, pelo equilíbrio natural.

Os predadores são mais difíceis de serem avaliados por não deixarem sinais de predação, além de serem noturnos e de difícil observação. Além disso, nem sempre são fáceis de serem estudados pela voracidade, que pode resultar em canibalismo, além de, no caso de formigas, terem a necessidade de espaço (territorialidade). Além disso, necessitam de substrato verde para postura e podem ter comportamento social. Em relação às dietas artificiais para predadores, elas não evoluíram, sendo as mesmas dos primórdios dos estudos nutricionais; como matam a presa, após um período de alimentação e após se saciar, o estímulo para o ataque é reduzido ou paralisado por determinado período de tempo, para digestão e conversão do alimento. Além disso, em alguns casos, podem danificar as plantas [(*Harmonia axyridis* (Pallas) e alguns mirídeos)]. Como vantagens são especializados, e na ausência ou presença de presas de baixa qualidade eles empregam estratégias, como hábito alimentar diversificado; especialmente os onívoros, utilizam presas alternativas ou se alimentam de complementos alimentares, como pólen, néctar, seiva de plantas, honeydew das presas, fungos. Em outros países, entram em diapausa. De qualquer forma, podem interferir na biologia e comportamento da praga (Torres & Silva-Torres, 2011), e podem ser associados a outros métodos de controle. A não aplicação de certos tipos de inseticidas no período vegetativo de diversas culturas (soja, algodoeiro, por exemplo), especialmente os piretroides, podem manter os inimigos naturais e restabelecer o equilíbrio das culturas. Para casas-de-vegetação, quando ainda não existe a praga e foi feita a liberação de um predador, por exemplo, a adição de ovos de traças, como *A. kuehniella,* servem como hospedeiro alternativo para muitos predadores.

Dessa forma, o objetivo deste capítulo inicial é dar uma ideia da terminologia utilizada no livro "Controle Biológico com parasitoides e predadores na agricultura brasileira", para estudiosos na área e mesmo aqueles que pretendam iniciar tais estudos. Muitas vezes são termos já estabelecidos, em outras, transposições de termos para a língua portuguesa, ou mesmo esclarecimentos onde a literatura, muitas vezes, é desencontrada. A intenção é que tais esclarecimentos facilitem a leitura e entendimento do livro.

Referências Bibliográficas

Alves, S. B. (1986). *Controle Microbiano de Insetos* (1°). São Paulo: Manole. 470 p.

Alves, S. B. (1998). *Controle Microbiano de Insetos* (2°). Piracicaba: FEALQ. 1963 p.

Alves, S. B., Lopes, R. B. (2008). *Controle Microbiano de Pragas na América Latina: Avanços e Desafios.* Piracicaba: FEALQ. 414 p.

Asken, R. R. & Shaw, M. (1986). Parasitoid communities: their size, structure and development. In: Waage, J. K. & Greathead, D. (Eds.), *Insect parasitoids.* Cambrigde: Academic Press. 225-264.

Bettiol, W., Maffia, L. A. & Castro, M. L. M. P. (2014). Control Biológico de Enfermidades de Plantas en Brasil. In: Bettiol, W. (Ed.), *Control Biológico de Enfermidades de Plantas en America Latina y el Caribe.* Montevidéu: Universidad de Montevideo. 91-137.

Bourtzis, K. & Miller, T. A. (2003). *Insects Symbiosis.* Boca Raton: CRC Press. 368 p.

Cai, W., Yan, Y. & Li, L. (2005). The earliest records of insect parasitoids in China. *Biological Control, 32*(1), 8–11. https://doi.org/10.1016/j.biocontrol.2004.08.002

Carson, R. (1962). *Silent Spring.* Boston: Houghton Mifflin. 468 p.

Carton, Y. (2005). Réaumur (1683-1757): The discoverer of parasitoids in France. *Biological Control, 32*(1), 40–48. https://doi.org/10.1016/j.biocontrol.2004.09.010

Clausen, C. P. (1956). *Biological Control of insect pests in the continental United States.* Technical Bulletin 1139. 151p.

Cock, M. J. W., van Lenteren, J. C., Brodeur, J., Barratt, B. I. P., Bigler, F., Bolckmans, K., Cônsoli, F. L., Haas, F., Mason, P. G. & Parra, J. R. P. (2010). Do new Access and Benefit Sharing procedures under the Convention on Biological Diversity threaten the future of biological control? *BioControl, 55*(2), 199–218. https://doi.org/10.1007/s10526-009-9234-9

DeBach, P. (1974). *Biological Control by natural enemies.* Cambridge: Cambridge University Press. 456 p.

Diniz, A. J. F., Garcia, A. G., Alves, G. R., Reigada, C., Vieira, J. M. & Parra, J. R. P. (2020). The Enemy is Outside: Releasing the Parasitoid *Tamarixia radiata* (Hymenoptera: Eulophidae) in External Sources of HLB Inocula to Control the Asian Citrus Psyllid *Diaphorina citri* (Hemiptera: Liviidae). *Neotropical Entomology, 49*(2), 250–257. https://doi.org/10.1007/s13744-019-00736-y

Eilenberg, J., Hajek, A. & Lomer, C. (2001). Suggestions for unifying the terminology in biological control. *BioControl*, *46*(4), 387–400. https://doi.org/10.1023/A:1014193329979

Flanders, S. E. (1973). Particularities of diverse egg deposition phenomena characterizing carnivoroid hymenoptera (with morphological and physiological correlations). *The Canadian Entomologist*, *105*(9), 1175–1187. https://doi.org/DOI: 10.4039/Ent1051175-9

Fraenkel, G. S. (1959). The Raison d'Etre Substances of Secondary Plant Substances. *Science*, *129*(3361), 1466–1470.

Garcia, A. G., Diniz, A. J. F. & Parra, J. R. P. (2019). A fuzzy-based index to identify suitable areas for host-parasitoid interactions: Case study of the Asian citrus psyllid *Diaphorina citri* and its natural enemy *Tamarixia radiata*. *Biological Control*, *135*, 135–140. https://doi.org/10.1016/J.BIOCONTROL.2019.05.001

Godfray, H. C. J. (1994). *Parasitoids: Behavioral and Evolutionary Ecology*. Princenton: Princenton University Press. 488 p.

Greathead, D. T. & Greathead, A. H. (1992). Biological control of insect pests by insect parasitoid and predators: the BIOCAT database. *BioControl News and Information*, *13*(4), 61–68.

Hanson;, P. E. & Gauld, I. D. (2006). *Hymenoptera de la región neotropical*. Memoirs of the American Entomological Institute. Logan: American Entomological Institute. 994 p.

Hirose, Y. (2005). Discovery of insect parasitism and subsequent development of parasitoid research in Japan. *Biological Control*, *32*(1), 49–56. https://doi.org/10.1016/j.biocontrol.2004.10.004

Kogan, M. (1998). Integrated Pest Management: Historical Perspectives and Contemporary Developments. *Annual Review of Entomology*, *43*(1), 243–270. https://doi.org/10.1146/annurev.ento.43.1.243

Leppla, N. C. & Willians, D. W. (1992). Mass rearing of Beneficial insects and the Renaissance of Biological Control. *Pesquisa Agropecuaria Brasileira*, *27*(13), 231–238.

Muniappan, R., Reddy, G. V. P. & Raman, A. (Eds.). (2009). *Biological Control of Tropical Weeds Using Arthropods*. Cambridge: Cambridge University Press. 495 p. https://doi.org/DOI: 10.1017/CBO9780511576348

Nordlund, D. A. (1981). Semiochemicals: A review of terminology. In: Nordlund, D. A., Jones, R. A. & Lewis, W. J. (Eds.), *Semiochemicals, their role in pest control* (1º). Hoboken: John Wiley & Sons. 13-28.

Nordlund, D. A. & Lewis, W. J. (1976). Terminology of chemical releasing stimuli in intraspecific and interspecific interactions. *Journal of Chemical Ecology*, *2*(2), 211–220. https://doi.org/10.1007/BF00987744

Parra, J. R. P. (2001). *Técnicas de criação de insetos para programas de Controle Biológico* (6º ed). Piracicaba: FEALQ. 137 p.

Parra, J. R. P. (2014). Biological Control in Brazil: An overview. *Scientia Agricola*, *71*(5), 420–429.

Parra, J. R. P., Botelho, P. S. M., Correa-Ferreira, B. S. & Bento, J. M. S. (2002). Controle Biológico: Terminologia. In: Parra, J. R. P., Botelho, P. S. M., Correa-Ferreira, B. S. & Bento, J. M. S. (Eds.), *Controle Biológico no Brasil: Parasitoides e Predadores*. São Paulo: Manole. 1-16.

Parra, J. R. P., Costa, V. A. & Pinto, A. S. (2011). Insetos Parasitoides. *Ciência e Ambiente*, *77*, 19–36.

Reuter. O. M. (1913). *Lebensgewohnnheiten und Instinke der Insekten*. Berlim: Friendlander und Sohn. 488p.

Stehr, F. W. (1975). Parasitoids and predators in pest management. In: Metcalf, R. L. & Luckman, W. H. (Orgs.), *Introduction to insect pest management*. Hobboken: Wiley Interscience. 587 p.

Stouthamer, R., Luck, R. F. & Hamilton, W. D. (1990). Antibiotics cause parthenogenetic *Trichogramma* (Hymenoptera/Trichogrammatidae) to revert to sex. *Proceedings of the National Academy of Sciences*, *87*(7), 2424 - 2427. http://www.pnas.org/content/87/7/2424.abstract

Torres, J. B. & Silva-Torres, C. S. A. (2011). O papel dos insetos predadores no controle de pragas. *Ciencia e Ambiente*, *43*, 55–72.

Tremblay, E. & Masutti, L. (2005). History of insect parasitism in Italy. *Biological Control*, *32*(1), 34–39. https://doi.org/https://doi.org/10.1016/j.biocontrol.2004.09.014

van den Bosch, R., Messenger, P. S. & Gutierrez, A. P. (1982). *An Introduction to Biological Control*. Boston: Springer. 247 p. https://doi.org/10.1007/978-1-4757-9162-4

van Driesche, R. G. & Bellows, T. S. (1996). *Biological Control*. Boca Raton: Chapman e Hall. 539 p.

van Lenteren, J C. (2005). Early entomology and the discovery of insect parasitoids. *Biological Control*, *32*(1), 2–7. https://doi.org/https://doi.org/10.1016/j.biocontrol.2004.08.003

van Lenteren, J. C. & Godfray, H. C. J. (2005). European science in the Enlightenment and the discovery of the insect parasitoid life cycle in The Netherlands and Great Britain. *Biological Control*, *32*(1), 12–24. https://doi.org/https://doi.org/10.1016/j.biocontrol.2004.08.009

van Lenteren, J. C., Bolckmans, K., Köhl, J., Ravensberg, W. J. & Urbaneja, A. (2018). Biological control using invertebrates and microorganisms: plenty of new opportunities. *BioControl*, *63*(1), 39–59. https://doi.org/10.1007/s10526-017-9801-4

van Lenteren, J. C. van, Bueno, V. H. P., Luna, M. G. & Colmeneraz, Y. C. (Eds.). (2020). *Biological control in Latin America and the Caribbean: its rich history and bright future*. Wallingford: CABI. 520 p. https://doi.org/10.1079/9781789242430.0000

van Lenteren, J. C., Cock, M. J. W., Brodeur, J., Barratt, B. I. P., Bigler, F., Bolckmans, K., Haas, F., Mason, P. G. & Parra, J. R. P. (2011). Will the convention on biological diversity put an end to biological control? *Revista Brasileira de Entomologia*, *55*(1), 1–5. https://doi.org/10.1590/S0085-56262011000100001

van Lenteren, J. C. (2000). A greenhouse without pesticides: fact or fantasy? *Crop Protection*, *19*(6), 375–384. https://doi.org/https://doi.org/10.1016/S0261-2194(00)00038-7

Vidal, S. (2005). The history of Hymenopteran parasitoid research in Germany. *Biological Control*, *32*(1), 25–33. https://doi.org/https://doi.org/10.1016/j.biocontrol.2004.09.017

Werren, J. H. (1997). Biology of Wolbachia. *Annual Review of Entomology*, *42*(1), 587–609. https://doi.org/10.1146/annurev.ento.42.1.587

Whitman, D. W. (1988). Allelochemical interactions among plants, herbivores, and their predators. In: Barbosa, P. & Letourneau, D. K. (Eds.), *Novel Aspects of Insect-Plant Interactions*. Hobboken: John Wiley & Sons. 11 - 64.

Whittaker, R. H. (1970). The Biochemical Ecology of Higher plants. In: Sondheimer, E. & Simeone, J. B. (Eds.), *Chemical Ecology*. Cambridge: Academic Press. 43-70.

Whittaker, R. H. & Fenny, P. P. (1971). Allelochemics: Chemical Interactions between Species. *Science*, *171*(3973). 757-770.

Elaboração de programas de controle biológico: uma visão inter e multidisciplinar

José Roberto Postali Parra

Introdução

Desde a importação, no Brasil em 1921, de *Encarsia berlesei* Howard (Hymenoptera: Aphelinidae), dos EUA, com o objetivo de controlar a cochonilha-branca-do-pessegueiro, *Pseudaulacaspis pentagona* (Targioni Tozzetti), muitos pesquisadores brasileiros se envolveram com Controle Biológico (CB), e poucas vezes obtiveram sucesso, até 2000, exceto para a cana-de-açúcar, de forma a permitir que o agricultor pudesse utilizar CB em condições de campo. Quais seriam as razões desse insucesso, desde que o Brasil tem uma grande biodiversidade, com inúmeros agentes de controle biológico? Este é um fenômeno comum em regiões tropicais, pois os projetos de CB, em geral, não têm continuidade, e, na maioria das vezes são mal planejados e muitas vezes isolados.

Assim, às vezes, um taxonomista iniciava a identificação de um inimigo natural com potencial, e o estudo era encerrado nesse estágio. Outras vezes, havia o estudo da biologia do referido agente, ou um estudo de seletividade de produtos fitossanitários, sempre feitos isoladamente, sem a conexão ou interação de estudos. A falta de características inter e multidisciplinares dos projetos de CB levou, na maioria das vezes, agentes de CB com grande potencial de utilização, a serem pouco usados na prática.

Assim, há necessidade de especialistas de diferentes áreas da entomologia se envolverem em programas de Controle Biológico Aplicado (aumentativo) e que profissionais de outros setores participem até o pacote tecnológico (produto final) chegar ao agricultor. Somente com resultados concretos e bem definidos o CB de uma determinada praga, poderá ser incorporado a programas de MIP, ou utilizado isoladamente em culturas em que isso for possível, como, por exemplo, para pragas da parte aérea da cana-de-açúcar (Parra et al., 2010).

Muitas vezes já existe a tecnologia gerada, mas ela não atinge o agricultor. Assim, o objetivo do presente capítulo é exemplificar quais seriam as etapas de um programa inter e multidisciplinar de Controle Biológico Aplicado (aumentativo) e qual seria a forma mais adequada de transferi-lo ao usuário (agricultor).

Etapas de um programa de controle biológico aplicado

Não é apenas no Brasil ou em regiões tropicais que a falta de ações inter e multidisciplinares levaram ao insucesso de programas de CB Aplicado. Assim, nos EUA, os americanos não obtiveram a eficiência esperada com *Trichogramma* spp. (um dos parasitoides mais estudados no mundo), pois:

- Não levaram em conta a densidade de ovos da praga visada;
- Não utilizaram a linhagem ou espécie de *Trichogramma* mais adequada para o controle da praga-alvo;
- Não acompanharam, em laboratório, a qualidade do parasitoide produzido;
- Não deram atenção ao número de parasitoides liberados e à sua forma de liberação;
- Não observaram corretamente a dinâmica da praga e a fenologia da planta;
- Não levaram em conta a competição com outros agentes de CB;
- Desprezaram o efeito de produtos químicos (seletividade) sobre *Trichogramma* nas culturas em que ocorriam diversas pragas.

É conveniente salientar que tais programas, envolvendo ações inter e multidisciplinares, podem demorar anos para chegar ao "pacote tecnológico" previsto e atingir o agricultor. Assim, o programa desenvolvido com *Trichogramma* no Departamento de Entomologia e Acarologia da ESALQ/USP, foi iniciado em 1984 e chegou ao agricultor no início da década de 2000 (Parra & Zucchi, 2004; Parra et al., 2015) (*vide* capítulo 8). Outros programas, como o de utilização de *Diaphorina citri* Kuwayama, vetor do HLB (ou "greening"), demorou em torno de dez anos (*vide* capítulo 6); outros, como o de *Ageniaspis citricola* Logvinovskaya para o controle de *Phyllocnistis citrella* Stainton, demoraram pouco mais de dois anos, pois parte da tecnologia já fora desenvolvida em outros países (Chagas et al., 2002) (*vide* capítulo 4).

Portanto, a elaboração de um modelo de CB envolve diferentes etapas e especialistas em diferentes áreas. Será aqui exemplificado um programa de *Trichogramma* spp. Trata-se de um inimigo natural muito estudado no mundo, com inúmeros livros sobre o parasitoide, como os editados por Wajnberg & Hassan (1994); Parra & Zucchi (1997); Basso & Grille (2009); Cônsoli et al. (2010); Vinson et al. (2015); entre outros.

No Brasil, tal programa deu excelentes resultados e é utilizado em cana-de-açúcar, com a espécie *Trichogramma galloi* Zucchi, para controle de *Diatraea saccharalis* (Fabricius) podendo chegar, a ser liberado em cerca de 3 milhões de ha (CropLife, 2020) (vide capítulo 8). Existem mais de 230 espécies descritas (Pinto, 1997; Querino et al., 2010); (*vide* capítulo 3) a taxonomia foi confusa por muito tempo, até que Nagarkatti & Nagaraja (1971) definiram que a identificação deveria ser feita através da genitália do macho. Hoje, no Brasil, muitas culturas utilizam espécies de *Trichogramma* para controle biológico de diferentes pragas agrícolas (*vide* capítulo 8).

As etapas a serem aqui relacionadas são aplicáveis não somente a parasitoides de ovos, mas àqueles de larvas, ninfas, pupas e adultos, bem como para predadores (Parra et al., 2002b):

a. Coleta, identificação e manutenção de linhagens de *Trichogramma* spp.;
b. Seleção de um hospedeiro alternativo que permita a produção massal de parasitoides;
c. Estudos biológicos e comportamentais de *Trichogramma* spp.;
d. Controle de qualidade das espécies criadas em laboratório;
e. Dinâmica de ovos da praga visada;
f. Liberação dos parasitoides: número de parasitoides liberados e pontos de liberação: época e forma de liberação, dispersão do inimigo natural, associados à fenologia da planta;
g. Seletividade de agroquímicos;
h. Avaliação da eficiência e custo;
i. Modelo de simulação parasitoide/praga.

a. Coleta e identificação (e manutenção de linhagens de *Trichogramma* spp.)

Após a seleção do inimigo natural e cultura a ser utilizada, o parasitoide ou predador – provenientes de importação (passando obrigatoriamente pelo sistema de quarentena oficial) ou coletados no campo, ou após uma revisão de literatura sobre o assunto, ou mesmo trazidos de outro laboratório que já cria o inseto no país –, deve-se proceder à correta identificação do inseto relacionado, seja por critérios morfológicos ou por meio da biologia molecular (*vide* capítulo 3).

Trichogramma é inespecífico, parasita ovos de diferentes espécies de lepidópteros. Por esse motivo, eram usados indivíduos de uma dada espécie, coletados em áreas com características climáticas diferentes, para controlar pragas em áreas geograficamente distintas. Entretanto, estudos mostraram que dentro da mesma espécie, existem especificidades microclimáticas. Dessa forma, um inseto coletado numa área quente deverá ser liberado numa área quente e aquele de uma área fria deverá ser utilizado numa área com tal característica climática. Por esse motivo, é essencial manter linhagens (nome dado à coleta) separadas, por local e época do ano de coleta, com uma numeração individual. Essa separação é para manter a integridade genética da população inicial. Num programa inter e multidisciplinar, a presença do taxonomista é imprescindível, pois a identificação errada ou a falta de identificação, podem levar a fracassos em um programa de Controle Biológico (*vide* capítulo 3).

Trichogramma minutum Riley foi, por muito tempo, referido como a espécie que parasitava *Diatraea saccharalis* no Brasil. Hoje, já se sabe que essa espécie não ocorre entre nós (Parra et al., 1986; Parra & Zucchi, 1986), sendo a espécie predominante *T. galloi* Zucchi, 1988 (*vide* capítulo 3).

É importante ainda que as espécies sejam mantidas separadas para evitar que a espécie mais agressiva vença a competição interespecífica. Por serem insetos muito pequenos, se colocados no mesmo local, *T. pretiosum* Riley e *T. galloi*, em pouco tempo haverá predominância de *T. pretiosum*, por ser mais agressivo. E, se for feita uma liberação, sem o apoio do taxonomista, poderá haver liberação da espécie não desejada.

b. Seleção de um hospedeiro para criação massal do parasitoide (ou do predador)

O hospedeiro natural ou alternativo para produção do parasitoide ou do predador deve ser de fácil criação (dá-se preferência à dieta artificial), especialmente pensando na futura criação massal (*vide* capítulo 15).

No caso de *Trichogramma*, desde a década de 1920, Flanders (1927) mostrou a viabilidade de utilização de ovos da traça-do-milho, *Sitotroga cerealella* (Olivier) para a criação das diferentes espécies do parasitoide. A partir dessa descoberta, tornaram-se rotineiras a criação e a multiplicação de espécies de *Trichogramma* em larga escala em ovos da traça-do-milho. Meio século depois da citação de Flanders, Lewis et al. (1976) mostraram que alguns casos de insucesso de uso de *Trichogramma* spp. se deveram à inadequação nutricional do hospedeiro utilizado e recomendaram a substituição de *S. cerealella* por *Anagasta kuehniella* Zeller por produzir insetos mais longevos e fecundos (Tabela 1).

Tabela 1. Fecundidade e longevidade de *Trichogramma pretiosum* criado sobre *Sitotroga cerealella* e *Anagasta kuehniella* (Lewis et al. 1976)

Hospedeiro	Ovos parasitados/fêmea	Longevidade (dias)
Anagasta kuehniella	147,9 ± 6,1	19,9 ± 1,0
Sitotroga cerealella	9,9 ± 1,3	4,5 ± 0,4

Com isso, vários laboratórios da Europa passaram a utilizar esse hospedeiro. Os chineses, que estão entre os maiores usuários de *Trichogramma* do mundo, utilizam *Corcyra cephalonica* (Stainton) ou ovos (óvulos) de espécies de bicho-da-seda, como *Antheraea pernyi* (Guérin-Méneville) e *Samia cynthia ricini* (Drury) (Parra & Zucchi, 1997). No Brasil, estudos com esses parasitoides de ovos iniciaram-se na década de 1940, para controlar *Neoleucinodes elegantalis* (Gueneé) em tomateiro (Gomes, 1963), seguidos dos trabalhos de Moraes et al. (1983) para controlar pragas de florestas.

Para as espécies brasileiras de *Trichogramma* spp., hoje multiplicadas para liberações em campo, ou seja, *T. pretiosum*, *T. galloi* e *T. atopovirilia*, a traça *A. kuehniella* mostra-se o hospedeiro alternativo mais adequado, por ser nutricionalmente melhor e mais fácil de ser criada em relação a *C. cephalonica*. *Sitotroga cerealella* tem sido o pior hospedeiro dentre os utilizados embora muitos ainda insistam em manter espécies de *Trichogramma* nesta traça por ser mais fácil de ser produzida (Parra et al., 2014).

Assim, nos trabalhos iniciados em Piracicaba, na década de 1980, para controlar diversas pragas agrícolas, tem-se utilizado *A. kuehniella* para criação de espécies de *Trichogramma* (Parra et al., 2015; Parra & Zucchi, 1997, 2004).

Existe discussão taxonômica em relação ao gênero da traça, atualmente a mais indicada para criar *Trichogramma* spp.; os europeus a denominam

Ephestia kuehniella e os americanos, *Anagasta kuehniella* (Parra et al., 2014), os ovos dos hospedeiros alternativos mencionados diferem nutricionalmente, conforme Parra et al. (2014) e, de acordo com a riqueza nutricional, teremos maior ou menor eficiência.

Portanto, é fundamental aliar a qualidade nutricional do hospedeiro, de tal forma a produzir parasitoides competitivos, com os da natureza, a uma técnica que possibilite a produção massal de *Trichogramma*. A influência de fatores bióticos e abióticos sobre o hospedeiro deve ser exaustivamente estudada.

c. Aspectos biológicos e comportamentais do parasitoide ou predador visados

Devem ser conduzidos estudos básicos do parasitoide e do inimigo natural, como seleção de linhagens (no caso de *Trichogramma* spp.); exigências térmicas e higrométricas; determinação da relação adequada parasitoide ou predador, com ovos, larvas, ninfas ou pupas do hospedeiro; adaptação ao hospedeiro alternativo (no caso de *Trichogramma* spp.) (quantas gerações são necessárias para tal adaptação); capacidade de parasitismo ou predação e estudos comportamentais.

d. Controle de qualidade

O controle de qualidade deve ser uma constante nas populações de laboratório, assim como a introdução periódica de populações selvagens e mesmo a "passagem", após algumas gerações criadas no hospedeiro alternativo, pelo hospedeiro natural (no caso de *Trichogramma* ou outro parasitoide criado em hospedeiro alternativo) (*vide* capítulo 16), para que não ocorra um condicionamento pré-imaginal. A avaliação da qualidade deve ser uma constante na criação de parasitoides e/ou predadores, incluindo técnicas moleculares.

e. Dinâmica populacional da praga visada

Quando se tratar de CB Aplicado, a inversão da tendência da curva populacional da praga, restituindo-se o nível de equilíbrio, é mais facilmente obtida quando a liberação é feita na primeira geração da praga. Se for um parasitoide de ovos, como no presente caso, quando os primeiros ovos forem colocados; o mesmo se aplica a parasitoides larvais, ninfais, pupais e de adultos e para predadores (*vide* capítulo 17).

f. Liberação dos parasitoides

Uma vez definida a época de liberação, deve-se avaliar a capacidade de dispersão do parasitoide ou predador, para determinar o número de pontos de liberação (Parra et al., 2015). A forma de liberação depende do tamanho da área. Numa área pequena, a liberação pode ser simples, liberando-se, por exemplo, adultos, do parasitoide ou predador, em recipientes de plástico ou de vidro, por meio de caminhamento no campo, ou de forma compatível com as exigências da área. Em áreas maiores, aviões ou drones liberam cápsulas de material biodegradável (papelão, amido) que permitem a saída do parasitoide por orifícios pequenos que impedem a predação, ou outras formas existentes, como a liberação de ovos parasitados soltos (*vide* capítulo 8).

O número de parasitoides a ser liberado deve ser determinado em testes de laboratório, semicampo e campo. Para cana-de-açúcar, utilizando-se *T. galloi* para controle de *Diatraea saccharalis* (Fabricius) libera-se 1,6 parasitoide por ovo da praga (Lopes, 1988; Parra et al., 2015) (*vide* capítulo 8).

O parasitismo de ovos de *Trichogramma* em dias diferentes, no mesmo local de liberação, pode alongar o período de atuação do parasitoide. A fenologia da planta e sua arquitetura devem ser levadas em consideração na liberação do agente de CB.

g. Seletividade de produtos fitossanitários

Para culturas que tenham grande número de pragas, que exijam a aplicação de agroquímicos, devem ser realizados estudos de seletividade, de forma a estabelecer um intervalo entre a liberação do parasitoide e a aplicação de tais produtos. Os testes de seletividade devem se basear nas normas da IOBC, para os resultados serem comparáveis com os de outros países (*vide* capítulo 18).

h. Avaliação da eficiência e custo

A eficiência e o custo devem ser compatíveis com a cultura e comparáveis aos métodos tradicionais de controle, sempre levando-se em conta o aspecto econômico, mas considerando-se também as vantagens ecológicas (ambientais) e sociais do CB. Os testes deverão ser realizados em campo (em alguns casos, iniciando-se em semicampo), tendo como padrão de comparação os produtos fitossanitários.

i. Modelos de simulação

Os modelos matemáticos para parasitoides-pragas e predadores-pragas servem como instrumento para tomada de decisão para implementação de programas de CB. A confecção desses modelos depende da "alimentação" com os dados mencionados, básicos ou aplicados, resultados das diferentes etapas discutidas. Estudos de zoneamento de pragas e de parasitoides, e predadores com base em fatores bióticos e abióticos, poderão ser fundamentais para avaliar os locais em que o parasitoide ou predador coexistam com a praga, bem como a dinâmica populacional desses parasitoides e predadores (*vide* capítulo 20).

Sequência de um programa de CB

Nas etapas mencionadas ficou clara a necessidade de ação interativa e conjunta de especialistas de diferentes áreas, desde um taxonomista, passando por biólogos, biologistas moleculares, ecólogos, entomologistas econômicos, engenheiros, especialistas em amostragem, fisiologistas de plantas, especialistas em modelagem, entre outros.

É conveniente salientar que as etapas mencionadas devem ser realizadas em laboratório, semicampo e campo. Tem de haver um equilíbrio entre as etapas. Muitas vezes existem muitos dados de campo, e o programa carece de dados básicos de laboratório e vice-versa (Figura 1).

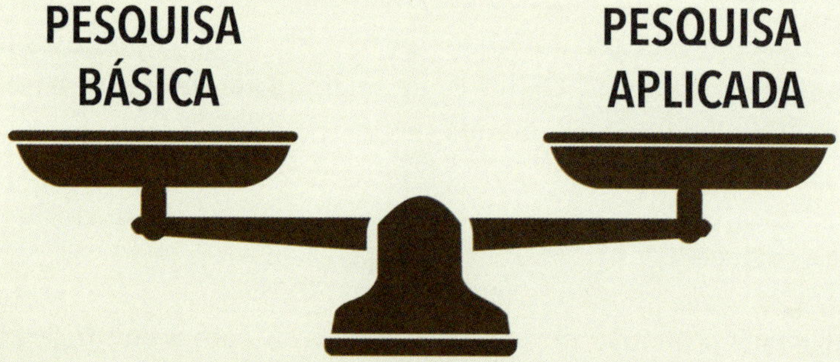

Figura 1. Equilíbrio entre pesquisa básica e aplicada.

É óbvio que as etapas a, b, c e d devem ser realizadas em laboratório; por outro lado, as etapas e, f e h devem ser realizadas em campo. Entretanto, a relação parasitoide ou predador/praga, deve ser calibrada em semicampo, para posterior teste no campo, bem como os testes de seletividade. Alguns testes de danos de pragas seguem a mesma linha: calibração em semicampo e posterior avaliação definitiva no campo. Os testes de dispersão do inimigo natural podem ser feitos em campo, utilizando-se, por exemplo, marcadores moleculares mitocondriais (*vide* capítulo 8) (Coelho Jr. et al., 2016).

Para um programa de CB atingir o usuário deve ter uma certa lógica (Ridgway & Inscoe, 1998; Sá & Parra, 1993; Parra et al., 2002a). A despeito das etapas mencionadas existe uma sequência de eventos resumida nos seguintes itens (Figura 2):

Figura 2. Etapas para desenvolvimento de um programa de Controle Biológico (Parra et al., 2002b).

1. **Seleção da(s) cultura(s) e do(s) inimigo(s) natural(is)**
2. **Criação de pequeno porte do hospedeiro e do(s) inimigo(s) natural(is) para desenvolvimento de pesquisas básicas**
3. **Desenvolvimento de um sistema de criação massal**
4. **Avaliação do custo/benefício**
5. **Transferência da tecnologia ao usuário**

1. Seleção da(s) cultura(s) e do(s) inimigo(s) natural(is)

A seleção da cultura dependerá da importância da mesma, e do número de pragas-chave existentes. Quanto maior o número de pragas, maior será a dificuldade para implantar o programa, dada à especificidade do CB (*vide* capítulo 1). Uma vez definida a cultura, será selecionada a praga que, obviamente deve ser uma ou mais praga-chave, que exige aplicação excessiva (irracional) de produtos químicos, ou que houve problemas de seleção de material resistente aos produtos fitossanitários utilizados; se se tratar de um produto para exportação, as próprias exigências do mercado internacional poderão levar à exigência de medidas alternativas de controle, no caso, o CB; em alguns casos, a inexistência de produtos que controlem a praga (retirada de produtos do mercado ou dificuldade e custo de síntese de novos produtos fitossanitários que atendam às exigências do consumidor) poderão levar à implantação de programas de CB.

Definida(s) a(s) pragas(s) recorre-se a uma revisão de literatura para saber se já existem referências no Brasil ou em outros países com parasitoides ou predadores da praga visada. Se for uma praga exótica, muitas vezes há necessidade de importar o inimigo natural, obedecendo às exigências quarentenárias da importação. Outras vezes, devem ser coletadas as diferentes fases de desenvolvimento da praga visada, para ver se ocorre a emergência de adultos do parasitoide ou se o predador está presente.

Uma vez definidas a cultura e a praga, é fundamental que, por meio de tabelas de vida, se estabeleça o fator-chave de seu crescimento populacional; a partir daí, escolhe-se um parasitoide ou predador de ovo, larva (ninfa), pupa ou adulto em função desse resultado da tabela de vida. Assim, Botelho (1985) determinou que o fator-chave do crescimento populacional de *Diatraea saccharalis* é a fase de ovo. A partir desse resultado, implementou-se o controle biológico da espécie citada com um parasitoide de ovos, *Trichogramma galloi*, atualmente liberado em 3 milhões de ha (JRPParra, informação pessoal).

2. Criação de pequeno porte do hospedeiro e do(s) inimigo(s) natural(is) para desenvolvimento de pesquisas básicas

Com base nos conhecimentos atuais, para criação de inimigos naturais, é necessário que sejam criadas duas espécies de insetos, o hospedeiro natural ou alternativo e o inimigo natural (*vide* capítulo 15). Assim, uma criação de pequeno porte ou de pesquisa, é fundamental para o estabelecimento da futura criação massal, base do CBA. Define-se o hospedeiro mais adequado, seja natural ou alternativo, assim como, obviamente, as técnicas de criação. A praga e o inimigo natural devem ser pesquisados nos seus aspectos biológicos, fisiológicos, nutricionais (bioquímica), de biotecnologia, genética e relação hospedeiro/inimigo natural (Jervis, 2005).

As pesquisas básicas são fundamentais para o sucesso de qualquer programa de CB, considerando-se os fatores bióticos e abióticos que afetam as duas espécies.

A criação de parasitoides ou predadores *in vitro* foi muito estudada no final do século passado e no início do século 21. Entretanto, embora tenham ocorrido avanços no Brasil com resultados para as espécies *Habrobracon hebetor* Say, *Trichogramma galloi*, *T. pretiosum* e *T. atopovirilia*, ainda não são competitivas com espécies de *Trichogramma* e de *H. hebetor* criados em *A. kuehniella*.

3. Desenvolvimento de um sistema de criação massal

A criação massal é a base de um programa de Controle Biológico Aplicado, embora ela isoladamente, não seja suficiente para que um programa como um todo seja bem-sucedido. Não se pode iniciar uma criação massal sem antes ter existido a criação de pesquisa. É através desta, desenvolvendo toda a tecnologia em universidades ou institutos de pesquisa, que vai se fazer um ajuste de escala numa criação massal. Para tal ajuste, que permite, por exemplo, que se passe de 10 g de ovos da traça, *Anagasta kuehniella*, para produção de *Trichogramma*, numa criação de pesquisa, para 40 kg de ovos produzidos por uma empresa, deve haver um laboratório adequado, com o mínimo de instalações que permitam a produção de inimigos naturais de boa qualidade, sem problemas de contaminação (a sanidade é um dos grandes problemas em criações massais) a um custo razoável e num sistema automatizado (*vide* capítulo 15).

As dietas artificiais para criação dos hospedeiros, especialmente a partir da década de 1970, permitiram essas grandes criações. No início, as criações massais eram subvencionadas pelo governo; atualmente, existem empresas que fazem o desenvolvimento de tais criações.

4. Avaliação do custo/benefício

O custo/benefício deve ser compatível com a cultura e com outras medidas de controle. É conveniente salientar que, no caso de CB, além do aspecto econômico, devem ser considerados os aspectos ecológicos (ambientais) e sociais. Quanto à cultura, deve ser respeitada a sua rentabilidade, pois não podem ser recomendadas muitas liberações de inimigos naturais em culturas de baixa rentabilidade.

5. Transferência da tecnologia ao usuário

Após o desenvolvimento da tecnologia, ela vai ser transferida ao usuário. O governo deveria ter um serviço de extensão para tal transferência, que nem sempre é eficiente em todos os estados brasileiros.

Todos os casos de sucesso no Brasil tiveram o suporte de entidades ou órgãos que tinham fortes serviços de atendimento ao usuário, atendendo-o diretamente, divulgando a tecnologia por meio de publicações, promovendo "dias de campo", campos de demonstração etc. Assim, o CB da broca-da-cana com *Cotesia flavipes* (Cameron) foi apoiado pelo Instituto do Açúcar e do Álcool (IAA), pelo Planalsucar (hoje UFScar) e pela Copersucar (hoje CTC); o controle de *Tuta absoluta* (Meyrick) com *T. pretiosum* pela Embrapa Semi Árido; os pulgões do trigo com parasitoides importados pela Embrapa Trigo; o controle da cochonilha-da-mandioca no Nordeste, pela Embrapa Mandioca e Fruticultura, entre outros (Parra et al., 2002b). De forma análoga o controle de *Phyllocnistis citrella* com o parasitoide importado *Ageniaspis citricola* foi apoiado pelo Fundo de Defesa da Citricultura (Fundecitrus) e o controle do psilídeo *Diaphorina citri,* vetor do HLB, com *Tamarixia radiata.* (Waterston) também pelo Fundecitrus e Citrosuco (Parra et al., 2016).

Nos últimos dez anos, aumentou o número de empresas comercializando agentes de CB, e essa transferência é feita por elas. Logicamente, deve haver um rigoroso controle de qualidade nessas empresas – com uma legislação mais forte, ainda carente no país –, feito pelas Universidades e Institutos de pesquisa. Nesses casos, as diferentes etapas, incluindo transporte, armazenamento de produto e forma de liberação (*vide* capítulo 17) serão acompanhados por um responsável ligado à empresa, tendo em vista o desconhecimento do assunto entre os agricultores brasileiros.

Como vivemos numa era digital, esse serviço será facilitado pela Internet, aplicativos, modelos matemáticos apropriados que serão mais "explorados" pelos grandes produtores de nossos sistemas de produção em grandes áreas. Estações de aviso, como as já existentes no Brasil para controle da sarna da macieira em Santa Catarina, serão aperfeiçoadas com as modernas tecnologias disponíveis (*vide* capítulo 20).

O clima pode causar insucesso do CB (35%), ao parasitismo ou predação por fauna nativa (20%) a à falta de hospedeiro alternativo ou alimento (17%); ao lado da falta de sincronização, ausência de refúgio, competição, falta de alimento para adultos, baixa taxa reprodutiva do parasitoide ou predador, número inadequado dos inimigos naturais na liberação ou migração para outras áreas (Stiling, 1993). E, sem dúvida, a transferência da tecnologia ao usuário, um dos problemas para que ocorra maior utilização do CB (Figura 2).

Considerações finais

Para o sucesso em programas de CB, devem ocorrer ações inter e multidisciplinares com especialistas de diferentes áreas, envolvendo taxonomia, técnicas de criação, estudo de agentes biológicos e comportamentais, dinâmica dos parasitoides e/ou predadores, aspectos e forma e intervalo de liberação, bem como número de insetos liberados em função da sua dispersão, relacionado com a fenologia da planta. Em culturas com diversas pragas, leva-se em conta a seletividade de produtos químicos a serem aplicados. O custo e a eficiência de controle devem ser avaliados, incluindo o programa com um modelo matemático envolvendo o parasitoide ou predador e respectiva praga que servirá como instrumento para tomada de decisão. A criação massal do agente de CB bem como a transferência da tecnologia ao usuário, representarão a sustentação do programa desenvolvido.

O registro de *Helicoverpa armigera* (Hübner) no Brasil, em 2013, pode ser considerado um dos grandes marcos do CB no país pois, à época, a inexistência de opções químicas levou à utilização de *T. pretiosum* e vírus para controlar a praga, embora não houvesse disponibilidade de insumos biológicos para todos os interessados. Isso coincidiu também com a existência de programas inter e multidisciplinares de CB disponíveis ao agricultor, obedecendo ao cronograma descrito no presente capítulo. Essa evolução foi resultante de uma aparente mudança da cultura do agricultor brasileiro, ainda muito ligada a químicos e ao treinamento a partir de 1960, em cursos de pós-graduação em Entomologia. Desde então, um alto percentual de pesquisadores se formaram em CB (20-25%), permitindo os avanços na área e com uma filosofia de programas inter e multidisciplinares. A criação da Sociedade Entomológica do Brasil (SEB) foi também emblemática para tais avanços.

Houve avanços até na área de produção *in vitro* de *Trichogramma* spp. (Cônsoli & Parra, 1999a, 1999b; Dias et al., 2010; Gomes et al., 2001; Parra & Cônsoli, 1992) e *Habrobracon hebetor* (Magro & Parra, 2004). Estes estudos incentivaram o surgimento de grupos de pesquisa com programas inter e multidisciplinares em diferentes estados do país (Parra et al., 2015).

As empresas que agora começam a aumentar serão as responsáveis pela transferência da tecnologia gerada, levando a avanços do CB no Brasil e em outros países, porém sempre com base em programas de CB com essa visão inter e multidisciplinar.

Referências Bibliográficas

Basso, C. & Grille, G. (Orgs.). (2009). *Relaciones entre organismos en los sistemas hospederos-parasitoides- simbiontes*. Montevidéu: Faculdad de Agronomia de Uruguay. 226 p.

Botelho, P. S. M. (1985). *Tabela de vida ecológica e simulação da fase larval da Diatraea saccharalis (Fabr., 1794) (Lep.: Pyralydae)*. 127 p. (Tese) Universidade de São Paulo / Escola Superior de Agricultura "Luiz de Queiroz".

Chagas, M. C. M., Parra, J. R. P., Nascimento, A. S., Parra, A. L. G. C. & Yamamoto, P. T. (2002). *Ageniaspis citricola*: Criação e Estabelecimento no Brasil. In: Parra, J. R. P., Botelho, P. S. M., Correa-Ferreira, B. S. & Bento, J. M. S. (Eds.), *Controle Biológico no Brasil: Parasitoides e Predadores*. São Paulo: Manole. 377–394.

Coelho Jr., A., Rugman-Jones, P. F., Reigada, C., Stouthamer, R. & Parra, J. R. P. (2016). Laboratory Performance Predicts the Success of Field Releases in Inbred Lines of the Egg Parasitoid *Trichogramma pretiosum* (Hymenoptera: Trichogrammatidae). *PLOS ONE, 11*(1), e0146153.

Cônsoli, F. L. & Parra, J. R. P. (1999a). In vitro rearing of parasitoids: Constraints and perspectives. *Trends Entomology, 2*, 19–32.

Cônsoli, F. L. & Parra, J. R. P. (1999b). Development of an artificial host egg for in vitro egg laying of *Trichogramma galloi* and *T. pretiosum* using plastic membranes. *Entomologia Experimentalis et Applicata, 91*(2), 327–336. https://doi.org/10.1046/j.1570-7458.1999.00499.x

Cônsoli, F. L., Parra, J. R. P. & Zucchi, R. A. (Eds.). (2010). *Egg parasitoids in Agroecosystems with emphasis on Trichogramma*. Nova York: Springer. 486 p.

CropLife (2020). Controle biológico faz parte do futuro da agricultura. Disponível em: https://croplifebrasil.org/conceitos/controle-biologico/

Dias, N. S., Parra, J. R. P. & Cônsoli, F. L. (2010). Egg laying and development of Neotropical trichogrammatid species in artificial eggs. *Entomologia Experimentalis et Applicata, 137*(2), 126–131. https://doi.org/10.1111/j.1570-7458.2010.01045.x

Flanders, S. E. (1927). Biological control of the codling moth (*Carpocapsa pomonella*). *Journal of Economic Entomology, 20*(1), 644-645.

Gomes, J. G. (1963). Histórico do Controle Biológico no Brasil. *Arquivos do Instituto Biológico de São Paulo, 21*, 89–87.

Gomes, S. M., Grenier, S., Feeny, G., Guillaud, J. & Parra, J. R. P. (2001). Assimilação de proteínas pelo parasitoide de ovos *Trichogramma pretiosum* (Hymenoptera: Trichogrammatidae) criado em meio artificial. In: *Simpósio de Controle Biológico*, 7, Resumos... Poços de Caldas: UFLA / Embrapa.

Jervis, M. A. (Ed.) (2005). *Insects As Natural Enemies*. Nova York: Springer Netherlands. 748 p. https://doi.org/10.1007/978-1-4020-2625-6

Lewis, J., Perkins, W. D. & Voegele, J. (1976). Production and Performance of *Trichogramma* Reared on Eggs of *Heliothis zea* and Other Hosts. *Environmental Entomology*, *5*(3), 449–452.

Lopes, J. (1988). *Estudos bioetológicos de Trichogramma galloi (Zucchi, 1988) (Hymenoptera: Trichogrammatidae) para controle de Diatraea saccharalis (Fabr., 1794) (Lep., Pyralidae).* 123 p. (Dissertação) Universidade de São Paulo / Escola Superior de Agricultura "Luiz de Queiroz".

Magro, S. R. & Parra, J. R. P. (2004). Comparison of artificial diets for rearing *Bracon hebetor* Say (Hymenoptera: Braconidae). *Biological Control*, *29*(3), 341–347. https://doi.org/https://doi.org/10.1016/j.biocontrol.2003.07.001

Moraes, G. W. G., Brun, P. G. & Soares, L. A. (1983). Insetos x insetos nova alternativa para o controle de pragas. *Ciência Hoje*, *1*, 70–77.

Nagarkatti, S. & Nagaraja, H. (1971). Redescriptions of some known species of *Trichogramma* (Hym., Trichogrammatidae), showing the importance of the male genitalia as a diagnostic character. *Bulletin of Entomological Research*, *61*(1), 13–31. https://doi.org/DOI: 10.1017/S0007485300057412

Parra, J., Zucchi, R., Coelho Jr., A., Geremias, L. & Cônsoli, F. (2015). *Trichogramma* as a tool for IPM in Brazil. In: Vinson, S., Greenberg, S., Liu, T., Rao, A. & Volosciuk, L. (Eds.), *Biological Control of Pests Using Trichogramma: Current Status and Perspectives.* Yangling: Northwest A&F University Press. 472–496p.

Parra, J., Zucchi, R. & Silveira Neto, S. (1986). Biological control of pests throught egg parasitoids of the genera *Trichogramma* and/or *Trichogrammatoidea*. *Memórias do Instituto Oswaldo Cruz*, *82*, 153–160.

Parra, J. R. P. & Zucchi, R. A. (1997). *Trichogramma e o controle biológico aplicado.* Piracicaba: FEALQ. 324 p.

Parra, J. R. P., Botelho, P. S. M., Correa-Ferreira, B. S. & Bento, J. M. S. (2002a). Controle Biológico: Terminologia. In: Parra, J. R. P., Botelho, P. S. M., Correa-Ferreira, B. S. & Bento, J. M. S. (Eds.), *Controle Biológico no Brasil: Parasitoides e Predadores.* São Paulo: Manole. 1-16.

Parra, J. R. P., Botelho, P. S. M., Correa-Ferreira, B. S. & Bento, J. M. S. (2002b). Controle biológico: Uma visão inter e multidisciplinar. In: Parra, J. R. P., Botelho, P. S. M., Correa-Ferreira, B. S. & Bento, J. M. S. (Eds.), *Controle Biológico no Brasil: Parasitoides e Predadores.* São Paulo: Manole. 125-137.

Parra, J. R. P., Botelho, P. S. M. & Pinto, A. S. (2010). Controle biológico de pragas como um componente-chave para o produção sustentável da cana-de-açúcar. In Cortez, L. A. B. (Eds.), *Bioetanol de cana-de-açúcar P&D para produtividade e sustentabilidade.* São Paulo: Blucher. 441-450

Parra, J. R. P., Coelho Jr., A., Geremias, L. D., Bertin, A. & Ramos, C. J. (2014). *Criação de Anagasta kuehniella em pequena escala, para produção de Trichogramma*. Piracicaba: Occasio. 37p.

Parra, J. R. P. & Cônsoli, F. L. (1992). In vitro rearing of *Trichogramma pretiosum* Riley, 1879. *Ciência e Cultura*, *44*, 407–409.

Parra, J. R. P. & Zucchi, R. A. (1986). O uso de *Trichogramma* no controle de pragas. In: O. Nakano, S. Silveira-Neto, J. R. P. Parra & R. A. Zucchi (Eds.), *Atualização sobre métodos de controle de pragas*. Piracicaba: FEALQ. 54–75

Parra, J. R. P. & Zucchi, R. A. (2004). *Trichogramma* in Brazil: feasibility of use after twenty years of research. *Neotropical Entomology*, *33*, 271–281.

Parra, J. R. P., Alves, G. R., Diniz, A. J. F. & Vieira, J. M. (2016). *Tamarixia radiata* (Hymenoptera: Eulophidae) × *Diaphorina citri* (Hemiptera: Liviidae): Mass Rearing and Potential Use of the Parasitoid in Brazil. *Journal of Integrated Pest Management*, *7*(1), 1–11. https://doi.org/10.1093/jipm/pmw003

Pinto, J. (1997). Taxonomia de Trichogrammatidae (Hymenoptera) com ênfase nos gêneros que parasitam Lepidoptera. In: Parra, J. R. P. & Zucchi, R. (Eds.), *Trichogramma e o controle biológico aplicado*. Piracicaba: FEALQ. 13-39

Querino, R. B., Zucchi, R. A. & Pinto, J. D. (2010). Systematics of the *Trichogramma* (Hymenoptera: Chalcidoidea) with a focus on the genera attacking Lepidoptera. In: Cônsoli, F. L., Parra, J. R. P. & Zucchi, R. A. (Eds.), *Egg parasitoids in Agroecosystems with enphasis on Trichogramma.* Nova York: Springer. 191-218.

Ridgway, R. L. & Inscoe, M. N. (1998). Mass-reared natural enemies for pest control: trends and challenges. In: Ridgway, R. L. Hoffman, R. L., Inscoe, M. N. & Glenister, C. S. (Eds.), *Mass-reared natural enemies: application, regulation and needs*. Anapolis: ESA, 1-26.

Sá, L. A. N. & Parra, J. R. P. (1993). Efeito do número e intervalo entre liberações de *Trichogramma pretiosum* Riley no parasitismo e controle de *Helicoverpa zea* (Boddie), em milho. *Scientia Agricola*, *50*(3), 355–359. https://doi.org/10.1590/s0103-90161993000300006

Stiling, P. (1993). Why Do Natural Enemies Fail in Classical Biological Control Programs? *American Entomologist*, *39*(1), 31–37. https://doi.org/10.1093/ae/39.1.31

Vinson, S. B., Greenberg, S. M., Liu, T. X., Rao, A. & Voloscluk, L. F. (Eds.). (2015). *Biological Control of Pests Using Trichogramma: Current Status and Perspectives*. Yangling: Northwest Publishing House. 496 p.

Wajnberg, E. & Hassan, S. A. (Orgs.). (1994). *Biological Control with Egg Parasitoids*. Wallingford: CABI. 304 p.

CAPÍTULO 3

Taxonomia e controle biológico: uma relação mútua

ROBERTO ANTONIO ZUCCHI

A natural enemy species, perhaps undescribed and new to science, but wrongly given the name of a described species, may be as effectively hidden as if it was never collected.
Paul DeBach (1960)

Introdução

A taxonomia é etapa básica e crucial para qualquer pesquisa no campo das ciências biológicas. É o ponto inicial para o levantamento de toda literatura pregressa de um determinado organismo e da discussão de novos dados. Com relação ao controle biológico de pragas agrícolas, nenhum pesquisador definiu tão bem a inter-relação da taxonomia e o controle biológico como Sabrosky (1955): "*From no other part of economic entomology can the taxonomist learn so much and, conversely, in no other branch of economic entomology is taxonomy so vital as in biological control*". Essa frase sintetiza, de forma definitiva, a importância do conhecimento taxonômico para o controle biológico e a relevância dos estudos biológicos no esclarecimento da identidade de uma determinada espécie de praga e de seus parasitoides.

Embora a identificação do inimigo natural seja a etapa básica para o estabelecimento do controle biológico, em geral, o estudo taxonômico é negligenciado entre os entomologistas da área agrícola. De fato, a identificação do inimigo natural e também da praga-alvo é uma preocupação principalmente na fase inicial do controle biológico. Em geral, a interação do entomologista agrícola com a taxonomia resume-se ao envio de espécimes para serem identificados por um especialista para a obtenção de um nome. Após a identificação, o nome científico da espécie é usado indefinidamente, sem que nenhum outro estudo taxonômico seja conduzido durante o desenvolvimento do programa. Portanto, uma vez identificada a espécie do inimigo natural, a taxonomia é considerada uma etapa cumprida no cronograma do controle biológico. Todavia, a taxonomia é uma etapa que precisa ser desenvolvida enquanto durar o programa de controle biológico. A identidade da espécie precisa ser confirmada periodicamente, principalmente em se tratando de parasitoides, que em geral são insetos diminutos. Ademais, os estudos taxonômicos devem ser iniciados previamente à implantação do controle biológico, pois é preciso identificar os inimigos naturais presentes na área, antes da liberação do inimigo natural para o controle da praga-alvo. Sem levantamento prévio, será impossível estabelecer a eficiência do inimigo natural liberado na área.

Infelizmente, nem sempre é possível contar com um taxonomista em um programa de controle biológico. Com a falta de incentivo, há cada vez menos taxonomistas em todo mundo. Provavelmente, esse problema pode ser contornado, com o treinamento de um pesquisador ou de um técnico do programa de controle biológico por um taxonomista. Assim, esses participantes do programa teriam condições de confirmar periodicamente a identidade do inimigo natural da criação, de organizar uma coleção de *voucher specimens* (espécimes-testemunha) e também de avaliar a eficiência do controle por meio da recaptura do inimigo natural liberado. Esse sistema foi adotado no Projeto *Trichogramma* da ESALQ, que teve a taxonomia como uma etapa do cronograma, desde a implantação em 1984. Para atender ao projeto, foram desenvolvidos estudos taxonômicos, que foram repassados a outros pesquisadores e alunos de pós-graduação, os quais têm dado sustentação taxonômica ao projeto até os dias atuais.

Qualquer programa de controle biológico depende primordialmente da identificação acurada da espécie tanto do inimigo natural como da praga-alvo. Vários programas sofreram atrasos ou fracassaram em razão das identificações erradas dos inimigos naturais (DeBach, 1960; Danks, 1988; Bin et al., 2012; Andersen & Wagner, 2016). Em razão disso, a importância da taxonomia no controle biológico é abordada por vários autores e exemplificada com diversos casos observados em todo o mundo (Sabrosky, 1955; DeBach, 1974; Rosen, 1986). Portanto, por mais que um programa de controle biológico esteja bem estruturado (laboratórios, equipamentos, suporte técnico, apoio financeiro etc.), o sucesso do programa dependerá basicamente da acurada identificação da praga e de seus inimigos naturais.

Neste capítulo, a relevância da taxonomia para o controle biológico de pragas (vice-versa) será discutida com ênfase nos estudos taxonômicos, desenvolvidos no Laboratório de Taxonomia de Insetos da ESALQ, com os parasitoides de ovos do gênero *Trichogramma* e com os braconídeos parasitoides de moscas-das-frutas.

Atividades taxonômicas no controle biológico

Os procedimentos taxonômicos em um programa de controle biológico são semelhantes ao empregado em qualquer outra área do conhecimento biológico. Basicamente, cinco procedimentos fazem parte da rotina de um estudo taxonômico: coleta, montagem, etiquetagem, coleção (organização e preservação) e identificação dos inimigos naturais.

A coleta em um programa de controle biológico deve ser realizada na área de distribuição da praga-alvo, onde há mais chance de coletar os seus inimigos naturais. Da mesma forma, é importante conhecer as plantas hospedeiras da praga (cultivadas ou não). Essa informação aumenta a possibilidade de encontrar os inimigos naturais nas plantas hospedeiras com infestação da praga. Os ovos e os estágios imaturos parasitados da praga-alvo deverão ser coletados para obtenção dos inimigos naturais. Entretanto, as fases não parasitadas também deverão ser coletadas e mantidas em laboratório para a emergência dos adultos, para a confirmação e identificação da praga-alvo. Se a praga se desenvolve no interior de ramos, folhas, frutos, essas partes da planta hospedeira deverão ser também coletadas, levadas ao laboratório, para a obtenção dos inimigos naturais. A coleta dessas partes da planta hospedeira é relevante, pois parte dos inimigos naturais coletada poderá ser criada para o desenvolvimento do programa de controle biológico. Os adultos da praga também deverão ser coletados na área, identificados e depositados na coleção. O tipo de armadilha dependerá dos inimigos naturais a serem coletados. Em geral, são usadas armadilhas de Malaise, bandejas d'água, armadilhas com ovos do hospedeiro etc. A conservação dos insetos coletados é uma etapa importante antes da montagem e também para os espécimes que serão usados em estudos moleculares (Schauff, 2018). Os espécimes são conservados em etanol 70-80%, entretanto, para estudos moleculares devem ser colocados, ainda vivos, em etanol 95%.

A montagem precisa ser feita de modo a expor os principais caracteres taxonômicos do espécime, para facilitar a identificação. A montagem pode ser, dependendo do tamanho do parasitoide, em lâminas de microscópio (Querino & Zucchi, 2011) ou em dupla montagem (Heraty et al., 2018).

As informações na etiqueta são tão fundamentais quanto a montagem correta do espécime. Portanto, a etiquetagem dos insetos é crucial, pois insetos sem etiquetas não têm valor científico. As informações nas etiquetas têm de ser precisas e completas, visto que ambiguidade e imprecisão em uma etiqueta frequentemente são obstáculos para as investigações científicas (Stuckenberg & Irwin, 1973). As etiquetas fornecem dados relevantes sobre o espécimen coletado (Heraty et al., 2018). Os dados básicos da etiqueta são (1) local de coleta, (2) coordenadas geográficas, (3) altitude, (4) data de coleta, (5) método de coleta e (6) nome(s) do(s) coletor(es), além de informações adicionais, por exemplo, hospedeiro, comportamento (parasitando, forrageando etc.). Os microcomputadores atuais permitem a elaboração de etiquetas pequenas com muitos dados, permanentes e legíveis. Com base nos dados da etiqueta é possível fixar a localidade-tipo, estabelecer a distribuição geográfica, a época de ocorrência, os hospedeiros, redescobrir a espécie na natureza etc. Quando o espécime for identificado, recebe outra etiqueta com o nome da espécie, nome do autor da espécie, ano da descrição e o nome do pesquisador que identificou a espécie. As etiquetas de um espécime devem ser mantidas para sempre no espécime, ou seja, se o nome científico da espécie foi mudado, o pesquisador que procedeu à identificação acrescentará nova etiqueta, mas não retirará a etiqueta de identificação anterior. Portanto, no espécime podem ser usadas várias etiquetas, dependendo da quantidade de dados obtidos durante a coleta e dos estudos envolvidos com o exemplar. Os dados das etiquetas auxiliam no esclarecimento, entre outros, da identidade e distribuição geográfica do parasitoide, dos registros de hospedeiros, sempre que as informações da literatura sejam duvidosas. Os dados da etiqueta são cruciais, visto que, em muitos casos, os registros de parasitoides e seus hospedeiros, publicados em listas e catálogos, nem sempre são confiáveis (Noyes, 1994).

A coleção é referência para todo material estudado (*voucher specimens*). Qualquer dúvida na identificação ou novos procedimentos taxonômicos poderão ser realizados nos espécimes depositados na coleção. Portanto, os exemplares etiquetados devem ser mantidos em uma coleção em condições que os preservem. Nessa coleção, deverão ser mantidos os parasitoides de interesse do programa e também todos aqueles coletados na área, incluindo espécies próximas àquelas criadas no laboratório. Com base nos espécimes depositados em uma coleção, é possível estabelecer a procedência dos parasitoides e desenvolver estudos morfométricos. Por exemplo, a origem de duas espécies crípticas (*Cales noacki* Howard e *C. rosei* Mottern – Hymenoptera, Aphelinidae), parasitoides da mosca-branca-dos-citros (*Aleurothrixus floccosus* Maskell – Hemiptera, Aleyrodidae), puderam ser esclarecidas com base em espécimes depositados em museu (Mottern & Heraty, 2014). Esses autores recomendam o depósito de pelo menos 20 *voucher specimens* de cada sexo em uma coleção com curadoria. Os espécimes da coleção serão fundamentais para a comparação com aqueles coletados posteriormente nas áreas do controle biológico. Entretanto, na maioria dos artigos não voltados à taxonomia, publicados em revistas entomológicas, não há menção aos espécimes-testemunha, portanto, a validação das identificações taxonômicas nesses artigos não pode ser realizada (Packer et al., 2018).

A identificação taxonômica, em geral, é problemática, tendo em vista a redução no número de taxonomistas em todo mundo. Às vezes, é preciso enviar espécimes para especialista no exterior. Nesse caso, é preciso conhecer a legislação brasileira para obter as licenças para o envio dos espécimes, para evitar problemas legais. Os espécimes identificados por especialistas devem ser mantidos em uma coleção e serão importantes referências para o estudo comparativo com outros espécimes coletados, para confirmação da espécie.

Identificação da espécie

A taxonomia é a ciência da classificação, caracterização e denominação dos táxons. A taxonomia alfa diz respeito à categoria da espécie e a taxonomia beta, às categorias superiores. A espécie é a unidade básica, entretanto, a delimitação da espécie depende da ideia teórica sobre o que é a espécie, cuja definição é assunto controverso entre os pesquisadores. Entre os mais de 20 conceitos de espécies, o conceito usado para a delimitação da espécie influenciará na análise e interpretação dos dados (Schlick-Steiner et al., 2010). Com relação ao controle biológico, a identificação da espécie é importante tanto para a praga-alvo como para o parasitoide. Uma vez identificada a praga, sua distribuição geográfica e suas plantas hospedeiras são também conhecidas. Assim, é possível estabelecer os locais e as culturas, onde os prováveis inimigos naturais devem ser amostrados, para implantar um programa no próprio país da coleta ou em outro país (introdução de espécie exótica) e para elucidar a identificação da espécie. A caracterização morfológica ou com marcadores moleculares dos inimigos naturais, no início do programa, é um fator importante na seleção dos agentes de controle biológico (Hoelmer & Kirk, 2005).

A taxonomia tem valor prático e decisivo na tomada da decisão em um programa de controle biológico. Entretanto, a delimitação de uma espécie é tarefa complexa, pois nem sempre a identificação pode ser baseada exclusivamente em caracteres morfológicos. A ocorrência de espécies crípticas (duas ou mais populações morfologicamente semelhantes, mas reprodutivamente isoladas) pode dificultar sobremaneira a taxonomia em um programa de controle biológico. O desconhecimento da ocorrência de espécies crípticas é uma das causas do insucesso de vários programas de controle biológico. As espécies crípticas são comuns entre os parasitoides, as quais podem diferir na preferência dos hospedeiros e em outras características biológicas (Mottern & Heraty, 2014).

Os caracteres taxonômicos (atributos peculiares de um organismo), em geral, são baseados nos caracteres morfológicos, mas outros caracteres (biológicos, genéticos, comportamentais, moleculares etc.) têm sido usados na identificação das espécies. Os caracteres morfológicos têm sido usados com mais frequência, pois a maioria das espécies são identificadas com base em espécimes depositados em museus. A taxonomia tradicional tem sua relevância, pois o primeiro passo para identificar um táxon (conhecido ou novo), geralmente, é baseado em caracteres morfológicos. Entretanto, nem sempre os caracteres morfológicos são suficientes para esclarecer a identidade de uma espécie. Todavia, a partir da taxonomia tradicional, pode-se aprimorar o conhecimento dos táxons e separar espécies relacionadas por meio de outros caracteres taxonômicos (biológicos, fisiológicos, genéticos etc.) ou pela combinação de vários caracteres (taxonomia integrativa).

A morfologia externa e interna (p. ex., genitália) permite agrupar ou separar espécies com base na forma das estruturas, as quais podem ser medidas para a identificação e/ou caracterização da espécie. A morfometria corresponde à análise estatística das medidas lineares entre os pontos de estruturas morfológicas. Assim, a caracterização e/ou identificação de espécies pode ser baseada nos estudos morfométricos. Esses estudos fundamentam-se em análises estatísticas multivariadas (análise de componentes principais, de variâncias canônicas, funções discriminantes) de grupos de variáveis quantitativas (comprimento, largura, altura e ângulos) (Toro Ibacache et al., 2010). Assim, na morfometria, também denominada morfometria tradicional, não se analisa a forma das estruturas. Na década de 1980, surgiu a morfometria geométrica, que além de quantificar as formas biológicas, faz inferências sobre as causas que provocam as diferenças de forma. A morfometria geométrica é uma análise estatística da forma, que não se baseia em medidas ou ângulos, mas nos marcos anatômicos homólogos (coordenadas cartesianas) (Monteiro & Reis, 1999). As deformações na geometria da forma da estrutura podem ser representadas graficamente. Na morfometria geométrica, são usados praticamente os mesmos métodos estatísticos da tradicional, sendo as análises realizadas com auxílio de programas para microcomputadores. Além do uso em taxonomia, a morfometria geométrica pode ser empregada em várias áreas da biologia, com diversos grupos de animais, para esclarecer aspectos relacionados, por exemplo, com dimorfismo sexual, variação geográfica, alometria etc. (Fornel & Cordeiro-Estrela, 2012). Esses autores apresentaram uma revisão sobre a morfometria geométrica e a análise dos dados morfométricos.

Além desses caracteres morfológicos e morfométricos, os caracteres biológicos (reprodução, comportamento, preferência por hospedeiros etc.), são importantes também no esclarecimento da identificação da espécie (DeBach, 1969). Os estudos biológicos de inimigos naturais possibilitam a descoberta de espécies crípticas. Esse conhecimento é de grande importância, pois várias introduções de inimigos naturais foram pouco eficientes em razão do desconhecimento de que a espécie introduzida correspondia a um complexo de espécies crípticas (Clarke & Walter, 1995).

Na última década, a importância da taxonomia molecular aumentou, devido principalmente ao uso de conjunto de dados moleculares de múltiplos loci (Vitecek et al., 2017). As análises moleculares são usadas para a identificação e a delimitação de táxons com base em marcadores moleculares. Essas análises foram usadas também para o esclarecimento dos complexos de espécies crípticas de pragas agrícolas e de seus inimigos naturais. Vários métodos moleculares são empregados na taxonomia de muitos grupos de animais. As vantagens e as limitações dos vários métodos moleculares foram discutidas por Andersen & Wagner (2016).

A taxonomia integrativa foi proposta para delimitar a espécie por meio de estudos múltiplos e complementares (morfologia, genética, ecologia, comportamento, filogeografia etc.) (Dayrat, 2005). A taxonomia integrativa não substitui a taxonomia tradicional, mas coordena os resultados de diferentes disciplinas visando a identidade da espécie (Schlick-Steiner et al., 2010).

Taxonomia de parasitoides

São apresentados alguns casos de identificação de parasitoides, realizados no Laboratório de Taxonomia de Insetos da ESALQ, como exemplos da taxonomia tradicional (caracteres morfológicos) e da taxonomia integrativa (caracteres morfológicos, morfométricos e moleculares). Os estudos taxonômicos foram realizados com dois grupos de parasitoides (Hymenoptera): (1) parasitoides de ovos do gênero *Trichogramma* e (2) braconídeos parasitoides de moscas-das-frutas. Esses estudos ilustram a relevância da taxonomia (tradicional e integrativa) para o desenvolvimento de pesquisas em controle biológico e o avanço no conhecimento taxonômico desses dois grupos de parasitoides. Ambos os grupos de parasitoides são importantes do ponto de vista econômico, visto que em vários laboratórios do Brasil são realizados estudos visando ao controle biológico com esses parasitoides. Algumas espécies de *Trichogramma* estão sendo produzidas comercialmente. Os braconídeos estão ainda na fase de pesquisas básicas (técnicas de criação e liberações em campo).

Parasitoides de ovos do gênero *Trichogramma*

As espécies de *Trichogramma* são micro-himenópteros (ao redor de 0,7 mm de comprimento), que parasitam ovos principalmente de lepidópteros. No mundo todo são conhecidas aproximadamente 230 espécies, das quais 44 ocorrem na América do Sul e 30 no Brasil. A taxonomia de *Trichogramma* avançou consideravelmente com o trabalho de Nagarkatti & Nagaraja (1971), que demonstraram a importância da genitália masculina para a identificação das espécies. A taxonomia tradicional do gênero é baseada nos caracteres morfológicos das antenas, escutelo, asas anterior e posterior e, principalmente, na genitália do macho. As estruturas (dorsais e ventrais) da genitália formam a cápsula genital. Além do formato, as medidas das distâncias das estruturas também têm importância taxonômica (Querino & Zucchi, 2011).

Os estudos taxonômicos na ESALQ desenvolveram-se inicialmente com base nos caracteres morfológicos, para atender ao Projeto *Trichogramma*. Posteriormente, foram realizados estudos morfométricos e moleculares. Esses estudos serão discutidos a seguir.

O projeto *Trichogramma* da ESALQ foi pioneiro na criação massal desse parasitoide no Brasil. O projeto iniciou-se em 1984, com o objetivo de desenvolver o controle biológico de vários lepidópteros de importância agrícola. Esse projeto apresentou uma característica peculiar, ou seja, desde sua implantação, a taxonomia foi incluída como parte integrante do cronograma de desenvolvimento. Até aquela data, praticamente não havia estudos taxonômicos de *Trichogramma* associados às pragas agrícolas no Brasil. Portanto, esses estudos iniciaram-se também com o próprio projeto. Assim, com base nos espécimes de *Trichogramma* coletados no desenvolvimento do projeto, foi organizada a primeira coleção desses parasitoides de ovos de pragas agrícolas no Brasil. Várias espécies foram coletadas e novas espécies foram descritas, como *T. galloi* Zucchi, que se mostrou eficiente no controle biológico da broca-da-cana, *Diatraea saccharalis* (Fabricius) (Lepidoptera, Crambidae). As identificações foram baseadas em caracteres morfológicos, principalmente na cápsula genital do macho (Figura 1A-D). Os estudos taxonômicos foram importantes também para a confirmação das espécies de *Trichogramma* criadas em laboratórios. Dessa forma, pôde-se constatar, em determinada ocasião, que a criação de *T. galloi* havia sido invadida por *T. pretiosum* Riley, parasitoide menos eficiente no controle da broca-da-cana (*vide* capítulo 8). A constatação desse fato implicou na adoção de novos procedimentos na criação dos parasitoides, para evitar que uma espécie não adequada ao controle da broca-da-cana fosse criada inadvertidamente no lugar da espécie mais eficiente (Zucchi, 2002). Portanto, a atividade taxonômica precisa ser conduzida durante todo o tempo de execução do projeto, para a identificação das espécies da criação (Zucchi & Monteiro, 1997). Essa atividade é mais crucial para a identificação ou confirmação das espécies de *Trichogramma*, em razão do reduzido tamanho dos espécimes e pela necessidade de montá-los em lâmina de microscópio.

Os estudos morfológicos foram fundamentais para esclarecer o registro de *T. minutum* Riley no Brasil. *Trichogramma minutum* era a única espécie

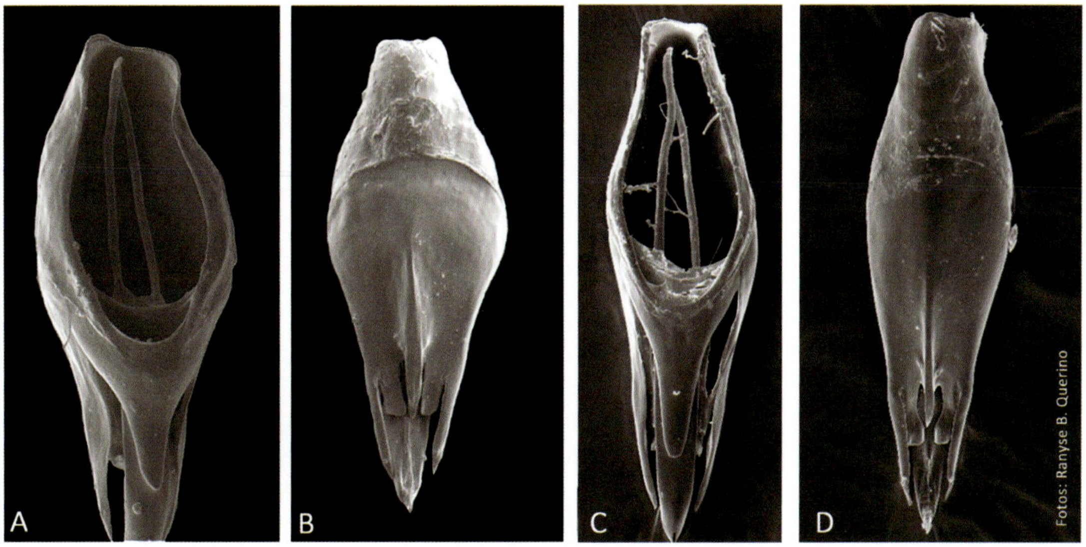

Figura 1. Cápsula genital do macho de *Trichogramma*. A e B - *T. galloi*; C e D - *T. pretiosum* (A, C - dorsal; B, D - ventral) (de Querino & Zucchi 2011).

do gênero parasitando várias pragas agrícolas (Silva et al., 1968). Entretanto, os vários registros desse parasitoide correspondiam a relatos sem comprovação taxonômica da identidade da espécie. A inexistência de *voucher specimens* (machos) impossibilita saber quais espécies foram estudadas nos trabalhos pioneiros de *Trichogramma* no Brasil (Zucchi & Monteiro, 1997). Todas as informações daquele período não têm nenhum valor, pois não é possível saber a que espécie de *Trichogramma* se referem (Zucchi, 2002). Entretanto, entre as inúmeras amostras de *Trichogramma*, identificadas nas últimas três décadas, nenhum espécime de *T. minutum* foi encontrado, o que permitiu inferir que essa espécie não ocorre no Brasil (Querino & Zucchi, 2007).

O esclarecimento da identidade do parasitoide de ovos do mandarová-da-mandioca, *Erinnyis ello* (L.) (Lepidoptera, Sphingidae), também foi baseada em caracteres morfológicos. Aproximadamente durante duas décadas, vários autores registraram *T. demoraesi* Nagaraja como parasitoide de ovos do mandarová-da-mandioca no Brasil. O esclarecimento da identidade do parasitoide dos ovos de *E. ello*, só foi possível por meio do estudo morfológico comparativo do parátipo de *T. demoraesi*, depositado no Natural History Museum (NHM), em Londres, com *voucher specimens* coletados em ovos de *E. ello*, identificados como *T. demoraesi*, que estão depositados na coleção da ESALQ (Vieira et al., 2014). Com base naquele estudo, concluiu-se que os espécimes obtidos de ovos de *E. ello* pertencem a *T. marandobai* Brun, Moraes & Soares e não a *T. demoraesi*. A descrição original de *T. demoraesi* foi baseada em espécimes coletados em *Glena bipennaria* Guenée (Lepidoptera, Geometridae) (único hospedei-

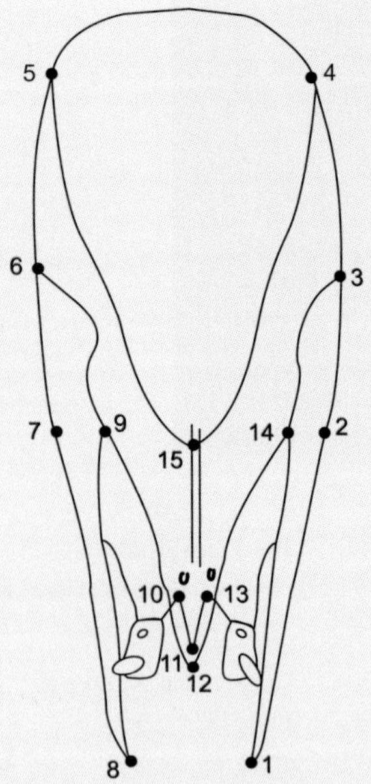

Figura 2. Esquema da cápsula genital do macho de *Trichogramma pretiosum* com os marcos anatômicos (de Querino et al. 2002).

ro conhecido) em *Eucalyptus grandis*, em Felixlândia, MG. Portanto, os vários registros de *T. demoraesi* como parasitoide de *E. ello*, publicados na literatura brasileira, correspondem a identificações erradas (Vieira et al., 2014). Esse exemplo ilustra a importância do exame de material-tipo (espécime usado na descrição original pelo autor que descreveu a espécie) e de *voucher specimens* para a confirmação da identidade de uma espécie.

Os caracteres morfológicos podem apresentar variações intra ou interespecíficas. Nesse caso, a morfometria é usada para analisar essas variações morfológicas. A análise morfométrica é útil nos estudos taxonômicos de *Trichogramma*. A análise dos componentes principais foi empregada para avaliar as variações morfométricas em 21 caracteres de seis espécies de *Trichogramma*. Foram detectadas variações morfológicas intraespecíficas relevantes e diferenças sutis entre as espécies (Querino & Zucchi, 2004).

A morfometria geométrica foi usada para detectar diferenças morfológicas intraespecíficas. Por exemplo, foi possível detectar sutis diferenças, baseadas em 15 marcos anatômicos na cápsula genital do macho (Figura 2) de *T. pretiosum* criado em 10 espécies de lepidópteros (Figura 3). Em se tratando de parasitoide diminuto (ao redor de 0,7 mm de comprimento), cuja identificação é baseada principalmente na genitália masculina, é crucial conhecer as variações intraespecíficas, que podem ocorrer, em razão do hospedeiro parasitado (Querino et al., 2002).

Os dados biológicos obtidos no Projeto *Trichogramma* da ESALQ foram importantes na confirmação da identidade de *T. distinctum* Zucchi, espécie morfologicamente muito semelhante a *T. galloi*. Ambas as espécies parasitam ovos da broca-da-cana, *Diatraea saccharalis* (Fabricius). *Trichogramma distinctum* foi descrito com base em espécimes coletados em Pernambuco e *T. galloi*, em São Paulo e Rio de Janeiro (Zucchi, 1985). Embora morfologicamente semelhantes, esses dois parasitoides diferem quanto às exigências térmicas. *Trichogramma distinctum* necessita temperaturas mais altas do que *T. galloi* para o seu desenvolvimento, quando ambas as espécies são criadas em condições de laboratório (Parra et al., 1991). Portanto, essas duas espécies diferem também biologicamente. As primeiras identificações de *T. pretiosum* no Projeto *Trichogramma* foram baseadas em caracteres morfológicos e biológicos. Nesse caso, foram realizados cruzamentos bidirecionais entre espécimes do Brasil e espécimes provenientes da França, que produziram espécimes dos dois sexos, comprovando que os espécimes eram coespecíficos (Zucchi, 1985). Se fossem originadas somente fêmeas, os espécimes não seriam coespecíficos, pois as espécies de *Trichogramma* reproduzem-se também por partenogênese telítoca.

Em razão das dificuldades para a identificação de espécies de *Trichogramma* (tamanho diminuto, necessidade de preparar lâminas de microscopia, número reduzido de taxonomistas etc.), os estudos moleculares podem ser

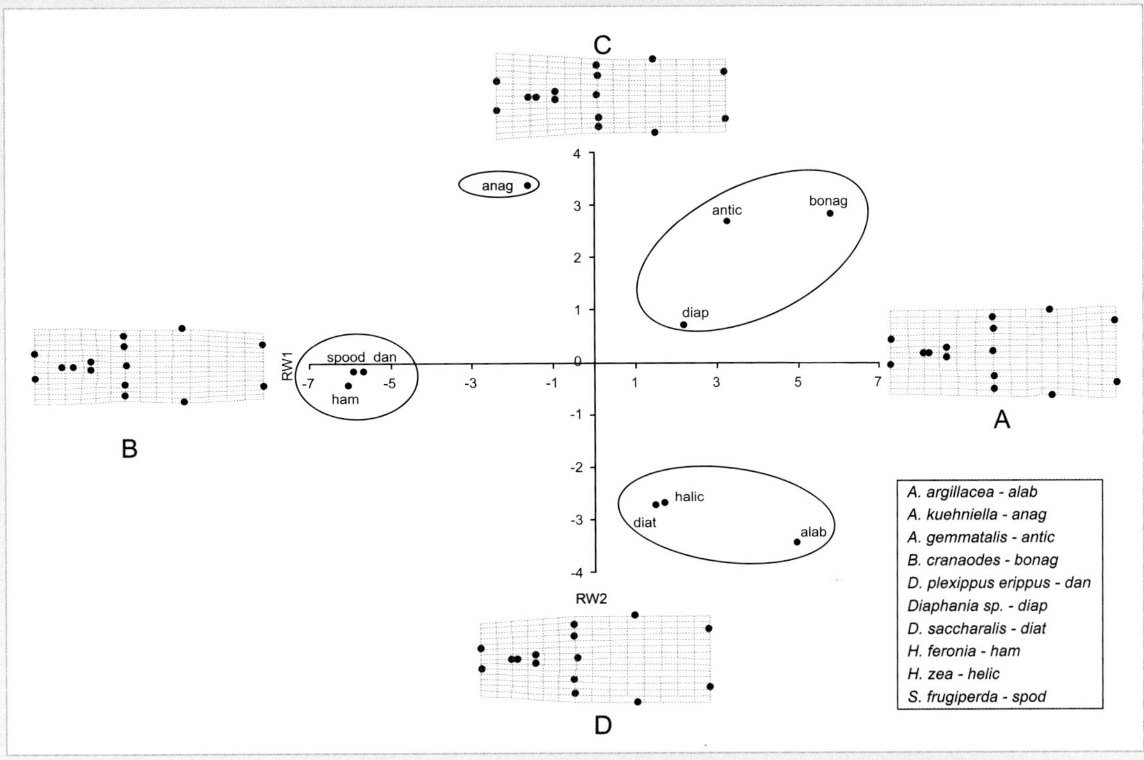

Figura 3. Deformações da cápsula genital de *Trichogramma pretiosum* criado em dez espécies de hospedeiros (de Querino et al. 2002).

uma excelente alternativa. A análise molecular pode ser uma técnica valiosa na confirmação da espécie que está sendo criada no laboratório. Essa técnica pode ser aplicada em qualquer laboratório com um equipamento PCR, pois possibilita uma rápida e segura identificação das espécies. O estudo molecular possibilita também a separação de espécies semelhantes morfologicamente. Essa técnica foi usada para separar *T. rojasi* Nagaraja & Nagarkatti e *T. lasallei* Pinto, que são separadas morfologicamente por diferenças sutis da genitália do macho. Essas duas espécies foram separadas pelo sequenciamento da região ITS2 do rDNA. O sequenciamento das duas espécies diferiu em comprimento e posição dos nucleotídeos, confirmando que são espécies válidas (Ciociola Jr. et al., 2001a). A técnica molecular pode ser usada também na elaboração de chave para identificação de espécies. Assim, usando-se o sequenciamento da região ITS2 do rDNA e algumas enzimas de restrição, foi construída uma chave para a identificação de sete espécies (*T. acacioi* Brun, Moraes & Soares, *T. atopovirilia* Oatman & Platner, *T. bruni* Nagaraja, *T. galloi*, *T. lasallei*, *T. pretiosum* e *T. rojasi*) (Ciociola Jr. et al., 2001b). Uma vez conhecido o sequenciamento de determinada espécie, essa característica pode ser usada sempre que houver necessidade de identificar, confirmar a espécie e verificar possível "contaminação" da criação por uma espécie de *Trichogramma* não adequada ao controle de determinada praga.

A taxonomia integrativa (caracteres morfológicos, biológicos, morfométricos e moleculares) foi usada para caracterizar *T. marandobai*, em razão da confusão taxonômica com *T. demoraesi* e das variações na genitália do macho de *T. marandobai*. Os dados biológicos foram baseados em espécimes criados em ovos de *Chloridea virescens* (Fabricius). Após a emergência, os machos foram identificados morfologicamente para confirmação da espécie e as isofêmeas de *T. marandobai* foram mantidas no laboratório de criação. Dos cruzamentos bidirecionais, originaram-se indivíduos de ambos os sexos, mostrando que as fêmeas foram fertilizadas nos cruzamentos heterogâmicos. As fêmeas virgens originaram indivíduos por partenogênese, confirmando os modos de reprodução da espécie. Portanto, os dados biológicos contribuíram para a confirmação da identidade dos morfotipos de *T. marandobai*. A análise morfométrica foi baseada nos caracteres morfológicos dos morfotipos (machos) por meio da análise discriminante e da morfometria geométrica (deformação da cápsula genital) baseada em 15 marcos anatômicos. Os morfotipos formaram um grupo (análise morfométrica), confirmando que eram coespecíficos. Esse resultado foi similar ao obtido pela morfometria geométrica. Na análise molecular, o DNA foi extraído de fêmeas que originaram machos, que apresentavam variação morfológica na genitália (processo intervolselar pontiagudo ou truncado). Os *vouchers specimens* foram depositados na coleção da ESALQ. Os amplicons do ITS2 para os morfotipos de *T. marandobai* foram idênticos. Portanto, os dados biológicos, morfométricos e moleculares confirmaram que a variação morfológica na genitália do macho de *T. marandobai* é uma variação intraespecífica (Vieira et al., 2015).

Braconídeos parasitoides de moscas-das-frutas

As espécies de Braconidae (Hymenoptera), que parasitam moscas-das-frutas (Diptera, Tephritidae), são endoparasitoides cenobiontes de larva/pupa. Em geral, ovipositam no estágio larval, entretanto, *Fopius arisanus* (Sonan) oviposita no ovo do hospedeiro. O adulto do parasitoide emerge do pupário da mosca-das-frutas. Os braconídeos parasitoides de moscas-das-frutas pertencem às subfamílias Alysiinae (duas espécies) e Opiinae (11 espécies). Essas duas subfamílias separam-se facilmente pelas mandíbulas. Os alisiíneos têm mandíbulas exodontes (não se tocam quando fechadas) e os opiíneos têm mandíbulas endodontes (tocam-se quando fechadas). As espécies de Opiinae são mais comumente coletadas. A identificação desses parasitoides é baseada nas mandíbulas, veias das asas, pteroestigma, mesonoto e propódeo (Wharton & Yoder, 2018).

Duas espécies nativas de opiíneos, *Doryctobracon areolatus* (Szépligeti) (Figura 4A) e *D. brasiliensis* (Szépligeti) (Figura 4B), estão sendo estudadas

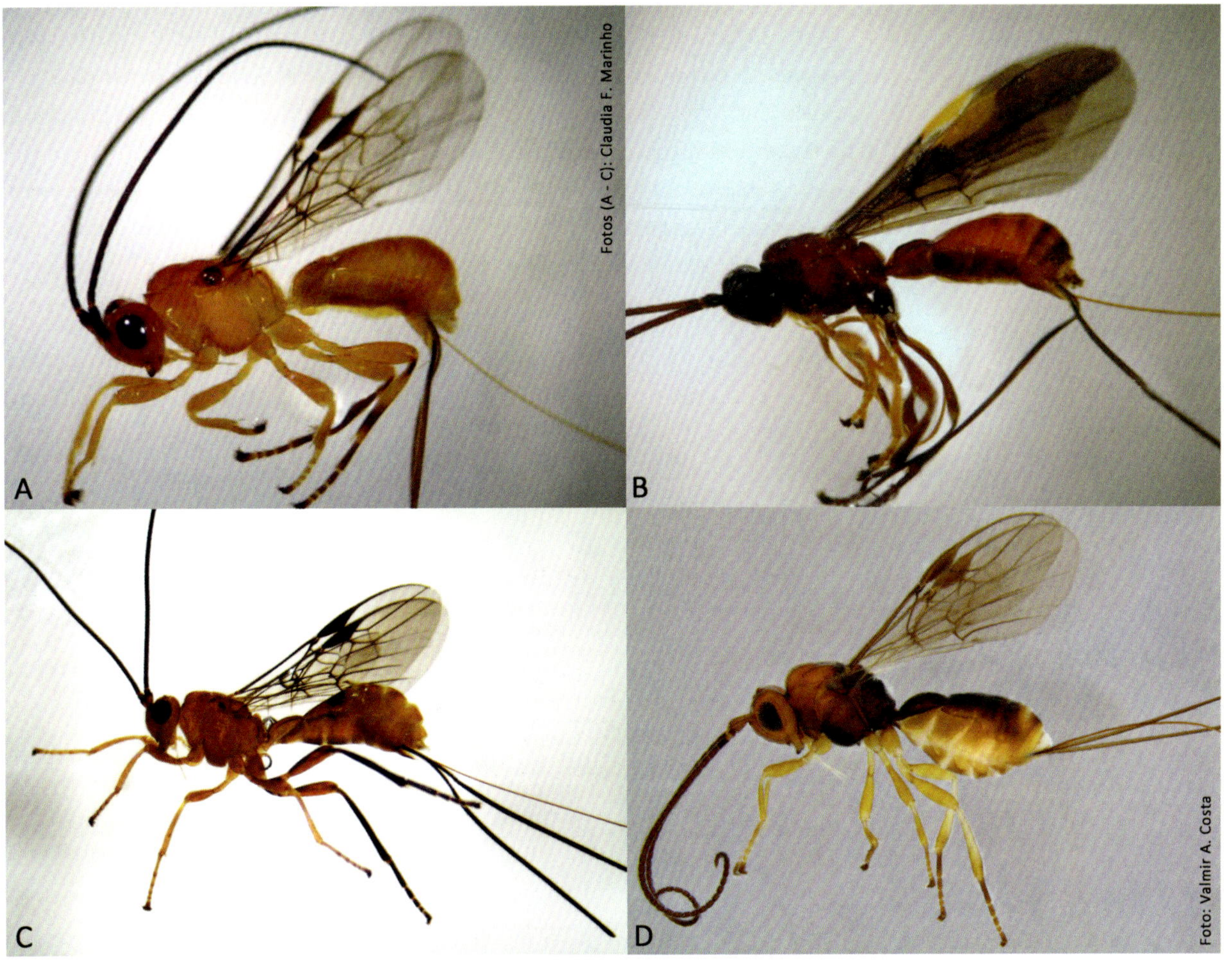

Figura 4. Braconídeos parasitoides de moscas-das-frutas. A. *Doryctobracon areolatus*; B. *Doryctobracon brasiliensis*; C. *Diachasmimorpha longicaudata*. D. *Fopius arisanus*.

visando ao controle biológico de moscas-das-frutas no Brasil. Entretanto, duas espécies exóticas de Opiinae, *Diachasmimorpha longicaudata* (Ashmed) (Figura 4C) e *F. arisanus* (Figura 4D), foram introduzidas para o controle biológico no Brasil, respectivamente em 1994 (Carvalho 2006) e em 2012 (Groth et al., 2016). O controle biológico de moscas-das-frutas com parasitoides pode não ser alcançado completamente, mas pode causar redução significativa nas populações dessas pragas (Wharton, 1989).

Os primeiros estudos taxonômicos de braconídeos parasitando larvas/pupas de moscas-das-frutas foram realizados há aproximadamente oito décadas (Costa Lima, 1937, 1938). Nas décadas seguintes praticamente não houve estudos sobre esses parasitoides no Brasil. Os estudos reiniciaram somente na década de 1990, com a elaboração de uma dissertação de mestrado na ESALQ (Leonel Jr., 1991). As características taxonômicas de nove espécies de braconídeos foram discutidas nessa dissertação e, a partir dessas informações, as pesquisas com os braconídeos puderam ser desenvolvidas por vários entomologistas agrícolas também. Essa observação pode ser confirmada pelo número de trabalhos apresentados nos Congressos Brasileiros de Entomologia (CBE). No CBE realizado em Recife, PE, em 1991, nenhum trabalho sobre parasitoides de moscas-das-frutas foi apresentado. Entretanto, nos CBEs seguintes, a partir do evento realizado em Piracicaba (1993), vários trabalhos foram discutidos.

Da dissertação de 1991 foi publicado um trabalho, no qual foram discutidos os caracteres taxonômicos de dez espécies (uma não identificada) e o nome válido para várias espécies (Leonel Jr. et al., 1995). A espécie não identificada era muito semelhante a *Opius bellus*, mas apresentava as tíbias posteriores amareladas (em *O. bellus*, são escurecidas). Durante aproximadamente duas décadas, essa espécie foi referida na literatura brasileira como *Opius* sp. aff. *bellus*, pois havia dúvida se era uma nova espécie ou uma morfoespécie (v. abaixo). Ainda na década de 1990, entre os trabalhos desenvolvidos na ESALQ, está o registro de quatro espécies de braconídeos parasitoides das moscas-das-frutas em Manaus, AM (Canal et al., 1994). Na década seguinte, os braconídeos de moscas-das-frutas foram amostrados em 33 municípios do estado de São Paulo (Marinho et al., 2009). Na década de 2020 duas espécies próximas a *D. areolatus* foram descritas com base em caracteres morfológicos, morfométricos e moleculares (Marinho et al., 2017). Uma lista com comentários e diagnoses, complementada por uma chave ilustrada, foi publicada para espécies de braconídeos parasitoides de moscas-das-frutas de importância econômica no Brasil (Marinho et al., 2018).

O esclarecimento da identidade de *Opius* sp. aff. *bellus* foi baseado nas análises morfométrica geométrica (22 marcos anatômicos na asa anterior) (Figura 5) e molecular (região ITS2 do rDNA e região D2 do 28 rDNA), nos espécimes de tíbias escurecidas (*O. bellus*) e de tíbias amareladas (*Opius* sp. aff. *bellus*). As análises morfométricas multivariadas mostraram grande quantidade de similaridades morfológicas entre os espécimes, indicando que são coespecíficos. As sequências do ITS2 mostraram que a variabilidade intrapopulacional foi similar à variabilidade interpopulacional e que os morfotipos foram altamente similares; a região D2 do 28 rDNA mostrou alta similaridade entre os espécimes. Portanto, as análises morfométricas e moleculares comprovaram que os espécimes identificados como *Opius* sp. aff. *bellus* pertencem realmente a *O. bellus*. Dessa forma, a taxonomia integrativa elucidou um problema de identificação de quase duas décadas (Marinho et al., 2014).

O esclarecimento de dois morfotipos similares a *D. areolatus* também foi baseado em uma análise integrativa (morfologia, morfometria geométrica e molecular). Os morfotipos foram denominadas *Doryctobracon* sp. 1 e *Doryctobracon* sp. 2 na literatura brasileira. Essas denominações foram usa-

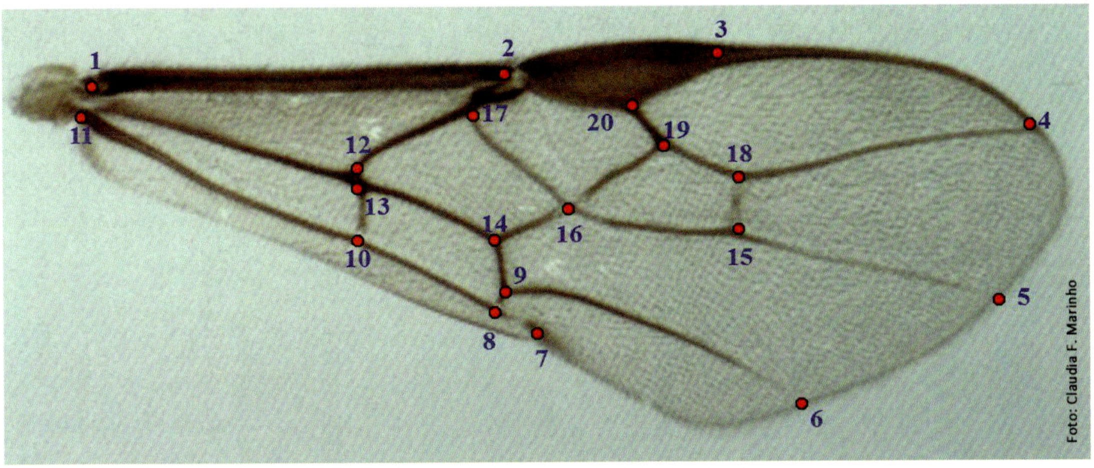

Figura 5. Asa direita de *Doryctobracon areolatus* com os marcos anatômicos (Marinho et al. 2017).

das por quase uma década (sp. 1) e mais de duas décadas (sp. 2). O estudo morfológico foi baseado em uma minuciosa diagnose comparativa entre os três táxons. A análise multivariada de 20 marcos anatômicos das asas anteriores mostrou que os dois morfotipos diferem de *D. areolatus*. A variação no tamanho interespecífico nos dois marcadores moleculares (no ITSE e D2 da região do 28S rDNA) foi detectada em algumas populações de *D. areolatus*, mas essa diferença não foi observada entre as amostras dos dois morfotipos. Entretanto, alta variabilidade na sequência foi verificada para os dois marcadores entre *D. areolatus* e os morfotipos. Portanto, as análises morfométricas e moleculares revelaram que *D. areolatus* inclui espécies crípticas e que os morfotipos representavam duas espécies válidas, as quais foram denominadas *D. adaimei* Marinho & Penteado-Dias e *D. whartoni* Marinho & Penteado-Dias. A constatação que *D. areolatus* é um complexo de espécies crípticas é relevante, visto que essa espécie é o parasitoide de moscas-das-frutas mais comumente coletado no Brasil. Provavelmente, a ampla distribuição geográfica e abundância de *D. areolatus* sejam devidas às espécies que compõem o complexo *D.* areolatus. A constatação desse complexo torna necessária uma identificação acurada das populações de *D. areolatus* distribuídas por todo território brasileiro. Trata-se, portanto, de uma informação relevante para os propósitos de controle biológico (Marinho et al., 2017).

Os estudos taxonômicos contribuíram para o conhecimento das espécies mais comuns dos braconídeos parasitoides de moscas-das-frutas e sua distribuição no Brasil e estimularam as pesquisas com esses parasitoides. Assim, *D. areolatus e D. brasiliensis* estão sendo estudados para o controle biológico de moscas-das-frutas (Nunes et al., 2011; Poncio et al., 2018). Todavia, com a descoberta de que *D. areolatus* corresponde a um complexo de espécies crípticas, essa informação terá de ser considerada no uso desse parasitoide, ou seja, a identificação do parasitoide tem de ser cuidadosamente analisada. O conhecimento da identidade dos parasitoides foi também relevante para a introdução de *D. longicaudata* e de *F. arisanus*, pois tornou possível o levantamento das espécies nativas antes e após as liberações das espécies exóticas em campo, para uma efetiva avaliação dos parasitoides exóticos.

Considerações Finais

Provavelmente, se o Projeto *Trichogramma* não tivesse sido implantado na ESALQ, o conhecimento taxonômico do gênero *Trichogramma* teria um progresso mais lento no Brasil. Esse fato pode ser corroborado pelo maior número de espécies de *Trichogramma* conhecidas no Brasil em relação aos demais países sul-americanos (30 no Brasil e 13 na Venezuela, segundo país com mais espécies conhecidas). Além disso, 18 espécies estão registradas apenas no Brasil, muitas das quais eram espécies novas. Portanto, esses dados indicam os avanços taxonômicos das espécies de *Trichogramma* no Brasil. Esse fato evidencia que os estudos taxonômicos foram além do escopo do Projeto, pois não se limitou apenas às espécies de *Trichogramma* usadas no controle biológico de pragas. Assim, várias espécies foram descritas e muitas outras foram registradas no Brasil.

Portanto, o conhecimento taxonômico de *Trichogramma*, fundamentado no desenvolvimento do Projeto, possibilitou a identificação de espécies de *Trichogramma* associadas a várias pragas agrícolas. A identificação das espécies do Projeto *Trichogramma* da ESALQ foi baseada, inicialmente, na taxonomia tradicional. Posteriormente, foram realizados estudos morfométricos e moleculares. Vários trabalhos taxonômicos, não diretamente ligados ao Projeto, tiveram papel relevante no conhecimento das espécies de *Trichogramma* no Brasil, tais como, descrição de novas espécies (Querino et al., 2017; Querino & Zucchi, 2003), variação intraespecífica em *T. bruni* (Querino & Zucchi, 2002), chaves ilustradas para as espécies do Brasil (Querino & Zucchi, 2005), diversidade e hospedeiros de *Trichogramma* na América do Sul (Zucchi et al., 2010), guia para as espécies registradas no Brasil (Querino & Zucchi, 2011), além de uma lista com comentários e diagnoses, complementada por uma chave ilustrada para as espécies sul-americanas (Querino & Zucchi, 2019). Em razão desses estudos, foi possível organizar uma coleção-referência de *Trichogramma* no Departamento de Entomologia e Acarologia da ESALQ, cuja relação de espécies está disponível em uma base de dados (Querino et al., 2021).

Ao contrário do discutido em *Trichogramma*, os estudos taxonômicos de braconídeos parasitoides de moscas-das-frutas na ESALQ, no início da década de 1990, foram desenvolvidos sem nenhum vínculo a um projeto de pesquisa. Todavia, esses estudos foram fundamentais para o avanço nas pesquisas desses parasitoides no Brasil. Consequentemente, na primeira década da retomada dos estudos taxonômicos, houve um grande avanço no conhecimento dos parasitoides no Brasil (Malavasi & Zucchi, 2000). Provavelmente, esse avanço esteja relacionado à facilidade da identificação dos parasitoides por meio de chaves ilustradas (Canal & Zucchi, 2000; Marinho et al., 2015, 2018), que auxiliaram os entomologistas da área agrícola a identificarem os parasitoides dos seus levantamentos. Assim, o conhecimento dos braconídeos foi ampliado consideravelmente, tornando possível estabelecer suas relações com as espécies de moscas-das-frutas, com as plantas hospedeiras associadas, sua distribuição geográfica, além de determinar as espécies mais comuns no Brasil e de avaliar as mais adequadas ao controle biológico. Atualmente, há inúmeros informações sobre braconídeos de moscas-das-frutas, em praticamente todos os Estados brasileiros. Os registros dos parasitoides das espécies de *Anastrepha* e de *Ceratitis capitata* (Wiedemann) no Brasil, estão disponibilizados em duas bases de dados (Zucchi & Moraes, 2012a, 2012b).

Tão importante quanto os avanços taxonômicos nesses dois grupos de parasitoides foi a formação de duas taxonomistas – Ranyse B. Querino (parasitoides de ovos) e Claudia F. Marinho (braconídeos de moscas-das-frutas) – no Laboratório de Taxonomia de Insetos da ESALQ.

Os estudos taxonômicos, desenvolvidos com dois grupos de parasitoides na ESALQ, exemplificam como a taxonomia abre possibilidades de pesquisas em várias áreas biológicas e, por seu lado, como o controle biológico possibilita avanços na taxonomia dos inimigos naturais. Portanto, os estudos, discutidos neste capítulo, ilustram perfeitamente como se estabelece, entre a taxonomia e o controle biológico de pragas, uma relação mútua.

Agradecimentos

Ao prof. José Djair Vendramim, pelos comentários em uma versão preliminar do capítulo, aos drs. Ranyse B. Querino, Claudia F. Marinho e Valmir A. Costa, pela permissão de uso de suas fotografias/figuras, e a Regina C.B. Moraes, pela preparação das figuras para publicação.

Referências Bibliográficas

Andersen, J. C. & Wagner, D. L. (2016). Systematics and biological control. In: *Integrating Biological Control into Conservation Practice*. Hoboken: John Wiley & Sons. 105-129. Ltd. https://doi.org/10.1002/9781118392553.ch6

Bin, F., Roversi, P. F. & van Lenteren, J. C. (2012). Errroneus host identification frustates systematics and delays implementation of biological control. *Redia Gionarle di Zoologia*, *95*, 83–88.

Canal, N. A. & Zucchi, R. A. (2000). Parasitoides - Braconidae. In: Malavasi, A. & Zucchi, R. A. (Eds.), *Mosca-das-frutas de importância econômica no Brasil - Conhecimento básico e aplicado*. Ribeirão Preto: Holos. 320-327.

Canal, N. A., Zucchi, R. A., Silva, N. M. & Leonel-Júnior, F. L. (1994). Reconocimiento de las especies de parasitoides (Hym., Braconidae) de moscas de las frutas (Dip., Tephritidae) em dos municípios del Estado de Amazonas, Brasil. *Boletin del Museo de Entomologia de la Universidad del Valle*, *2*, 1–17.

Ciociola Jr., A. I., Querino, R. B., Zucchi, R. A. & Stouthamer, R. (2001a). Molecular Tool for Identification of Closely Related Species of *Trichogramma* (Hymenoptera: Trichogrammatidae): *T. rojasi* Nagaraja & Nagarkatti and *T. lasallei* Pinto. *Neotropical Entomology*, *30*(4), 575–578. https://doi.org/10.1590/S1519-566X2001000400010

Ciociola Jr, A. I., Zucchi, R. A. & Stouthamer, R. (2001b). Molecular key to seven Brazilian species of *Trichogramma* (Hymenoptera: Trichogrammatidae) using sequences of the ITS2 region and restriction analysis. *Neotropical Entomology*, *30*(2), 259–262. https://doi.org/10.1590/S1519-566X2001000200008

Clarke, A. R. & Walter, G. H. (1995). "Strains" and the classical biological control of insect pests. *The Canadian Entomologist*, *73*, 1777–1790.

Costa Lima, A. M. (1937). Vespas do gênero *Opius*, parasitas de larvas de moscas das frutas (Hymenoptera: Braconidae). *O Campo*, *8*, 29–32.

Costa Lima, A. M. (1938). Vespas parasitas de moscas das frutas (Hymenoptera: Braconidae). *O Campo*, *76*, 69–72.

Danks, H. V. (1988). Systematics in support of Entomology. *Annual Review of Entomology*, *33*, 271–296.

Dayrat, B. (2005). Towards integrative taxonomy. *Biological Journal of the Linnean Society*, *85*(3), 407–415. https://doi.org/10.1111/j.1095-8312.2005.00503.x

DeBach, P. (1960). The Importance of Taxonomy to Biological Control as Illustrated by the Cryptic History of *Aphytis holoxanthus* n. sp. (Hymenoptera: Aphelinidae), a Parasite of *Chrysomphalus aonidum*, and *Aphytis coheni* n. sp., A Parasite of *Aonidiella aurantii*. *Annals of the Entomological Society of America*, *53*(6), 701–705. https://doi.org/10.1093/aesa/53.6.701

DeBach, P. (1969). Uniparental, sibling and semi-species in relation to taxonomy and biological control. *Israel Journal of Entomology*, *4*, 11–28.

DeBach, P. (1974). *Biological Control by Natural Enemies*. Cambrigde: Cambrigde University Press. 456 p.

Fornel, R. & Cordeiro-Estrela, P. (2012). Morfometria geométrica e a quantificação da forma dos organismos. In: Marinho, J. R., Hepp, L. U. & Fornel, R. (Eds.), *Temas em Biologia: edição comemorativa aos 20 anos do Curso de Ciências Biológicas e aos cinco anos do PPG-Ecologia*. Erechim: Edifapes. 225-240.

Groth, M., Loeck, A., Nornberg, S., Bernardi, D. & Nava, D. (2016). Biology of *Fopius arisanus* (Hymenoptera: Braconidae) in Two Species of Fruit Flies. *Journal of insect science (Online)*, *16*(1), 1–7. https://doi.org/10.1093/jisesa/iew087

Heraty, J., Yaneda, D. & Triapitsyn, S. V. (2018). *Museum specimen preparation guidelines (incl. vouchers)*. Disponível em: entmuseum.ucr.edu/specimen_preparation/index.html

Hoelmer, K. A. & Kirk, A. A. (2005). Selecting arthropod biological control agents against arthropod pests: Can the science be improved to decrease the risk of releasing ineffective agents? *Biological control*, *34*(3), 255–264.

Leonel Jr., F. L. (1991). *Espécies de Braconidae (Hymenoptera) parasitoides de moscas-das-frutas (Diptera, Tephritidae) no Brasil.* 98 p. (Dissertação) Universidade de São Paulo / Escola Superior de Agricultura "Luiz de Queiroz"

Leonel Jr., F. L., Zucchi, R. A. & Wharton, R. A. (1995). Distribution and tephritid hosts (Diptera) of braconid parasitoids (Hymenoptera) in Brazil. *International Journal of Pest Management*, *41*, 208–213.

Malavasi, A. & Zucchi, R. A. (2000). *Moscas-das-frutas de importância econômica no Brasil – conhecimento básico e aplicado*. Ribeirão Preto: Holos. 325 p.

Marinho, C. F., Consoli, F. L., Penteado-Dias, A. M. & Zucchi, A. (2017). Description of two new species closely related to *Doryctobracon areolatus* (Szépligeti, 1911) (Hymenoptera, Braconidae), based on morphometric and molecular analyses. *Zootaxa*, *4353*(3), 467. https://doi.org/10.11646/zootaxa.4353.3.4

Marinho, C. F., Consoli, F. L. & Zucchi, R. A. (2014). Geometric morphometry and molecular analysis clarified the identity of *Opius* sp. aff. *bellus* (Hymenoptera, Braconidae), a fruit fly parasitoid in Brazil. *Zootaxa*, *3760*(3), 409-419. https://doi.org/10.11646/zootaxa.3760.3.7

Marinho, C. F., Costa, V. A. & Zucchi, R. A. (2018). Annotated checklist and illustrated key to braconid parasitoids (Hymenoptera, Braconidae) of economically important fruit flies (Diptera, Tephritidae) in Brazil. *Zootaxa*, *4527*(1), 21-27 https://doi.org/10.11646/zootaxa.4527.1.2

Marinho, C. F., Silva, R. A. & Zucchi, R. A. (2015). Chave de identificação de Braconidae (Alysiinae e Opiinae) parasitoides de larvas frugívoras na região Amazônica. In: Silva, R. A., Lemos, W. P. & Zucchi, R. A. (Eds.), *Moscas-das-frutas na Amazônia brasileira – diversidade, hospedeiros e inimigos naturais*. Brasília: Embrapa. 280-299.

Marinho, C. F., Souza-Filho, M. F., Raga, A. & Zucchi, R. A. (2009). Parasitoides (Hymenoptera: Braconidae) de moscas-das-frutas (Diptera: Tephritidae) no Estado de São

Paulo: plantas associadas e parasitismo. *Neotropical Entomology*, *38*(3), 321–326. https://doi.org/10.1590/S1519-566X2009000300004

Monteiro, L. R. & Reis, S. F. (1999). *Princípios de morfometria geométrica*. Ribeirão Preto: Holos. 198 p.

Mottern, J. L. & Heraty, J. M. (2014). The dead can talk: Museum specimens show the origins of a cryptic species used in biological control. *Biological Control*, *71*, 30–39. https://doi.org/10.1016/j.biocontrol.2014.01.002

Nagarkatti, S. & Nagaraja, H. (1971). Redescriptions of some known species of *Trichogramma* (Hym., Trichogrammatidae), showing the importance of the male genitalia as a diagnostic character. *Bulletin of Entomological Research*, *61*(1), 13–31. https://doi.org/DOI: 10.1017/S0007485300057412

Noyes, J. S. (1994). The reliability of published host-parasitoid records: a taxonomist's view. *Norwegian Journal of Agricultural Science*, *16*, 56–69.

Nunes, A. M., Nava, D. E., Müller, F. A., Gonçalves, R. S. & Garcia, M. S. (2011). Biology and parasitic potential of *Doryctobracon areolatus* on *Anastrepha fraterculus* larvae. *Pesquisa Agropecuária Brasileira*, *46*(6), 669–671. https://doi.org/10.1590/S0100-204X2011000600014

Packer, L., Monckton, S. K., Onuferko, T. M. & Ferrari, R. R. (2018). Validating taxonomic identifications in entomological research. *Insect Conservation and Diversity*, *11*(1), 1–12. https://doi.org/https://doi.org/10.1111/icad.12284

Parra, J. R. P., Zucchi, R. A., Silveira Neto, S. & Haddad, M. L. (1991). Biology, thermal requirements of *Trichogramma galloi* Zucchi and *T. distinctum* Zucchi, on two alternative hosts. *Les Colloques de l'NRA*, *56*, 81–84.

Poncio, S., Nunes, A. M., Gonçalves, R. D. S., Lisboa, H., Manica-Berto, R., Garcia, M. S. & Nava, D. E. (2018). Strategies for Establishing a Rearing Technique for the Fruit Fly Parasitoid: *Doryctobracon brasiliensis* (Hymenoptera: Braconidae). *Journal of Economic Entomology*, *111*(3), 1087–1095. https://doi.org/10.1093/jee/toy058

Querino, R. B., Mendes, J. V, Costa, V. A. & Zucchi, R. A. (2017). New species, notes and new records of *Trichogramma* (Hymenoptera: Trichogrammatidae) in Brazil. *Zootaxa*, *4232*(1), 137. https://doi.org/10.11646/zootaxa.4232.1.11

Querino, R. B., Moraes, R. C. B. & Zucchi, R. A. (2002). Relative warp analysis to study morphological variations in the genital capsule of *Trichogramma pretiosum* Riley (Hymenoptera: Trichogrammatidae). *Neotropical Entomology*, *31*(2), 217–224. https://doi.org/10.1590/S1519-566X2002000200007

Querino, R. B., Moraes, R. C. B. & Zucchi, R. A. (2021). *Species of Trichogramma from South America*. Disponível em: http://www.lea.esalq.usp.br/tricho/southamerica.

Querino, R. B. & Zucchi, R. A. (2002). Intraspecific variation in *Trichogramma bruni* Nagaraja, 1983 (Hymanoptera: Trichogrammatidae) associated with different hosts.

Brazilian Journal of Biology, 62(4a), 665–679. https://doi.org/10.1590/S1519-69842002000400015

Querino, R. B. & Zucchi, R. A. (2003). Six new species of *Trichogramma* Westwood (Hymenoptera: Trichogrammatidae) from a Brazilian forest reserve. *Zootaxa, 134*(1), 1. https://doi.org/10.11646/zootaxa.134.1.1

Querino, R. B. & Zucchi, R. A. (2004). Análise morfométrica em espécies de *Trichogramma* (Hymenoptera: Trichogrammatidae). *Neotropical Entomology, 33*(5), 583–588. https://doi.org/10.1590/S1519-566X2004000500007

Querino, R. B. & Zucchi, R. A. (2005). An illustrated key to the species of *Trichogramma* (Hymenoptera: Trichogrammatidae) of Brazil. *Zootaxa, 1073*(1), 37. https://doi.org/10.11646/zootaxa.1073.1.3

Querino, R. B. & Zucchi, R. A. (2007). Do *Trichogramma minutum* Riley and *Trichogramma bennetti* Nagaraja & Nagarkatti (Hymenoptera: Trichogrammatidae) occur in Brazil? *Neotropical Entomology, 36*(1), 145–146. https://doi.org/10.1590/S1519-566X2007000100018

Querino, R. B. & Zucchi, R. A. (2011). *Guia de Identificação de Trichogramma para o Brasil*. Brasília: Embrapa. 103 p.

Querino, R. B. & Zucchi, R. A. (2019). Annotated checklist and illustrated key to the species of *Trichogramma* Westwood (Hymenoptera: Trichogrammatidae) from South America. *Zootaxa, 4656*(2), 201–231. https://doi.org/10.11646/zootaxa.4656.2.1

Rosen, D. (1986). The role of taxonomy in effective biological control programs. *Agriculture, Ecosystems & Environment, 15*(2–3), 121–129. https://doi.org/10.1016/0167-8809(86)90085-X

Sabrosky, C. W. (1955). The Interrelations of Biological Control and Taxonomy. *Journal of Economic Entomology, 48*(6), 710–714. https://doi.org/10.1093/jee/48.6.710

Schauff, M. E. (2018). *Collecting and preserving insects and mites: techniques and tools*. Disponível em: https://www.ars.usda.gov/ARSUserFiles/80420580/CollectingandPreservingInsectsandMites/collpres.pdf

Schlick-Steiner, B. C., Steiner, F. M., Seifert, B., Stauffer, C., Christian, E. & Crozier, R. H. (2010). Integrative Taxonomy: A Multisource Approach to Exploring Biodiversity. *Annual Review of Entomology, 55*(1), 421–438. https://doi.org/10.1146/annurev-ento-112408-085432

Silva, A. G. D. A., Gonçalves, C. R., Galvão, D. M., Gonçalves, A. J. L., Gomes, J., Silva, M. N., Simoni, L. (1968). *Quarto catálogo dos insetos que vivem nas plantas do Brasil, seus parasitos e predadores, II(1°),* Rio de Janeiro: Laboratório Central de Patologia Vegetal, SDSV/DDIA/Ministério da Agricultura. 622p.

Stuckenberg, B. R. & Irwin, M. E. (1973). Standards For Entomological Labels. *Bulletin of the Entomological Society of America, 19*(3), 164–168. https://doi.org/10.1093/besa/19.3.164

Toro Ibacache, M. V, Manriquez Soto, G. & Suazo Galdames, I. (2010). Morfometría Geométrica y el Estudio de las Formas Biológicas: De la Morfología Descriptiva a la Morfología Cuantitativa. *International Journal of Morphology, 28*(4), 977–990. https://doi.org/10.4067/S0717-95022010000400001

Vieira, J. M., Querino, R. B., Consoli, F. L. & Zucchi, R. A. (2015). An integrative taxonomic approach to characterize *Trichogramma marandobai* (Hymenoptera: Trichogrammatidae). *Zootaxa, 4021*(3), 447. https://doi.org/10.11646/zootaxa.4021.3.4

Vieira, J. M., Querino, R. B. & Zucchi, R. A. (2014). On the identity of *Trichogramma demoraesi* Nagaraja (Hymenoptera: Trichogrammatidae), with a checklist and a key to *Trichogramma* species associated with *Erinnyis ello* (L.) (Lepidoptera, Sphingidae). *Zootaxa, 3869*(1), 83-95. https://doi.org/10.11646/zootaxa.3869.1.8

Vitecek, S., Kučinić, M., Previšić, A., Živić, I., Stojanović, K., Keresztes, L., Bálint, M., Hoppeler, F., Waringer, J., Graf, W. & Pauls, S. U. (2017). Integrative taxonomy by molecular species delimitation: multi-locus data corroborate a new species of Balkan Drusinae micro-endemics. *BMC Evolutionary Biology, 17*(1), 129. https://doi.org/10.1186/s12862-017-0972-5

Wharton, R. A. (1989). Classical biological control of fruit-infesting Tephritidae. In: Robinson, A. & Hooper, G. (Eds.), *Fruit flies: their biology, natural enemies and control.* Amsterdã: Elsevier. 450-477.

Wharton, R. A. & Yoder, M. J. (2018). *Parasitoids of fruit-infesting Tephritidae.* Disponível em: http://paroffit.org/public/site/paroffit/home.

Zucchi, R. A. (1985). *Taxonomia das espécies de Trichogramma (Hym., Trichogramatidae) associadas a algumas pragas (Lepidoptera) no Brasil.* 77p. (Tese) Universidade de São Paulo / Escola Superior de Agricultura "Luiz de Queiroz"

Zucchi, R. A. (2002). A taxonomia e o controle biológico de pragas. In: Parra, J. R. P., Botelho, P. S. M., Correa-Ferreira, B. S. & Bento, J. M. S. (Eds.), *Controle Biológico no Brasil: Parasitoides e Predadores.* São Paulo: Manole. 17-25.

Zucchi, R. A. & Monteiro, R. C. (1997). O gênero *Trichogramma* na América do Sul. In: Parra, J. R. P. & Zuchi, R. A. (Eds.), *Trichogramma e o controle biológico aplicado.* Piracicaba: FEALQ. 310-324.

Zucchi, R. A. & Moraes, R. C. B. (2012a). *Fruit flies in Brazil - Anastrepha species their host plants and parasitoids.* Disponível em: lea.esalq.usp.br/anastrepha

Zucchi, R. A. & Moraes, R. C. B. (2012). *Fruit flies in Brazil - Hosts and parasitoids of the Mediterranean fruit fly.* Disponívebl em: lea.esalq.usp.br/ceratitis

Zucchi, R. A., Querino, R. & Monteiro, R. (2010). Diversity and hosts of *Trichogramma* in the New World, with emphasis in South America. In: Cônsoli, F. L., Parra, J. R. P. & Zucchi, R. A. (Eds.), *Egg parasitoids in agrosystems with emphasis on Trichogramma.* Nova York: Springer. 219-236.

CAPÍTULO 4

Casos de sucesso de CB, com parasitoides e predadores no Brasil, em diferentes culturas

José Roberto Postali Parra

Introdução

Embora o primeiro inimigo natural introduzido no Brasil para utilização do CB Clássico tenha sido em 1921 – *Encarsia berlesei* Howard como agente de controle de *Pseudaulacaspis pentagona* (Targioni Tozzetti) em pêssego, procedente dos EUA –, o primeiro caso de sucesso ocorreu na década de 1960, com o controle também de uma cochonilha, em pastagens, *Antonina graminis* (Maskell) importando-se também dos EUA, o encirtídeo *Neodusmetia sangwani* (Rao) (Batista Filho et al., 2018) A partir daí, começaram a aparecer programas de CB mais organizados, como o da cana-de-açúcar para controle de *Diatraea saccharalis* (Fabricius) com a importação de *Cotesia flavipes* (Cameron) de Trinidad-Tobago em 1971 (Botelho & Macedo, 2002). Neste caso, tratou-se de um programa, com a colaboração de Planasucar (órgão extinto, hoje UFSCar) e Copersucar (atualmente CTC) junto à ESALQ/USP, pelo Departamento de Entomologia naquela época chefiado pelo prof. Domingos Gallo. Paralelamente, num programa organizado pela Embrapa Trigo (Passo Fundo, RS), com a colaboração da UFPR e organismos internacionais, desenvolveu-se o programa de controle dos pulgões do trigo com parasitoides e predadores importados (Salvadori & Salles, 2002), com grande sucesso.

Seguiram-se outros programas, como o de controle da cochonilha-da-mandioca, *Phenacoccus herreni* Cox & Williams com parasitoides importados da Colômbia e da Venezuela e no Nordeste, desenvolvido pela Embrapa e PNUD (Bento et al., 1999; Bento et al., 2000, 2002), desde 1994. O prof. Evôneo Berti Filho, do Departamento de Entomologia da ESALQ/USP, desde 1970, e o prof. José Cola Zanúncio, da Universidade Federal de Viçosa, desde 1980 iniciaram o controle biológico de pragas de florestas. Na Unesp-Jaboticabal, o prof. Sérgio de Freitas começou um brilhante trabalho com taxonomia de crisopídeos desde 1990; atualmente. o trabalho de controle biológico de pragas de florestas continua com o prof. Carlos Frederico Wilcken, da Unesp-Botucatu, desde 2000. Houve, desde 1984, significativos avanços de controle de pragas com ácaros fitoseídeos, iniciado pelo prof. Gilberto José de Moraes, com resultados excelentes em mandioca, flores e hortaliças. Em Lavras, MG, na UFLA, a profa. Vanda H. P. Bueno iniciou as pesquisas com predadores para casas-de-vegetação, com ênfase a *Orius* spp. Desde 1980, foi iniciado um programa inter e multidisciplinar de controle de lepidópteros-pragas por *Trichogramma* spp., hoje com 29 espécies identificadas no Brasil (*vide* capítulo 3).

Esse projeto – iniciado em 1984 na ESALQ/USP, sob a inspiração do projeto francês do INRA, coordenado pelo dr. Jean Voegelé de Antibes –, teve no Brasil a coordenação do prof. José Roberto P. Parra, um dos editores do presente livro, e que hoje tem uma grande utilização em cana-de-açúcar, para controle de *D. saccharalis,* liberando-se *T. galloi* Zucchi em cerca de 3 milhões de ha. Estes avanços foram fruto do treinamento de profissionais em CB desde a década de 1960, com cursos de pós-graduação e fundação da Sociedade Entomológica do Brasil – e levou à mudança de cultura de parte dos agricultores.

Em 2000 surgiu a primeira empresa "startup" de CB no Brasil, a Bug Agentes Biológicos, com profissionais saídos dos laboratórios da ESALQ/USP.

Em 2013, o registro de *Helicoverpa armigera* Hübner (Czepak et al., 2013) foi um marco do CB em nosso país, pois pela falta de opção de químicos para controlá-la, o agricultor era obrigado a utilizar medidas biológicas, sejam macro (*Trichogramma pretiosum* Riley) ou microrganismos (Baculovirus) – neste caso, com um produto comercial disponível já naquele ano. O CB avançou e, segundo a CropLife (2020), 10 milhões de ha foram tratados com macro e microorganismos com movimentação anual de 528 milhões de reais, devendo chegar rapidamente a 2 bilhões de reais. Este valor tende a aumentar no país, a despeito dos grandes desafios que ainda estão para serem transpostos (*vide* capítulo 21). Este capítulo tem por objetivo relatar os principais casos de sucesso de CB no Brasil com macrorganismos de uma forma bastante sucinta.

Antonina graminis x *Neodusmetia sangwani*
(Batista Filho et al., 2018)

Trata-se da cochonilha-dos-capins, *Antonina graminis* (Maskell) com o encirtídeo *Neodusmetia sangwani* (Rao).

Inseto visado: *A. graminis* (Hemiptera: Pseudococcidae)

Inimigo natural: *N. sangwani* (Hymenoptera: Encyrtidae)

Origem do inimigo natural: EUA, portanto exótico. Os inimigos naturais foram trazidos do Center of Research and Extension of the Rio Grande Valley, Weslaco, Texas (Batista Filho et al., 2018).

Grupo responsável pelo desenvolvimento da pesquisa: Instituto de Pesquisas Agropecuárias do Leste (IPEAL), Cruz das Almas, BA, (atualmente Embrapa Fruticultura e Mandioca) e Research Institute Inc. (IRI, Nova York, EUA) (Costa et al., 1970). Posteriormente, foi o Centro de Nutrição Animal e Pastagens quem recebeu do IPEAL as colônias do inimigo natural para multiplicação no laboratório (Nuti, 1969). No mesmo ano ele foi introduzido em Pernambuco (Arruda, 1971). Desde 1974 o Laboratório de Controle Biológico do Instituto Biológico, em Campinas, começou a multiplicar o parasitoide – liberado no mesmo ano em Minas Gerais (Batista Filho et al., 2018). Com a substituição das gramíneas susceptíveis à cochonilha desde 1980 houve diminuição da solicitação de parasitoides. O Instituto Biológico continua, no entanto, a oferecer orientação de criação do parasitoide aos interessados (Batista Filho et al., 2018).

Técnica de produção do parasitoide: Foram identificadas cerca de 92 espécies de capins hospedeiros da cochonilha, destacando-se capim-favorito, capim-angola, capim-de-burro, capim-angolinha e capim-gordura que funcionam como indicadores da presença da praga. As espécies mais atacadas são capim-pangola, capim-de-burro, grama-inglesa, capim-maçarambará e capim-de-rhodes, sendo que neste último o ataque se estende até a extremidade das hastes do capim. Outros capins, como capim-elefante ou Napier, colonião e *Brachiaria decumbens* são menos atacados pela praga. O capim-jaraguá pode ser considerado imune à praga.

A praga é encontrada na base das plantas, assemelha-se a uma pequena "bolinha branca", e leva a um secamento da touceira, especialmente em épocas secas. *N. sangwani* é uma vespinha de 1mm de comprimento, cor preta, sendo o macho alado e a fêmea áptera. A cochonilha tem ciclo longo, entre 60 e 70 dias.

A vespinha além de não voar tem uma longevidade de 12 a 48 horas, com período ovo-adulto de 17 dias a 30 °C e 47 dias a 20 °C (Gallo et al.,

2002). A produção do parasitoide é esquematizada na Figura 1 (Gallo et al., 2002), e o processo de criação inicia-se com a obtenção dos inimigos naturais (no Instituto Biológico de Campinas, SP). A liberação, após a produção (Figura 1), deve ser feita à tarde, e rapidamente após a emergência, pois o inseto vive pouco e conta com a distribuição pelo homem – desde que a fêmea é áptera (não voa). Trata-se de uma criação sobre o hospedeiro natural.

Tipo de criação: É uma criação em pequena escala e pode ser feita pelo agricultor.

Resultados obtidos: O controle chega a 100% nas gramíneas mais susceptíveis, e é um tipo de controle permanente, após o estabelecimento na área. Nos últimos anos, com a introdução de *B. decumbens,* espécie de Poaceae não susceptível à praga, tal tipo de controle é menos utilizado.

Área liberada e tipo de CB: Não existem dados a respeito, mas este tipo de CB Clássico foi feito em diversos estados, como Bahia, Minas Gerais,

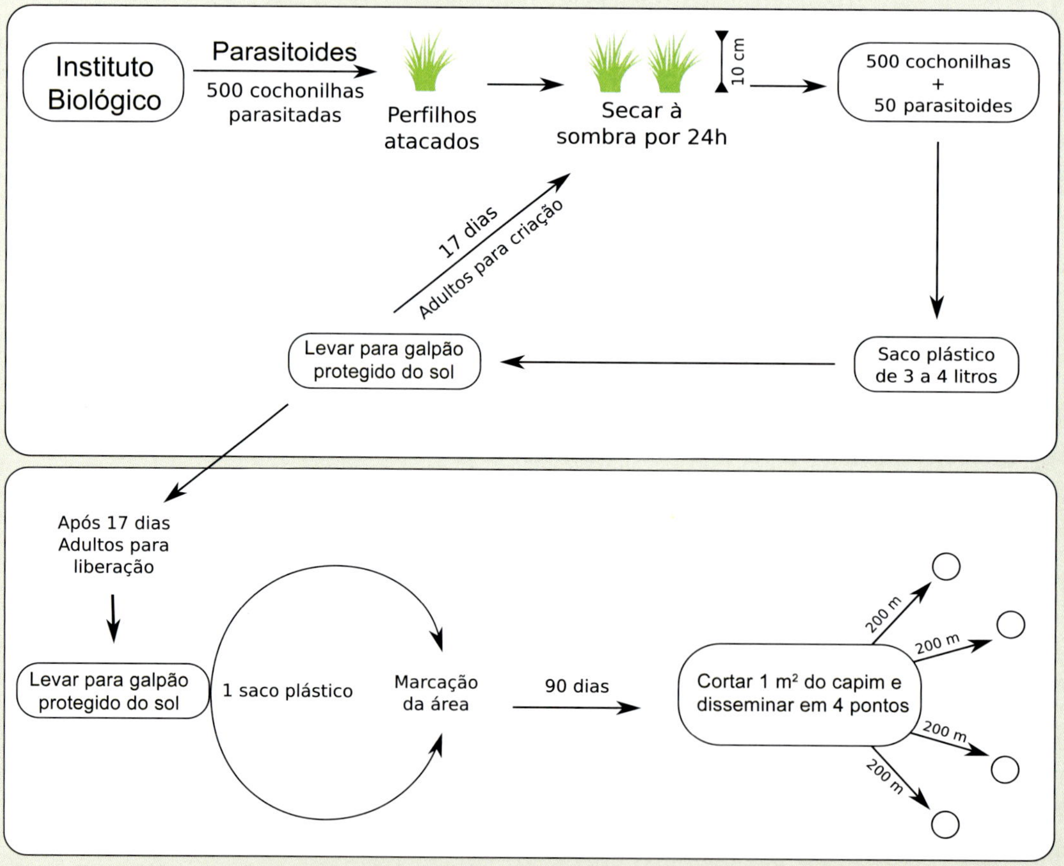

Figura 1. Esquema da criação do parasitoide *Neodusmetia sangwani* [Adaptado de Gallo et al. (2002)]

São Paulo, sempre com grande sucesso. Detalhes em Gallo et al. (2002) e Batista Filho et al. (2018).

Cochonilha-da-mandioca x parasitoides da família Encyrtidae (Bento et al., 2002)

Trata-se da cochonilha *Phenacocus herreni* relatada no início dos anos 1980, no Nordeste, danificando plantas de mandioca (*Manihot esculenta*), a quarta mais importante fonte de carboidratos para consumo humano nos trópicos. Na metade da década de 1990 a praga foi encontrada em 57 municípios de seis estados, tornando a produção de mandioca antieconômica em muitas áreas, com perdas superiores a 80% (Bento et al., 1999). O presente projeto de CB foi iniciado em 1994 com a introdução de três encirtídeos *Apoanagyrus diversicornis* (Howard), *Aenasius vexans* (Kervich) e *Acerophagus coccois* Smith, procedentes da Colômbia e Venezuela.

Inseto visado: *Phenacoccus herreni* (Hemiptera: Pseudococcidae)

Inimigo(s) natural(is): *Apoanagyrus diversicornis*, *Aenasius vexans*, *Acerophagus coccois* } Hymenoptera: Encyrtidae

Origem do(s) inimigo(s) natural(is): Venezuela e Colômbia, portanto, exóticos para um programa de CB clássico.

Cultura visada: Mandioca

Grupo responsável pelo desenvolvimento da pesquisa: Embrapa Fruticultura e Mandioca (Cruz das Almas) com fonte financiadora do PNUD (Programa das Nações Unidas para o Desenvolvimento).

Técnica de produção do parasitoide e tipo de criação: Os insetos foram produzidos sobre o hospedeiro natural em uma criação em pequena escala dos parasitoides, pois se trata de CB clássico.

Resultados obtidos: No final de 1996, *A. diversicornis* foi recuperado a 130, 234, 304 e 550 km do ponto de liberação após 6, 14, 21 e 33 meses depois da tal liberação, respectivamente. *A. coccois* foi recuperado a 180 km do local de liberação, 9 meses após tal evento. *A. vexans*, no entanto, não dispersou, sendo recuperado e frequentemente encontrado no local de liberação (Bento et al., 1999; Bento et al., 2000).

A densidade total da população de *P. herreni* foi progressivamente reduzida do início até o final do período de estudo. Em última análise, em 1997, a ação conjunta dos três inimigos naturais introduzidos foi suficiente para manter *P. herreni* em níveis abaixo do nível de dano econômico (Bento et al., 2002).

Phyllocnistis citrella x *Ageniaspis citricola* (Chagas et al., 2002)

Trata-se do minador-dos-citros, *Phyllocnistis citrella* Stainton originalmente restrito às áreas tropicais e subtropicais da Ásia – a partir de 1993 dispersou-se para várias partes da África, Ásia, Europa, Austrália, Caribe e para as Américas do Norte, Central e do Sul (Prates et al., 1996). No Brasil, seu registro foi em março de 1996 (Feichtenberger & Raga, 1996) em Iracemápolis, SP, e passou a causar danos nas folhas em forma de serpentina, prateadas, no mesofilo foliar, geralmente na superfície inferior (abaxial) das folhas. Além disso, a praga favorece a disseminação do cancro-cítrico, causado pela bactéria *Xanthomonas axonopodis* pv citri., que penetra pelas lesões causadas pelo minador. A praga chega a dar de 12 a 14 gerações por ano em SP e é mais importante na época de brotações. Em 1998 introduziu-se da Flórida, com a colaboração da dra. Marjorie A. Hoy, da Universidade da Flórida, em Gainesville, EUA, o parasitoide da família Encyrtidae, *Ageniaspis citricola* Logvinovsakaya que vinha sendo ali criado, vindo da Austrália, embora o parasitoide tenha sido descrito de material do Vietnã. O parasitoide já dera resultados espetaculares nos EUA, Argentina e Peru (Chagas et al., 2002). Atualmente essa praga encontra-se em 54 países dos cinco continentes, estando em todos os países limítrofes do Brasil, onde existe citros (Parra et al., 2004).

Inseto visado: *Phyllocnistis citrella* (Lepidoptera: Gracillaridae)

Inimigo natural: *Ageniaspis citricola* (Hymenoptera: Encyrtidae)

Origem do inimigo natural: Vietnã, portanto exótico, porém trazido da Flórida, em Gainesville, EUA, onde era criado, em 1998.

Cultura visada: *Citrus* spp.

Grupo responsável pelo desenvolvimento: Departamento de Entomologia e Acarologia da ESALQ/USP em parceria com Fapesp, CNPq e Fundecitrus.

Técnica de produção: em pequena escala, pois se trata de CB Clássico, no hospedeiro natural (Figura 2).

Resultados obtidos e área tratada: Os parasitoides foram liberados pela primeira vez no Brasil em outubro de 1998, nos municípios de Descalvado e Nova Granada, SP, cerca de dois meses após a sua introdução no Brasil. No entanto, com o rápido sucesso obtido no estabelecimento do parasitoide (ele se dispersa cerca de 40 km em 45 dias) ele foi também distribuído para outros estados produtores de citros no Brasil, incluindo Minas Gerais, Goiás, Santa Catarina, Paraná, Rio Grande do Sul, Piauí, Sergipe, Bahia e Rio de Janeiro – e mesmo em países como Uruguai. Até de-

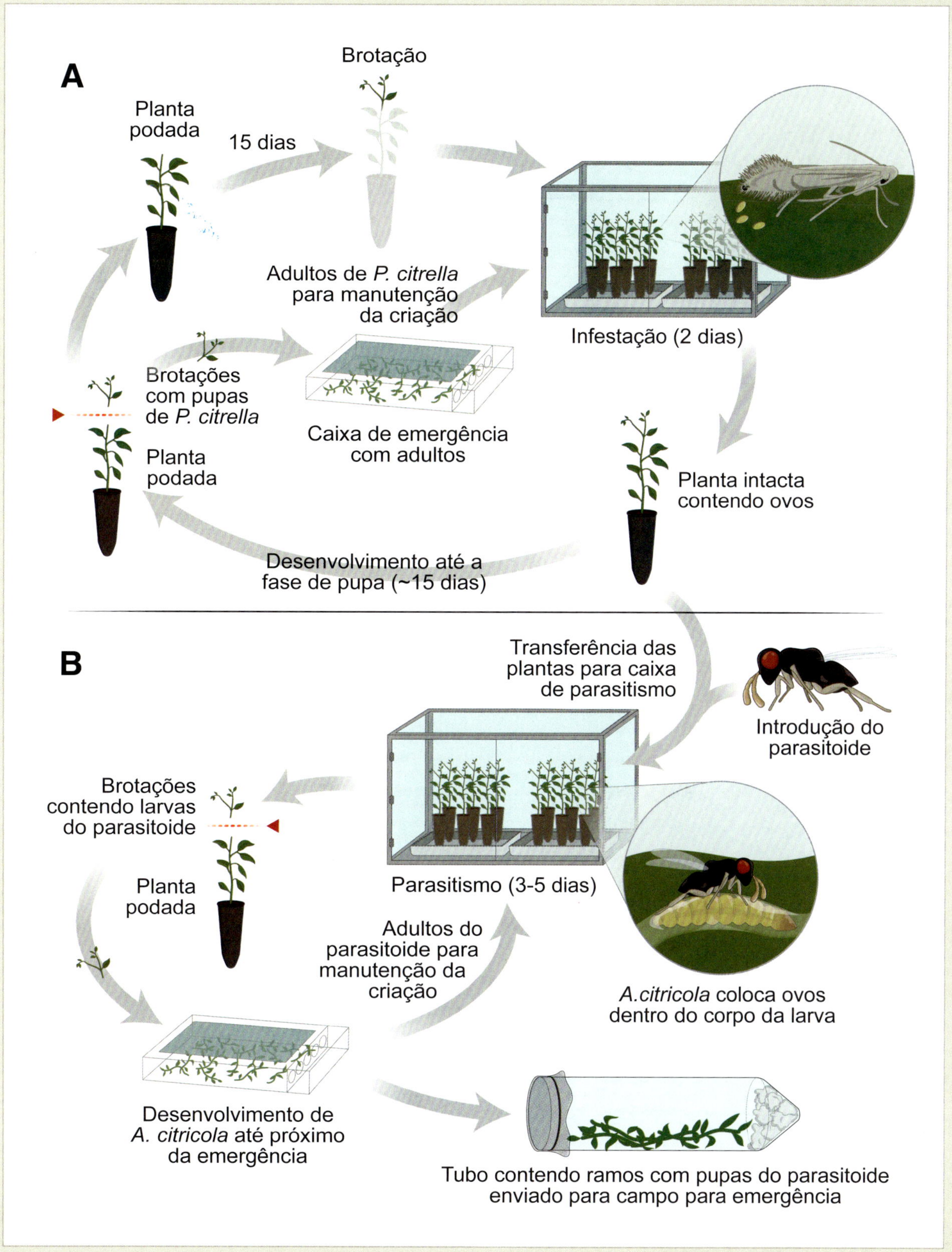

Figura 2. Sistema de produção de *Ageniaspis citricola* (adaptado de Chagas et al. 2002).

zembro de 2003 foram liberados, somente em SP, cerca de 850.000 parasitoides, em diferentes propriedades, distribuídas em mais de 67 municípios representativos da citricultura paulista (Figura 3).

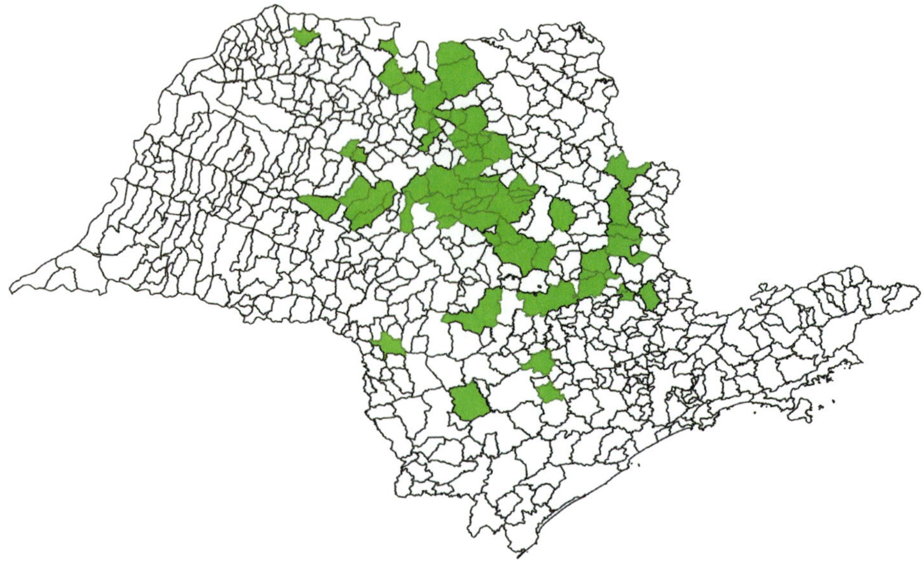

Adolfo
Aguaí
Altair
Américo Brasiliense
Amparo
Araraquara
Araras
Barretos
Bebedouro
Boa Esperança do Sul
Borborema
Botucatu
Brotas
Buri
Cafelândia
Cajobi
Casa Branca
Catanduva
Colômbia
Cordeirópolis
Descalvado
Dobrada
Dourado
Engenheiro Coelho
Gavião Peixoto
Getulina
Guarantã
Holambra
Ibitinga
Itaju
Itápolis
Itirapina
Jaboticabal
Jaguariúna
Limeira
Lins
Macedônia
Matão
Mococa
Mogi-Guaçu
Monte Alto
Monte Azul Paulista
Nova Europa
Nova Granada
Novaes
Olímpia
Onda Verde
Orindiuva
Piracicaba
Piraju
Pirangi
Pongaí
Reginópolis
Ribeirão Bonito
Rincão
Santa Lúcia
Sarapuí
Taboão
Tabatinga
Taiaçu
Taiuva
Taquaral
Taquaritinga
Tatuí
Ubarana
Vista Alegre do Alto

Figura 3. Regiões onde foram feitas liberações de *Ageniaspis citricola* em São Paulo (Parra et al. 2004).

A liberação é feita com 30 a 50 folhas com pupas do parasitoide. O inseto é poliembriônico e esse total de folhas mencionado é para 25 ha. A recuperação do parasitoide em campo se deu a partir do terceiro mês de sua liberação inicial em algumas localidades, ou seja, desde 1999. Num levantamento realizado em 2004, cerca de seis anos após sua primeira liberação no Brasil, o parasitoide *A. citricola* foi encontrado em 100% das áreas citrícolas, amostradas num total de 18.500 ha, em 22 propriedades das regiões Norte, Sul, Centro e Nordeste do estado de SP, compreendendo 17 municípios.

Em relação aos demais estados, o que se observa é que, mesmo em regiões climáticas distintas, como no Recôncavo Baiano e em Chapecó, SC, o parasitoide está presente. Constatou-se uma extraordinária capacidade de adaptação e dispersão do parasitoide *A. citricola* para as diferentes condições de manejo dos citros, pois em áreas com diferentes condições climáticas e de variedades (Pera Rio, Valência e/ou Natal), com idades variáveis dos pomares, com e sem aplicação de produtos fitossanitários e com diferentes formas de liberação do parasitoide, registraram-se taxas de parasitismo superiores a 40%, tendo atingido valores acima de 90% em algumas localidades.

Em razão de sua grande capacidade de adaptação, observou-se que o seu estabelecimento também foi independente do número de liberações, tanto que em áreas sem registro de liberação, constatou-se parasitismo de até 97%.

Em Chapecó, quatro anos após o registro do HLB em 2004 e com aplicações maciças para o psilídeo *Diaphorina citri* Kuwayama, o nível de parasitismo por *A. citricola* sobre *P. citrella* se manteve constante e em torno de 50-60%.

O parasitoide se adaptou melhor em regiões mais úmidas, sendo o parasitismo decrescente da região Norte para a Sul do estado, com a sequência de Norte > Nordeste > Central > Sul. De qualquer forma, em termos médios, a redução do minador foi significativa com a introdução do parasitoide *A. citricola*.

Diaphorina citri x *Tamarixia radiata* (*vide* capítulo 6)

Trata-se do psilídeo vetor do HLB (huanglongbing), ou "greening" registrado no Brasil em 2004, e relacionado no país, às bactérias *Candidatus* Liberibacter asiaticus, *Ca.* L. americanus e a um fitoplasma. A doença pode inviabilizar pomares produtivos em até quatro anos e impedir o desenvolvimento dos que estão em formação (Bové, 2006; Grafton-Cardwell et al., 2013; Hall et al., 2013) (*vide* capítulo 6). O psilídeo já se encontra no Brasil desde a década de 1930 (Costa Lima, 1942), mas o "greening" somente foi registrado em 2004. *Diaphorina citri* necessita de brotações para colocar os ovos. Vive em plantas da família Rutaceae, com registro em 23 gêneros da referida família, embora nem todos permitam o completo desenvolvimento do inseto (Aubert, 1987).

Inseto visado: *Diaphorina citri* (Hemiptera: Psyllidae)

Inimigo natural: *Tamarixia radiata* (Waterston) (Hymenoptera: Eulophidae)

O ectoparasitoide idiobionte *T. radiata* é nativo da região nordeste da Índia e específico de *D. citri*. Embora exótico foi encontrado em pomares de *Citrus* de Piracicaba e de Jaboticabal em 2005 (Gómez-Torres et al., 2006).

Origem do inimigo natural: Exótico (nordeste da Índia) embora tenha sido coletado e encontrado no Brasil.

Cultura visada: *Citrus* spp.

Grupo responsável pelo desenvolvimento: Departamento de Entomologia e Acarologia da ESALQ, com a colaboração da Fapesp, CNPq, Fundecitrus e Citrosuco.

Técnica de produção: O hospedeiro de criação de *D. citri* é um hospedeiro alternativo, a murta, *Murraya paniculata*, uma Rutaceae na qual o psilídeo se desenvolve muito bem (*vide* capítulo 6).

Resultados obtidos e área tratada: O tipo de controle de *D. citri* com *Tamarixia radiata* trata-se de uma nova abordagem em CB. Como se aplica muito inseticida em áreas comerciais para se controlar *D. citri*, não há psilídeo em tais áreas. Entretanto, há ocorrência de plantas infectadas por HLB. Qual o motivo? Os insetos infectados com a bactéria vêm de áreas adjacentes aos pomares (a migração é realizada por até 1,5 km), ou seja, áreas abandonadas (onde houve a erradicação das plantas cítricas infectadas), áreas de murta (hospedeiro do psilídeo), áreas orgânicas, áreas de fundo de quintal, que correspondem a cerca de 12.000 ha no estado de SP. Existem hoje dez biofábricas produzindo *Tamarixia radiata*, liberando-o de uma forma mista, entre CB clássico e aplicado. Essa técnica de liberação faz parte do **Manejo Externo** de *Citrus* para controle do HLB (*vide* capítulo 1). Os resultados são muito bons, em torno de 80% de controle, e no futuro, com a substituição de químicos nas áreas comerciais por produto à base de fungo (*Cordyceps fumosorosea*) já disponível no mercado, as liberações de *T. radiata* poderão ser feitas também em áreas comerciais. A recomendação atual é de 3200 indivíduos por ha com uma área de dispersão de 99,7m^2 (Marin, 2019).

Parasitoides e predadores x Pulgões do trigo
(Salvadori et al., 2011; Salvadori & Salles, 2002)

Insetos visados: pulgões do trigo.

Espécies: *Metopolophium dirhodum* (Walker) - pulgão-da-folha-do-trigo
Schizaphis graminum (Rondani) - pulgão-verde-dos-cereais
Sitobion avenae (Fabricius) - pulgão-da-espiga-do-trigo
Rhopalosiphum padi (L.) - pulgão-da-aveia
Rhopalosiphum rufiabdominale (Sasaki) – pulgão-da-raiz-do-trigo

Inimigos naturais: Em 1978 foram introduzidas as espécies de parasitoides *Aphidius* spp., *Praon* spp., *Ephedrus plagiator* (Ness) e *Aphelinus* spp., *Lysiphlebus testaceipes* (Cresson), sendo recebidas em Porto Alegre, RS. Foram ainda introduzidas espécies de predadores (Coleoptera, Coccinellidae) *Hippodamia convergens* Guérin-Méneville e *Coccinella septempunctata* L.

Origem dos inimigos naturais: Os inimigos naturais exóticos foram introduzidos de diversas partes da Europa sendo os predadores *H. convergens* dos EUA e *C. septempunctata* de Israel (Salvadori & Salles, 2002) (Tabela 1).

Tabela 1. Espécies introduzidas no país de 1978 a 1980, pelo projeto de controle de pulgões de trigo, Embrapa Trigo

Espécie	Hospedeiro 1	Procedência
Hymenoptera, Aphelinidae		
Aphelinus abdominalis	Md	Chile
Aphelinus asychis	Md, Sa	França
Aphelinus flavipes	Sg	França
Aphelinus varipes	Sg, Md	Hungria, França
Espécie	**Hospedeiro 1**	**Procedência**
Hymenoptera, Aphidiidae		
Aphidius colemani	Md, Sa	França, Israel
Aphidius ervi	As, Md, Ak, Mc, Ap	França, Checoslováquia
Aphidius pascuorum	Sg	França
Aphidius picipes	Sg	Checoslováquia, Itália, Hungria
Aphidius rhopalosiphi	Sa, Md, Sg	Chile, Checoslováquia, França
Aphidius uzbekistanicus	Md, Sa	Itália
Ephedrus plagiator	Sa, Md	França, Checoslováquia
Lysiphlebus testaceipes	Sg	Chile
Praon gallicum	Md	França
Praon volucre	Md	França, Checoslováquia, Espanha

1 Pulgões hospedeiros em que os parasitoides foram coletados nos países de origem.
Ap = *Acyrthosiphon pisum*; Ak = *A. kondoi*; Mc = *Macrosiphum carnosum*; Md = *Metopolophium dirhodum*; Sa = *Sitobion avenae*; Sg = Schizaphis graminum.

Cultura visada: trigo

Grupo responsável pelo desenvolvimento: Em julho de 1978, o Centro Nacional de Pesquisa do Trigo (Embrapa Trigo), em Passo Fundo, RS, com o apoio da FAO e da Universidade da Califórnia, Berkeley, EUA, iniciou o referido projeto para controlar principalmente as espécies *S. avenae* e *M. dirhodum* que aumentaram a sua importância na década de 1970, especialmente no RS.

Técnica de produção: Foi utilizado o trigo ou fava para criar os pulgões, portanto, hospedeiro natural, criando-se os parasitoides em casas de vegetação.

Tipo de criação: Embora em casa-de-vegetação e em hospedeiro natural, a criação dos parasitoides foi em larga escala, sendo produzidos e liberados mais de 20 milhões de parasitoides de 1978 a 1992, sendo distribuídos sem custo por organizações de agricultores (cooperativas, sindicatos etc.), secretarias municipais de agricultura etc.

Resultados obtidos e área tratada: Desde 1980 houve estabelecimento nas áreas liberadas, especialmente dos parasitoides *Praon* sp. e *Ephedrus* spp. Os parasitoides foram liberados em aproximadamente 2,6 milhões de ha, havendo uma redução nestas áreas de duas para uma aplicação de inseticidas, com economia de 16,23 milhões de dólares/ano. Deixaram de ser utilizados cerca de 855 mil litros de inseticidas (Salvadori & Salles, 2002). Hoje, 40 anos depois do início do programa, praticamente não se aplicam inseticidas em trigo para pulgões da parte aérea, pois os parasitoides se estabeleceram nas áreas tritícolas.

Trissolcus basalis x *Nezara viridula*
(Corrêa-Ferreira, 2002)

Inseto visado: *Nezara viridula* L. (Hemiptera: Pentatomidae) - percevejo-verde-da-soja. Este inseto, tão logo houve a implantação da soja no Brasil, na década de 1970, era considerado a principal praga da cultura. Atualmente, os níveis populacionais desta praga foram suplantados por outras espécies de percevejos, sendo a principal espécie, *Euschistus heros* (Fabricius) ao lado de *Diceraeus* spp.

Inimigo natural e sua origem: *Trissolcus basalis* (Wollaston) (Hymenoptera: Scelionidae) é originário da Europa (descrito a partir de espécimes coletados na ilha da Madeira, Portugal). Não foi introduzido, mas registrado em nosso país em 1979, onde parasitava 98% de ovos do percevejo verde, *N. viridula* (Corrêa-Ferreira, 2002).

Grupo responsável pelo desenvolvimento: O programa foi liderado pela Embrapa Soja, coordenado pela dra. Beatriz Corrêa-Ferreira (Corrêa-Ferreira, 2002).

Técnica de produção: O percevejo foi criado em dieta composta de soja e amendoim, colados em tiras de papel branco e suspensos nas gaiolas, adicionando-se frutos de ligustro (*Ligustrum lucidum*) para aumentar a postura. Foi desenvolvida uma técnica de armazenamento dos ovos do percevejo em nitrogênio líquido (-196 °C), que permite tal armazenamento por 12 meses, para serem utilizados quando for necessária a produção do parasitoide (Corrêa-Ferreira, 2002).

Resultados obtidos: Era recomendada a liberação de 5.000 vespinhas por ha (liberação inoculativa), como adultos e três cartelas por ha quando na forma de ovos parasitados (Corrêa-Ferreira, 2002), no período de desenvolvimento da vagem ao enchimento dos grãos.

O programa foi desenvolvido em microbacias no Paraná, como parte de um programa de MIP em soja. Em cinco municípios do Paraná (Campo Mourão, Maborê, Missal, Cambé e Toledo) em uma área de cerca de 20.000 ha, e com o envolvimento de cerca de 350 produtores, com ênfase a áreas orgânicas, foi utilizado o CB com *Trissolcus basaslis.*

Foram liberados, em média, 300.000 adultos de *T. basalis* por ano, a maior parte produzida pelo laboratório comunitário de Campo Mourão. Após liberações do parasitoides nas safras de 1993/1994 a 1997/1998, houve redução significativa da aplicação de inseticidas nas áreas em que foram liberados os parasitoides; em alguns casos, chegando a ser de 9 a 11 vezes maior nas regiões sem CB (Corrêa-Ferreira, 2002).

Cotesia flavipes x *Diatraea saccharalis* (*vide* capítulo 7)

Este é o exemplo clássico de CB no Brasil, há 53 anos, pois foi o pioneiro na utilização de dieta artificial para criar o hospedeiro, o que permitiu criar grandes quantidades de *D. saccharalis* (Fabricius) na dieta original (Hensley & Hammond, 1968), que ainda hoje é bastante utilizada em diversos laboratórios do Brasil, com pequenas modificações da dieta desenvolvida há 53 anos.

Inseto visado: *Diatraea saccharalis*

Inimigo natural: *Cotesia flavipes* (Cameron) importado de Trinidad-Tobago em 1971. Foi a primeira introdução, pois ocorreram outras introduções posteriormente, na década de 1970, de regiões frias e úmidas da Índia e Paquistão (Botelho & Macedo, 2002). Este inseto exótico ocorre em toda região canavieira do país.

Cultura visada: Cana-de-açúcar

Grupo responsável pelo desenvolvimento: Departamento de Entomologia e Acarologia ESALQ/USP; Planasucar (hoje UFScar) e Copersucar (hoje CTC).

Técnica de produção: O hospedeiro desde o início do programa, na década de 1970, é criado em dieta artificial. Envolve ainda uma dieta de realimentação oferecida ao hospedeiro, após o parasitismo por *C. flavipes,* pois o inseto é cenobionte e continua a crescer e se alimentar após o parasitismo. A técnica é detalhada em Botelho; Macedo, (2002) e no presente livro no capítulo 7.

Tipo de criação: São criações massais, pois o parasitoide é liberado em grandes áreas.

Resultados obtidos: As liberações de *C. flavipes* realizadas desde a década de 1970 até hoje para o controle da *D. saccharalis* mostram períodos em que as liberações resultaram numa redução de perdas financeiras – de 100 milhões de dólares por ano causados pela broca-da-cana, para 20 milhões de dólares, devido à ação do parasitoide.

Área tratada: A área tratada pelo parasitoide já chegou a 3,5 milhões de ha, correspondente a 40% da área de cana-de-açúcar no país.

Trichogramma spp. x diversos lepidópteros

(*vide* capítulo 8)

Inseto visado: ovos de lepidópteros.

Inimigo natural: *Trichogramma* spp. (Hymenoptera: Trichogrammatidae)

Produtos comercializados
- *Trichogramma galloi*
- *T. pretiosum*
- *T. atopovirilia*

Origem do inimigo natural:
- *Trichogramma galloi* - nativo
- *T. pretiosum* - exótico
- *T. atopovirilia* – exótico

Cultura visada: diversas culturas onde ocorrem lepidópteros (*vide* capítulo 8)

Grupo responsável pelo desenvolvimento: Equipe do Departamento de Entomologia e Acarologia da ESALQ, coordenado pelo prof. José Roberto Postali Parra, desde 1984.

Técnica de produção: A criação da traça *Anagasta kuehniella* Zeller, hospedeiro alternativo do parasitoide é feita com dieta à base de farinha de trigo (97%) e levedura (3%), segundo Parra (1997) e Parra et al. (2014), Parra et al. (2021).

A criação foi desenvolvida em laboratório e houve um ajuste de escala por empresas que chegam a produzir alguns quilos de ovos por dia (1g de ovos de *A. kuehniella* corresponde a 36.000 ovos). Os ovos são esterilizados para evitar canibalismo, e, a partir daí, fornecidos às espécies de *Trichogramma* citadas (*vide* capítulo 8). Em empresas são feitas criações massais do parasitoide, para atender ao mercado brasileiro.

Área tratada e resultados obtidos: Segundo Parra et al. (2015) a espécie *T. galloi* é bastante eficiente para controle de *D. saccharalis*, sendo que no presente ano deverão ser tratados cerca de 3 milhões de ha com o parasitoide. Os primeiros resultados foram obtidos por Botelho et al. (1999) para controle da praga em Mato Grosso do Sul.

Nas demais culturas para controle de lagartas em soja, *Anticarsia gemmatalis* Hübner, *Helicoverpa armigera* Hübner, *Chrysodeixis includens* (Walker), para *Helicoverpa zea* (Boddie) em milho, *Tuta absoluta* (Meyrick) em tomateiro, *Lasiothyris luminosa* (Razowski & Becker) em videira, *Gymnandrosoma aurantianum* (Lima) em laranja, utiliza-se *T. pretiosum*, bem como para lagartas do meloeiro (*vide* capítulos 8 e 12). Para *Stenoma catenifer* Walsingham, em abacateiro, recomenda-se *T. atopovirilia* e/ou *Trichogrammatoidea annulata* De Santis. Para todas as pragas citadas *Trichogramma* spp. chegou a ser utilizado em cerca de 210.000 ha.

Os resultados obtidos com as pesquisas durante 37 anos, permitem antever aumento de áreas tratadas com este parasitoide.

Neoseiulus californicus x *Panonychus ulmi*
(Monteiro, 2002)

Inseto visado: *Panonychus ulmi* (Koch)(Acari: Tetranychidae)

Inimigo natural: *Neoseiulus californicus* McGregor (Acari: Phytoseiidae)

Origem do inimigo natural: nativo

Cultura visada: macieira

Grupo responsável pelo desenvolvimento: Grupo liderado pelo dr. Lino Monteiro, do Departamento de Fitotecnia e Fitossanitário da Universidade Federal do Paraná, em Curitiba, PR, ao lado de quatro empresas produtoras de maçãs (Agrícola Fraiburgo S.A.; Fischer Fraiburgo Agrícola Ltda.; Pomifrai Fruticultura S.A. e Renar Maçãs S.A.), em Fraiburgo, SC, construíram unidades de criação para implantar o CB inundativo de *P. ulmi*.

Técnica de criação: Embora em casas de vegetação trata-se de uma criação em larga escala. Utiliza-se a técnica de McMurtry & Scriven (1975), utilizando-se feijoeiro para criação de *Tetranychus urticae* Koch e fornecendo-se pólen para os ácaros polenófagos.

Resultados e área tratada: Os resultados nas regiões produtoras de maçã do Sul foram muito bons, com um alto controle de *P. ulmi* por meio de *N. californicus*. A economia produzida com o controle biológico de ácaros, quando comparada com o controle convencional, foi estimada em 88 dólares por ha.

Existem, outros exemplos de inimigos naturais entre parasitoides e predadores com grande potencial de utilização, alguns já utilizados em pequena escala, outros ainda sem registro nos órgãos competentes e outros utilizados por serem eficientes em outros países, mas ainda sem resultados para serem considerados um sucesso.

Entre eles poderiam ser citados:

- *Telenomus podisi* Ashmead. Parasitoide nativo, já liberado em cerca de 60.000 ha por ano na cultura da soja para controle de *Euschistus heros*. Tem grande potencial de utilização (*vide* capítulo 9) e depende da disponibilidade do parasitoide de ovos, pois o percevejo-marron-da-soja é, hoje, o principal problema da cultura em praticamente toda a área plantada no Brasil (35 milhões de ha). A dieta artificial com material liofilizado para *E. heros* (Mendoza et al., 2016) deverá acelerar o programa com grande produção de parasitoides (*vide* capítulo 9).
- *Telenomus remus* Nixon. Agente de controle de *Spodoptera frugiperda* (J. E. Smith) e de todo o complexo *Spodoptera*, incluindo as espécies *Spodoptera frugiperda, S. cosmioides* Walker, *S. eridania* (Cramer) e *S. albula* (Walker). Parasitoide importado da Venezuela, com algumas vantagens sobre *Trichogramma* spp. para controle de *Spodoptera* spp., pois este parasitoide parasita ovos de todas as camadas da postura, enquanto as espécies de *Trichogramma* se limitam a parasitar as camadas externas (Beserra & Parra, 2005). Foram feitos estudos biológicos do inimigo natural mostrando esse potencial.
- *Tetrasticus howardii* (Olliff). Parasitoide de pupas e lagartas de *Diatraea saccharalis* e *Spodoptera frugiperda* mostra-se eficiente em alguns locais e já é comercializado. Projeto desenvolvido pela equipe da Universidade Federal de Mato Grosso do Sul em Dourados, coordenado pelo prof. Fabrício Fagundes Pereira da Universidade Federal da Grande Dourados (Barbosa et al., 2018), com muitas publicações sobre o assunto (*vide* capítulo 13)
- Ácaros predadores. No Brasil são comercializados os ácaros fitoseídeos *Neoseiulus californicus, Phytoseiulus macropilis* (Banks) e *P. longipes* Evans para controle do ácaro rajado e o Laelapidae *Stratiolaelaps scimitus* (Womersley) para controle de "fungus gnats" (*vide*

capítulo 11). São ainda utilizados para controle de tarsonemideos, *Bradysia* spp., Collembola, ácaros de solo.

- *Habrobracon hebetor* Say. Paralisa e parasita lepidópteros de armazéns, com ênfase a *Anagasta kuehniella* e *Corcyra cephalonica* (Stainton) utilizado para controle de *Ephestia elutella* Hübner em 1.500 armazéns de fumo no sul do Brasil (Parra, 2014). Estudo recente feito por Cantori (2019) mostra o potencial do parasitoide para pragas de campo.
- *Podisus nigrispinus* (Dallas) e *Brontocoris tabidus* (Signoret). Os trabalhos do prof. José Cola Zanúncio são clássicos com estes pentatomídeos (Zanuncio et al., 2002). Empresas em Minas Gerais, como a Cia V & M Florestal, liberam os insetos desde 1989, para controle de lagartas desfolhadoras em *Eucalyptus* spp., liberando desde 2005 mais de 3 milhões de predadores (*vide* capítulo 10)
- *Orius insidiosus* Say. Inseto muito estudado pelo grupo da profa. Vanda Helena Paes Bueno da UFLA, MG. Esses trabalhos demonstraram que o predador, quando liberado em crisântemo, gérbera e rosas em casas-de-vegetação foram eficientes para tripes, com ênfase a *Frankliniella occidentalis* Pergande (Bueno et al., 2003). Podem ser consultados os trabalhos de Bueno (2009); Bueno & Poletti (2009); Silveira et al. (2004) (*vide* capítulo 10). É um predador atualmente comercializado no Brasil, com a técnica de criação perfeitamente dominada.
- *Macrolophus basicornis* (Ställ). Predam ovos e larvas de *Tuta absoluta* e de vários lepidópteros do tomateiro e ninfas de *Bemisia tabaci* (Gennadius) (Bueno et al., 2013; van Lenteren et al., 2018) (*vide* capítulo 10).

Considerações finais

O Brasil tem excelentes programas de CB, mas existem muitos desafios a serem transpostos, incluindo maior exploração da nossa rica biodiversidade (*vide* capítulo 21).

Além da cultura do agricultor, voltada para agroquímicos, o nosso desafio é desenvolver um modelo para grandes áreas (campos abertos) característica das áreas que integram a produção do agronegócio brasileiro.

O uso do Controle Biológico ainda esbarra em muitos mitos, que necessitam ser superados para aumentar sua utilização.

Assim, segundo Parra (2019), esses mitos podem ser resumidos em cinco aspectos: **cultural** – pois o agricultor brasileiro está acostumado com agroquímicos e isso passa por um processo familiar; **custo** – para o agricultor a utilização do Controle Biológico deve ser mais barata do que o método químico, sem levar em conta as vantagens ecológicas e sociais do método biológico; **método fácil** – o que leva a um amadorismo na produção dos agentes de controle, denegrindo a imagem do CB; na verdade trata-se de uma tecnologia obtida a longo prazo (*vide* capítulo 2); **método de controle a longo prazo** – com base no início do CB Clássico em que não se dispunham de técnicas de criação e que as liberações eram inoculativas e adequadas apenas para culturas perenes e semiperenes, com resultados a longo prazo; **CB seria a solução de todos problemas isoladamente** – quando na verdade deve ser incorporado em programas de Manejo Integrado de Pragas

Os desafios serão transpostos quando houver maior massa crítica envolvida com CB, para elaborar programas inter e multidisciplinares, com pesquisas que apontem maior credibilidade ao CB. Sobretudo nas empresas que disponibilizem inimigos naturais de qualidade ao agricultor e que permitam a ele comparar e verificar a possibilidade de substituição dos agroquímicos atualmente utilizados. Para isso, o agricultor precisa receber um pacote tecnológico exequível, lembrando-se sempre que o CB não irá resolver sozinho todos os problemas de pragas, mas sim dentro da filosofia de MIP, que deve ser insistentemente perseguida.

Entretanto, sempre é importante lembrar as vantagens do CB, quais sejam: proteger a biodiversidade; especificidade e não causar desequilíbrios biológicos; não deixar resíduos nos alimentos, na água e no solo; não afetar polinizadores; aumentar o lucro do agricultor; reduzir a dependência do petróleo. Para as culturas com grande número de pragas, a especificidade dos parasitoides pode ser uma desvantagem, além do CB nos Sistemas de Produção Brasileiro exigir mais tecnologia, especialmente na era digital em que vivemos o que, dependendo do nível cultural do agricultor, pode dificultar a implementação do CB pela falta de transferência de tecnologia.

Referências Bibliográficas

Arruda, G. P. (1971). *Contribuição ao estudo da cochonilha do capim Antonina graminis (Maskell, 1897) (Homoptera, Pseudococcidae) e seu controle biológico em Pernambuco*. 80p. (Dissertação) Universidade de São Paulo / Escola Superior de Agricultura "Luiz de Queiroz"

Aubert, B. (1987). *Trioza erytreae* Del Guercio and *Diaphorina citri* Kuwayama (Homoptera: Psylloidea), the two vectors of Citrus Greening Disease: Biological aspects and possible strategies. *Fruits*, *42*(3), 149–162.

Barbosa, L. R., Rodrigues, A. P., Souza, A. R., Puretz, B. O., Wilcken, C. F. & Zanuncio, J. C. (2018). *Leptocybe invasa* (Hymenoptera: Eulophidae) em mudas de Eucalipto no Estado de Santa Catarina, Brasil. *Ciência Florestal*, *28*(4), 1770-1775. https://doi.org/10.5902/1980509835336

Batista Filho, A., Costa, V. & Hojo, H. (2018). *Neodusmetia sangwani* (Subba Rao) (Hymenoptera: Encyrtidae) to control *Antonina graminis* (Maskell) (Hemiptera: Pseudococcidae) in pastures in Brazil: a revision. *Arquivos do Instituto Biológico*, *84*, 1-8. https://doi.org/10.1590/1808-1657000432016

Bento, J. M., Moraes, G. J., Bellotti, A. C., Castillo, J. A., Warumby, J. F. & Lapointe, S. L. (1999). Introduction of parasitoids for the control of the cassava mealybug *Phenacoccus herreni* (Hemiptera: Pseudococcidae) in north-eastern Brazil. *Bulletin of Entomological Research*, *89*(5), 403–410. https://doi.org/10.1017/S000748539900053X

Bento, J. M. S., Moraes, G. J., Matos, A. P. & Bellotti, A. C. (2000). Classical Biological Control of the Mealybug *Phenacoccus herreni* (Hemiptera: Pseudococcidae) in Northeastern Brazil. *Environmental Entomology*, *29*(2), 355–359. https://doi.org/10.1093/ee/29.2.355

Bento, J. M. S., Moraes, G. J., Matos, A. P., Warumby, J. F. & Bellotti, A. C. (2002). Controle biológico da cochonilha da mandioca no nordeste do Brasil. In: Parra, J. R. P., Botelho, P. S. M., Correa-Ferreira, B. S. & Bento, J. M. S. (Eds.), *Controle Biológico no Brasil: Parasitoides e Predadores*. São Paulo: Manole. 395-408.

Beserra, E. B. & Parra, J. R. P. (2005). Impact of the number of *Spodoptera frugiperda* egg layers on parasitism by *Trichogramma atopovirilia*. *Scientia Agricola*, *62*(2), 190–193. https://doi.org/10.1590/S0103-90162005000200016

Botelho, P. S. M. & Macedo, N. (2002). *Cotesia flavipes* para o controle de *Diatraea saccharalis*. In: Parra, J. R. P., Botelho, P. S. M., Correa-Ferreira, B. S. & Bento, J. M. S. (Eds.), *Controle Biológico no Brasil: Parasitoides e Predadores*. São Paulo: Manole. 409–425.

Botelho, P. S. M., Parra, J. R. P., Chagas Neto, J. F. & Oliveira, C. P. B. (1999). Associação do parasitoide de ovos *Trichogramma galloi* Zucchi (Hymenoptera: Trichogrammatidae) e do parasitoide larval *Cotesia flavipes* (Cam.) (Hymenoptera: Braconidae) no controle de *Diatraea saccharalis*, (Fabr.) (Lepidoptera: Crambidae) em cana-de-açúcar. *Anais da Sociedade Entomológica do Brasil*, *28*(3), 491–496. https://doi.org/10.1590/S0301-80591999000300015

Bové, J. M. (2006). Huanglongbing a destructive newly emerging. *Journal of Plant Pathology*, *88*(1), 7–37.

Bueno, V. H. P. (2009). *Controle Biológico de Pragas: Produção massal e Controle de qualidade* (2º). Lavras: Editora UFLA. 429 p.

Bueno, V. H. P. & Poletti, M. (2009). Progress with biological control and IPM strategies inprotected cultivation in Brazil. *IOBC-WPRS Bulletin*, *49*, 31–36.

Bueno, V. H. P., van Lenteren, J. C., Lins, J. C., Calixto, A. M., Montes, F. C., Silva, D. B., Santiago, L. D. & Pérez, L. M. (2013). New records of *Tuta absoluta* (Meyrick) (Lepidoptera: Gelechiidae) predation by Brazilian Hemipteran predatory bugs. *Journal of Applied Entomology*, *137*(1–2), 29–34. https://doi.org/10.1111/jen.12017

Bueno, V. H. P., van Lenteren, J. C., Silveira, L. C. P. & Rodrigues, S. M. M. (2003). An overview of biological control in greenhouse chrysantemums in Brazil. *IOBC-WPRS Bulletin, 26*, 1–5.

Cantori, L. V. (2019). *Potencial do ectoparasitoide Habrobracon hebetor Say (Hymenoptera: Braconidae) para o controle biológico de 13 espécies de lepidópteros-praga.* 59 p. (Dissertação) Universidade de São Paulo / Escola Superior de Agricultura "Luiz de Queiroz".

Chagas, M. C. M., Parra, J. R. P., Nascimento, A. S., Parra, A. L. G. C. & Yamamoto, P. T. (2002). *Ageniaspis citricola*: Criação e Estabelecimento no Brasil. In: Parra, J. R. P., Botelho, P. S. M., Correa-Ferreira, B. S. & Bento, J. M. S. (Eds.), *Controle Biológico no Brasil: Parasitoides e Predadores*. São Paulo: Manole. 377–394.

Correa-Ferreira, B. S. (2002). *Trissolcus basalis* para o controle de percevejos da soja. In: Parra, J. R. P., Botelho, P. S. M., Correa-Ferreira, B. S. & Bento, J. M. S. (Eds.), *Controle Biológico no Brasil: Parasitoides e Predadores*. São Paulo: Manole. 449-476.

Costa, J. M., Willians, R. N. & Schuster, M. F. (1970). Cochonilha dos capins, *Antonina graminis*, no Brasil II. Introdução de *Neodusmetia sangwani*, inimigo natural da cochonilha. *Pesquisa Agropecuária Brasileira*, *5*, 339–343.

Costa Lima, A. M. (1942). Psylloidea. In: *Insetos do Brasil 4*. Rio de Janeiro: Escola Nacional de Agronomia. 94-112.

CropLife. (2020). Controle Biológico faz parte do futuro da Agricultura. Disponível em: https://croplifebrasil.org/conceitos/controle-biologico/

Czepak, C., Albernaz, K., Vivan, L. M., Guimaraes, H. O. & Carvalhais, T. (2013). Primeiro registro de ocorrência de *Helicoverpa armigera* (Hubner)(Lepidoptera: Noctuidae) no Brasil. *Pesquisa Agropecuaria Tropical*, *43*, 110–113. https://doi.org/10.1590/S1983-40632013000100015

Feichtenberger, E. & Raga, A. (1996). First report of Citrus Leafminer *Phyllocnistis citrella* (Lep.: Gracillariidae) in Brazil. In: *Reunião Interamericana de Horticultura Tropical*, 42, Resumos... Curitiba: ITHS.

Gallo, D., Nakano, O., Silveira Neto, S., Carvalho, R. P. L., Batista, G. C., Berti Filho, E., Parra, J. R. P., Zucchi, R. A., Alves, S. B., Vendramim, D. J., Marchini, L. C., Lopes, J. R. S. & Omoto, C. (2002). *Entomologia Agrícola* (7º). Piracicaba: FEALQ. 920 p.

Gómez-Torres, M. L., Nava, D. E., Gravena, S., Costa, V. A. & Parra, J. R. P. (2006). Registro de *Tamarixia radiata* (Waterston) (Hymenoptera: Eulophidae) em *Diaphorina citri* Kuwayama (Hemiptera: Psyllidae) em São Paulo, Brasil. *Revista de Agricultura*, *81*, 112–117.

Grafton-Cardwell, E. E., Stelinski, L. L. & Stansly, P. A. (2013). Biology and Management of Asian Citrus Psyllid, Vector of the Huanglongbing Pathogens. *Annual Review of Entomology*, *58*, 413–432. https://doi.org/10.1146/annurev-ento-120811-153542

Hall, D. G., Richardson, M. L., Ammar, E. D. & Halbert, S. E. (2013). Asian citrus psyllid, *Diaphorina citri*, vector of citrus huanglongbing disease. *Entomologia Experimentalis et Applicata*, *146*(2), 207–223. https://doi.org/10.1111/eea.12025

Hensley, S. D. & Hammond, A. M. (1968). Laboratory Techniques for Rearing the Sugarcane Borer on an Artificial Diet. *Journal of Economic Entomology*, *61*(6), 1742–1743. https://doi.org/10.1093/jee/61.6.1742

Marin, D. R. (2019). *Densidade e raio de dispersão de Tamarixia radiata (Waterston) (Hymenoptera: Eulophidae) para o controle de Diaphorina citri Kuwayama (Hemiptera: Liviidae) em pomares cítricos*. 28f. (Dissertação). Fundecitrus.

Monteiro, L. B. (2002). Criação de ácaros fitófagos e predadores: Um caso de produção de *Neioseiulus californicus* por produtores de maçã. In: Parra, J. R.P., Botelho, P. S. M., Correa-Ferreira, B. S. & Bento, J. M. S. (Eds.) *Controle Biológico no Brasil: Parasitoides e Predadores*. São Paulo: Manole. 351-362.

McMurtry, J. A. & Scriven, G. T. (1975). Population Increase of *Phytoseiulus persimilis* on Different Insectary Feeding Programs. *Journal of Economic Entomology*, *68*(3), 319–321. https://doi.org/10.1093/jee/68.3.319

Mendoza, A. C., Rocha, A. C. P. & Parra, J. R. P. (2016). Lyophilized artificial diet for rearing the Neotropical *Euschistus heros* (Hemiptera: Pentatomidae). *Journal of Insect Science*, *16*(1), 41. https://doi.org/10.1093/jisesa/iew025

Nuti, P. (1969). Controle biológico da cochonilha *Antonina graminis* (Maskell) pelo inimigo natural *Neodusmetia sangwani* (RAO). *Boletin de Indústria Animal, 25*, 255–261.

Parra, J. R. P. (1997). Técnicas de criação de *Anagasta kuehniella*, hospedeiro alternativo para a produção de *Trichogramma*. In: Parra, J. R. P. & Zucchi, R. A. (Eds.), *Trichogramma e o controle biológico aplicado*. Piracicaba: FEALQ. 121-150.

Parra, J. R. P. (2014). Biological Control in Brazil: An overview. *Scientia Agricola*, *71*(5), 420–429.

Parra, J. R. P., Bento, J. M. S., Chagas, M. C. M. & Yamamoto, P. T. (2004). O Controle Biológico da Larva-Minadora-dos-Citros. *Visão Agrícola*, *2*, 64–67.

Parra, J. R. P., Coelho Jr., A., Geremias, L. D., Bertin, A. & Ramos, C. J. (2014). *Criação de Anagasta kuehniella em pequena escala, para produção de Trichogramma*. Piracicaba: Occasio. 37p.

Parra, J. R. P., Geremias, L. D., Bertin, A., Colmenarez, Y. & Coelho Jr., A. (2021). *Small-Scale rearing of Anagasta kuehniella for Trichogramma production*. Wallingford: CABI. 32p.

Parra, J. R. P., Zucchi, R. A., Coelho Jr., A., Geremias, L. D. & Consoli, F. L. (2015). *Trichogramma* as a tool for IPM in Brazil. In: Vinson, S. B., Greenberg, S. M., Liu, T., Rao, A. & Volosciuk, L. F. (Orgs.), *Augmentative Biological Control Using Trichogramma spp.: Current Status and Perspectives.* Yangling: Nothwest A&F University Press. 472-496.

Prates, H. S., Nakano, O. & Gravena, S. A. (1996). A "minadora das folhas de citros" Phyllocnistis citrella Stainton. *CATI - Comunicado Técnico, 129*, 3 p.

Salvadori, J. R., Pereira, P. R. V. S. & Lau, D. (2011). Controle biológico dos afídeos do trigo - um marco histórico. *Ciência & Ambiente, 43*, 191-193

Salvadori, J. R. & Salles, L. A. B. (2002). Controle biológico dos pulgões do trigo. In: Parra, J. R. P., Botelho, P. S. M., Correa-Ferreira, B. S. & Bento, J. M. S. (Eds.), *Controle Biológico no Brasil: Parasitoides e Predadores*. São Paulo: Manole. 427-447.

Silveira, L. C. P., Bueno, V. H. P. & van Lenteren, J. C. (2004). *Orius insidiosus* as biological control agent of Thrips in greenhouse chrysanthemums in the tropics. *Bulletin of Insectology, 57*(2), 103–109.

van Lenteren, J. C., Bueno, V. H. P., Calvo, F. J., Calixto, A. M. & Montes, F. C. (2018). Comparative Effectiveness and Injury to Tomato Plants of Three Neotropical Mirid Predators of *Tuta absoluta* (Lepidoptera: Gelechiidae). *Journal of Economic Entomology, 111*(3), 1080–1086. https://doi.org/10.1093/jee/toy057

Zanuncio, J. C., Guedes, R. N. C., Oliveira, H. N. & Zanuncio, T. V. (2002). Uma década de estudos com percevejos predadores: conquistas e desafios. In: Parra, J. R. P., Botelho, P. S. M., Correa-Ferreira, B. S. & Bento, J. M. S. (Eds.), *Controle Biológico no Brasil: Parasitoides e Predadores*. São Paulo: Manole. 495-509.

CAPÍTULO 5

Controle biológico conservativo

Madelaine Venzon
Pedro Henrique Brum Togni
Edison Ryoiti Sujii

Introdução

O controle biológico conservativo é uma estratégia baseada na modificação ou manipulação do ambiente e da adoção de práticas culturais para conservar e favorecer a atuação dos inimigos naturais na redução dos efeitos negativos das pragas (Barbosa, 1988; Eilenberg et al., 2001). Nessa estratégia, o controle biológico é entendido como um serviço ecossistêmico provido por diferentes componentes da biodiversidade. Esse serviço ocorre por meio de um conjunto de interações ecológicas, tais como predação, parasitismo, competição e antagonismo, que impedem o crescimento geométrico das populações com base nas suas taxas de crescimento intrínseco, e assim limitam o tamanho das populações. Populações de plantas (produtores primários) têm seu número regulado pela herbivoria causada por consumidores de raízes, caules, folhas, flores, pólen, frutos e outros órgãos. Podem também ser limitadas pelo parasitismo causado por micro-organismos fitopatogênicos (doenças), pela competição direta com outras plantas ou pelo antagonismo onde plantas produzem substâncias inibidoras (p. ex., alelopáticas) de outras plantas. O controle biológico, portanto, difunde-se ao longo das redes tróficas e regula a abundância das espécies, estruturando as comunidades em cada ecossistema.

A prática do controle biológico conservativo requer conhecimento sobre estrutura e o funcionamento da teia alimentar presente no sistema, a fim de se utilizar estrategicamente as técnicas que visem ao aumento e a conservação daquelas espécies desejáveis. Para que esse conhecimento possa ser utilizado é necessário compreender as múltiplas interações de plantas, insetos fitófagos e inimigos naturais que podem ocorrer em um agroecossistema (Figura 1).

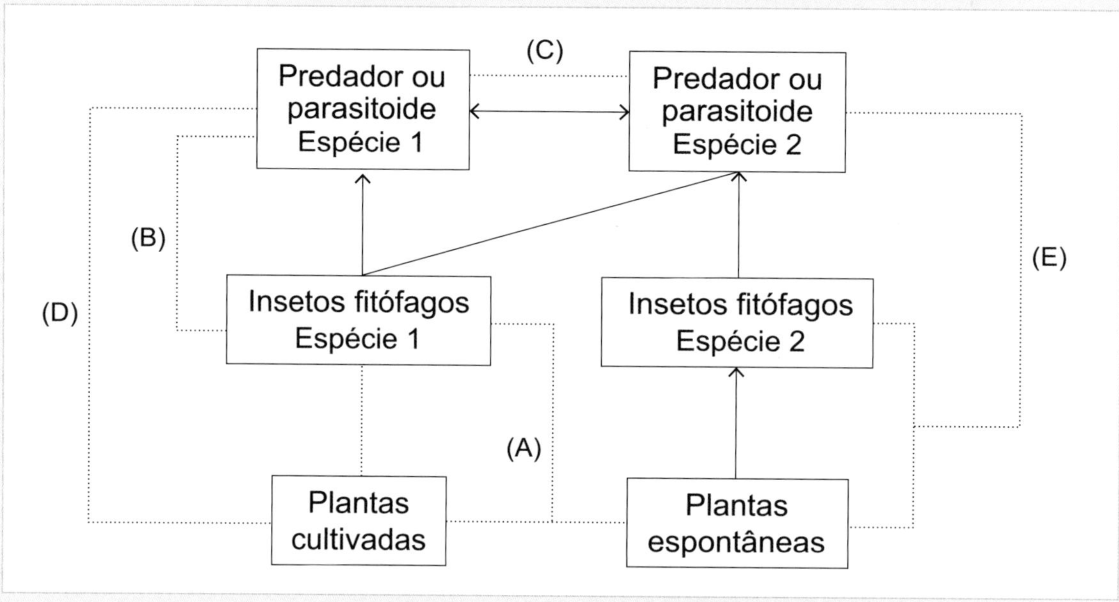

Figura 1. Diagrama simplificado de um agroecossistema. ⟶ Interações tróficas; Interações comportamentais: (A) Atração/Confundimento/Repelência de insetos fitófagos; (B) Interações predador/parasitoide e presa/hospedeiro (preferência, resposta funcional e numérica, fenologia); (C) Interações competitivas e mutualísticas entre inimigos naturais; (D) Interações tritróficas de atração de inimigos naturais pelas plantas, (E) Efeito da interação planta-fitófago na adaptabilidade do inimigo natural.

Existem dois pontos gerais que devem nortear o estudo e a aplicação do controle biológico conservativo.

Primeiro, essa estratégia está fundamentada na compreensão de diversos processos ecológicos e comportamentais, bem como um conhecimento aprofundado da biologia dos inimigos naturais e das pragas. Consequentemente, o controle biológico conservativo pode ser compreendido como um estudo complexo que envolve diferentes áreas do conhecimento, como agronomia, ecologia, biologia e biotecnologia.

Segundo, essas interações ocorrem em diferentes escalas espaciais, que vão desde o talhão de cultivo até a paisagem onde as propriedades estão inseridas (Begg et al., 2017).

Embora essa abordagem pareça ampla, muito do conhecimento já existente sobre biologia e ecologia de pragas e inimigos naturais pode ser utilizado. Esse conhecimento, no entanto, deve ser complementado com estudos a respeito das exigências nutricionais e ecológicas dos inimigos naturais, e norteará a escolha da estratégia de manejo ambiental a ser utilizada.

Em termos gerais, o controle biológico conservativo tem as seguintes vantagens:

1. É baseado em conceitos fáceis para o agricultor compreender, como "policultivo", "plantas companheiras", "valor da diversidade";
2. Pode ser adotado na propriedade, mas também pode envolver estratégias de manejo além dos limites da propriedade;
3. Envolve mudanças conspícuas na paisagem dos agroecossistemas, o que vem ao encontro com as exigências de nichos de mercados específicos, como o orgânico;
4. Tem como foco a longo prazo o desenvolvimento de sistemas agrícolas sustentáveis;
5. Pode ser utilizado para inimigos naturais especialistas e generalistas, e pode controlar mais de uma espécie praga ao mesmo tempo;
6. É aplicável em cultivos em todas as escalas (p. ex., pequena produção e monocultura em larga escala), e em todos os sistemas de manejo (p. ex., cultivos convencionais e orgânicos);
7. Pode ser utilizado de forma complementar a outras estratégias de controle biológico, e torná-las mais eficientes e duradouras.

Neste capítulo, serão abordados, inicialmente, as bases conceituais e os fundamentos do controle biológico conservativo. Em seguida, serão apresentadas as estratégias de manejo ambiental, que podem ser utilizadas para conservar e favorecer a atuação dos inimigos naturais. Por fim, serão apresentadas aplicações do controle biológico conservativo no Brasil.

Bases conceituais

Formas de estudo e interação de escalas

Ao compreender o controle biológico como um serviço ecossistêmico, é necessário considerar que a provisão desse serviço depende do capital natural e humano (Bengtsson et al., 2005). Nesse sentido, há fatores que podem atuar como filtros ambientais para a conservação e utilização dos inimigos naturais nas propriedades. O capital humano pode facilitar a redução desses filtros ambientais e favorecer a provisão do controle biológico pelos inimigos naturais. É então necessário realizar estudos em diferentes fases, para que o controle biológico conservativo seja aplicado de forma eficiente.

De forma simplificada, as etapas de estudos necessários são as seguintes:

1. Identificar as principais espécies com potencial para utilização como agentes de controle biológico;
2. Estudar a biologia e a ecologia dos inimigos naturais;
3. Determinar os fatores que limitam e potencializam a atuação dos inimigos naturais, com foco no manejo ambiental e nas práticas culturais;

5\. Implementar a estratégia de manejo ambiental e as práticas culturais selecionadas;

6\. Avaliar a estratégia e a adaptação.

É necessário entender a dinâmica espacial e temporal dos inimigos naturais, em escalas que vão do local em que uma determinada cultura será plantada (escala local) até a região onde uma propriedade está inserida (escala da paisagem). Paisagens heterogêneas com a presença de hábitats naturais e seminaturais geralmente favorecem uma comunidade mais abundante e diversa de inimigos naturais. Isso porque cada hábitat pode apresentar uma composição de espécies distintas e aumentar o "pool" regional de espécies de inimigos naturais que podem colonizar as áreas de cultivo (Tscharntke et al., 2012; Veres et al., 2013). Já dentro dos limites da propriedade, a presença de hábitats com diferentes tipos de uso como áreas de pousio, outros tipos de cultivo e sistemas agroflorestais, podem servir como refúgio e manter as populações dos inimigos dentro das propriedades durante os períodos de entressafra. Assim, sempre existirão espécies benéficas para colonizar os cultivos durante o estabelecimento de uma cultura (Perović et al., 2018).

Contudo, manter uma alta diversidade de inimigos naturais na propriedade não é sinônimo de controle de pragas efetivo. É necessário prover recursos e condições que favoreçam a colonização dos cultivos pelas espécies que podem efetivamente atuar no controle biológico de pragas específicas. Isso demanda plantar ou permitir o estabelecimento de plantas para fornecer pólen, néctar, presas alternativas, abrigos, sítios de oviposição e condições microclimáticas que favoreçam a biologia e a sobrevivência dos inimigos naturais, além de reduzir as interações negativas, como predação intraguilda e competição (Begg et al., 2017; Crowder & Jabbour, 2014; Landis, 2017).

Esse cenário demonstra que a eficiência do controle biológico conservativo depende do entendimento da dinâmica regional e local dos inimigos naturais, e da eliminação de fatores limitantes a essas espécies em várias escalas. É importante ressaltar que cada escala de manejo também pode ser trabalhada separadamente. Por isso, é possível desenvolver múltiplas estratégias e aplicações específicas utilizando esses princípios gerais.

Evolução e controle biológico conservativo

A manutenção de plantas espontâneas dentro e no entorno dos plantios, o aumento da diversidade e a variabilidade das espécies cultivadas, modificação do microclima e favorecimento da dispersão de espécies benéficas através do plantio de barreiras e corredores de vegetação, são práticas que favorecem a conservação e o aumento do controle biológico natural. Essas práticas buscam o aumento da diversidade de plantas e devem ser orientadas para a seleção de espécies de plantas que agregam inimigos naturais de interesse para as comunidades resultantes apresentarem maior equidade nas abundâncias relativas e maior estabilidade (Altieri et al., 2003).

Do ponto de vista evolutivo, no entanto, é difícil pensar que essas comunidades se mantenham por longos períodos. A concentração de recursos uniformes produzida pela agricultura gera uma oportunidade constante para espécies herbívoras se adaptarem aos fatores de restrição, como resistência da planta e inimigos naturais, alterando a estrutura das comunidades. Uma vez superadas as barreiras iniciais, essas populações de herbívoros teriam sua abundância aumentada em relação a outras espécies herbívoras, tornando-se um recurso comum, que levaria a uma especialização de inimigos naturais. O aumento da população de um inimigo natural especializado pode causar a exclusão competitiva de espécies menos adaptadas, modificando em cadeia a estrutura da comunidade em um processo de desequilíbrio dinâmico (Begon et al., 2007). Assim, devemos lembrar que nos agroecossistemas em geral, sistemas temporários e as variações na dinâmica populacional são muito mais rápidas que as variações evolutivas que regem as mudanças nas comunidades naturais. O efeito da evolução nessas comunidades atua em outra escala de tempo e sofre o efeito da descontinuidade das populações em termos de características ambientais, devido a práticas agrícolas como a colheita, que causa a destruição e renovação do hábitat e a exportação de biomassa.

Contudo, vale ressaltar que inimigos naturais e suas presas evoluíram por milhões de anos em conjunto. Foi selecionada uma série de características de inimigos naturais para localização, captura e alimentação de suas presas. Ao mesmo tempo, os herbívoros também tiveram uma série de adaptações selecionada para lidar com seus inimigos naturais. Nessa corrida evolutiva, os sistemas agrícolas estão intervindo nessa dinâmica em uma escala de tempo muito curta. Os inimigos naturais, por outro lado, não são tão expostos a essas pressões de seleção e acabam sendo mais impactados a longo prazo. Portanto, o sistema atual de cultivo e as práticas culturais inerentes a ele podem ser consideradas as principais pressões seletivas que moldam os problemas atuais e futuros com pragas (Michaud, 2018).

É nesse ponto que o controle biológico conservativo pode ser uma das principais estratégias a serem empregadas no manejo de pragas. Essa estratégia de controle biológico visa entender as relações entre inimigos naturais, meio biótico e abiótico que foram moldadas durante o tempo evolutivo. Ao compreendê-las é possível utilizar a natureza como modelo para evitar que os herbívoros se tornem pragas, via restauração e manipulação das interações ecológicas em agroecossistemas. Isso pode ser realizado pela retirada de fatores limitantes ao desempenho dos inimigos naturais, ao mesmo tempo em que são providos recursos e condições que favoreçam sua atuação na regulação populacional de suas presas.

Biodiversidade e controle biológico conservativo

À primeira vista, pode parecer que o sucesso do controle biológico consiste meramente em aumentar a biodiversidade do sistema agrícola. Entretanto, nem sempre o aumento da biodiversidade está diretamente relacionado à provisão do controle biológico pelos inimigos naturais. Isso ocorre porque cada teia trófica formada nos agroecossistemas apresenta diferentes possibilidades de interações, dependendo do tipo e estrutura do hábitat e das espécies de inimigos naturais, plantas e presas envolvidas. Por isso, o controle biológico conservativo deve focar na conservação e uso da biodiversidade funcional. Isso implica em favorecer que componentes específicos da biodiversidade desempenhem as funções de interesse. Isso pode ser realizado pela introdução e manejo da biodiversidade da propriedade de forma planejada como o uso de plantas em consórcio, sistemas agroflorestais, cordões de contorno, manejo de plantas espontâneas e outras técnicas visando ao favorecimento do controle biológico em situações e contextos específicos (Sujii et al., 2010).

Para o favorecimento da biodiversidade funcional ser eficiente, é necessário compreender as diferentes possibilidades de relação entre biodiversidade e controle biológico. Em algumas situações, espécies-chave de inimigos naturais são responsáveis pelo controle de uma praga-alvo, de modo que a identidade da espécie pode ser mais importante do que a diversidade de espécies (Straub et al., 2008). Efeitos negativos podem ocorrer via interações comportamentais, como predação intraguilda e competição aparente. Nesse caso, a estrutura do hábitat pode ter um papel importante, ao reduzir as taxas de encontro entre predador e presa intraguilda e favorecer a coexistência de espécies (Janssen et al., 2007). Também pode ocorrer que o aumento da biodiversidade de inimigos naturais cause um efeito neutro no controle biológico. Isso ocorre quando as espécies de inimigos naturais presentes compartilham nichos ecológicos semelhantes, e o aumento da diversidade de espécies não representa ganho em termos de controle biológico. Em outras situações, as espécies de inimigos naturais podem utilizar os recursos de forma complementar, como, por exemplo, espécies de parasitoides e predadores atacando diferentes estágios de vida de um mesmo hospedeiro. Dessa forma, espera-se que haja um efeito aditivo da biodiversidade no controle biológico, pelo uso complementar dos recursos pelos inimigos naturais no tempo e no espaço (Togni et al., 2018).

A teoria ecológica prevê: quanto mais complexo estruturalmente o hábitat mais produtivo e resiliente será. Nos sistemas mais diversificados em plantas, as populações de insetos fitófagos tendem a ser menores do que em sistemas homogêneos, devido à maior abundância, diversidade e eficiência dos inimigos naturais (Andow, 1991; Root, 1973). Dessa forma, a proposição de sistemas de produção agrícola diversificados, com uso de consórcios, policultivos, e manutenção de plantas espontâneas dentro e no entorno dos plantios poderia ser uma via para o aumento em cascata da diversidade de espécies e redução na ocorrência de pragas como proposto no parágrafo anterior.

No entanto outros autores, como May (1981), afirmam, a partir de estudos de comunidades e teias tróficas, que comunidades com menor número de interações tróficas (conectâncias) podem ser mais estáveis. Para Altieri et al. (2003), existem muitas combinações e arranjos possíveis de policultivos, e cada um pode ter diferentes efeitos sobre as populações de insetos. Em sistema de consórcio, a escolha de uma planta pode otimizar ou diminuir os efeitos sobre uma determinada praga. Para isso, é necessário que sejam realizadas avaliações para cada agroecossistema, com o objetivo de estudar os consórcios e a diversidade de plantas adequadas a cada situação edafoclimática, de modo a otimizar a regulação de pragas por seus inimigos naturais. Portanto, não são quaisquer tipos de plantas que devem ser preservadas ou introduzidas no ambiente. Esta escolha depende das necessidades dos inimigos naturais. Não basta um agroecossistema ser somente diversificado, é necessário que tal diversidade seja funcional, com plantas adequadas para aquele local. E que suporte a comunidade de insetos, formando teias tróficas artificiais com populações de espécies, tanto fitófagas quanto de inimigos naturais, de forma a manter a equidade das populações e regular a ocorrência de surtos populacionais.

Fundamentos do controle biológico conservativo

Recursos suplementares

Recursos suplementares são aqueles não essenciais para o desenvolvimento e ciclo de vida do inseto, mas que podem contribuir positivamente para isso. Várias espécies de predadores e parasitoides utilizam alimentos derivados de plantas, como pólen e néctar, em sua dieta, muitas vezes de forma suplementar. A disponibilidade desses alimentos nas áreas cultivadas pode ter grande impacto na eficiência dessas espécies como agentes de controle biológico de pragas ao afetarem algum parâmetro biológico ou ecológico do inimigo natural. Para algumas espécies de predadores, esse tipo de alimento pode ser considerado essencial durante um estágio de vida não predador. Um exemplo disso são algumas espécies de crisopídeos (Neuroptera: Chrysopidae), predadoras durante o estágio larval, mas que se alimentam exclusivamente de pólen e néctar durante a fase adulta. Em *Chrysoperla externa* (Hagen) já foram encontrados grãos de pólen pertencentes a 19-21 famílias de angiospermas e esporos de pteridófitas no aparelho digestivo dos adultos (Andrade et al., 2018; Medeiros et al., 2011). Alguns parasitoides somente atingem seu potencial ecológico máximo quando fontes de carboidratos estão disponíveis, uma vez que esse tipo de alimento influencia a sobrevivência, a fecundidade e a capacidade de busca por hospedeiros (Wäckers et al., 2005). Há também espécies em que o alimento derivado da planta é utilizado apenas de forma suplementar em suas dietas. Por exemplo, *Cycloneda sanguinea* (L.) se alimenta de pólen e néctar de inflorescências de coentro, além de suas presas principais (afídeos). O pólen e o néctar aumentam a sobrevivência desse predador e permitem maior longevidade dos adultos, porém as fêmeas não são se reproduzem e não são capazes de sobreviver apenas com esses alimentos (Togni et al., 2016).

O polén é uma fonte alimentar importante para diversos entomófagos: Neuroptera (Chrysopidae, Hemerobiidae), Diptera (Syrphidae), Heteroptera (Anthocoridae), Coleoptera (Coccinellidae), Thysanoptera (Aeolothripidae, Phlaeothripidae), Mantodea (Mantidae), Acari (Phytoseiidae) e Araneae (Araneidae). Além de proteínas e carboidratos, o pólen contém vitaminas, minerais e esterois, os quais são importantes para a digestão e outros processos metabólicos dos insetos.

O néctar floral e extrafloral pode ser utilizado por predadores e parasitoides: Neuroptera (Chrysopidae, Hemerobiidae), Diptera (Syrphidae, Cecidomyiidae, Tachinidae), Hymenoptera (Ichneumonidae, Braconidae, Vespidae, Formicidae) Coleoptera (Coccinellidae) e Acari (Phytoseiidae). Além dos açúcares (sacarose, glicose e frutose), o néctar contém diversos aminoácidos (Wäckers et al., 2005). Os nectários extraflorais podem se localizar em folhas, pecíolos, brácteas e frutos de algumas plantas, como em algumas variedades de algodoeiro, feijão-fava, mandioca, mamona, girassol, abobrinha e espécies de *Prunus* spp. Plantas como o ingá, apesar de não serem comerciais, também possuem nectários extraflorais e quando utilizadas em consórcio com culturas como o café, podem atrair predadores e parasitoides que atuam no controle biológico de pragas do café (Rezende et al., 2014).

O valor nutricional dos alimentos fornecidos pelas plantas varia com a espécie da planta e do inimigo natural. Desse modo, nem todo pólen e néctar produzidos pelas plantas são adequados nutricionalmente para os inimigos naturais. Por exemplo, o pólen de *Crotalaria juncea* e *Cajanus cajan* fornece nutrientes adequados para o desenvolvimento de *C. externa*, enquanto o pólen de mamona não. Já para outro predador, o ácaro *Iphiseiodes zuluagai* Denmark & Muna, os três tipos de polén são adequados para sua sobrevivência e reprodução (Venzon et al., 2006).

Além da qualidade nutricional, fatores como a acessibilidade do alimento fornecido, relacionado a arquitetura floral e à atratividade das plantas para inimigos naturais, devem ser consideradas, para ter resultados satisfatórios no controle de pragas pelos inimigos naturais (Venzon & Sujii, 2009). Embora algumas plantas sejam capazes de fornecer pólen e néctar em abundância e de alta qualidade nutricional para os inimigos naturais, a arquitetura floral pode não prover acesso ao recurso para algumas espécies. Esse é um fator-chave a ser considerado na seleção de plantas a serem introduzidas nos cultivos, para prover esses recursos para os inimigos naturais.

Outro fator-chave a ser considerado é a utilização dos recursos derivados das plantas pelos herbívoros. Quando se diversifica o sistema, utilizando-se plantas que fornecem alimento aos inimigos naturais – e esta fonte de alimento é também explorada pelos insetos fitófagos –, pode-se acentuar o problema ao invés de diminuí-lo. Na seleção de plantas que fornecem néctar e pólen, deve-se escolher somente aquelas cujas flores/nectários sejam explorados e permitam o benefício apenas dos inimigos naturais, quer seja pela sua forma, cor ou algum fator químico. A inacessibilidade do alimento fornecido pelas plantas às pragas, portanto, é outro critério a ser utilizado na seleção de plantas para a diversificação do agroecossistema.

Presas e hospedeiros alternativos

Muitas espécies de predadores e parasitoides, sejam mais especialistas ou mais generalistas, são capazes de utilizar presas/hospedeiros diferentes. Geralmente, as espécies de presas/hospedeiros alternativos não são tão adequadas ao desenvolvimento desses inimigos naturais quanto suas presas/hospedeiros preferenciais. Ainda assim, os inimigos naturais são capazes de manter suas populações utilizando esses recursos e quando a presa/hospedeiro preferencial passa a ocorrer, os inimigos naturais são capazes de aumentar suas populações em resposta a isso e contribuir para o controle biológico da praga-alvo. Portanto, maior diversidade de presas pode favorecer que mais espécies de inimigos naturais sejam conservadas na propriedade. Outra vantagem é que com maior diversidade de presas, há menor possibilidade de interferência negativa de uma espécie de inimigo natural na outra, através de interações negativas como a predação intraguilda e competição. Isso também permite que mais espécies de predadores e parasitoides coexistam em uma mesma área, pois podem utilizar diferentes recursos ao longo do tempo e no espaço. Por fim, maior diversidade de presas tende a reduzir o número de pragas, pois outros insetos fitófagos não pragas podem competir com as pragas, reduzindo ainda mais o tamanho de suas populações e acentuando o efeito dos inimigos naturais.

Áreas de refúgio, abrigo e microclima

As áreas de refúgio possuem diversos propósitos em estratégias de controle biológico conservativo. Em períodos de entressafra, hábitats adjacentes podem ser utilizados como áreas de refúgio, onde os inimigos naturais podem manter suas populações alimentando-se de presas alternativas e recursos suplementares e posteriormente colonizar os cultivos. Corredores de vegetação e barreiras vegetais ao redor dos cultivos também podem abrigar as populações desses inimigos naturais e fornecer um microclima mais favorável dentro dos cultivos.

As áreas de abrigo podem ser especialmente importantes para manter populações de inimigos naturais no interior dos cultivos, especialmente em áreas de monocultura em grande escala. Gontijo et al. (2018) ressaltam que essas áreas podem prover três benefícios principais para os inimigos naturais. O primeiro consiste em áreas com microclima mais favorável, pois as condições climáticas do hábitat afetam diretamente a biologia e a fisiologia dos organismos. Em ambientes com temperaturas muito baixas, muito altas ou ambientes muito secos isso pode ser especialmente importante. Outra função é proteger os inimigos naturais de interesse da predação intraguilda, reduzir a competição e evitar outras interações antagônicas. Isso favorece a co-ocorrência de espécies de inimigos naturais no mesmo hábitat, favorecendo o controle biológico de uma ou mais espécies. A terceira função pode ser a provisão de presas/hospedeiros alternativos e outros alimentos suplementares para aumentar a abundância e diversidade de inimigos naturais.

Em culturas perenes, a manutenção e o aumento da camada de folhas mortas que cobre o solo podem fornecer local para os inimigos naturais se abrigarem durante a entressafra ou quando as condições ambientais são adversas. Em culturas anuais, como a da soja, uma estratégia que pode ser utilizada é a distribuição nas lavouras de áreas de refúgio para predadores, que podem ser montículos de palha, por exemplo. Essa técnica é utilizada há mais de 2.000 anos por agricultores chineses e contribui para a redução de até 88% no uso de inseticidas. Outro exemplo é a abertura de buracos no solo, que servem de abrigo para aranhas predadoras, e mantém e aumentam suas populações nas áreas de cultivo (Landis et al., 2000).

Um microclima mais favorável também pode ser obtido através do manejo do sistema de irrigação. Em períodos de seca na região Centro-Oeste, a irrigação por aspersão de tomateiros plantados em sistemas orgânicos pode favorecer a ocorrência de inimigos naturais e reduzir as populações da mosca-branca *Bemisia tabaci* (Gennadius) e da traça do tomateiro *Tuta absoluta* (Meyrick). Nessa região, de maio a outubro, podem ocorrer vários meses sem chuva, e o clima seco com a umidade relativa do ar chegando a menos de 15% pode ser desafiador para o desenvolvimento de várias espécies de inimigos naturais. Por isso, o uso da irrigação por aspersão pode favorecer a biologia e a atuação dos inimigos naturais na região (Togni et al., 2010a).

Intensidade, frequência e tipo de manejo

O uso de práticas culturais mais intensivas – como a aplicação e frequência de uso de inseticidas, capina não seletiva, remoção da cobertura do solo, uso intensivo do solo e ciclos de plantio e colheita constantes – pode afetar a conservação dos inimigos naturais. Todos esses fatores podem ser considerados distúrbios à comunidade de inimigos naturais presentes na área. E a redução de sua intensidade e frequência é um passo importante no controle biológico conservativo. Para isso ser realizado, é possível combinar uma série de estratégias de manejo ambiental.

A forma mais evidente e direta é reduzir o uso de inseticidas de amplo espectro e dar preferência aos inseticidas mais seletivos, com menor tempo residual ou menor impacto, como alguns tipos de inseticidas botânicos e caldas fitoprotetoras. Se o monitoramento populacional de pragas-chave e secundárias for realizada de forma correta, dentro da perspectiva do Manejo Integrado de Pragas (MIP), é possível realizar as aplicações de forma mais eficiente e em menor frequência, para que os efeitos desses produtos sejam combinados ao controle biológico. Nessa perspectiva, os plantios em sistemas orgânicos de produção podem ser considerados menos impactantes à biodiversidade. Isso porque esses sistemas são fundamentados na diversificação da propriedade para o uso dos serviços providos pela biodiversidade, ao invés do uso constante e intensivo de produtos artificiais que demandam alta intervenção humana (Hole et al., 2005). Mas mesmo em cultivos convencionais, a manutenção de áreas com diferentes usos na propriedade, como áreas de pousio, pode servir como fonte e refúgio para predadores e parasitoides, pois essas áreas representam hábitats mais constantes e previsíveis na paisagem, onde as populações de espécies de interesse para o controle biológico conservativo podem se manter, após um distúrbio como a colheita de culturas anuais em áreas adjacentes (Togni, 2014).

Estratégias para o controle biológico conservativo

A diversificação da vegetação pode ser no espaço, no tempo ou em ambos, e também pode ser realizada dentro e fora da área de plantio. Essa é uma das estratégias mais estudadas e utilizadas para o incremento do controle biológico conservativo, pois integra diversos princípios discutidos anteriormente neste capítulo. Um dos pontos principais dessa estratégia é proporcionar um ambiente que seja mais favorável às espécies de inimigos naturais durante mais tempo e preferencialmente antes da chegada das pragas (Figura 2).

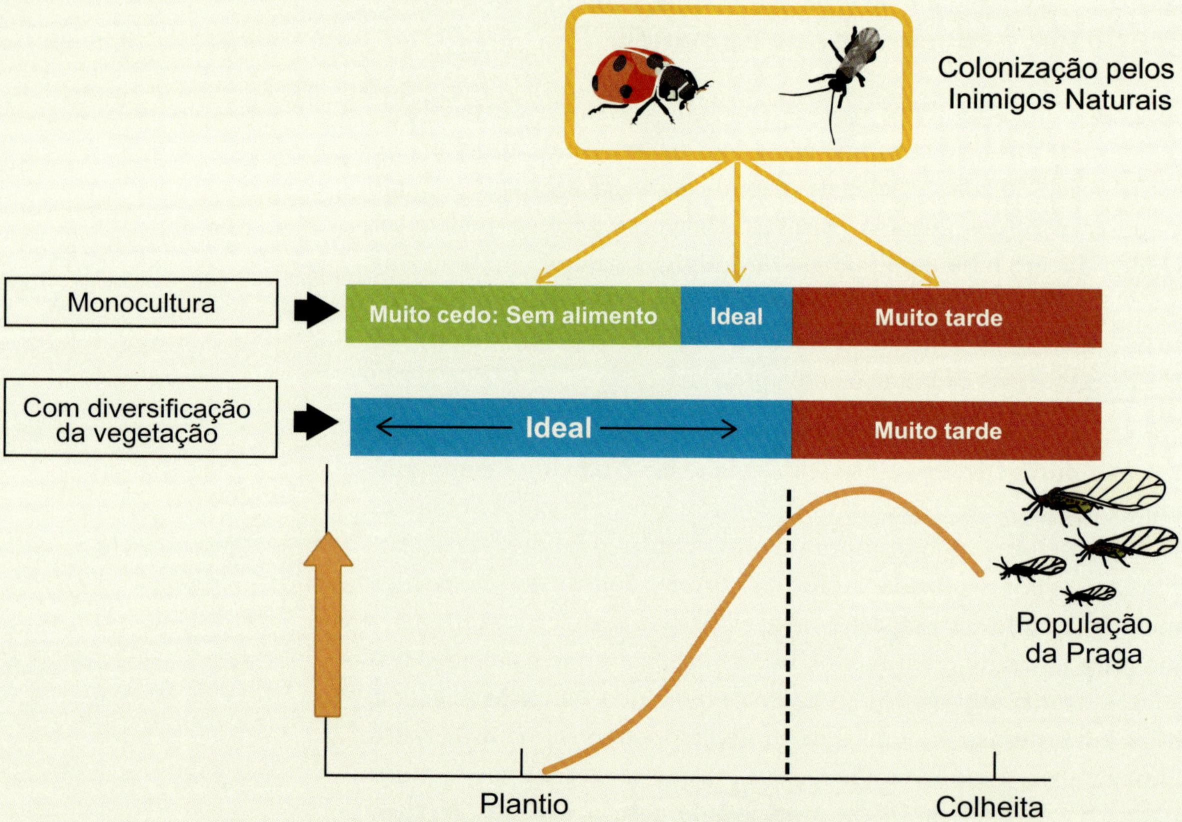

Figura 2. Diversificação da vegetação para antecipar a chegada e reter os inimigos naturais na lavoura em comparação com plantios em monocultivo. A linha tracejada indica quando a população da praga atinge o nível de dano econômico.

Ao aumentar a diversidade da vegetação é esperado que haja redução das populações e danos causados pelas pragas, com consequente aumento de produtividade. Isso pode ocorrer devido ao efeito das plantas sobre os herbívoros (efeitos "bottom-up"), como dificultar o encontro da planta hospedeira por meio de estímulos olfativos que reduzem a colonização da cultura principal. Porém, as plantas também podem atrair diversos grupos de inimigos naturais, que podem atuar na regulação de suas presas (efeitos "top-down"). Isso pode ocorrer pela provisão de recursos suplementares, presas alternativas, microclima mais favorável, provisão de sítios de oviposição e áreas de refúgio. Além disso, maior diversidade vegetal na área pode aumentar o movimento dos herbívoros entre plantas hospedeiras e não hospedeiras, aumentando sua vulnerabilidade à predação (Straub et al., 2014). É por isso que os estudos que avaliam as diferentes técnicas de diversificação da vegetação geralmente observam um efeito negativo nas populações de herbívoros e um efeito positivo nos inimigos naturais, com consequente redução de danos às culturas (Letourneau et al., 2011).

Contudo, é importante destacar que a escolha de plantas para a diversificação vegetal deve ser orientada buscando-se plantas que possam aumentar a presença de inimigos naturais específicos, sem comprometer outros serviços ecossistêmicos. Por isso, o aumento da diversidade vegetal deve ser realizado de forma planejada, visando ao aumento da biodiversidade funcional no sistema. De acordo com Venzon & Sujii (2009) e Venzon et al. (2015), a escolha da planta a ser associada com o cultivo principal deve considerar os seguintes fatores:

1. sobreviver no ambiente selecionado com manutenção mínima e ter fácil trato agronômico;

2. competir com plantas espontâneas não desejáveis;

3. florescer em época não coincidente com a cultura principal, para evitar a migração de polinizadores desta para a associada;

4. fornecer seletivamente recursos aos inimigos naturais, sem beneficiar os artrópodes fitófagos;

5. não hospedar os mesmos herbívoros da cultura principal, pois isso favorece o aumento da população destes.

As principais técnicas para diversificação da vegetação dentro da área de cultivo são o consórcio de culturas, policultivos, uso de cobertura viva ou morta e manejo de plantas espontâneas. O consórcio de culturas e os policultivos são técnicas amplamente utilizadas no Brasil, especialmente na agricultura orgânica. Além de haver a diversificação na área plantada, essas técnicas podem aumentar a eficiência de uso da terra e gerar renda extra para o agricultor, em comparação ao plantio em monocultura (Medeiros et al., 2011). Os efeitos dessas técnicas sobre as pragas são variados, predominando a redução ou nenhum efeito. Um dos maiores problemas é que a maioria dos estudos não relata os critérios de escolha das plantas que foram introduzidas (Venzon et al., 2015). Quando escolhidas e manejadas corretamente, essas plantas podem hospedar presas alternativas, pólen e néctar que atuam como alimento complementar ou suplementar, local de proteção ou de oviposição para inimigos naturais, aumentando a longevidade, a taxa de crescimento e a fecundidade dos artrópodes benéficos.

Ao redor das áreas de cultivo, a manutenção da vegetação espontânea em faixas ou nas bordas das áreas plantadas pode atrair inimigos naturais, como crisopídeos, aranhas, percevejos predadores e joaninhas. Esses inimigos naturais utilizam as plantas da vegetação espontânea como abrigo, alimento suplementar e consomem presas alternativas que não são pragas das culturas (Amaral et al., 2013). Faixas de vegetação marginal podem ser estabelecidas entre o limite do campo cultivado e a área plantada com as culturas agrícolas. Essas faixas geralmente formam áreas de transição (ecótonos), com grande diversidade de espécies que podem favorecer o microclima dentro das culturas, e prover presas alternativas em períodos de entressafra. A faixa de vegetação marginal pode ser composta de árvores, arbustos, plantas herbáceas com flores, incluindo as ornamentais e capim (Sujii et al., 2010). Sistemas agroflorestais também podem ser utilizados como áreas de vegetação marginal aos cultivos, formando corredores ecológicos que conectam as diferentes áreas da propriedade, incluindo as áreas naturais. Essas áreas favorecem a conservação de várias espécies benéficas, incluindo predadores e parasitoides (Harterreiten-Souza et al., 2014).

Considerando a diversificação vegetal no espaço, a técnica mais utilizada e que promove bons resultados é a rotação de culturas. No entanto, sua aplicação é mais eficiente para pragas especializadas em poucas espécies hospedeiras. Essa prática é mais utilizada para o controle de doenças causadas por fungos de solo, envolvendo o mecanismo de desaceleração do patógeno pelo estímulo dos antagonistas. O uso de plantas de famílias não relacionadas é importante porque permite a quebra do ciclo biológico de pragas e patógenos, evitando que se espalhem dos cultivos mais velhos para os mais novos. Por exemplo, o plantio sucessivo de espécies de solanáceas (tomate, batata, pimentão etc.) na mesma área manterá fontes permanentes de inóculo das pragas e doenças comuns nas espécies dessa família. O uso de adubos verdes – como *C. juncea*, mucuna e feijão de porco, feijão guandu e milheto – pode fornecer pólen e presas alternativas para algumas espécies de predadores e mantê-las na área antecipadamente à chegada dos herbívoros (Venzon et al., 2006). Associado a isso, o produtor pode se beneficiar da melhoria das condições físicas, químicas e biológicas do solo. Outra técnica que pode auxiliar a diversificação espacial das culturas é o plantio de espécies anuais e perenes na propriedade, o que produzirá efeitos semelhantes aos que foram discutidos para as demais técnicas apresentadas.

O manejo além da área cultivada é outra estratégia eficiente. As propriedades agrícolas geralmente são formadas por um conjunto variável da hábitats. Podem incluir além dos diferentes tipos de cultivos (herbáceas anuais como hortaliças e grãos, perenes como frutíferas e outras arbóreas, semiperenes como pastagens e agroflorestas, vegetação nativa (p. ex., áreas de proteção permanente, reserva legal, reserva particular), áreas de pousio, áreas de transição (barreiras internas e externas) etc. As áreas de cultivo, principalmente aquelas de espécies herbáceas e com cultivos anuais, apresentam alta instabilidade devido à elevada rotatividade de espécies em resposta à perturbação resultante do manejo agronômico da área. Assim, os hábitats menos perturbados e mais estáveis dentro e ao redor da propriedade contribuem para a conservação e resiliência da comunidade local de insetos – e auxiliam o provimento de serviços ecossistêmicos, como o controle biológico. No entanto, na seleção e composição das espécies desses hábitats é essencial que estas sejam funcionais para o controle biológico. Estudos prévios demonstram que ambientes mais abertos, como áreas de pousio e de transição entre a vegetação nativa florestada e os plantios, apresentam maior similaridade da fauna de inimigos naturais em comparação com aquelas formações vegetacionais mais fechadas, como matas e florestas. Dessa forma, a manutenção e manejo dessas áreas são essenciais para servir como "fonte" para inimigos naturais, devido à característica de "dreno" das áreas cultivadas para esses insetos (Medeiros et al., 2018; Togni, 2014).

Exemplos de estratégias de controle biológico conservativo utilizadas no Brasil

Consórcio tomate e coentro

O tomate é uma das hortaliças mais consumidas no mundo, mas apresenta um cultivo bastante desafiador, devido a grande quantidade de problemas com pragas. Na Costa Rica, pesquisadores utilizaram com sucesso o consórcio do tomateiro e coentro para a redução da infestação de moscas-brancas e viroses associadas (Hilje & Stansly, 2008). No Brasil, esse consórcio foi adaptado para o manejo da mosca-branca *B. tabaci* e da traça do tomateiro *Tuta absoluta* e para atração de inimigos naturais no Distrito Federal. A estratégia consiste em plantar coentro em campo 15 dias antes do transplante dos tomateiros. Após esse período, os tomateiros devem ser transplantados na linha de plantio do coentro. Como o coentro não exige tratos culturais específicos, as plantas podem ser colhidas 50-55 dias após o plantio. Devem ser deixadas aproximadamente 6-10 plantas de coentro entre cada par de tomateiros para o coentro poder florescer. Em seguida, realiza-se uma nova semeadura do coentro, para que o cultivo tenha permanentemente plantas florindo entre os tomateiros, visando a atração de inimigos naturais (Medeiros et al., 2009a).

Ao comparar esse consórcio em sistemas orgânicos e convencionais, e com os respectivos plantios em monocultura, foram observados padrões distintos para cada uma das pragas. A traça do tomateiro colonizou preferencialmente os cultivos de tomate em monocultura em sistema convencional, onde foi verificado aproximadamente o dobro de ovos do que no sistema orgânico (Medeiros et al., 2009a). Ao adicionar o coentro no sistema convencional, não houve redução do número de ovos da traça do tomateiro, mas as moscas-brancas foram 50,9% menos abundantes do que na monocultura (Togni et al., 2018). Já, no sistema orgânico, o consórcio reduziu 34% a quantidade de ovos da praga (Medeiros et al., 2009b) e foi verificada 48% menos ninfas de mosca-branca do que seu equivalente no sistema convencional (Togni et al., 2009). Os voláteis do coentro dificultam o encontro e a localização dos tomateiros pela mosca-branca, que tende a evitar áreas com esses odores (Togni et al., 2010b).

O aumento da heterogeneidade vegetal pela adição do coentro em sistemas orgânicos afeta diretamente a comunidade de inimigos naturais. O coentro apresenta florada abundante e foi observado que principalmente a partir do seu florescimento o número de inimigos naturais no cultivo de tomate foi de 2,5 a 3 vezes maior do que quando plantado em monocultura (Togni et al., 2010a). Em um estudo posterior, foi verificado que os predadores são os fatores-chave de mortalidade da mosca-branca, de modo que quanto maior a riqueza e abundância de predadores, maior a predação de ninfas de mosca-branca em campo (Togni et al., 2018). O uso da irrigação por aspersão em períodos de baixa precipitação pluviométrica, também pode afetar o manejo da mosca-branca e prover um microclima mais favorável para os predadores, favorecendo sua atuação no controle dessas pragas, especialmente em sistemas orgânicos (Togni et al., 2018; Togni et al., 2010a).

Predadores como as joaninhas *C. sanguinea*, *Hippodamia convergens* Guérin-Méneville e o crisopídeo *C. externa* são capazes de se alimentar do pólen e do néctar do coentro (Andrade et al., 2018; Togni et al., 2016). Os voláteis do coentro, ainda em estágio vegetativo, são atrativos para os adultos de *C. sanguinea* e aumentam a atratividade por tomateiros infestados com pulgões, devido a uma atratividade inata do predador por essa planta. Isso ocorre porque o coentro, mesmo antes de florescer, pode ser utilizado como sítio de oviposição por esse predador e por outras espécies de joaninhas (Resende et al., 2010). As larvas que eclodem no coentro são capazes de encontrar tomateiros infestados com pulgões nas proximidades e contribuir para o controle biológico (Togni et al., 2016).

Ao juntar todas essas informações em uma perspectiva que integra o controle "bottom-up" e "top-down" pela adição do coentro, uma série de interações emergem. Essas interações incluem relações diretas e indiretas que compõem a teia trófica composta por inimigos naturais, espécies-praga, manejo ambiental e manipulação de práticas culturais em cultivos de tomate (Figura 3).

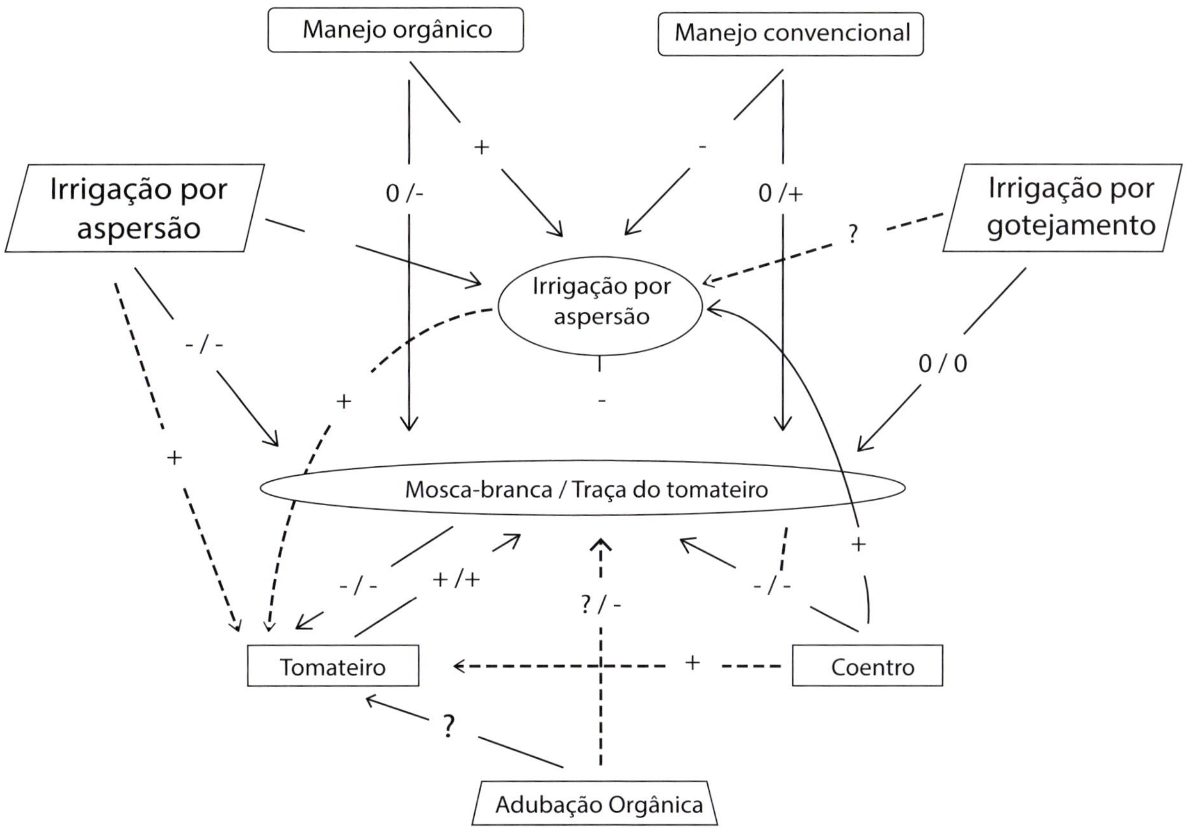

Figura 3. Interações ecológicas entre práticas culturais, pragas (mosca-branca/traça-do-tomateiro) e inimigos naturais no agroecossistema do tomateiro. As linhas sólidas indicam interações diretas e as linhas tracejadas interações indiretas, que podem ser positivas (+), negativas (-), neutras (0) ou desconhecidas (?). As setas que apontam para as pragas indicam o tipo de interação com a mosca-branca/traça-do-tomateiro.

O plantio consorciado de tomate e coentro associado ao sistema de irrigação por aspersão não afeta a produtividade dos tomateiros (Marouelli et al., 2011; Togni et al., 2009). O consórcio com o coentro também pode prover uma renda extra ao agricultor que ao mesmo tempo aumenta a eficiência de uso da terra. Portanto, plantas de coentro associados ao manejo orgânico e com práticas culturais simples, como o tipo de irrigação, beneficiam diretamente os agricultores pela redução da incidência de pragas e favorecem os inimigos naturais.

Manutenção de plantas espontâneas

A diversidade de plantas dentro das áreas de cultivo pode ser manejada pela manutenção de plantas espontâneas, as quais são normalmente eliminadas dos plantios convencionais. As plantas espontâneas podem contribuir de diversas formas, variando de acordo com cada grupo ou espécie de inimigos naturais. Em estudos realizados em sistema de cultivo de pimenta-malagueta, as plantas espontâneas forneceram pólen, néctar e presas alternativas às joaninhas (Amaral et al., 2013). No entanto, o benefício das plantas variou com a espécie de planta e de predador. Adultos e larvas de *C. sanguinea* tiveram maior sobrevivência quando tiveram acesso às inflorescências de picão (*Bidens pilosa*) e de mentrasto (*Ageratum conyzoides)*, enquanto *Harmonia axyridis* (Pallas) não obteve o mesmo sucesso (Amaral et al., 2013). Em pesquisa recente, verificou-se que *C. sanguinea* apresentou preferência por sistemas de tomate com picão, quando comparado somente com tomateiro (Fonseca et al., 2017). Adicionalmente, a sobrevivência desse predador foi maior quando havia associação de tomateiro e picão (Fonseca et al., 2017).

A presença de plantas espontâneas específicas pode afetar positivamente guildas de aranhas. As diferentes guildas de aranhas, com diversificadas estratégias de forrageamento e captura de presas, podem ter efeito complementar no manejo de pragas. Em estudo também realizado na cultura de pimenta-malagueta, verificou-se que cada espécie de planta espontânea tem associação com diferentes guildas de aranhas, tais como: aranhas caçadoras de solo ou de folhas; construtoras de teias orbiculares ou tridimensionais; saltadoras; e de tocaia (Amaral et al., 2016). Adicionalmente, a composição de diferentes guildas de aranhas dentro do sistema de plantio foi afetada pelo manejo da vegetação. As guildas presentes nas plantas espontâneas foram similares às encontradas no cultivo associado a essa vegetação. As plantas espontâneas aumentaram a abundância total de aracnídeos dentro da área de pimenta, bem como provocaram redução no ataque de pulgões. Quanto à distribuição espacial, as aranhas encontradas no cultivo de pimenta concentraram-se próximas às faixas com vegetação espontânea (Amaral et al., 2016).

Estratégias de manejo do hábitat por meio da conservação de plantas espontâneas, associadas a áreas de cultivo, além de fornecerem diferentes recursos como pólen e néctar, podem fornecer microclima moderado, abrigo e presas alternativas aos inimigos naturais (Landis et al., 2000). Contrariamente, estratégias de manejo convencional, tais como a aplicação de inseticidas e remoção total da vegetação espontânea, podem afetar negativamente as populações de predadores (Bianchi et al., 2006). Em estudo realizado usando como modelo áreas de pimenta-malagueta avaliou-se de forma práticas agrícolas, tais como a redução da vegetação espontânea e o emprego de inseticidas químicos, afetam a diversidade e a riqueza de coccinelídeos predadores. Para isso, foram avaliadas três estratégias de manejo: (a) áreas com a presença de vegetação espontânea (sem aplicação de agrotóxicos); (b) áreas sem vegetação espontânea (sem aplicação de agrotóxicos) e (c) áreas com manejo convencional de pragas (com uso de agrotóxicos), sem vegetação espontânea. A abundância e a riqueza de coccinelídeos foram maiores em áreas de plantio de pimenta com presença da vegetação espontânea, seguido por áreas sem vegetação espontânea e finalmente uma menor abundância e riqueza de coccinelídeos predadores foi encontrada em áreas com manejo convencional. Durante a avaliação do experimento foram encontradas distintas espécies de coccinelídeos associados aos diferentes sistemas de manejo, sendo encontradas com maior frequência espécies como *Scymnus* sp., seguida por *Hyperaspis* sp. e *Hippodamia convergens*. Portanto, o manejo da vegetação espontânea em sistemas de plantio de pimenta causou efeitos positivos sobre a abundância e a riqueza de coccinelídeos. Em contrapartida, a remoção das plantas espontâneas e aplicação de agrotóxicos levou à redução das populações de coccinelídeos (Chiguachi et al., 2017). Além disso, as áreas de pimenta-malagueta manejadas com a manutenção de plantas espontâneas tiveram maior abundância de besouros predadores da família Carabidae, comparadas com áreas de monocultura (Perez, 2016).

Ao se pensar em adaptação das estratégias de cultivo para a promoção de manejo ecológico de pragas, a manipulação de plantas espontâneas pode se tornar uma estratégia de fácil adoção em diversos agroecossistemas, sobretudo sistemas de produção orgânicos ou agroecológicos. Mais especificamente, no cultivo de hortaliças, geralmente realizado em pequenas áreas de cultivo e caracterizado pela predominância da mão de obra familiar e diversidade de atividades agrícolas, tem-se o potencial de utilizar o manejo de plantas espontâneas como promotor de serviços ecológicos dentro das propriedades. Dessa forma, pode ser uma importante área de estudo o conhecimento das espécies de plantas espontâneas mais eficientes na promoção do controle biológico, e quais são os mecanismos específicos que garantam a presença de inimigos naturais. Sobretudo quando se pensa na aplicação de técnicas de cultivo ou mesmo aplicação em políticas públicas voltadas para a sustentabilidade de sistemas de produção familiares.

Sistemas agroflorestais

O uso de sistemas agroflorestais (SAF) é bastante comum em sistemas orgânicos e agroecológicos em algumas regiões. Este sistema de plantio pode ser utilizado em faixas ao redor dos cultivos anuais, formação de ilhas de diversificação dentro da propriedade, que podem servir como fonte de inimigos naturais. Há até mesmo culturas perenes, como o cafeeiro, que podem ser produzidas no interior de sistemas agroflorestais. Outro fator a ser considerado é que os SAFs podem prover vários outros serviços ecossistêmicos associados providos por insetos, como a polinização.

O café é um dos cultivos agrícolas mais importantes do mundo e em diversos países da América Latina é cultivado em sistemas agroflorestais. No Brasil, 95% do café é cultivado a pleno sol, no entanto, alguns agricultores familiares têm adotado os sistemas agroflorestais, como uma alternativa para a recuperação dos agroecossistemas degradados (Rezende et al., 2014). A seleção das árvores que compõem esses sistemas é baseada na compatibilidade com o café, na diversificação da produção, além da quantidade de biomassa produzida e facilidade de manejo (Souza et al., 2010). Árvores do gênero *Inga* Miller (Fabaceae) são comumente encontradas em cafeeiros sob sistemas agroflorestais, especialmente porque fixam nitrogênio, um nutriente essencial para a produtividade em ecossistemas tropicais. Árvores de ingá possuem nectários extraflorais – têm importante papel nos agroecossistemas, pois podem fornecer recursos para inimigos naturais e contribuir para a regulação natural dos herbívoros (Rezende et al., 2014).

Em estudos realizados em cafeeiros sob sistemas agroflorestais na Zona da Mata Mineira foi observado que a disponibilidade de néctar em árvores de ingá aumenta o parasitismo do bicho-mineiro do cafeeiro *Leucoptera coffeella* (Guérin-Méneville), e diminui os danos causados pela praga e pela broca-do-café *Hypothenemus hampei* Ferrari em plantas de café (Rezende et al., 2014). O bicho-mineiro e a broca-do-café são pragas-chave da cafeicultura, portanto, estudos que busquem compreender o papel da biodiversidade nos agroecossistemas são extremamente importantes, pois podem contribuir para a seleção de espécies visando a diversificação estratégica para o controle natural de pragas. Sistemas agroflorestais podem ser uma estratégia bem-sucedida para o controle natural de pragas. A seleção das espécies vegetais é essencial para conseguir promover os serviços ecossistêmicos desejados. Em agroecossistemas cafeeiros, o ingá é uma espécie capaz de potencializar o controle biológico de pragas e melhorar a produtividade.

Há também a possibilidade de compatibilizar os SAFs com o uso de culturas anuais, para que os SAFS sirvam como área de refúgio e fonte de inimigos naturais durante os ciclos de plantio e colheita. Em cultivos de hortaliças no Distrito Federal, foram implementadas faixas de SAFs ao redor dos talhões de cultivo e em conexão com as áreas naturais em produtores orgânicos familiares da região. Foi verificado que os SAFs possuem alta diversidade de inimigos naturais durante todas as estações do ano. Especialmente no período da seca, o microclima mais favorável dessas áreas é muito importante para a manutenção dos inimigos naturais nos cultivos (Harterreiten-Souza et al., 2014). Quando ocorre a colheita das hortaliças, os inimigos naturais encontram refúgio nos SAFs adjacentes, mas essas áreas não são favoráveis aos insetos herbívoros. Consequentemente, quando ocorre um novo plantio, os inimigos naturais rapidamente colonizam as áreas de hortaliças vindas dos SAFs e aumentam sua abundância em resposta ao crescimento populacional dos herbívoros (Harterreiten-Souza et al., 2014).

Considerações finais

O Controle Biológico Conservativo pode ser considerado estratégia de controle biológico com menor interferência – e mais sustentável do ponto de vista ecológico. Os riscos para a biodiversidade são baixos, pois são utilizadas principalmente as espécies que naturalmente ocorrem na área de cultivo ou em suas proximidades. Isso demanda a integração de diferentes áreas do conhecimento, mas a interação de engenheiros agrônomos, biólogos e ecólogos estão entre as mais relevantes para estudos e aplicações nessa área. Essa integração ainda é restrita no Brasil, principalmente porque essa é uma das estratégias que recebe menor atenção dentre as demais de controle biológico.

Outro aspecto relevante a ser notado é que o controle biológico é uma estratégia essencialmente preventiva à ocorrência de pragas. Ao entender e manejar as interações nos agroecossistemas, deve-se buscar ao máximo evitar que as espécies se tornem pragas. Contudo, o controle biológico conservativo pode ser integrado a qualquer outra estratégia de controle biológico e a outras estratégias curativas para o manejo de pragas. Essa abordagem é pouco explorada no Brasil e no mundo.

Como foi aqui descrito, já há várias técnicas passíveis de uso, e outras que ainda precisam de estudos complementares para avaliação de sua eficácia. No entanto, o próprio mercado do agronegócio já exige a demanda das técnicas aqui mencionadas. O comércio de alimentos com selo orgânico e ecológico cresce anualmente e há a exigência por mais técnicas de controle fitossanitário, compatíveis com as necessidades do mercado. Paralelamente ao agronegócio, existe a conscientização crescente da população para a conservação e reciclagem de bens e produtos naturais. Deve ser considerado também que essa estratégia é aplicável a produtores em todas as escalas de cultivo. Portanto, o controle biológico conservativo é estratégia que deve ser incrementada e aplicada como instrumento de otimização e eficiência para o manejo de pragas, pois está completamente alinhada com sistemas sustentáveis de produção agrícola e com os esforços internacionais nesse sentido.

Referências Bibliográficas

Altieri, M. A., Silva, E. N. & Nicholls, C. I. (2003). *O papel da biodiversidade no manejo de pragas.* Ribeirão Preto: Holos. 226 p.

Amaral, D. S. S. L., Venzon, M., Duarte, M. V. A., Sousa, F. F., Pallini, A. & Harwood, J. D. (2013). Non-crop vegetation associated with chili pepper agroecosystems promote the abundance and survival of aphid predators. *Biological Control, 64*(3), 338–346. https://doi.org/10.1016/j.biocontrol.2012.12.006

Amaral, D. S. S. L., Venzon, M., Santos, H. H., Sujii, E. R., Schmidt, J. M. & Harwood, J. D. (2016). Non-crop plant communities conserve spider populations in chili pepper agroecosystems. *Biological Control, 103,* 69–77. https://doi.org/10.1016/j.biocontrol.2016.07.007

Andow, D. A. (1991). Vegetational Diversity and Arthropod Population Response. *Annual Review of Entomology, 36*(1), 561–586. https://doi.org/10.1146/annurev.en.36.010191.003021

Andrade, K. A., Aguiar-Menezes, E. L., Gonçalves-Esteves, V., Mendonça, C. B. F., Vieira, G. R. M., Melo, S. J., Magalhães, J. L. A. & Melo, G. J. B. (2018). Pollen Ingestion by *Chrysoperla externa* (Hagen) Adults in a Diversified Organic Agroecosystem. *Neotropical Entomology, 47*(1), 118–130. https://doi.org/10.1007/s13744-017-0537-8

Barbosa, P. (1988). *Conservation Biological Control.* San Diego: Academic Press. 396p.

Begg, G. S., Cook, S. M., Dye, R., Ferrante, M., Franck, P., Lavigne, C., Lövei, G. L., Mansion-Vaquie, A., Pell, J. K., Petit, S., Quesada, N., Ricci, B., Wratten, S. D. & Birch, A. N. E. (2017). A functional overview of conservation biological control. *Crop Protection, 97,* 145–158. https://doi.org/10.1016/j.cropro.2016.11.008

Begon, M., Townsend, C. R. & Harper, J. L. (2007). *Ecologia: de indivíduos a ecossistemas.* Porto Alegre: Artmed. 754 p.

Bengtsson, J., Ahnstrom, J. & Weibull, A. C. (2005). The effects of organic agriculture on biodiversity and abundance: a meta-analysis. *Journal of Applied Ecology, 42*(2), 261–269. https://doi.org/10.1111/j.1365-2664.2005.01005.x

Bianchi, F. J. J. A., Booij, C. J. H. & Tscharntke, T. (2006). Sustainable pest regulation in agricultural landscapes: a review on landscape composition, biodiversity and natural pest control. *Proceedings of the Royal Society B: Biological Sciences, 273*(1.595), 1.715–1.727. https://doi.org/10.1098/rspb.2006.3530

Chiguachi, J. A. M., Oliveira, J. M., Bravim, J., Rodrigues, L. B., Martins Filho, S. & Pallini, A. (2017). Feeding and Survival of *Eriopis connexa* (Coleoptera: Coccinellidae) on broad mites. *IOBC/ WPRS Bulletin, 134,* 23-25.

Crowder, D. W. & Jabbour, R. (2014). Relationships between biodiversity and biological control in agroecosystems: Current status and future challenges. *Biological Control, 75*, 8–17. https://doi.org/10.1016/j.biocontrol.2013.10.010

Eilenberg, J., Hajek, A. & Lomer, C. (2001). Suggestions for unifying the terminology in biological control. *BioControl*, *46*(4), 387–400. https://doi.org/10.1023/A:1014193329979

Fonseca, M. M., Lima, E., Lemos, F., Venzon, M. & Janssen, A. (2017). Non-crop plant to attract and conserve an aphid predator (Coleoptera: Coccinellidae) in tomato. *Biological Control*, *115*, 129–134. https://doi.org/https://doi.org/10.1016/j.biocontrol.2017.10.005

Gontijo, L. M., Saldanha, A. V., Souza, D. R., Viana, R. S., Bordin, B. C., Antonio, A. C. (2018). Intercropping hampers the nocturnal biological control of aphids. *Annals of Applied Biology*, *72*(2), 148-159. https://doi.org/10.1111/aab.12407.

Harterreiten-Souza, E. S., Togni, P. H. B., Pires, C. S. S. & Sujii, E. R. (2014). The role of integrating agroforestry and vegetable planting in structuring communities of herbivorous insects and their natural enemies in the Neotropical region. *Agroforestry Systems*, *88*(2), 205–219. https://doi.org/10.1007/s10457-013-9666-1

Hilje, L. & Stansly, P. A. (2008). Living ground covers for management of *Bemisia tabaci* (Gennadius) (Homoptera: Aleyrodidae) and tomato yellow mottle virus (ToYMoV) in Costa Rica. *Crop Protection*, *27*(1), 10–16. https://doi.org/10.1016/j.cropro.2007.04.003

Hole, D. G., Perkins, A. J., Wilson, J. D., Alexander, I. H., Grice, P. V. & Evans, A. D. (2005). Does organic farming benefit biodiversity? *Biological Conservation*, *122*(1), 113–130. https://doi.org/10.1016/j.biocon.2004.07.018

Janssen, A., Sabelis, M. W., Magalhães, S., Montserrat, M. & van der Hammen, T. (2007). Habitat Structure affects intraguild predation. *Ecology*, *88*(11), 2.713–2.719. https://doi.org/10.1890/06-1408.1

Landis, D. A. (2017). Designing agricultural landscapes for biodiversity-based ecosystem services. *Basic and Applied Ecology*, *18*, 1–12. https://doi.org/10.1016/j.baae.2016.07.005

Landis, D. A., Wratten, S. D. & Gurr, G. M. (2000). Habitat Management to Conserve Natural Enemies of Arthropod Pests in Agriculture. *Annual Review of Entomology*, *45*(1), 175–201. https://doi.org/10.1146/annurev.ento.45.1.175

Letourneau, D. K., Armbrecht, I., Rivera, B. S., Lerma, J. M., Carmona, E. J., Daza, M. C., Escobar, S., Galindo, V., Gutiérrez, C., López, S. D., Mejía, J. L., Rangel, A. M. A., Rangel, J. H., Rivera, L., Saavedra, C. A., Torres, A. M. & Trujillo, A. R. (2011). Does plant diversity benefit agroecosystems? A synthetic review. *Ecological Applications*, *21*(1), 9–21. https://doi.org/10.1890/09-2026.1

Marouelli, W. A., Medeiros, M. A., Souza, R. F. & Resende, F. V. (2011). Produção de tomateiro orgânico irrigado por aspersão e gotejamento, em cultivo solteiro e consorciado com coentro. *Horticultura Brasileira*, *29*(3), 429–434. https://doi.org/10.1590/S0102-05362011000300029

May, R. M. (1981). Patterns in multi-species communities. In: May, R. M. *Theoretical Ecology: Principles and Applications*. Sunderland: Sinauer Associates. 197-218.

Medeiros, H. R., Hoshino, A. T., Ribeiro, M. C., Morales, M. N., Martello, F., Neto, O. C. P., Carstensen, D. W. & Oliveira Menezes Jr., A. (2018). Non-crop habitats modulate alpha and beta diversity of flower flies (Diptera, Syrphidae) in Brazilian agricultural landscapes. *Biodiversity and Conservation*, *27*(6), 1.309–1.326. https://doi.org/10.1007/s10531-017-1495-5

Medeiros, M. A., Harterreiten-Souza, E. S., Togni, P. H. B., Milane, P. V. G. N., Pires, C. S. S., Carneiro, R. G. & Sujii, E. R. (2011). *Princípios e Práticas Ecológicas para o Manejo de Insetos-praga na Agricultura*. Brasília: Embrapa. 42 p.

Medeiros, M. A., Sujii, E. R. & Morais, H. C. (2009a). Effect of plant diversification on abundance of South American tomato pinworm and predators in two cropping systems. *Horticultura Brasileira*, *27*(3), 300–306. https://doi.org/10.1590/S0102-05362009000300007

Medeiros, M. A., Sujii, E. R., Rasi, G. C., Liz, R. S. & Morais, H. C. (2009b). Padrão de oviposição e tabela de vida da traça-do-tomateiro *Tuta absoluta* (Meyrick) (Lepidoptera, Gelechiidae). *Revista Brasileira de Entomologia*, *53*(3), 452–456. https://doi.org/10.1590/S0085-56262009000300021

Michaud, J. P. (2018). Problems Inherent to Augmentation of Natural Enemies in Open Agriculture. *Neotropical Entomology*, *47*(2), 161–170. https://doi.org/10.1007/s13744-018-0589-4

Perez, A. L. (2016). *Agroecosystem management strategies and trophic interactions among herbivores, pathogens and predators*. 76 f. (Tese) Universidade Federal de Viçosa.

Perović, D. J., Gámez-Virués, S., Landis, D. A., Wäckers, F., Gurr, G. M., Wratten, S. D., You, M. S. & Desneux, N. (2018). Managing biological control services through multi-trophic trait interactions: review and guidelines for implementation at local and landscape scales. *Biological Reviews*, *93*(1), 306–321. https://doi.org/10.1111/brv.12346

Resende, A. L. S., Viana, A. J. S., Oliveira, R. J., Aguiar-Menezes, E. L., Ribeiro, R. L. D., Ricci, M. S. F. & Guerra, J. G. M. (2010). Consórcio couve-coentro em cultivo orgânico e sua influência nas populações de joaninhas. *Horticultura Brasileira*, *28*(1), 41–46. https://doi.org/10.1590/S0102-05362010000100008

Rezende, M. Q., Venzon, M., Perez, A. L., Cardoso, I. M. & Janssen, A. (2014). Extrafloral nectaries of associated trees can enhance natural pest control. *Agriculture, Ecosystems & Environment*, *188*, 198–203. https://doi.org/10.1016/j.agee.2014.02.024

Root, R. B. (1973). Organization of a Plant-Arthropod Association in Simple and Diverse Habitats: The Fauna of Collards (*Brassica oleracea*). *Ecological Monographs*, *43*(1), 95–124. https://doi.org/10.2307/1942161

Souza, H. N., Cardoso, I. M., Fernandes, J. M., Garcia, F. C. P., Bonfim, V. R., Santos, A. C., Carvalho, A. F. & Mendonça, E. S. (2010). Selection of native trees for intercropping with coffee in the Atlantic Rainforest biome. *Agroforestry Systems*, *80*(1), 1–16. https://doi.org/10.1007/s10457-010-9340-9

Straub, C. S., Simasek, N. P., Dohm, R., Gapinski, M. R., Aikens, E. O. & Nagy, C. (2014). Plant diversity increases herbivore movement and vulnerability to predation. *Basic and Applied Ecology*, *15*(1), 50–58. https://doi.org/10.1016/j.baae.2013.12.004

Straub, C. S., Finke, D. L. & Snyder, W. E. (2008). Are the conservation of natural enemy biodiversity and biological control compatible goals? *Biological Control*, *45*, 225–237. https://doi.org/10.1016/j.biocontrol.2007.05.013

Sujii, E. R., Venzon, M., Medeiros, M. A., Pires, C. S. S. & Togni, P. H. B. (2010). Práticas culturais no manejo de pragas na agricultura orgânica. In: M. Venzon, T. J. Paula Jr. & A. Pallini (Eds.) *Controle alternativo de pragas e doenças na agricultura orgânica*, Viçosa: EPAMIG. 143–168

Togni, P. H. B. (2014). *Habitat manipulation for conservation biological control in organic vegetable crops.* 101 f. (Tese) Universidade Federal de Viçosa.

Togni, P. H. B., Cavalcante, K. R., Langer, L. F., Gravina, C. S., Medeiros, M. A., Pires, C. S. S., Fontes, E. M. G. & Sujii, E. R. (2010a). Conservação de inimigos naturais (Insecta) em tomateiro orgânico. *Arquivos do Instituto Biológico*, *77*(4), 669–676.

Togni, P. H. B., Frizzas, M. R., Medeiros, M. A., Nakasu, E. Y. T., Pires, C. S. S. & Sujii, E. R. (2009). Dinâmica populacional de *Bemisia tabaci* biótipo B em tomate monocultivo e consorciado com coentro sob cultivo orgânico e convencional. *Horticultura Brasileira*, *27*(2), 183–188. https://doi.org/10.1590/S0102-05362009000200011

Togni, P. H. B., Laumann, R. A., Medeiros, M. A. & Sujii, E. R. (2010b). Odour masking of tomato volatiles by coriander volatiles in host plant selection of *Bemisia tabaci* biotype B. *Entomologia Experimentalis et Applicata*, *136*(2), 164–173. https://doi.org/10.1111/j.1570-7458.2010.01010.x

Togni, P. H. B., Marouelli, W. A., Inoue-Nagata, A. K., Pires, C. S. S. & Sujii, E. R. (2018). Integrated cultural practices for whitefly management in organic tomato. *Journal of Applied Entomology*, *142*(10), 998–1.007. https://doi.org/10.1111/jen.12558

Togni, P. H. B., Venzon, M., Muniz, C. A., Martins, E. F., Pallini, A. & Sujii, E. R. (2016). Mechanisms underlying the innate attraction of an aphidophagous coccinellid to coriander plants: Implications for conservation biological control. *Biological Control, 92*, 77–84. https://doi.org/10.1016/j.biocontrol.2015.10.002

Tscharntke, T., Tylianakis, J. M., Rand, T. A., Didham, R. K., Fahrig, L.,Batary, P., Bengtsson, J., Clough, Y., Crist, T. O., Dormann, C. F., Ewers, R. W., Fru¨nd, J., Holt, R. D., Holzschuh, A., Klein, A. M., Kleijn, D., Kremen, C., Landis, D. A., Laurance, W., Lindenmayer, D., Scherber, C., Sodhi, N., Steffan-Dewenter, I., Thies, C., van der Putten, W. H. & Westphal, C. (2012). Landscape moderation of biodiversity patterns and processes - eight hypotheses. *Biological Reviews, 87*(3), 661–685. https://doi.org/10.1111/j.1469-185X.2011.00216.x

Venzon, M., Rosado, M. C., Euzébio, D. E., Souza, B. & Schoereder, J. H. (2006). Suitability of leguminous cover crop pollens as food source for the green lacewing *Chrysoperla externa* (Hagen) (Neuroptera: Chrysopidae). *Neotropical Entomology, 35*(3), 371–376. https://doi.org/10.1590/S1519-566X2006000300012

Venzon, M. & Sujii, E. R. (2009). Controle biológico conservativo. *Informe Agropecuário, 30*(251), 7–16.

Venzon, M., Togni, P. H. B., Amaral, D. S. S. L., Rezende, M. Q., Fonseca, M. C. M. & Martins, E. F. (2015). Manejo agroecológico de pragas. *Informe Agropecuário, 36*, 19–30.

Veres, A., Petit, S., Conord, C. & Lavigne, C. (2013). Does landscape composition affect pest abundance and their control by natural enemies? A review. *Agriculture, Ecosystems & Environment, 166*, 110–117. https://doi.org/10.1016/j.agee.2011.05.027

Wäckers, F. L., van Rijn, P. C. J. & Bruin, J. (Orgs.). (2005). *Plant-Provided Food for Carnivorous Insects*. Cambrigde: Cambridge University Press. 396p. https://doi.org/10.1017/CBO978051-1542220

PARTE 2

CONTROLE BIOLÓGICO APLICADO

Diaphorina citri

CAPÍTULO 6

Manejo do psilídeo dos citros com uso do parasitoide *Tamarixia radiata*: uma nova abordagem em controle biológico

Alexandre José Ferreira Diniz
Gustavo Rodrigues Alves
Jaci Mendes Vieira
José Roberto Postali Parra

Introdução

A citricultura é afetada por uma série de problemas fitossanitários, mas nenhum alcançou a gravidade do "huanglongbing" (HLB) ou "greening". Os relatos da doença remontam ao final do século XIX na China, posteriormente no sudeste asiático; nos anos 1940 no continente africano e finalmente no continente americano em 2004 e 2005, no Brasil e EUA, respectivamente (Bové, 2006; Halbert, 2005; Teixeira et al., 2005). O nome "huanglongbing" surgiu na China e foi primeiro atribuído à doença, desse modo é recomendado que seja usado preferencialmente a outros, como "greening" ou "likubin" (Bové, 2006).

A severidade da doença se deve à sua complexidade decorrente de interações dos patógenos, vetores, hospedeiros e ambiente. Os principais danos são a não maturação ou queda de frutos, declínio geral da produção, menor teor de açúcares nos frutos; os pomares adultos uma vez infectados tornam-se inviáveis em 4-5 anos; plantas jovens, uma vez infectadas, morrem antes de entrar em produção (Dala-Paula et al., 2019; Grafton-Cardwell et al., 2013). O HLB é associado às alfa-proteobactérias gram negativas *Candidatus* Liberibacter, com predominância de *Ca.* Liberibacter asiaticus na

Ásia e Américas, *Ca.* Liberibacter africanus no continente africano e *Ca.* Liberibacter americanus no Brasil (da Graça et al., 2016). Essas bactérias são restritas ao floema e transmitidas, de forma persistente-propagativa (Canale et al., 2020), por dois vetores principalmente, *Trioza erytreae* (Del Guercio) (Hemiptera: Triozidae) e *Diaphorina citri* Kuwayama (Hemiptera: Psyllidae), sendo o primeiro restrito ao continente africano e o segundo às demais partes do mundo (Grafton-Cardwell et al., 2013).

No Brasil, *D. citri* foi registrado pela primeira vez em 1942 (Costa Lima, 1942), mas sem menção à doença que provavelmente foi introduzida posteriormente. Uma vez que não existem ainda medidas curativas ou cultivares resistentes, o manejo da doença é focado no controle do vetor e em ações preventivas, como uso de mudas certificadas e erradicação rápida de plantas doentes visando conter a disseminação dos patógenos (Parra et al., 2010).

Desde a detecção da doença, no estado de São Paulo, maior produtor nacional de citros, mais de 50 milhões de plantas foram erradicadas ao longo dos últimos 15 anos (CDA, 2019). Em decorrência da severidade da doença, o controle químico do vetor foi intensificado, com incremento do consumo de inseticidas em mais de 600%, entre 2004 e 2010 pelo setor citrícola (Neves et al., 2011). Algumas propriedades chegaram a fazer pulverizações semanais de inseticidas, para o controle de *D. citri*.

Mesmo com o uso intensivo de agroquímicos a disseminação da doença dentro das fazendas continuou, embora com taxas diferenciadas em função do nível tecnológico utilizado.

Fazendas maiores com uso de diferentes estratégias de manejo apresentam de modo geral menores índices de infestação pela doença do que plantios pequenos e menos tecnificados (Belasque Jr. et al., 2010). Isso se deve, entre outras razões, ao fato de a infecção ocorrer, prioritariamente, de forma horizontal, ou seja, por insetos que se desenvolvem em locais fora do pomar em produção (Bergamin-Filho et al., 2016). Tais locais, chamados de inóculos primários, correspondem a pomares domésticos, abandonados, normalmente com plantas de citros sem nenhum tipo de controle fitossanitário, em bairros rurais, condomínios e chácaras com presença de plantas de murta (*Murraya paniculata*), considerada a melhor hospedeira para *D. citri*. Segundo Chinelato (2017), essas áreas vizinhas não comerciais fornecem de 20 a 30 vezes mais psilídeos migrantes do que vizinhos comerciais, sendo que até 70% deles encontram-se infectados.

Dada a complexidade do patossistema apenas uma medida de controle não é capaz de promover uma redução das taxas de disseminação da doença; nesse contexto faz-se necessária a tomada de várias estratégias de maneira integrada e regional, sejam elas medidas preventivas e o uso de controle químico, cultural ou biológico, controle este cujos aspectos serão discutidos adiante.

Aspectos gerais da praga *Diaphorina citri*

O psilídeo, desde sua detecção, nos anos 1940, foi sempre considerado praga de pouca importância para os pomares, causando apenas encarquilhamento de folhas quando em altas populações (Gallo et al., 2002); tal fato fica evidente uma vez que apenas dois trabalhos foram realizados, sobre controle químico da espécie (Lavigne, 1957; Nakano et al., 1999), desde seu registro em 1942 até 2004 quando a doença foi identificada no país.

Os adultos medem cerca de 3 mm e possuem coloração acinzentada, as fêmeas possuem o abdome mais dilatado e apresentam um período de pré-oviposição de oito a 15 dias (Alves et al., 2014; Nava et al., 2007). Os ovos são alongados, amarelos e depositados preferencialmente em brotações de até 1 cm de comprimento, não completamente distendidas, o que representam locais protegidos (Diniz, 2013). A fase ninfal dura cerca de 17 dias a 25 °C e apresenta cinco ínstares, as ninfas são amarelo claras, achatadas e ovais, com tamanho variando de 0,25 a 1,5 mm.

As ninfas são especialmente importantes na transmissão da doença; segundo Inoue et al. (2009), quando *D. citri* adquire a bactéria na fase adulta, a concentração se reduz ao longo do tempo, e esses insetos perdem a capacidade de transmissão; por outro lado, quando a aquisição ocorre na fase de ninfa a concentração da bactéria no corpo do inseto aumenta, mesmo após a passagem para a fase adulta, e a transmissão se mantém por toda a vida. Assim, o controle na fase jovem é prioritário, pois tem impacto direto na disseminação da doença.

O psilídeo apresenta uma relação direta com plantas da família Rutaceae, as quais são seus principais hospedeiros. Já foram registradas mais de 50 espécies, principalmente do gênero *Citrus* (laranjas, limões e limas), capazes de suportar *D. citri* sob diferentes níveis, desde a simples sobrevivência por alguns dias até permitir o desenvolvimento completo com boas taxas de oviposição e viabilidade das diferentes fases (Aubert, 1987; Halbert & Manjunath, 2004). No entanto, a planta de murta (*Murraya paniculata*) é considerada a melhor hospedeira, por proporcionar os melhores parâmetros biológicos do inseto quando criado sobre ela – em comparação com outras espécies (Alves et al., 2014; Nava et al., 2007). Outras rutáceas, inclusive nativas do Brasil, foram investigadas quanto ao seu potencial hospedeiro (Felisberto et al., 2019; Pimpinato et al., 2017; Sétamou et al., 2016).

Atualmente, o controle químico é ainda o mais utilizado dentro das áreas comerciais, havendo 25 ingredientes ativos, sob diferentes formulações, pertencentes em sua maioria aos grupos químicos dos neonicotinóides e organofosforados registrados no Brasil [Agrofit, (s.d.)]. Outras estratégias são estudadas, como uso de planta isca (Beloti, 2018), telas refletivas para repelir a praga (Miranda et al., 2015), uso de extratos naturais de plantas (Volpe et al., 2016) e transformação genética de *Citrus* (Andrade & Hunter, 2017; Bassan et al., 2017).

O controle biológico do psilídeo foi iniciado de modo experimental em 2012 e se consolidou posteriormente junto de outras formas de controle da praga em uma nova estratégia chamada manejo externo, na qual os parasitoides não são liberados dentro da área comercial (produtiva) de citros, mas em outros locais fora dela chamados inóculos externos (Diniz et al., 2020). Estes locais compreendem pomares abandonados, fundos de quintal ou locais com presença de hospedeiros, nos quais o psilídeo se reproduz e se dispersa para áreas comerciais (Bergamin Filho et al., 2016). Nelas existem restrições quanto ao uso de outras formas de manejo e assim o controle biológico se mostra eficaz dentro do manejo integrado de *D. citri*.

Controle biológico de *Diaphorina citri*

Considerando-se o controle biológico do psilídeo, o número de espécies registradas que parasitam ou predam a praga vem aumentando nos últimos anos. De acordo com Kondo et al. (2015), os predadores representam o maior grupo; no entanto, seu real papel na supressão de populações do psilídeo não é bem conhecido e difícil de ser determinado. Dentre esses predadores, aqueles da ordem Coleoptera constituem mais de 45% do total; neste grupo se destacam principalmente as joaninhas, com 37 espécies já registradas, alimentando-se de *D. citri*. O segundo grupo mais importante é Neuroptera com 13 espécies da família Crysopidae. São ainda registrados como predadores: moscas da família Syrphidae, diversas espécies de aranhas, percevejos predadores, ácaros, vespas e uma espécie de libélula (Kondo et al., 2015).

Segundo Kalile et al. (2020) o ácaro predador *Amblyseius herbicolus* Chant é presente em pomares de citros, foi também encontrado em plantas de murta e apresenta altas taxas de consumo de ovos do psilídeo e ainda preda ninfas de 1º ínstar.

No Brasil foram relatadas as espécies de joaninhas *Cycloneda sanguinea* (L.), *Harmonia axyridis* (Pallas), e *Scymnus* sp., e a espécie de crisopídeo *Chrysoperla externa* Hagen, como mais comuns em pomares cítricos (Paiva & Parra, 2012a). Em levantamento em pomares sob manejo convencional e orgânico, verificou-se que as espécies de crisopídeos mais abundantes foram *Ceraeochrysa cincta* (Schneider), *C. cubana* Hagen, *C. paraguaria* (Návas), e *Chrysoperla externa*, com predominância da primeira em ambos os ambientes (Rugno et al., 2021).

Embora haja presença desses predadores, de acordo com Parra et al. (2010), sua efetividade é prejudicada pela excessiva aplicação de produtos fitossanitários nos pomares citrícolas. Os principais produtos usados na cultura se mostraram danosos a ovos, larvas e pupas de predadores do gênero *Ceraeochrysa* (Rugno et al., 2015, 2016).

Com relação ao controle biológico promovido por parasitoides, duas espécies são relacionadas com *D. citri*, *Tamarixia radiata* (Waterston) (Hymenoptera: Eulophidae) e *Diaphorencyrtus aligarhensis* (Shafee, Alam & Argarwal) (Hymenoptera: Encyrtidae). Sendo ecto e endoparasitoide, respectivamente (Grafton-Cardwell et al., 2013), ambas as espécies são nativas do norte da Índia (Shafee et al., 1975; Waterston, 1922) e já foram introduzidas, acidentalmente ou não, em diversas regiões do mundo com objetivo de promover o controle do psilídeo.

Embora seja relatado como agente de controle, a efetividade de *D. aligarhensis* praticamente não é comprovada. Liberações inoculativas das duas espécies de parasitoides foram realizadas nas ilhas Reunión e Guadeloupe. Em ambos os locais, o endoparasitoide não foi mais detectado após cerca de um ano; por outro lado, *T. radiata* conseguiu se estabelecer no ambiente e continuar promovendo o controle (Étienne et al., 2001; Étienne & Aubert, 1980). O mesmo aconteceu com liberações realizadas na Flórida (Rohrig et al., 2013). Embora em testes de laboratório ambas as espécies de parasitoides tenham apresentado potencial de controle semelhante (Pereira et al., 2017), a menor competitividade de *D. aligarhensis* é atribuída ao seu maior tempo de desenvolvimento, comparado a *T. radiata* (≈ 5 dias) (Rohrig, 2010), e à infecção por bactérias do gênero *Wolbachia* (Meyer & Hoy, 2008).

Estuda-se o ectoparasitoide *T. radiata* para controle do psilídeo desde os anos 1970, principalmente devido ao sucesso obtido inicialmente nas ilhas Reunión. O HLB foi detectado naquele local em 1967, e o controle do vetor foi realizado com agroquímicos até metade dos anos 1970, quando foi sugerida a introdução de *T. radiata*. Cerca de 1.000 indivíduos foram obtidos da Índia, multiplicados e liberados em 14 locais da ilha. Foram liberados mais de 5.000 parasitoides entre 1978 e 1979; ao longo dos anos seguintes verificou-se que a população da praga foi limitada a poucos locais com presença de murta (Étienne et al., 2001).

O mesmo procedimento foi adotado em 1998 na ilha Guadalupe, na qual foi verificada a presença da praga, mas ainda sem a doença. Neste caso, além da supressão de *D. citri*, foi ainda verificada uma dispersão do inimigo natural para regiões da ilha nas quais não havia sido realizada sua liberação. A efetividade de *T. radiata* nestes dois casos é atribuída à ausência de hiperparasitoides nas ilhas, embora isso nunca tenha sido comprovado (Étienne et al., 2001).

Nos anos de 1989 e 1990, o parasitoide foi introduzido e multiplicado para liberação nas Filipinas, alcançando taxas de controle de 67% (Gavarra et al., 1990). Na mesma época liberações foram também realizadas em Taiwan em plantas de murta e citros, sendo verificado mais uma vez a dispersão do parasitoide e taxas de controle de até 87% (Chiu et al., 1988).

O psilídeo foi detectado nos EUA em 1998 (Flórida), sem, no entanto, a presença da bactéria. Neste caso, foi decidido o uso de controle biológico clássico. Uma equipe da Universidade da Flórida importou cerca de 1.000 indivíduos das duas espécies, que foram liberados em várias áreas de produção do estado.

Dois anos depois *T. radiata* se mostrou estabelecido, inclusive em áreas não liberadas, e *D. aligarhensis* no entanto não foi mais detectado (Michaud, 2002, 2004).

Em Porto Rico, nos anos de 2004 e 2005, levantamentos verificaram que o parasitismo médio por *T. radiata* foi de cerca de 70%, com picos de 100% quando as condições climáticas estavam adequadas ao parasitoide (Pluke et al., 2008).

No Brasil, o HLB foi detectado em 2004 (Teixeira et al., 2005). Paralelamente a outras ações, foi iniciado o processo de importação de *T. radiata* para início de um programa de controle biológico de *D. citri*. No entanto, quase simultaneamente, o parasitoide foi encontrado pelo dr. Santin Gravena, em Jaboticabal, e pela dra. Mariuxi Gomez-Torres, em Piracicaba (Gómez-Torres et al., 2006). Do material recolhido em campo, foi verificado um parasitismo que variou de 27 a 80%. Foram, a partir disso, iniciados os estudos para uso com o inimigo natural em programas de controle biológico de *D. citri*.

Parasitoide *Tamarixia radiata*

Distribuição

Tamarixia radiata foi inicialmente descrito por Waterston em 1922 no gênero *Tetrastichus* – de espécimes provenientes do noroeste da Índia, na província de Punjab, que atualmente faz parte do Paquistão – e reclassificado no atual gênero por Graham (1987). A população do parasitoide encontra-se naturalmente distribuída em diversas áreas de cultivo de citros na Ásia, como, por exemplo, Nepal (Lama et al., 1988), China (Qing, 1988), Arábia Saudita (Qing, 1990), Indonésia (Nurhadi, 1988) e Tailândia (Qing, 1990). Devido a resultados promissores obtidos nessas regiões, *T. radiata* passou a ser introduzido em outras regiões do mundo; Ilhas Reunión (Étienne & Aubert, 1980), Taiwan (Chiu et al., 1988), Ilhas Maurício (Qing, 1990), Filipinas (Gavarra et al., 1990), Guadalupe (Étienne et al., 2001), e EUA, nos estados da Flórida (Hoy et al., 1999) e Califórnia (Hoddle, 2012).

A ocorrência de *T. radiata* foi também verificada no Brasil (Gómez-Torres et al., 2006), Porto Rico (Pluke et al., 2008), Venezuela (Cermeli et al., 2007), Argentina (Caceres & Aguirre, 2005; Lizondo et al., 2007), Colômbia (Ebratt-Ravelo et al., 2011), Cuba (Peralta, 2002), México (Gonzalez-Hernandez et al., 2009), no estado do Texas, EUA (de Leon & Sétamou, 2010), Equador (Chavez et al., 2017; Portalanza et al., 2017) e Uruguai (Asplanato et al., 2011). Em todos esses locais não existem registros de que tenha sido realizada uma introdução prévia do inimigo natural.

Aspectos morfológicos

Os adultos são pequenas vespas de coloração escura, variam de 0,92 a 1,04 mm de comprimento, com asas hialinas e venação amarelada (Onagbola et al., 2009).

O dimorfismo sexual é facilmente observado, pois os machos são menores do que as fêmeas, tanto no comprimento quanto na envergadura das asas (Onagbola et al., 2009). As antenas são geniculadas e também podem ser usadas para separar machos e fêmeas, sendo as antenas dos machos cerca de 1,5x maior e possuem pelos longos ou levemente curvos ou cerdas, em comparação com as antenas das fêmeas, de cerdas curtas.

Além do formato das antenas, a diferenciação entre os sexos do parasitoide pode ser feita pelas características do final do abdome; fêmeas possuem o abdome largo e com presença pouco proeminente do ovipositor; o macho, por outro lado, possui um abdome estreito e mais escuro (Figura 1).

Variações policromáticas podem ser observadas em diferentes populações de *T. radiata*. em função de adaptações do parasitoide ao ambiente (Gomez-Torres, 2009).

A seguir, maiores detalhes da descrição de machos e fêmeas, baseando-se em (Onagbola et al., 2009) e Waterston (1922):

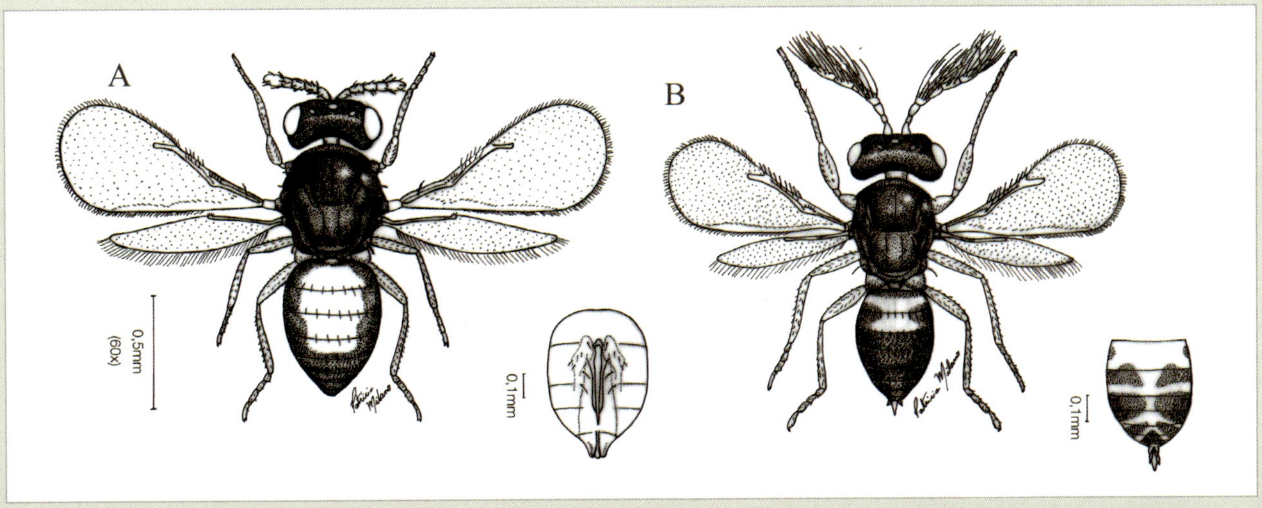

Figura 1. Fêmea e macho de *Tamarixia radiata*, nos quais podem ser observadas características usadas na diferenciação sexual, formato das antenas e região do abdome (Adaptado de Parra et al., 2017).

Fêmea (Figura 1a): aproximadamente 1,04 mm de comprimento; envergadura de asas de 2,6 mm. Asas anteriores com pouco mais de um milímetro; cerdas franjadas marginais, assim como nos machos. Toráx: Mesoescuto com linha mediana completa. O abdome é pálido e liso, área dorsal fracamente esclerotizada, estendendo-se ao longo de quatro tergitos medianos. Ovipositor pouco proeminente e esternitos pouco esclerotizadas.

Macho (Figura 1b): cerca de 0,92 mm de comprimento e envergadura de asas de 2 mm. Antena com escapo mais comprido que o pedicelo, clava 5 vezes mais longa que larga. Asas anteriores, de 0,9 mm de comprimento, geralmente 2,25 vezes maior que as posteriores. Pernas anteriores com esporões tibiais curtos e frágeis localizados ao lado da primeira articulação do tarso anterior. Abdome com superfície dorsal lisa.

Aspectos bioecológicos

Tamarixia radiata é um ectoparasitoide idiobionte específico de *D. citri*. Pode se reproduzir partenogeneticamente, de modo que ovos não fertilizados originam machos (arrenotoquia) (Chen & Stansly, 2014; Chu & Chien, 1991).

O sucesso reprodutivo de um parasitoide é definido pela sua capacidade de localizar parceiros para reprodução e hospedeiros (Dicke & Grostal, 2001). O comportamento de busca por hospedeiros por fêmeas de *T. radiata*, de modo geral, está associado inicialmente à procura por hospedeiros em potencial, pelo reconhecimento de voláteis induzidos por ninfas de *D. citri* e a posterior aceitação (parasitismo) (Mann et al., 2010). Assim, como em outros parasitoides, o comportamento de escolha hospedeira de *T. radiata* é complexo, pois envolve diversas etapas, que vão desde a procura até a aceitação por ninfas adequadas ao parasitismo; no entanto, é um processo relativamente rápido, pois as fêmeas levam pouco mais de 4 minutos da procura ao parasitismo (Chen et al., 2018).

Diferentes tipos de sensilas antenais podem ser encontrados em *T. radiata*, porém, a quantidade correspondente de cada tipo de sensila é variável entre machos e fêmeas deste parasitoide. Assim, o tipo de sensila mais abundante em fêmeas está associado à busca hospedeira, enquanto no macho está relacionada à percepção de compostos sexuais (Onagbola et al., 2009). Dessa forma, o conhecimento dos fatores que influenciam a busca hospedeira torna-se importante para essa espécie.

Esse parasitoide coloca um ou, no máximo, dois ovos na face ventral das ninfas do psilídeo, no terceiro par de pernas (Figura 2A, 3), mas somente uma larva se desenvolve até a fase adulta, sendo assim, *T. radiata* é considerado um parasitoide solitário.

Uma vez eclodida, a larva do parasitoide passa a se alimentar da hemolinfa da ninfa, matando-a (Figura 2B). Ao final do desenvolvimento, adere à ninfa remanescente na planta por meio de uma secreção esbranquiçada, para criar uma proteção sob a qual pode pupar, dando um aspecto opaco à ninfa parasitada (múmia) (Figura 2C-E). Finalmente, o parasitoide adulto perfura a ninfa na região do tórax, criando uma abertura circular para a emergência (Figura 2F) (Skelley & Hoy, 2004).

Tais características permitem uma fácil identificação das ninfas que foram parasitadas (Étienne et al., 2001), permitindo assim verificar facilmente a ação do controle biológico em campo promovido por *T. radiata*. Esta característica também permite uma diferenciação da ação de *T. radiata* daquela promovida por *D. aligarhensis*, uma vez que os adultos deste parasitoide emergem pela região posterior do corpo das ninfas.

Figura 2. Fases do desenvolvimento de *Tamarixia radiata* em ninfas de *Diaphorina citri*: A) ovo de *T. radiata* entre o terceiro par de pernas de ninfa de *D. citri*; B-C) larva de *T. radiata* em dois tamanhos; D-E) pré-pupa e pupa de *T. radiata*; F) múmia de *D. citri* com orifício de emergência característico do adulto de *T. radiata* (Adaptado de Parra et al., 2016).

Alguns fatores podem influenciar o parasitismo de *T. radiata*, como o estádio de desenvolvimento do hospedeiro. Dessa maneira, *T. radiata* parasita preferencialmente ninfas de quarto e quinto ínstares de *D. citri* (Figura 3) (Chien et al., 1991; Gomez-Torres, 2009; Sule et al., 2012).

Figura 3. Fêmea de *Tamarixia radiata* parasitando ninfa de 5° ínstar de *Diaphorina citri*.

Uma característica favorável ao uso de *T. radiata* é que, além da ação direta do parasitismo, também é registrado o comportamento de predação – no qual o parasitoide se alimenta de ovos e ninfas de primeiro e segundo ínstares do psilídeo. Mais ainda, as fêmeas de *T. radiata* são capazes de reconhecer ninfas já parasitadas por outras fêmeas, evitando o superparasitismo (Chen et al., 2017). Uma única fêmea do parasitoide pode parasitar até 300 ninfas (Hoy et al., 2006), e das ações combinadas da alimentação e parasitismo, estima-se que uma fêmea de *T. radiata* pode, ao longo da vida, eliminar mais de 500 ninfas do psilídeo (Chien & Chu, 1996).

A alimentação de *T. radiata* pelas fases iniciais de *D. citri* representa uma importante fonte proteica para a maturação dos ovos do parasitoide, caracterizando-o como um inseto sinovigênico (Hoy et al., 2006). Fêmeas do parasitoide também podem se alimentar do "honeydew" excretados por ninfas de *D. citri,* obtendo, nesse caso, fonte de açúcares simples (Hoy et al., 2006; Skelley & Hoy, 2004).

Além do estádio de desenvolvimento, a alimentação suplementar pode influenciar o parasitismo. Estudos mostram o aumento da fecundidade das fêmeas de *T. radiata* depois de alimentadas (Chu & Chien, 1991). Gomez-Torres (2009) verificou também que fêmeas alimentadas com mel e pólen têm sua capacidade de parasitismo aumentada, sobretudo a 25 °C, registrando 167 ninfas parasitadas.

A longevidade pode ainda ser afetada pela suplementação alimentar de adultos. Quando alimentados com mel puro, ou solução aquosa de mel a 50%, foi verificado que *T. radiata* viveu 24 e 21 dias, respectivamente; por outro lado, quando fornecida somente água, a longevidade caiu para apenas 2,1 dias em média (Fauvergue & Quilici, 1991).

Estudo avaliando diferentes fontes nutricionais mostrou que o fornecimento da mistura de mel mais substância à base de proteína de milho hidrolisado (Nu-Lure® - Miller Chemical and Fertilizer, da Pensilvânia, EUA) resultou na sobrevivência de *T. radiata* similar àquelas nas quais foram oferecidos apenas ninfas de *D. citri* como recurso alimentar, porém, resultou em uma produção de ovos menor quando alimentados apenas com essa mistura (Chen & Stansly, 2014).

Segundo Diniz (2013) a suplementação alimentar de populações brasileiras de *T. radiata,* com o fornecimento de diferentes misturas de mel, pólen e levedura, não afetaram os parâmetros de longevidade e parasitismo em testes de laboratório; no entanto, de acordo com Jervis et al. (1996), parasitoides com baixas reservas de energia preferem inicialmente se alimentar ao procurar um potencial hospedeiro. Deste modo, a suplementação alimentar para *T. radiata* é aspecto importante a ser levado em consideração, pois um parasitoide que obteve acesso a um alimento energeticamente rico logo após sua emergência pode apresentar uma vantagem competitiva na busca de seu hospedeiro no campo.

Ao contrário de seu hospedeiro, *D. citri*, que apresenta comportamento e desenvolvimento afetados pela espécie ou variedade de citros (Alves et al., 2014; Alves et al., 2018; Nava et al., 2007), o mesmo não ocorre com *T. radiata*, que pode ser usado para controlar o hospedeiro psilídeo independente da planta hospedeira em que *D. citri* é encontrado (Alves et al., 2016).

A associação de insetos com o endosimbionte *Wolbachia* sp. pode afetar aspectos comportamentais e a biologia de seu hospedeiro (Werren et al., 2008). Em experimento realizado por Gomez-Torres (2009), populações de *T. radiata* livres de *Wolbachia* apresentaram menores porcentagens de parasitismo e emergência, quando comparados com a população do parasitoide com presença de simbiontes.

Quanto aos parâmetros abióticos, a temperatura e umidade relativa estão entre os principais fatores que afetam o desenvolvimento e performance de *T. radiata*.

A temperatura-base (Tb) ou limiar térmico inferior de desenvolvimento é aquela na qual o inseto tem metabolismo muito reduzido, e "praticamente" interrompe seu desenvolvimento e a constante térmica (K) – a quantidade de energia térmica que a espécie necessita para completar o desenvolvimento, dada em graus-dia (GD). Os parâmetros obtidos para *T. radiata* foram 7,1 °C para Tb e 188,7 GD para constante térmica (Gomez-Torres, 2009).

Testando parâmetros biológicos de *T. radiata* em diferentes faixas de temperatura, Gomez-Torres et al. (2012) verificaram que o tempo médio de desenvolvimento biológico variou entre 17,33 a 7,60 dias, numa faixa de temperatura de 15 a 35 °C para fêmeas; para os machos, o tempo foi de 15,33 a 6,63 dias nas mesmas temperaturas.

A temperatura mais adequada à sobrevivência do parasitoide é de 25 °C, por acarretar uma taxa líquida de reprodução (R_0) de 126,79, ou seja, uma capacidade de aumento de quase 127 vezes a cada geração (Gomez-Torres et al., 2012).

Em trabalho realizado por Gomez-Torres et al. (2014), o maior valor de parasitismo foi obtido a 25 °C, com média de 166 ninfas parasitadas, enquanto o menor valor foi observado a 15 °C, com, em média, 19 ninfas parasitadas. Foi também a 25 °C que se registrou a maior porcentagem de emergência (86,49%). Resultados similares foram observados por Quilici et al. (1992), onde a faixa favorável ao parasitismo de *T. radiata* variou de 25 a 30 °C – nas quais foram obtidas 115 e 230 ninfas parasitadas, respectivamente.

A longevidade de fêmeas de *T. radiata* foi maior na faixa entre de 20 a 30 °C, com uma sobrevivência média de 19 dias. Em trabalho realizado por Quilici e Fauvergue (1990), a longevidade média do parasitoide variou de 37 a oito dias, em uma faixa de temperatura de 20 a 37 °C, respectivamente – sendo o tempo de vida de machos ligeiramente menor do que aquele registrado para fêmeas.

A UR de 70% é a mais favorável para *T. radiata*, proporcionando maior taxa de parasitismo e de emergência. A duração do desenvolvimento (período ovo-adulto), porém, não é afetada em diferentes umidades (Gomez-Torres et al., 2014).

Em trabalho realizado por McFarland e Hoy (2001) avaliou-se a influência de cinco umidades relativas (UR) (7, 33, 53, 75 e 97%), na sobrevivência de *T. radiata*; como conclusão, os autores observaram maior sobrevivência do parasitoide nas três maiores umidades. Resultados semelhantes foram obtidos por Diniz (2013), que avaliou a emergência do parasitoide em quatro URs (40, 60, 80 e 100%); como resultado, a baixa umidade (40%) promoveu uma redução significativa da emergência de *T. radiata* – sendo, o ambiente saturado de UR igualmente prejudicial para emergência do parasitoide.

Umidades relativas intermediárias utilizadas no estudo de Diniz (2013), ou seja, 60 e 80%, foram as que promoveram a maior porcentagem de emergência, ambas com valores de sobrevivência acima dos 80%. Estes resultados estão de acordo com aqueles obtidos por Gomez-Torres et al. (2014), que avaliaram também a emergência do parasitoide em diferentes umidades – verificando igualmente, baixa sobrevivência dos parasitoides em condições extremas. Segundo McFarland e Hoy (2001), adultos de *T. radiata* são sensíveis às baixas UR, as quais reduzem sua sobrevivência, e, provavelmente, larvas e pupas são igualmente afetadas.

Quanto ao fotoperíodo, estudo realizado por Chen et al. (2017), mostrou não haver diferenças significativas na capacidade de parasitismo de *T. radiata* quando exposto a 12 ou 14h de luz, condições em que houve o maior número de ninfas parasitadas. Um resumo geral das principais características relacionadas a fatores bióticos e abióticos, que afetam tanto a praga quanto o parasitoide, podem ser observadas na Tabela 1; tais fatores foram utilizados para elaboração de modelos que buscam entender o comportamento das populações de ambas as espécies, visando estratégias de controle (Garcia et al., 2019) (*vide* capítulo 20).

Tabela 1. Principais parâmetros biológicos do parasitoide (*Tamarixia radiata*) e da praga (*Diaphorina citri*)

Parâmetro	*Tamarixia radiata*	*Diaphorina citri*
Temperatura base [ab]	7,2°C	13,3°C
Constante térmica [ab]	188,7 GD	210,9 GD
Temperatura ideal [cb]	25,0°C	28,0°C
Umidade relativa ideal [ad]	60 - 80%	60 - 95%
Número médio de ovos [ceb]	167 - 300	348
Duração média da fase de ovo [fb]	1,9 d	4,5 d
Duração média da fase de larva/ninfa [fb]	4,0 d	12,6 d
Duração média da fase de pupa [f]	5,5 d	não apresenta
Período médio de pré-oviposição [b]	não apresenta	10,9 d
Período médio de ovo-adulto [fb]	11,4 d	17,1 d
Longevidade média [fb]	17/23 d (♂/♀)	23/32 d (♂/♀)

Os dados são considerados de condições ideais (condições abióticas e bióticas). [a](Gomez-Torres et al., 2014), [b](Nava et al., 2007), [c](Gomez-Torres, 2009), [d](McFarland & Hoy, 2001), [e](Skelley & Hoy, 2004), [f](Chien et al., 1991).

Controle biológico com *T. radiata*

Após os trabalhos de bioecologia com o parasitoide, os primeiros testes em campo com *T. radiata* foram realizados pela dra. Mariuxi Lorena Gomez-Torres no ano de 2007. Foram realizadas três liberações em área comercial de laranja no município de Araras, SP; após oito dias a avaliação indicou um taxa de controle média de 72,75%, aos 15 dias; no entanto, esses valores variaram de 4,1 a 10,0% (Gomez-Torres, 2009). Considerando-se que o parasitismo registrado foi devido aos insetos liberados, tais resultados se justificam, uma vez que o pico de parasitismo de *T. radiata* ocorre nos três primeiros dias após a emergência do inseto (Diniz, 2013).

Os trabalhos visando a utilização do parasitoide em diferentes regiões produtoras de citros foram continuados por Diniz et al. (2012) e Diniz (2013), que iniciaram coletas para verificar a ação natural do parasitoide – sendo registrado o máximo 3,5% de parasitismo natural (sem liberação prévia de *T. radiata*). Um parasitismo médio baixo (2,3%) foi também verificado por Paiva e Parra (2012b). Foram então realizadas liberações quinzenais do parasitoide, por um ano, em seis regiões distintas. Foi verificado um aumento médio de parasitismo de 4,3 vezes e uma redução média de população de ninfas de quase 70%, com variação de 2,14 a 8,67 vezes para aumento de parasitismo e de 43,4 a 88,8% de redução de população de ninfas (Figura 4).

Essas liberações foram realizadas em locais com presença de plantas de murta ou pomares de citros abandonados, uma vez que em pomares comerciais a grande aplicação de inseticidas não permitem e multiplicação interna do psilídeo, e desse modo também a ação do parasitoide. Mais de 30% dos produtos registrados para controle de *D. citri* possuem Imidacloprid como princípio ativo, e esta foi considerada a molécula mais tóxica para o parasitoide (Ferrari, 2009); segundo Beloti et al. (2015), mais da metade dos inseticidas utilizados em citros são classificados como nocivos para *T. radiata* (segundo a IOBC, pertencentes à classe 4).

Mesmo com aplicações maciças de pesticidas dentro das áreas comerciais de produção de citros, os danos continuaram a ocorrer, principalmente com efeito de borda, ou seja, a infecção e mortalidade de plantas ocorre prioritariamente a partir da divisa do pomar. Como o dano é a transmissão da doença, e para isso é necessário pouco tempo de alimentação, psilídeos desenvolvidos fora do pomar, infectivos, migravam, transmitiam a doença e morriam logo em seguida pelo efeito do inseticida, mas neste caso o dano já fora provocado. Esse complexo foi explicado por Bergamin-Filho et al. (2016), que denominou essas áreas nas quais o psilídeo se desenvolvia e se infectava de inóculos externos da doença.

Tais inóculos externos caracterizam-se por locais nos quais formas tradicionais de controle não são possíveis, ou recomendadas. Desse modo, foi proposta uma nova abordagem de controle biológico, na qual os inimigos naturais, no caso *Tamarixia radiata,* são liberados em locais fora daquele que se deseja que ocorra o efeito de controle da praga (Diniz, et al., 2020; Parra et al., 2018). Essa forma de controle biológico externo pode se juntar aos procedimentos atualmente existentes em Controle Biológico – quais sejam: introdução, conservação e multiplicação, caracterizando um quarto procedimento, adequado para o CB de insetos vetores de doenças de plantas (*vide* capítulo 1).

Ao longo de um ano, foram realizadas liberações de *T. radiata* em uma área (caracterizada como inóculo externo, plantas de murta em bairro rural) anexa de uma fazenda produtora de citros. Foi realizado o acompanhamento da população de psilídeos migrantes para dentro da fazenda por meio de armadilhas amarelas, posicionadas na borda, e verificou-se uma queda significativa do número de *D. citri* capturados (Diniz et al., 2020). Não foi verificado efeito de fatores abióticos sobre essa população, então reduzida por meio da ação do parasitoide liberado fora da área de cultivo (Figura 5).

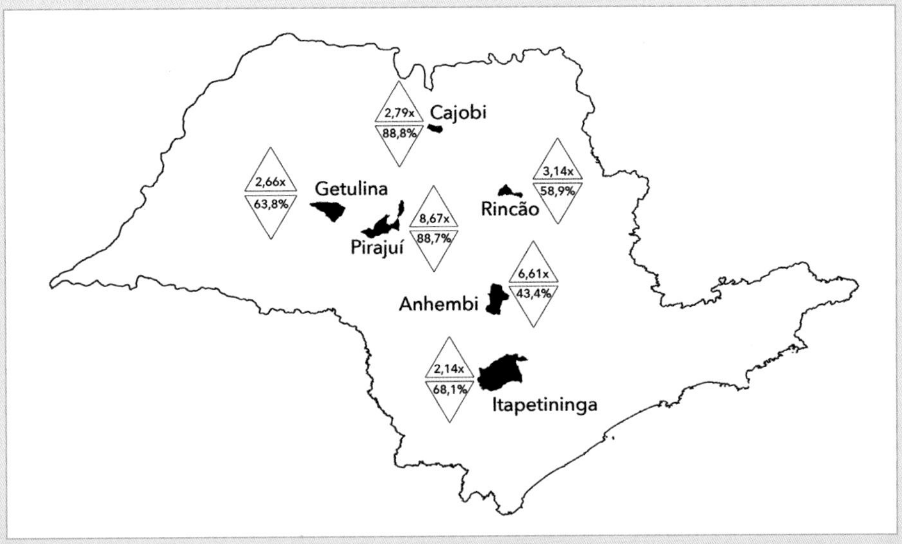

Figura 4. Localidades nas quais foram realizadas liberações de *Tamarixia radiata* para controle de *Diaphorina citri*. Seta para cima indica número de vezes de aumento médio do parasitismo, seta para baixo indica redução média de população de ninfas em função da ação do parasitoide (Parra et al., 2016).

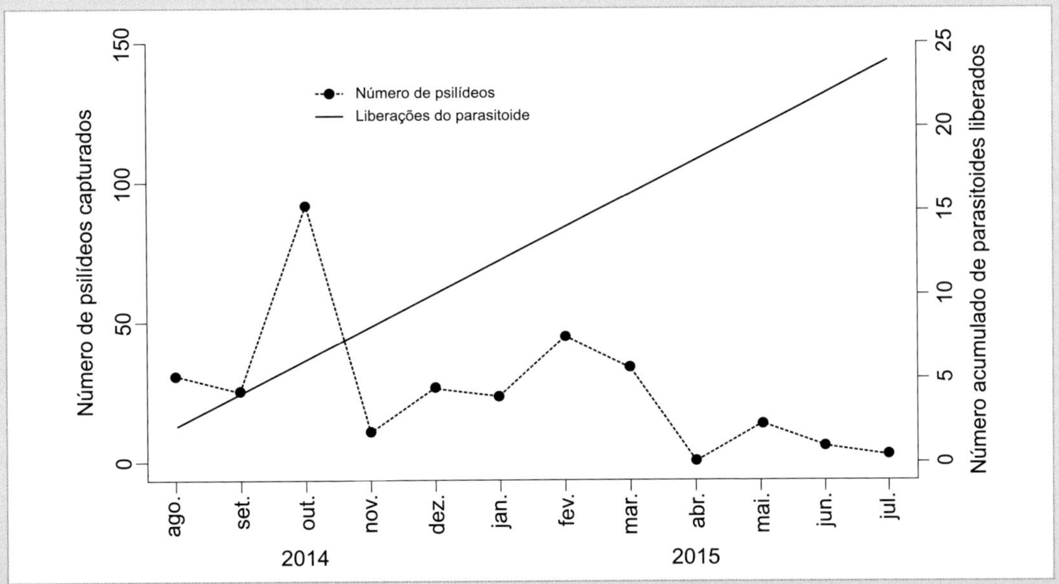

Figura 5. Variação do número de psilídeos (*Diaphorina citri*) capturados em armadilha adesiva amarela em relação a liberações do parasitoide *Tamarixia radiata* liberados fora da área de cultivo de citros.

Outra estratégia para aumentar a eficiência do uso de parasitoide foi o desenvolvimento de um modelo no qual foram consideradas as condições abióticas ideais (umidade relativa e temperatura) para o parasitoide e para a praga, e ocorrência de brotações de citros (necessárias para presença da praga) (Garcia et al., 2019). Para cada um dos fatores foi calculado um índice por meio de sistema Fuzzy e estes georreferenciados de acordo com diferentes épocas do ano para o estado de São Paulo. Foram então obtidos mapas que indicam a melhor época e local para liberação do parasitoide (meses do ano), a fim de que se obtenha a máxima eficiência de controle, para indicar as áreas de coexistência da praga e do parasitoide (*vide* capítulo 20) (Figura 6).

Criação de *Tamarixia radiata*

A informação produzida ao longo de quase 10 anos de estudos com *T. radiata* abrangeu praticamente todas as etapas propostas para criação de um programa de controle biológico (Parra, 2014; Parra et al., 2002) – que vão desde a identificação do inimigo natural até a transferência de tecnologia para o produtor. Neste caso, uma vez demonstrada a efetividade do parasitoide em condições de campo e a estratégia a ser adotada para sua utilização, surgiu o interesse de algumas empresas em criações próprias do inimigo natural.

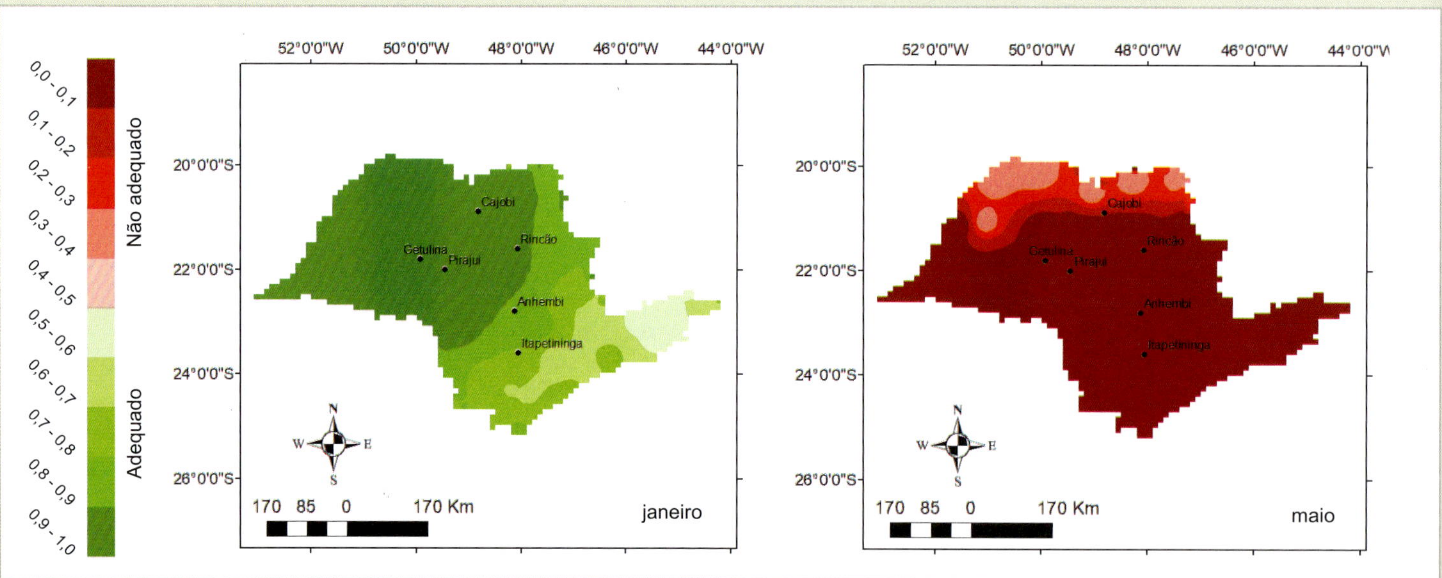

Figura 6. Exemplos de mapas do estado de São Paulo, gerados para as duas épocas (meses de janeiro e maio), a partir do índice Fuzzy, indicando as regiões mais (tons de verde) e menos (tons de vermelho) adequadas para o controle biológico de *D. citri* com liberações do parasitoide *T. radiata,* em função de condições adequadas para coexistência das duas espécies (Adaptado de Garcia et al., 2019).

A primeira metodologia de criação do parasitoide foi desenvolvida por Skelley e Hoy (2004), utilizando plantas de murta (*M. paniculata*) como hospedeiro e desenvolvida exclusivamente em ambiente com condições totalmente controladas. Tal sistema apresenta como vantagem maior controle da produção, permitindo escalonamento da mesma; por outro lado, considerando a necessidade de grandes quantidades de insetos, o sistema pode tornar-se oneroso ou até economicamente inviável.

No Brasil, a primeira metodologia de produção de *T. radiata* foi proposta por Gomez-Torres (2009), utilizando mudas de murta plantadas em tubetes – a partir de uma adaptação da criação de *Phyllocnistis citrella* Stainton, para produção de *Ageniaspis citricola* Logvinovskaya (Chagas et al., 2002; Chagas & Parra, 2000). Este sistema foi também proposto para ser desenvolvido em ambiente controlado.

De acordo com Bolckmans (2007), alcançar a eficiência econômica do processo produtivo é um dos grandes desafios de programas de controle biológico. Desse modo, estratégias que busquem reduzir dos custos devem ser prioritárias. Em função disso, foi feita uma nova proposta de criação de *T. radiata* para atender uma grande demanda de insetos (Diniz, 2013; Parra et al., 2017).

Produção de *D.citri* para criação de *Tamarixia radiata*

Não existem dietas artificiais para o psilídeo; assim, sua criação só possível sobre as plantas hospedeiras. Existem documentadas atualmente mais de 50 genótipos dentro da família Rutaceae como hospedeiros de *D. citri,* porém com diferentes capacidades de suporte à população do inseto (Burckhardt et al., 2014). Os melhores parâmetros biológicos são obtidos quando o desenvolvimento ocorre sobre plantas do gênero *Citrus* e sobre murta (*M. paniculata*), considerada a melhor espécie hospedeira (Alves et al., 2014, 2018; Nava et al., 2007).

Do ponto de vista prático da criação, murta também é a melhor opção, devido à rapidez e maior número de brotações (fundamentais para postura do inseto), facilidade e preço na obtenção das mudas – embora o parasitoide possa ser igualmente produzido sobre ninfas criadas em plantas de curry (*Murraya koenigii*) (Pogetto, 2018). Assim, na metodologia proposta, são utilizadas plantas em recipientes de 1,5 L com pelo menos cinco ramos e cerca de 25 cm de altura. Essas plantas são mantidas em estufa com sombreamento a 50% (Arrigoni-Blank et al., 2003) e irrigação diária com fertilizantes em dose adequada. No caso do aparecimento de outros insetos indesejados, trata-se a planta com aplicação de solução de detergente neutro a 10% e lavagem posterior.

Para estimular as brotações, as plantas são podadas apicalmente – de cinco a sete dias após (com temperatura média de 25 °C) as brotações já estão no tamanho médio de 1cm de comprimento, ideal para postura do psilídeo (Diniz, 2013).

Em função da maior escala e a fim de se reduzir os custos, a criação de *D. citri* é realizada em casa de vegetação com iluminação natural e controle ambiental mínimo. São utilizadas gaiolas cúbicas de tela antiafídica e estrutura plástica de 47 cm de lado. Em cada gaiola são colocadas seis plantas de murta, com brotações, dentro de bandeja plástica de 7 cm de altura.

Nessa gaiola são liberados 300 adultos do psilídeo, aos quais se permite um período de oviposição de sete dias. Após esse tempo, os insetos são retirados com uso de aspirador hospitalar adaptado para sugar sem causar danos aos psilídeos. As plantas com ovos são transferidas para outras gaiolas para o desenvolvimento das ninfas até o quinto ínstar, que é aquele preferencial para o parasitismo por *T. radiata* – ou até a emergência dos adultos para reposição da criação; a uma temperatura média de 25 °C, os dois eventos se completam em cerca de 12 e 18 dias, respectivamente.

Os adultos de *D. citri* obtidos são utilizados para continuidade da criação. As plantas com ninfas são levadas para o laboratório para criação do parasitoide. As salas são mantidas a 25 ± 2 °C e 70% UR, condições essas consideradas ideais para desenvolvimento de *T. radiata*. É realizada uma contagem do número de ninfas em cada planta, a fim de dimensionar a quantidade de parasitoides a serem liberados por gaiolas –feita a uma taxa de 1:10 (parasitoide : ninfa). As plantas são então colocadas em gaiolas de acrílico (97x45x45 cm) com laterais de tela antiafídeo dentro de bandejas iguais às do psilídeo. Cada gaiola é iluminada por quatro lâmpadas fluorescentes de 20W cada.

Os parasitoides liberados não são retirados posteriormente. A emergência inicia-se em cerca de 11 dias a 25 °C. Os insetos podem ser coletados diretamente dentro da gaiola ou podem ser utilizadas caixas de coleta.

Nesse caso os ramos com ninfas parasitadas devem ser cortados cerca de nove dias após o parasitismo, pois os parasitoides estarão na fase de pupa. Os ramos são transferidos para caixas de madeira, pintadas de preto, com apenas uma abertura superior na qual é acoplado um vidro; à medida que *T. radiata* começa a emergir, eles são atraídos para a luz e coletados todos dentro do frasco, facilitando o processo. Deve-se tomar cuidado, neste caso, com a manutenção da umidade relativa dentro da caixa em cerca de 70%, pois em condição mais seca a emergência pode reduzir-se a 50% (Diniz, 2013).

Tanto da gaiola quanto da caixa, cerca de 70% dos adultos emergem nos primeiros três dias após o início da criação. Um resumo do sistema de criação das duas espécies pode ser observado na Figura 7.

Os parasitoides produzidos e direcionados à liberação em campo devem ser acondicionados em recipientes contendo alimento. De modo geral, mistura de mel e pólen, e estes colocados em caixas térmicas com objetivo de manter a temperatura interna próxima dos 18 °C, e levados ao local de

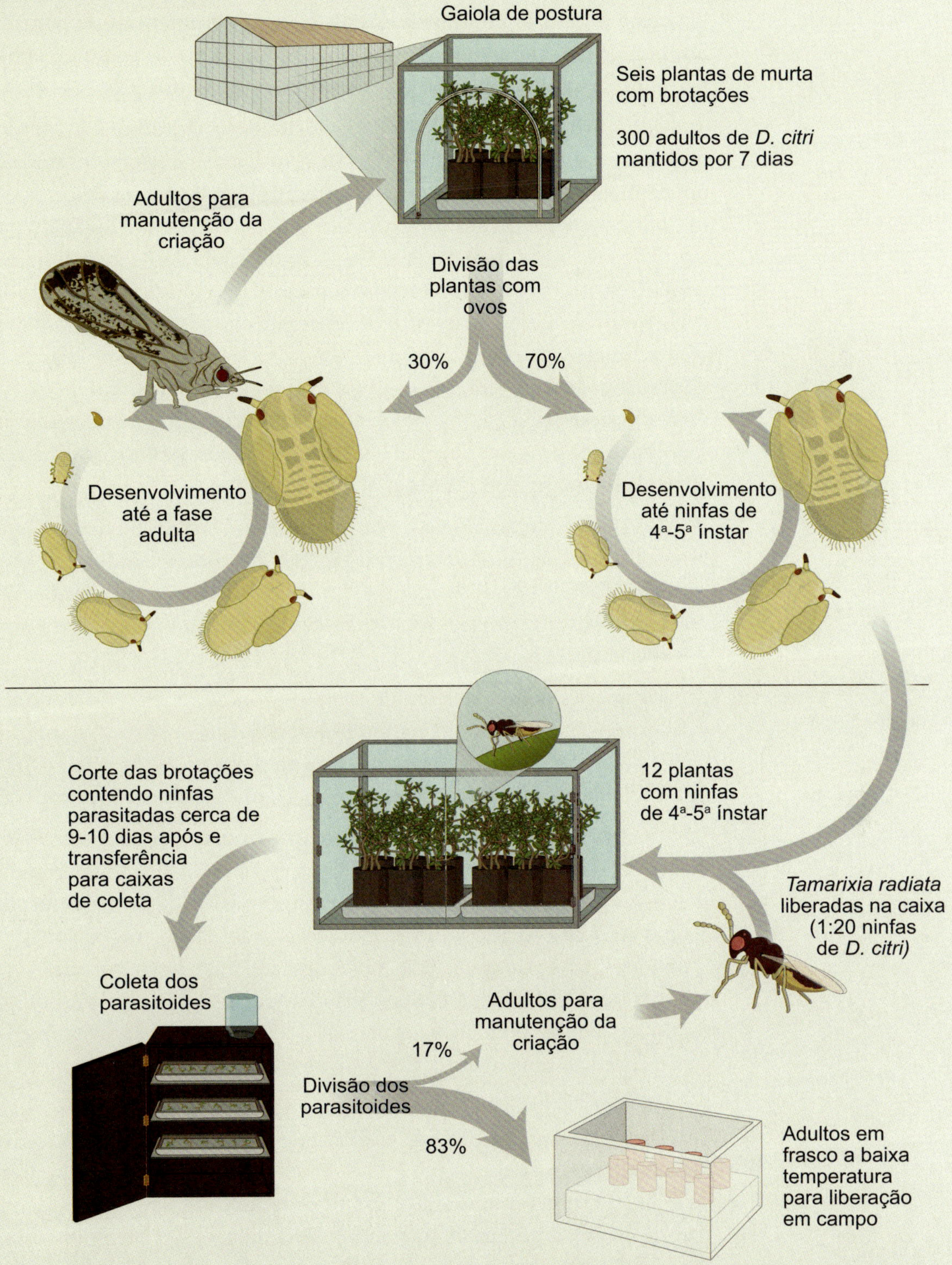

Figura 7. Esquema geral da produção de *Diaphorina citri* para criação do seu parasitoide *Tamarixia radiata*, de acordo com metodologia desenvolvida na ESALQ/USP (Alves et al., 2014).

liberação o mais rápido possível, pois o máximo potencial de parasitismo do inimigo natural se dá nos três primeiros dias de fase adulta; após este período a fêmea inicia a reabsorção dos ovos produzidos (Chien et al., 1994).

Estudos sobre a dispersão do parasitoide em campo, após liberação, indicaram que em um período de 48h *T. radiata* se dispersou num raio de pouco mais de nove metros, o que corresponde a uma área de cerca de 100 m^2, para essas condições foi estimado que para alcançar taxas de parasitismo de 80% seria necessária a liberação do equivalente a 3200 parasitoide/ha (Marin, 2019). A liberação e o parasitismo obtido nessas condições (48h) equivale a um tratamento de "efeito de choque", ou seja, buscando-se efeitos rápidos, menores taxas de liberação podem promover taxa de parasitismo razoável em função do estabelecimento do parasitoide na área. Em uma avaliação após 15 dias da liberação foi verificado que o parasitoide se dispersou por uma área de mais de 450 m^2 e ainda promoveu uma taxa de controle de quase 50% (Diniz et al., 2013).

Considerando-se a logística de produção e distribuição do inimigos naturais aspectos de armazenamento são fundamentais, estudo recente mostrou que o adultos de *T. radiata* podem ser armazenado por seis dias a 11ºC, mantendo seus parâmetros biológicos equivalentes a insetos recém emergidos (Bertanha et al., 2021).

De acordo com o sistema de criação proposto, e as características das duas espécies, sugere-se que para o psilídeo, 70% dos insetos sejam direcionados para criação do parasitoide e 30% para reposição da criação; no caso de *T. radiata,* essas proporções seriam de 83 e 17%, respectivamente.

O sistema de criação como aqui apresentado foi proposto nas melhores condições, a fim de que ambas as espécies apresentassem todo seu potencial produtivo. Foi realizada uma estimativa de custo de produção do parasitoide considerando o modelo e a obtenção mensal de 100.000 indivíduos. Considerando tais condições, a estimativa foi de um custo de implantação de R$ 132.000,00 do sistema todo e com todos os componentes novos (Diniz, 2013; Parra et al., 2016). No entanto o aproveitamento de estrutura e uso de materiais alternativos é uma possibilidade para redução de custos. (Parra et al., 2018).

Uma vez estabelecida a metodologia de produção do parasitoide, essa foi disponibilizada aos interessados. A cadeia citrícola brasileira tem a presença de grandes grupos empresariais para os quais a produção própria do inimigo natural compensa financeiramente, considerando-se o contexto de contaminação do HLB a partir dos inóculos externos. Desse modo, as fazendas passaram a ter suas próprias criações de *T. radiata,* o que apresenta como grande vantagem o fato do parasitoide ser produzindo já bem próximo dos locais de liberação, aproveitando-se assim seu máximo potencial de parasitismo.

Por outro lado, para implantação das biofábricas, essas fazendas passaram a aproveitar recursos já existentes a fim de reduzir os custos de implantação. Uma das principais mudanças adotadas, sem obviamente perder o rendimento da criação, foi a substituição das mudas e gaiolas, usadas na produção dos dois insetos, por mudas de murta (15-20), plantadas em vasos de 25 L, com substrato comercial e cobertas por tecido tipo "voile". O substrato à base de fibra de coco é bastante leve, o que facilita em muito o trabalho braçal. Ao invés de coletar os insetos diretamente na gaiola ou caixa de emergência, esses vasos com as mudas e insetos são levados para uma sala escura – e uma parede com vidro e uma fonte de luz anterior. O tecido é retirado e as mudas agitadas vigorosamente; os insetos então voam na direção da luz e são coletados mais facilmente.

Essas mudanças, juntamente com aproveitamento de estruturas físicas já existentes, permitiram uma economia na implantação das criações de mais 70%, sendo que algumas foram implantadas com pouco mais de R$ 40.000,00 (Parra et al., 2018).

Outro modelo de criação de *T. radiata*, baseado na experiência de uma empresa da Costa Rica foi testado. Este modelo consiste em uma produção desenvolvida toda em casa de vegetação, no entanto é um sistema aberto, sem gaiolas, tanto para praga quanto para o inimigo natural. Busca simular uma condição natural, havendo apenas mudança das plantas com as diferentes fases do inseto. No entanto, não foi possível obter uma produção razoável do parasitoide quando testado no Brasil. Acredita-se que a amplitude térmica (muito maior aqui do que na Costa Rica) tenha sido a principal causa de uma baixa produção e o modelo considerado inadequado para condições brasileiras.

Atualmente existem no estado de São Paulo dez biofábricas de *T. radiata*, a original no Departamento de Entomologia e Acarologia da ESALQ/USP, que serviu de modelo para as demais, outra no Fundecitrus, em Araraquara. A primeira atualmente destina os insetos somente para fins de pesquisa; a segunda tanto para pesquisa quanto para liberação para controle de *D. citri* em áreas de pequenos produtores. As demais unidades pertencem a fazendas de produção de citros (especialmente da empresa Citrosuco) que criam os parasitoides para uso próprio, liberando-os em áreas circunvizinhas às fazendas (inóculos externos).

Em 2017 o Instituto Agronômico do Paraná (IAPAR) iniciou uma criação do parasitoide, também baseada no modelo apresentado, para liberação do inimigo natural em áreas de produção cítrica naquele estado. Segundo dados do próprio instituto ao longo de um ano e meio, mais de um milhão de parasitoides já haviam sido produzidos e liberados. Existem ainda, em pequena escala para fins de pesquisa, uma criação na Embrapa Fruticultura em Cruz das Almas, BA, e outra na Embrapa Meio Ambiente, em Jaguariúna, SP.

Considerações finais

Os últimos levantamentos de infecção por HLB em pomares paulistas indicam uma taxa de pouco mais de 20% (Fundecitrus, 2020). Esse dado indica o acerto da pesquisa brasileira frente ao problema, principalmente quando comparado à taxa de infecção registrada na Flórida, EUA, de mais de 90% (Zhang et al., 2019). Aquele estado americano – que já foi considerado modelo citrícola – apresenta redução drástica de produção.

O sucesso brasileiro decorre da ampla experiência do setor de pesquisa citrícola, que já foi capaz de superar pelo menos quatro grandes desafios fitossanitários (Tristeza dos citros, Cancro cítrico, Clorose Variegada dos citros - CVC e Leprose) nos últimos noventa anos. Tal experiência fez com que o problema fosse abordado em diversas frentes e adaptado às condições nacionais.

Uma dessas frentes é o uso do controle biológico com *T. radiata,* que desempenha papel muito importante nos chamados inóculos externos da doença, ao lado de outras nove medidas preconizadas nos dez mandamentos de controle do HLB pelo Fundecitrus. Todo contexto representa talvez o mais importante e real uso do Manejo Integrado de Pragas por uma grande cultura, e que vem mantendo a sustentabilidade e competitividade da cadeia citrícola brasileira.

Referências Bibliográficas

AGROFIT. ([s.d.]). *Diaphorina citri*. Disponível em: http://agrofit.agricultura.gov.br

Alves, G. R., Diniz, A. J. F. & Parra, J. R. P. (2014). Biology of the Huanglongbing Vector *Diaphorina citri* (Hemiptera: Liviidae) on Different Host Plants. *Journal of Economic Entomology*, *107*(2), 691–696. https://doi.org/10.1603/ec13339

Alves, G. R., Beloti, V. H., Faggioni-Floriano, K. M., Carvalho, S. A., Moral, R. A., Demétrio, C. G. B., Parra, J. R. P. & Yamamoto, P. T. (2018). Does the scion or rootstock of Citrus sp. affect the feeding and biology of *Diaphorina citri* Kuwayama (Hemiptera: Liviidae)? *Arthropod-Plant Interactions*, *12*(1), 77–84. https://doi.org/10.1007/s11829-017-9555-z

Alves, G. R., Vieira, J. M., Diniz, A. J. F. & Parra, J. R. P. (2016). Can the Choice Behavior and Fitness of *Tamarixia radiata* (Hymenoptera: Eulophidae) be affected by the Citrus (Sapindales: Rutaceae) Variety Used to Rear the Asian Citrus Psyllid (Hemiptera: Liviidae)? *Florida Entomologist*, *99*(2), 281–285. https://doi.org/10.1653/024.099.0219

Andrade, E. C. & Hunter, W. B. (2017). RNAi feeding bioassay: development of a non-transgenic approach to control Asian citrus psyllid and other hemipterans. *Entomologia Experimentalis et Applicata*, *162*(3), 389–396. https://doi.org/10.1111/eea.12544

Arrigoni-Blank, M. F., Carvalho Filho, J. L. S., Blank, A. F. & Santos Neto, A. L. (2003). Efeitos do substrato e luminosidade na emergência e desenvolvimento de mudas de jasmim-laranja (*Murraya exotica* l .). *Revista Ciência Agronômica*, *34*(1), 5–12.

Asplanato, G., Pazos, J., Buenahora, J., Amuedo, S., Rubio, L. & Franco, J. (2011). *Diaphorina citri* Kuwayama (Hemiptera: Psyllidae), vector del *Candidatus* Liberibacter spp., organismo causal del 'Huanglongbing' de los cítricos, contribucion al desarrollo del manejo integrado de la praga en Uruguay. In: Asplanato, G. (Ed.), *El psilídeo asiático de los cítricos, Diaphorina citri (Hemiptera: Psyllidae): Primeros estudios bioecologicos en Uruguay.* Montevidéu: INIA. 21-36.

Aubert, B. (1987). *Trioza erytreae* Del Guercio and *Diaphorina citri* Kuwayama (Homoptera: Psylloidea), the two vectors of Citrus Greening Disease: Biological aspects and possible strategies. *Fruits*, *42*(3), 149–162.

Bassan, M. M., Angelotti-Mendonça, J., Alves, G. R., Yamamoto, P. T. & Mourão Filho, F. A. A. (2017). Selection of Reference Genes for Expression Studies in *Diaphorina citri* (Hemiptera: Liviidae). *Journal of Economic Entomology*, *110*(6), 2623–2629. https://doi.org/10.1093/jee/tox253

Belasque Jr., J., Bassanezi, R. B., Yamamoto, P. T., Ayres, A. J., Tachibana, A., Violante, A. R., Tank Jr., A., Giorgi, F., Tersi, F. E. A., Menezes, G. M., Dragone, J., Jank Jr., R. H. & Bové, J. M. (2010). Lessons from Huanglongbing management in São Paulo state, Brazil. *Journal of Plant Pathology*, *92*(2), 285–302.

Beloti, V. H. (2018). *Utilização de Murraya koenigii como planta-isca visando o manejo do psilídeo Diaphorina citri (Hemiptera: Liviidae).* 75 p. (Tese) Universidade de São Paulo / Escola Superior de Agricultura "Luiz de Queiroz".

Beloti, V. H., Alves, G. R., Araújo, D. F. D., Picoli, M. M., Moral, R. D. A., Demétrio, C. G. B. & Yamamoto, P. T. (2015). Lethal and sublethal effects of insecticides used on citrus, on the ectoparasitoid *Tamarixia radiata*. *PLoS ONE*, *10*(7), 1–14. https://doi.org/10.1371/journal.pone.0132128

Bergamin-Filho, A., Inoue-Nagata, A. K., Bassanezi, R. B., Belasque, J., Amorim, L., Macedo, M. A., Barbosa, J. C., Willocquet, L. & Savary, S. (2016). The importance of primary inoculum and area-wide disease management to crop health and food security. *Food Security*, *8*(1), 221–238. https://doi.org/10.1007/s12571-015-0544-8

Bertanha, L.A., Diniz, A. J. F., Garcia, A. G., Parra, J. R. P. (2021). Determining the Minimum Temperature for Storage of *Tamarixia radiata* (Hymenoptera: Eulophidae) Adults for Biological Control of Asian Citrus Psyllid. *Neotropical Entomology*, 50, 114–120. https://doi.org/10.1007/s13744-020-00832-4.

Bolckmans, K. J. F. (2007). Reliability, quality and cost: Challenges of commercial natural enemy production. In: *Meeting of the Working Group on Arthropod Mass Rearing and Quality Control*, 11, Proceedings...Montreal: IOBC

Bové, J. M. (2006). Huanglongbing: a destructive, newly-emerging, century-old disease of Citrus. *Journal of Plant Pathology*, *88*(1), 7–37.

Burckhardt, D., Ouvrard, D., Queiroz, D. & Percy, D. (2014). Psyllid Host-Plants (Hemiptera: Psylloidea): Resolving a Semantic Problem. *Florida Entomologist*, *97*(1), 242–246. https://doi.org/10.1653/024.097.0132

Caceres, S. & Aguirre, M. R. A. (2005). Presencia de *Tamarixia radiata* (Hymenoptera: Eulophidae), parasitoide del psilídeo asiático Diaphorina citri (Hemiptera: Psylidae) em cultivos cítricos de Corrientes. *In: Congresso Argentina de Entomologia*, 6, Resúmenes... San Miguel de Tucumán: Sociedad Entomológica Argentina.

Canale, M. C., Komada, K. M. A., Lopes, J. R. S. (2020). Latency and incubation of '*Candidatus* Liberibacter asiaticus' in citrus after vector inoculation. *Tropical Plant Pathology*, *45*, 320–326. https://doi.org/10.1007/s40858-019-00311-1

CDA. (2019). *Dados da Citricultura Paulista*. Disponível em: http://www.defesaagropecuaria.sp.gov.br/www/gdsv/index?action=dadosCitriculturaPaulista

Cermeli, M., Morales, P., Perozo, J. & Godoy, F. (2007). Distribución Del Psílido Asiático De Los Cítricos (*Diaphorina citri* Kuwayama (Hemiptera, Psyllidae) Y Presencia De *Tamarixia radiata* (Waterston) (Hymenoptera, Eulophidae) En Venezuela. *Entomotropica*, *22*(3), 181–184.

Chagas, M. C. M. & Parra, J. R. P. (2000). *Phyllocnistis citrella* Stainton (Lepidoptera: Gracillariidae): técnica de criação e biologia em diferentes temperaturas. *Anais da Sociedade Entomológica do Brasil*, *29*(2), 227–235. https://doi.org/10.1590/S0301-80592000000200004

Chagas, M. C. M., Parra, J. R. P., Nascimento, A. S., Parra, A. L. G. C. & Yamamoto, P. T. (2002). *Ageniaspis citricola*: Criação e Estabelecimento no Brasil. In: Parra, J. R. P., Botelho, P. S. M., Correa-Ferreira, B. S. & Bento, J. M. S. (Eds.), *Controle Biológico no Brasil: Parasitoides e Predadores*. São Paulo: Manole. 377-394.

Chavez, Y., Chirinos, D. T., González, G., Lemos, N., Fuentes, A., Castro, R. & Kondo, T. (2017). *Tamarixia radiata* (Waterston) and *Cheilomenes sexmaculata* (Fabricius) as biological control agents of *Diaphorina citri* Kuwayama in Ecuador. *Chilean Journal of Agricultural Research*, *77*(2), 180–184. https://doi.org/10.4067/S0718-58392017000200180

Chen, X, Wong, S. W. K. & Stansly, P. A. (2018). Oviposition behaviour of *Tamarixia radiata*: effects of host density and exposure time. *Ecological Entomology*, *43*, 55–59. https://doi.org/10.1111/een.12470.

Chen, X. & Stansly, P. A. (2014). Biology of *Tamarixia radiata* (Hymenoptera: Eulophidae), Parasitoid of the Citrus Greening Disease Vector *Diaphorina citri* (Hemiptera: Psylloidea): A Mini Review. *Florida Entomologist*, *97*(4), 1404–1413. https://doi.org/10.1653/024.097.0415

Chen, X., Triana, M. & Stansly, P. A. (2017). Optimizing production of *Tamarixia radiata* (Hymenoptera: Eulophidae), a parasitoid of the citrus greening disease vector *Diaphorina citri* (Hemiptera: Psylloidea). *Biological Control, 105*, 13–18. https://doi.org/10.1016/j.biocontrol.2016.10.010

Chien, C. C. & Chu, Y. I. (1996). Biological Control of Citrus Psyllid, *Diaphorina citri* in Taiwan. In: *International Symposium on "The use of biological control agents under Integrated Pest Management", 1,* Proceedings... Taipei: Food and Fertilizer Technology Center for the Asian and Pacific Region.

Chien, C. C., Chu, Y. I. & Ku, H. C. (1994). Oosorption and oviposition-regulating capability of the eulophid wasp, *Tamarixia radiata*, and its internal reproductive organs. *Plant Protection Bulletin, 36*(1), 19–30.

Chien, C. C., Chu, Y. I. & Ku, S. C. (1991). Parasitic strategy, morphology and life history of *Tamarixia radiata* (Hymenoptera: Eulophidae). *Chinese Journal of Entomology, 11*, 264–281.

Chinelato, G. A. (2017). *Dinâmica temporal e distribuição espacial de Huanglongbing (HLB, Greening) e seu inseto vetor (Diaphorina citri) Kuwayama (Hemiptera: Liviidae).* 86 p. (Dissertação) Universidade de São Paulo / Escola Superior de Agricultura "Luiz de Queiroz".

Chiu, S. C., Aubert, B. & Chien, S. C. (1988). Attempts to Establish *Tetrastichus radiatus* Waterston (Hymenoptera, Chalcidoidea), A Primary Parasite of *Diaphorina citri* Kuwayama in Taiwan. In: *IOCV Conference*, 10, Proceedings... Valencia: IOCV. http://www.imok.ufl.edu/hlb/database/pdf/00000641.pdf

Chu, Y. I. & Chien, C. C. (1991). Utilization of natural enemies to control psyllid vectors transmitting citrus greening. In: *International Workshop Integrated Control of Plant Virus Diseases*, 1, Proceedings...Taichung: Food and Fertilizer Technology Center for the Asian and Pacific Region.

Costa Lima, A. M. (1942). Psylloidea. In: Costa Lima, A. M. *Insetos do Brasil.* Rio de Janeiro: Escola Nacional de Agronomia. 245 p.

da Graça, J. V., Douhan, G. W., Halbert, S. E., Keremane, M. L., Lee, R. F., Vidalakis, G. & Zhao, H. (2016). Huanglongbing: An overview of a complex pathosystem ravaging the world's citrus. *Journal of Integrative Plant Biology, 58*(4), 373–387. https://doi.org/10.1111/jipb.12437

Dala-Paula, B. M., Plotto, A., Bai, J., Manthey, J. A., Baldwin, E. A., Ferrarezi, R. S. & Gloria, M. B. A. (2019). Effect of Huanglongbing or Greening Disease on Orange Juice Quality, a Review. *Frontiers in Plant Science, 9*, 1-19. https://doi.org/10.3389/fpls.2018.01976

de Leon, J. H. & Sétamou, M. (2010). Molecular Evidence Suggests That Populations of the Asian Citrus Psyllid Parasitoid *Tamarixia radiata* (Hymenoptera : Eulophidae) from Texas, Florida, and Mexico Represent a Single Species. *Annals of the Entomological Society of America, 103*(1), 100–110.

Dicke, M. & Grostal, P. (2001). Chemical Detection of Natural Enemies by Arthropods: An Ecological Perspective. *Annual Review of Ecology and Systematics*, *32*(1), 1–23. https://doi.org/10.1146/annurev.ecolsys.32.081501.113951

Diniz, A. J. F., Garcia, A. G., Alves, G. R., Reigada, C., Vieira, J. M., & Parra, J. R. P. (2020). The Enemy is Outside: Releasing the Parasitoid *Tamarixia radiata* (Hymenoptera: Eulophidae) in External Sources of HLB Inocula to Control the Asian Citrus Psyllid *Diaphorina citri* (Hemiptera: Liviidae). *Neotropical Entomology*, *49*(2), 250–257. https://doi.org/10.1007/s13744-019-00736-y

Diniz, A. J. F., Alves, G. R., Parra, J. R. P. & Yamamoto, P. T. (2012). *Tamarixia radiata*: uma alternativa para controle do psilídeo dos citros. *Citricultura Atual*, *15*(87), 12–14.

Diniz, A. J. F., Alves, G. R., Vieira, J. M., Polastre, F. P. & Parra, J. R. P. (2013). Capacidade de dispersão de *Tamarixia radiata* Waterston, 1922 (Hymenoptera: Eulophidae) em citros. In: *Simpósio de Controle Biológico*, 13, Resumos... Bonito: Embrapa / UFGD.

Diniz, A. J. F. (2013). *Otimização da criação de Diaphorina citri Kuwayama, 1908 (Hemiptera: Liviidae) e de Tamarixia radiata (Waterston, 1922) (Hymenoptera: Eulophidae), visando a produção em larga escala do parasitoide e avalliação do seu estabelecimento em campo.* 124 p. (Tese) Universidade de São Paulo / Escola Superior de Agricultura "Luiz de Queiroz".

Ebratt-Ravelo, E. E., Gonzalez, L. T. R., Costa, V. A., Gomez, E. M. Z., Ávila, A. P. C. & Galindo, M. Y. S. (2011). Primer Registro de *Tamarixia radiata* (Waterston, 1922) (Hymenoptera: Eulophidae) en Colombia. *Revista Facultad Nacional de Agronomía - Medellín*, *64*(2), 6141–6146.

Etienne, J. & Aubert, B. (1980). Biological Control of Psyllid Vectors of Greening Disease on Reunion Island. In: *IOCV Conference*, 8, Proceedings... Riverside: IOCV.

Étienne, J., Quilici, S., Marival, D. & Franck, A. (2001). Biological control of *Diaphorina citri* (Hemiptera: Psyllidae) in Guadeloupe by imported *Tamarixia radiata* (Hymenoptera: Eulophidae). *Fruits*, *56*(5), 307–315.

Fauvergue, X. & Quilici, S. (1991). Etude de certains parametres de la biologie de *Tamarixia radiata* (Waterston, 1922) (Hymenoptera: Eulophidae), ectoparasitoide primaire de *Diaphorina citri* Kuwayama (Hemiptera: Psyllidae), vecteur asiatique du greening des agrumes. *Fruits*, *46*(2), 179–185.

Felisberto, P. A. D. C., Girardi, E. A., Peña, L., Felisberto, G., Beattie, G. A. C. & Lopes, S. A. (2019). Unsuitability of indigenous South American Rutaceae as potential hosts of *Diaphorina citri*. *Pest Management Science*, *75*(7), 1911-1920. https://doi.org/10.1002/ps.5304.

Ferrari, B. (2009). *Efeitos letais e subletais de inseticidas sobre Tamarixia radiata (Waterston, 1922) (Hymenoptera: Eulophidade).* 57 p. (Dissertação) Universidade de São Paulo / Escola Superior de Agricultura "Luiz de Queiroz".

Fundecitrus. (2020). Levantamento da incidência das doenças dos Citros: Greening, CVC e Cancro Cítrico no cinturão citrícola de São Paulo e Triângulo/Sudoeste Mineiro. Disponível em: https://www.fundecitrus.com.br/comunicacao/noticias/integra/greening-atinge-2087-das-laranjeiras-do-cinturao-citricola-de-sp-e-mg/944

Gallo, D., Nakano, O., Silveira Neto, S., Carvalho, R. P. L., Batista, G. C., Berti Filho, E., Parra, J. R. P., Zuchi, R. A., Alves, S. B., Vendramim, D. J., Marchini, L. C., Lopes, J. R. S. & Omoto, C. (2002). *Entomologia Agrícola*. Piracicaba: FEALQ. 920 p.

Garcia, A. G., Diniz, A. J. F. & Parra, J. R. P. (2019). A fuzzy-based index to identify suitable areas for host-parasitoid interactions: Case study of the Asian citrus psyllid *Diaphorina citri* and its natural enemy *Tamarixia radiata*. *Biological Control*, *135*, 135–140. https://doi.org/10.1016/J.BIOCONTROL.2019.05.001

Gavarra, M. R., Mercado, B. G. & Gonzales, C. I. (1990). Progress report: *D. citri* trapping, identification of parasite and possible field establishment of the imported parasite, *Tamarixia radiata* in the Philippines. In: *International Asia Pacific Conference on Citrus Rehabilition*, 4, Proceedings... Chiang Mai: FAO - UNDP.

Gómez-Torres, M. L., Nava, D. E., Gravena, S., Costa, V. A. & Parra, J. R. P. (2006). Registro de *Tamarixia radiata* (Waterston) (Hymenoptera: Eulophidae) em *Diaphorina citri* Kuwayama (Hemiptera: Psyllidae) em São Paulo, Brasil. *Revista de Agricultura*, *81*, 112–117.

Gomez-Torres, M.L., Nava, D. E. & Parra, J. R. P. (2012). Life Table of *Tamarixia radiata* (Hymenoptera: Eulophidae) on *Diaphorina citri* (Hemiptera: Psyllidae) at Different Temperatures. *Journal of Economic Entomology*, *105*(2), 338–343.

Gomez-Torres, M. L. (2009). *Estudos bioecológicos de Tamarixia radiata (Waterston, 1922) (Hymenoptera: Eulophidae) para o controle de Diaphorina citri Kuwayama, 1907 (Hemiptera: Psyllidae)*. 134 p. (Tese) Universidade de São Paulo / Escola Superior de Agricultura "Luiz de Queiroz".

Gomez-Torres, M. L., Nava, D. E. & Postali Parra, J. R. (2014). Thermal hygrometric requirements for the rearing and release of *Tamarixia radiata* (Waterston) (Hymenoptera, Eulophidae). *Revista Brasileira de Entomologia*, *58*(3), 291–295. https://doi.org/10.1590/S0085-56262014000300011

Gonzalez-Hernandez, A., Arredondo-Bernal, H. C., Robles-Gonzalez, M., Martinez-Carrillo, J. L., Perez, J. & Lopez-Arroyo, J. I. (2009). Determinación de especies de parasitoides del psílido asiático de los cítricos *Diaphorina citri* (Hemiptera: Psyllidae) en México. *Entomologia Mexicana*, *8*, 373–377.

Grafton-Cardwell, E. E., Stelinski, L. L. & Stansly, P. A. (2013). Biology and Management of Asian Citrus Psyllid, Vector of the Huanglongbing Pathogens. *Annual Review of Entomology*, *58*, 413–432. https://doi.org/10.1146/annurev-ento-120811-153542

Graham, M. W. R. V. (1987). A reclassification of the European Tetrastichinae (Hymenoptera: Eulophidae), with a revision of certain genera. *Bulletin of the British Museum Natural History*, *55*, 1–389.

Halbert, S. (2005). The Discovery of Huanglongbing in Florida. In: *International Citrus Canker and Huanglongbing Research Workshop*, 2, Proceedings... Orlando: Florida Citrus Mutual. http://www.imok.ufl.edu/hlb/database/pdf/00001501.pdf

Halbert, S. S. E. S. & Manjunath, K. K. L. (2004). Asian Citrus Psyllids (Sternorrhyncha: Psyllidae) and Greening Disease of Citrus: a Literature Review and Assessment of Risk in Florida. *Florida Entomologist*, *87*(3), 330–353. https://doi.org/10.1653/0015-4040(2004)087[0330:ACPSPA]2.0.CO;2

Hoddle, M. S. (2012). Has the Asian Citrus Psyllid parasitoid. *Tamarixia radiata*, established in California? Disponível em: http://cisr.ucr.edu/blog/asian-citrus-psyllid-2/has-the-asian-citrus-psyllid-parasitoid-tamarixia-radiata-established-in-california/

Hoy, M. A., Nguyen, R. & Jeyaprakash, A. (2006). Classical Biological Control of Asian Citrus Psyllid in Florida. *University of Florida Extension*. Disponível em: http://ipm.ifas.ufl.edu/agriculture/citrus/psyllid.shtml

Hoy, M., Nguyen, R. & Jeyaprakash, A. (1999). Classical biological control of the Asian citrus psylla release of *Tamarixia radiata*. *Citrus Industry*, *80*(9), 20–22.

Inoue, H., Ohnishi, J., Ito, T., Tomimura, K., Miyata, S., Iwanami, T. & Ashihara, W. (2009). Enhanced proliferation and efficient transmission of *Candidatus* Liberibacter asiaticus by adult *Diaphorina citri* after acquisition feeding in the nymphal stage. *Annals of Applied Biology*, *155(1)*, 29–36. https://doi.org/10.1111/j.1744-7348.2009.00317.x

Jervis, M. A., Kidd, N. A. C. & Heimpel, G. E. (1996). Parasitoid adult feeding behaviour and biocontrol – a review. *Biocontrol News and Information*, *17*, 11–22.

Kalile, M. O., Cardoso, A. C., Pallini, A., Fonseca, M. M., Elliot, S. L., Fialho, V. S., Carvalho, T. S., Janssen, A. (2020). A predatory mite as potential biological control agent of *Diaphorina citri*. *BioControl*, *66*, 237-248. https://doi.org/10.1007/s10526-020-10061-8.

Kondo, T., Gonzalez, G., Tauber, C., Sarmiento, Y. C. G., Mondragon, A. F. V. & Forero, D. (2015). A checklist of natural enemies of *Diaphorina citri* Kuwayama (Hemiptera: Liviidae) in the department of Valle del Cauca, Colombia and the world. *Insecta Mundi*, *0457*, 1–14.

Lama, T. K., Regmi, C. & Aubert, B. (1988). Distritibution of the Citrus Greening Disease Vector (*Diaphorina citri* Kuw.) in Nepal and Attempts to establish biological control. In: *IOCV Conference*, 10, Proceedings... Valencia: IOCV.

Lavigne, G. L. (1957). *Diaphorina citri* Kuwayama, 1908 (Homoptera, Psylidae) praga dos citrus, na Bahia-Brasil. *Boletim do Instituto Biológico da Bahia*, *4*, 3–5.

Lizondo, M. J., Gastaminza, G., Costa, V. A., Augier, L., Torres, M. L. G., Willink, E. & Parra, J. R. P. (2007). Records of *Tamarixia radiata* (Hymenoptera : Eulophidae) in Northwestern Argentina. *Revista Industrial y Agrícola de Tucuman*, *84*(1), 21–22.

Mann, R. S., Qureshi, J. A., Stansly, P. A. & Stelinski, L. L. (2010). Behavioral Response of *Tamarixia radiata* (Waterston) (Hymenoptera: Eulophidae) to Volatiles Emanating from *Diaphorina citri* Kuwayama (Hemiptera: Psyllidae) and Citrus. *Journal of Insect Behaviour, 23*, 447–458. https://doi.org/10.1007/s10905-010-9228-6

Marin, D.R. (2019). *Densidade e raio de dispersão de Tamarixia radiata (Waterston) (Hymenoptera: Eulophidae) para o controle de Diaphorina citri Kuwayama (Hemiptera: Liviidae) em pomares cítricos.* 28 f. (Dissertação) Fundecitrus.

McFarland, C. D. & Hoy, M. A. (2001). Survival of *Diaphorina citri* (Homoptera: Psyllidae), and Its Two Parasitoids, *Tamarixia radiata* (Hymenoptera: Eulophidae) and *Diaphorencyrtus aligarhensis* (Hymenoptera: Encyrtidae), under Different Relative Humidities and Temperature Regimes. *Florida Entomologist, 84*(2), 227–233.

Meyer, J. M. & Hoy, M. A. (2008). Wolbachia-Associated Thelytoky in *Diaphorencyrtus aligarhensis* (Hymenoptera: Encyrtidae), A Parasitoid of the Asian Citrus Psyllid. *Florida Entomologist, 90*(4), 776–779. https://doi.org/10.1653/0015-4040(2007)90[776:wtidah]2.0.co;2

Michaud, J. P. (2002). Classical Biological Control: A Critical Review of Recent Programs Against Citrus Pests in Florida. *Annals of the Entomological Society of America, 95*(5), 531–540.

Michaud, J. P. (2004). Natural mortality of Asian citrus psyllid (Homoptera: Psyllidae) in central Florida. *Biological Control, 29*, 260–269. https://doi.org/10.1016/S1049-9644(03)00161-0

Miranda, M. P., Dos Santos, F. L., Felippe, M. R., Moreno, A. & Fereres, A. (2015). Effect of UV-blocking plastic films on take-off and host plant finding ability of *Diaphorina citri* (Hemiptera: Liviidae). *Journal of Economic Entomology, 108*(1), 245–251. https://doi.org/10.1093/jee/tou036

Nakano, O., Leite, C. A. & Florim, A. C. P. (1999). Controle químico do psilídeo dos citros, *Diaphorina citri* (Hemiptera: Psyllidae). *Laranja, 20*, 319–328.

Nava, D. E., Torres, M. L. G., Rodrigues, M. D. L., Bento, J. M. S. & Parra, J. R. P. (2007). Biology of *Diaphorina citri* (Hem., Psyllidae) on different hosts and at different temperatures. *Journal of Applied Entomology, 131*, 709–715. https://doi.org/10.1111/j.1439-0418.2007.01230.x

Neves, M. F., Trombin, V. G., Milan, P., Lopes, F. F., Creasoni, F. & Kalaki, R. (2011). *O retrato da citricultura brasileira*. Ribeirão Preto: Markestrat. 245 p.

Nurhadi, F. (1988). Records of important parasites attacking *Diaphorina citri* in East Java, Indonesia. In: *Regional Workshop Citrus Greening Huanglongbing Disease*, 12, Proceedings... Fazhou: FAO-UNDP.

Onagbola, E. A., Boina, D. R., Herman, S. L. & Stelinski, L. L. (2009). Antennal sensilla of *Tamarixia radiata* (Hymenoptera: Eulophidae), a parasitoid of *Diaphorina citri* (Hemiptera: Psyllidae). *Annals of the Entomological Society of America, 102*, 523–531.

Paiva, P. E. B. & Parra, J. R. P. (2012a). Life Table Analysis of *Diaphorina citri* (Hemiptera: Psyllidae) Infesting Sweet Orange (*Citrus sinensis*) in São Paulo. *Florida Entomologist*, *95*(2), 278–284.

Paiva, P. E. B. & Parra, J. R. P. (2012b). Natural parasitism of *Diaphorina citri* Kuwayama (Hemiptera, Psyllidae) nymphs by *Tamarixia radiata* Waterston (Hymenoptera, Eulophidae) in São Paulo orange groves. *Revista Brasileira de Entomologia*, *56*(4), 499–503. https://doi.org/10.1590/S0085-56262012000400016

Parra, J. R. P. (2014). Biological Control in Brazil: An overview. *Scientia Agricola*, *71*(5), 420–429.

Parra, J. R. P., Botelho, P. S. M., Correa-Ferreira, B. S. & Bento, J. M. S. (2002). Controle Biológico: Uma visão inter e multidisciplinar. In: Parra, J. R. P., Botelho, P. S. M., Correa-Ferreira, B. S. & Bento, J. M. S. (Eds.), *Controle Biológico no Brasil: Parasitoides e Predadores*. São Paulo: Manole. 125–137

Parra, J. R. P., Diniz, A. J. F., & Alves, G. R. (2018). Manejo externo. *Cultivar HF, janeiro,* 28–31.

Parra, J. R. P., Diniz, A. J. F., Vieira, J. M. & Alves, G. R. (2017). *Utilização do parasitoide Tamarixia radiata como componente do manejo integrado do huanglongbing.* Araraquara: Fundecitrus. 38 p.

Parra, J. R. P., Alves, G. R., Diniz, A. J. F. & Vieira, J. M. (2016). *Tamarixia radiata* (Hymenoptera: Eulophidae) × *Diaphorina citri* (Hemiptera: Liviidae): Mass Rearing and Potential Use of the Parasitoid in Brazil. *Journal of Integrated Pest Management*, *7*(1), 1–11. https://doi.org/10.1093/jipm/pmw003

Parra, J. R. P., Lopes, J. R. S., Gómez-Torres, M. L., Nava, D. E. & Paiva, P. E. B. (2010). Bioecologia do vetor *Diaphorina citri* e transmissão de bactérias associadas ao huanglongbing. *Citrus Research & Technology*, *31*(1), 37–51.

Peralta, E. L. (2002). Principales enfermedades emergentes que amenazan la citricultura de los países del Caribe. *Revista de Protección Vegetal*, *17*, 193–202.

Pereira, F. P., Diniz, A. J. F., Sá, L. A. N. & Parra, J. R. P. (2017). Avaliação do potencial de parasitismo de *Diaphorencyrtus aligarhensis* (Hymenoptera: Encyrtidae) isoladamente ou em competição com *Tamarixia radiata* (Hymenoptera: Eulophidae) visando ao controle de *Diaphorina citri* (Hemiptera: Liviidae). In: *Simpósio de Controle Biológico*, 15, Resumos... Ribeirão Preto: FCAV – UNESP / Esalq – USP.

Pimpinato, H. A. S., Alves, G. R. & Yamamoto, P. T. (2017). Feeding and Oviposition of *Diaphorina citri* (Hemiptera: Liviidae) on *Helietta apiculata* (Sapindales: Rutaceae): a Potential Host? . *Florida Entomologist*, *100*(2), 476–477. https://doi.org/10.1653/024.100.0211

Pluke, R. W. H., Qureshi, J. A. & Stansly, P. A. (2008). Citrus flushing patterns, *Diaphorina citri* (Hemiptera: Psyllidae) populations and parasitism by *Tamarixia radiata* (Hymenoptera: Eulophidae) in Puerto Rico. *Florida Entomologist*, *91*(1), 36–42.

Pogetto, L. D. (2018). *Potencial hospedeiro de duas espécies de Murraya para Diaphorina citri (Kuwayama , 1908) (Hemiptera: Liviidae) com vistas à produção de Tamarixia radiata Waterston , 1922 (Hymenoptera: Eulophidae)*. 48 p. (Dissertação) Uninversidade de São Paulo / Escola Superior de Agricultura "Luiz de Queiroz".

Portalanza, D. E., Sanchez, L., Plúas, M., Felix, I., Costa, V. A., Dias-Pini, N. da S., Ferreira-Stafanous, S. & Gómez-Torres, M. L. (2017). First records of parasitoids attacking the Asian citrus psyllid in Ecuador. *Revista Brasileira de Entomologia*, *61*(2), 107–110. https://doi.org/10.1016/j.rbe.2017.02.002

Qing, T. Y. (1990). On the parasite complex of *Diaphorina citri* Kuwayama (Homoptera: Psyllidae) in Asian-Pacific and other areas. In: *International Asia Pacific Conference on Citrus Rehabilition*, 4, Proceedings... Chiang Mai: FAO - UNDP.

Qing, T. Y. (1988). Preliminary survey on the parasite complex of Diaphorina citri Kuwayama (Homoptera: Psyllidae) in Fujian. In: *FAO-UNDP Regional Workshop,* 2, Lipa: FAO-UNDP.

Quilici, S. & Fauvergue, X. (1990). Studies on the Biology of *Tamarixa radiata* Waterston (Hymenoptera: Eulophidae). In: *International Asia Pacific Conference on Citrus Rehabilition*, 4, Proceedings... Chiang Mai: FAO - UNDP.

Quilici, S., Joulain, H. & Manikon, R. (1992). Étude de la fécondité de *Tamarixia radiata* (Waterston, 1922) (Hymenoptera : Eulophidae), ectoparasitoïde primaire du psylle asiatique Kuwayama (Homoptera : Psyllidae), vecteur du greening des agrumes. *Fruits*, *47*, 184–194.

Rohrig, E. A. (2010). *Biology and behavior of Diaphorencyrtus aligarhensis, an endoparasitoid of Diaphorina citri*. 98 p. (Dissertação) University of Florida.

Rohrig, E. A., Hall, D. G., Qureshi, J. A. & Stansly, P. A. (2013). Field Release in Florida of *Diaphorencyrtus aligarhensis* (Hymenoptera: Encyrtidae), an Endoparasitoid of *Diaphorina citri* (Homoptera: Psyllidae), from Mainland China. *Florida Entomologist*, *95*(2), 479–481. https://doi.org/10.1653/024.095.0233

Rugno, G. R., Cuervo, J. G. B., Garcia, A. G., Qureshi, J. & Yamamoto, P. T. (2021). Abundance and diversity of lacewings in grower operated organic and conventional pest management programs for *Diaphorina citri* (Hemiptera: Psyllidae). *Crop Protection*, 146. https://doi.org/10.1016/j.cropo.2021.105682.

Rugno, G. R., Zanardi, O. Z. & Yamamoto, P. T. (2015). Are the Pupae and Eggs of the Lacewing *Ceraeochrysa cubana* (Neuroptera: Chrysopidae) Tolerant to Insecticides? *Journal of Economic Entomology*, *108*(6), 2630–2639. https://doi.org/10.1093/jee/tov263

Rugno, G. R., Zanardi, O. Z., Bajonero Cuervo, J., Morais, M. R. & Yamamoto, P. T. (2016). Impact of insect growth regulators on the predator *Ceraeochrysa cincta* (Schneider) (Neuroptera: Chrysopidae). *Ecotoxicology*, *25*(5), 940–949. https://doi.org/10.1007/s10646-016-1651-9

Sétamou, M., da Graça, J. V. & Sandoval, J. L. (2016). Suitability of native North American Rutaceae to serve as host plants for the Asian citrus psyllid (Hemiptera: Liviidae). *Journal of Applied Entomology*, *140*(9), 645–654. https://doi.org/10.1111/jen.12300

Shafee, S. A., Alam, S. M. & Agarwal, M. M. (1975). *Taxonomic Survey of Encyrtid Parasites (Hymenoptera: Encyrtidae) in India* (10º ed). Aligarh: Aligarh Muslim University. 127 p.

Skelley, L. H. & Hoy, M. A. (2004). A synchronous rearing method for the Asian citrus psyllid and its parasitoids in quarantine. *Biological Control*, *29*, 14–23. https://doi.org/10.1016/S1049-9644(03)00129-4

Sule, H., Muhamad, R., Omar, D. & Hee, A. (2012). Life table and demographic parameters of asian citrus psyllid *Diaphorina citri* on Limau Madu *Citrus suhuiensis*. *Journal of Entomology*, *9*(3), 146–154.

Teixeira, D. C., Ayres, A. J., Kitajima, E. W., Tanaka, F. A. O., Danet, L., Jagoueix-Eveillard, S., Saillard, C. & Bové, J. M. (2005). First Report of a Huanglongbing-Like Disease of Citrus in São Paulo state, Brazil and Association of a New Liberibacter Species, *Candidatus* Liberibacter americanus, with the Disease. *Plant Disease*, *89*, 107.

Volpe, H. X., Fazolin, M., Garcia, R. B., Magnani, R. F., Barbosa, J. C. & Miranda, M. P. (2016). Efficacy of essential oil of *Piper aduncum* against nymphs and adults of *Diaphorina citri*. *Pest Management Science*, *72*(6), 1242–1249. https://doi.org/10.1002/ps.4143

Waterston, J. (1922). On the Chalcidoid Parasites of Psyllids (Hemiptera, Homoptera). *Bulletin of Entomological Research*, *13*(1), 41–58. https://doi.org/DOI: 10.1017/S0007485300045235

Werren, J. H., Baldo, L. & Clark, M. E. (2008). Wolbachia: master manipulators of invertebrate biology. *Nature Reviews Microbiology*, *6*, 741. https://doi.org/10.1038/nrmicro1969

Zhang, M., Yang, C., Powell, C. A., Avery, P. B., Wang, J., Huang, Y. & Duan, Y. (2019). Field Evaluation of Integrated Management for Mitigating Citrus Huanglongbing in Florida. *Frontiers in Plant Science*, *9*(January), 1–12. https://doi.org/10.3389/fpls.2018.01890

CAPÍTULO 7

O caso de *Cotesia flavipes* na cana-de-açúcar no Brasil

ALEXANDRE DE SENE PINTO

Introdução

O Brasil é o maior produtor de cana-de-açúcar do mundo. Na safra 2020/2021 foram produzidos pouco mais de 654 milhões de toneladas em uma área plantada de 10,04 milhões de hectares (8,63 milhões de hectares colhidos) (CONAB, 2020).

Devido à importância da cultura no país, todos os fatores que afetam sua produtividade precisam ser conhecidos e suas consequências minimizadas. A artropodofauna associada à cultura da cana-de-açúcar é bastante complexa. No Brasil, devido às extensas áreas contínuas cultivadas em várias regiões, especialmente do estado de São Paulo, esse agroecossistema se torna propício ao ataque de várias pragas (Guagliumi, 1972; Mendonça, 1996). Algumas delas se destacam pela frequência com que ocorrem e pelos prejuízos que causam, como é o caso da broca-da-cana, *Diatraea saccharalis* (Fabricius) (Lepidoptera: Crambidae), considerada praga-chave da cultura (Dinardo-Miranda, 2008; Pinto et al., 2009b; Pinto et al., 2019a).

O controle desse inseto é realizado de forma biológica em grande parte das áreas canavieiras no Brasil (Pinto, 2019; Pinto & Trujillo, 2019). No início, tentou-se usar a mosca parasitoide *Lixophaga diatraeae* (Townsend) (Diptera: Tachinidae), importada de Cuba (Gallo, 1951a,b; Planalsucar, 1973), sem sucesso, e foram liberadas, com sucesso, as moscas nativas *Lydella minense* (Townsend) (=*Metagonistylum minense*) e *Billaea claripalpis* (Wulp) (=*Paratheresia claripalpis*) (Diptera: Tachinidae) (Myers, 1934; Souza, 1942; Mendonça, 1996; Mendonça et al., 1996).

Na década de 1970, o parasitoide *Cotesia flavipes* (Cameron) (Hymenoptera: Braconidae), originário provavelmente do Japão (Mendonça, 1996), foi introduzido no Brasil para o controle da broca-da-cana, estabelecendo-se bem no Nordeste, em 1974 – importado de Trinidad-Tobago (Planalsucar, 1974a,b; Botelho & Macedo, 2002), e, posteriormente, em São Paulo, em 1978, importado da Índia e do Paquistão (Macedo, 1978).

A introdução de *C. flavipes*, no Brasil, foi um marco, e esse é considerado um dos maiores programas de controle biológico de pragas do mundo (Parra et al., 2010). Esse sucesso se alicerça no fato de após dez anos de ser introduzido, *C. flavipes* estava sendo produzido em 17 laboratórios de usinas. Foram liberados 943 milhões de adultos em um ano e o índice de intensidade de infestação da broca-da-cana em 26 usinas passou de mais de 9,0%, em 1980, para 3,2%, em 1991 (Copersucar, 1992).

Em 2018, 23 laboratórios de usinas e 14 particulares produziram pouco mais de 21 bilhões de adultos para o controle de lagartas da broca-da-cana em mais de 3,5 milhões de hectares. Mas a eficácia de controle não é tão boa quanto no início do programa, pois, em alguns casos, a qualidade do material produzido pode estar comprometida (Lima, 2011; Carvalho, 2017; Santos, 2018). Os parasitoides podem ser armazenados e transportados de forma errada (Ivan et al., 2010a; Morsoletto et al., 2014; Hivizi et al., 2016) e a tecnologia de liberação muitas vezes é negligenciada ou desconhecida (Ivan et al., 2011a; Oliveira et al., 2012; Litholdo et al., 2013).

Desde a introdução no Brasil, a tecnologia de multiplicação e de liberação não avançou muito, até a década de 2010, quando várias inovações foram conseguidas. Um breve conhecimento da bioecologia da praga e do seu manejo, da bioecologia de *C. flavipes* e do seu histórico de uso no Brasil, sobre os conhecimentos e inovações geradas e a associação com outras táticas de controle serão discutidos nesse capítulo.

A broca-da-cana-de-açúcar, *Diatraea saccharalis*

Quando se pretende controlar um inseto, são necessários alguns conhecimentos, como: identificá-lo, a sua distribuição, o seu desenvolvimento biológico (Panizzi & Parra, 2009), o seu comportamento, a dinâmica de sua população, os fatores bióticos e abióticos que afetam seu desenvolvimento e sobrevivência (Panizzi & Parra, 2009), os danos que causa à cultura e como monitorá-lo (Kogan, 1998).

D. saccharalis foi bem estudada no passado, mas nessas últimas décadas surgiram outras variedades comerciais de cana-de-açúcar, e outras regiões passaram a ser exploradas. Com os avanços das metodologias experimentais, melhorou até a compreensão sobre a biologia e o comportamento da praga.

Essa não é a única espécie registrada no país, uma vez que *Diatraea flavipennella* (Box) também ocorre na região Nordeste (Mendonça et al., 1996). Entretanto, mais recentemente, Solis & Metz (2016) relataram a ocorrência de 15 espécies desse gênero, em diversas espécies vegetais no Brasil, e constataram que *D. flavipennella* era sinônimo júnior de *Diatraea impersonatella* (Walker) (Francischini et al., 2017), prevalecendo essa última.

D. saccharalis é uma espécie invasora bem-sucedida, colonizou hábitats muito distintos em toda a América. O homem foi, provavelmente, o mais importante disseminador, usando o milho como veículo inicial de dispersão e depois a cana-de-açúcar (Francischini et al., 2019).

Essa espécie tem seus ovos de coloração amarela, colocados em grupos de dois a 40 (Caminha Filho, 1935; Hayward, 1943; Lima Filho & Lima, 2001), com média de 11,8 (Lima Filho & Lima, 2001), sobre as folhas. A postura é feita em massas, com disposição imbricada, onde um ovo de formato oval e achatado cobre 2/3 ou a metade do que vem logo a seguir (Lima Filho & Lima, 2003).

A lagarta, ao eclodir, dirige-se para a região do cartucho da planta à procura de abrigo, e alimenta-se raspando a folha ou o tegumento do entrenó em formação. Permanece ali por uma a duas semanas e sofre uma ou duas ecdises, quando inicia a perfuração do colmo. O orifício de entrada da broca geralmente se localiza próximo à base do entrenó, porção mais mole. A lagarta perfura a galeria no sentido ascendente, em direção ao palmito da planta (meristema apical) (Botelho & Macedo, 2002; Pinto et al., 2009b). Ocasionalmente, as lagartas podem construir galerias circulares, no sentido transversal, sem ultrapassar 5% dos danos totais, enfraquecendo o colmo e tornando-o mais suscetível à quebra ou ao acamamento (Ancheschi & Pinto, 2011).

A lagarta possui 25 mm de comprimento, cor amarelada, com pontuações marrons (pináculas) e cápsula cefálica marrom escura. Durante o período larval, o inseto sofre de cinco a seis ecdises ao atingir o completo desenvolvimento larval, sendo mais comum seis ínstares em temperaturas mais baixas (Melo & Parra, 1988). Antes de se transformarem em pupas, as lagartas abrem um orifício para o exterior do colmo da cana-de-açúcar, fechando-o com fios de seda e serragem. O adulto emerge pelo orifício anteriormente feito pela lagarta (Pinto et al., 2009b).

A pupa é de cor marrom, mede cerca de 1,7 cm de comprimento e 0,4 cm de largura e se forma no interior da galeria aberta pela lagarta. Pelas pupas é possível diferenciar machos de fêmeas. Geralmente, as pupas das fêmeas são maiores que as dos machos, mas isso pode gerar erros. A abertura genital (bolsa copuladora) de pupas de fêmeas é em forma de pequeno risco ou corte, e encontra-se entre o 8º e 9º segmento abdominal. Nos machos, a abertura genital está localizada na borda inferior do 9º segmento abdominal, sendo ladeada por duas saliências em forma de almofadas (Silva & Mendonça, 1996).

O adulto tem 25 mm de envergadura e cor amarelo palha. A asa tem aspecto estriado, com pequenos pontos marrons formando uma linha em diagonal em forma de "V" invertido no terço apical. A asa posterior é de mesma coloração da anterior, o palpo labial é desenvolvido. A fêmea é maior que o macho, e a caracterização específica depende do exame da genitália, principalmente do macho (Zucchi et al., 1993; Gallo et al., 2002; Pinto et al., 2009b).

O ciclo biológico varia de 33 a 134 dias (ovo: 4-24 dias; lagarta: 20-86 dias e pupa: 8-24 dias) (Melo & Parra, 1988; Geremias, 2013) (Tabela 1).

Tabela 1. Período de incubação dos ovos e duração média das fases de lagarta, pupa e ovo-adulto de *Diatraea saccharalis* criada em dieta artificial em diferentes temperaturas em laboratório (umidade relativa do ar de 70±10% e fotofase de 14h).

Fases	Temperatura (°C)								
	18	20	22	25	28	30	32	34	36
Ovo[1]	24,0	13,5	9,1	6,5	6,1	4,6	4,4	4,6	5,3
Lagarta[1]	86,4	45,1	37,7	27,2	24,5	20,5	21,7	37,5	†[3]
Pupa[1]	23,8	18,9	13,0	10,2	8,9	7,8	8,2		
(macho)[2]		(13,3)	(11,1)	(7,9)	(6,7)	(7,1)		†	†
(fêmea)[2]		(14,0)	(11,1)	(8,1)	(6,9)	(7,4)			
Ovo-adulto[1]	134,2	77,6	59,8	43,9	39,5	32,9	34,3	†	†

[1] Geremias (2013); [2] Melo & Parra (1988); [3] † indica que não completou o ciclo.

As fêmeas ovipositam tanto na face inferior quanto na superior do limbo foliar e, ocasionalmente, na bainha, preferindo a superfície adaxial (Fuchs & Harding, 1978; Hamm et al., 2012) e o terço mediano-superior das folhas mais largas e nutritivas (Pimentel, 2016). Na atualidade, sabe-se que a quantidade de ovos colocada por postura é variável, devido a estratégias de sobrevivência, pois quando a umidade relativa do ar fica muito baixa, *D. saccharalis* diminui as posturas para um a cinco ovos (Parra et al., 1999). Em campo, observa-se que as posturas com maior quantidade de ovos são colocadas nas plantas da bordadura, o que acaba por refletir na maior infestação da praga nessa região do canavial (Tabela 2).

O índice de ovigenia de *D. saccharalis* é baixo (0,32), indicando que os oócitos amadurecem durante a fase adulta, o que poderia erroneamente significar necessidade de alimentação nessa fase. Entretanto, quando alimentados com mel (10%) ou outros carboidratos, prejudicam-se a fecundidade, a longevidade e até o número de cópulas, além de comprometer a viabilidade dos ovos da segunda postura (Parra et al., 1999; Milano et al., 2010).

Tabela 2. Número de lagartas pequenas e grandes (≥1,5 cm de comprimento) e de pupas de *Diatraea saccharalis* por dois metros lineares a cada 10 m da bordadura do canavial. São Raimundo das Mangabeiras, MA, 2013.

Distância da bordadura do canavial (m)	Lagartas ou pupas por dois metros lineares		
	Lagartas		Pupas
	pequenas (<1,5 cm)	grandes (≥1,5 cm)	
0	0,73 ± 0,30 a[1]	0,52 ± 0,15 a	0,27 ± 0,12 a
10	0,11 ± 0,03 b	0,11 ± 0,03 b	0,08 ± 0,04 b
20	0,15 ± 0,06 b	0,10 ± 0,04 b	0,08 ± 0,04 b
30	0,16 ± 0,08 b	0,17 ± 0,05 b	0,09 ± 0,03 b
40	0,08 ± 0,06 b	0,11 ± 0,07 b	0,08 ± 0,04 b
50	0,09 ± 0,05 b	0,13 ± 0,04 b	0,05 ± 0,02 b

[1] Médias (± erro padrão da média) (n = 100) não diferem entre si, na coluna, quando seguidas pela mesma letra, pelo teste de Tukey ($p<0,05$).

Os adultos possuem hábito noturno e apresentam comportamento fototrópico positivo. Gallo et al. (1969) realizaram coletas do inseto em Ribeirão Preto, SP, verificando que o pico populacional de *D. saccharalis* ocorreu em outubro-novembro, e um pico secundário em abril, não sendo coletados adultos entre junho e agosto. Silveira Neto (1972) estudou a flutuação de várias espécies de Lepidoptera com armadilhas luminosas em diversos locais do estado de São

Paulo, encontrando adultos de *D. saccharalis* de agosto a abril, com o pico em setembro. Conti (2012) observou quatro picos de adultos por ano em Rio Brilhante, MS, a partir de coletas de machos com armadilhas de fêmeas virgens.

Em laboratório, as fêmeas da broca-da-cana começam a emitir o feromônio sexual logo após a emergência, sendo mais atrativas durante os três primeiros dias da fase adulta, decrescendo posteriormente com a idade e interrompendo a atração dos machos após serem copuladas, depositando, em média, de 300 a 780 ovos (Parra & Mihsfeldt, 1992; Parra et al., 1999) antes do amanhecer. A fêmea inicia a atração sexual após o pôr do sol, com maior atividade entre 21 e 22h, e tanto o macho como a fêmea podem acasalar várias vezes, mas apenas uma vez por noite (Walker, 1965).

No campo, essa atração começa a diminuir depois de cinco dias do confinamento das fêmeas virgens em gaiolas de armadilhas de feromônio (Rossini, 2019; Sanhueza, 2019). Conti (2012) observou que os machos adultos foram capturados em armadilhas de fêmeas virgens (feromônio) em maiores quantidades, cerca de 21 dias antes dos picos populacionais de lagartas e pupas, podendo chegar a 30 dias em períodos mais frios.

Os adultos vivem de oito a 17 dias – as fêmeas vivem de nove a 17 e os machos de oito a 13 dias. O período de pré-oviposição é de cerca de dois dias, o de oviposição de três a sete dias e o período de pós-oviposição varia de um a seis dias (Melo & Parra, 1988).

Sgrillo (1979) indicou que são necessários 954 graus-dia (GD) para essa praga completar uma geração, sugerindo a existência de 3,8 gerações ao ano na região de Piracicaba, SP. Entretanto, Melo & Parra (1988) chegaram à constante térmica de 882,5 GD, podendo a praga atingir até 4-8 gerações por ano em temperaturas entre 22 e 30 °C (Pinto et al., 2009b).

Em geral, no Brasil, ocorrem de quatro a cinco picos populacionais da broca-da-cana, sendo os maiores no final da primavera e no verão, podendo ocorrer picos também em setembro (Silveira Neto et al., 1968; Carbognin, 2016). E alta infestação de lagartas de janeiro a julho (Long, 1976) e de maio a agosto no sul do país (Borges Filho et al., 2019) e de adultos de janeiro a abril (Carbognin, 2016).

De acordo com Lopes (1988), as primeiras ocorrências de ovos de *D. saccharalis* em cana-de-açúcar, ocorrem dos 38 aos 42 dias após o aparecimento das primeiras folhas no solo. Macedo & Macedo (2004), na região Centro-Oeste, comentam que as infestações são constantes durante o ano todo, com ligeira queda no inverno e aumento nos períodos quentes e úmidos. A redução da ocorrência de *D. saccharalis* nos meses mais frios do ano é relatada para o estado de São Paulo, independente se for plantada cana-de-ano ou cana-de-ano-e-meio (Macedo & Macedo, 2004).

Os danos que a broca-da-cana causa na cultura são classificados em diretos – devido às construções de galerias, perda de peso do colmo, perfilhamento lateral, enraizamento aéreo e coração-morto (morte da gema apical) – e indiretos – causados por micro-organismos que entram pelo orifício deixado pela broca e alteram os componentes químicos e físicos do colmo (Botelho & Macedo, 2002; Ogunwolu et al., 1991; Dinardo-Miranda et al., 2013). Maiores ataques de broca resultaram em aumento nos teores de fibra e de açúcares redutores, e redução nos teores de pol na cana e na pureza (Dinardo-Miranda et al., 2012). Para as variedades atuais, para cada 1% de índice de intensidade de infestação causado pela praga, perde-se 1,14% na produção, 0,42% em açúcar e 0,21% em álcool (CTC, 2007a,b; Dinardo-Miranda, 2008).

O monitoramento da broca-da-cana pode ser realizado das seguintes formas:

a. levantamento de lagartas recém-nascidas ("broca-fora") em folhas e bainhas da parte superior da planta, em pontos ao acaso ou seguindo alguma estratégia de caminhamento (Macedo & Macedo, 2004). É realizado esporadicamente ou semanalmente;
b. levantamento de lagartas dentro do colmo ("broca-dentro") em 2-6 pontos de 1-2 metros lineares, em duas linhas paralelas (obrigatório) (Carvalho, 2011), ao acaso (sistema "hora-homem") (Macedo & Botelho, 1988) ou em pontos fixos por hectare (Dinardo-Miranda et al., 2011; Cerci et al., 2013; Pinto et al., 2016). É realizado mensalmente;
c. levantamento do índice de intensidade de infestação (infestação final), que é realizado na colheita, retirando-se 20 colmos por hectare (Silva et al., 1997) em um esquema definido de caminhamento (Pinto, 2019).

O monitoramento de lagartas recém-nascidas ("broca-fora") tem por objetivo determinar o momento ideal de controle (nível de controle), que é variável entre 3-5% de plantas com lagartas caminhando externamente ao colmo da planta (Macedo & Macedo, 2004), quando se pretenda utilizar inseticidas químicos ou biológicos para lagartas (*Beauveria bassiana* ou a bactéria *Bacillus thuringiensis*).

O levantamento de lagartas dentro do colmo ("broca-dentro") tem por objetivo determinar o momento de liberação de *C. flavipes*, onde o nível de controle é 800-2.500 brocas grandes (maiores do que 1,5 cm de comprimento) por hectare ou dez lagartas hora-homem^{-1} (Botelho & Macedo, 2002; Pinto et al., 2016).

O levantamento da intensidade de infestação final continua como a melhor estratégia para saber se o manejo adotado durante o ano foi adequado, pois a infestação máxima aceitável é de 2-3%, orientando para as estratégias a serem adotadas na safra seguinte (Silva et al., 1997; Pinto et al., 2016).

As estratégias de "broca-fora" e "broca-dentro" foram rapidamente substituídas pelo monitoramento de machos utilizando-se armadilhas de fêmeas virgens (fêmeas virgens confinadas em gaiolas para obtenção de feromônio natural, pois o sintético ainda não existe) (Pinto et al., 2019b; Pinto, 2019), que é uma estratégia mais simples e de menor custo do que as anteriores.

Essa estratégia preconiza o uso de uma armadilha contendo no interior uma gaiola com 3-4 pupas de fêmeas (de idades diferentes) a cada 50 hectares, priorizando armadilhas na parte mais externa das fazendas, setores ou lotes (conjunto de talhões), à beira de matas ou áreas agrícolas vizinhas. A tomada de decisão por uma medida de controle é feita quando 30% das armadilhas coletarem seis machos em três dias (em períodos muito quentes ou secos) ou dez machos em uma semana cada (Pinto et al., 2019b; Pinto, 2019).

O ideal seria uma armadilha a cada 20 hectares, valor esse mais próximo do preconizado pela pesquisa de Conti (2012), mas para viabilizar a técnica adotou-se 50 hectares. O sucesso dessa técnica depende do cumprimento pontual da adoção de uma tática de controle, que varia entre inseticidas químicos (0 a 15 dias), *Trichogramma galloi* Zucchi (cinco a dez dias) e *C. flavipes* (21 a 30 dias após a decisão de controle) (Pinto et al., 2019b).

Deve-se preferir a tomada de decisão de controle em avaliações de uma semana, pois mesmo levando-se em consideração apenas seis machos capturados por armadilha em três dias de avaliação, o risco de erro em não se tomar uma decisão quando se deveria é de 13 a 33%, dependendo do modelo de armadilha utilizado (Sanhueza, 2019).

Histórico do controle biológico da broca-da-cana

Para o controle biológico da broca-da-cana no Brasil, foram avaliadas várias opções de organismos para serem utilizados de forma eficiente desde a década de 1950 (Gallo, 1951a). A mosca parasitoide *L. diatraeae* foi importada de Cuba, criada em laboratório e liberada, mas sem o sucesso esperado, adaptando-se apenas no estado do Amapá (Mendonça, 1996).

As moscas nativas *L. minense* e *B. claripalpis* começaram a ser multiplicadas sobre *D. saccharalis* e liberadas em canaviais, porém, os índices de parasitismo alcançados eram baixos em quase todo o país, exceto em São Paulo (Botelho & Macedo, 2002). Mesmo assim, essas moscas foram criadas em laboratório durante muitos anos, e liberadas no campo dentro do programa de controle biológico da broca-da-cana no Brasil. No Rio Grande do Sul, o índice de parasitismo da broca-da-cana pode ser de até 30%, indicando que o controle biológico natural está presente, auxiliando no controle da praga (Miorelli et al., 2008). Posteriormente, os taquinídeos foram substituídos totalmente pelo braconídeo *C. flavipes*, mas com *B. claripalpis* ocorrendo naturalmente em canaviais (Borges Filho et al., 2019).

Os parasitoides larvais são muito utilizados no Brasil e no mundo, especialmente a vespinha *C. flavipes*, em liberações inundativas, ou seja, liberações de grandes quantidades, visando a interromper o crescimento populacional da praga (Botelho & Macedo, 2002).

No Brasil, as primeiras tentativas de introdução de *C. flavipes* foram realizadas pela Copersucar e pelo Departamento de Entomologia da Escola Superior de Agricultura "Luiz de Queiroz" da Universidade de São Paulo (USP), em 1971 (Terán, 1975; Gallo, 1977; citado por Mendonça Filho et al., 1977). Entretanto, essas tentativas ficaram restritas à observação de laboratório e de poucas liberações isoladas – mas nenhuma recuperação em lavoura de cana-de-açúcar foi mencionada. Dificuldades nas criações em laboratório foram os principais obstáculos que justificaram a interrupção das atividades com esse parasitoide.

Em abril de 1974, foi introduzida, em Alagoas, uma população de *C. flavipes* proveniente de Trinidad Tobago, iniciando-se então a participação desse parasitoide no Programa Nacional de Controle Biológico de *Diatraea* spp. no Brasil, desenvolvido pelo Instituto de Açúcar e Álcool (IAA)/Planalsucar (Mendonça Filho et al., 1976).

Entre 1974 a 1976, *C. flavipes* foi introduzida em Pernambuco, Paraíba, Rio Grande do Norte, Sergipe, Bahia e Rio de Janeiro para controlar *D. saccharalis* e *D. impersonatella*, e em São Paulo e Amapá, para controlar *D. saccharalis* (Macedo et al., 1977; Mendonça Filho et al., 1976; Pereira et al., 1977; Riscado & Lima Filho, 1976; Riscado et al., 1977; Risco, 1976; Souza & Silva, 1976).

Desde a primeira liberação de *C. flavipes* em lavouras de cana-de-açúcar em Alagoas, em julho de 1974, observou-se seu potencial, uma vez que 16 dias após a liberação, "massas" de casulos foram recuperadas em lagartas de *D. impersonatella*. De 1974 a 1976, verificaram-se outras recuperações em diferentes regiões canavieiras de Alagoas, bem como nos estados de Pernambuco, Paraíba, Rio Grande do Norte, Sergipe, Bahia, Rio de Janeiro, São Paulo e Amapá, permitindo concluir que o parasitoide se estabelecera (Mendonça Filho et al., 1976).

No estado de São Paulo, o programa de controle biológico da broca-da-cana conduzido pelo IAA/Planalsucar, desde 1972, começou com levantamentos de intensidade de infestação da praga e estudos de alternativas de controle (Macedo & Botelho, 1986). Em 1975, iniciaram-se as pesquisas com *C. flavipes*, a partir de material procedente do nordeste do Brasil. Até 1978, o aperfeiçoamento na tecnologia tornou a produção de *C. flavipes* em laboratório mais simples e a melhoria de seu desempenho no campo deu-se com a introdução de novas linhagens originárias de regiões mais frias e úmidas da Índia e do Paquistão, realizadas em 1978 (Macedo, 1978). Os resultados demonstraram que o controle biológico de *D. saccharalis* pelo sistema de liberação de *C. flavipes*, desenvolvido pelo IAA/Planalsucar, foi eficiente, com real contribuição na redução da intensidade de infestação da praga, a despeito de fatores desfavoráveis, como expansão da área cultivada e plantio de variedades mais suscetíveis (Macedo & Botelho, 1986).

Na década de 1980, o parasitoide de ovos *Trichogramma galloi* Zucchi foi bastante estudado e se mostrou eficiente controlador da broca-da-cana (Lopes, 1988; Zucchi, 1988; Pinto et al., 2003), pois parasita o ovo – sendo este estágio o fator-chave de crescimento populacional da praga (Botelho, 1985).

Não é possível deixar de mencionar que as formigas predadoras são os principais inimigos naturais da broca-da-cana (Sousa-Silva et al., 1992), sendo os gêneros *Solenopsis*, *Pheidole*, *Dorymyrmex* e *Crematogaster* (Hymenoptera: Formicidae) os mais comuns em canaviais paulistas (Rossi & Fowler, 2004). As formigas predadoras são consideradas os mais importantes inimigos naturais e indicadores biológicos de desequilíbrios ambientais (Fittkau & Klinge, 1973; Silva & Brandão, 1999) em canaviais. Sem as formigas, os danos de *D. saccharalis* à cana-de-açúcar seriam muito superiores.

O controle biológico de pragas da cana-de-açúcar é realizado em mais de 50% das áreas plantadas no Brasil (Parra, 2014). A broca-da-cana-de-açúcar é manejada principalmente com os parasitoides *C. flavipes*, que chegou em pouco mais de 3,5 milhões de hectares em 2018 (Cherubin, 2018; Pinto & Trujillo, 2019), e *T. galloi* em quase dois milhões de hectares, em 2018 (Cherubin, 2018), e em 2020 chegando a 3 milhões de hectares (*vide* capítulo 8).

Bioecologia de *Cotesia flavipes*

C. flavipes é um endoparasitoide larval, uma espécie de micro-himenóptero considerada, até a década de 2010, um dos mais eficientes agentes de controle biológico da broca-da-cana-de-açúcar, *D. saccharalis* (Parra et al., 2010; Parra, 2014; Pinto & Trujillo, 2019) e *D. impersonatella* (Silva, 2009; Passos, 2013).

Seu ciclo de vida (ovo a adulto) varia de 18 a 33,5 dias, dependendo da temperatura (20 a 32 °C) e idade do hospedeiro (Pádua, 1983; Pádua & Parra, 1994; Campos-Farinha, 1996) (Tabela 3). A temperatura base (Tb) é de 8,3 °C e a constante térmica (K) de 314,8 GD (Tabela 3), mas pode variar de 229,4 a 273,9 GD dependendo da linhagem de *C. flavipes* (Smaniotto et al., 2019).

Os ovos são arredondados na porção cefálica, largos na parte mediana e afilados na parte posterior, medindo cerca de 0,09 mm de comprimento. Após o parasitismo, em três a quatro dias ocorre a eclosão da larva, que passa por três ínstares em um período de 4 a 12 dias, medindo no final desse

Tabela 3. Duração média do período de ovo-adulto de *Cotesia flavipes* em lagartas de terceiro ínstar de *Diatraea saccharalis* criada em dieta artificial em laboratório em diferentes temperaturas (umidade relativa do ar de 70±10% e fotofase de 14 h), temperatura base e constante térmica (Pádua, 1983).

Temp. (°C)	Duração (dias)
18	-
20	33,5
22	23,1
25	20,7
30	16,5
32	18,0
Temperatura base (Tb) (°C)	8,3
Constante térmica (K) (GD)	314,8

estágio aproximadamente 3 mm de comprimento. A larva de terceiro ínstar apresenta coloração branco-leitosa brilhante, com segmentação facilmente observada, corpo afilado nas extremidades, emergindo do hospedeiro um a dois dias depois de estar nesse estádio (Campos-Farinha, 1996). As larvas mais velhas auxiliam as larvas mais novas a escapar da encapsulação, como resposta imune do hospedeiro (Pinheiro et al., 2010).

Esse parasitoide tem boa tolerância ao frio e ao calor, com temperatura letal inferior variando de -15 a -1 °C, conseguindo se recuperar rapidamente da interrupção do desenvolvimento pelo frio, e com temperatura letal superior de 37 a 44 °C (Mutamiswa et al., 2018).

Apesar de Mohyuddin (1971) citar que *C. flavipes* é tolerante a baixas umidades do ar, sabe-se que isso diminui a longevidade dos adultos de 3,5 para 0,9 dias, respectivamente, nas umidades relativas de 100 a 60%, com adultos morrendo na emergência em umidades abaixo de 50% (Pádua, 1983) e diminuem a emergência dos adultos de 90 para 60%, respectivamente em umidades de 100 a 40% (Pinto, dados não publicados).

Na hemocele, as larvas do parasitoide causam redução na concentração de proteínas e lipídios da hemolinfa, dos níveis de carboidratos totais, glicogênio e proteína no corpo gorduroso. Quase consomem integralmente o corpo gorduroso perivisceral, causando uma redução significativa do tecido de reserva de *D. impersonatella* (Passos et al., 2019; Passos et al., 2014), além de suprimir as respostas imunológicas celulares e humorais (Passos et al., 2014).

Para *D. saccharalis*, as larvas de *C. flavipes* reduzem o consumo de alimentos pelo hospedeiro, o consumo relativo de alimentos, as taxas metabólicas e de crescimento, levando à maior eficiência na conversão dos alimentos digeridos, mas não ingeridos, em massa corporal. O parasitismo também afeta o fluxo alimentar através do conteúdo intestinal e proteico no intestino médio das larvas parasitadas (Rossi et al., 2014), e afeta os hemócitos e a atividade da fenoloxidase, contribuindo para a imunossupressão do hospedeiro (Mahmoud et al., 2012).

A pupa é protegida por um casulo construído pela larva com fios de seda, sendo que os indivíduos provenientes de um mesmo hospedeiro geralmente se dispõem agrupadamente, formando uma "massa" (conjunto de casulos contendo pupas envoltos em fios de seda). Os insetos permanecem nessa fase por período variável, em média cinco dias, dependendo da temperatura (Campos-Farinha, 1996). A luz exerce importante influência na emergência e na cópula, a qual ocorre logo após o nascimento (Mohyuddin, 1971).

O adulto mede aproximadamente 4 mm, é de coloração preta com asas hialinas e apresenta dimorfismo sexual; a fêmea possui antenas menores quando comparadas às do macho (Pinto et al., 2009b). As fêmeas originam-se de ovos fertilizados, enquanto os machos são produzidos por partenogênese arrenótoca, ou seja, de ovos não fertilizados, sendo, consequentemente, haploides (Narang et al., 1994; Scandiuzzi et al., 2009a). As fêmeas produzem feromônio de atração sexual, mesmo após serem copuladas. O comportamento de cópula tem três etapas, que são antenação, quedas laterais e vibração das asas (Freitas et al., 2004).

A fêmea, ao encontrar seu hospedeiro, deposita seus ovos na hemocele, os quais ficam flutuando livremente na hemolinfa da lagarta. O número de ovos colocados pela fêmea varia de acordo com a idade do hospedeiro, podendo chegar a algumas dezenas, sendo maior nas lagartas mais desenvolvidas (Brewer & King, 1981). Uma mesma fêmea pode parasitar durante três dias, sem afetar os parâmetros biológicos, mas no mesmo dia a fêmea só consegue parasitar uma vez sem afetar o número de casulos por "massa" (A. S. Pinto, dados não publicados). As fêmeas conseguem discriminar lagartas parasitadas de não parasitadas (Campos-Farinha et al., 2000).

A longevidade média do adulto, em laboratório, é pequena, variando de 24h (24 °C) (Wiendenmann et al., 1992) a até 4-5 dias (Pádua, 1983; Pinto, dados não publicados). Em campo, a longevidade dos adultos é de até quatro dias (Mihsfeldt et al., 2008; Pomari et al., 2008; Ivan et al., 2010b). A faixa favorável para o desenvolvimento de *C. flavipes* situa-se entre 20 e 30 °C (Pádua & Parra, 1994).

C. flavipes e outras espécies de *Cotesia* localizam seus hospedeiros, em longas distâncias, pelos voláteis emitidos pelas plantas atacadas, mas essas substâncias não dão informação ao parasitoide sobre a qualidade desse hospedeiro (Potting et al., 1993; Potting et al., 1995; Obonyo et al., 2008). Mais próximo, a localização do hospedeiro é mediada por uma substância hidrossolúvel presente nas fezes das lagartas de *D. saccharalis* e o contato com estas induzem à procura, caracterizada pela redução no ritmo de locomoção e tateamento das fezes com as antenas (Leerdam et al., 1986). Somente no tateamento e na tentativa de ovipositar na lagarta que *C. flavipes* consegue identificar aquela que é adequada, pois o hospedeiro emite sinais que surgem das secreções orais (entre elas, α-amilase) (Obonyo et al., 2010a,b).

Embora reduza a atratividade (Penaflor & Bento, 2019), a podridão, causada por fungos que penetram na galeria feita pela broca-da-cana, não atrapalha a localização do hospedeiro por *C. flavipes*, que é fortemente atraído por voláteis liberados pelas plantas atacadas por *D. impersonatella* (Mesquita et al., 2011). Por outro lado, o ataque por múltiplas espécies de pragas aumenta a atração de *C. flavipes* para a planta de cana-de-açúcar atacada (emissão de voláteis). Mas esse parasitoide não consegue distinguir entre os voláteis de plantas atacadas por *D. saccharalis* (hospedeiro) ou por *S. frugiperda* (não hospedeiro) (Peñaflor et al., 2017).

A maior quantidade de fêmeas do que de machos é bastante interessante para programas de controle biológico (Comins & Wellings, 1985). A razão sexual de *C. flavipes* varia de 0,6 a 0,8 (Pádua, 1986; Lima, 2011). A biologia de *C. flavipes* não é afetada pela relação sexual de sete (Pinto et al., 2011) ou 14 fêmeas (Mariscal & Cango, 2019) para um macho.

Os machos de *C. flavipes* têm hábito poligâmico, permanecem sobre as folhas de cana-de-açúcar e procuram outras fêmeas após a cópula, até elas se tornarem escassas (Arakaki & Ganaha, 1986). As fêmeas são mais monogâmicas, pois voam após o acasalamento (Campos-Farinha, 1996), mas Cueva et al. (1980) observaram, em laboratório, que as fêmeas copulavam mais de uma vez, com duração média da cópula de 8,2 segundos e o número médio de cópulas para machos e fêmeas foi de 17 e cinco vezes, respectivamente.

C. flavipes parasita igualmente *D. saccharalis* e *D. impersonatella* (Silva et al., 2012a), em cana-de-açúcar ou em plantas daninhas hospedeiras, como *Sorghum halepense* (L.) e *Paspalum urvillei* Steud (White & Wilson, 2012).

Criação massal de *Cotesia flavipes*

Para a criação de *C. flavipes* se faz necessário criar seu hospedeiro natural, *D. saccharalis* (Botelho & Macedo, 2002; Cano et al., 2006; Garcia et al., 2009). O ideal seria a produção do parasitoide sobre um hospedeiro alternativo, de mais fácil criação, mas por enquanto não há essa opção.

Produção massal do hospedeiro

Sala para obtenção de posturas. Nessa sala são mantidas as câmaras com adultos (mariposas) para acasalamento e obtenção de posturas (ovos), dando início ao processo de produção no laboratório.

As câmaras são tubos de PVC, de aproximadamente 40 cm de diâmetro e 40 cm de altura, revestidos com papel sulfite umedecido com água destilada, onde são colocados aproximadamente 100 casais da mariposa por unidade. As câmaras são acondicionadas sobre uma mesa revestida com um tecido tipo feltro ou papel umedecido.

Diariamente e durante três dias são retiradas as folhas de sulfite contendo as posturas e os adultos são transferidos para novas câmaras. As folhas de papel contendo os ovos da mariposa são desinfetadas. Existem duas técnicas de desinfecção de ovos, em que os papéis com as posturas são imersos por dois minutos em duas soluções, consecutivamente, uma bandeja com solução de hipoclorito de sódio (0,05%) ou de formaldeído (0,4-0,5%) e depois em uma bandeja com solução de sulfato de cobre (17%). Para populações de *D. saccharalis* infectadas com *Nosema* sp. (Microsporida: Nosematidae), o uso da solução de formaldeído melhora as características biológicas de *C. flavipes* produzido (De Pietro, 2006).

As folhas de papel desinfetadas são colocadas para secar após esse tratamento e, posteriormente, acondicionadas em potes plásticos, envolvidas por papel-alumínio, para conservar a umidade dos ovos. Esses potes são mantidos em sala climatizada, à temperatura de 20±1 °C.

Após aproximadamente cinco dias, as larvas estarão prestes a eclodir. As posturas, então, são vistoriadas e as melhores selecionadas. O papel com os ovos é recortado, mantendo cerca de 30 ovos – que são colocados em tubos de ensaio com a dieta artificial.

Preparo da dieta. Para obter uma dieta para criação do hospedeiro, vários ingredientes devem ser cuidadosamente pesados em balança (sólidos) ou medidos com pipeta e proveta (líquidos) (Cano et al., 2006; Lima, 2011). Hensley & Hammond (1968) desenvolveram uma dieta artificial completa e um sistema de criação de *D. saccharalis* em laboratório. Para a criação do hospedeiro e de *C. flavipes*, a dieta à base de germe-de-trigo torrado e farelo de soja é a mais adequada (Lima, 2011).

Esse parasitoide é criado em laboratório quase da mesma forma que era criado há 50 anos (Cano et al., 2006), com poucos avanços. Com relação à dieta de criação do hospedeiro, algumas escassas pesquisas foram concluídas nos últimos anos, como, por exemplo, a substituição do formaldeído por uma combinação de substâncias menos perigosas (tiocianato-bis-metileno e 2-tiocianometil-tiobenzotiazol 10%) para a criação da broca-da-cana (Silva, 2012); a definição da melhor dieta para a criação de *D. saccharalis* e *C. flavipes* (Lima, 2011); e a redução da quantidade de sacarose na dieta (Borges Filho et al., 2018).

Acompanhamento do desenvolvimento larval. Os tubos contendo a dieta e as lagartas (cerca de 250) (Conti, 2012) são colocados em suportes metálicos identificados e organizados em lotes em estantes em salas climatizadas (± 28 °C). As lagartas recém-eclodidas começam a se alimentar da dieta artificial e penetram no interior desta, formando galerias. Diariamente, o controle dos lotes é feito retirando-se os tubos cujas lagartas morreram e aqueles contaminados por micro-organismos.

As lagartas de *D. saccharalis* atingem o tamanho entre 15 a 23 mm de comprimento entre 14 e 22 dias (a 27 °C), estando aptas para serem hospedeiras dos parasitoides (Zério et al., 2011; Lima, 2014).

King et al. (1975), utilizando a dieta de Hensley & Hammond (1968), observaram que as melhores temperaturas para criação foram as de 26 °C para ovos e pupas, 28 °C para as lagartas e 24 °C para os adultos, com umidade relativa de 85% e fotofase de 14 horas. Conti (2012) concluiu que as melhores combinações de temperatura para a criação de lagartas, pupas e adultos (obtenção de ovos), respectivamente, foram 28-25-25, 28-28-28, 30-25-25 e 30-22-22 °C, tanto para a manutenção da praga quanto para a multiplicação de *C. flavipes*.

Retirada de lagartas dos tubos e seleção. Os tubos contendo lagartas aptas ao parasitismo são levados para a sala de inoculação de parasitoides. São selecionadas as lagartas com tamanho ideal (15 a 23 mm de comprimento) e descartadas aquelas com pouca mobilidade e associadas à coloração branco-leitosa ou manchada (possibilidade de infecção por *Nosema* sp.).

Parte dos tubos inoculados (aproximadamente 5%) é deixada para obtenção de pupas, para continuação do processo produtivo do hospedeiro, ou seja, a lagarta. Após 20 dias da inoculação, as lagartas são transferidas em grupos de quatro a oito para caixas plásticas contendo cubos de dieta para realimentação (Hivizi et al., 2015a). Após 12 dias, as caixas são revisadas e as pupas formadas são acondicionadas em pequenas bandejas forradas com papel absorvente, que são colocadas em gaiolas para a emergência dos adultos. Os adultos são coletados diariamente e as pupas observadas, eliminando-se aquelas que estão inviáveis.

Produção massal do parasitoide

Parasitismo forçado do parasitoide sobre o hospedeiro. O parasitismo é forçado, porque o livre parasitismo mostra baixos índices, devido às defesas da broca (Lopes et al., 2009b). As lagartas selecionadas anteriormente são oferecidas, uma de cada vez, para o adulto fêmea (antenas maiores do que a dos machos) de *C. flavipes* de até 24h da emergência (Pinto et al., 2009a) que, ao picá-la em qualquer parte do corpo (Lima et al., 2009a), efetua a postura no interior de seu corpo. A fêmea pode realizar até três picadas em uma lagarta sem afetar a biologia do parasitoide (Lima et al., 2009b). Por isso, pode ser confinada junto às lagartas, apesar de Campos-Farinha et al. (2000) indicarem que isso acarretaria em produção de mais machos e menor sobrevivência. Após parasitar, a fêmea não deverá ser utilizada novamente (Figueiredo et al., 2009), apesar de Uehara (2005) determinar que fêmeas de 0 a 48h da emergência possam ser usadas sem comprometer a produção.

Antigamente acreditava-se que a lagarta a ser parasitada deveria ser manuseada delicadamente, mas atualmente sabe-se que o ideal é exatamente o contrário (Costa et al., 2009; Lopes et al., 2009a; Hivizi et al., 2015b). Entretanto, esse estresse precisa ser causado pela compressão do abdome da lagarta, pois o uso de um agitador mecânico não mostra os mesmos resultados (Vasconcelos et al., 2009a).

Antes de parasitar, os adultos de *C. flavipes* emergidos devem permanecer em cópula por pelo menos oito horas (Vasconcelos et al., 2009b), na proporção de uma até 14 fêmeas para cada macho (Scandiuzzi et al., 2009b; Pinto et al., 2011; Mariscal & Cango, 2019). O parasitismo de lagartas por *C. flavipes* é melhor em lagartas criadas em dieta à base de germe-de-trigo torrado do que à base de levedura de cerveja (Pádua, 1986; Lima, 2011).

Em seguida, as lagartas retornam para as caixas plásticas com a dieta de realimentação, que são acondicionadas em salas climatizadas, com temperatura variável (de acordo com a época em que se deseja ter os parasitoides).

Algumas pesquisas iniciais indicam que as ondas de luz interferem na biologia de insetos. No caso de *C. flavipes*, a luz amarela (812 lx) interfere positivamente e a luz verde (703 lx) negativamente, no desenvolvimento do parasitoide, sendo que a luz vermelha (198 lx) dá origem a adultos mais longevos (Ivan et al., 2017).

Revisão do material inoculado. Entre 13 e 20 dias após a inoculação do parasitoide, dependendo da temperatura e época do ano, é feita a revisão do material inoculado, retirando-se as "massas" de *C. flavipes* formadas. Esse procedimento é repetido mais uma vez, sete dias após a primeira revisão.

As "massas" de *C. flavipes* destinadas à manutenção do parasitoide em laboratório são acondicionadas em número de dez em caixinhas plásticas, observando-se o período da emergência dos adultos. Após a emergência, os adultos são mantidos por cerca de oito horas nas caixas plásticas para que ocorra o acasalamento, estando prontos para o parasitismo de novas lagartas. Aquelas destinadas à liberação no campo são colocadas em copos plásticos ou copos biodegradáveis, com a vedação feita com a própria tampa do copo. Cada copo deve conter entre 750 a 1.500 adultos, dependendo da estratégia de liberação adotada.

Os adultos, antes de serem utilizados na manutenção do parasitoide em laboratório, podem ser alimentados com dieta de água e sacarose (5 ou 10%) ou mel (2,5%), com melhorias no desenvolvimento dos parasitoides por até duas gerações (De Bortoli et al., 2015), mas em campo essa melhoria não foi observada na geração F_0 por Ivan et al. (2013), quando os adultos foram alimentados com mel puro, mel com farelo de soja ou somente água.

O material obtido para liberação no campo é mantido em uma sala com temperatura controlada, para posterior liberação dos adultos recém-emergidos no campo.

Eficiência do processo produtivo e controle de qualidade

Eficiência na produção do hospedeiro. A eficiência dessa fase de produção depende do número médio de lagartas inoculadas nos tubos com dieta do lote correspondente, devendo ser de 250 lagartas aptas ao parasitismo por tubo, em média. A porcentagem de tubos contaminados durante o desenvolvimento larval é também um índice importante e não deve exceder a 1%.

Eficiência da produção dos parasitoides. A eficiência nessa fase depende da relação entre o número de "massas" do parasitoide obtidas e o número de lagartas inoculadas no lote, devendo estar entre 80 e 95%.

O parasitoide *C. flavipes* tem o seu controle de qualidade feito em laboratórios de usinas e particulares com base no vigor e aspecto das "massas", na agressividade e na razão sexual (Prezotti & Parra, 2002). Hivizi et al. (2007) estudaram alguns parâmetros para o controle de qualidade de *C. flavipes* em laboratório; um desses foi a adaptação do modelo de Dutton & Bigler (1995) para *C. flavipes*, conseguindo pouco mais de 50% de insetos presos à cola na parte superior do recipiente (insetos voadores), validado em diferentes ensaios (Santos, 2018). Existem propostas de aperfeiçoamento desse modelo adaptado (Campos et al., 2010a,b; Silva et al., 2011).

Há grande variação na qualidade do parasitoide produzido por diferentes laboratórios (Carvalho, 2017; Santos, 2018), mas aqueles produzidos em Mato Grosso, Goiás, Alagoas e São Paulo têm 100% de similaridade genética com os insetos coletados em Islamabad, Paquistão (Santos, 2018), de onde foi feita a introdução que levou ao sucesso do programa de controle biológico da broca-da-cana no sudeste brasileiro. Não foram observadas degenerações nas populações de *C. flavipes* criadas por até dez (Trevisan et al., 2016) ou até 25 gerações (Niyibigira et al., 2004) em laboratório.

A dieta de criação das lagartas interfere na qualidade do parasitoide. A dieta à base de germe-de-trigo é a mais adequada para a criação de *C. flavipes* (Vacari et al., 2012) com a qualidade ideal (Hivizi et al., 2009), mas a dieta mista com germe-de-trigo torrado e levedura de cana também pode ser usada (Lima, 2011), bastante comum em laboratórios (Cano et al., 2006).

Limpeza e assepsia de utensílios e salas do laboratório. Esses cuidados são de grande importância para atingir altos níveis na obtenção de hospedeiros e parasitoides. A disseminação de fungos e bactérias pode ser evitada por meio dos cuidados tomados com a limpeza e assepsia.

Os laboratórios devem ser mantidos limpos, desinfetando-se o piso e as mesas com solução de hipoclorito de sódio a 0,2%. Quando ocorre uma grande contaminação por fungos no laboratório, a atenção com a assepsia deve ser redobrada e a desinfecção da sala de dieta deve ser completada durante à noite.

Os utensílios, caixinhas e tubos utilizados na produção também precisam ser lavados com uma solução de hipoclorito de sódio a 0,2% e enxaguados em água limpa. Os tubos limpos devem ser tamponados com algodão industrial esterilizado a seco em estufa a 150 °C por três horas.

Na tecnologia de produção de inimigos naturais em grande escala, a atenção para evitar ou eliminar contaminação por microrganismos tem de ser rigorosa. As contaminações ocorrem com mais frequência na época chuvosa, quando a alta umidade e temperatura favorecem a multiplicação desses. Os funcionários de lavagem de vidrarias e caixinhas não devem circular pelas dependências do laboratório. Todo o pessoal do laboratório deve trabalhar com jaleco e receber orientações gerais sobre assepsia e esterilização.

Nosema sp. precisa ser evitado nas produções de *D. saccharalis* e de *C. flavipes*, pois afeta a biologia de ambos, prejudicando, inclusive, a capacidade de busca do parasitoide pela praga no campo (Simões, 2012; Simões et al., 2012).

Tecnologia de liberação de *Cotesia flavipes* em campo

A liberação dessa vespinha é feita em uma única vez ou de forma parcelada, sempre que a população atingir 800 a 1.000 lagartas (maiores do que 1,5 cm) por hectare (Pinto et al., 2006a,b; Pinto et al., 2015), ou dez lagartas por hora-homem de coleta (Botelho & Macedo, 2002). Se o monitoramento da broca-da-cana for realizado com armadilhas de feromônio, quando 30% daquelas que representam uma área atingirem o nível de controle (≥10 machos por armadilha por semana), após 21 ou 30 dias (verão ou inverno, respectivamente) deve-se proceder à liberação (Pinto et al., 2019b; Pinto, 2019).

Usualmente, eram liberadas 6.000 vespinhas por hectare (quatro copos com 1.500 vespinhas) em quatro pontos por hectare, quantidade que poderia ser repetida cerca de 15 dias após em caso de persistência da praga (Botelho & Macedo, 2002; Pinto et al., 2006a). Isso era recomendado porque se conhecia que a dispersão de *C. flavipes* tinha um raio ao redor de 35 m (Botelho et al., 1980).

Entretanto, hoje se sabe que, apesar de *C. flavipes* chegar até quase 40 m de distância, seu parasitismo é efetivo até 15-25 m (Mihsfeldt et al., 2008; Pomari et al., 2008; Ivan et al., 2010b; Volpe et al., 2011; Dinardo-Miranda et al., 2014), o que exige, pelo menos, oito pontos de liberação por hectare (Ivan et al., 2011a). Portanto, hoje se recomenda que a liberação de 6.000 vespinhas (pelo menos) seja feita no mínimo em oito pontos por hectare (Pinto et al., 2015; Pinto, 2019; Pinto & Trujillo, 2019).

Antigamente, o primeiro copo contendo adultos de *C. flavipes* era liberado no interior do canavial, a 13 (sistema de oito copos) (Ivan et al., 2011a) ou 25 m (quatro copos) (Pinto et al., 2006a,b) da bordadura. Entretanto, atualmente sabe-se que *C. flavipes*, ao ser liberado, tem o hábito de avançar para o interior do canavial (Volpe et al., 2011). Se o primeiro copo for aberto dentro do canavial, o controle na bordadura será prejudicado, justamente onde a infestação é maior (*vide* Tabela 2). Portanto, a vespinha também precisa ser liberada em toda a bordadura do canavial para um bom parasitismo nessa localidade (Litholdo et al., 2013), pois ela tem o hábito de entrar e não sair do canavial (Volpe et al., 2011).

O número de parasitoides liberado deve ser bem estudado, pois à medida que o número relativo de parasitoides aumenta, ocorrem mais encontros entre eles, levando a uma diminuição na eficiência da busca e na taxa de parasitismo (Beddington, 1975), ocorrendo aumento no tempo de busca (Visser et al., 1999; Harvey et al., 2013) e até disputa entre fêmeas pelo hospedeiro (Hassel & Waage, 1984).

Os parasitoides de ovos, por exemplo, ao localizarem seus hospedeiros, medem o volume do ovo a ser parasitado com suas antenas (para saber quantos ovos seus podem ser colocados dentro do ovo hospedeiro), fazem uma picada de prova para saber se o ovo está saudável e nutritivo, realizam a oviposição dentro do ovo hospedeiro, alimentam-se do líquido que extravasa do ovo (Pak, 1988), esterilizam o orifício que deixaram (para impedir a entrada de micro-organismos que poderiam matar seus filhos) e, por último, marcam o ovo com uma substância que permite às demais fêmeas da mesma espécie identificar que aquele ovo já foi parasitado ou até rejeitado (Ueno & Tanaka, 1994; Chen et al., 2016).

Quando a população de uma praga é baixa, a quantidade de "cheiro" no ambiente pode ser insuficiente para o parasitoide localizar seu hospedeiro. Ou a quantidade de parasitoide usualmente utilizada em liberações pode ser tão alta ao ponto de comprometer a eficácia de controle. Percebe-se essas interações afetando a eficácia de parasitismo de *C. flavipes* no controle de *D. saccharalis* no trabalho de Candeloro (2012), onde em infestação de 3.000 brocas grandes por hectare, a quantidade liberada ideal foi de 6.000 vespinhas por hectare (Figura 1).

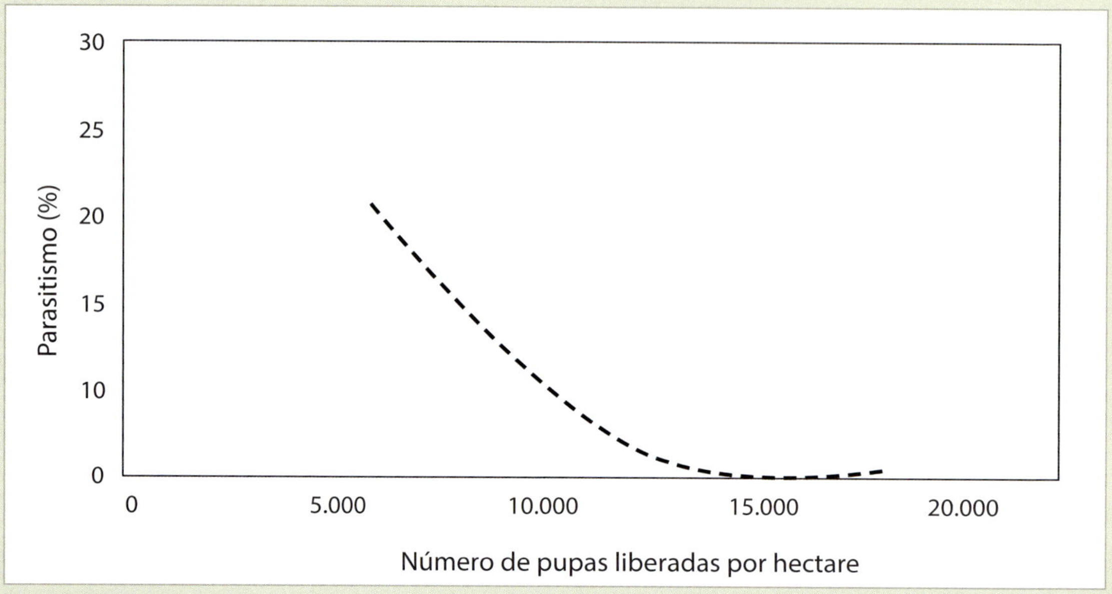

Figura 1. Quantidade liberada de *Cotesia flavipes* influenciando o parasitismo de lagartas de *Diatraea saccharalis* em cana-de-açúcar. Motuca, SP, 2012 (Candeloro, 2012).

Portanto, a quantidade liberada de *C. flavipes* é variável com a infestação da broca-da-cana. Era preconizada, pelo Centro de Tecnologia Canavieira (CTC), a liberação de 6.000 a 60.000 vespinhas para infestações entre 1.000 e 15.000 brocas grandes por hectare (Pinto et al., 2006a).

Na atualidade, estabeleceu-se que para infestações muito baixas, inferiores a 800 brocas por hectare, a quantidade de *C. flavipes* liberada deveria ser ao redor de 12.000 por hectare (Cantori et al., 2013). Entre 800 e 1.500, o ideal seria a liberação de 9.000 vespinhas por hectare (Ivan et al., 2013). Para infestações entre 1.500 e 3.000 brocas, a quantidade de 6.000 vespinhas é a recomendada (Masson et al., 2012; Cantori et al., 2013). Para infestações superiores a 3.000 brocas grandes por hectare, a relação de duas vespinhas para cada broca parece ser bem válida.

Na prática, recomenda-se a liberação de 9.000 vespinhas (12 copos) para infestações de 1.000 a 1.500 brocas grandes por hectare, 6.000 (oito copos) para infestações entre 1.500 e 5.000 (Rodero, 2016) e 12.000 vespinhas (16 copos com 15 "massas") para infestações acima de 5.000 brocas grandes por hectare (Figura 2).

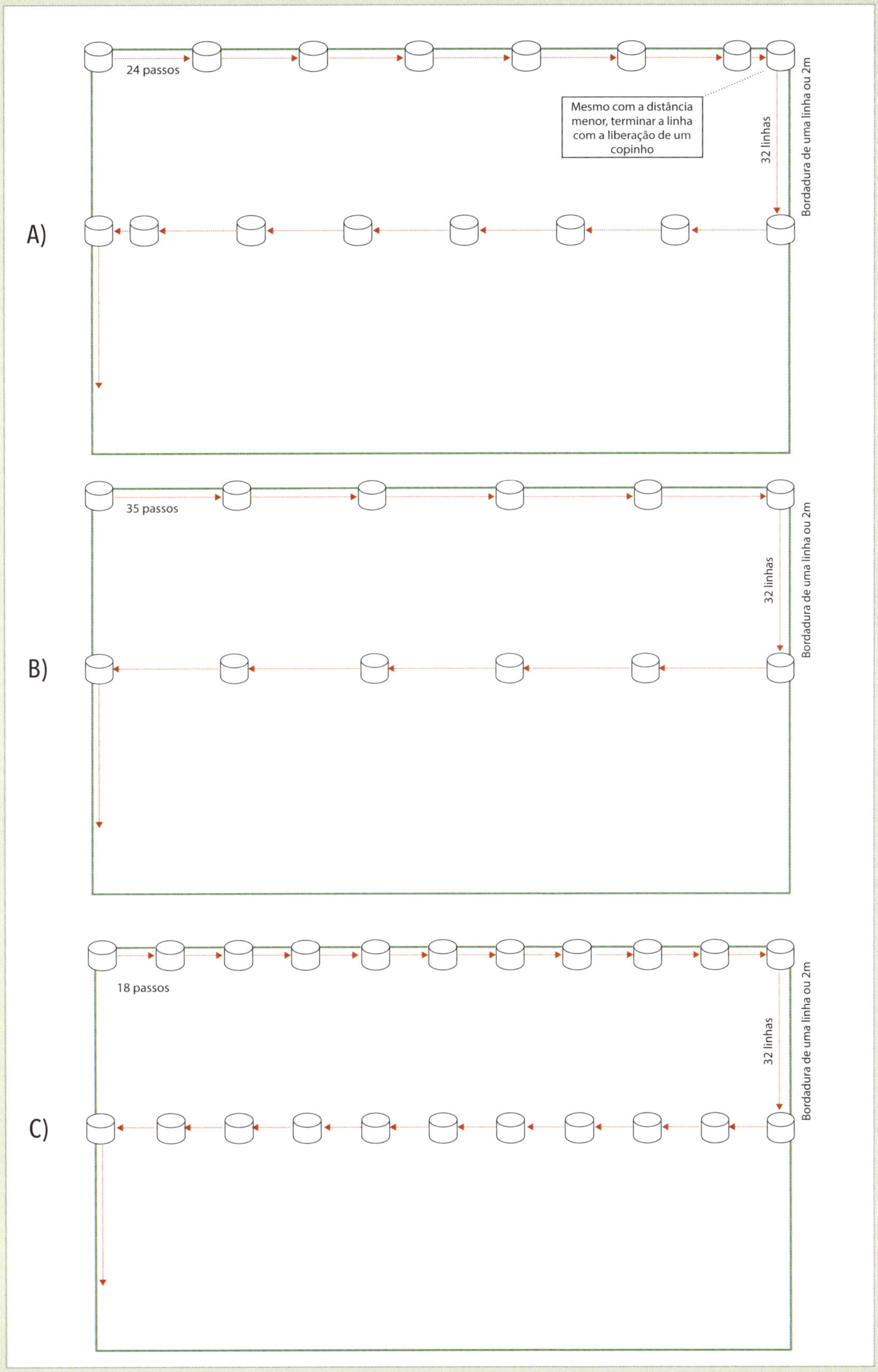

Figura 2. Esquemas de liberação de *Cotesia flavipes* em áreas com infestação de 1.000 a 1.500 (12 copinhos). A) 1.500 a 5.000 (8 copinhos), B) e >5.000 brocas grandes (>1,5 cm de comprimento) por hectare (16 copinhos/ha), C) dentro de um talhão.

Rodero (2016), por modelagem matemática, recomenda que sejam liberadas 6.000 vespinhas quando o nível de controle da broca-da-cana seja atingido no início do desenvolvimento da cultura (após 90 dias do corte ou plantio), mas se a infestação surgir posteriormente, a liberação de 18.000 vespinhas por hectare é a mais adequada.

Na liberação manual e terrestre, os copinhos devem ser abertos e os adultos delicadamente forçados a voar no ponto de liberação ou durante o caminhamento entre um ponto e outro (Zanatto et al., 2013b), sempre evitando a exposição direta ao sol da embalagem contendo os copos. Apesar de *C. flavipes* suportar altas temperaturas por algum tempo (Ancheschi & Pinto, 2011; Hivizi et al., 2016), ele não sobrevive à exposição direta ao sol.

Apesar dessas recomendações, *C. flavipes* pode ser liberado em qualquer horário do dia (Zanatto et al., 2013a), pois no campo ele prefere parasitar nos horários mais quentes, entre 10 e 14h (Ivan et al., 2011b; Ivan, 2012), mostrando pouca atividade noturna (Santos et al., 2010). Entretanto, Rôdas et al. (2019) preconizam que os melhores horários de liberação de *C. flavipes* estão entre 7 e 9h, pois Botelho & Macedo (2002) acreditam que a temperatura exerce forte influência na capacidade de busca e na sobrevivência de *C. flavipes*, devendo-se evitar, nas liberações, as horas mais quentes do dia.

Mais recentemente, foram iniciadas as liberações aéreas e mecanizadas de *C. flavipes*. Adultos de *C. flavipes* recém-emergidos confinados em cápsulas (Vinha et al., 2013) passaram a ser liberados por meio de veículo aéreo não tripulado (VANT), conhecido como "drone", em faixas de 25 m.

Outro método desenvolvido para a liberação de *C. flavipes* envolve a soltura, via drone, de "massas" sem a proteção por cápsulas, prestes à emergência de adultos. As pupas são tratadas com repelentes (Mateus Jr., 2017) para evitar a predação (Rodrigues et al., 2014), sem qualquer efeito sobre a emergência do parasitoide (Vinha et al., 2014; Vinha et al., 2019).

Para o acompanhamento do parasitismo, cerca de dez a 15 dias depois da liberação, uma nova amostragem populacional é feita para observação de lagartas parasitadas ou "massas" da vespinha, onde as lagartas coletadas são colocadas em recipientes pequenos com pedaços de dieta e mantidas em sala climatizada para confirmação do parasitismo. Após o cálculo do parasitismo [*% de parasitismo = (total de lagartas parasitadas e massas da vespinha/total de lagartas e pupas) x 100*], é verificado se o controle foi eficiente ou se nova liberação deverá ser feita – neste último caso, se for constatado parasitismo inferior a 20% e população da broca em nível de controle (Pinto et al., 2006a).

Atualmente, prefere-se fazer um laudo de eficácia de controle de *C. flavipes* como preconizado em Pinto et al. (2019b), após 45 dias da liberação. Os laudos são confiáveis e mais rápidos do que o acompanhamento proposto anteriormente (Pinto et al., 2006a).

Rodero (2016), em uma simulação baseada em modelos matemáticos, verificou que 6.000 vespinhas por hectare são suficientes para manter a população da broca-da-cana controlada por 50 dias e abaixo de 1.000 lagartas grandes por hectare por 170 dias, exigindo uma ou duas liberações apenas.

A eficácia de controle da broca-da-cana com liberações de *C. flavipes* é comprovada (Tabela 4) (Masson et al., 2012; Silva, 2018; Pinto et al., 2019a; Rôdas et al., 2019), mas não se deve esperar muito mais do que a diminuição de 2-3% no índice de intensidade de infestação da broca por ano e que esse valor fique muito abaixo de 2-3%, pois o parasitoide larval permite que algum dano seja feito.

Tabela 4. Porcentagem de eficácia de controle da broca-da-cana, *Diatraea saccharalis* (≥1,5 cm), após a liberação de *Cotesia flavipes* na cana-de-açúcar. Luiz Antônio, SP, 2011 (Masson et al., 2012).

Tratamentos	Dias após a liberação			
	0[1]	14	29	59
3.000 ha^{-1}, uma vez, 4 pontos ha^{-1}	5.417	46,2	69,2	68,3
6.000 ha^{-1}, uma vez, 4 pontos ha^{-1}	4.167	40,0	93,3	94,1
12.000 ha^{-1}, uma vez, 4 pontos ha^{-1}	6.667	81,3	95,8	96,3
6.000 ha^{-1}, uma vez, 8 pontos ha^{-1}	5.833	71,4	95,2	100,0
6.000 ha^{-1}, duas vezes, 4 pontos ha^{-1}	3.333	75,0	83,3	92,6
Testemunha (sem liberação)	4.167	-	-	-

[1] Número médio de lagartas grandes (≥1,5 cm de comprimento) da broca-da-cana por hectare antes da instalação do ensaio.

Quando o canavial atinge um porte elevado, no Brasil, é usual não se realizar mais monitoramento e controle da broca-da-cana. Entretanto, um canavial que não é mais monitorado espera pela colheita no mínimo quatro meses, tempo suficiente para ocorrerem duas gerações da praga. Atualmente, realiza-se ao menos uma liberação de *C. flavipes* ao redor do canavial (Litholdo et al., 2013), onde um copo com 750 adultos é liberado a cada 50 m em todo o perímetro, podendo ser utilizado um "drone" para isso. A decisão de liberação pode ser tomada com monitoramento "broca-dentro" ou com armadilhas de feromônio ou sem monitoramento (Pinto & Trujillo, 2019).

A interação de *Cotesia flavipes* com outras táticas de controle

São várias as táticas de controle da broca-da-cana no Brasil, dentre elas os inseticidas químicos e os naturais, o parasitoide de ovos *T. galloi*, o parasitoide de larva-pupa *Tetrastichus howardi* (Olliff) (Hymenoptera: Eulophidae), os fungos *Beauveria bassiana* (Bals.) Vuill. (Ascomycota: Hypocreales) e *Metarhizium anisopliae* (Metsch.) Sorokin (Hypocreales: Clavicipitaceae), a bactéria *Bacillus thuringiensis* Berliner (Eubacteriales: Bacillaceae) e as plantas transgênicas que expressam genes de *B. thuringiensis*.

No contexto de Manejo Integrado de Pragas, a interação das táticas de controle de uma determinada praga é regra essencial para o sucesso de um programa. Mas *C. flavipes* interage eficientemente com outras táticas?

A seletividade de inseticidas utilizados contra a broca-da-cana é razoavelmente bem conhecida para *C. flavipes*. Os produtos mais incompatíveis para esse parasitoide, por serem considerados nocivos, são clorantraniliprole + lambda-cialotrina, fipronil, lambda-cialotrina + tiametoxam e tiametoxam e os mais compatíveis, por serem inócuos ou levemente nocivos, são clorantraniliprole, clorfluazurom, diflubenzurom, flubendiamida, lufenurom, metoxifenozida + espinetoram, novalurom, tebufenozida e triflumurom (Muzeyia & Jembere, 2005; Fonseca et al., 2015; Asse, 2018; Matioli, 2018; Ferreira, 2019).

Apesar de serem considerados compatíveis com *C. flavipes*, clorantraniliprole, clorfluazurom, novalurom e triflumurom causam diminuição de tíbias na geração F_1, novalurom reduz a razão sexual e clorfluazurom reduz o peso das massas na geração F_2 (Matioli et al., 2019). Clorantraniliprole e metoxifenozida + espinetoram causam diminuição na longevidade de adultos de *C. flavipes* (Asse, 2018).

O nim (*Azadirachta indica* A. Juss.) e a fabácea *Millettia ferruginea* Hochst reduzem mais de 50% das lagartas de *D. saccharalis* parasitada por *C. flavipes*, permitindo que os parasitoides emerjam, mas com atraso na emergência (Muzeyi & Jembere, 2005).

Os fungos *B. bassiana* e *M. anisopliae* são compatíveis com *C. flavipes* na maioria das pesquisas (Silva et al., 2012b; Rossoni et al., 2014a,b; Oliveira et al., 2018), mas *B. bassiana* foi considerado incompatível com adultos do parasitoide por Silva et al. (2016).

A associação dos fungos mencionados com *C. flavipes* é possível e mostra bons resultados no controle de *D. impersonatella* (acima de 80%), mas especialmente o fungo *M. anisopliae* afeta a sobrevivência do parasitoide (Silva et al., 2014).

Uma estratégia interessante é a aplicação de *B. bassiana* após 10-15 dias da constatação do nível de controle no monitoramento com armadilhas de feromônio e depois de sete a 14 dias realizar a liberação de *C. flavipes*. O fungo *M. anisopliae* já é aplicado para outras pragas, como as cigarrinhas, que acaba controlando parcialmente também a broca-da-cana (Ivan et al., 2015; Perticarrari, 2019).

Uma associação bem eficaz é a de *C. flavipes* com *T. galloi*. Atingindo o nível de controle em armadilhas de fêmeas virgens, realiza-se primeiro as três liberações de *T. galloi* (7, 14 e 21 dias após o nível de controle) e depois, aos 21 dias, uma liberação de *C. flavipes*. O uso desses parasitoides isoladamente dá vantagem para *T. galloi*, que reduz mais rapidamente a infestação da broca-da-cana (Pinto et al., 2019a), mas a interação dos dois mostra redução mais rápida, de mais de 60%, na intensidade de infestação (Botelho et al., 1999; Pozatti et al., 2018).

A associação de *C. flavipes* com *T. howardi* é também interessante. O primeiro parasita apenas lagartas grandes e o segundo parasita também pupas. Geralmente *C. flavipes* predomina em liberações associadas com *T. howardi* (Costa, 2013).

Por outro lado, as liberações constantes de *C. flavipes* diminuem a ocorrência das moscas taquinídeos nativas, *B. claripalpis* e *L. minense* no estado de São Paulo (Rossi & Fowler, 2004).

As plantas de cana-de-açúcar transgênicas *Bt* serão utilizadas em breve em grandes áreas no Brasil. Por isso, é importante conhecer a ação de *B. thuringiensis* sobre *C. flavipes*. *C. flavipes* parasitando lagartas de *D. saccharalis* tratadas com *B. thuringiensis* não tem seu desenvolvimento afetado (Pinto et al., 2019c), mas lagartas parasitadas por *C. flavipes* ficam mais suscetíveis à ação da bactéria (Mahmoud et al., 2011).

Considerações finais

O controle biológico da broca-da-cana, *D. saccharalis* e *D. impersonatella*, com o endoparasitoide exótico larval *C. flavipes* na cana-de-açúcar é um exemplo de sucesso no mundo. São mais de 40 anos de uso contínuo e frequente em mais de 40% das áreas canavieiras do país, com produções em laboratórios de usinas e particulares, empregando mais de 4.000 pessoas diretamente nos laboratórios e cerca de 3.000 no monitoramento e liberação em campo.

Apesar do sistema de criação de *C. flavipes* sofrer mudanças, ainda é bastante oneroso e artesanal, necessitando ser automatizado urgentemente. Há movimentos empreendedores nesse sentido no Brasil e em países vizinhos, como Colômbia e Guatemala. Por outro lado, a tecnologia de liberação foi bastante aprimorada na última década, onde novos conhecimentos permitem um bom índice de acerto no uso de *C. flavipes*. A liberação passa a ser feita com "drones", que espalham pelo canavial cápsulas contendo adultos recém-emergidos ou "massas" tratadas com repelentes, que evitam a predação, para permitir a emergência em campo.

Alguns problemas, como a baixa qualidade do parasitoide – não competitivos com os da natureza – e a infecção generalizada de *D. saccharalis* por *Nosema* sp. em muitos laboratórios do Brasil – afetando diretamente o parasitoide – levaram, recentemente, alguns agricultores a desacreditar de *C. flavipes*.

C. flavipes ocupa nichos diferentes daqueles de 40 anos atrás. O parasitoide é usado também em associação com inseticidas e *T. galloi*, logo após o fim do período residual deles. Também é usado no controle da broca-da-cana em bordaduras de canavial que espera a colheita.

No manejo biológico de pragas, estratégia que prioriza o uso de controle biológico, *C. flavipes* nunca poderá ser deixado de lado, pois apesar de muitas vezes não diminuir drasticamente as populações da broca-da-cana, é um bom regulador de populações anteriormente controladas com outros produtos ou com ele mesmo.

Com as áreas de restrições ao uso de produtos químicos ou de aviões cada vez maiores em todo o país, especialmente no Paraná, *C. flavipes* será uma excelente opção na integração de táticas de controle aceitáveis nesses locais e na manutenção de baixas populações da broca-da-cana em entradas de matas e de áreas vizinhas a outros canaviais, pastos e plantações de milho.

Agradecimentos

A todos os meus alunos, que conduziram inúmeros ensaios para que chegássemos nessa nova tecnologia de liberação, em especial a Eduardo Augusto Fonseca Ivan, Guilherme dos Reis Vasconcelos, Bruno Marin Arroyo, Vinicius Lourenço Lopes, Lucas Vinicius Cantori, Maurício Bianchi Masson, Murilo Gaspar Litholdo, Luis Rodolfo Rodrigues, Fernando Belezini Vinha e Angela Aparecida de Lima.

Às usinas e empresas, que gentilmente cederam informações importantes para este capítulo.

Referências Bibliográficas

Ancheschi, J. G. M. & Pinto, A. de S. (2011). Distribuição da broca-da-cana, *Diatraea saccharalis*, e de seus danos no colmo da cana-de-açúcar visando à melhoria do método de amostragem. São Paulo: Primeiros Passos, *10*, 167-183.

Arakaki, N. & Ganaha, Y. (1986). Emergence pattern and mating behavior of *Apanteles flavipes* (Cameron) (Hymenoptera: Braconidae). *Applied Entomology and Zoology, 21*(3), 382-388.

Asse, H. L. (2018). Seletividade de inseticidas para *Cotesia flavipes* (Cam.) (Hymenoptera: Braconidae) em laboratório. 23p. (Trabalho de conclusão de curso) Centro Universitário Moura Lacerda.

Beddington, J. R. (1975). Mutual interference between parasites or predators and its effect on searching efficiency. *Journal of Animal Ecology, 44*, 331-340.

Borges Filho, R. da C. et al. (2018). Importance of sugar for the development of *Diatraea saccharalis* (Lepidoptera: Crambidae) on artificial diet. *Journal of Economic Entomology, 111*(6), 2.693–2.698.

Borges Filho, R. C., Sturza, V. S., Bernardi, D., Cunha, U. S., Pinto, A. S., Silva, S. D. A., Nava, D. E. (2019). Population dynamics of pests and natural enemies on sugar cane grown in a subtropical region of Brazil. *Florida Entomologist, 102*(3), 526-530.

Botelho, P. S. M., Botelho, P. S. M., Parra, J. R. P., Chagas Neto, J. F., Oliveira, C. P. B. (1999). Associação do parasitoide de ovos *Trichogramma galloi* Zucchi (Hymenoptera: Trichogrammatidae) e do parasitoide larval *Cotesia flavipes* (Cam.) (Hymenoptera: Braconidae) no controle de *Diatraea saccharalis*, (Fabr.) (Lepidoptera: Crambidae) em cana-de-açúcar. *Anais da Sociedade Entomológica do Brasil, 28*(3), 491-496.

Botelho, P. S. M. (1985). *Tabela de vida ecológica e simulação da fase larval da Diatraea saccharalis (Fabr., 1794) (Lep., Pyralidae).* 110f. (Tese) Universidade de São Paulo / Escola Superior de Agricultura "Luiz de Queiroz".

Botelho, P. S. M. & Macedo, N. (2002). *Cotesia flavipes* para o controle de *Diatraea saccharalis*. In: Parra, J. R. P., Botelho, P. S. M., Correa-Ferreira, B. S. & Bento, J. M. S. (Eds.), *Controle Biológico no Brasil: Parasitoides e Predadores*. São Paulo: Manole. 409-425.

Botelho, P. S. M., Macedo, N., Mendes, A. C., Silveira Neto, S. (1980). Aspects of the population dynamics of *Apanteles flavipes* (Cameron) and support capacity of its host *Diatraea saccharalis* (Fabr.). In: *Congress of the International Society of Sugar Cane Technologists*, 18, Proceedings... Manila: SSCT, 1532p.

Brewer, F. D. & King, E. G. (1981). Food consumption and utilization by sugarcane borers parasitized by *Apanteles flavipes*. *Journal of Georgia Entomological Society*, Athens, *16*, 181-185.

Caminha Filho, A. (1935). A broca da cana-de-açúcar (*Diatraea saccharalis*, Fabricius). *Brasil Açucareiro, 5*(1), 7-14.

Campos, C. F. L., Pinto, A. S., Parra, J. R. P., Lima, A. A. & Costa, V. A. (2010a). Aprimoramento dos testes de voo para controle de qualidade de *Cotesia flavipes* produzido em laboratório. In: *Congresso Brasileiro de Entomologia*, 23, Resumos... Natal: EMPARN.

Campos, C. F. L., Pinto, A. S., Pedrão, B., Silva, B. F. B., Ivan, E. A. F. & Lima, A. A. (2010b). Teste de voo em campo de *Cotesia flavipes*, oriunda de diferentes laboratórios, como parâmetro de qualidade. In: *Congresso Brasileiro de Entomologia*, 23, Resumos... Natal: EMPARN.

Campos-Farinha, A. E. C., Chaud Netto, J. & Gobbi, N. (2000). Biologia reprodutiva de *Cotesia flavipes* (Cameron) (Hymenoptera: Braconidae). iv. Discriminação entre lagartas parasitadas e não parasitadas de *Diatraea saccharalis* Fabricius (Lepidoptera: Pyralidae), tempo de desenvolvimento e razão sexual dos parasitoides. Arquivos do Instituto Biológico, *67*(2), 229-234.

Campos-Farinha, A. E. C. (1996). *Biologia reprodutiva de Cotesia flavipes (Hymenoptera: Braconidae).* 97f. (Tese) Universidade Estadual Paulista.

Candeloro, D. C. (2012). *Eficiência da liberação de Cotesia flavipes para o controle de lagartas de Diatraea saccharalis pela técnica de espalhamento de casulos em canavial.* 34f. (Trabalho de conclusão de curso) Centro Universitário Moura Lacerda.

Cano, M. A. V. Santos, E. M. & Pinto, A. S. (2006). Produção de *Cotesia flavipes* para o controle da broca-da-cana. In: Pinto, A. S. (Org.) *Controle de pragas da cana-de-açúcar.* Boletim Técnico Biocontrol *1*. Sertãozinho: Biocontrol, 21-24.

Cantori, L. V. Masson, M. B., Pinto, A. S., Coelho, W. V., Assunção, D. R., Vasconcelos, G. R. (2013). Quantidade liberada de *Cotesia flavipes* contra populações de *Diatraea saccharalis* abaixo e no nível de controle em cana-de-açúcar. In: *Simpósio de Controle Biológico*, 13, Resumos... Bonito: Embrapa / UFGD.

Carbognin, E. R. (2016). *Modelos de previsão de ocorrência de adultos de Diatraea saccharalis (Fabricius, 1794) (Lepidoptera: Crambidae) em cana-de-açúcar (Saccharum spp.).* 65 p. (Dissertação) Faculdade de Ciências Agrárias e Veterinárias / UNESP.

Carvalho, J. da S. (2011). *Distribuição espacial e amostragem sequencial de Diatraea saccharalis (Fabricius, 1794) (Lepidoptera: Crambidae), na cultura de cana-de-açúcar.* 56.p (Tese) Faculdade de Ciências Agrárias e Veterinárias / UNESP.

Carvalho, V. F. P. (2017). *Qualidade de Cotesia flavipes Cameron, 1891 (Hymenoptera: Braconidae) produzida por biofábricas do estado de São Paulo.* 66p. (Dissertação) Faculdade de Ciências Agrárias e Veterinárias / UNESP..

Cerci, J. V. F., Ivan, E. A. F., Arruda, A. O., Oliveira, P. A. Z. G., Vasconcelos, G. R. & Pinto, A. S. (2013). Comparação entre métodos de amostragem de *Diatraea saccharalis* em cana-de-açúcar. In: *Congresso Brasileiro de Fitossanidade, 2, Resumos expandidos...* Jaboticabal: FUNEP.

Chen, X. L., Bordini, G. B. & Stansly, P. A. (2016). Avoidance of parasitized hosts by female wasps of *Tamarixia radiata* (Hymenoptera: Eulophidae), parasitoid of *Diaphorina citri* (Hemiptera: Liviidae), vector of citrus greening disease. *Florida Entomologist, 99*, 311-313.

Cherubin, N. (2018). Cana-de-açúcar: referência quando o assunto é controle biológico. *RPA News, 202*, 6-14.

Comins, H. N. & Wellings, P. W. (1985). Density-related parasitoid sex ratio: Influence on host-parasitoid dynamics. *Journal Animal Ecology, 54*, 583-594.

CONAB – Companhia Nacional de Abastecimento. (2020). *Acompanhamento da safra brasileira de cana-de-açúcar, 7*(2), 64p.

Conti, B. F. (2012). *Exigências térmicas e monitoramento de Diatraea saccharalis (Fabricius, 1794) (Lepidoptera: Crambidae), como suporte ao seu controle biológico.* 120f. (Tese) Universidade de São Paulo / Escola Superior de Agricultura "Luiz de Queiroz"

Copersucar. (1992). Entomology: Biological control of the borer. In: *Copersucar Annual Report* 1991/1992. Piracicaba: CTC. 27-28.

Costa, D. P. (2013). *Interações biológicas entre Tetrastichus howardi (Hymenoptera: Eulophidae) e Cotesia flavipes (Hymenoptera: Braconidae) no parasitismo de Diatraea saccharalis (Lepidoptera: Crambidae) em cana-de-açúcar.* 82f. (Tese) Universidade Federal da Grande Dourados.

Costa, E. N., Vasconcelos, G. R., Lima, A. A. & Pinto, A. S. (2009). Efeito da manipulação de lagartas de *Diatraea saccharalis* sobre o parasitóide *Cotesia flavipes*. In: *Simpósio de Controle Biológico*, 11, Resumos... Gramado: UNISINOS / FIOCRUZ / IRGA.

CTC – Centro de Tecnologia Canavieira. (2007a). Controle biológico da broca da cana-de-açúcar *Diatraea saccharalis. Boletim do Fornecedor.*

CTC – Centro de Tecnologia Canavieira. (2007b). CTC traz especialista para falar sobre a broca. *Assocana, 82*(4), 5.

Cueva, M. C., Ayquipa, G. A., & Méscua, V. B. (1980). Estudios sobre *Apanteles flavipes* (Cameron), introducido para controlar *Diatraea saccharalis* (Fabricius, 1784) en el Perú. *Revista Peruana de Entomología, 23*(1), 73-76.

De Bortoli, S. A., Viel, S. R., Vacari, A, M., De Bortoli, C. P. & Santos, R. F. (2015). Efeito da alimentação do adulto na qualidade do endoparasitoide larval da broca comum da cana-de-açúcar. *Revista Caatinga, 28*(1), 270-278.

De Pietro, J. (2006). *Efeito da dieta, da desinfecção de ovos e da população de Diatraea saccharalis (Lepidoptera: Crambidae), infectada por protozoário ou sadia, na biologia de Cotesia flavipes (Hymenoptera: Braconidae) em criação massal.* 41f. (Trabalho de conclusão de curso) Centro Universitário Moura Lacerda.

Dinardo-Miranda, L. L. Fracasso, J. V., Costa, V. P., Anjos, I. A. & Lopes, D. O. P. (2013). Reação de cultivares de cana-de-açúcar à broca do colmo. *Bragantia, 72*(1), 29-34.

Dinardo-Miranda, L. L. (2008). *Pragas*, In: Dinardo-Miranda, L. L.; Vasconcelos, A. C. M. & Landell, M. G. A. (Eds.), *Cana-de-açúcar.* Campinas: IAC. 349-422.

Dinardo-Miranda, L. L., Fracasso, J. V., Anjos, I. A. & Costa, V. P. (2012). Influência da infestação de *Diatraea saccharalis* (Fabr.) sobre parâmetros tecnológicos da cana-de-açúcar. *Bragantia*, *71*(3), 342-345.

Dinardo-Miranda, L. L., Fracasso, J. V., Costa, V. P. & Lopes, D. O. T. (2014). Dispersal of *Cotesia flavipes* in sugarcane field and implications for parasitoid releases. *Bragantia*, *73*(2), 163-170.

Dinardo-Miranda, L. L., Fracasso, J. V. & Perecin, D. (2011). Variabilidade espacial de populações de *Diatraea saccharalis* em canaviais e sugestão de método de amostragem. *Bragantia*, *70*(3), 577-585.

Dutton, A. & Bigler, F. (1995). Flight activitiy assessment of the egg parasitoid *Trichogramma brassicae* (Hym.: Trichogrammatidae) in laboratory and field conditions. *Entomophaga*, *40*, 223-233.

Ferreira, L. M. (2019). *Seletividade de inseticidas utilizados em cana-de-açúcar para Cotesia flavipes (Cam.) (Hymenoptera: Braconidae) em laboratório.* 26f. (Trabalho de conclusão de curso) Centro Universitário Moura Lacerda.

Figueiredo, F. S. G., Lima, A. A., Reis, G. V., Pinto, A. S. & Parra, J. R. P (2009). Parasitismo horário de *Cotesia flavipes* sobre lagartas de *Diatraea saccharalis*. In: *Simpósio de Controle Biológico*, 11, Resumos... Gramado: UNISINOS / FIOCRUZ / IRGA.

Fittkau, E. J. & Klinge, H. (1973). On biomass and trophic structure of Central Amazonian rainforest ecosystems. *Biotropica*, *5*, 2-14.

Fonseca, A. P. P., Marques, E. J., Torres, J. B., Silva, L. M. & Siqueira, H. A. A. (2015). Lethal and sublethal, effects of lufenuron on sugarcane borer *Diatraea flavipennella* and its parasitoid *Cotesia flavipes*. *Ecotoxicology*, *24*(9), 1.869-1.879.

Francischini, F. J. B., Cordeiro, E. M. G., Campos, J. B., Alves-Pereira, A., Viana, J. P. G., Wu, X., Wei, W., Brown, P., Joyce, A., Murua, G., Fogliata, S., Clough, S. J. & Zucchi, M. I. (2019). *Diatraea saccharalis* history of colonization in the Americas. The case for human-mediated dispersal. *PLOS ONE*, *14*(7), e0220031.

Francischini, F. J. B., Campos, J. B., Alves-Pereira, A., Viana, J. P. G., Grinter, C. C., Clough, S. J. & Zucchi, M. I. (2017). Morphological and molecular characterization of Brazilian populations of *Diatraea saccharalis* (Fabricius, 1794) (Lepidoptera: Crambidae) and the evolutionary relationship among species of *Diatraea* Guilding. *PLOS ONE*, *12*, e0186266.

Freitas, M. D. T., Mendonça, A. D., Nascimento, R. R. & Sant'ana, A. E. G. (2004). Behavioural evidence for a female sex pheromone in *Cotesia flavipes* (Hymenoptera: Braconidae). *Physiological Entomology*, *29*(2), 183-187.

Fuchs, T. W. & Harding, J. A. (1978). Oviposition patterns, egg parasitism, and spring emergence of the Sugarcane Borer, *Diatraea saccharalis*. *Environmental Entomology*, *7*(4), 601-604.

Gallo, D., Nakano, O., Silveira Neto, S., Carvalho, R. P. L., Batista, G. C., Berti Filho, E., Parra, J. R. P., Zucchi, R. A., Alves, S. B., Vendramim, D. J., Marchini, L. C., Lopes, J. R. S. & Omoto, C. (2002). *Entomologia agrícola*. Piracicaba: FEALQ. 920p.

Gallo, D. (1951a). Introdução de *Lixophaga diatraea* em nosso meio. *Revista de Agricultura, 26*(3), 117-126.

Gallo, D. (1951b). *Lixophaga diatraea* no controle da broca da cana. *O Solo, 43*, 95-100.

Gallo, D., Nakano, O., Silveira Neto, S. & Wiendl, F. M. (1969). *Coleta de insetos com armadilhas luminosas Copereste – Levantamento de julho de 1967 a junho de 1968*. Boletim Informativo Copereste, Ribeirão Preto: Copereste. 11 p.

Garcia, J. F., Botelho, P. S. M. & Macedo, L. P. M. (2009). Criação do parasitoide *Cotesia flavipes* em laboratório. In: Bueno, V. H. P. (Ed.), *Controle biológico de pragas: produção massal e controle de qualidade*. Lavras: Editora UFLA. 199-219.

Geremias, L. D. (2013). *Exigências térmicas e danos de Diatraea saccharalis (Fabricius, 1794) (Lepidoptera: Crambidae) em milho e base para seu controle com Trichogramma galloi Zucchi, 1988 (Hymenoptera)*. 91p. (Tese) Universidade de São Paulo / Escola Superior de Agricultura "Luiz de Queiroz".

Guagliumi, P. (1972) *Pragas da cana-de-açúcar. Nordeste do Brasil*. Rio de Janeiro: IAA. 622p.

Hamm, J. C., Sidhu, J. K., Stout, M. J., Hummel, N. A & Reagan, T. E. (2012). Oviposition behavior of *Diatraea saccharalis* (Lepidoptera: Crambidae) on different rice cultivars in Louisiana. *Environmental Entomology, 41*(3), 571-577.

Harvey, J. A., Poelman, E. H. & Tanaka, T. (2013). Intrinsic inter- and intra-specific competition in parasitoid wasps. *Annual Review of Entomology, 58*, 333-351.

Hassel, M. P. & Waage, J. K. (1984). Host-parasitoid population interactions. *Annual Review of Entomology, 29*, 89-114.

Hayward, K. J. (1943). A broca da cana-de-açúcar. *Brasil Açucareiro, 22*(11), 69-74.

Hensley, S. D. & Hammond, A. H. (1968). Laboratory techniques for rearing the sugar cane borer on an artificial diet. *Journal of Economic Entomology, 61*(6), 1.742-1.743.

Hivizi, C. L., Silva, A. C. O., Souza, M. F. S., Ribeiro, M. J. M., Santos, R. M., Pinto, A. S. & Rossi, M. M. (2015a). Densidade de lagartas de *Diatraea saccharalis* parasitadas influenciando a biologia de *Cotesia flavipes* em criação massal. In: *Simpósio de Controle Biológico*, 14, Resumos... Teresópolis: FIOCRUZ.

Hivizi, C. L., Souza, M. F. S., Santos, R. M., Silva, A. C. O., Ribeiro, M. J. M., Pinto, A. S. & Rossi, M. M. (2015b). Efeito do estresse de lagartas de Diatraea saccharalis no parasitismo de *Cotesia flavipes* em criações massais. In: *Simpósio de Controle Biológico*, 14, Resumos... Teresópolis: FIOCRUZ.

Hivizi, C. L., Marcolino, L. E., Sanitá, D. A., Oliveira, A. J. M. B., Silva, K. R., Rossi, M. M. & Pinto, A. S. (2016). Exposição de *Cotesia flavipes* (Cam.) (Hymenoptera: Braconidae) a alta temperatura e efeito sobre duas gerações em laboratório. In: *Congresso Brasileiro de Entomologia*, 26, Resumos... Maceió: Embrapa

Hivizi, C. L., Bueno, V. H. P., Carvalho, L. M. & Carvalho, A. R. (2007). Quality control of the parasitoid *Cotesia flavipes* (Cameron) (Hymenoptera: Braconidae) produced under a mass-rearing system. *Bulletin Global IOBC, 3*, 65-68.

Hivizi, C. L., Bueno, V. H. P., Silva, A. C. & Carvalho, L. M. (2009). Controle de qualidade do parasitoide *Cotesia flavipes*. In: Bueno, V. H. P. (Ed.). *Controle Biológico de pragas: produção massal e controle de qualidade*. Lavras: Editora UFLA. 371-379.

Ivan, E. A. F., Dias, T. A .M., Vasconcelos, G. R., Pinto, A. S. & Rossi, M. M. (2013). Alimentação de adultos de *Cotesia flavipes* influenciando o parasitismo de lagartas de *Diatraea saccharalis* em cana-de-açúcar. In: *Simpósio de Controle Biológico*, 13, Resumo... Dourados: Embrapa Agropecuária Oeste/UFMS.

Ivan, E. A. F., Pedrão, V., Silva, B. F. B., Lopes, V. L., Pagliarani, V. D. & Pinto, A. S. (2010b). Dispersão e tempo de permanência de *Cotesia flavipes* parasitando lagartas de *Diatraea saccharalis* em cana-de-açúcar. In: *Simpósio de Controle Biológico*, 13, Resumos... Bonito: Embrapa / UFGD.

Ivan, E. A. F., Santos, L R. Reis, C. C. P., Carneiro, R. P., Silva, K. R., Pinto, A. S. & Rossi, M. M. (2017). Efeito da cor da lâmpada na biologia de *Cotesia flavipes* (Hymenoptera: Braconidae) em sistema de criação em laboratório. In: *Congresso Brasileiro de Fitossanidade*, 4 , Resumo... Uberaba: FCAV / UNESP / IFTM.

Ivan, E. A. F., Silva, T. L., Pinto, A. S., Silva, B. F. B., Pedrão, V., Silva, M. G. M. F. & Costa, V. A. (2011a). Número de pontos de liberação de *Cotesia flavipes* influenciando o parasitismo de lagartas de *Diatraea saccharalis* em canavial. In: *Simpósio de Controle Biológico*, 12, Resumos... São Paulo: Instituto Biológico.

Ivan, E. A. F. (2012). *Uso de Cotesia flavipes (Cam.) (Hymenoptera: Braconidae) no controle de Diatraea saccharalis (F.) (Lepidoptera: Crambidae) em cana-de-açúcar.* 56f. (Trabalho de conclusão de curso) Centro Universitário Moura Lacerda.

Ivan, E. A. F., Moço, C. A., Pinto, A. S. & Parra, J. R. P. (2010a). Armazenamento de adultos de *Cotesia flavipes* em baixas temperaturas. In: *Congresso Brasileiro de Entomologia*, 23, Resumos... Natal: EMPARN.

Ivan, E. A. F., Silva, T. L. & Pinto, A. S. (2011b). Diferentes horários do dia e noite influenciando o parasitismo de lagartas de *Diatraea saccharalis* pelo parasitoide larval *Cotesia flavipes* em canavial. In: *Simpósio de Produção Científica do Centro Universitário Moura Lacerda*, 11, Resumo... Ribeirão Preto: IUML.

Ivan, I. A. F. Kobayashi, A. I. F., Lima, Y. M. F., Pinto, A. S., Silva, A. J. & Ivan, E. A. F. (2015). Efeito da aplicação de *Metarhizium anisopliae* para cigarrinha-das-raízes (Hemiptera: Cercopidae) sobre ovos de *Diatraea saccharalis* (Lepidoptera: Crambidae) em cana-de-açúcar. In: *Workshop Agroenergia*, 9, Resumos... Ribeirão Preto: IAC.

King, E. G., Brewer, F. D. & Martin, D. F. (1975). Development of *Diatraea saccharalis* (Lepidoptera: Pyralidae) at constant temperatures. *Entomophaga*, *20*(3), 301-316.

Kogan, M. (1998). Integrated pest management: historical perspectives and contemporary development. *Annual Review of Entomology*, *43*, 243-270.

Leerdam, M. B., Smith J. R. & Fuchs, T. W. (1986). Frass-mediated, host-finding behavior of *Cotesia flavipes*, a braconid parasite of *Diatraea saccharalis* (Lep.: Pyralidae). *Annals of the Entomological Society of America*, *7*, 647-650.

Lima Filho, M. & Lima, J. O. G. (2003). *Diatraea saccharalis* (Fabr.) em cana-de-açúcar na região norte do Estado do Rio de Janeiro: flutuação populacional e parasitismo de ovos por *Trichogramma* spp. *Revista Universidade Rural, Série Ciências da Vida*, *22*(2), 33-44.

Lima Filho, M., & Lima, J. O. G. (2001). Massas de ovos de *Diatraea saccharalis* (Fabr.) (Lepidoptera: Pyralidae) em cana-de-açúcar: número de ovos e porcentagem de parasitismo por *Trichogramma* spp. (Hymenoptera: Trichogrammatidae) em condições naturais. *Neotropical Entomology*, *30*(3), 483-488.

Lima, A. A., Vasconcelos, G. R., Pellegrino, A. C., Pinto, A. S. & Parra, J. R. P. (2009a). Biologia de *Cotesia flavipes* influenciada pelo local de introdução do ovipositor em lagartas de *Diatraea saccharalis*. In: *Simpósio de Controle Biológico*, 11, Resumos... Gramado: UNISINOS / FIOCRUZ / IRGA.

Lima, A. A., Vasconcelos, G. R., Pellegrino, A. C., Pinto, A. S. & Parra, J. R. P. (2009b). Biologia de *Cotesia flavipes* influenciada pelo número de introduções do ovipositor por lagarta de *Diatraea saccharalis*. In: *Simpósio de Controle Biológico*, 11, Resumos... Gramado: UNISINOS / FIOCRUZ / IRGA.

Lima, A. A. (2011). *Comparação de dietas artificiais para criação de Diatraea saccharalis (Lepidoptera: Crambidae) e avaliação da qualidade de Cotesia flavipes (Hymenoptera: Braconidae) em criações massais*. 96p. (Dissertação) Instituto Biológico.

Lima, L. B. A. (2014). *Parasitismo de Cotesia flavipes (Hymenoptera: Braconidae) em diferentes estágios larvais de Diatraea saccharalis (Lepidoptera: Crambidae)*. 39f. (Dissertação) Universidade Federal de Goiás.

Litholdo, M. G., Cantori, L. V., Arroyo, B. M., Pinto, A. S., Arruda, A. O. & Oliveira, P. A. Z. G. (2013). Parasitismo de lagartas de *Diatraea saccharalis* por *Cotesia flavipes* em bordadura de canavial. In: *Simpósio de Controle Biológico*, 13, Resumos... Bonito: Embrapa / UFGD.

Long, W. H. (1976). Studies of the ecology and control of *Diatraea* on sugarcane in São Paulo State, Brasil. In: *Congresso Brasileiro de Entomologia*, 3, Resumos... Maceió: UFAL.

Lopes, J. R. S. (1988.) *Estudos bioetológicos de Trichogramma galloi Zucchi, 1988 (Hym., Trichogrammatidae) para o controle de Diatraea saccharalis (Fabr., 1794) (Lep., Pyralidae).* 141f. (Dissertação) Universidade de São Paulo / Escola Superior de Agricultura "Luiz de Queiroz"

Lopes, V. L. Vasconcelos, G.R., Moço Junior, C. A., Cunha, T., Voltan, D. S., Pinto, A. S. & Parra, J. R. P. (2009a). Compressão do abdome de lagartas de *Diatraea saccharalis* antes e depois do parasitismo por *Cotesia flavipes*. In: *Simpósio de Controle Biológico*, 11, Resumos... Gramado: UNISINOS / FIOCRUZ / IRGA.

Lopes, V. L., Lima, A. A., Pinto, A. S., Vasconcelos, G. R. & Parra, J. R. P. (2009b). Parasitismo de *Cotesia flavipes* em lagartas de *Diatraea saccharalis* em forma de livre escolha. In: *Simpósio de Controle Biológico*, 11, Resumos... Gramado: UNISINOS / FIOCRUZ / IRGA.

Macedo, N. (1978). New strain of *Apanteles flavipes* was imported to increase its adaptative potential in the Southern Brazil. *Entomology Newsletter*, 4, 11-12.

Macedo, N. & Botelho, P. S. M. (1988). Controle integrado da broca-da-cana-de-açúcar *Diatraea saccharalis* (Fabr., 1794) (Lepidoptera, Pyralidae). *Brasil Açucareiro*, *106*(2), 2-12.

Macedo, N. & Botelho, P. S. M. (1986). Ten years of biological control of *Diatraea saccharalis* by *Apanteles flavipes* in São Paulo. In: *Congress of International Society of Sugarcane Technologists*, 19, Proceedings... Jakarta: ISSCT.

Macedo, N., Botelho, P. S. M. & Mendes, A. C. (1977). Liberação de *Apanteles flavipes* Cam. em São Paulo. In: *Congresso Brasileiro de Entomologia*, 4, Resumos... Goiânia: Embrapa / UFG

Macedo, N. & Macedo, D. (2004). As pragas de maior incidência nos canaviais e seus controles. *Visão Agrícola*, 1, 38-46.

Mahmoud, A. M. A., De Luna-Santillana, E. J., Guo, X. & Rodriguez-Perez, M. A. (2012). Parasitism by *Cotesia flavipes* alters the haemocyte population and phenoloxidase activity of the sugarcane borer, *Diatraea saccharalis*. *The Canadian Entomologist*, *144*(4), 599-608.

Mahmoud, A. M. A., De Luna-Santillana, E. J. & Rodriguez-Perez, M. A. (2011). Parasitism by the endoparasitoid, *Cotesia flavipes* induces cellular immunosuppression and enhances susceptibility of the sugar cane borer, *Diatraea saccharalis* to *Bacillus thuringiensis*. *Journal of Insect Science*, *119*(11), 1-15.

Mariscal, S. Z. A. & Cango, M. N. (2019). Biology and behavior of *Cotesia flavipes* Cameron (Braconidae) parasitoid of *Diatraea saccharalis* Fabricius (Crambidae). *Ecologia Aplicada*, *18*(1), 77-83.

Masson, M. B. Pinto, A. S., Canini, F. L. S., Junqueira, V. R. P., Lima, J. A., & Cano, M. A. V. (2012). Liberação de diferentes quantidades de *Cotesia flavipes* no controle de *Diatraea saccharalis* em cana-de-açúcar. In: *Workshop Agroenergia*, 6, Resumo expandido... Ribeirão Preto: IAC.

Mateus Jr., R. R. (2017). *Uso de misturas de produtos em pupas de Cotesia flavipes como repelentes de predadores para a liberação aérea em cana-de-açúcar.* 45f. (Trabalho de conclusão de curso) Centro Universitário Moura Lacerda.

Matioli, T. F. (2018). *Seletividade de inseticidas ao parasitoide Cotesia flavipes (Hymenoptera: Braconidae).* 87p. (Dissertação) Universidade de São Paulo / Escola Superior de Agricultura "Luiz de Queiroz".

Matioli, T. F., Zanardi, O. Z. & Yamamoto, P. T. (2019). Impacts of seven insecticides on *Cotesia flavipes* (Cameron) (Hymenoptera: Braconidae). *Ecotoxicology, 28*(10), 1.210-1.219.

Melo, A. B. P. & Parra, J. R. P. (1988). Exigências térmicas e estimativa do número de gerações anuais da broca-da-cana-de-açúcar em quatro localidades canavieiras de São Paulo. *Pesquisa Agropecuária Brasileira, 23*(7), 691-696.

Mendonça Filho, A. F., Costa, J. M. B. & Risco, S. H. B. (1976). Situação atual do controle da broca da cana-de-açúcar *Diatraea* spp. no estado de Alagoas, Brasil. In: *Congresso Brasileiro de Entomologia*, 3, Resumos... Maceió: UFAL.

Mendonça Filho, A. F., Risco, S. H. B. & Costa, J. M. B. (1977). Introduction and rearing of *Apanteles flavipes* Cameron (Hym.: Braconidae) in Brazil. In: *Congress of International Society of Sugarcane Technologists,* 16, *Proceedings...* São Paulo: ISSCT.

Mendonça, A. F. (1996). Distribuição de *Diatraea* spp. (Lep.: Pyralidae) e de seus principais parasitoides larvais no Continente Americano In: Mendonça, A. F. (Ed.) *Pragas da cana-de-açúcar*. Maceió: Insetos & Cia. 83-121.

Mendonça, A. F., Moreno, J. A., Risco, S. H., Rocha, I. C. B. (1996). Broca comum da cana-de--açúcar. In: Mendonça, A. F. (Ed.). *Pragas da cana-de-açúcar.* Maceió: Insetos & Cia. 49-130.

Mesquita, F. L. T., Mendonça, A. L., Silva, C. E, Correia, A. M. O., Sales, D. F. M., Cabral-Junior, C. R. & Nascimento, R. R. (2011). Influence of *Saccharum officinarum* (Poales: Poaceae) variety on the reproductive behavior of *Diatraea flavipennella* (Lepidoptera: Crambidae) and on the attraction of the parasitoid *Cotesia flavipes* (Hymenoptera: Braconidae). *Florida Entomologist, 94*(3), 420-427.

Mihsfeldt, L. H., Pomari, A. F., Souza, T. A., Sismeiro, M. N. S., Camícia, R. F. M. & Pinto, A. S. (2008). Dispersão de *Cotesia flavipes* em cana-de-açúcar (cana-planta), no município de Bandeirantes-Paraná. In: *Congresso Brasileiro de Entomologia*, 22, Resumo... Uberlândia: UFU/ Embrapa Milho e Sorgo/ UFV.

Milano, P., Berti Filho, E., Parra, J. R. P., Oda, M. L. & Cônsoli, F. L. (2010). Efeito da alimentação da fase adulta na reprodução e longevidade de espécies de Noctuidae, Crambidae, Tortricidae e Elachistidae. *Neotropical Entomology, 39*(2), 172-180.

Miorelli, D. Nava, D. E., Silva, S. D. A., Casagrande, J. G., Melo, M. & Garcia, M. S. (2008). Infestação de *Diatraea saccharalis* (Fabr., 1794) em clones e variedades de cana-de--açúcar. In: *Simpósio Estadual de Agroenergia*, 1, Anais... Pelotas: Embrapa Clima Temperado.

Mohyuddin, A. L. (1971). Comparative biology and ecology of *Apanteles flavipes* (Cam.) and *Apanteles sesamiae* Cam. as parasites of graminaceous borers. *Bulletin of Entomological Research, 61*, 33-39.

Morsoletto, F. A., Morsoletto, E. L. C., Pinto, A. S. & Rossi, M. M. (2014). Armazenamento de pupas de *Cotesia flavipes* (Hymenoptera: Braconidae) em baixas temperaturas. In: *Congresso Brasileiro de Entomologia*, 25, Resumos... Goiânia: Embrapa / UFG

Mutamiswa, R., Machekano, H., Chidawanyika, F. & Nyamukondiwa, C. (2018). Thermal resilience may shape population abundance of two sympatric congeneric *Cotesia* species (Hymenoptera: Braconidae). *PLOS ONE*, *13*(2), e0191840.

Muzeyi, S. S. & Jembere, B. (2005). Effects of botanicals, a synthetic insecticide and an insect growth regulator on survival and development of the parasitoid wasp *Cotesia flavipes* parasitising the stem-boring moth *Chilo partellus*. *International Journal of Pest Management*, *51*(1), 25-30.

Myers, J. G. (1934). The discovery and introduction of the Amazon fly. A new parasite for cane borers, *Diatraea* spp. *Tropical Agriculture*, *11*, 191-195.

Narang, S. K., Bartlett, A. C. & Faust, R. M. (1994). *Applications of genetics to arthropods of biological control of significance*. Boca Raton: CRC Press. 199p.

Niyibigira, E. I., Overholt, W. A. & Stouthamer, P. (2004). *Cotesia flavipes* Cameron (Hymenoptera: Braconidae) does not exhibit complementary sex determination (ii) - Evidence from laboratory experiments. *Applied Entomology and Zoology*, *39*(4), 717-725.

Obonyo, M., Schulthess, F., Le Ru, B., van Den Berg, J. & Calatayud, A. P. A. (2010a). Host recognition and acceptance behavior in *Cotesia sesamiae* and *C. flavipes* (Hymenoptera: Braconidae), parasitoids of gramineous stemborers in Africa. *European Journal of Entomology*, *107*, 169-176.

Obonyo, M., Schulthess, F., Le Ru, B., van den Berg, J., Silvain, J. F. & Calatayud, A. P. A. (2010b). Importance of contact chemical cues in host recognition and acceptance by the braconid larval endoparasitoids *Cotesia sesamiae* and *Cotesia flavipes*. *Biological Control*, *54*, 270-275.

Obonyo, M., Schulthess, F., Gerald, J., Wanyama, O., LeRü, B. Calatayud, A. P. A (2008). Location, acceptance and suitability of lepidopteran stemborers feeding on a cultivated and wild host-plant to the endoparasitoid *Cotesia flavipes* Cameron (Hymenoptera: Braconidae). *Biological Control*, *45*, 36-47.

Ogunwolu, E. O., Reagan, T. E., Flynn, J. L. & Hensley, S. D. (1991). Effects of *Diatraea saccharalis* (F.) (Lepidoptera: Pyralidae) damage and stalk rot fungi on sugarcane yield in Louisiana. *Crop Protection*, *10*(1), 57-61.

Oliveira, H. N., Glaeser, D. F. & Bellon, P. P. (2012). Recomendações para obter um controle biológico mais eficaz da broca-da-cana-de-açúcar. Comunicado Técnico (181). Dourados: Embrapa Agropecuária Oeste. 8p.

Oliveira, R. B., Colonnese, L. H. M., Valicente, F. H. & Santos, L. A. (2018). O. Efeito de diferentes concentrações de *Beauveria bassiana* na emergência de adultos de *Cotesia flavipes* (Hymenoptera: Braconidae). In: *Congresso Brasileiro de Entomologia*, 27, Resumos... Gramado: UFSM.

Pádua, L. E. M. (1983). *Biologia comparada de Apanteles flavipes (Cameron, 1891) (Hymenoptera: Braconidae) para determinação das suas exigências térmicas.* 54 f. (Dissertação) Universidade de São Paulo / Escola Superior de Agricultura "Luiz de Queiroz".

Pádua, L. E. M. (1986). *Influência da nutrição, temperatura e umidade relativa do ar na relação Apanteles flavipes (Cameron, 1891) - Diatraea saccharalis (Fabricius, 1794).* 102 f. (Tese) Universidade de São Paulo / Escola Superior de Agricultura "Luiz de Queiroz".

Pádua, L. E. M. & Parra, J. R. P. (1994). Efeito da temperatura e umidade relativa do ar na biologia de *Cotesia flavipes* (Cameron). *Anais da Sociedade Entomológica do Brasil, 23*, 105-114.

Pak, G. A. (1988). *Selection of Trichogramma for inundative biological control: a study of behavioural variations among strains and species of an egg-parasite genus.* 224p. (Tese) Wageningen Agriculture University.

Panizzi, A. R. & Parra, J. R. P. (2009). Introdução à bioecologia e nutrição de insetos como base para o manejo integrado de pragas. In: Panizzi, A. R. & Parra, J. R. P. (Eds.). *Bioecologia e nutrição de insetos: base para o manejo integrado de pragas.* Brasília: Embrapa Informação Tecnológica. 21-35.

Parra, J. R. P. & Mihsfeldt, L. H. (1992). Comparison of artificial diets for rearing the sugarcane borer. In: Anderson, T. E. & Leppla, N. C (Eds.) *Advances in insect rearing for research and pest management.* San Francisco: Westview Press, 195-209.

Parra, J. R. P. (2014). Biological Control in Brazil: an overview. *Scientia Agrícola, 71*, 420-429.

Parra, J. R. P., Botelho, P. S. M. & Pinto, A. de S. (2010). Biological control of pests as a key component for sustainable sugarcane production. In: Cortez, L. A. B. (Org.). *Sugarcane bioethanol: R&D for productivity and sustainability*. São Paulo, Blucher. 441-450.

Parra, J. R. P., Milano, P., Cônsoli, F. L. Zério, N. G. & Haddad, M. de L. (1999). Efeito da nutrição de adultos e da umidade na fecundidade de *Diatraea saccharalis* (Fabr.) (Lepidoptera: Crambidae). *Anais da Sociedade Entomológica do Brasil, 28*(1), 49-57.

Passos, E. M., Wanderley-Teixeira, V., Porto, A. L. F., Marques, E. J., Teixeira, A. A. C. & Silva, F. S. O. (2019). *Cotesia flavipes* Cameron (Hymenoptera: Braconidae) alters the nutrients in the hemolymph, fat body, and cytochemistry of *Diatraea flavipennella* Box (Lepidoptera: Crambidae) hemocytes. *Semina Ciências Agrárias, 40*(2), 539-554.

Passos, E. M. (2013). *Efeito do parasitismo de Cotesia flavipes (Cam.) (Hymenoptera: Braconidae) sobre parâmetros imunológicos e morfofisiológicos em Diatraea flavipennella (Box) (Lepidoptera: Crambidae).* 72f. (Tese) Universidade Federal Rural de Pernambuco.

Passos, E. M., Wanderley-Teixeira, V., Marques, E. J., Teixeira, A. A. C. & Brayner, F. A. (2014). *Cotesia flavipes* (Cam) (Hymenoptera: Braconidae) supresses immune responses in *Diatraea flavipennella* (Box) (Lepidoptera: Crambidae). *Anais da Academia Brasileira de Ciências, 86*(4), 2013-2024.

Peñaflor, M. F. G. V. Gonçalves, F. G., Colepicolo, C., Sanches, P. A. & Bento, J. M. S. (2017). Effects of single and multiple herbivory by host and non-host caterpillars on the attractiveness of herbivore-induced volatiles of sugarcane to the generalist parasitoid *Cotesia flavipes*. *Entomologia Experimentalis et Applicata*, *165*(1), 83-93.

Peñaflor, M. F. G. V. & Bento, J. M. S. (2019). Red-rot infection in sugarcane attenuates the attractiveness of sugarcane borer-induced plant volatiles to parasitoid. *Arthropod-Plant Interactions*, *13*(1), 117-125.

Pereira, C. E. F., Lima, R. O. R. & Vilas Boas, A. M. (1977). Introdução e adaptação de *Apanteles flavipes* Cam. (Braconidae), parasito de *Diatraea* spp. nos Estados de Pernambuco, Paraíba e Rio Grande do Norte. In: *Congresso Brasileiro de Entomologia*, 4, Resumos... Goiânia: Embrapa / UFG.

Perticarrari, G.R. (2019). *Ação ovicida de inseticidas biológicos e químicos sobre Diatraea saccharalis em laboratório e campo de cana-de-açúcar*. 40f. (Trabalho de Conclusão de Curso). Centro Universitário Moura Lacerda.

Pimentel, G. V. (2016). *Comportamento de oviposição e desempenho larval de Diatraea saccharalis em genótipos de cana-de-açúcar.* 70 f. (Dissertação) Universidade Federal de Viçosa.

Pinheiro, D. O., Rossi, G. D. & Cônsoli, F. L. (2010). External morphology of *Cotesia flavipes* (Hymenoptera: Braconidae) during larval development. *Zoologia*, Curitiba, *27*(6), 986-992.

Pinto, A. S., Lima, A. A., Vasconcelos, G. R., Parra, J. R. P. & Scandiuzzi, G. F. (2009a). Influência da idade de *Cotesia flavipes* (Hymenoptera: Braconidae) no parasitismo de lagartas de *Diatraea saccharalis* (Lepidoptera: Crambidae). In: *Simpósio de Controle Biológico*, 11, Resumos... Gramado: UNISINOS / FIOCRUZ / IRGA.

Pinto, A. S. (2019). Sucesso do controle biológico de pragas da cana-de-açúcar. *Informe Agropecuário*, *305*(40), 57-65.

Pinto, A. S., Araújo, T. G. V. & Bonatti, R. P. (2019a). Manejo biológico de *Diatraea saccharalis* comparando *Trichogramma galloi* com *Cotesia flavipes* em cana-de-açúcar. In: *Simpósio de Controle Biológico*, 16, Resumo... Londrina: Embrapa Soja.

Pinto, A. S., Botelho, P. S. M. & Oliveira, H. N. (2009b). *Guia ilustrado de pragas e insetos benéficos da cana-de-açúcar.* Piracicaba: CP 2. 160p.

Pinto, A. S., Cantori, L. V. & Ivan, E. A. F. (2015). Inovações tecnológicas no Controle Biológico de pragas da cana-de-açúcar. In: Busoli, A. C. (Ed.). *Tópicos em Entomologia Agrícola VIII*. Jaboticabal: Maria de Lourdes Brandel-ME. 125-135.

Pinto, A. S., Lopes, V. L., Lima, A. A. (2016). Manejo de pragas da cana-de-açúcar. In: Santos, F. & Borém, A. (Eds.). *Cana-de-açúcar: do plantio à colheita*. Viçosa: UFV. 94-107.

Pinto, A. S., Parra, J. R. P., Oliveira, H. N. & Arrigoni, E. B. (2003). Comparação de técnicas de liberação de *Trichogramma galloi* Zucchi (Hymenoptera: Trichogrammatidae) para o controle de *Diatraea saccharalis* (Fabricius) (Lepidoptera: Crambidae). *Neotropical Entomology*, *32*(2), 311-318.

Pinto, A. S., Rodrigues, L. R. & Oliva, M. B. (2019b). *Uso de armadilhas de feromônio para a broca-da-cana, Diatraea spp., em canaviais*. Piracicaba: Occasio. 24p.

Pinto, A. S. & Trujillo, S. E. L. (2019). Sugarcane. In: Souza, B., Vazquez, L. L. & Marucci, R. C. (Eds.). *Natural enemies of insect pest in neotropical agroecosystems: biological control and functional biodiversity*. Switzerland: Springer. 413-425.

Pinto, A. S., Lima, A. A., Arroyo, B. M., Masson, M. B., Souza, R. M., Franco, C.C. & Parra, J. R. P. (2011). Relação sexual de *Cotesia flavipes* influenciando o parasitismo de lagartas de *Diatraea saccharalis*. In: *Simpósio de Controle Biológico*, 12, Resumos... São Paulo: Instituto Biológico.

Pinto, A. S.; Garcia, J. F. & Botelho, P. S. M. (2006a). Controle biológico de pragas da cana-de-açúcar. In: Pinto, A. S., Nava, D. E., Rossi, M. M. & Malerbo-Souza, D. T. (Orgs.). *Controle biológico de pragas: na prática*. Piracicaba: CP2. 65-74.

Pinto, A. S., Garcia, J. F. & Oliveira, H. N. (2006b). Manejo das principais pragas da cana-de-açúcar. In: Segato, S. V. (Org.) *Atualização em produção de cana-de-açúcar.* Piracicaba: CP 2. 257-280.

Pinto, C. P. G., Azevedo, E. B., Santos, A. L. Z., Cardoso, C. P., Fernandes, F. O., Rossi, G. D. & Polanczyk, R. A. (2019c). Immune response and susceptibility to *Cotesia flavipes* parasitizing *Diatraea saccharalis* larvae exposed to and surviving an LC25 dosage of *Bacillus thuringiensis*. *Journal of Invertebrate Pathology, 166,* 107209.

Planalsucar em Notícias. (1974a). Combate à broca da cana. *Brasil Açucareiro, 84*(1). (Comunicado, 30:I)

Planalsucar em Notícias. (1973). Criação de parasitos. *Brasil Açucareiro, 82*(3). (Comunicado, 17:II)

Planalsucar em Notícias. (1974b). Introdução de novo parasito. *Brasil Açucareiro, 84*(4). (Comunicado, 30:I)

Pomari, A. F., Mihsfeldt, L. H., Sismeiro, M. N. S., Baldini, V. & Pinto, A. S. (2008). Dispersão de *Cotesia flavipes* em cana-de-açúcar (cana-planta), no município de Bandeirantes-Paraná. In: *Congresso Brasileiro de Entomologia*, 22, Resumo.. Uberlândia: UFU/Embrapa Milho e Sorgo/UFV.

Potting, R. P. J., Osane-Danso, F., Overholt, W. A. & Ngi-Song, A. J. (1993). Host selection in *Cotesia flavipes* parasitoid of tropical stemborers. *Proceedings Experimental and Applied Entomology, 4*, 47-62.

Potting, R. P. J., Vet, L. E. M. & Dicke, M. (1995). Host microhabitat location by stemborer parasitoid *Cotesia flavipes*: the role of herbivore volatiles and locally and systemically induced plant volatiles. *Journal of Chemical Ecology, 21*, 525–539.

Pozatti, L. L., Bernardes, B. & Barbosa, A. L. P. B. F. (2018). *Trichogramma galloi no controle da Diatraea saccharalis na cultura da cana-de-açúcar*. 21p. (Trabalho de Conclusão de Curso) UNIFAFIBE.

Prezotti, L. & Parra, J. R. P. (2002). Controle de qualidade em criações massais de parasitoides e predadores. In: Parra, J. R. P., Botelho, P. S. M., Correa-Ferreira, B. S. & Bento,

J. M. S. (Eds.), *Controle Biológico no Brasil: Parasitoides e Predadores*. São Paulo: Manole. 295-308.

Riscado, G. M. & Lima Filho, M. (1976). Situação da *Diatraea* spp. nos canaviais do Estado do Rio de Janeiro e Santos (Programa Nacional de Controle Biológico de *Diatraea* spp. No Brasil) IAA/Planalsucar. In: *Congresso Brasileiro de Entomologia*, 3, Resumo... Maceió: SEB.

Riscado, G. M., Lima Filho, M. & Barbosa, J. T. (1977). Complexo de Inimigos naturais de *Diatraea* spp. e sua ação de controle no Rio de Janeiro. In: *Congresso Brasileiro de Entomologia*, 4, Resumos... Goiânia: Embrapa / UFG.

Risco, S. H. B. (1976). Control biológico de la broca de la caña de azúcar *Diatraea* spp. en el Brasil. Alagoas. Planalsucar. 37p.

Rôdas, P. L., Oliveira, H. N. & Glaeser, D. F. (2019). Liberação do parasitoide *Cotesia flavipes* (Hymenoptera: Braconidae) em *Diatraea saccharalis* (Lepidoptera: Crambidae) na cana-de-açúcar. *Interciência*, *44*(5), 287-290.

Rodero, D. P. (2016). *Modelagem matemática da interação populacional entre Diatraea saccharalis (Fabricius, 1794) e o parasitoide Cotesia flavipes (Cameron, 1891).* 86p. (Dissertação) Universidade Federal de São Carlos.

Rodrigues, L. R., Vinha, F. B., Pinto, A. S. & Rossi, M. M. (2014). Avaliação do ácido tricloro-isocianúrico na repelência de predadores de pupas de *Cotesia flavipes* (Cam.) (Hymenoptera: Braconidae) espalhadas pelo solo na liberação aérea. In: *Congresso Brasileiro de Entomologia*, 25, Resumos... Goiânia: Embrapa / UFG.

Rossi, G. D., Salvador, G. & Cônsoli, F. L. (2014), The parasitoid, *Cotesia flavipes* (Cameron) (Hymenoptera: Braconidae), influences food consumption and utilization by larval *Diatraea saccharalis* (F.) (Lepidoptera: Crambidae). *Archives of Insect Biochemistry and Physiology*, *87*(2), 85-94.

Rossi, M. N. & Fowler, H. G. (2004). Spatial and temporal population interactions between the parasitoids *Cotesia flavipes* and Tachinidae flies: considerations on the adverse effects of biological control practice. *Journal of Applied Entomology*, *128*(2), 112-119.

Rossini, B. Z. (2019). *Comparação entre armadilhas de feromônio de Diatraea saccharalis no monitoramento de adultos em cana-de-açúcar.* 31f. (Trabalho de conclusão de curso) Centro Universitário Moura Lacerda.

Rossoni, C., Kassab, S. O., Loureiro, E. S., Pereira, F. F., Costa, D. P., Barbosa, R. H. & Zanuncio, J. C. (2014a). *Metarhizium anisopliae* and *Beauveria bassiana* (Hypocreales: Clavicipitaceae) are compatible with *Cotesia flavipes* (Hymenoptera: Braconidae). *Florida Entomologist*, *97*(4), 1.794-1.804.

Rossoni, C., Loureiro, E. S., Pereira, F. F., Kassab, S. O., Costa, D. P. & Barbosa, R. H. (2014b). Selectivity of *Metarhizium anisopliae* and *Beauveria bassiana* (Hypocreales: Clavicipitaceae) on adults of *Cotesia flavipes* (Hymenoptera: Braconidae). *Folia Biologica, 62*(3), 269-275.

Sanhueza, F. M. (2019). *Comparação entre armadilhas de feromônio de Diatraea saccharalis e períodos de monitoramento de adultos em cana-de-açúcar.* 35f. (Trabalho de conclusão de curso) Centro Universitário Moura Lacerda.

Santos, L. A. O., Odorizzi, L. A., Lopes, V. L., Danieli, T., Lopes, D. O. P., Fonseca, I. E. A., Silva, B. F. B., Gomes, A. A. L. & Pinto, A. S. (2010). Parasitismo diurno e noturno de *Cotesia flavipes* sobre lagartas de *Diatraea saccharalis* em cana-de-açúcar. In: *Congresso Brasileiro de Entomologia*, 23, Resumos... Natal: EMPARN.

Santos, R. F. (2018). *Qualidade do parasitoide Cotesia flavipes (Cameron, 1891 (Hymenoptera: Braconidae) produzido por biofábricas de diferentes regiões do Brasil.* 76p. (Tese) Faculdade de Ciências Agrárias e Veterinárias/UNESP.

Scandiuzzi, G. F., Lima, A. A., Pinto, A. S., Vasconcelos, G. R. & Parra, J. R. P. (2009b). Proporção de machos e fêmeas de *Cotesia flavipes* e seu efeito no parasitismo em *Diatraea saccharalis*. In: *Simpósio de Controle Biológico*, 11, Resumos... Gramado: UNISINOS / FIOCRUZ / IRGA.

Scandiuzzi, G. F., Lima, A. A., Pinto, A. S. & Vasconcelos, G. R. (2009a). Comprovação da partenogênese arrenótoca de *Cotesia flavipes* parasitando *Diatraea saccharalis*. In: *Simpósio de Controle Biológico*, 11, Resumos... Gramado: UNISINOS / FIOCRUZ / IRGA.

Sgrillo, R. B. (1979). *Desenvolvimento de modelo matemático para população da broca da cana de açúcar, Diatraea saccharalis (Fabr.1794) e simulação da técnica do indivíduo estéril.* 189f. (Tese) Universidade de São Paulo / Escola Superior de Agricultura "Luiz de Queiroz".

Silva, C. C. M., Marques, E. J., Oliveira, J. V., Albuquerque, A. C., Passos, E. M. & Guimarães, J. (2016). Effects of entomopathogenic fungi on different developmental stages of *Cotesia flavipes* (Cam.) a parasitoid of *Diatraea flavipennella* (Box) (Lepidoptera: Crambidae). *Ciências Agrárias, 37*(1), 25-32.

Silva, C. C. M. (2009). *Desempenho do parasitoide Cotesia flavipes (Cam.) (Hymenoptera: Braconidae) sobre Diatraea saccharalis (Fabr.) e Diatraea flavipennella (Box) (Lepidoptera: Crambidae).* 39f. (Dissertação) Universidade Federal Rural de Pernambuco.

Silva, C. C. M., Marques, E. J., Oliveira, J. V. & Nevez-Valente, E. C. (2012a). Preference of the parasitoid *Cotesia flavipes* (Cam.) (Hymenoptera: Braconidae) for *Diatraea* (Lepidoptera: Crambidae). *Acta Scientiarum. Agronomy, 34*(1), 23-27.

Silva, C. C. M. Marques, E. J., Oliveira, J. V., Albuquerque, A. C. & Valente, E. C. N. (2014). Interação de fungos entomopatogênicos com parasitoide para manejo de *Diatraea flavipennella* (Box) (Lepidoptera: Crambidae). *Revista Brasileira de Ciências Agrárias, 9*(3), 389-393.

Silva, G. M. (2018). *Uso de Cotesia flavipes (Cam.) no controle de Diatraea saccharalis (Fabr.) em cana-de-açúcar na Zona da Mata Norte de Pernambuco.* 31f. (Trabalho de conclusão de curso) Universidade Federal da Paraíba.

Silva, J. A. A., Campos, A. L., Veiga, A. F. S. L., Moreira, A. F. C. & Marques, E. J. (1997). Estimativa da suficiência amostral para avaliar intensidade de infestação da *Diatraea* spp. em cana-de-açúcar. *Pesquisa Agropecuária Brasileira, 32*(10), 1.003-1.007.

Silva, M. G. M. F. (2012). *Substituição do formaldeído na dieta artificial para criação de Diatraea saccharalis (Lepidoptera: Crambidae): efeito na biologia do hospedeiro e de seu parasitoide Cotesia flavipes (Hymenoptera: Braconidae).* 81p. (Dissertação) Instituto Biológico.

Silva, R. M. L. & Mendonça, A. F. (1996). Determinação do sexo em pupas de algumas lepidobrocas da cana-de-açúcar. In: Mendonça, A. F. (Ed.) *Pragas da cana-de-açúcar*. Maceió: Insetos & Cia. 123-130

Silva, R. R. & Brandão, C. R. F. (1999). Formigas (Hymenoptera: Formicidae) como indicadores da qualidade ambiental e da biodiversidade de outros invertebrados terrestres. *Biotemas, 12*, 55-73.

Silva, T. L. Campos, C. F. L., Pinto, A. S., Parra, J. R. P., Lima, A. A. & Costa, V. A. (2011). Aprimoramento dos testes de voo para controle de qualidade de *Cotesia flavipes* produzido em laboratório. In: *Simpósio de Controle Biológico*, 12, Resumos... São Paulo: Instituto Biológico.

Silva, T. L., Pinto, A. S. & Canini, F. L. S. (2012b). Seletividade de *Metarhizium anisopliae* para *Cotesia flavipes* aplicado em diferentes concentrações de conídios sobre pupas recém-formadas. In: *Workshop Agroenergia*, 4, Resumo expandido... Ribeirão Preto: IAC.

Silveira Neto, S. (1972). *Levantamento de insetos e flutuação da população de pragas da Ordem Lepidoptera, com o uso de armadilhas luminosas, em diversas regiões do Estado de São Paulo.* 182f. (Tese) Universidade de São Paulo / Escola Superior de Agricultura "Luiz de Queiroz"

Silveira-Neto, S., Carvalho, R. P. L. & Paranhos, S. B. (1968). Flutuação populacional de pragas da cana-de-açúcar em Piracicaba. In: *Reunião Anual da Sociedade Brasileira de Entomologia*, 1, *Resumos*... Piracicaba: SEB.

Simões, R. A. (2012). *Alterações nos parâmetros biológicos de Diatraea saccharalis (Lepidoptera: Crambidae) e Cotesia flavipes (Hymenoptera: Braconidae) causadas por Nosema sp. (Microsporidia: Nosematidae).* 110f. (Tese) Universidade de São Paulo / Escola Superior de Agricultura "Luiz de Queiroz"

Simões, R. A., Reis, L. G., Bento, J. M. S., Solter, L. F. & Delalibera Jr, I. (2012). Biological and behavioral parameters of the parasitoid *Cotesia flavipes* (Hymenoptera: Braconidae) are altered by the pathogen *Nosema* sp. (Microsporidia: Nosematidae). *Biological Control, 63*, 164-171.

Smaniotto, G. Borges Filho, R. C., Bernardi, D., Diez-Rodríguez, G. I., Afonso-Rosa, A. P. S. & Nava, D. E. (2019). Biology of *Cotesia flavipes* (Hymenoptera: Braconidae) strains at different temperatures. *Environmental Entomology*, *48*(3), 649-654.

Solis, M. A. & Metz, M. A. (2016). An illustrated guide to the identification of the known species of *Diatraea* Guilding (Lepidoptera: Crambidae: Crambinae) based on genitalia. *ZooKeys*, *565*, 73-121.

Sousa-Silva, C. R., Sgrillo, R. B., Oliveira, A. R. & Pacheco, J. M. (1992). Uso do P-32 no estudo de predadores de *Diatraea saccharalis* (Fabricius, 1794) (Lepidoptera: Pyralidae). *Anais da Sociedade Entomológica do Brasil*, *21*, 133-138.

Souza, H. D. (1942). A broca da cana de açúcar e seus parasitos em Campos, Estado do Rio de Janeiro. *Boletim do Instituto de Experimentação Agrícola*, *4*, 22-23.

Souza, H. D. & Silva, M. F. (1976), A broca da cana-de-açúcar e seu comportamento na região canavieira da Bahia. In: *Congresso Brasileiro de Entomologia*, 3, Resumos... Maceió: UFAL.

Téran, F. O. (1975). Controle biológico da broca de cana-de-açúcar nas usinas cooperadas. In: *Seminário Copersucar da Agroindústria Açucareira*, 3, Resumos... Piracicaba: Copersucar.

Trevisan, M., De Bortoli, S. A., Vacari, A. M., Laurentis, V. L. & Ramalho, D. G. (2016). Quality of the exotic parasitoid *Cotesia flavipes* (Hymenoptera: Braconidae) does not show deleterious effects after inbreeding for 10 generations. *PLOS ONE*, *11*(8), e0160898.

Uehara, M. T. (2005). *Estratégias de parasitismo da vespa parasitóide Cotesia flavipes, Cameron, 1891 (Hymenoptera: Braconidae).* 126f. (Tese) Faculdade de Filosofia, Ciência de Ribeirão Preto/USP.

Ueno, T. & Tanaka, T. (1994). Can a female parasitoid recognize a previously rejected host? *Animal Behavior*, *47*(4), 988-990.

Vacari, A. M., Souza, G. G., Laurentis, V. L. & De Bortoli, S. A. (2012). Fonte proteica na criação de *Diatraea saccharalis* e seu reflexo na produção e no controle de qualidade de *Cotesia flavipes*. *Bragantia*, *71*(3), 355-361.

Vasconcelos, G. R., Moço Junior, C. A., Cunha, T., Voltan, D. S., Pomari, A. F. & Pinto, A. S. (2009a). Efeito do estresse em lagartas de *Diatraea saccharalis* sobre o parasitismo por *Cotesia flavipes*. In: *Simpósio de Controle Biológico*, 11, Resumos... Gramado: UNISINOS / FIOCRUZ / IRGA.

Vasconcelos, G. R., Moço Junior, C. A., Cunha, T., Voltan, D. S., Pinto, A. S. & Parra, J. R. P. (2009b). Tempo de cópula de *Cotesia flavipes* influenciando no parasitismo de lagartas de *Diatraea saccharalis*. In: *Simpósio de Controle Biológico*, 11, Resumos... Gramado: UNISINOS / FIOCRUZ / IRGA.

Vinha, F. B., Rodrigues, L. R., Pinto, A. S. & Rossi, M. M. (2013). Predação de pupas de *Cotesia flavipes* liberadas em recipientes de papel em canavial. In: *Congresso Brasileiro de Fitossanidade,* 2, Jaboticabal: Funep.

Vinha, F. B., Rodrigues, L. R. & Pinto, A. S. (2019). Use of repellents in *Cotesia flavipes* (Cam.) (Hymenoptera: Braconidae) pupae for aerial release. *Nucleus, 16*, 347-352.

Vinha, F. B., Rodrigues, L. R., Pinto, A. S. & Rossi, M. M. (2014). Aspectos biológicos de *Cotesia flavipes* (Cam.) (Hymenoptera: Braconidae) após a aplicação do ácido tricloro-isocianúrico para a repelência de predadores para a liberação aérea. In: *Congresso Brasileiro de Entomologia*, 25, Resumo... Goiânia: Embrapa / UFG.

Visser, M. E., Jones, T. H. & Driessen, G. (1999). Interference among insect parasitoids: a multi-patch experiment. *Journal of Animal Ecology, 68*, 108-120.

Volpe, H. X. L., De Bortoli, S. A., Barbosa, J. C., Vacari, A. M., Veiga, A. C. P. & Viel, S. R. (2011). Metodologia para avaliar liberações dirigidas de *Cotesia flavipes*. In: *Congresso Brasileiro de Agroecologia*, 7, Resumo... Fortaleza: ABA

Walker, D. W. (1965). Bionomics of the sugarcane borer *Diatraea saccharalis* (Fab.). I. A description of the mating behavior. *Proceeding of the Entomological Society of Washington, 67*(2), 80-83.

White, W. H. & Wilson, L. T. (2012). Feasibility of using an alternative larval host and host plants to establish *Cotesia flavipes* (Hymenoptera: Braconidae) in the temperate Louisiana sugarcane ecosystem. *Environmental Entomology, 41*(2), 275-281.

Wiendenmann, R. N., Smith Jr., J. W. & Darnell, P. O. (1992). Laboratory rearing and biology of the parasite *Cotesia flavipes* (Hym.: Braconidae) using *Diatraea saccharalis* (Lep.: Pyralidae) as a host. *Environmental Entomology, 21*, 1.160-1.167.

Zanatto, B., Fonseca, I. E. A., Dias, T. A. M. & Pinto, A. S. (2013a). Horário de liberação de *Cotesia flavipes* influenciando o parasitismo de lagartas de *Diatraea saccharalis* em cana-de-açúcar. In: *Simpósio de Controle Biológico*, 13, Resumos... Bonito: Embrapa / UFGD.

Zanatto, B. Cantori, L. V., Masson, M. B., Pinto, A. S. & Coelho, W. V. (2013b). Técnicas de liberação de *Cotesia flavipes* no controle de *Diatraea saccharalis* em cana-de-açúcar. In: *Simpósio de Controle Biológico*, 13, Resumos... Bonito: Embrapa / UFGD.

Zério, N. G., Lima, A. A., Pinto, A. S., Parra, J. R. P. & Costa, V. A. (2011). Idade de lagartas de *Diatraea saccharalis* influenciando o parasitismo de *Cotesia flavipes*. In: *Simpósio de Controle Biológico,* 12, Resumos... São Paulo: Instituto Biológico.

Zucchi, R. A. (1988). New species of *Trichogramma* (Hym., Trichogrammatidae) associated with the sugarcane borer *Diatraea saccharalis* (F.) (Lep., Pyralidae) in Brazil. In: *International Symposium on Trichogramma and Other Egg Parasites*, 2, *Proceedings...* Paris: INRA.

Zucchi, R. A., Silveira Neto, S. & Nakano, O. (1993). *Guia de identificação de pragas agrícolas.* Piracicaba: FEALQ. 139p.

CAPÍTULO 8

Trichogramma spp. um caso de sucesso de controle biológico aplicado no Brasil

José Roberto Postali Parra
Aloisio Coelho Junior

Introdução

As espécies de *Trichogramma* estão entre os parasitoides mais estudados no mundo, chegando a ter 28 espécies liberadas na década de 1980, em 28 países, para controle de lepidópteros-praga em culturas anuais ou perenes (Hassan, 1997; van Lenteren, 2012), em áreas correspondentes a 32 milhões de ha (Smith, 1996). Na extinta União Soviética uma área de 17 milhões de hectares foi tratada com *Trichogramma* (Filippov, 1992). No Brasil, a utilização de *Trichogramma* em programas de Controle Biológico Aplicado ou Aumentativo é crescente. Nas últimas safras o referido agente foi liberado em cerca de 3,5 milhões de hectares, com uma dezena de empresas comercializando o parasitoide. Os dados qualificam esta tecnologia como importante tática de controle de pragas no Brasil e como parte de programas de Manejo Integrado de Pragas (MIP).

Os estudos com parasitoides do gênero *Trichogramma* iniciaram-se em 1940 para controlar *Neoleucinodes elegantalis* (Guenée) em tomateiro (Gomes, 1963). Porém, com a síntese dos inseticidas organossintéticos, houve interrupção nos estudos de controle biológico em geral – e com *Tri-*

chogramma em particular –, até que Moraes et al. (1983) iniciaram, sob influência de pesquisadores franceses, os estudos do controle de pragas de florestas com esse parasitoide.

Estudos com *Trichogramma* numa abordagem inter e multidisciplinar, visando ao controle de pragas agrícolas, iniciaram-se com o apoio do dr. Jean Voegelé (INRA, Antibes, França), um dos líderes nos estudos com *Trichogramma* na década de 1980. Ele inspirou o grupo da Escola Superior de Agricultura "Luiz de Queiroz" (ESALQ), da Universidade de São Paulo (USP), a iniciar os estudos com esse parasitoide a partir de 1984 (Parra & Zucchi, 2004).

O projeto de pesquisa desenvolvido na ESALQ/USP foi realizado em etapas, de forma sistemática e contínua, envolvendo diferentes áreas de pesquisa, de forma aplicada. O objetivo era essa tecnologia chegar ao agricultor, com ênfase no controle de pragas em campo aberto e não em casa-de-vegetação – como se faz em outros países, especialmente europeus. O Brasil é líder em Agricultura Tropical, portanto, com características próprias. Como consequência, para utilização do CB, em grandes áreas, devem ser feitas adequações que serão discutidas neste livro.

As principais etapas do projeto citado podem ser assim resumidas:

1. **Coleta, identificação e manutenção de linhagens de *Trichogramma*;**
2. **Seleção de um hospedeiro alternativo para criação massal do parasitoide;**
3. **Estudos biológicos e comportamentais do parasitoide e do hospedeiro alternativo;**
4. **Dinâmica de ovos da praga visada;**
5. **Criação massal e controle de qualidade;**
6. **Técnica de liberação, número de parasitoides liberados e intervalo de liberação em função da fenologia da planta e número de pontos de liberação;**
7. **Seletividade de agroquímicos;**
8. **Avaliação da eficiência;**
9. **Custo/benefício.**

No início, o programa foi direcionado para o controle da *Diatraea saccharalis* (Fabricius) (em cana-de-açúcar), *Chloridea virescens* (Fabricius) e *Alabama argillacea* (Hübner) em algodoeiro, passando, posteriormente, para outras pragas (Parra et al., 1991).

O objetivo do presente capítulo é mostrar os avanços obtidos nestes 37 anos de estudos, desde o seu início. E como o modelo serviu de base para outros programas de Controle Biológico no Brasil, bem como a viabilidade do uso de *Trichogramma* em várias culturas agrícolas.

Histórico de *Trichogramma* no Brasil

As pesquisas com *Trichogramma* iniciaram-se no Brasil na década de 1940 e visavam ao controle da broca-pequena-do-fruto, *Neoleucinodes elegantalis* (Guenée) na cultura do tomate. As referidas pesquisas foram desenvolvidas por um grupo da Universidade Federal Rural do Rio de Janeiro em Seropédica. Este programa foi descontinuado, devido à grande adesão, por parte dos produtores, à utilização de produtos fitossanitários (Parra et al., 2015). Após um hiato em pesquisas e na utilização de *Trichogramma*, na década de 1980, um grupo de Minas Gerais – liderado pelo prof. George Washington de Moraes, da Universidade Federal de Minas Gerais – reiniciou os estudos com *Trichogramma*, para controle de pragas de florestas (Moraes et al., 1983). No ano de 1984 foram iniciadas as pesquisas com *Trichogramma* na ESALQ/USP – sob influência de pesquisadores franceses, liderados pelo dr. Jean Voegelè (INRA) que ministrou um minicurso na ESALQ; no ano seguinte o prof. José Roberto P. Parra, da ESALQ, foi à França para conhecer o tema. Um diferencial do programa conduzido na ESALQ foi a abrangência dos temas estudados, consolidando a filosofia de construírem-se programas de maneira inter e multidisciplinar.

Após o treinamento em taxonomia – em parceria com o dr. Bernard Pintureau (INRA) e o prof. John Pinto (UC-Riverside) –, o prof. Roberto Antonio Zucchi, descreveu a espécie *Trichogramma galloi* Zucchi, 1988; como homenagem ao prof. Domingos Gallo (ESALQ/ USP), um dos precursores do Controle Biológico no Brasil (Zucchi, 1988). O hospedeiro natural no qual o parasitoide foi coletado foi *Diatraea saccharalis* (Fabricius) e hoje essa espécie de parasitoide é utilizada em cerca de três milhões de hectares para controlar broca-da-cana. Havia na época confusão quanto a espécie que ocorria em ovos da broca-da-cana, considerando-se como *T. minutum* – e o prof. Zucchi classificou-a como espécie nova.

Outro grande marco na utilização de *Trichogramma* foi o programa de controle biológico em tomateiro irrigado, conduzido na região de Petrolina, PE, e Juazeiro, CE, pela dra. Francisca Nemaura Pedrosa Haji (Embrapa Semiárido) na década de 1990. O referido programa utilizou com sucesso *Trichogramma pretiosum* Riley, importado da Colômbia, para o controle de *Tuta absoluta* (Meyrick), em área de 1.500 ha, sendo na época um dos maiores casos de sucesso na utilização da tecnologia (Haji et al., 2002). Uma intensa atividade de pesquisa, ensino e extensão sobre o tema avançou nos anos seguintes.

Parra & Consoli (1992) publicam a primeira tentativa de uma dieta artificial para criação *in vitro* de *Trichogramma;* em 1996, em Piracicaba, SP, acontece o "I International Workshop of Biological Control with *Trichogramma*", evento que traz ao Brasil as maiores autoridades mundiais em *Trichogramma*; Parra & Zucchi (1997) editam o livro "*Trichogramma* e o Controle Biológico Aplicado", com todas as informações geradas no referido Workshop. No ano de 2001 outro grande marco para utilização de *Trichogramma* foi a criação da primeira empresa a comercializar o parasitoide no Brasil – com incentivos da Fundação de Amparo à Pesquisa do Estado de São Paulo (Fapesp). Parra et al. (2002) editam o livro "Controle Biológico no Brasil: Parasitoides e Predadores", e impulsionam a difusão do controle biológico no Brasil, obviamente contendo muitas informações sobre *Trichogramma*; no ano de 2008, o II International Workshop of Biological Control with *Trichogramma* foi realizado novamente no Brasil, trazendo o estado da arte em *Trichogramma* em nível mundial; Cônsoli et al. (2010) congregaram as informações trazidas do II workshop no livro "Egg parasitoids in agroecosystems with emphasis on *Trichogramma*". Outra grande contribuição para a difusão no uso de *Trichogramma* é o guia de identificação de espécies do Brasil produzido por Querino & Zucchi (2011).

Após anos de intensa movimentação cientifica sobre *Trichogramma,* no ano de 2010, *T. galloi* chega ser utilizado em 500 mil hectares de cana-de-açúcar para o controle de *D. saccharalis* (Parra et al., 2015); na cultura da soja na safra de 2013-2014 *T. pretiosum* foi utilizado numa área de 250 mil hectares, para o controle de *Chrysodeixis includens* (Walker) e *Helicoverpa armigera* (Hübner) (Parra et al., 2015). Na safra de 2018, *T. galloi* já atinge 2 milhões de hectares de cana-de-açúcar e *T. pretiosum*, além de manter sua área de utilização em soja, passa a ser utilizado em cultivos protegidos de tomateiro, e novamente a ser difundido em áreas irrigadas do nordeste brasileiro – desta vez sob a liderança do dr. Tiago C. Costa-Lima (Embrapa Semiárido) (Parra & Coelho Jr., 2019). Em 2020 *T. galloi* foi liberado em três milhões de hectares de cana-de-açúcar para controlar *D. saccharalis* (J. R. P. Parra, informação pessoal). Todas estas etapas são apresentadas, com a respectiva cronologia na Figura 1.

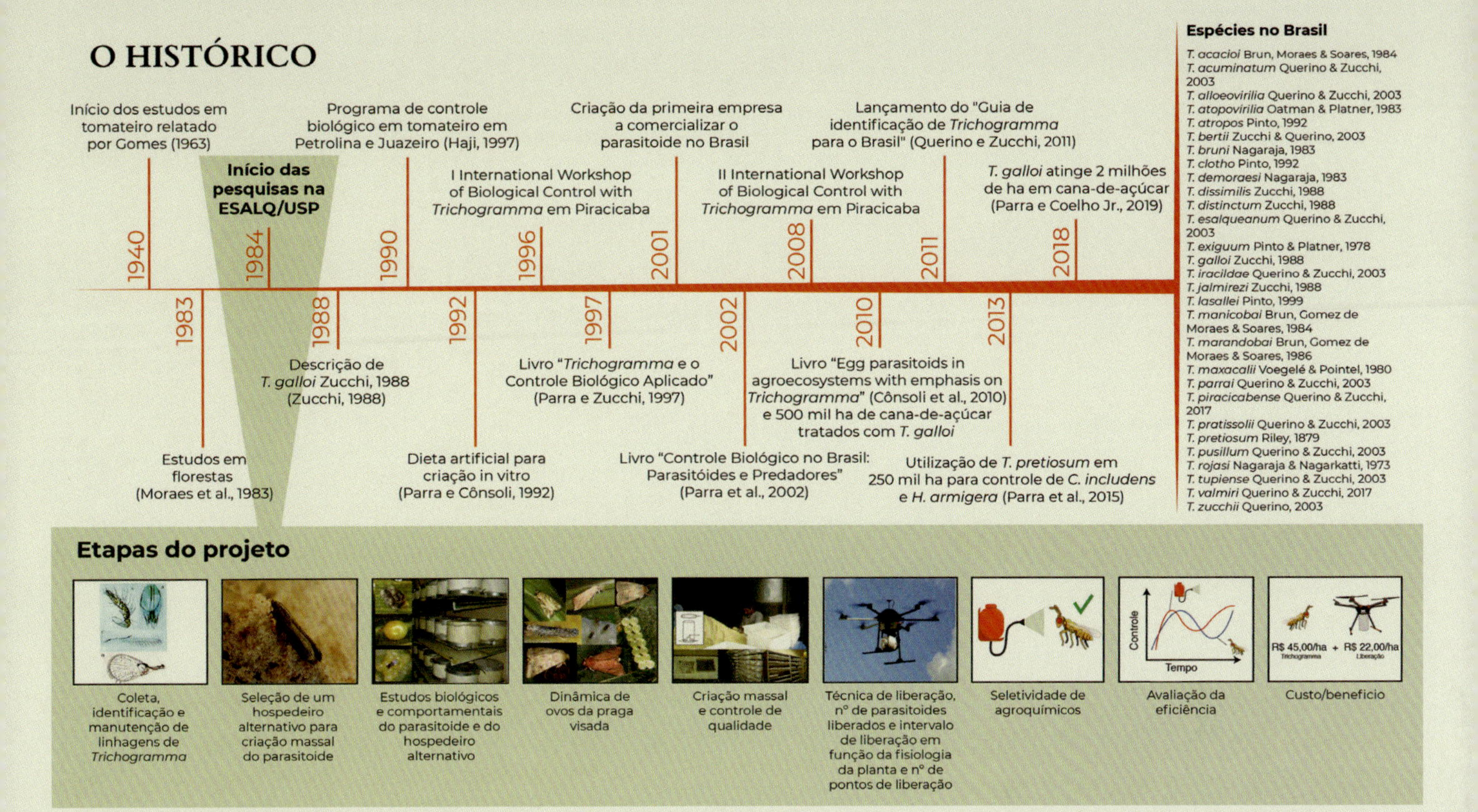

Figura 1. Linha do tempo do programa de controle biológico com *Trichogramma* no Brasil.

Coleta, identificação e manutenção de linhagens de *Trichogramma*

Muitos erros cometidos no passado levaram ao descrédito do uso de *Trichogramma*, especialmente nos EUA, por utilizarem o parasitoide de forma inadequada (Parra & Zucchi, 2004). Era considerada apenas a sua inespecificidade e esse era um dos fatores da ineficiência do parasitoide (Parra et al., 2015). Hoje, sabe-se que as espécies de *Trichogramma* têm exigências microclimáticas bem definidas, embora inespecíficas. Assim, as linhagens de *Trichogramma* devem ser mantidas isoladas por local e hospedeiro de coleta, pois, às vezes, uma espécie coletada em uma região fria pode não ser eficiente numa região quente e vice-versa (Bleicher & Parra, 1990a, 1990b; Coelho Jr. et al., 2018). Entende-se por linhagens as coletas realizadas no mesmo local, sobre determinado hospedeiro. São mantidas em laboratório, identificadas por um código que indica a espécie, o local de coleta e a estação do ano (Geremias, 2008).

Para produção do parasitoide em larga escala, deve-se dar preferência ao inimigo natural coletado em ovos da praga-alvo. Há mais de 235 espécies de *Trichogramma* conhecidas no mundo, sendo 30 delas registradas no Brasil (Tabela 1) (Querino & Zucchi, 2019). As mais utilizadas no CB são *T. galloi* e *T. pretiosum*; em menor escala, *T. atopovirilia* (Parra et al., 2014).

Tabela 1. Lista de espécies de *Trichogramma* registradas no Brasil (Querino & Zucchi, 2019).

Trichogramma acacioi Brun, Moraes & Soares, 1984
Trichogramma acuminatum Querino & Zucchi, 2003
Trichogramma alloeovirilia Querino & Zucchi, 2003
Trichogramma atopovirilia Oatman & Platner, 1983
Trichogramma atropos Pinto, 1992
Trichogramma bertii Zucchi & Querino, 2003
Trichogramma bruni Nagaraja, 1983
Trichogramma clotho Pinto, 1992*
Trichogramma demoraesi Nagaraja, 1983
Trichogramma dissimilis Zucchi, 1988
Trichogramma distinctum Zucchi, 1988
Trichogramma esalqueanum Querino & Zucchi, 2003
Trichogramma exiguum Pinto & Platner, 1978
Trichogramma foersteri Takahashi et al., 2021
Trichogramma galloi Zucchi, 1988
Trichogramma iracildae Querino & Zucchi, 2003
Trichogramma jalmirezi Zucchi, 1988
Trichogramma lasallei Pinto, 1999
Trichogramma manicobai Brun et al., 1984
Trichogramma marandobai Brun et al., 1986
Trichogramma maxacalii Voegelé & Pointel, 1980
Trichogramma parrai Querino & Zucchi, 2003
Trichogramma piracicabense Querino & Zucchi, 2017*
Trichogramma pratissolii Querino & Zucchi, 2003
Trichogramma pretiosum Riley, 1879
Trichogramma pusillum Querino & Zucchi, 2003
Trichogramma rojasi Nagaraja & Nagarkatti, 1973
Trichogramma tupiense Querino & Zucchi, 2003
Trichogramma valmiri Querino & Zucchi, 2017*
Trichogramma zucchii Querino, 2003*

* Novos registros.

A coleção de linhagens da ESALQ contém espécimes de diferentes pontos do país e é supervisionada por um taxonomista, para evitar os erros do passado. Por exemplo, como já comentado, *T. minutum* foi, por muito tempo, referido como parasitoide de *D. saccharalis* no Brasil, entretanto, essa espécie não ocorre no território brasileiro (Querino & Zucchi, 2007).

Assim, nas criações de *Trichogramma,* as espécies devem ser mantidas em salas separadas; se isto não for feito, pode ocorrer competição interespecífica com predominância da espécie mais agressiva. Um exemplo disso ocorre com *T. pretiosum,* que sempre suplanta *T.* galloi, quando essas espécies são mantidas no mesmo local de criação (Parra, 2002).

A identificação é feita por características morfológicas (Zucchi et al., 2010), moleculares (Ciociola Jr. et al., 2001a; Ciociola Jr. et al., 2001b; Stouthamer, 2006) e até por reflectância (análise hiperespectral de imagens) (Nansen et al., 2014). Os estudos com simbiontes, especialmente *Wolbachia,* bactéria que provoca feminização, partenogênese telítoca ou incompatibilidade citoplasmática pode ser eliminado para obtenção de machos, base da identificação morfológica específica de *Trichogramma.* Assim, "tratando-se" os adultos com antibióticos, elimina-se a bactéria e obtêm-se os machos, que só eram obtidos em temperatura superior a 28 °C, pois nela ocorre essa supressão (Stouthamer et al., 1990).

Seleção de hospedeiros alternativos para criação massal do parasitoide

Uma das grandes vantagens de *Trichogramma* é a possibilidade de ser criado em hospedeiros alternativos, tornando o custo de produção bem menor que o de uma criação realizada no hospedeiro natural.

Por muito tempo, após a publicação de Flanders (1927), *Sitotroga cerealella* (Olivier) foi utilizada como hospedeiro alternativo, sendo que muitos países, como Colômbia, Peru e Alemanha, continuam a utilizar essa traça para a criação massal do parasitoide. Entretanto, a partir da pesquisa de Lewis et al. (1976), ficou demonstrada a superioridade nutricional de *Anagasta kuehniella* Zeller em relação a *S. cerealella* – por produzir parasitoides mais longevos e fecundos. Assim, muitos países passaram a utilizar *A. kuehniella* (assim denominada pelos americanos, e de *Ephestia kuehniella* pelos europeus).

Os chineses, usuários de *Trichogramma* em diversas culturas, utilizam *Corcyra cephalonica* (Stainton), ou ovos (óvulos) de bichos-da-seda como *Antheraea pernyi* Guérin-Méneville ou *Samia cynthia ricini* (Jones) (Parra & Zuchi, 1997).

Anagasta kuehniella se mostra como o hospedeiro mais adequado, no Brasil, para a multiplicação e liberação em campo de *T. pretiosum, T. galloi* e *T atopovirilia* (Tabela 2). Essa traça é também nutricionalmente superior a *S. cerealella* para *T. bruni* Nagaraja *e Trichogrammatoidea annulata* De Santis (Dias et al., 2010a), provavelmente devido à qualidade nutricional dos ovos de *A. kuehniella* (Figura 2).

Tabela 2. Hospedeiro alternativo para a criação das espécies de *Trichogramma* e *Trichogrammatoidea* utilizados no Brasil.

Espécies	Hospedeiros alternativos
T. pretiosum	*A. kuehniella* (Parra et al., 1991)
T. galloi	*A. kuehniella* ou *C. cephalonica* (Gomes & Parra, 1998)
T. atopovirilia	*A. kuehniella* ou *C. cephalonica* (Dias et al., 2010)
T. annulata	*C. cephalonica* (Dias et al., 2010)
T. bruni	*C. cephalonica* (Dias et al., 2010)

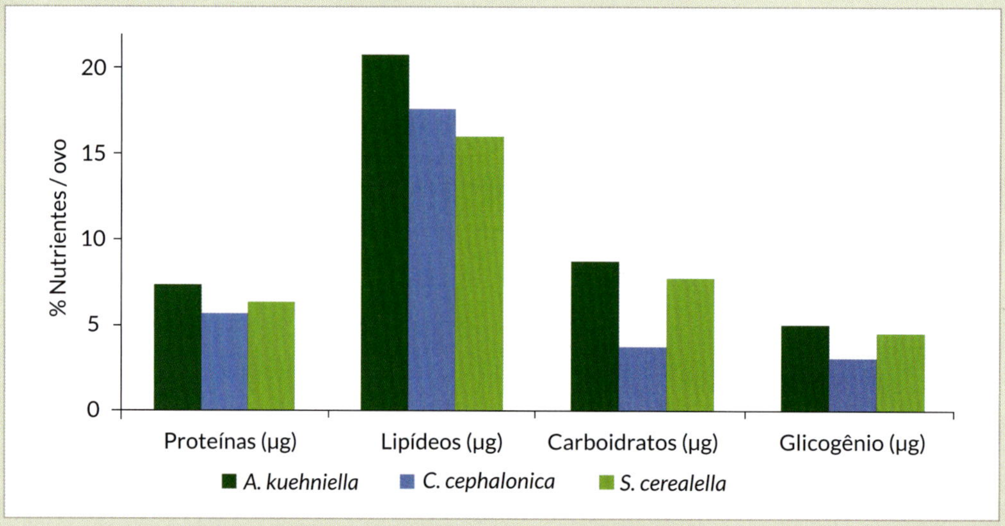

Figura 2. Porcentagem de nutrientes em relação ao peso dos ovos de três hospedeiros alternativos (Parra et al., 2014).

Aspectos biológicos, comportamentais e controle de qualidade

A influência de fatores bióticos (acasalamento, oviposição, alimentação de adultos) e abióticos (temperatura, umidade relativa, fotoperíodo e concentração de CO_2 e O_2) foi exaustivamente estudada (Coelho Jr. et al., 2016; Cônsoli et al., 2010; Hassan, 1997; Panizzi & Parra, 2012) – sobre várias espécies de *Trichogramma* e do hospedeiro alternativo.

Na seleção de linhagens de *Trichogramma* para as pragas-alvo utilizam-se parâmetros biológicos (duração, viabilidade, razão sexual, capacidade de parasitismo e de voo, longevidade, entre outros), e procede-se a uma análise de agrupamento para definir a mais adequada. De acordo com Prezotti et al. (2004), apenas a fertilidade e a razão sexual são parâmetros suficientes para a seleção dc linhagens em condições de laboratório. Coelho Jr. et al. (2016) confirmaram esta afirmação, por meio de um estudo utilizando marcadores moleculares. Pôde-se comprovar que as linhagens definidas como "melhores", pela fertilidade e razão sexual em laboratório, foram realmente as que apresentaram o melhor desempenho em condições de campo.

A capacidade de voo é um bom indicador da qualidade de tricogramatídeos (Dias-Pini et al., 2014; Prezotti et al., 2002). Segundo Coelho Jr. et al. (2018), que avaliaram linhagens com diferentes performances em laboratório e campo, o teste de voo isoladamente não possui sensibilidade para definir a isolinhagem com maior aptidão biológica, sendo estas isolinhagens do mesmo local; porém, entre isolinhagens com diferentes origens geográficas o teste se mostra efetivo. As exigências térmicas para as principais espécies de *Trichogramma* são estudadas para facilitar a criação do parasitoide, com previsão de produção em laboratório.

Tabela 3. Parasitismo (± EPM) em 24h de *Trichogramma pretiosum* e de *Trichogramma galloi* em 48h, em hospedeiros alternativos. 25 ± 1 °C; UR: 60 ± 10% e fotofase de 14h (Gomes & Parra, 1998).

Espécies	*A. kuehniella*	*C. cephalonica*	*S. cerealella*
T. pretiosum	23,9 ± 1,92 a	23,36 ± 1,75 a	18,59 ± 1,69 b
T. galloi	47,0 ± 8,20 a	-	35,00 ± 6,08 b

* Letras maiúsculas iguais na coluna não diferem, entre si, pelo teste de Tukey (P<0,05); letras minúsculas iguais na linha não diferem pelo mesmo teste.

O controle de qualidade, seja com medições de aspectos biológicos ou com técnicas moleculares, é fundamental para o parasitoide criado ser tão competitivo quanto o da natureza (van Lenteren, 2003). *Trichogramma pretiosum* – criado por 25 gerações sucessivas em laboratório em ovos de *A kuehniella* não apresenta problemas de degeneração, mostrando-se competitivo com os insetos da natureza (Prezotti et al., 2004). Por outro lado, Bertin et al. (2018) mostraram que a criação de *T. galloi,* por gerações sucessivas em hospedeiro alternativo, leva a uma diminuição na performance deste agente de CB. Essa diminuição está relacionada a adaptação à criação de laboratório e à diminuição da variabilidade genética da população. As técnicas de controle de qualidade, recomendadas pela IOBC, são adotadas para as espécies brasileiras, incluindo testes de voo (Prezotti et al., 2002).

A tabela de vida de fertilidade pode ser uma ferramenta para selecionar o hospedeiro alternativo mais adequado de *Trichogramma*. Os estudos biológicos demonstraram a adequação nutricional de *A. kuehniella* para as espécies brasileiras, por permitirem maior parasitismo (Tabela 3), por se multiplicarem mais a cada geração (R_0) (Tabela 4) e por produzirem parasitoides maiores (Tabela 5).

Tabela 4. Taxa líquida de reprodução (R_0) (± EPM) de *Trichogrammatoidea annulata*, *Trichogramma atopovirilia* e *Trichogramma bruni* em três hospedeiros alternativos (Dias et al., 2010a).

Espécies	Hospedeiros alternativos R_0		
	A. kuehniella	*C. cephalonica*	*S. cerealella*
T. bruni	47,07 ± 3,95 a	27,58 ± 3,88 b	14,72 ± 1,90 c
T. atopovirilia	77,74 ± 6,90 a	96,74 ± 8,78 a	28,68 ± 3,11 b
T. annulata	64,40 ± 6,91 a	77,00 ± 5,71 a	27,29 ± 1,95 b

* Médias seguidas da mesma letra não diferem, entre si, pelo teste "t" unilateral ($P<0.05$)

Tabela 5. Tamanho das tíbias (µm) (± EPM) de *Trichogramma pretiosum* criado em *Sitotroga cerealella* e *Anagasta kuehniella*, quando emergiram um ou dois indivíduos/ovo (Parra et al., n. pub.).

Hospedeiros	Tamanho tíbia (µm)	
	1 indivíduo/ovo*	2 indivíduos/ovo*
S. cerealella	146,6 ± 0,84 aA	125,3 ± 3,18 aB
A. kuehniella	154,6 ± 1,59 bA	125,9 ± 4,41 aB

* Letras maiúsculas iguais na coluna não diferem, entre si, pelo teste de Tukey ($P<0,01$); letras minúsculas iguais na linha não diferem pelo mesmo teste.

Dias et al. (2010a) relataram que a criação de *T. bruni* em laboratório é difícil, seja em ovos de *A. kuehniella*, *C. cephalonica* ou *S. cerealella*. Os autores referiram ainda que *Trichogrammatoidea annulata* De Santis, *T. atopovirilia* e *T. bruni* apresentaram capacidade adaptativa ao hospedeiro alternativo ao longo das gerações, com base em parâmetros biológicos. *Corcyra cephalonica* é o hospedeiro alternativo mais adequado para *T. annulata* e *T. bruni* e *C. cephalonica* e/ou *A. kuehniella* são os mais adequados para *T. atopovirilia*. Tais estudos basearam-se em parâmetros biológicos, capacidade de voo e em tabela de vida de fertilidade.

Criação massal de *A. kuehniella*

A criação de *A. kuehniella* desenvolvida no Brasil se baseou no modelo francês (Daumal et al., 1975, 1985) – o ciclo básico da criação é apresentado na Figura 3. Seguiram-se propostas adaptadas às condições brasileiras (Parra, 1997, 2010; Parra et al., 2014). Utilizam-se dietas à base de farinha de trigo integral (97%) e levedura de cerveja (3%) (Parra et al., 1989) ou farinha de trigo (40%) e farinha de milho (Parra et al., 1994). A sequência de produção é apresentada em Parra (2010), e estudos mais recentes confirmam os trabalhos de Cerutti et al. (1992). Isso porque altas populações de lagartas elevam a temperatura entre 7 e 9 °C no interior das caixas de criação, no final do desenvolvimento, devido à atividade metabólica dos insetos no local (Coelho Jr. et al., 2018). Essa elevação térmica não somente acarreta um prolongamento do período larval, como origina adultos menores, que vivem pouco e colocam menos ovos (Coelho Jr. & Parra, 2013a). A concentração de CO_2 no interior das salas de criação (superior a 1.200 ppm) pode prejudicar a produção de ovos (Coelho Jr. & Parra, 2013b).

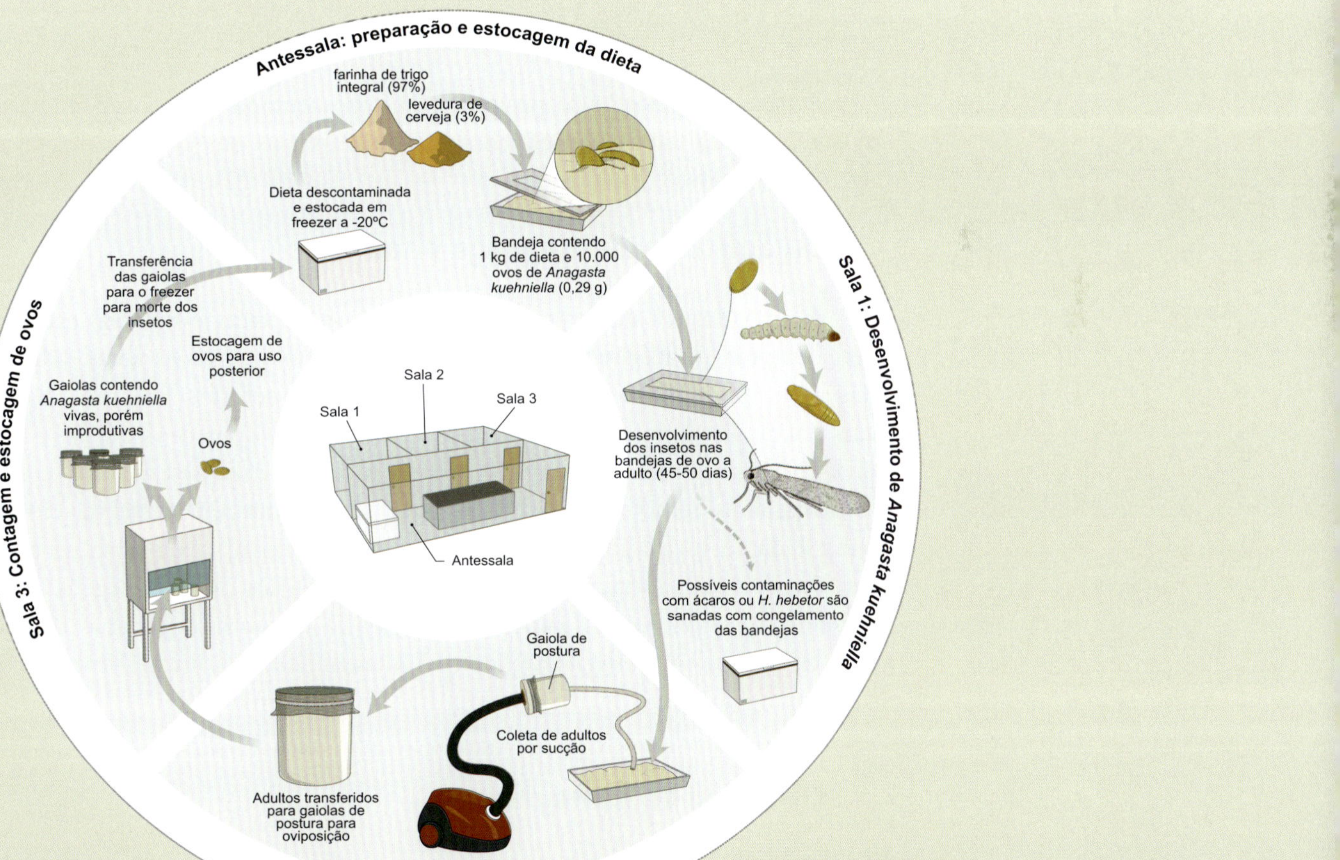

Figura 3. Esquema de criação de *Anagasta kuehniella* Zeller desenvolvido na ESALQ/USP.

* Caso seja detectada a contaminação de bandejas por *Habrobracon hebetor* Say na **sala 1,** descartar a bandeja, contendo os parasitoides (no freezer) o mais breve possível.

** Na **sala 2,** pode haver o convívio com *H. hebetor,* uma vez que as bandejas permanecem nesta sala por 15-20 dias, porém, no final do período de emergência de adultos, descartar a bandeja colocando-a no freezer. Na **sala 2**, a umidade relativa do ar deve ser mantida por volta de 50%, para evitar-se a infestação por ácaros (causa alergia aos técnicos sensíveis). O descarte das bandejas em freezer, juntamente com uma limpeza da sala, auxilia no controle dos ácaros.

*** Assim como na sala 2, na **sala 3,** a umidade relativa do ar deve ser mantida em torno de 50%; simultaneamente, deve-se ter uma rotina de limpeza da sala a fim de se evitar grandes infestações de ácaros. Todo o material biológico descartado da sala 3 também deve ser colocado em freezer por, no mínimo, 24h.

A partir da criação de pesquisa aqui apresentada deverá ser feito um ajuste de escala para criações massais, por empresas que comercializam os agentes de controle biológico.

Dinâmica de ovo da praga visada

A amostragem de pragas nas condições brasileiras é um dos grandes gargalos para utilização de Controle Biológico, pois como as áreas cultivadas são muito grandes, torna-se difícil utilizar métodos de amostragem convencionais ("pano de batida" em soja ou com amostragem visual nas plantas). Poder-se-ia pensar para o futuro em métodos mais sofisticados, como sensoriamento remoto (Nansen et al., 2013). Entretanto, é possível relacionar o início da postura com a fenologia da planta, por exemplo, em cana-de-açúcar (Lopes, 1988). Atualmente, utilizam-se feromônios (fêmeas virgens) para avaliar o início da postura para o controle da *D. saccharalis* em cana-de-açúcar e de *Gymnandrosoma aurantianum* Lima em citros (Gomez-Torres, 2005) ou a contagem direta de ovos nas culturas (*vide* capitulo 17).

Liberação de *Trichogramma*

Técnicas de liberação

A forma de liberação do parasitoide é bastante variável, desde liberação de adultos, pupas prestes a emergir (Pinto et al., 2003) ou cápsulas de papelão, produzidas por empresas privadas, que permitam a emergência do parasitoide e impedem a predação (especialmente por formigas). Cartelas com ovos colados com goma arábica foram utilizadas desde o início dos estudos, contendo ovos parasitados e prestes a emergência (Parra & Zucchi, 1997).

O "pivot" central foi usado para liberação de adultos em tomate industrial, na região Nordeste (Petrolina, PE) (Haji et al., 2002). Na safra de 2013, empresas que atuam no Brasil, utilizaram motocicletas para liberação de *T. pretiosum* em soja, algodoeiro, milho e feijoeiro. Hoje, ovos parasitados soltos (a granel) são liberados em grandes áreas por meio de drones pertencentes a empresas especializadas no tema (*vide* capítulo 17).

Número de liberações

O número de parasitoides a ser liberado pode ser definido em testes de laboratório, semicampo e campo. Esses estudos foram realizados visando ao controle de diversas espécies pragas em várias culturas (Tabela 6).

Tabela 6. Proporção ideal de *Trichogramma* spp. por ovo de pragas em diversas culturas em semicampo.

Parasitoide	Praga	Proporção ovo:parasitoide	Cultura
Trichogrammatoidea annulata	*S. catenifer*	1:28	Abacate[1]
T. atopovirilia	*S. catenifer*	1:30	Abacate[1]
T. galloi	*D. saccharalis*	1:1,6	Cana-de-açúcar[2]
T. pretiosum	*A. gemmatalis*	1:5,3	Soja[3]
T. pretiosum	*A. gemmatalis*	1:25,6	Soja[4]
T. pretiosum	*G. aurantianum*	1:36	Laranja[5]
T. pretiosum	*H. zea*	1:10,7	Milho[6]
T. pretiosum	*C. includens*	1:51,2	Soja[7]

[1](Nava et al., 2007); [2](Lopes, 1988); [3](Zachrisson, 1997); [4](Bueno et al., 2012); [5](Gomez-Torres, 2005); [6](Sá & Parra, 1993).

Para culturas perenes, o número de parasitoides a ser liberado é maior. Em pomares de laranja, recomendam-se 36 indivíduos de *T. pretiosum* por ovo de *G. aurantianum*, que podem representar um grande número de parasitoides liberados, ou seja, de 70.000 a 3,8 milhões de parasitoides/ha (Glenn & Hoffmann, 1997; Gomez-Torres et al., 2008; Hassan et al., 1988; Mills et al., 2000; Newton & Odendaal, 1990; Oatman & Platner, 1985).

Em muitos países, a liberação é feita com número fixo de parasitoides, independentemente da população da praga. Liberações dos parasitoides com número de inimigos naturais relacionados à população da praga poderão levar a melhores resultados de controle. O preparo de cartelas ou cápsulas com ovos de *Trichogramma* parasitados em dias diferentes poderá levar a um maior período de atuação do parasitoide (Pinto et al., 2003).

Número de pontos de liberação

O número de pontos de liberação foi avaliado em cana-de-açúcar (Lopes, 1988); em milho (Geremias & Parra, 2014; Sá & Parra, 1993) e em soja (Bueno et al., 2012; Zachrisson & Parra, 1998).

O número de pontos de liberação de *Trichogramma* é fundamental para que ocorra uma liberação homogênea dos parasitoides na área tratada. Essa informação é obtida em função da dispersão dos parasitoides que pode variar de acordo com a cultura (Tabela 7).

Tabela 7. Dispersão de *Trichogramma* em diferentes culturas

Espécies	Culturas	Dispersão (m)
T. atopovirilia	Citros	8 a 10[1]
T. atopovirilia	Batata	8,5[2]
T. galoi	Cana-de-açúcar	10[3]
T. galoi	Milho	11,8 a 12,1[4]
T. pretiosum	Soja	8[5]
T. pretiosum	Milho	6,3 a 9,3[6]
T. pretiosum	Tomate	7,4 a 7,9[7]
T. pretiosum	Macieira	6,7[8]

[1](Gomez-Torres, 2005); [2](Domingues, 2006); [3](Lopes, 1988); [4](Geremias & Parra, 2014); [5](Bueno et al., 2012); [6](Sá et al., 1993); [7](Pratissoli et al., 2005); [8](Pastori et al., 2008)

Seletividade de agroquímicos

Não há no Brasil tradição de trabalhos de seletividade de inseticidas, herbicidas ou fungicidas. Entretanto, nos últimos anos, aumentou o número de pesquisadores brasileiros no assunto, após as revisões de Foerster (2002) e Degrande et al. (2002). Embora ainda não existam citações de produtos seletivos para todas as culturas em relação a *Trichogramma*, listas de produtos seletivos começaram a ser publicadas para algumas culturas (Carvalho et al., 2010; Cônsoli et al., 2001; Grutzmacher et al., 2004).

Na citricultura, os produtos à base de Bt para o controle de *G. aurantianum,* o bicho-furão, são inócuos a *T. atopovirilia.* Entretanto, o óleo mineral é bastante prejudicial à espécie, independentemente se o parasitoide foi criado em hospedeiro alternativo (*A. kuehniella*) ou natural (*G. aurantianum*) (Matos, 2008) (*vide* capítulo 18).

Eficiência de avaliação e custo/benefício

Existe uma preocupação no Brasil de que o agricultor só deve utilizar CB se o custo da liberação for igual ou inferior ao da aplicação do método químico, portanto, de modo geral, esquecem-se das vantagens ambientais e sociais do CB.

Casos excepcionais, como na cultura do tomateiro, permitem que sejam feitas dez liberações de inimigos naturais durante o ciclo da cultura, devido à sua alta rentabilidade (Haji et al., 2002). Entretanto, outras culturas por serem pouco rentáveis, não permitem mais que três liberações de inimigos naturais por ano.

De qualquer forma, o principal exemplo de sucesso de CB no Brasil é em cana-de-açúcar, onde se liberam *C. flavipes* em cerca de 3,5 milhões de ha para controlar a broca-da-cana, *D. saccharalis* ao lado de cerca 3 milhões de ha "tratados" com *T. galloi* também para controlar a broca-da-cana (Parra & Coelho Jr., 2019). Essa área tratada com agentes de CB representa quase metade da área da cana-de-açúcar plantada no Brasil (Parra, 2014).

As áreas de batatas tratadas com *T. atopovirilia* apresentaram redução dos danos causados por *Phthorimaea operculella* (Zeller), quando comparadas ao controle químico (Domingues, 2006) (Tabela 8).

Tabela 8. Batatas (±DPM), danificadas em função do ataque de *P. operculalla*, observadas em avaliação durante a colheita dos tubérculos, nos tratamentos convencional e com *T. atopovirilia* (Domingues, 2006).

Tratamentos	Batatas danificadas (%)
Convencional (químico)	12,37 ± 1,84 a
T. atopovirilia (biológico)	7,30 ± 1,04 b

Médias seguidas da mesma letra não diferem entre si pelo teste t ($P<0,05$)

Estudos com *Trichogramma* no Brasil

As pesquisas com *Trichogramma* envolvendo ações inter e multidisciplinares motivaram pesquisadores de vários estados brasileiros.

Entretanto, muitos resultados não foram transferidos ao agricultor pela falta de um bom serviço de extensão ou mesmo disponibilidade de insumos biológicos. As empresas que comercializam inimigos naturais chegaram recentemente ao Brasil. Embora existam cerca de 30 empresas comercializando microrganismos para controle de pragas e cerca de 30 laboratórios para produzir *C. flavipes* para controle de pragas, apenas seis laboratórios produziam *Trichogramma* ao lado de outras 15 empresas que produzem outros insetos e ácaros para controlar pragas agrícolas (Parra, 2014). Hoje existem cerca de nove empresas produzindo *Trichogramma*.

O volume de informações e resultados é muito grande especialmente para algodoeiro, soja, cana-de-açúcar, tomateiro e outras hortaliças, milho, pragas de grãos armazenados, citros, abacateiro, feijoeiro etc. Com a introdução de *Helicoverpa armigera* (Hübner) no Brasil (Czepak et al., 2013; Specht et al., 2013), *T. pretiosum* é utilizado em cerca de 250.000 ha para controle da praga em soja, algodoeiro, milho, citros, feijoeiro, milheto etc. A área tratada não é maior devido à falta de insumo biológico no mercado, pois a demanda chega a ser de alguns milhões de hectares.

Milho

A postura em camadas e escamas sobre os ovos de *Spodoptera frugiperda* (J. E. Smith) torna menos eficiente o parasitismo por *Trichogramma* spp. (Beserra & Parra, 2005). Entretanto, recomenda-se liberações de *T. pretiosum* e/ou *T. atopovirilia* em áreas atacadas pela lagarta-do-cartucho (Cruz et al., 1999). A maior eficiência de *T. pretiosum* ou *T. atopovirilia* depende, além dos ovos em camadas, da posição em que os ovos são colocados, pois se colocados na parte inferior da planta, *T. atopovirilia*, por exemplo será menos eficiente. Estuda-se a possibilidade da associação de *T. pretiosum* ou *T. atopovirilia* com *Telenomus remus* (Nixon) para controle da praga

Os melhores resultados têm sido obtidos para *Helicoverpa zea* (Boddie), pois nesse caso o parasitismo natural por *T. pretiosum* já é bastante alto, em áreas onde não se aplicam inseticidas (Sá & Parra, 1994a, 1994b). Liberações de 100.000 parasitoides por hectare, distribuídos em 100 pontos promovem redução de 26% de dano causado por *H. zea* em milho (Sá & Parra, 1993).

O tipo de infestação (ovos colocados artificialmente nas plantas ou diretamente pelas mariposas de *D. saccharalis*) afetou o parasitismo por *T. galloi*, maior quando colocado pelas mariposas (o dobro do parasitismo) nos estádios V 4-6 e V 6-8, do milho (Geremias & Parra, 2014). Os raios de dispersão de *T. galloi* foram, respectivamente, de 11,8 e 12,1 m, sendo as áreas de dispersão, respectivamente, de 176 e 187 m^2. Portanto, preconiza-se a liberação em 54 e 58 pontos por ha para que haja uma distribuição homogênea de *T. galloi* nos estádios V4-6 e V6-8 de milho. *Trichogramma galloi* (linhagem G 16080, de Araçatuba, SP) é a melhor para o controle de *D. saccharalis* em milho (Geremias, 2008).

Aproximadamente 100% da área plantada é ocupada por milho geneticamente modificado (OGMs) e, portanto, diminui a intensidade de ataque das lagartas, embora existam casos de seleção de populações resistentes devido ao manejo inadequado. Nos dois últimos anos, liberou-se *T. pretiosum* para controlar *H. armigera* na cultura. Embora os estudos básicos sejam realizados na Austrália, onde se preconiza o uso de 235.000 a 584.000 parasitoides/ha (Scholz et al., 1998), os resultados obtidos são bastante satisfatórios com 100.000 a 150.000 parasitoides/ha no Brasil.

Algodoeiro

A Empresa Brasileira de Pesquisa Agropecuária (Embrapa) desenvolveu um sistema de criação semelhante ao modelo de criação de *S. cerealella*, utilizado na Colômbia, para produção de *T. pretiosum* para o controle de *C. virescens* e *A. argillacea* (Almeida, 1996).

Nos trabalhos pioneiros para o controle de *A. argillacea* no Brasil foram estudadas três populações de *T. pretiosum*, criadas em *A. kuehniella*, que se mostraram eficientes no controle da praga (Bleicher, 1985).

Os estudos da tabela de vida de fertilidade confirmaram os dados biológicos e a população de Iguatu, CE, foi a mais agressiva (Bleicher & Parra, 1989a, 1990b). Estudos de exigências térmicas também foram desenvolvidos, mostrando que a biologia de *T. pretiosum* varia em função do local de coleta (linhagem). Entre 2,7 a 2,9 gerações de *T. pretiosum* foram observadas para cada geração de *A. argillacea* (Bleicher & Parra, 1989b, 1990a). A longevidade do parasitoide foi maior, quando alimentado com mel puro.

Cana-de-açúcar

A maior parte das informações sobre *Trichogramma* no Brasil concentraram-se nessa cultura. A espécie predominante é *T. galloi*, ocorrendo *T. distinctum* Zucchi na região Nordeste. Essas espécies foram identificadas com base em características morfológicas (Querino et al., 2010; Zucchi et al., 2010; Zucchi et al., 1991) e moleculares (Ciociola Jr. et al., 2001a; Ciociola Jr. et al., 2001b), A praga-alvo é *D. saccharalis*, principal praga da cana-de-açúcar no Brasil (Parra et al., 2010).

Para *T. galloi e T. distinctum* foram feitos estudos de exigências térmicas e higrométricas (Parra et al., 1991; Parra & Sales Jr., 1994), hospedeiros alternativos mais adequados (Gomes & Parra, 1998): estágios de desenvolvimento do ciclo biológico da praga (Cônsoli & Parra, 1999); distribuição espacial e temporal de *D. saccharalis* e seu parasitismo por *T. galloi* (Micheletti, 1987); efeito da idade do ovo do hospedeiro alternativo no parasitismo de *T. galloi* e *T. distinctum* (Lopes & Parra, 1991); efeito da temperatura constante e flutuante no desenvolvimento e parasitismo de *T. galloi* (Cônsoli & Parra, 1995; Cônsoli & Parra, 1995); efeito do fotoperíodo na biologia de *T. galloi* (Consoli & Parra, 1995); metodologia de infestação artificial de ovos de *D. saccharalis* para estudos com *Trichogramma* (Lopes et al., 1989); determinação do raio de ação do parasitoide (10 m) e número de *T. galloi* a ser liberado por ovo de *D. saccharalis* (1,6:1) (Lopes, 1988); e eficiência de *T. galloi* isoladamente ou em associação com *C. flavipes* em avaliações em campo (Botelho et al., 1995b).

Seguiram-se estudos de parasitismo em diferentes variedades e em diferentes espaçamentos (Botelho et al., 1995b, 1995a). Pesquisas de técnicas de liberação de *T. galloi* foram conduzidas (Pinto et al., 2003), bem como de seletividade de produtos químicos (Cônsoli et al., 2001). Estudos de validação do modelo de exigências térmicas foram conduzidos por Conti, (2012) em campo. A utilização de fêmeas virgens de *D. saccharalis* como indicação do momento de liberação de *T. galloi* é mais eficiente com temperaturas médias superiores a 24 °C, sendo que o ideal é colocar quatro fêmeas virgens por armadilha para uma área de 12,5 ha (Conti, 2012).

Após tais estudos, *T. galloi* passou a ser utilizado em áreas onde a predação de ovos é baixa ou onde *C. flavipes* tem problemas de adaptação climática (Botelho et al., 1999). No início da década de 2000, 500.000 ha foram tratados com *T. galloi* para controlar *D. saccharalis*, liberando-se 50.000 a 200.000 parasitoides por ha, três vezes durante o ciclo da cultura. A associação de *T. galloi* (três liberações) e *C. flavipes* levou à redução da intensidade de infestação da broca-da-cana de 60,2% em relação à testemunha. Entretanto, três liberações do parasitoide, sem o uso de *C. flavipes*, reduziram o ataque da broca em 44% (Botelho et al., 1999).

Soja

Em algumas regiões do Brasil, o parasitismo natural de ovos de *A. gemmatalis* por *T. pretiosum* chega a 90%. A proporção de 5,3 parasitoides por ovo da lagarta-da-soja levou a um parasitismo bastante alto, independentemente do estágio fenológico da soja (Zachrisson, 1997). Foram também realizados estudos de exigências térmicas e efeito da linhagem no parasitismo, sendo a dispersão do parasitoide de 8m, correspondendo a uma área de 77 m^2, durante 24h. Assim, em liberação em 130 pontos por ha, há uma eficiência de 64,8% (Zachrisson & Parra, 1998). Outras espécies foram coletadas parasitando esta praga (Avanci, 2004; Foerster & Avanci, 1999), mostrando o potencial de parasitoide de ovos para o controle biológico.

Nos últimos anos, *C. includens* passou a predominar em soja, ao lado do complexo *Spodoptera. Trichogramma pretiosum* tem sido viável no controle de *C. includens* (Bueno et al., 2009a; Bueno et al., 2009b; Bueno et al., 2012). Com base em pesquisas básicas da biologia, exigências térmicas, dispersão, número de pontos de liberação (Bueno et al., 2009; Bueno et al., 2012), em cerca de 250.000 ha *T. pretiosum* foi utilizado, para controlar *C. includens* e, ultimamente, *H. armigera* (Parra & Coelho Jr., 2019). Para *T. pretiosum*, os hospedeiros *A. gemmatalis* ou *C. includens* afetam a emergência, sendo a temperatura de 32 °C prejudicial à segunda espécie (Bueno et al., 2012). O mínimo de gerações de *T. pretiosum*, em soja varia de 20-21 gerações em Rio Verde, GO, e de 22 e 21 gerações em Barreiras, BA, em ovos de *C. includens* e *A. gemmatalis*, respectivamente. A faixa de atividade de parasitoide é variável dependendo da espécie, sendo maior para *C. includens*. Em função do raio de dispersão do inimigo natural, é necessário, um grande número de pontos de liberação do parasitoide para as duas pragas, sendo necessária a liberação de 51 a 26 parasitoides por ovo de *C. includens* e de *A. gemmatalis*, respectivamente. Os parasitoides, após a liberação, permanecem por 12 dias na cultura, embora o parasitismo seja efetivo até o 4° dia. Amplo estudo da seletividade de inseticidas, herbicidas e fungicidas aplicados em soja para *T. pretiosum* foram realizados por Bueno et al. (2008).

Batata

Em campo, a capacidade de dispersão de *T. atopovirilia* é de 8,5 m, com uma área de dispersão de 97,6 m^2, sendo necessários 400.000 indivíduos de *T. atopovirilia* por ha para controlar *Phtorimaea operculella* (Hübner) em 100 pontos de liberação (Domingues, 2006). No armazém *T. atopovirilia* apresenta pouca mobilidade horizontal, em caixas de batata, sendo sua movimentação ascendente. Entretanto, como o maior local de postura de *P. operculella* é na camada superior da batata armazenada, tem boas possibilidades de controle pelo parasitoide.

Tomateiro

As principais brocas, *H. zea* e *N. elegantalis,* e a traça-do-tomateiro, *T. absoluta*, são controladas por *T. pretiosum*, seja em tomateiro rasteiro ou industrial (Urbaneja et al., 2013).

Para a principal praga, *T. absoluta*, existem excelentes resultados obtidos no Vale do São Francisco, área irrigada do Nordeste. Cerca de 1.500 ha foram tratados com *T. pretiosum* em tomateiros industriais (Haji et al., 2002).

Existem estudos básicos para utilização de *T. pretiosum* para controle de *P. operculella* e *T. absoluta*, incluindo estudos biológicos (Pratissoli & Parra, 2000b), tabela de vida de fertilidade (Pratissoli & Parra, 2000a) e capacidade de parasitismo (Pratissoli, 1995). Estudos de seletividade com

T. pretiosum foram também conduzidos (Carvalho et al., 1999; Cônsoli et al., 1998). Em tomate para mesa, foram obtidos excelentes resultados de controle de *T. absoluta*, com a utilização de 400.000 parasitoides por ha, com eficiência de controle similar ao uso de inseticidas, porém com dez liberações (Papa, 1998).

Bons resultados foram obtidos com *T. pretiosum* (após a seleção de linhagens). Entretanto, os descendentes do parasitoide (F1), que nascem dos ovos parasitados não foram competitivos por serem menores, e, portanto, houve maior efeito de controle nos ovos da geração em que foi feita a liberação (Vasconcelos, 2013).

Para *H. zea* em tomateiro industrial, houve eficiência de controle de 83%, liberando 400.000 parasitoides por ha semanalmente, mas os resultados dependeram da linhagem utilizada (Moreira, 1999).

Frutíferas

Para a broca-do-abacateiro, *Stenoma catenifer* Walsingham, as espécies/linhagens mais adequadas são *Trichogrammatoidea annulata* e *T. atopovirilia*, que devem ser utilizados na base de 28 e 30 parasitoides por ovo da praga, respectivamente (Nava et al., 2007).

As exigências térmicas de *T. atopovirilia* e *T. pretiosum* são muito próximas (108 graus-dia) e para o controle de *G. aurantianum* (bicho furão) são necessários 30 parasitoides por ovo da praga, o que leva à necessidade de grande número de parasitoides por ha para controle da praga (Molina & Parra, 2006).

A medida do raio de dispersão de *T. atopovirilia*, em citros para controle de *G. aurantianun*, utilizando ^{32}P em cintilador líquido, resultou em uma área de dispersão de 171 m^2. Portanto, são necessários 60 pontos de liberação do parasitoide por ha. O número de parasitoides a ser liberado é variável, dependendo da época do ano, sendo necessários de 72 a 288 parasitoides por ovo de julho a setembro, respectivamente (Gomez-Torres et al., 2008).

Grãos armazenados

Há possibilidade de se utilizar *T. pretiosum* para controlar *S. cerealella* em milho armazenado em espiga e em grãos (Inoue et al., 2008). Como 97,6% das fêmeas parasitam a 30 °C e os armazéns são estáveis, os resultados de controle foram excelentes. Os parasitoides liberados na massa de grãos são capazes de parasitar *S. cerealella* a até 40 cm de profundidade, mas a porcentagem de parasitismo decresce numa média de 1,9% por cada cm na massa de grãos. Para maior eficiência, a liberação deve ser feita no início do ataque da traça, na base de 12 parasitoides por ovo de *S. cerealella*. Para milho em espiga, *T. pretiosum* é também eficiente, reduzindo os danos em 63,1%. A associação de *T. pretiosum* e *Habrobracon hebetor* (Say) não resultou em vantagens, embora numericamente tenha havido um acréscimo no controle com tal associação.

Considerações finais

Após 37 anos de estudos no Brasil com espécies de *Trichogramma*, foram obtidos bons resultados de controle de pragas de diversas culturas com o parasitoide, havendo um volume grande de publicações sobre o assunto (livros, boletins, resumos de congressos, teses, dissertações, publicações em periódicos nacionais e internacionais), e possibilitaram grandes avanços na área de Controle Biológico; o modelo desenvolvido no estado de São Paulo serviu como base para estudos com outros parasitoides e predadores e a formação de grupos de estudos em *Trichogramma* em vários estados brasileiros e mesmo em países da América Latina.

Os métodos obtidos com as três principais espécies de *Trichogramma* usadas na agricultura brasileira, *T. pretiosum, T. galloi e T. atopovirilia*, e na criação "in vitro", permitiram que o Brasil se inserisse na vanguarda desse tipo de estudo em relação a países desenvolvidos. Esses estudos permitiram ampliar o conhecimento das relações hospedeiros/inimigos naturais, possibilitando avanços nas pesquisas e na criação de outros parasitoides e predadores. Os principais avanços deste Programa são mostrados de forma cronológica na Figura 1.

Existem ainda alguns obstáculos a serem transpostos (Parra, 2010, 2014), pois a utilização de *Trichogramma* se destina a grandes áreas em campo aberto e esbarram em vários desafios como a "cultura" do agricultor brasileiro, disponibilidade do insumo biológico, logística de armazenamento e transporte, qualidade do inseto produzido, dentre vários outros desafios apresentados no capítulo final do livro (*vide* capítulo 21).

A despeito de todos esses problemas, grandes áreas são tratadas para o controle de *D. saccharalis* em cana-de-açúcar com *T. galloi*, em 3 milhões de ha e mais recentemente para *H armigera* e *C. includens* em soja, onde cerca de 250.000 ha foram tratados na safra 2013–2014. Esses números poderão aumentar se houver disponibilidade do insumo biológico, com potencial de uso em maior escala em algodoeiro, milho, frutíferas, feijoeiro, para os quais *Trichogramma* já é utilizado em números variáveis, mas que, fruto da tecnologia desenvolvida ao longo dos últimos 37 anos e apresentada no presente capítulo, tem potencial para atingir áreas bem maiores na agricultura brasileira.

Referências Bibliográficas

Almeida, R. P. (1996). *Biotecnologia de produção massal de Trichogramma spp. através do hospedeiro alternativo Sitotroga cerealella*. Campina Grande: Embrapa CNPA. 36p.

Avanci, M. R. F. (2004). *Espécies de Trichogramma Westwood (Hymenoptera: Trichogrammatidae) que ocorrem em ovos de Anticarsia gemmatalis Hübner (Lepidoptera: Noctuidae) no Sudeste do Paraná: Parasitismo natural, bioecologia, exigências térmicas e estocagem em baixas temperaturas*. 116 p. (Tese) Universidade Federal do Paraná.

Bertin, A., Pavinato, V. A. C. & Parra, J. R. P. (2018). Effects of intraspecific hybridization on the fitness of the egg parasitoid *Trichogramma galloi*. *BioControl*, *63*(4), 555–563. https://doi.org/10.1007/s10526-018-9883-7

Beserra, E. B. & Parra, J. R. P. (2005). Impact of the number of *Spodoptera frugiperda* egg layers on parasitism by *Trichogramma atopovirilia*. *Scientia Agricola*, *62*(2), 190–193. https://doi.org/10.1590/S0103-90162005000200016

Bleicher, E. (1985). *Biologia e exigências térmicas de populações de Trichogramma (Hym.: Trichogrammatidae)*. 80 p. (Tese) Universidade de São Paulo / Escola Superior de Agricultura "Luiz de Queiroz".

Bleicher, E. & Parra, J. R. P. (1989a). Espécies de *Trichogramma* parasitoides de *Alabama argillacea*. *Pesquisa Agropecuária Brasileira*, *24*(8), 929–940.

Bleicher, E. & Parra, J. R. P. (1989b). Espécies de *Trichogramma* parasitoides de *Alabama argillacea* I. Biologia de três populações. *Pesquisa Agropecuaria Brasileira*, *24*(8), 929–940.

Bleicher, E. & Parra, J. R. P. (1990a). Espécies de *Trichogramma* parasitoides de *Alabama argillacea*. II. Tabela de vida de fertilidade e parasitismo de três populações. *Pesquisa Agropecuaria Brasileira*, *25*(2), 207–214.

Bleicher, E. & Parra, J. R. P. (1990b). Espécies de *Trichogramma* parasitoides de *Alabama argillacea*. III. Determinação das exigências térmicas de três populações. *Pesquisa Agropecuaria Brasileira*, *25*(2), 215–219.

Botelho, P. S. M., Parra, J. R. P., Chagas Neto, J. F. & Oliveira, C. P. B. (1999). Associação do parasitoide de ovos *Trichogramma galloi* Zucchi (Hymenoptera: Trichogrammatidae) e do parasitoide larval *Cotesia flavipes* (Cam.) (Hymenoptera: Braconidae) no controle de *Diatraea saccharalis*, (Fabr.) (Lepidoptera: Crambidae) em cana-de-açúcar. *Anais da Sociedade Entomológica do Brasil*, *28*(3), 491–496. https://doi.org/10.1590/S0301-80591999000300015

Botelho, P. S. M., Parra, J. R. P., Magrini, E. A., Haddad, M. L. & Resende, L. C. L. (1995a). Parasitismo de ovos de *Diatraea saccharalis* (Fabr., 1794) (Lep., Pyralidae) por *Trichogramma galloi* Zucchi, 1986 (Hym., Trichogrammatidae) em duas variedades de cana-de-açúcar conduzidas em dois espaçamentos de plantio. *Revista Brasileira De Entomologia*, *39*, 591–595.

Botelho, P. S. M., Parra, J. R. P., Magrini, E. A., Haddad, M. L. & Resende, L. C. L. (1995b). Parasitismo de ovos de *Diatraea saccharalis* (Fabr.) por *Trichogramma galloi* Zucchi, em diferentes variedades de cana-de-açúcar. *Anais da Sociedade Entomológica do Brasil*, *24*, 141–145.

Bueno, A. F., Bueno, R. C. O. F., Parra, J. R. P. & Vieira, S. S. (2008). Effects of pesticides used in soybean crops to the egg parasitoid *Trichogramma pretiosum*. *Ciência Rural*, *38*(6), 1.495–1.503. https://doi.org/10.1590/S0103-84782008000600001

Bueno, R. C. O. F., Parra, J. R. P. & Bueno, A. F. (2009a). Biological characteristics and thermal requirements of a Brazilian strain of the parasitoid *Trichogramma pretiosum* reared on eggs of *Pseudoplusia includens* and *Anticarsia gemmatalis*. *Biological Control*, *51*(3), 355–361. https://doi.org/10.1016/j.biocontrol.2009.07.006

Bueno, R. C. O. F., Parra, J. R. P. & Bueno, A. F. (2012). *Trichogramma pretiosum* parasitism and dispersal capacity: a basis for developing biological control programs for soybean caterpillars. *Bulletin of Entomological Research*, *102*(1), 1–8. https://doi.org/10.1017/S0007485311000289

Bueno, R. C. O. F., Parra, J. R. P., Bueno, A. F. & Haddad, M. L. (2009b). Desempenho de tricogramatídeos como potenciais agentes de controle de *Pseudoplusia includens* Walker (Lepidoptera: Noctuidae). *Neotropical Entomology*, *38*(3), 389–394. https://doi.org/10.1590/S1519-566X2009000300015

Carvalho, G. A., Godoy, M. S., Parreira, D. S., Lasmar, O., Souza, J. R. & Moscardini, V. F. (2010). Selectivity of growth regulators and neonicotinoids for adults of *Trichogramma pretiosum* (Hymenoptera: Trichogrammatidae). *Revista Colombiana de Entomologia*, *36*, 195–201.

Carvalho, G. A., Parra, J. R. P. & Baptista, G. C. (1999). Ação residual de alguns inseticidas pulverizados em plantas de tomateiro sobre duas linhagens de *Trichogramma pretiosum* Riley, 1879 (Hymenoptera: Trichogrammatidae) em casa-de-vegetação. *Ciencia e Agrotecnologia*, *23*, 771–776.

Cerutti, F., Bigler, F., Eden, G. & Bosshart, S. (1992). Optimal larval density and quality control aspects in mass rearing of the Mediterranean flour moth, *Ephestia kuehniella* Zell. (Lep., Phycitidae). *Journal of Applied Entomology*, *114*(1-5), 353–361. https://doi.org/10.1111/j.1439-0418.1992.tb01139.x

Ciociola Jr., A. I., Querino, R. B., Zucchi, R. A. & Stouthamer, R. (2001a). Molecular Tool for Identification of Closely Related Species of *Trichogramma* (Hymenoptera: Trichogrammatidae): *T. rojasi* Nagaraja & Nagarkatti and *T. lasallei* Pinto. *Neotropical Entomology*, *30*(4), 575–578. https://doi.org/10.1590/S1519-566X2001000400010

Ciociola Jr., A. I., Zucchi, R. A. & Stouthamer, R. (2001b). Molecular key to seven Brazilian species of *Trichogramma* (Hymenoptera: Trichogrammatidae) using sequences of the ITS2 region and restriction analysis. *Neotropical Entomology*, *30*(2), 259–262. https://doi.org/10.1590/S1519-566X2001000200008

Coelho Jr., A. & Parra, J. R. P. (2013a). Effect of Carbon dioxide (CO2) on mortality and reproduction of *Anagasta kuehniella* (Zeller 1879), in mass rearing, aiming at the production of *Trichogramma* spp. *Anais da Academia Brasileira de Ciências*, *85*(2), 823–831. https://doi.org/10.1590/S0001-37652013000200021

Coelho Jr., A. & Parra, J. R. P. (2013b). The effect of rearing in different temperature regimes on the reproduction of *Anagasta kuehniella* (Lepidoptera: Pyralidae). *Environmental Entomology*, *42*(4), 799–804. https://doi.org/10.1603/EN12106

Coelho Jr., A., Stouthamer, R. & Parra, J. R. P. (2018). Flight Propensity of Isofemale Lines of *Trichogramma pretiosum* Riley in Two Relative Humidity Levels. *Florida Entomologist*, *101*(3), 364–368. https://doi.org/10.1653/024.101.0325

Coelho Jr., A., Rugman-Jones, P. F., Reigada, C., Stouthamer, R. & Parra, J. R. P. (2016). Laboratory Performance Predicts the Success of Field Releases in Inbred Lines of the Egg Parasitoid *Trichogramma pretiosum* (Hymenoptera: Trichogrammatidae). *PLOS ONE*, *11*(1), e0146153.

Cônsoli, F. L., Botelho, P. S. M. & Parra, J. R. P. (2001). Selectivity of insecticides to the egg parasitoid *Trichogramma galloi* Zucchi, 1988, (Hym., Trichogrammatidae). *Journal of Applied Entomology*, *125*(1–2), 37–43. https://doi.org/10.1111/j.1439-0418.2001.00513.x

Cônsoli, F. L. & Parra, J. R. P. (1995b). Efeito do fotoperíodo na biologia de *Trichogramma galloi* Zucchi. *Anais da Sociedade Entomológica do Brasil*, *23*, 467–472.

Cônsoli, F. L. & Parra, J. R. P. (1995a). Effects of constant and alternating temperatures on *Trichogramma galloi* Zucchi (Hym., Trichogrammatidae) biology II.-parasitism capacity and longevity. *Journal of Applied Entomology*, *119*(1–5), 667–670. https://doi.org/10.1111/j.1439-0418.1995.tb01355.x

Cônsoli, F. L. & Parra, J. R. P. (1999). In vitro rearing of parasitoids: Constraints and perspectives. *Trends Entomology*, *2*, 19–32.

Cônsoli, F. L., Parra, J. R. P. & Hassan, S. A. (1998). Side-effects of insecticides used in tomato fields on the egg parasitoid *Trichogramma pretiosum* Riley (Hym., Trichogrammatidae), a natural enemy of *Tuta absoluta* (Meyrick) (Lep., Gelechiidae). *Journal of Applied Entomology*, *122*(1–5), 43–47. https://doi.org/10.1111/j.1439-0418.1998.tb01459.x

Cônsoli, F. L., Parra, J. R. P. & Zucchi, R. A. (Orgs.). (2010). *Egg parasitoids in Agroecosystems with emphasis on Trichogramma*. Heidelberg: Springer. 482 p.

Conti, B. F. (2012). *Exigências térmicas e monitoramento de Diatraea saccharalis (Fabricius, 1794) (Lepidoptera: Crampidae), como suporte ao seu controle biológico.* 112 p. (Tese) Universidade de São Paulo / Escola Superior de Agricultura "Luiz de Queiroz".

Cruz, I., Figueiredo, M. L. C. & Matoso, M. J. (1999). Controle biológico de *Spodoptera frugiperda* utilizando o parasitoide de ovos *Trichogramma*. Sete Lagoas: Embrapa CNPMS. 43 p.

Czepak, C., Albernaz, K. C., Vivan, L. M., Guimarães, H. O. & Carvalhais, T. (2013). First reported occurrence of *Helicoverpa armigera* (Hübner) (Lepidoptera: Noctuidae) in Brazil. *Pesquisa Agropecuaria Tropical, 43*(1), 110–113.

Daumal, J., Marconi, D. & Chassain, C. (1985). Dispositif d'élevage miniaturisé et automatisé d'*Ephestia kuehniella* Zeller (Lepidoptera -Pyralidae). *Bulletin mensuel de la Société linnéenne de Lyon, 54*(1), 7–12. https://doi.org/10.3406/linly.1985.10676

Daumal, J., Voegele, J. & Brun, P. (1975). Les Trichogrammes. II. Unité de production massive et quotidienne d'un hôte de substitution *Ephestia kuehniella* Zell. (Lepidoptera, Pyralidae). *Annales de Zoologie Ecologie Animale, 7*, 45–49.

Degrande, P. E., Reis, P. R., Carvalho, G. A. & Belarmino, L. C. (2002). Metodologia para avaliar o impacto de pesticidas sobre inimigos naturais. In: Parra, J. R. P., Botelho, P. S. M., Correa-Ferreira, B. S. & Bento, J. M. S. (Eds.), *Controle Biológico no Brasil: Parasitoides e Predadores* São Paulo: Manole. 71–93.

Dias-Pini, N. S., Silva, C. S. B., Peñaflor, M. F. G. V. & Parra, J. R. P. (2014). Does host determine short-range flight capacity of trichogrammatids? *Journal of Applied Entomology, 138*(9), 677–682. https://doi.org/10.1111/jen.12115

Dias, N. S., Parra, J. R. P. & Dias, C. T. S. (2010). Tabela de vida de fertilidade de três espécies neotropicais de Trichogrammatidae em ovos de hospedeiros alternativos como critério de seleção hospedeira. *Revista Brasileira de Entomologia, 54*(1), 120–124. https://doi.org/10.1590/S0085-56262010000100016

Domingues, G. R. (2006). *Controle de Phthorimaea operculella (Zeller, 1873) (Lepidoptera: Gelechiidae) com Trichogramma atopovirilia Oatman & Platner, 1983 (Hymenoptera: Trichogrammatidae) em batata, em condições de campo e no armazém*. 72 p. (Dissertação) Universidade de São Paulo / Escola Superior de Agricultura "Luiz de Queiroz".

Filippov, N. A. (1992). Place of biocontrol in integrated pest management in the former USSR. In: Soper, R. S., Filipov, N. A. & Alimukhamedov, S. N. (Eds.), *Cotton - Integrated Pest Management* Kansas City: USDA. 1–16.

Flanders, S. E. (1927). Biological control of the codling moth (*Carpocapsa pomonella*). *Journal of Economic Entomology, 20(1)*, 644-645.

Foerster, L. A. (2002). Seletividade de inseticidas a predadores e parasitoides. In: Parra, J. R. P., Botelho, P. S. M., Correa-Ferreira, B. S. & Bento, J. M. S. (Eds.), *Controle Biológico no Brasil: Parasitoides e Predadores*. São Paulo: Manole. 95-114.

Foerster, L. A. & Avanci, M. R. F. (1999). Egg parasitoids of *Anticarsia gemmatalis* Hübner (Lepidoptera: Noctuidae) in soybeans. *Anais da Sociedade Entomológica do Brasil, 28*(3), 545–548. https://doi.org/10.1590/S0301-80591999000300025

Geremias, L. D. (2008). *Seleção de linhagens e efeito da temperatura e do alimento no desempenho de Trichogramma galloi Zucchi, 1988 (Hym.: Trichogrammatidae) para o controle de Diatraea saccharalis (F., 1794) (Lep.: Crambidae) em milho*. 83 p. (Dissertação) Universidade de São Paulo / Escola Superior de Agricultura "Luiz de Queiroz".

Geremias, L. D. & Parra, J. R. P. (2014). Dispersal of *Trichogramma galloi* in corn for the control of *Diatraea saccharalis*. *Biocontrol Science and Technology*, *24*(7), 751–762. https://doi.org/10.1080/09583157.2014.891723

Glenn, D. C. & Hoffmann, A. A. (1997). Developing a Commercially Viable System for Biological Control of Light Brown Apple Moth (Lepidoptera: Tortricidae) in Grapes Using Endemic *Trichogramma* (Hymenoptera: Trichogrammatidae). *Journal of Economic Entomology*, *90*(2), 370–382. https://doi.org/10.1093/jee/90.2.370

Gomes, J. G. (1963). Histórico do Controle Biológico no Brasil. *Arquivos do Instituto Biológico de São Paulo*, *21*, 89–87.

Gomes, S. M. & Parra, J. R. P. (1998). The parasitization as a tool for factitious host selection for *Trichogramma galloi* Zucchi and *T. pretiosum* Riley. *Mitteilungen aus der Biologischen Bundesanstalt*, *356*, 13–23.

Gomez-Torres, M. L. (2005). *Controle biológico de Ecdytolopha aurantiana (Lima, 1927) (Lepidoptera: Tortricidae) com Trichogramma atopovirilia Oatman & Platner, 1983.* 124 p. (Dissertação) Universidade de São Paulo / Escola Superior de Agricultura "Luiz de Queiroz". https://doi.org/10.11606/D.11.2005.tde-12092006-161606

Gomez-Torres, M. L., Arab, A., Nava, D. E. & Parra, J. R. P. (2008). Factores que afectam el parasitismo de *Trichogramma atopovirilia* (Hymenoptera: Trichogrammatidae) sobre el barrenador de los cítricos *Gymnandrosoma aurantianum* (Lepidoptera: Tortricidae). *Boletin de Sanidad Vegetal Plagas*, *34*, 3–9.

Grutzmacher, A. D., Zimmermann, O., Yousef, A. & Hassan, S. A. (2004). The side-effects of pesticides used in integrated production of peaches in Brazil on the egg parasitoid *Trichogramma cacoeciae* Marchal (Hym., Trichogrammatidae). *Journal of Applied Entomology*, *128*(6), 377–383. https://doi.org/10.1111/j.1439-0418.2004.00800.x

Haji, F. N. P., Prezoti, L., Carneiro, J. S. & Alencar, J. A. (2002). *Trichogramma pretiosum* para o controle de pragas no tomateiro industrial. In: Parra, J. R. P., Botelho, P. S. M., Correa-Ferreira, B. S. & Bento, J. M. S. (Eds.), Controle *Biológico no Brasil: Parasitoides e Predadores*. São Paulo: Manole. 477-494.

Hassan, S. A. (1997). Criação da traça do milho, *Sitotroga cerealella*, para a produção massal de *Trichogramma.* In Parra, J. R. P. & Zuchi, R. A. (Orgs.), *Trichogramma e o Controle Biológico Aplicado* Piracicaba: FEALQ. 173–182.

Hassan, S. A., Kohler, E. & Rost, W. M. (1988). Mass production and utilization of *Trichogramma*: 10. Control of the codling moth *Cydia pomonella* and the summer fruit tortrix moth *Adoxophyes orana* [Lep.: Tortricidae]. *Entomophaga*, *33*(4), 413–420. https://doi.org/10.1007/BF02373177

Inoue, M. S. R., Nava, D. E. & Parra, J. R. P. (2008). Biological control of *Sitotroga cerealella* in stored corn using *Trichogramma pretiosum* and *Bracon hebetor*. *Boletin de Sanidad Vegetal Plagas, 34*, 517–527.

Lewis, W. J., Nordlund, D. A., Gross Jr., H. R., Perkins, W. D., Knipling, E. F. & Voegele, J. (1976). Production and performance of *Trichogramma* reared in eggs of *Heliothis zea* and other hosts. *Environmental Entomology, 5*(3), 449–452. https://doi.org/10.1093/ee/5.3.449

Lopes, J. R. S. (1988). *Estudos bioecológicos de Trichogramma galloi Zucchi, 1986 (Hym., Trichogrammatidae) para o controle de Diatraea saccharalis (Fabr., 1794) (Lep., Pyralidae)*. 162 p. (Dissertaçao) Universidade de São Paulo / Escola Superior de Agricultura "Luiz de Queiroz".

Lopes, J. R. S. & Parra, J. R. P. (1991). Efeito da idade do ovo do hospedeiro natural e alternativo no desenvolvimento e parasitismo de duas espécies de *Trichogramma*. *Revista de Agricultura, 66*, 224–244.

Lopes, J. R. S., Parra, J. R. P., Justi Jr., J. & Oliveira, H. N. (1989). Metodologia para infestação artificial de ovos de *Diatraea saccharalis* (Fabr., 1794) em cana-de-açúcar visando estudos com *Trichogramma* spp. *Anais da Esalq, 46*, 375–390.

Matos, M. M. (2008). *Seletividade a Trichogramma atopovirilia Oatman & Platner, 1983 de agroquímicos utilizados na citricultura paulista para o controle do bicho-furão-dos-citros, Gymnandrosoma aurantianum Lima, 1927*. 55 p. (Dissertação) Universidade de São Paulo / Escola Superior de Agricultura "Luiz de Queiroz". https://doi.org/10.11606/D.11.2008.tde-20022008-155214

Micheletti, S. M. F. B. (1987). *Distribuição espacial e temporal de ovos de Diatraea saccharalis (Fabr., 1794) (Lep., Pyralidae) e seu parasitismo por Trichogramma sp. (Hym., Trichogrammatidae)*. 116 p. (Dissertação) Universidade de São Paulo / Escola Superior de Agricultura "Luiz de Queiroz".

Mills, N., Pickel, C., Mansfield, S., McDougall, S., Buchner, R., Caprile, J., Edstrom, J., Elkins, R., Hasey, J., Kelley, K., Krueger, B., Olson, B. & Stocker, R. (2000). Mass releases of *Trichogramma* wasps can reduce damage from codling moth. *California Agriculture, 54*(6), 22–25. https://doi.org/10.3733/ca.v054n06p22

Molina, R. M. S. & Parra, J. R. P. (2006). Seleção de linhagens de *Trichogramma* (Hymenoptera, Trichogrammatidae) e determinação do número de parasitoides a ser liberado para o controle de *Gymnandrosoma aurantianum* Lima (Lepidoptera, Tortricidae). *Revista Brasileira de Entomologia, 50*(4), 534–539. https://doi.org/10.1590/S0085-56262006000400015

Moraes, G. W. G., Brun, P. G. & Soares, L. A. (1983). Insetos x insetos nova alternativa para o controle de pragas. *Ciência Hoje, 1*, 70–77.

Moreira, J. O. T. (1999). *Trichogramma pretiosum Riley, 1879 (Hymenoptera: Trichogrammatidae) como agente de controle de Helicoverpa zea (Boddie, 1850) (Lepidop-*

tera: Noctuidae) em tomateiro, Lycopersicon esculentum Mill: Aspectos biológicos e eficiência em campo. 84 p. (Tese) Universidade Federal do Paraná.

Nansen, C., Coelho, A., Vieira, J. M. & Parra, J. R. P. (2014). Reflectance-based identification of parasitized host eggs and adult *Trichogramma* specimens. *Journal of Experimental Biology, 217*(7), 1.187–1.192. https://doi.org/10.1242/jeb.095661

Nansen, C., Geremias, L. D., Xue, Y., Huang, F. & Parra, J. R. P. (2013). Agricultural Case Studies of Classification Accuracy, Spectral Resolution, and Model Over-Fitting. *Applied Spectroscopy, 67*(11), 1.332–1.338. https://doi.org/10.1366/12-06933

Nava, D. E., Takahashi, K. M. & Parra, J. R. P. (2007). Linhagens de *Trichogramma* e *Trichogrammatoidea* para controle de *Stenoma catenifer*. *Pesquisa Agropecuária Brasileira, 42*(1), 9–16. https://doi.org/10.1590/S0100-204X2007000100002

Newton, P. J. & Odendaal, W. J. (1990). Commercial inundative releases of *Trichogrammatoidea cryptophlebiae* [Hym.: Trichogrammatidae] against *Cryptophlebia leucotreta* [Lep.: Tortricidae] in citrus. *Entomophaga, 35*(4), 545–556. https://doi.org/10.1007/BF02375089

Oatman, E. R. & Platner, G. R. (1985). Biological control of two avocado pests. *California Agriculture, 39*(11), 21–23. http://www.ucanr.edu/sites/calagjournal/archive/?article=ca.v039n11p21

Panizzi, A. R. & Parra, J. R. P. (2012). *Insect Bioecology and Nutrition for Integrated Pest Management* Boca Raton: CRC Press. 750 p.

Papa, G. (1998). *Controle integrado de Tuta absoluta (Meyrick, 1917) com emprego de Trichogramma pretiosum Riley, 1879, inseticidas biológicos e fisiológicos*. 86 p. (Tese) Universidade de São Paulo / Escola Superior de Agricultura "Luiz de Queiroz".

Parra, J. R. P. (1997). Técnicas de criação de *Anagasta kuehniella*, hospedeiro alternativo para a produção de *Trichogramma*. In: Parra, J. R. P. & Zucchi, R. A. (Orgs.), *Trichogramma e o controle biológico aplicado* Piracicaba: FEALQ. 121–150.

Parra, J. R. P. (2002). Criação Massal de Inimigos Naturais. In: Parra, J. R. P., Botelho, P. S. M., Correa-Ferreira, B. S. & Bento, J. M. S. (Eds.), *Controle Biológico no Brasil: Parasitoides e Predadores*. São Paulo: Manole. 143-161.

Parra, J. R. P. (2010). Mass rearing of egg parasitoids for biological control programs. In: Consoli, F. L., Parra, J. R. P. & Zucchi, R. A. (Orgs.), *Egg parasitoids in Agroecosystems with enphasis on Trichogramma* Heidelberg: Springer. 267-292. https://doi.org/10.1007/978-1-4020-9110-0

Parra, J. R. P. (2014). Biological Control in Brazil: An overview. *Scientia Agricola, 71*(5), 420–429.

Parra, J. R. P., Botelho, P. S. M., Correa-Ferreira, B. S. & Bento, J. M. S. (Eds.), (2002). *Controle Biológico no Brasil: Parasitoides e Predadores*. São Paulo: Manole. 626 p.

Parra, J. R. P., Botelho, P. S. M. & Sene, A. (2010). Bioecological control of pests as key component for sustainable sugarcane production. In: Cortez, L. A. B. (Ed.), *Sugarcane bioethanol R&D for productivity and sustainability* São Paulo: Blucher. 441-450.

Parra, J. R. P. & Coelho Jr., A. (2019). Applied Biological Control in Brazil: From Laboratory Assays to Field Application. *Journal of Insect Science, 19*(2), 1-6. https://doi.org/10.1093/jisesa/iey112

Parra, J. R. P., Coelho Jr., A., Geremias, L. D., Bertin, A. & Ramos, C. J. (2014). *Criação de Anagasta kuehniella em pequena escala, para produção de Trichogramma* Piracicaba: Occasio. 34 p.

Parra, J. R. P. & Cônsoli, F. L. (1992). In vitro rearing of *Trichogramma pretiosum* Riley, 1879. *Ciência e Cultura, 44,* 407–409.

Parra, J. R. P., Lopes, J. R. S., Serra, H. P. & Sales Jr., O. (1989). Metodologia de criação de *Anagasta kuehniella* (Zeller, 1879) para produção massal de *Trichogramma* spp. *Anais da Sociedade Entomológica do Brasil, 18,* 403–415.

Parra, J. R. P., Oliveira, H. N. & Iarossi, A. R. (1994). Metodologia de criação de *Anagasta kuehniella* para produção de *Trichogramma* spp. In: *Simpósio de Controle Biológico,* 4, Resumos... Gramado: Embrapa

Parra, J. R. P. & Sales Jr., O. (1994). Biology of *Trichogramma galloi* reared on natural and factitious hosts under different temperatures and relative humidities. *Les Colloques de l'INRA, 73,* 95–99.

Parra, J. R. P. & Zucchi, R. A. (Orgs.). (1997). *Trichogramma e o controle biológico aplicado.* Piracicaba: FEALQ. 324 p.

Parra, J. R. P. & Zucchi, R. A. (2004). *Trichogramma* in Brazil: feasibility of use after twenty years of research. *Neotropical Entomology, 33,* 271–281.

Parra, J. R. P., Zucchi, R. A., Coelho Jr., A., Geremias, L. D. & Consoli, F. L. (2015). *Trichogramma* as a tool for IPM in Brazil. In: Vinson, S. B., Greenberg, S. M., Liu, T., Rao, A. & Volosciuk, L. F. (Eds.), *Augmentative Biological Control Using Trichogramma spp.: Current Status and Perspectives* Yangling: Nothwest A&F University Press. 472–496.

Parra, J. R. P., Zucchi, R. A., Silveira Neto, S. & Haddad, M. L. (1991). Biology, thermal requirements of *Trichogramma galloi* Zucchi and *T. distinctum* Zucchi, on two alternative hosts. *56 Les Colloques de l'NRA,* 81–84.

Pastori, P. L., Monteiro, L. R. & Botton, M. (2008). Capacidade de dispersão de *Trichogramma pretiosum* Riley (Hymenoptera: Trichogrammatidae) em pomar adulto de macieira. *Boletin de Sanidad Vegetal Plagas, 34,* 239–245.

Pinto, A. S., Parra, J. R. P., Oliveira, H. N. & Arrigoni, E. D. B. (2003). Comparação de técnicas de liberação de *Trichogramma galloi* Zucchi (Hymenoptera: Trichogrammatidae) para o controle de *Diatraea saccharalis* (Fabricius) (Lepidoptera:

Crambidae). *Neotropical Entomology, 32*(2), 311–318. https://doi.org/10.1590/S1519-566X2003000200018

Pratissoli, D. (1995). *Bioecologia de Trichogramma pretiosum riley, 1879, nas traças, Scrobipalpuloides absoluta (meyrick, 1917) e Phthorimaea operculella (zeller, 1873), em tomateiro*. 154 p. (Tese) Universidade de São Paulo / Escola Superior de Agricultura "Luiz de Queiroz".

Pratissoli, D. & Parra, J. R. P. (2000a). Desenvolvimento e exigências térmicas de *Trichogramma pretiosum* Riley, criados em duas traças do tomateiro. *Pesquisa Agropecuária Brasileira, 35*(7), 1.281–1.288. https://doi.org/10.1590/S0100-204X2000000700001

Pratissoli, D. & Parra, J. R. P. (2000b). Fertility life table of *Trichogramma pretiosum* (Hym., Trichogrammatidae) in eggs of *Tuta absoluta* and *Phthorimaea operculella* (Lep., Gelechiidae) at different temperatures. *Journal of Applied Entomology, 124*(9–10), 339–342. https://doi.org/10.1046/j.1439-0418.2000.00477.x

Pratissoli, D., Vianna, U. R., Zago, H. B. & Pastori, P. L. (2005). Capacidade de dispersão de *Trichogramma* em tomateiro estaqueado. *Pesquisa Agropecuária Brasileira, 40*(6), 613–616. https://doi.org/10.1590/S0100-204X2005000600013

Prezotti, L., Parra, J. R. P., Vencovsky, R., Coelho, A. S. G. & Cruz, I. (2004). Effect of the size of the founder population on the quality of sexual populations of *Trichogramma pretiosum*, in laboratory. *Biological Control, 30*(2), 174–180. https://doi.org/10.1016/j.biocontrol.2004.01.011

Prezotti, L., Parra, J. R. P., Vencovsky, R., Dias, C. T. S., Cruz, I. & Chagas, M. C. M. (2002). Teste de Voo como Critério de Avaliação da Qualidade de *Trichogramma pretiosum* Riley (Hymenoptera: Trichogrammatidae): Adaptação de Metodologia. *Neotropical Entomology, 31*(3), 411–417. https://doi.org/10.1590/S1519-566X2002000300010

Querino, R. B. & Zucchi, R. A. (2007). Do *Trichogramma minutum* Riley and *Trichogramma bennetti* Nagaraja & Nagarkatti (Hymenoptera: Trichogrammatidae) occur in Brazil? *Neotropical Entomology, 36*(1), 145–146. https://doi.org/10.1590/S1519-566X2007000100018

Querino, R. B. & Zucchi, R. A. (2011). *Guia de identificação de Trichogramma para o Brasil*. Brasilia: Embrapa. 107 p.

Querino, R. B. & Zucchi, R. A. (2019). Annotated checklist and illustrated key to the species of *Trichogramma* Westwood (Hymenoptera: Trichogrammatidae) from South America. *Zootaxa, 4656*(2), 201–231. https://doi.org/10.11646/zootaxa.4656.2.1

Querino, R. B., Zucchi, R. A. & Pinto, J. D. (2010). Systematics of the *Trichogramma* (Hymenoptera: Chalcidoidea) with a focus on the genera attacking Lepidoptera. In: Cônsoli, F. L., Parra, J. R. P. & Zucchi, R. A. (Eds.), *Egg parasitoids in Agroecosystems with enphasis on Trichogramma* Heidelberg: Springer. 191–218.

Sá, L. A. N. & Parra, J. R. P. (1993). Efeito do número e intervalo entre liberações de *Trichogramma pretiosum* Riley no parasitismo e controle de *Helicoverpa zea* (Boddie), em milho. *Scientia Agricola, 50*(3), 355–359. https://doi.org/10.1590/s0103-90161993000300006

Sá, L. A. N. & Parra, J. R. P. (1994a). Natural parasitism of *Spodoptera frugiperda* and *Helicoverpa zea* (Lepidoptera, Noctuidae) eggs in corn by *Trichogramma pretiosum* (Hymenoptera: Trichogrammatidae) in Brazil. *Florida Entomologist, 77*, 185–188.

Sá, L. A. N. & Parra, J. R. P. (1994b). Biology and parasitism of *Trichogramma pretiosum* Riley (Hym., Trichogrammatidae) on *Ephestia kuehniella* (Zeller) (Lep., Pyralidae) and *Heliothis zea* (Boddie) (Lep., Noctuidae) eggs. *Journal of Applied Entomology, 118*(1–5), 38–43. https://doi.org/10.1111/j.1439-0418.1994.tb00776.x

Sá, L. A. N., Parra, J. R. P. & Silveira Neto, S. (1993). Capacidade de dispersão de *Trichogramma pretiosum* riley, 1879 para controle de *Helicoverpa zea* (Boddie, 1850) em milho. *Scientia Agricola, 50*(2), 226–231. https://doi.org/10.1590/S0103-90161993000200009

Scholz, B. C. G., Monsour, C. J. & Zalucki, M. P. (1998). An evaluation of selective *Helicoverpa armigera* control options in sweet corn. *Australian Journal of Experimental Agriculture, 38*(6), 601. https://doi.org/10.1071/EA98050

Smith, S. M. (1996). Biological Control with *Trichogramma*: Advances, Successes, and Potential of Their Use. *Annual Review of Entomology, 41*(1), 375–406. https://doi.org/10.1146/annurev.en.41.010196.002111

Specht, A., Sosa-Gómez, D. R., Paula-Moraes, S. V. & Yano, S. A. C. (2013). Identificação morfológica e molecular de *Helicoverpa armigera* (Lepidoptera: Noctuidae) e ampliação de seu registro de ocorrência no Brasil. *Pesquisa Agropecuária Brasileira, 48*(6), 689–692. https://doi.org/10.1590/S0100-204X2013000600015

Stouthamer, R. (2006). Molecular methods for the identification of biological control agents at the species and strain level. In: Bigler, F., Bandendreier, D. & Kuhlman, U. (Orgs.), *Environmental impact of invertebrates for biological control of arthropods: methods and risk assessment* Wallingford: CABI. 187–201. https://doi.org/10.1079/9780851990583.0187

Stouthamer, R., Luck, R. F. & Hamilton, W. D. (1990). Antibiotics cause parthenogenetic *Trichogramma* (Hymenoptera/Trichogrammatidae) to revert to sex. *Proceedings of the National Academy of Sciences, 87*(7), 2424 LP – 2427. http://www.pnas.org/content/87/7/2424.abstract

Takahashi, T. A., Nishimura, G., Querino, R. B. & Foerster, L. A. (2021). An integrative taxonomy of a new species of *Trichogramma* Westwood (Hymenoptera: Trichogrammatidae) with high reproductive capacity. *Neotropical Entomology, 50*, 90-99. https://doi. org/10.1007513744-020-00834-2.

Urbaneja, A., Desneux, N., Gabarra, R., Arnó, J., González-Cabrera, J., Mafra Neto, A., Stoltman, L., Pinto, A. S. & Parra, J. R. P. (2013). Biology, ecology and management of the South American tomato pinworm, *Tuta absoluta*. In: Pena, J. E. (Org.), *Potential invasive pests of agricultural crops* Wallingford: CABI. 98–125. https://doi.org/10.1079/9781845938291.0098

van Lenteren, J. C. (Org.). (2003). *Quality control and production of biological control agents: theory and testing procedures*. Wallingford: CABI. 325 p. https://doi.org/10.1079/9780851996882.0000

van Lenteren, J. C. (2012). The state of commercial augmentative biological control: plenty of natural enemies, but a frustrating lack of uptake. *BioControl*, *57*(1), 1–20. https://doi.org/10.1007/s10526-011-9395-1

Vasconcelos, G. R. (2013). *Seleção de linhagens e efeito do hospedeiro na qualidade de Trichogramma pretiosum Riley, 1879 (Hymenoptera: Trichogrammatidae) para o controle de Tuta absoluta (Meyrick, 1917) (Lepidoptera: Gelechiidae) em tomateiro.* 45 p. (Dissertação) Universidade de São Paulo / Escola Superior de Agricultura "Luiz de Queiroz". https://doi.org/10.11606/D.11.2013.tde-12032013-171524

Zachrisson Salamina, B. A. (1997). *Bioecologia de Trichogramma pretiosum Riley, 1879, para o controle de Anticarsia gemmatalis Hübner, 1818, na cultura da soja.* 123p. (Tese) Universidade de São Paulo / Escola Superior de Agricultura "Luiz de Queiroz". https://doi.org/10.11606/T.11.2019.tde-20191220-111110

Zachrisson Salamina, B. A. & Parra, J. R. P. (1998). Capacidade de dispersão de *Trichogramma pretiosum* Riley, 1879 para o controle de *Anticarsia gemmatalis* Hübner, 1818 em soja. *Scientia Agricola*, *55*(1), 133–137. https://doi.org/10.1590/S0103-90161998000100021

Zucchi, R. A. (1988). New species of *Trichogramma* (Hymenoptera: Trichogrammatidae) associated with sugar cane borer *Diatraea saccharalis* (F.) (Lepidoptera: Pyralidae) in Brazil. *Les Colloques de l'INRA*, *43*, 133–140.

Zucchi, R. A., Parra, J. R. P. & Silveira Neto, S. (1991). *Trichogramma* species associated with some lepidopterous pests in Brazil. *Les Colloques de l'INRA*, *53*, 131–134.

Zucchi, R., Querino, R. & Monteiro, R. (2010). Diversity and hosts of *Trichogramma* in the New World, with emphasis in South America. In: Cônsoli, F. L., Parra, J. R. P. & Zucchi, R. A. (Eds.), *Egg parasitoids in agrosystems with emphasis on Trichogramma* Heidelberg: Springer. 219–236.

CAPÍTULO 9

Utilização de *Telenomus podisi* no manejo de *Euschistus heros*

REGIANE CRISTINA DE OLIVEIRA

Introdução

O cultivo de cereais no Brasil ocupa uma grande área do território. A cultura da soja (*Glycine max* L.) se destaca, pois é um dos mais importantes produtos de exportação do Brasil, e ainda crescente nos últimos anos. No entanto, a produtividade pode aumentar, caso ocorra diminuição das perdas em decorrência dos ataques de insetos-praga, ocasionadas principalmente pelo complexo de lagartas e percevejos.

Atualmente, a principal tática de manejo utilizada na redução de pragas na cultura da soja é o controle químico, mas gera problemas ao agroecossistema. Talvez o principal problema seja o desequilíbrio causado pela utilização excessiva de produtos fitossanitários, principalmente na falta de posicionamento técnico. Isso modifica a dinâmica da ocorrência de insetos e resulta em surtos populacionais de pragas, as quais eram anteriormente consideradas secundárias, devido à ocorrência dos fatores de supressão, anteriormente presentes, especialmente os inimigos naturais (Bueno et al., 2013).

A alteração no panorama agrícola tornou-se motivo de preocupação aos produtores, no que diz respeito ao controle das pragas. Nesse contexto, um grupo de insetos em especial causa grandes prejuízos à cultura da soja: percevejos fitófagos, dos quais várias espécies da família Pentatomidae são consideradas pragas da cultura da soja no Brasil e causam sérios prejuízos, tanto no rendimento, como na qualidade do produto colhido (Panizzi & Lucini, 2016; Tuelher et al., 2016). Entre os percevejos fitófagos que atacam a cultura da soja, destaca-se o percevejo-marrom, *Euschistus heros* (Fabricius), por ser a espécie mais abundante na região neotropical, incluindo o Brasil (Krinski et al., 2013), Argentina, Paraguai, Panamá, Uruguai e Bolívia (Bueno et al., 2015; Panizzi, 2013; 2015).

Diante desse quadro, visando ao controle de pragas, deve-se optar por uma visão inter e multidisciplinar, integrando-se diversos métodos de controle sustentáveis ao homem e ao ambiente. Assim, a adoção de táticas complementares para o êxito no controle de insetos-pragas pode ser incorporada ao sistema, dentro das premissas do manejo integrado de pragas (MIP). Nesse sentido, o uso do controle biológico aplicado, por meio de liberações inundativas de inimigos naturais, tem potencial de sucesso, por reduzir a população das pragas para um nível abaixo do nível de dano econômico (van Lenteren et al., 2018).

Outro aspecto que evidencia o potencial de utilização do controle biológico aplicado na população de *E. heros* é a reduzida disponibilidade de estratégias de manejo para percevejos, incluindo a utilização dos produtos fitossanitários. Há disponíveis no mercado brasileiro em torno de seis princípios ativos químicos registrados para o controle de percevejos. Vários deles, pela utilização sequencial, apresentam baixa eficácia de controle, em função de terem sido selecionadas populações resistentes a estes princípios ativos.

Outro indicador para o controle biológico ser aplicado no manejo do complexo de percevejos é: inicialmente acreditava-se que com a expansão da adoção do uso de sementes *Bt* nas áreas de cultivo de soja, a ocorrência do complexo de percevejos iria ser mais baixa. Isso porque com o uso da tecnologia *Bt* o número de pulverizações para controle de lagartas poderia ser reduzido no período vegetativo do desenvolvimento da cultura soja. Dessa forma, a entomofauna benéfica seria preservada e como consequência poderia exercer efeito na população de percevejos, que começam a ocorrer na cultura nesta mesma fase. No entanto, verifica-se nos últimos anos um aumento do número de percevejos causando danos à cultura. Esse fato pode ser explicado porque qualquer nicho ecológico não fica desabitado e, na ausência do complexo de lagartas, provavelmente houve alguma vantagem adaptativa aos percevejos, beneficiados no cenário sem competição. Neste contexto a utilização de agentes de controle biológico no início da ocorrência dos percevejos é estratégico, pois há baixa utilização de produtos fitossanitários, o que poderá proporcionar integração das táticas de manejo.

Para liberação no final do período vegetativo da cultura da soja, o parasitoide de ovos *Telenomus podisi* (Ashmead) (Hymenoptera: Scelionidae) demonstra resultados promissores, sendo a espécie *E. heros* o hospedeiro preferencial e também o mais frequente e abundante em cultivos de soja (Silva et al., 2018). As liberações de *T. podisi* alcançam eficácia de controle em torno de 80%; a liberação deve ocorrer no final do período vegetativo, ou seja, justamente quando os primeiros percevejos migram para a cultura (Oliveira, dados não publicados). Os percevejos migradores ao chegarem nas plantas de soja realizam a oviposição, o que indica o momento ideal para liberação do *T. podisi* e faz assim a população da praga permanecer abaixo do nível de dano econômico.

Assim, mesmo diante do potencial de utilização de *T. podisi* no manejo do complexo de percevejos na cultura da soja, alguns pontos devem ser estudados para viabilizar a utilização dos parasitoides. Entre os pontos limitantes, a produção massal de *T. podisi* é fundamental para controle de *E. heros*. Esta criação deve ser desenvolvida durante todo ano, especialmente porque se houver interrupção de uma criação de insetos não se consegue reativá-la a curto prazo e voltar a produzir aquilo que vinha sendo produzido. Assim, a despeito de haver períodos do ano em que não se faz a liberação dos parasitoides, devido a falta da cultura, é necessário armazenar os ovos produzidos para utilizá-los em épocas oportunas. O armazenamento dos ovos do percevejo marrom deve ser feito em nitrogênio líquido – como já utilizado para ovos de *Nezara viridula* L. e *E. heros*, ambos pentatomídeos, por Doetzer e Foester (2013) e por Silva et al (2019) ou mesmo em baixas temperaturas.

É necessário conhecer as condições dos fatores abióticos que induzem e regulam os processos de quiescência, hibernação ou diapausa em parasitoides de ovos. O controle desses processos pode aumentar a eficácia da produção desses inimigos naturais em larga escala para fins de controle biológico, como preconizado para outras espécies de parasitoides de ovos (Pastori et al., 2013; Ghosh & Ballal, 2017). Contudo, há poucos estudos realizados sobre o efeito dos fatores abióticos nos inimigos naturais no Brasil com vistas ao armazenamento.

Redução na produtividade da cultura da soja e histórico do programa de liberação de parasitoide de ovos de percevejos na cultura da soja

Os danos causados pelos percevejos estão relacionados à morfologia do aparelho bucal e às enzimas salivares, pois se alimentam inserindo o estilete nas vagens, onde injetam saliva contendo enzimas digestivas e sugam o conteúdo liquefeito. Esse processo causa deformação do grão; aparecimento de manchas escuras e áreas esbranquiçadas; reduções no rendimento e qualidade fisiológica das sementes; aumento dos níveis de proteína em detrimento da diminuição nos teores de óleo. Ocasionam queda de vagens e impedem a formação dos hormônios de senescência; atrasam a maturidade da planta e resultam em retenção foliar e hastes verdes, conhecida como soja-louca (Panizzi, 2013; Sosa-Gomez & Moscardi, 1995).

As sementes com danos causados pelo percevejo apresentam puncturas, servem de porta de entrada para patógenos, como incidência de fungos patogênicos e aumento da colonização por microrganismos. Isso acelera a fermentação durante o beneficiamento e armazenamento, e afeta a qualidade dos grãos e deterioração das sementes (Bueno et al., 2015; Corrêa-Ferreira & Azevedo, 2002; Russin et al., 1988).

As perdas no rendimento da soja – em função da presença de percevejos nas plantações – podem ser superiores a 30%; as perdas no valor germinativo das sementes podem ser superiores a 50% (Oliveira et al., 2014; Musser et al., 2011).

Atualmente, com frequência, o percevejo-marrom é relatado como praga em diversas culturas: no milho – causando injúrias de variadas intensidades em plântulas e/ou espigas –, no algodoeiro – alimentam-se das cápsulas de maturação e provocam perdas na qualidade dos fios – e no girassol – com queda de produtividade (Frota & Santos, 2007; Smaniotto & Panizzi, 2015).

Para estabelecer estratégias de controle de percevejos-praga, desde a década de 1990, estuda-se o programa de controle biológico com parasitoides de ovos de percevejos. No entanto, inicialmente, o parasitoide de ovos *Trissolcus basalis* (Wollaston) (Hymenoptera: Scelionidae) foi a espécie utilizada com liberações nas campo e controle desse complexo de praga, especialmente do percevejo-verde *Nezara viridula*, na cultura da soja no sul do país (Corrêa-Ferreira et al., 2002). Com o aquecimento global e aumento de temperatura de até 1,5 °C no sul do Brasil, na penúltima década, constatou-se a mudança no *status* dos percevejos-praga no Brasil, com a migração de *N. viridula* para o Uruguai e a dominância de *E. heros* em todo o país, mudança essa ligada a alteração climática (Bettiol et al., 2017).

Com a predominância do percevejo-marrom, *E. heros*, na cultura da soja, o parasitoide *T. basalis* se torna obsoleto, pois é mais adequado às regiões de clima mais ameno. Nos levantamentos de parasitoides de ovos de percevejos em condições naturais por todo o Brasil, a espécie *T. podisi* passou a se destacar e as pesquisas se intensificaram indicando ser este o parasitoide mais eficaz para a supressão da população da maioria das espécies de percevejos que ocorrem na soja.

Características bioecológicas de *Telenomus podisi*

Telenomus podisi apresenta elevada capacidade de busca pelo hospedeiro, e está entre as espécies mais abundantes associadas ao parasitismo de ovos de percevejos – observa-se parasitismo acima de 80% em campo (Oliveira, dados não publicados). Além disso, ao controle biológico são inerentes características positivas: é considerado de baixo impacto à saúde do homem; não necessita realizar intervalo entre a liberação e a colheita; não há seleção de indivíduos resistentes à ação do parasitoide; não ocorre dano fitotóxico; e não há resíduos no ambiente (Corrêa-Ferreira & Moscardi, 1996; Pazini et al., 2016; Sales et al., 1978; Tognon et al., 2014; van Lenteren et al., 2018).

Telenomus podisi é um micro-himenóptero pertencente à família Scelionidae, de vida livre que se alimenta de néctar ou mel. Possui aproximadamente 1 mm de comprimento, de coloração preta (Pacheco et al., 2000; Bueno et al., 2012). O dimorfismo sexual da espécie é visível nas antenas: as fêmeas apresentam antenas clavadas e os machos filiformes (Johnson, 1984). Desenvolve-se dentro do ovo de diferentes hospedeiros da família Pentatomidae, Scutelleridae e Coreidae (Margaría et al., 2009), e está adaptado a diversos hospedeiros e condições climáticas.

Esse parasitoide se desenvolve inteiramente dentro do ovo hospedeiro. O adulto apresenta coloração preta, com vida livre e alimenta-se de néctar. Esses insetos são parasitoides solitários, o desenvolvimento de ovo à emergência dos adultos dura cerca de 10 a 14 dias, quando submetidos a temperaturas entre 25 a 32 °C (Bueno et al. 2012). E em condições de laboratório, adultos de *T. podisi* vivem cerca de três a 54 dias dependendo de fatores alimentares e exposição aos ovos hospedeiros.

Passam pelas fases de ovo, larva, pré-pupa e pupa no interior do ovo hospedeiro, onde o desenvolvimento é perceptível pela mudança da coloração dos ovos parasitados. A alteração passa da cor cinza, correspondendo à fase de larva, posteriormente para o castanho na fase de pupa, e tornam-se pretos próximo da emergência, mesma cor dos adultos. Emergem através de um orifício circular, cortado no opérculo do ovo, a emergência do macho é de um a dois dias antes das fêmeas para garantir a cópula, ocorrendo predominância de fêmeas em condições naturais. Dependendo das condições a que são submetidos, como temperatura, umidade relativa, alimento e comportamento de oviposição, a longevidade dos adultos pode variar. Em condições normais, a média é de 30,9 dias (Medeiros et al., 1998; Moreira & Becker, 1986b; Stecca et al., 2017).

As fêmeas apresentam alto potencial reprodutivo, com fecundidade média de 211 ovos, e têm como hospedeiro *E. heros*. No entanto, conforme a idade da fêmea aumenta, a proporção de machos aumenta (Bueno et al., 2012). As fêmeas são capazes de ovipositar desde o primeiro dia após a emergência, entretanto, a taxa de oviposição mais elevada ocorre no segundo dia de vida, com alta produção de fêmeas na progênie. À medida que a idade das fêmeas parentais aumenta, a descendência gerada apresenta variação na razão sexual, chegando a ocorrer mais machos do que fêmeas. Ao concluir a oviposição no interior do ovo hospedeiro, a fêmea marca o ovo parasitado passando o ovipositor sobre a superfície, e deixa um feromônio que servirá para o reconhecimento dos ovos parasitados por outras fêmeas. Somente um parasitoide completa o desenvolvimento em cada ovo parasitado. Em caso de superparasitismo, onde mais de um ovo é depositado em cada ovo hospedeiro, ocorre competição entre as larvas de primeiro ínstar e somente uma larva sobrevive, completando o desenvolvimento (Sales et al., 1978; Corrêa-Ferreira, 1996; Pacheco & Corrêa-Ferreira, 1998; Colazza et al., 1993). Os machos emergem um a dois dias antes das fêmeas, e são atraídos para a cópula assim que elas começam a se alimentar do córion, até abrirem um orifício, por onde emergem (Johnson, 1984; Bueno et al., 2012).

Telenomus podisi apresenta elevada capacidade de busca pelo hospedeiro e alto potencial reprodutivo. Responde a diferentes pistas, como feromônio sexual do *E. heros,* traços deixados no substrato por fêmeas de *E. heros*, voláteis induzidos por herbivoria, sinais vibratórios produzidos durante a comunicação sexual do *E. heros* e voláteis induzidos pelo fitormônio (Z)-jasmone em plantas de soja. A obtenção de informação a partir de rastros, assim como de outros estímulos químicos, é parte de um intrincado processo de evolução dos inimigos naturais. Essas substâncias são percebidas pelo parasitoide através de estruturas e órgãos olfativos, as sensilas, distribuídas por todo o corpo e principalmente nas antenas (Michereff et al, 2016).

Nos EUA, *T. podisi* é considerado o parasitoide de ovos de pentatomídeos com maior distribuição demográfica, além de possuir o maior número de hospedeiros, como por exemplo, as espécies de praga em soja *Euschistus* spp., *Euschistus servus (Say)*, *Thyanta custator accera* (McAtee), *Acrosternum hilare* (Say) e *N. viridula*; e os percevejos do arroz *Tibraca limbativentris* (Ståle), *Oebalus pugnax* (Fabricius), *Oebalus insularis* (Stal) (Ehler, 2002; Pacheco & Corrêa-Ferreira, 1998; Sudarsono et al., 1992; Tillman, 2010; Zachrisson et al., 2014a, 2014b).

No Brasil, a distribuição geográfica de *T. podisi* vai desde o Centro-Oeste até o Sul (Moreira & Becker, 1986a; Silva, 2017), e diversas espécies são constatadas como hospedeiras de *T. podisi*. Além de ocorrência em *E. heros*, *Piezodorus guildinii* (Westwood) e *N. viridula*, *T. podisi* também foi registrado parasitando ovos de *T. limbativentris* (Riffel et al., 2010); *O. insularis* (Zachrisson et al., 2014b); *Diceraeus melacanthus* (Dallas), *Diceraeus furcatus* (Fabricius) (Paz-Neto et al., 2015); *Acrosternum sedum*

Rolston (Sujii et al., 2002); o percevejo predador *Podisus nigrispinus* (Dallas) (Medeiros et al., 1998); *Edessa meditabunda* (Fabricius) (Favetti et al., 2013); *D. melacanthus* e *Podisus connexivus* (Bergroth) (Corrêa-Ferreira & Moscardi, 1995) (Hemiptera: Pentatomidae).

Manejo integrado do complexo de percevejos-praga na cultura da soja

Atualmente, o controle de insetos-praga na cultura da soja não segue os resultados do monitoramento e tomada de decisão com base no nível de controle. Os sojicultores, com o intuito de desonerar o custo das operações realizadas para o manejo fitossanitário, efetuam pulverizações conjuntas de herbicidas e fungicidas, ao lado dos inseticidas. Essa operação resulta em áreas desequilibradas, com baixa população de inimigos naturais e com problemas relacionados à resistência de pragas – como o que está sendo relatado para *E. heros* a inseticidas (Tuelher et al., 2018).

Nesse cenário, *E. heros* tornou-se motivo de preocupação entre produtores, por causar prejuízo à cultura da soja, com danos diretos – praticamente, os inseticidas químicos são o único método disponível para o controle dos percevejos. Para diminuir o uso de inseticidas, faz-se necessário estimar os níveis populacionais do inseto por meio de amostragens no campo, o que permite tomar decisões de manejo com base em informações confiáveis. Para o monitoramento de percevejos na soja, recomenda-se o método do pano-de-batida, no qual se considera como nível de controle a presença de um percevejo adulto por metro linear. Os primeiros percevejos colonizadores migram para as áreas cultivadas com soja, quando as plantas passam à fase reprodutiva, ou seja, quando há flores nas áreas. Há também disponível no mercado as armadilhas de feromônio, que podem ser utilizadas no monitoramento, com indicação de uma armadilha a cada dez hectares, e considerado como o nível de controle a presença ou ausência da praga.

A tomada de decisão do MIP consiste em decisões de controle com base no nível de dano, no número e tamanho dos insetos-pragas, na resposta da planta ao ataque e no estádio de desenvolvimento da soja – essas informações obtidas em amostragens visam a redução no custo final de produção. Por isso, há importância do desenvolvimento comercial de pacotes tecnológicos para o controle biológico do *E. heros* na cultura da soja, bem como em outras culturas (Belo et al., 2012; Bueno et al., 2011, 2013; Sosa-Gómez & Silva, 2010).

Nesse sentido, o parasitoide de ovos é uma ferramenta com potencial de ser utilizada no manejo do complexo de percevejos-pragas presentes no sistema de sucessão de culturas soja-milho. Esse agente de controle biológico após a liberação em campo vive cerca de um mês em campo, e tem potencial de parasitar em torno de 80% dos ovos dos percevejos até duas semanas após a emergência. Os primeiros ovos parasitados dão origem a mais fêmeas e depois passa a produzir mais machos, mas a razão sexual fica ao redor de 0,6 (ou seja, produz mais fêmeas que machos).

Uma fêmea parasita, em média 210 ovos de *E. heros* ou 76 ovos de *P. guildinii*, o percevejo-verde-pequeno. Um ovo parasitado leva cerca de duas semanas para dar origem a novos adultos. As liberações devem ser iniciadas uma semana antes do florescimento, quando geralmente os primeiros adultos são detectados nas armadilhas de feromônio ou nas amostragens com a utilização do pano-de-batida, e desta forma auxiliam na tomada de decisão.

Em lavouras de soja semeadas no início e no meio da safra, com alta pressão da praga, uma segunda liberação deverá ser realizada um mês após a primeira. Em áreas, semeadas tardiamente, duas liberações adicionais deverão ser realizadas, em intervalos de 15 dias após a primeira e entre elas.

A dose de 6.500 a 7.000 parasitoides por hectare mostra ser a quantidade adequada para infestações de até 400.000 ovos de *E. heros* por hectare, que geralmente corresponde a 200.000 ninfas grandes e adultos por hectare (10 por metro) depois de cerca de um mês. Entretanto, a frequência de liberação parece ser mais importante do que a dose liberada, sendo necessárias a realização de pelo menos três liberações, a partir do momento da infestação dos percevejos na área.

Esse parasitoide pode ser liberado em cápsulas, via avião ou drones, ou até mesmo de forma manual, e pode ser utilizado um repelente de predadores adicionado ao material a ser liberado. Diferentemente de outros parasitoides, que são liberados em pontos fixos centrais ou espalhados por toda a lavoura, a liberação de *T. podisi* deve ser realizada em faixas ao redor das áreas agrícolas. Isso porque o percevejo entra pelas bordas da área agrícola e vai se dispersando para o interior da cultura com o tempo. Se a liberação do parasitoide for realizada em área total, especialmente a primeira, muitas fêmeas não conseguirão encontrar os ovos da praga, que estarão concentrados nas bordas.

Considerações finais

A demanda crescente por sustentabilidade nos sistemas produtivos exige o desenvolvimento de formas viáveis de manejo de pragas para os produtores. Assim, é necessário oferecer diferentes táticas de manejo de pragas para o agronegócio brasileiro, uma vez que as principais causas de redução da produtividade agrícola é a ocorrência de insetos fitófagos. Nesse sentido, as diferentes estratégias de controle biológico permitem aos agricultores manejar as principais pragas das culturas de forma eficaz. Entre as diversas ferramentas de controle disponíveis no mercado, para o controle de *E. heros* e também os demais percevejos que ocorrem na cultura da soja, o parasitoide *T. podisi* tem potencial de ser utilizado em grandes áreas de produção dessa cultura.

Atualmente, o processo de criação do massal de *E. heros* e *T. podisi* é bem conhecido, inclusive com metodologia de criação massal do hospedeiro em dieta artificial (Mendoza et al., 2016). Isso torna o programa de controle biológico do complexo de percevejos-fitófagos na cultura da soja uma realidade, pois a partir do conhecimento das técnicas de criação há possiblidade de empresas disponibilizarem ao mercado consumidor o parasitoide como um produto comercial. Embora já registrado, para a utilização de *T. podisi* ser feita na área total ocupada por soja no Brasil (cerca de 36 milhões de ha) há necessidade de automatização das criações massais pela exigência de mão-de-obra no sistema de produção atual. Em função de todas essas características, é possível inferir que o programa de controle biológico com liberação de *T. podisi* tem o potencial de atingir grandes área de produção de soja, expectativa que é baseada nos promissores resultados de pesquisa e nas liberações iniciais em áreas comerciais (cerca de 60.000 ha), que comprovam a eficácia de controle de ovos do percevejos-fitófagos na cultura da soja por *T. podisi*.

Referências Bibliográficas

Belo, M. S. S. P., Pignati, W., Dores, E. F. G. C., Moreira, J. C. & Peres, F. (2012). Uso de agrotóxicos na produção de soja do Estado do Mato Grosso: um estudo preliminar de riscos ocupacionais e ambientais. *Revista Brasileira de Saúde Ocupacional*, *37*, 78-88.

Bettiol, W., Hamada, E., Angelotti, F., Auad, A. M. & Ghini, R. (Orgs.). (2017). *Aquecimento global e problemas fitossanitários*. Brasília: Embrapa. 498 p.

Bueno, A. F., Paula-Moraes, S. V., Gazzoni, D. L. & Pomari, A. F. (2013). Economic thresholds in soybean-integrated pest management: old concepts, current adoption, and adequacy. *Neotropical Entomology*, *42*, 439-447.

Bueno, A. F., Sosa-Gomez, D. R., Côrrea-Ferreira, B. S., Moscardi, F. & Bueno, R. C. O. F. (2012). Inimigos naturais das pragas da soja. In: Hoffmann-Campo B. C., Côrrea-Ferreira B. S., Moscardi F. (Eds.), *Soja: Manejo Integrado de Insetos e outros Artrópodes Praga* Brasília: Embrapa. 493-630.

Bueno, R. C. O. F. Carvalho, M. C., Bueno, N. M., Carvalho, L. C., Godoy, A. L. F., Bueno, A. F., Dorneles Junior, J., Martins, P. M. & Carnietto Junior, N. A. (2013). Capacidade de dispersão de *Telenomus podisi* para o controle de *Euschistus heros* na cultura da soja. In: *Simpósio de Controle Biológico*, 13, Resumos... Bonito: Embrapa / UFGD.

Bueno, R. C. O. F., Parra, J. R. P. & Bueno, A. F. (2011). *Trichogramma pretiosum* parasitism and dispersal capacity: a basis for developing biological control programs for soybean caterpillars. *Bulletin of Entomological Research*, *102*, 1-8.

Bueno, A. F., Bortolotto, O. C., Pomari-Fernandes, A. & França-Neto, J. B. (2015). Assessment of a more conservative stink bug economic threshold for managing stink bugs in Brazilian soybean production. *Crop Protection*, *71*, 132-137.

Colazza, S. (1993). Factors influencing brood sex ratio in the egg parasitoid *Trissolcus basalis* (Woll.) (Hymenoptera: Scelionidae). *Entomologica*, *27*, 211-219,

Corrêa-Ferreira, B. S. & Azevedo, J. (2002). Soybean seed damage by different species of stink bugs. *Agricultural and Forest Entomology*, *4*, 145-150.

Corrêa-Ferreira, B. S. & Moscardi, F. (1996). Biological control of soybean stink bugs by inoculative releases of *Trissolcus basalis*. *Entomologia Experimentalis et Applicata*, *79*, 1-7.

Corrêa-Ferreira, B. S. & Moscardi, F. (1995). Seasonal occurrence and host spectrum of eggs parasitoids associated with soybeans stink bugs. *Biological Control*, *5*, 196-202.

Corrêa-Ferreira, B. S., Parra, J. R. P., Botelho, P. S. M. & Bento, J. M. S. (2002). *Trissolcus basalis* para o controle de percevejos da soja. In: Parra, J. R. P., Botelho, P. S. M., Correa-Ferreira, B. S. & Bento, J. M. S. (Eds.), *Controle Biológico no Brasil: Parasitoides e Predadores*. São Paulo: Manole. 449-476.

Doetzer, A. K. & Foerster, L. A. (2013). Storage of Pentatomid Eggs in Liquid Nitrogen and Dormancy of *Trissolcus basalis* (Wollaston) and *Telenomus podisi* Ashmead (Hymenoptera: Platygastridae) Adults as a Method of Mass Production. *Neotropical Entomology*, *42*, 534-538.

Ehler, L. E. (2002). An evaluation of some natural enemies of *Nezara viridula* in northern California. *Biocontrol*, *47*(3), 309-325.

Favetti, B. M, Krinsky, D., Butnariu, A. R. & Loiácono, M. S. (2013). Egg parasitoids of *Edessa meditabunda* (Fabricius) (Pentatomidae) in lettuce crop. *Revista Brasileira de Entomologia*, *57*(2), 236-237.

Frota, R. T. & Santos, R. S. S. (2007). Pentatomídeos associados a cultivos de girassol no Noroeste do estado do Rio Grande do Sul e ação de *Euschistus heros* (Fabricius, 1791) (Hemiptera: Pentatomidae) em aquênios. *Biotemas, 20*, 65-71.

Ghosh, E. & Ballal, C. R. (2017). Effect of age dependent cold storage of factitious host *Corcyra cephalonica* (Stainton) (Lepidoptera: Pyralidae) for their continuous production and *Trichogramma chilonis* (Ishii) (Hymenoptera: Trichogrammatidae) rearing. *Journal of Asia-Pacific Entomology*, *20*, 928-934.

Johnson, N. F. (1984). Systematics of Nearctic *Telenomus*: Classification and Revisions of the *podisi* and *phymatae* Species Groups (Hymenoptera: Scelionidae). *Bulletin of the Ohio Biological Survey*, *3*(6), 1-77.

Krinski, D., Favetti, B. M., Lima, A. G. & Brum, T. R. (2013). Oviposition preference of the Neotropical brown stink bug *Euschistus heros* on artificial substrates of different colors. *Ciência Rural*, *43*, 2.185-2.190.

Margaría, C. B., Loiácono, M. S. & Lanteri, A. A. (2009). New geographic and host records for scelionid wasps (Hymenoptera: Scelionidae) parasitoids of insect pests in South America. *Zootaxa*, *2314*, 41-49.

Medeiros, M. A., Loiácono, M. S., Borges, M. & Schimidt, F.V.G. (1998). Incidência natural de parasitoides em ovos de percevejos (Hemiptera: Pentatomidae) encontrados na soja no Distrito Federal. *Pesquisa Agropecuária Brasileira*, *33*, 1.431-1.435.

Mendoza, A. C., Rocha, A. C. P. & Parra, J. R. P. (2016). Lyophilized artificial diet for rearing the neotropical *Euschistus heros* (Hemiptera: Pentatomidae). *Journal of Insect Science*, *16*(1), 1-9.

Michereff, M. F. F., Borges, M., Aquino, M. F. S., Laumann, R. A., Gomes, A. M. & Blassioli--Moraes, M. C. (2016). The influence of volatile semiochemicals from stink bug eggs and oviposition-damaged plants on the foraging behaviour of the egg parasitoid *Telenomus podisi*. *Bulletin of Entomological Research*, *106*(5), 663-671.

Moreira, G. R. P. & Becker, M. (1986a). Mortalidade de *Nezara viridula* (Linnaeus, 1758) (Heteroptera: Pentatomidae) no estágio de ovo na cultura da soja: todas as causas de mortalidade. *Anais da Sociedade Entomológica do Brasil*, *15*, 271-290.

Moreira, G. R. P. & Becker, M. (1986b). Mortalidade de *Nezara viridula* (Linnaeus,1758) (Heteroptera: Pentatomidae) no estágio de ovo na cultura da soja - II. Parasitoides. *Anais da Sociedade Entomológica do Brasil*, *15*(2), 291-308.

Musser, F. R., Catchot, A. L., Gibson, B. K. & Knighten, K. S. (2011). Economic injury levels for southern green stink bugs (Hemiptera: Pentatomidae) in R7 growth stage soybeans. *Crop Protection*, *30*(1), 63-69.

Oliveira, C. M., Auad, A. M., Mendes, S. M. & Frizzas, M. R. (2014). Crop losses and the economic impact of insect pests on Brazilian agriculture. *Crop Protection*, *56*, 50–54.

Pacheco, D. J. P. & Corrêa-Ferreira, B. S. (2000). Parasitismo de *Telenomus podisi* Ashmead (Hymenoptera: Scelionidae) em Populações de Percevejos Pragas da Soja. *Anais da Sociedade Entomológica do Brasil*, *29*(2), 295-302.

Pacheco, D. J. P. & Corrêa-Ferreira, B. S. (1998). Potencial reprodutivo e longevidade do parasitoide *Telenomus podisi* Ashmead, em ovos de diferentes espécies de percevejos. *Anais da Sociedade Entomológica do Brasil*, *27*(4), 585-591.

Panizzi, A. R. (2015). Growing problems with stink bugs (Hemiptera: Heteroptera: Pentatomidae): species invasive to the U.S. and potential neotropical invaders. *American Entomologist*, *61*, 223–233.

Panizzi, A. R. (2013). History and contemporary perspectives of the integrated pest management of soybean in Brazil. *Neotropical Entomology*, *42*, 119-127.

Panizzi, A. R. & Lucini, T. (2016). What Happened to *Nezara viridula* (L.) in the Americas? Possible Reasons to Explain Populations Decline. *Neotropical Entomology*, *45*, 619-628.

Pastori, P. L., Zanuncio, J. C., Pereira, F. F., Pratissoli, D., Cecon, P. R. & Serrão, J. E. (2013). Temperatura e tempo de refrigeração de pupas de *Anticarsia gemmatalis* (Lepidoptera: Noctuidae) afetam parâmetros biológicos de *Trichospilus diatraeae* (Hymenoptera: Eulophidae)? *Ciências Agrárias*, *34*, 1.493-1.508.

Paz-Neto, A. A., Querino, R. B. & Margaría, C. B. (2015). Egg parasitoids of stink bugs (Hemiptera: Coreidae and Pentatomidae) on soybean and cowpea in Brazil. *Florida Entomologist*, *98*(3), 929-932.

Pazini, J. B., Gruztmacher, A. D., Martins, J. F. S., Pasini, R. A. & Rakes, A. (2016). Selectivity of pesticides used in rice crop on *Telenomus podisi* and *Trichogramma pretiosum*. *Pesquisa Agropecuária Tropical*, *46*(3), 327-335.

Riffel, C. T., Prando, H. F. & Boff, M. I. C. (2010). Primeiro relato de ocorrência de *Telenomus podisi* (Ashmead) e *Trissolcus urichi* (Crawford) (Hymenoptera: Scelionidae) como parasitoides de ovos do percevejo-do-colmo-do-arroz, *Tibraca limbativentris* (Stål) (Hemiptera: Pentatomidae), em Santa Catarina. *Neotropical Entomology*, *39*(3), 447-448.

Russin, J. S., Layton, M. B., Orr, D. B. & Boethel, D. J. (1988). Stink bug damage to soybeans. *La Agriculture*, *32*, 23-24.

Sales, F. M., Mc Laughlin J. R., Sailer R. I. & Tumlinson J. H. (1978). Temporal analysis of the oviposicional behavior of the female egg parasitoid, *Trissolcus basalis* (Wollaston). *Fitossanidade*, *2*, 80-83.

Silva, G. V., Bueno, A. F., Neves, P. M. O. J. & Favetti, B. M. (2018). Biological Characteristics and Parasitism Capacity of *Telenomus podisi* (Hymenoptera: Platygastridae) on Eggs of *Euschistus heros* (Hemiptera: Pentatomidae). *Journal of Agricultural Science*, *10*, 210-220.

Silva, G. V., Bueno, A. F., Favetti, B. M. & Neves, P. M. O. J. (2019). Use of Low Temperature storage to preserve host and parasitoid to improve the rearing of *Telenomus podisi* (Hymenoptera: Platygastridae) on *Euschistus heros* (Hemiptera: Pentatomidae) eggs. *Neotropical Entomology*, *48*, 126-135.

Silva, G. V. (2017). *Aspectos Biológicos para criação e utilização de Telenomus podisi (Hymenoptera: Platygastridae) no manejo de Euschistus heros (Hemiptera: Pentatomidae)*. 114f. (Tese) Universidade Estadual de Londrina.

Smaniotto, L. F. & Panizzi, A. R. (2015). Interactions of selected species of stink bugs (Hemiptera: Heteroptera: Pentatomidae) from leguminous crops with plants in the Neotropics. *Florida Entomologist*, *98*(1), 7-17.

Sosa-Gomez, D. R. & Moscardi, F. (1995). Retenção foliar diferencial em soja provocada por percevejos (Heteroptera: Pentatomidae). *Anais da Sociedade Entomológica do Brasil*, *24*, 401-404.

Sosa-Gomez, D. R. & Silva, J. J. (2010). Neotropical brown stink bug (*Euschistus heros*) resistance to methamidophos in Paraná, Brazil. *Pesquisa Agropecuária Brasileira, 45*(7), 767-769.

Stecca, C. S., Bueno, A. F., Pasini, A., Silva, D. M., Andrade, K. & Zirondi Filho, D. M. (2017). Impact of insecticides used in soybean crops to the egg parasitoid *Telenomus podisi* (Hymenoptera: Platygastridae). *Neotropical Entomology, 46*(3), 1-11.

Sudarsono, H., Bernhardt, J. L. & Tugwell, N. P. (1992). Survival of immature *Telenomous podisi* (Hymenoptera: Scelionidae) and rice stink bug (Hemiptera: Pentatomidae) embryos after field applications of methyl parathion and carbaryl. *Journal of Economic Entomology. 85*(2), 375-378.

Sujii, E. R., Pires, C. S. S., Schimidt, F. G. V., Armando, M. S., Borges, M. M., Carneiro, R. G., Valle, J. C. V. (2002). Controle Biológico de Insetos-Praga na Soja Orgânica do Distrito Federal. *Cadernos de Ciência e Tecnologia, 19*(2), 299-312.

Tillman, P. G. (2010). Parasitism and predation of stink bug (Heteroptera: Pentatomidae) eggs in Georgia corn fields. *Environmental Entomology, 39*, 1.184-1.194.

Tognon, R., Sant'ana, J. & Jahnke, S. M. (2014). Influence of original host on chemotaxic behaviour and parasitism in *Telenomus podisi* Ashmead (Hymenoptera: Platygastridae). *Bulletin of Entomological Research, 104*(6), 781-787.

Tuelher, E. S., Silva, E. H., Hirose, E., Guedes, R. N. C. & Oliveira, E. E. (2016). Competition between the phytophagous stink bugs *Euschistus heros* and *Piezodorus guildinii* in soybeans. *Pest Management Science, 72*, 1.837-1.843.

Tuelher, E. S., Silva, E. H., Rodrigues, H. S., Hirose, E., Guedes, R. N. C. & Oliveira, E. E. (2018). Area-wide spatial survey of the likelihood of insecticide control failure in the neotropical brown stink bug *Euschistus heros*. *Journal of Pest Science, 91*, 849–859.

van Lenteren, J. C., Bolckmans, K., Kohl, J., Ravensberg, W. J. & Urbaneja, A. (2018). Biological control using invertebrates and microorganisms: Plenty of new opportunities. *BioControl, 62*, 1-25.

Zachrisson, B., Costa, V. & Bernal, J. A. (2014a). Natural incidence of eggs parasitoids of *Oebalus insularis* Stal (Heteroptera: Pentatomidae), in Panama. *IDESIA, 32*, 119-121.

Zachrisson, B., Margaría, C. B., Loiácono, M. & Martínez, O. (2014b). Parasitismo de huevos de *Tibraca limbativentris* (Hemiptera: Pentatomidae), en arroz (*Oryza sativa* L) en Panamá. *Revista Colombíana de Entomología, 40*, 189-190.

Neuróptero predando pulgão

CAPÍTULO 10

Insetos predadores no controle biológico aumentativo de pragas

Vanda Helena Paes Bueno
Joop C. van Lenteren

Introdução

Controle biológico aumentativo (CBA) envolve liberações periódicas de inimigos naturais (nativos ou exóticos), criados e ou multiplicados em biofábricas. No controle biológico aumentativo comercial, inimigos naturais são liberados – seja em grandes números, e assim obter um controle imediato da praga (nativa ou exótica) em cultivos com ciclo curto de produção (controle biológico inundativo), ou para controle de pragas durante varias gerações em cultivos com ciclo longo de produção (controle biológico inoculativo sazonal) (Cock et al., 2010; van Lenteren, 2012; van Lenteren et al., 2018a; van Lenteren & Bueno, 2020; van Lenteren et al., 2021).

Desde 1970 o número de espécies disponíveis comercialmente é em torno de 440. Em 2012, CBA foi usado em 0,17 milhão de km^2, ou seja, em 0,4% da terra cultivada (van Lenteren, 2012). É aplicado tanto em condições de campo, em cultivos que tem poucas pragas, como cana-de-açúcar, como em casas-de-vegetação, contra muitas pragas diferentes em cultivos de hortaliças e ornamentais. Controle biológico aumentativo moderno é aplicado com sucesso por mais de 100 anos. Estima-se, em 2020, uma área mundial de 43 milhões de hectares (= 0,43 km^2) com uso de microbiológicos + macrobiológicos, e de

25 milhões de hectares com o uso de agentes de controle invertebrados. Mais de 90% das espécies de invertebrados inimigos naturais pertencem ao filo Arthropoda. Estes quatro grupos taxonômicos detêm a maioria das espécies de agentes de controle: Hymenoptera (> 50%), Acari (~15%), Coleoptera (~12%) e Hemiptera (~8%) (van Lenteren et al., 2018a; van Lenteren & Bueno, 2020). Na América Latina essa área está em torno de 31 milhões de hectares, embora a maior porcentagem seja voltada para o uso de agentes microbianos (microbiológicos). No Brasil, a área com controle biológico aumentativo usando predadores e parasitoides é em torno de 4 milhões de hectares, e de 25 milhões de hectares, considerando o uso de macrobiológicos e microbiológicos em diferentes cultivos (van Lenteren et al., 2020; Bueno et al., 2020).

Dentre os agentes de controle usados em controle biológico aumentativo destacam-se os insetos predadores, que podem ter um importante papel na regulação da população de pragas. Insetos predadores podem ser definidos como indivíduos de vida livre, geralmente maiores que suas presas. Requerem mais de um indivíduo presa para completar o seu desenvolvimento, matando-o imediatamente ou logo após o seu ataque. Alimentam-se de várias presas, às vezes, porém, podem ter certa preferência ou, ainda, podem obter recursos de mais de uma fonte, seja vegetal ou animal. Algumas espécies têm diferentes estratégias de alimentação em diferentes estágios de seu ciclo de vida. Estão representados em muitas ordens e famílias, e várias espécies têm mostrado efetividade e impacto em programas de controle biológico.

O sucesso de um programa de controle biológico depende de vários fatores, dentre eles, o tipo e/ou espécie de inimigo natural a ser usado como agente de controle biológico. Durante muito tempo foi dado mais crédito para os parasitoides por causa de sua maior especificidade; entretanto, hoje em dia, também os predadores demonstram ser de grande valia, como efetivos agentes de controle biológico, tanto para serem usados isoladamente, como em uma primeira linha de defesa antes do uso de um inimigo natural mais especializado ou em combinação com outro inimigo natural.

Predadores generalistas, os quais se alimentam de uma ou mais espécies de presas, provam ser eficientes agentes de controle biológico (Messelink et. al., 2008; Bueno & van Lenteren, 2012; van Lenteren et al., 2018b). Crowder (2007) reportou o impacto das taxas de liberações de 35 agentes de controle biológico no controle de 42 artrópodes pragas Ele demonstrou que os resultados foram similares quando parasitoides ou predadores foram utilizados como inimigos naturais. Dados mais recentes e compilados por van Lenteren et al. (2018a) mostram que dentre as 297 espécies de parasitoides e insetos predadores comercializados ao redor do mundo, os predadores compreendem 38,38% delas (114 espécies).

Numerosos predadores generalistas, como aqueles pertencentes às ordens Coleoptera, Hemiptera-Heteroptera, Neuroptera, Diptera e outros, constituem a principal força do controle biológico natural em vários cultivos anuais, como, por exemplo, fruteiras. Segundo Albajes & Alomar (1999), quando o controle natural não é suficiente e liberações inoculativas sazonais ou aumentativas são necessárias para controle imediato da praga: um inimigo natural deverá particularmente ser rápido em responder ao súbito e imprevisível aumento no número de presas/hospedeiro; possuir alta capacidade de dispersão; procurar pela presa mais abundante; agregar-se em altas concentrações de presas; e também ser capaz de sobreviver em baixas densidades de presas. Considerando esses atributos, os predadores generalistas frequentemente apresentam vários desses requerimentos devido à sua plasticidade comportamental e de desenvolvimento a mudanças ambientais e a densidades de presas. Quando os predadores generalistas alternam entre presas diferentes, a pressão geral das pragas pode ser reduzida nos cultivos e novas infestações evitadas. Também, quando presas alternativas estão presentes, é bem provável que os predadores cheguem e permaneçam nos cultivos antes das populações de pragas chegarem (Symondson et al., 2002).

Assim, embora outras características atribuídas aos predadores, como a predação intraguilda, a qual envolve a possível interferência com outros inimigos naturais, a alimentação ou suplementar à sua dieta carnívora com materiais e ou partes de plantas, e o canibalismo, ainda possam ser motivo de preocupação, muitos estudos e avaliações demonstram interatividade positiva quanto a estas características de alguns predadores generalistas. Isso possibilita maior domínio sobre as espécies de predadores que poderão ser usadas em programas de controle biológico de pragas, e permite a obtenção de uma realidade de sucesso e efetividade em muitos sistemas de cultivo, seja em condições de campo ou em casas de vegetação ou ainda em sistemas florestais.

A predação intraguilda deve ser analisada quanto à interação de espécies. Isso ajuda a determinar quando e como um predador generalista poderá ser liberado ou como ele pode ser manejado para aperfeiçoar a sua eficiência de controle e assim minimizar seus possíveis efeitos negativos sobre outros agentes de controle. Estudos com *Orius insidiosus* (Stal) demonstraram que esse predador não afetou a ação do parasitoide *Aphidius colemani* Viereck na redução da população de *Aphis gossypii* Glover, quando liberados em conjunto em plantas de pepino no laboratório. *O. insidiosus* foi encontrado se alimentando de *A. gossypii* parasitado por *A. colemani*, mas somente predando o pulgão antes da sua mumificação. Não houve a predação da pupa do parasitoide no interior da múmia e não houve interferência no controle da população do pulgão (Pierre et al., 2006).

O aumento do desempenho de predadores pode ser devido aos efeitos de uma dieta mista (Messelink et al., 2008). Segundo Rudolf (2007), o canibalismo entre os predadores pode permitir que eles mantenham um nível populacional efetivo se a densidade da presa decresce a nível que exclua o seu efetivo crescimento populacional. Também, a zoofitofagia, característica de alguns grupos de predadores, como, por exemplo, os mirideos, é um caso especial de onivoria, no qual eles se alimentam tanto de material vegetal como de presas no mesmo estágio de desenvolvimento (Coll & Guershon, 2002; Albajes et al., 2006).

Insetos predadores, particularmente provenientes das ordens Coleoptera, Diptera, Hemiptera-Heteroptera, Thysanoptera e Neuroptera, apresentam espécies que exploram alimentos derivados de plantas, mas podem ser importantes como agentes de controle biológico (Waeckers, 2008). A tendência onívora de muitos predadores provavelmente aumenta sua sobrevivência durante períodos de escassez da presa, ajuda a prevenir a sua dessecação durante períodos secos (ingestão de água), e contribui para a persistência de suas populações, permitindo ao predador colonizar cultivos antes da chegada da praga. O alimento vegetal também pode representar importante complemento para uma dieta carnívora. A habilidade de um predador em se alimentar e sobreviver com fontes nutricionais alternativas, como no caso de plantas e/ou seus materiais, pode ser uma vantagem na estabilização da dinâmica populacional do inimigo natural. Vale lembrar de que benefícios da fitofagia para o predador, no entanto, são específicos e dependem da idade do predador, da qualidade da presa e dos componentes da planta na dieta. Essa flexibilidade trófica deverá aumentar o valor dos predadores como agentes de controle biológico (Gillespie et al., 1999; Castané et al., 2011; Perez-Hedo & Urbaneja, 2016).

Para sucesso do controle biológico em alguns cultivos, é importante que os predadores colonizem os cultivos primeiro e se tornem estabelecidos quando a população da praga está ainda em baixas densidades (Smith et al., 1997). Por exemplo, a chegada em primeiro lugar dos predadores é particularmente relevante em cultivos não perenes, como é o caso do tomateiro. Assim para prever a fenologia e abundância dos predadores colonizadores, é necessário entender quais fatores estão envolvidos quanto aos recursos oferecidos ao predador para o processo de colonização e estabelecimento no cultivo (Alomar et al., 2002).

Reunindo os vários atributos e os requerimentos que fazem parte de um bom inimigo natural, e com possibilidades para ser um bom agente de controle biológico, é possível evidenciar que os insetos predadores estão ganhando espaço e firmando o seu papel no campo do controle biológico aumentativo.

Insetos predadores no controle biológico aumentativo

O primeiro grande sucesso do controle biológico (clássico) data de 1889, com a introdução e uso da joaninha predadora *Rodolia cardinalis* (Mulsant) para o controle da cochonilha *Icerya purchasi* Maskell em pomares de citros nos EUA. Isso se tornou um ícone e o mais conhecido triunfo mundial do controle biológico (Cock et al., 2010) realizado por um inseto predador.

Insetos predadores ocorrem naturalmente em sistemas equilibrados, e sua preservação e conservação se constituem em prática importante para a maior atuação e promoção do controle biológico. Exemplos de sucesso da atuação do controle biológico natural e conservativo são os da joaninha predadora *Stethorus punctillum* (Weise) no controle de ácaros fitófagos em pomares de maçã, e do percevejo predador *Anthocoris nemoralis* (Fabricius) no controle de psilídeos em pomares de pera (Blommers, 1994). Cock et. al. (2010) reportaram que dois insetos predadores foram introduzidos por meio do controle biológico clássico, os coccinellideos *Cryptolaemus montrouzieri* (Muls.) e *R. cardinalis,* ambos de origem australiana e liberados e introduzidos para controle biológico, respectivamente, de "mealybugs" (cochonilhas) em 58 países, e da cochonilha *I. purchasi* em 56 países.

Predadores contribuem sobremaneira dentro do contexto do uso como agentes de controle biológico de sucesso em controle biológico aumentativo. Crowder (2007) baseado em um número total de 35 predadores relatou que os mais utilizados como agentes de controle biológico encontravam-se dentro de Heteroptera (30%), Coleoptera (10%) e Neuroptera (5%). Entretanto, van Lenteren et al. (2018a) com dados compilados de 1990 a 2016, em um número total de 114 insetos predadores, relataram a representação de Coleoptera (38,60%), Hemiptera-Heteroptera (25,43%), Neuroptera (19,30%), Diptera (7,02%), Thysanoptera (6,14%), Mantodea (1,75%), Dermaptera (0,88%) e Hymenoptera (0,88%) quanto aos grupos taxonômicos que provêem insetos predadores, usados em controle biológico aumentativo comercial (Figura 1). Taxas de liberação, táticas suplementares e sucesso na metodologia de controle do uso de predadores heterópteros no controle biológico aumentativo da mosca branca (*Bemisia tabaci* Gennadius) em cultivos de pimentão; no controle de *Tuta absoluta* (Meyrick) em tomateiro em casa-de-vegetação na Espanha são relatados por Calvo et al. (2012 a,b,c) e Urbaneja et al. (2012).

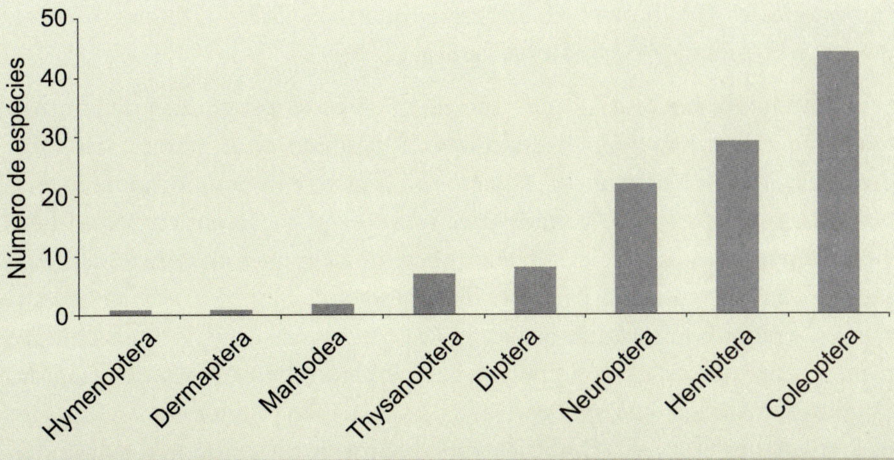

Figura 1. Insetos predadores, nas respectivas ordens, que são usados e comercializados em controle biológico aumentativo em nível mundial (adaptado de van Lenteren et al. 2018a)

As espécies de insetos predadores mais usados em larga escala (100.000 a 1 milhão de indivíduos produzidos e vendidos) ao redor do mundo no controle biológico aumentativo comercial estão presentes em Coleoptera (Coccinellidae), Hemiptera-Heteroptera (Anthocoridae, Miridae), Neuroptera (Chrysopidae), Diptera (Cecidomyiidae, Syrphidae) (van Lenteren et al., 2018a). Nesse contexto, seis espécies de insetos predadores se destacam como os principais e mais importantes agentes de controle biológico, e representam produtos biológicos de amplo valor no mercado em diferentes países (Tabela 1).

Tabela 1. Principais e mais importantes insetos predadores usados em larga escala como agentes de controle em controle biológico aumentativo comercial (modificado de van Lenteren 2012 e van Lenteren et al. 2018a).

Agente de Controle Biológico	Família	Presa(s) (Alvos)	N° de países aonde é usado	Ano do primeiro uso
1. *Aphidoletes aphidimyza*	Cecidomyiidae	Pulgões	>20	1989
2. *Harmonia axyridis*	Coccinellidae	Pulgões	>10	1990
3. *Macrolophus pygmaeus*	Miridae	Mosca branca	>20	1994
4. *Nesidiocoris tenuis*	Miridae	Mosca-branca e Lepidópteros	>10	2003
5. *Orius insidiosus*	Anthocoridae	Tripes, Pulgões, Mosca Branca	>15	1985
6. *Orius laevigatus*	Anthocoridae	Tripes	>15	1993

Do total de insetos predadores utilizados em controle biológico aumentativo ao redor do mundo, 26 espécies são mencionadas por serem usadas na América Latina, com destaque para Neuroptera (dez espécies), Coleoptera (nove espécies), Hemiptera-Heteroptera (quatro espécies), Diptera (duas espécies) e Hymenoptera com uma espécie (Tabela 2).

Entretanto, no Brasil, ainda são incipientes os programas de controle biológico aumentativo envolvendo insetos predadores. A maioria dos estudos é relacionada à ocorrência, aspectos biológicos e de comportamento, mas pouquíssima informação voltada para o uso e aplicação em controle biológico aumentativo comercial. No entanto, pode-se mencionar em andamento a produção massal das espécies *O. insidiosus* e *C. montrouzieri*, as quais já são registradas como produtos biológicos comerciais no país. Mais ainda, o uso corrente das espécies de percevejos pentatomideos *Brontocoris tabidus* (Signoret) e *Podisus nigrispinus* (Dallas) os quais são criados em laboratórios particulares de empresas florestais para o controle de lepidópteros desfolhadores em área florestal com eucaliptos (Bueno et al., 2020).

Tabela 2. Espécies de insetos predadores usados em controle biológico aumentativo na América Latina (adaptado de van Lenteren et al. 2018a, van Lenteren et al. 2020).

Ordem	Espécies	Tipo de presas	Uso desde (ano)	Mercado (valor)	Local de uso
COLEOPTERA	*Adalia* sp.	Pulgões	1941	Média escala	AL
	Coccidophilus citricola	Diaspidídeos (cochonilhas)	1982	Pequena escala	AL (Peru)
	Eriopsis connexa	Coccídeos, pulgões, hemípteros	2000	Pequena escala	AL
	Hippodamia convergens	Pulgões, tripes, coccídeos	1933	Pequena escala	AL
	Hippodamia variegata	Pulgões	2000	Pequena escala	AL
	Olla abdominalis	Pulgões, hemípteros	1990	Pequena escala	AL
	Stethorus sp.	Ácaros,	1995	Pequena escala	PE
	Rhyzobius lophanthae	Coccídeos	1980	Pequena escala	AL
	Cryptolaemus montrouzieri	Cochonilhas	-	Média escala	MX, PE
HEMIPTERA	*Brontocoris tabidus*	Lepidópteros	1990	Pequena escala	BR
	Geocoris punctipes	Lepidópteros, mosca-branca	2000	Pequena escala	AL
	Orius insidiosus	Tripes, mosca-branca	1985	Grande escala	HN, PE, UY, TT
	Podisus nigrispinus	Lepidópteros	1990	Pequena escala	BR, PE
NEUROPTERA	*Ceraeochrysa cincta*	Pulgões, mosca branca	1990	Pequena escala	PE
	Ceraeochrysa smithi	Pulgões	1995	Pequena escala	AL
	Ceraechrysa valida	*Diaphorina citri*	-	Pequena escala	CR
	Chrysoperla asoralis	Pulgões, lepidópteros	1990	Pequena escala	PE
	Chrysoperla carnea	Pulgões	1970	Média escala	CO
	Chrysoperla externa	Tripes, lepidópteros	1980	Grande escala	PE
	Chrysoperla spp.	Pulgões	1990	Grande escala	PE
	Chrysoperla rufilabris	Pulgões, ácaros, hemípteros	1970	Pequena escala	CO
	Sympherobius maculipennis	Pseudococcídeos	1990	Pequena escala	AL
	Sympherobius barberi	*Planococcus citri*	-	Pequena escala	PE
DIPTERA	*Feltiella acarisuga*	Ácaro	1990	Média escala	MX
	Coenosia attenuata	Sciaridae, minador	-	Pequena escala	EQ
HYMENOPTERA	*Pheidole megacephala*	*Cylas formicarius*	1990	Grande escala	CU

Local de uso: AL (América Latina), BR (Brasil), EQ (Equador), CO (Colômbia), CR (Costa Rica), CU (Cuba), HN (Honduras), PE (Peru), MX (México), TT (Trinidad Tobago), UY (Uruguay).

Principais grupos de insetos predadores no controle biológico aumentativo

Coleoptera

Coccinellidae – Dentro da ordem Coleoptera destacam-se os representantes da família Coccinellidade, com cerca de 2000 espécies na região Neotropical. Os coccinelídeos são, entre os besouros, os predadores mais importantes, ocorrem em diversos agroecossistemas, e em ambientes naturais e florestais. Sua importância está no fato de que a maioria das espécies é predadora eficiente de pulgões, coccídeos (cochonilhas), psilídeos, mosca branca e ácaros. Também podem predar larvas nos primeiros ínstares de Lepidoptera, Coleoptera, Hymenoptera e Thysanoptera, que na maioria das vezes se constituem em pragas em sistemas agrícolas e florestais. Existem espécies que na escassez de presas se alimentam de "honeydew", néctar extrafloral e pólen. Como podem estar presentes em diversos ecossistemas são bastante reportados no controle biológico conservativo (Almeida & Ribeiro-Costa, 2009) (*vide* capítulo 5).

Um total de 44 espécies de coleópteros predadores são citados por van Lenteren et al. (2018a) usados em controle biológico aumentativo comercial em diferentes regiões do mundo. Dentre essas, nove espécies são usadas comercialmente na América Latina (Tabela 2) para controle de pulgões e cochonilhas. Entretanto, são produzidas em pequena escala comercial (de 100 a poucos milhares de indivíduos produzidos por semana), com exceção para a espécie *C. montrouzieri*, a qual é produzida em média escala (10.000 a 100.000 indivíduos produzidos por semana) no México e no Peru (van Lenteren et al., 2020).

No Brasil, várias espécies de coccinelídeos estão presentes em muitos ecossistemas, e representam grande valor na biodiversidade de insetos predadores. Entretanto, em termos de controle biológico aumentativo somente a espécie *C. montrouzieri* pode ser citada como exemplo. A espécie foi introduzida pelo Laboratório de Entomologia da Embrapa Mandioca e Fruticultura Tropical (Cruz das Almas, BA), com apoio do Laboratório Costa Lima da Embrapa Meio Ambiente (Jaguariúna, SP) – proveniente do Instituto de Investigaciones Agricolas – Centro de Entomologia La Cruz – INIA, Chile –, com a finalidade de ser utilizada em programas de controle biológico de cochonilhas e pulgões (Sanches & Carvalho, 2011). *Cryptolaemus montrouzieri* está entre as espécies de predadores comercializadas para controle de cocideos e pseudococideos (cochonilhas) em mais de 15 países, desde 1927 (van Lenteren et al., 2018a). Essa joaninha preda cochonilhas em todas as fases de desenvolvimento; ovipositam na massa cotonosa da cochonilha, colocando em torno de 400-500 ovos; larvas de 3° e 4° ínstares são mais vorazes; larvas consomem em média 30 cochonilhas/dia. No Brasil, liberações de *C. montrouzieri* foram realizadas no período de 1999 a 2005, em pomares de *Citrus* no estado de São Paulo para o controle de *Planococcus citri* Risso e *Pseudococcus longispinus* (Targioni Tozzetti). Foram liberados de 5 a 25 adultos/foco de infestação da cochonilha em uma a cinco plantas em todo o pomar (talhão). Esse predador é mais efetivo em altas densidades de presas (Gravena, 2005). Projetos estão sendo atualmente desenvolvidos para uso no controle biológico também da cochonilha rosada *Maconellicoccus hirsutus* (Green) e da cochonilha do carmim (*Dactylopius opuntiae* (Green). A espécie *C. montrouzieri* foi registrada no Brasil como produto biológico no ano de 2015 (Peronti et al., 2016; Bueno et al., 2020).

Um grande número de espécies de coccinelídeos ocorre no Brasil, mas dentre as espécies citadas na Tabela 2, encontram-se *Coccidophilus citricola* Bréthes, *Stethorus* spp., *Eriopis conexa* (Germar), *Hippodamia convergens* (Guérin-Meneville) e *Olla v-nigrum* (Mulsant).

Coccidophilus citricola é uma microjoaninha que se alimenta exclusivamente de cochonilhas de carapaça (Diaspididae). No Brasil, *C. citricola* foi registrada em culturas de citros, mamoeiro, palma forrageira, mandioca e pessegueiro (Santos et al., 1990; Arruda Filho & Arruda, 2002; Gravena, 2005; Benassi et al:, 2008). As fêmeas desse coccinelídeo depositam seus ovos sobre a carapaça das cochonilhas para proteção de suas progênies aos fatores meteorológicos e inimigos naturais. As larvas têm preferência para alimentarem-se de ovos e ninfas de cochonilhas (Silva et al., 2005; Gravena, 2005). O potencial de predação das cochonilhas *Aspidiotus nerii* Bouchè, *Chrysomphalus aonidum* (L.), *Selenaspidus articulatus* (Morgan) e *Parlatoria cinerea* Hadden por larvas de *C. citricola* foi determinado por Silva et al. (2004). Nesse estudo, *S. articulatus* foi a espécie mais consumida por larvas de *C. citricola,* devido à carapaça daquela cochonilha apresentar textura frágil em relação à dos demais diaspidídeos, facilitando assim a alimentação do predador. Em estudos em laboratório, Santos & Gravena (2005) observaram que a capacidade de predação diária de uma joaninha adulta de *C. citricola* foi em média de 3,2 ninfas de primeiro ínstar; de 2,3 ninfas de segundo ínstar ou de 1,2 adulto da cochonilha *A. nerii*.

As joaninhas do gênero *Stethorus* são predadores específicos de ácaros fitófagos; ambas as fases jovem e adulta alimentam-se de ovos, larvas, ninfas e adultos de ácaros. Em cultivos de citros, espécies de *Stethorus* estão associadas aos ácaros tetraníquideos e purpúreos, *Panonychus citri* McGregor, *Tetranychus mexicanus* (McGregor), *Eutetranychus banksi* (McGregor) e *Tetranychus urticae* Koch. No Brasil, há registros de *Stethorus tridens* Gordon predando o ácaro vermelho *Tetranychus evansi* Baker & Pritchard em solanáceas (Britto et al., 2009). Estes autores destacaram o potencial desse coccinelídeo para o controle do ácaro na cultura do tomate no país.

Eriopis connexa é uma joaninha de hábito afidófago que ocorre comumente em culturas de algodão, citros (laranja) e trigo (Gravena, 2005). A espécie apresenta potencial para controle de pulgões em diversas culturas agrícolas. Silva et al. (2013a) destacaram que o hábito polífago de *E. connexa* é uma das características que evidencia o potencial desse inimigo natural para o controle de pragas das culturas de milho e sorgo no Brasil.

Hippodamia convergens ocorre em culturas como batata, couve, feijão, milho e sorgo (Figueira et al., 2003). No Brasil, Gravena (2005) registrou ocorrência de *H. convergens* em pomares de citros como predador dos pulgões *Toxoptera citricida* (Kirkaldy), *Aphis spiraecola* Patch e do psilídeo *Diaphorina citri* Kuwayama.

Olla v-nigrum é um coccinelídeo predador de ovos e larvas de Lepidoptera e Coleoptera e de pulgões em plantas arbóreas (Silva et al., 2013b). No Brasil foi reconhecido também como importante predador de pulgões e de psilídeos em plantas cítricas, e registrada a ocorrência em cultivos de morangueiro e pessegueiro.

Embora não comercializada no Brasil, atenção deve ser dada à espécie *Harmonia axiridis*. É uma espécie exótica, introduzida acidentalmente no Brasil, e usada em grande escala como agente de controle biológico na Europa, no período de 1995 a 2005 (van Lenteren, 2012). A partir de 2005 foi considerada uma espécie de risco potencial para o noroeste europeu, devido a ser capaz de estabelecer-se, ter ampla faixa de presas – incluindo espécies de outras ordens de insetos e mesmo fora da Classe Insecta –, poder se alimentar de material vegetal, capaz de se dispersar a grandes distâncias (> 50 km por ano), mover-se dentro de áreas não alvo – isto é, fora do cultivo onde é liberada –, poder atacar muitas espécies não alvos – incluindo insetos benéficos e insetos sujeitos a preservação –, suas atividades resultarem na redução na população de predadores nativos na América do Norte, ser conhecida como "irritante" na América do Norte e também no noroeste europeu e poder se desenvolver como praga em frutos na América do Norte (van Lenteren et al., 2008). No Brasil, Martins et al. (2009) reportaram para *H. axyridis*, uma alta capacidade de dispersão, cerca de 20 espécies de afídeos como presa, dominância em algumas áreas amostradas sobre a comunidade de Coccinellidae nativos. Entretanto, os mesmos autores recomendam conduzir mais estudos, pois é pouco conhecido o papel ecológico de *H. axyridis* e seu potencial para competir e deslocar espécies nativas na América do Sul. De acordo com van Lenteren et al. (2018a), *H. axyridis* é atualmente usada comercialmente na América do Norte e Ásia para controle de pulgões desde 1990, e produzida em larga escala (100.000 a 1 milhão de indivíduos produzidos por semana). Isso demonstra que estudos e avaliações mais avançados podem determinar que o custo benéfico de um agente predador pode ser maior do que alguma característica negativa que o mesmo possa apresentar.

Hemiptera - Heteroptera

O uso de espécies de predadores Hemiptera - Heteroptera aumentou bastante durante as duas últimas décadas, tanto em número de espécies comercialmente disponíveis como também as áreas tratadas com o uso destes insetos predadores, representando nos dias atuais um grupo importante entre os mais utilizados no controle biológico aumentativo (van Lenteren et al., 2018a). O recente interesse em Heteroptera pode ser explicado tanto do ponto de vista de uma perspectiva ecológica como prática, pois eles formam um importante componente da fauna de artrópodes predadores em ecossistemas naturais e manejados (Lundgren, 2011; Bueno & van Lenteren, 2012). Dentre os heterópteros predadores destacam-se espécies das famílias Anthocoridae, Miridae e Pentatomidae (Asopinae), e em menor grau para Geocoridae e Nabidae.

Vários representantes de Heteroptera usados em controle biológico são predadores que mantêm uma estreita relação com suas plantas hospedeiras, não somente porque usam a planta como um substrato de oviposição como também porque além do hábito predatório podem também explorar recursos das plantas, sendo chamados de zoofitófagos e ou onívoros. van Lenteren et al. (2018a) reportaram que 29 espécies de Hemiptera-Heteroptera são comercializadas ao redor do mundo para controle biológico aumentativo, sendo que dentre essas quatro espécies se destacam atualmente como produtos biológicos na América Latina [*B. tabidus, Geocoris punctipes* (Say), *O. insidiosus* e *P. nigrispinus* (Tabela 2)].

Anthocoridae – apresenta entre 400 e 600 espécies, habitando uma grande variedade de hábitats (Lattin 1999). Reúne insetos pequenos (1,4 - 4,5 mm), distribuídos em vários gêneros, sendo os principais *Orius* Wolff e *Anthocoris* Fallen.

O gênero *Orius* recebe atualmente maior destaque pelo número de espécies usadas em controle biológico aumentativo. São predadores que ocorrem desde em vegetação nativa a importantes culturas como pimentão, feijão, milho, algodão, alfafa, soja e cultivos protegidos de hortaliças e ornamentais. São percevejos predadores generalistas, alimentando-se de tripes, ácaros, afídeos, ovos e algumas pequenas larvas de lepidópteros. No entanto, embora as espécies de *Orius* sejam polífagas, frequentemente, mostram uma forte preferência por uma espécie particular de presa, como é o caso de tripes (Mendes et al., 2002; Bueno, 2009a,b; Calixto et al., 2013). O consumo de *O. insidiosus* foi em média 16 ninfas de *Frankliniella occidentalis* Pergande por 24h (Calixto et al., 2013; Bueno et al., 2014). Lins Jr. et al. (2011) relataram que o número máximo de ovos de *Tuta absoluta* consumidos por machos e fêmeas de *O. insidiosus* foi de 19 e 32 ovos, respectivamente, considerando as diferentes densidades (10, 20, 40 e 60 ovos) oferecidas ao predador. Nas densidades de 10 e 20 ovos de *T. absoluta*, o consumo foi similar para machos e fêmeas, mas nas densidades de 40 e 60 ovos, o consumo por fêmeas de *O. insidiosus* foi mais alto do que para os machos.

Entre as espécies comercializadas como agentes de controle biológico, destacam-se *Orius laevigatus* (Fieber) e *O. insidiosus,* usados em larga escala (Tabela 3). *Orius laevigatus* é o principal antocorídeo predador mais usa-

Tabela 3. Principais espécies de predadores (Anthocoridae) comercializadas para o controle biológico aumentativo em nível mundial (van Lenteren et al. 2018a).

Espécies	Região de uso	Alvos	Ano do 1° uso	Produção no mercado
Anthocoris nemorum	Europa	Psilídeos, tripes	1992	Pequena escala
Anthocoris nemoralis	Europa, América do Norte	Psilídeos	1990	Pequena escala
Orius albidipennis	Europa	Tripes	1993	Pequena escala
Orius armatus	Austrália	Tripes	1990	Pequena escala
Orius insidiosus	América do Norte e América Latina	Tripes	1985	Grande escala
Orius laevigatus	Europa, Norte da África e Ásia	Tripes	1993	Grande escala
Orius majusculus	Europa	Tripes	1993	Média escala
Orius minutus	Europa	Tripes	1993	Pequena escala
Orius strigicollis	Ásia	Tripes	2000	Média escala

Nota: pequena escala= 1000 a pouco + de 1000 indivíduos vendidos/semana; média escala= 10.000 a 100.000 indivíduos vendidos/semana; grande escala= 100.000 a milhões de indivíduos vendidos/semana.

do em controle biológico aumentativo de tripes em mais de 15 países desde 1993 (van Lenteren, 2012; van Lenteren et al., 2018a). No gênero *Anthocoris*, o destaque é para *Anthocoris nemorum* (L.) e *A. nemoralis* usados em pequena escala principalmente para o controle de psilídeos em fruteiras na Itália.

No Brasil, Silveira et al. (2003a) identificaram as espécies *O. insidiosus, O. thyestes* Herring e *Orius perpunctatus* (Reuter), as quais estão associadas a várias espécies de tripes tanto em plantas cultivadas como em invasoras (Silveira et al., 2003b; Silveira et al., 2005). No entanto, a espécie mais comum no Brasil é *O. insidiosus* e vários estudos foram desenvolvidos quanto a parâmetros biológicos, criação massal e uso em controle biológico (Bueno, 2009b; Bueno & Zanuncio, 2009; Bueno & van Lenteren, 2012).

Estudos com *O. insidiosus* revelaram que apresenta cinco ínstares, sendo a sua biologia bastante influenciada pelo alimento e pelas condições ambientais. Ovos de *Anagasta kuehniella* (Zeller) são referidos como um alimento de grande valor nutricional para a criação de *O. insidiosus* em laboratório (Calixto et al., 2013), e a condições de temperatura de 25 °C, umidade relativa de 70±10% e fotofase de 12h como ótimas em termos de desenvolvimento e reprodução (Mendes et al., 2005a; Bueno et al., 2006; Bueno, 2009b). Sua criação massal em laboratório foi reportada por Bueno et al. (2006) e Bueno (2009b) e deve ser baseada no uso de um substrato de oviposição que seja aceitável pela fêmea (devido a sua postura endofitica e usar uma planta como substrato de oviposição), na quantidade de alimento suficiente para maior fecundidade, assim como em lugares de refúgio para evitar o canibalismo (Figura 2). Inflorescências de picão-preto *Bidens pilosa* L. são usadas

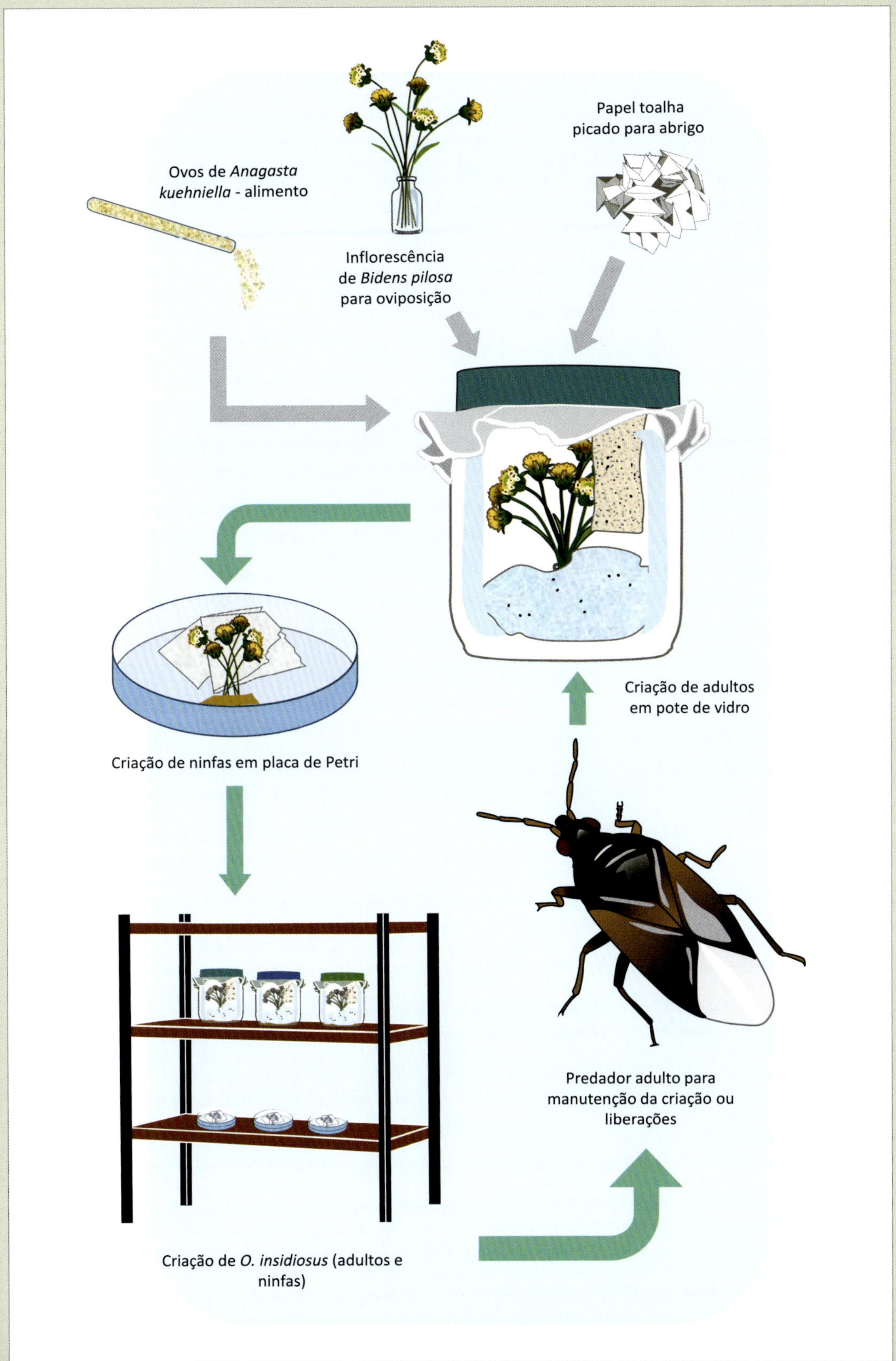

Figura 2. Sistema de criação do predador *Orius insidiosus* em laboratório (Bueno 2009)

na natureza como refúgio e como substrato de oviposição por *O. insidiosus*, e quando foram testados em laboratório quanto à preferência e adequabilidade frente a outros substratos de oviposição [caule de caruru (*Amaranthus viridis* L.)], caule e vagem de feijão (*Phaseolus vulgaris* L.), vagem de feijão-de-vagem (*Phaseolus vulgaris* L.) demonstraram ser o preferido nos testes, com e sem chance de escolha, e onde as fêmeas apresentaram melhor performance reprodutiva (Mendes et al., 2005b).

Entretanto, também foi verificado que esses materiais requerem considerável espaço para a sua produção ou são difíceis de produzir (picão-preto), o que aumenta o custo de produção do agente biológico, além de possibilitarem a introdução de patógenos e/ou resíduos de inseticidas na criação. Nesse sentido, outros substratos foram testados, como brotos de feijão (*Phaselus vulgaris* L.), brotos de soja [*Glycine max* (L.) Merr.], brotos de batata (*Solanum tuberosum* L.). Brotos de feijão e brotos de soja foram adequados para a utilização na criação de *O. insidiosus* em laboratório, com vantagens de poderem ser produzidos durante todo o ano sem necessitar de grandes áreas para isso, reduzindo assim os custos e o trabalho com a sua obtenção e preparo para uso no sistema de criação do predador (Carvalho et al., 2010).

O predador *O. insidiosus* pode ser armazenado por até dez dias a 8 °C sem perda da sua qualidade; o armazenamento de fêmeas copuladas resulta em melhor fecundidade pós-armazenamento do que o armazenamento de fêmeas virgens; vermiculita + palha de arroz é o melhor material dispersivo comparado a vermiculita sozinha, papel toalha, casca de *Pinus* e casca do grão de café, e que o transporte por correio durante 72h em frascos de plástico com vermiculita+ palha de arroz + ovos *A. kuehniella* (como alimento) + inflorescência de *B. pilosa* (como substrato de oviposição) mantém uma boa sobrevivência e não diminui a capacidade de predação após a liberação do predador (Bueno et al., 2014).

Quanto à comercialização de predadores do gênero *Orius*, relatos de van Lenteren et al. (1997) mostram que *O. insidiosus* é vendido por US$ 0,04/percevejo, enquanto *O. laevigatus* e *Orius majusculus* (Reuter) são vendidos a um custo médio de US$ 0,072 e US$ 0,087, respectivamente. Uma estimativa do custo de *O. insidiosus* produzido a partir de um modelo de criação em laboratório no Brasil revelou que o custo estimado de cada percevejo predador foi da ordem de US$ 0,069, levando em consideração custos fixos e variáveis (Mendes et al., 2005c; Bueno, 2009b; Diniz, 2006). Entretanto, foi verificado que a maior porcentagem dos custos de produção envolve mão-de-obra, assim a mecanização na produção poderia ser um fator importante no processo de produção massal em termos de diminuição desses custos.

No Brasil, liberações de *O. insidiosus* em cultivos de crisântemo, gérbera e rosas em casas de vegetação comercial foram eficientes no controle de tripes, principalmente *F. occidentalis* (Bueno et al., 2003; Silveira et al., 2004; Bueno & Poletti, 2009; Bueno et al., 2009). *Orius insidiosus* é registrado no Brasil desde 2017 como produto biológico para o controle de tripes (Bueno et al., 2020). Na América Latina, *O. insidiosus* é usado em controle biológico aumentativo em pequena escala – em Honduras, Peru, Uruguai e Trinidad e Tobago – para controle de tripes (principalmente *F. occidentalis*), em cultivos de tomate, pimentão e aspargos, e também para o controle de *Thrips palmi* Karny em cultivos de berinjela. Entretanto o interesse por essa espécie de predador está aumentando, e muitos outros países, como Argentina, Brasil, Colômbia, República Dominicana, México, Panamá e Paraguai, também relataram a potencialidade de *O. insidiosus* como agente de controle biológico (van Lenteren et al., 2020). Sua efetividade no controle de tripes (*F. occidentalis* e *Caliothrips phaseoli* (Hood)) e estabelecimento podem aumentar nos cultivos por meio da presença de plantas atrativas ou plantas "banqueiras", como por exemplo, *Tagetes erecta* L. em cultivos de rosas em casas de vegetação (Bueno et al., 2009).

Miridae – É uma família bastante diversa e apresenta mais de 11.020 espécies descritas. São encontradas em todas as maiores regiões biogeográficas do mundo e são diversos particularmente em ecossistemas tropicais e Mediterrâneos (Cassis & Schuh, 2012). Aproximadamente 1/3 das espécies descritas estão em Heteroptera, e pelo menos 1/3 delas é estimado exibirem hábitos predatórios (Wheeler, 2001).

No Brasil, são registradas 1.100 espécies e o conhecimento da miridofauna para a maioria dos estados brasileiros ainda é incipiente. Miridae são notáveis por apresentarem comportamentos especializados, incluindo uma gama de estratégias defensivas, como coloração críptica (antimimetismo batesiano) e associação com plantas com estratégias anti-herbívoro, como tricomas glandulares. Adaptações por meio da "estratégia de evitar" (Voigt & Gorb, 2010) e pelo tamanho de seu corpo (Wheeler & Krimmel, 2015) fazem os mirideos serem especialistas de plantas com tricomas, o que é um problema para muitos outros artrópodes entomófagos. Esta característica os torna particularmente interessantes como potenciais agentes de controle biológico de presas em plantas com tricomas, por exemplo, solanáceas, e em adição sendo generalistas predando várias importantes pragas que habitam essas plantas (Bueno et al., 2018a). O mirídeo *Dyciphus errans* Wolff, por exemplo, habita uma variedade de plantas com tricomas sem ter problemas com qualquer efeito negativo devido à presença dos tricomas (Voigt et al., 2007).

Nos últimos anos aumentou o interesse em espécies de Miridae que apresentam o hábito predatório e ou zoofitófagos. Vários estudos quanto à biologia, comportamento e efetividade como agentes de controle biológico; e como colonizadores em referência ao controle biológico natural e conservativo foram mostrados na literatura para espécies Paleárticas (Albajes et al., 2006; Gabarra et al., 2008; Urbaneja et al., 2009; Calvo & Belda, 2010; van Lenteren et al., 2018a). As espécies *Macrolophus pygmaeus* (Rambur) e *Nesidiocoris tenuis* Reuter são inimigos naturais endêmicos que comumente habitam cultivos de tomate na Espanha (Martinez-Cascales et al., 2006). Ambos os predadores são criados massalmente e liberados principalmente para o controle biológico aumentativo de mosca branca (*Bemisia* spp.) e de *T. absoluta* em cultivos de tomate em casas de vegetação (Calvo & Belda, 2010). Estima-se que a área tratada com *N. tenuis* e *M. pygmaeus* na Europa e na região Mediterrânea seja de 12.500 ha. *Macrolophus pygmaeus* é usado principalmente no norte europeu e *N. tenuis* no Mediterrâneo. Van Lenteren (2012) e van Lenteren et al. (2018a) mencionaram os mirídeos predadores *M. pygmaeus* e *N. tenuis* por estarem entre as espécies mais usadas em controle biológico aumentativo comercial contra a mosca branca e lepidópteros em mais de 20 países desde 1994 e 2003, respectivamente. São produzidos em grande escala, ou seja, de 100.000 a milhões de indivíduos vendidos por semana (Tabela 4).

Tabela 4. Principais espécies de predadores (Miridae) comercializadas para controle biológico aumentativo em nível mundial (van Lenteren et al. 2018a).

Espécies	Região de uso	Alvos	Ano do 1° uso	Produção no mercado
Dicyphus hesperus	América do Norte	Mosca branca	1995	Média escala
Macrolophus pygmaeus	Europa, Norte e Sul da África	Mosca branca	1994	Grande escala
Nesidiocoris tenuis	Europa, Norte da África, Ásia	Mosca branca, lepidópteros	2003	Grande escala

Nota: média escala= 10.000 a 100.000 indivíduos vendidos/semana; grande escala= 100.000 a milhões de indivíduos vendidos/semana.

Entretanto, muitas das espécies e/ou faunas locais ainda são desconhecidas e/ou faltam registros de ocorrência e de estudos biológicos e/ou comportamentais (Hernandez & Henry, 2010). No Brasil, estudos com mirídeos predadores são praticamente inexistentes e restritos à taxonomia de espécies (Ferreira et al., 2001). Segundo estes autores são conhecidas cerca de 1.000 espécies, número baixo considerando-se o tamanho territorial e a diversidade florística, e para muitos estados brasileiros, principalmente aqueles da região Nordeste, a diversidade de mirídeos é praticamente desconhecida. Mas a demanda por identificação de mirídeos se intensificou, sugerindo haver uma dinâmica crescente, possivelmente devido ao sucesso de uso de algumas espécies em controle biológico aumentativo em muitos outros países. Nogueira et al. (2019) reportaram a importância das associações entre espécies de Miridae e seus hábitos alimentares, e enfatizam a relevância de explorar o potencial de algumas espécies como agentes de controle biológico.

Entre os Miridae - Dyciphini, tribo que reúne predadores, é mencionada a ocorrência de 30 espécies no Brasil (Ferreira et al., 2001; Nogueira et al., 2019). Entre essas espécies, citam-se *Campyloneuropsis infumatus* (Carvalho), *Engytatus varians* (Distant) e *Macrolophus basicornis* (Stal), as quais são referidas como predadores potenciais de várias pragas de importância agrícola, como *T. absoluta* em tomate (Bueno et al., 2013; van Lenteren et al., 2018b). Estas três espécies de mirídeos começaram a ser estudados como agentes de controle biológico em 2011 (Bueno et al., 2013a,b). Parâmetros biológicos foram avaliados tendo como substratos de oviposição plantas de tomate (cv. Santa Clara) e de fumo (cv. TNN) (devido à postura endofítica), e como alimento ovos de *A. kuehniella* e ovos + larvas de 1° ínstar de *T. absoluta* (Tabela 5) (Silva et al., 2016a; Bueno et al., 2018a,b) (Figura 3).

Tabela 5. Parâmetros biológicos dos mirideos predadores *Campyloneuropsis infumatus*, *Engytatus varians* e *Macrolophus basicornis* em diferentes substratos de oviposição e alimento a 24±1°C, 70±10% UR e 12h fotofase (adaptado de Bueno et al. 2018a,b; Silva et al 2016a)

Substrato de oviposição/Alimento	Parâmetros Biológicos	Espécies		
		Campyloneuropsis infumatus	*Engytatus varians*	*Macrolophus basicornis*
Plantas de Fumo/ovos de *Anagasta kuehniella*	Desenvolvimento ninfal (dias)	16,1	17,2	18,2
	Fecundidade diária/total	10,4/248,5	10,3/266,7	11,7/311,2
	Longevidade (dias)	29,9	31,0	31,4
	Razão sexual (proporção de ♀)	0,86	0,55	0,59
	Taxa intrínseca de aumento (r_m)	0,0899	0,0972	0,0988
Planta de Tomate/ ovos + larvas de 1° ínstar de *Tuta absoluta*	Desenvolvimento ninfal (dias)	16,2	17,4	18,6
	Fecundidade diária/total	4,0/81,3	3,0/106,9	5,0/124,1
	Longevidade (dias)	28,4	32,2	32,1
	Razão Sexual (proporção de ♀)	0,80	0,56	0,71
	Taxa intrínseca de aumento (r_m)	0,1192	0,1078	0,1107

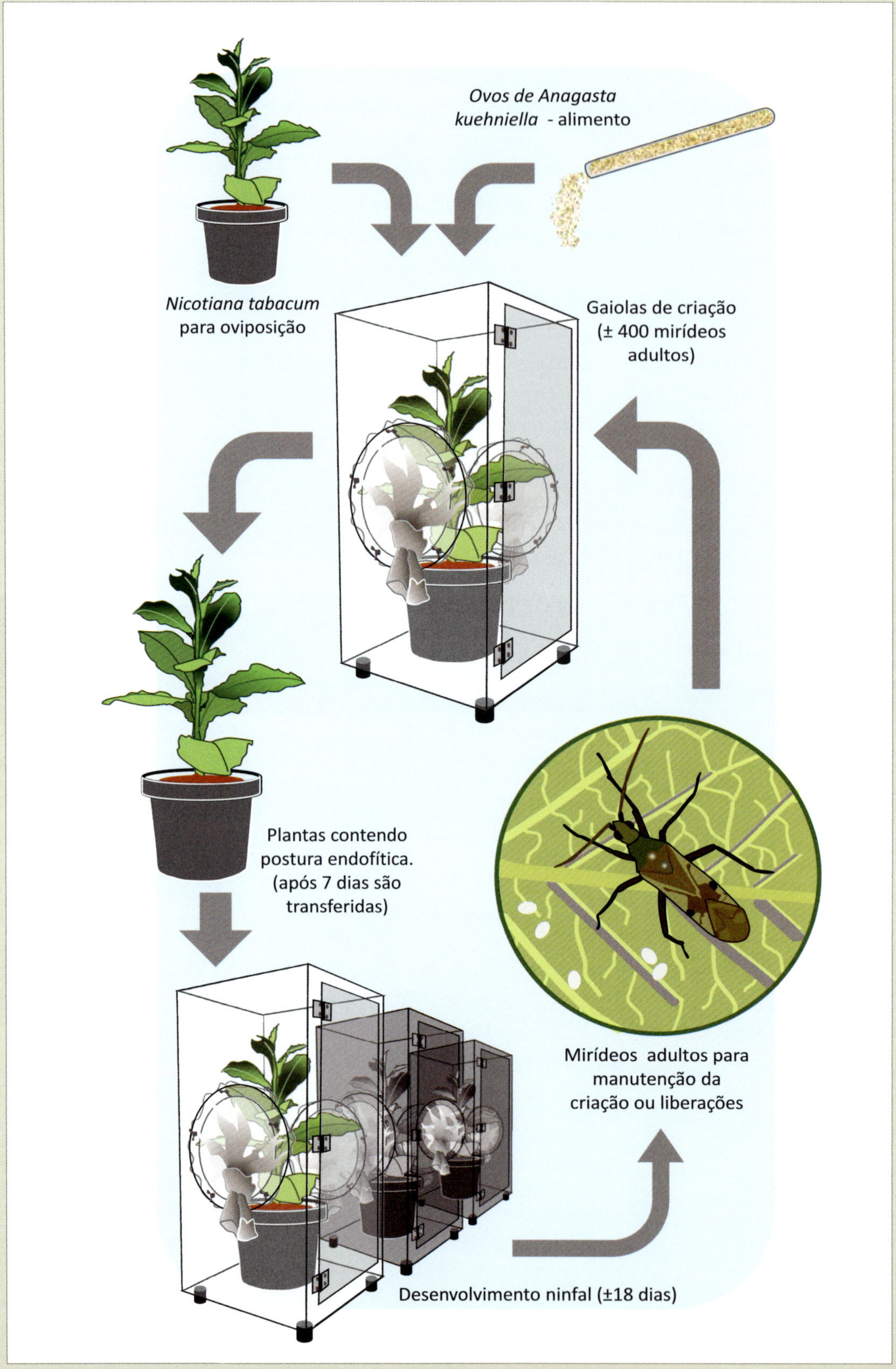

Figura 3. Sistema de criação de mirídeos predadores em laboratório, mantidos a 25±1°C, 70±10% de UR, e fotofase de 12h.

Predam ovos e larvas de vários outros lepidópteros-pragas em cultivos de tomate, como *Neoleucinodes elegantalis* (Guenée), *Helicoverpa armigera* (Hubner), *Spodoptera frugiperda* (J.E. Smith), *Phthorimaea operculella* (Zeller). Foi verificado que estes predadores consomem uma média de 46 larvas de primeiro ínstar de T. *absoluta* e 23 larvas de *N. elegantalis,* pelo período de 1 hora em testes com chance de escolha; já em testes sem chance de escolha esse consumo é de 73 e 35 larvas, respectivamente (Calixto, 2013). Também predam ninfas de *Bemisia tabaci* (Hemiptera: Aleyrodidae), pulgões e ácaros (Bueno et al., 2013a,b). O número médio de ovos de *T. absoluta* consumidos por ninfas *C. infumatus*, *E. varians* e *M. basicornis* aumentou com a idade da ninfa, e o quinto ínstar consumiu maior número de ovos do que todos os outros quatro ínstares juntos. A predação ninfal total foi de 315, 393 e 331 ovos de *T. absoluta* durante o desenvolvimento ninfal (16, 16 e 17 dias, respectivamente) de *C. infumatus*, *E. varians* e *M. basicornis*, respectivamente (van Lenteren et al., 2017). Já o total de ovos de *T. absoluta* predados durante a vida adulta foi de 337, 313 e 339 para machos e de 845, 668 e 934 ovos para fêmeas de *C. infumatus*, *E. varians* e *M. basicornis*, respectivamente (van Lenteren et al., 2018b). As três espécies de mirídeos demonstraram possuir um alta taxa de predação da presa ("high kill rate") (van Lenteren et al., 2019).

Essas espécies de mirídeos neotropicais usam plantas de tomate como substrato de oviposição, podem completar seu desenvolvimento e aumentar a população em plantas de tomate. E, muito importante, podem facilmente caminhar por caule e folhas dessas plantas a despeito da presença de tricomas glandulares (Bueno et al., 2012, 2013b; Silva et al., 2016a). *Campyloneuropsis infumatus*, *E. varians* e *M. basicornis* foram influenciados da mesma maneira por plantas de tomate com diferentes densidades de tricomas em seus caminhamentos pelas plantas assim como na eficácia de predação de ovos de *T. absoluta*. Também maior densidade de tricomas glandulares nas plantas de tomate não resultaram em menor eficácia na busca e no tempo de manuseio da presa em relação às plantas com menor densidade de tricomas (Bueno et al., 2019). Já ninfas e adultos de *O. insidiosus* não foram capazes de caminhar sobre o caule de plantas de tomate, embora a fêmea coloque ovos nas veias longitudinais e no pecíolo das folhas de tomateiro (Bueno et al., 2013a).

Os mirídeos predadores, além de usarem a planta como substrato de oviposição, devido ao hábito de zoofitofagia também podem se alimentar da planta ou de material vegetal. Embora a principal função da alimentação na planta pelos Dicyphini predadores seja a suplementação de água (Hamdi & Bonato, 2014), na ausência de presas, a alimentação nas plantas por esses predadores poderá causar algum dano para a mesma (Gabarra et al., 1988). Por exemplo, estudos com o mirídeo predador *N. tenuis* revelou que o dano econômico causado por ele em plantas de tomate é inversamente proporcional à disponibilidade de presas (Calvo et al., 2009; Sanchez, 2009). Entretanto, um dano econômico causado por predadores mirídeos em plantas de tomate por espécies de Dicyphini depende da espécie. Castané et al. (2011) mostram de que o mirídeo predador *M. pygmaeus* se alimenta em plantas de tomate, mas não causa sério dano econômico à planta. Este dano na planta foi descrito sobre condições experimentais em laboratório e no campo com altas densidades do predador e baixa disponibilidade de presas. Silva et al. (2016b) referiram que ninfas e adultos dos mirídeos neotropicais *C. infumatus*, *E. varians* e *M. basicornis* causam algumas puncturas de alimentação nas folhas de mudas de tomate e também nos frutos, mesmo quando presentes em altas densidades e na presença da presa, entretanto estes danos não levaram a perdas na produtividade final da planta e na qualidade dos frutos. A liberação de dois casais por planta de tomate de *M. basicornis* em casa de vegetação resultou na redução expressiva da população de *T. absoluta*, demonstrando o potencial efetivo da espécie como agente de controle biológico (van Lenteren et al., 2018c). Taxas de liberação de um a quatro adultos por planta de tomate de *E. varians* resultou em uma redução de 80 a 90% de ninfas e adultos de *Bactericera cockerelli* (Sulc.), importante psilídeo praga de solanáceas como tomate e batata (Pérez-Aguilar et al., 2019).

Algumas considerações sobre os mirídeos, que os levam a ser um grupo de insetos predadores de grande interesse em controle biológico e consequente uso em controle biológico aumentativo (Wheeler, 2001):

- Distribuição zoogeográfica em todas as principais regiões e distribuídos em diversas comunidades, tanto naturais como em agroecossistemas e florestas;
- Potencial como agentes de controle biológico;
- Sucesso ecológico em sua interação com plantas, uma vez que são capazes de desintoxicar metabólitos secundários em benefício próprio, ter habilidade para viver em plantas com tricomas glandulares ou não glandulares;
- Muitas espécies ainda estão para serem descobertas e avaliadas, uma vez que faltam informações biológicas sobre as faunas locais ou faunas na maioria das regiões, incluindo o Brasil;
- Predadores mirídeos como onívoros têm certas vantagens em controle biológico, como, na ausência de presas, a alimentação de material vegetal pode sustentar uma população e seu estabelecimento nos cultivos, e na teoria eles podem estabilizar a população de presa melhor do que "puros" predadores o fazem (Gillespie et al., 1999). Ou podem ainda se alimentar de outras presas, presentes no cultivo além da presa-alvo.
- A possível injúria em plantas pode ser acuradamente diagnosticada, e assim os mirídeos benéficos podem ser reconhecidos como tal, se programas de manejo do cultivo são também avaliados.

Geocoridae – Várias espécies de *Geocoris* estão entre os predadores heterópteros bastante abundantes e importantes em muitos sistemas agrícolas. Geocoridae são mencionados como generalistas e podem se alimentar também de planta (principalmente de sementes e pólen) quando existe baixa abundância e ou a falta de presas (Krey et al., 2020). Particularmente a espécie *G. punctipes* é encontrada em diversos cultivos no Brasil predando afídeos, moscas brancas, larvas de coleópteros, ovos e larvas de lepidópteros. Ovos e larvas de *Helicoverpa zea* (Boddie) e *Chloridea virescens* (Fabricius) (Lepidoptera: Noctuidae) são importantes presas em cultivos de algodão, tanto das ninfas como dos adultos de *G. punctipes*. Estudos têm demonstrado que este predador tem potencial como agente de controle biológico (Sweet, 2000; Bueno & Zanuncio, 2009; Bueno & van Lenteren, 2012; Schuman et al., 2013). van Lenteren et al. (2018a) relatam que *G. punctipes* foi usada e produzida em pequena escala na América do Norte para controle de lepidópteros e mosca branca em cultivos de morango e hortaliças desde 2000. Uma revisão recente da biologia e da significância de geocorídeos para a agricultura foi realizado por Kobor (2020), enfatizando que nos dias atuais, embora espécies de *Geocoris* não estejam mais sendo produzidas em escala comercial, constituem importantes predadores em vários ecossistemas, com papel relevante no controle de pragas e promissores para serem efetivos agentes de controle.

No Brasil, estudos da biologia de *G. punctipes* em diferentes constante e alternante temperaturas demonstraram que o melhor desempenho do predador, ou seja, a maior taxa de aumento populacional é obtida em temperaturas mais altas, dentro da faixa de 24,5 °C e 30 °C, e que não é negativamente influenciada por temperaturas alternantes. Uma metodologia de criação do predador em laboratório foi descrita para *G. punctipes* (Bueno et al., 2015). A espécie *G. punctipes* é mencionada alimentando se de larvas de *T. absoluta* no interior da mina (Bueno et al., 2016). Todos os cinco ínstares do predador *G. punctipes* detectam, atacam e consomem o primeiro ínstar larval de *T. absoluta*. O primeiro ínstar do predador consome uma média de quatro larvas, enquanto o quinto ínstar consome mais de dez larvas por dia. Machos e fêmeas de *G. punctipes* são capazes de detectar e atacar todos os quatro ínstares larvais de *T. absoluta*, e uma média de duas (quarto ínstar larval de *T. absoluta*) a 13 (primeiro ínstar da presa) podem ser atacadas por dia. Fêmeas do predador consomem mais presas do que os machos de *G. punctipes* (Bueno et al., 2016).

Pentatomidae – Consiste em aproximadamente 300 espécies predadoras (subfamília Asopinae) e seu tamanho varia de seis a 14 mm. Dentro de Asopinae destacam-se as espécies *Podisus nigrispinus*, *Brontocoris tabidus* e *Supputius cincticeps* (Stal) na América do Sul (de Clercq, 2000). Cerca de quatro espécies são comercializadas para o controle biológico aumentativo ao redor do mundo (van Lenteren et al., 2018a) (Tabela 6).

Tabela 6. Principais espécies de predadores (Pentatomidae) comercializadas para controle biológico aumentativo em nível mundial (van Lenteren et al. 2018a).

Espécies	Região de uso	Alvos	Ano do 1° uso	Produção no mercado
Brontocoris tabidus	América Latina	Lepidópteros	1990	Pequena escala
Picromerus bidens	Europa	Lepidópteros	1990	Pequena escala
Podisus maculiventris	Europa, América do Norte	Coleópteros, Lepidópteros	1996	Pequena escala
Podisus nigrispinus	América Latina	Lepidópteros	1990	Pequena escala

Nota: pequena escala= 1000 a pouco + de 1000 indivíduos vendidos/semana

Muitos estudos foram desenvolvidos com relação à biologia, ao comportamento e à criação massal de várias espécies no Brasil, envolvendo presas como pupas do coleóptero *Tenebrio molitor* L., lagartas de *Bombyx mori* L. e larvas de *Musca domestica* L. (Pires et al., 2015). Os pentatomídeos predadores ***P. nigrispinus*** **e** ***B. tabidus são criados e liberados*** para o controle biológico de lagartas desfolhadoras em plantios de *Eucaliptus* spp. (Torres et al., 2006), em laboratórios particulares presentes em empresas de reflorestamento no Brasil. Foram realizadas liberações de 125.802 *P. nigrispinus e* 21.345 *B. tabidus* em uma área de aproximadamente 94,6 ha no estado de Minas Gerais de 1987 a 1990. A Companhia V & M Florestal opera em 140.000 ha de floresta de *Eucalyptus* e mantém liberações dos percevejos predadores desde 1989 (de 1989-2005 foram liberados 3.076.683 percevejos predadores adultos). Um laboratório particular em empresa florestal no Brasil produz mensalmente cerca de 200.000 indivíduos predadores pentatomídeos, e realiza liberações médias de 2.000 indivíduos (entre o 4° e 5° ínstares e adultos) por talhão (cada talhão envolve cerca de 1.600 a 1.700 árvores) de eucalipto. A distribuição dos indivíduos é feita da borda para o centro do talhão. A liberação mensal é feita com a presença ou não da praga (lagartas desfolhadoras). Isso porque existe um histórico da infestação da praga nas áreas e assim prioriza-se a quantidade a ser liberada, assim como a liberação em talhões com maior ou menor infestação das lagartas desfolhadoras.

No Peru, *P. nigrispinus* é usado em pequena escala para controle de *S. frugiperda* em cultivos de aspargos e em outros cultivos (van Lenteren et al., 2020).

Nabidae – Consiste em aproximadamente 400 espécies predadoras. Nesta família o gênero *Nabis* (Latreille) apresenta espécies predadoras como *N. alternatus* (Parshley), *N. americaniformis* (Carayon), *N. ferus* (L.) e *N. pseudoferus ibericus* Renane (Bueno & Zanuncio, 2009; Bueno & van Lenteren, 2012). Esta última espécie é referida por van Lenteren et al. (2018a) como em uso na Europa contra o lepidóptero *T. absoluta* desde 2009, e produzida em pequena escala, ou seja, 1.000 a pouco mais e 1.000 indivíduos vendidos por semana. *Nabis pseudoferus* está presente em vários cultivos como alfafa, algodão, soja, e pode ter como presas ovos e larvas de lepidóptera, psilídeos, tripes e ácaros (Mahdavi et al., 2020), e embora generalista é referido como potencial candidato para controle biológico. No Brasil o reconhecimento e ou estudos com espécies de Nabidae ainda são desconhecidos, ficando restrita ao registro de ocorrência das espécies. O papel de Nabidae em ecossistema natural e manipulado, incluindo sua estratégia variada na alimentação, necessita de atenção adicional.

Neuroptera

Chrysopidae - Dois gêneros se destacam na região Neotropical: ***Ceraeochrysa* e *Chrysoperla*. Ambos apresentam espécies promissoras para uso em controle biológico, devido principalmente ao maior número de informações quanto ao ciclo de vida e de comportamento, ocorrerem em uma grande variedade de hábitats, comumente associados com cultivos agrícolas, e suas larvas predarem um número expressivo de insetos pragas de importância econômica. Ambos os gêneros são bem adaptados para criação massal e uso em controle biológico aumentativo (Albuquerque et al., 2001). *Ceraeochrysa* é o gênero de crisopídeo mais comumente coletado, sendo *C. cubana* (Hagen) a espécie mais referida nos estudos de controle biológico.**

No entanto, no Brasil, o potencial de crisopídeos como agentes de controle biológico é restrito a estudos em laboratório envolvendo a biologia, comportamento e avaliação sobre o consumo em diferentes presas, diferente de outros países da América Latina, onde os crisopídeos têm papel mais relevante em termos de controle biológico aumentativo. Dentre as espécies usadas na América Latina em controle biológico aumentativo (Tabela 2), as únicas espécies que ocorrem no Brasil são *Chrysoperla externa* (Hagen) *e Ceraeochrysa cincta* (Schneider), ambas muito comuns em todo o país, frequentes em muitos agroecossistemas e mencionadas apresentarem potencial para uso em controle biológico aumentativo. *Chrysoperla externa* é relatada ocorrer em fruteiras e hortaliças e suas larvas se alimentarem de ampla gama de ácaros, pulgões, cochonilhas e mosca branca. Outras espécies de ocorrência no Brasil são *Ceraeochrysa cubana*, *C. cornuta* (= *C. caligata*) Navas e *C. claveri* Navas. A espécie *Sympherobius maculipennis* Kimmins (Hemerobiidae) também ocorre no Brasil, mas não existem informações sobre a espécie (Albuquerque et al., 2001).

No Peru, *C. externa* é produzida em larga escala para o controle biológico de tripes e lepidópteros, já *C. cincta* é produzida em pequena escala para o controle de mosca branca em cultivos de uva e de abacate (van Lenteren et. al., 2020).

Outras ordens com insetos predadores

No Brasil o controle biológico aumentativo com predadores se resume a algumas espécies de ácaros, bastante incipiente se compararmos com o resto do mundo e mesmo com outros países da América Latina. Entretanto, existe um potencial bastante expressivo quanto ao maior uso de macrobiológicos, e particularmente relacionado a insetos predadores, pode-se dizer que pelas informações já existentes muitas possibilidades podem aparecer.

Muitas espécies de insetos predadores usadas em controle biológico comercial em outros países ocorrem e tem registros na literatura da possível potencialidade como agente de controle biológico no Brasil. Alguns exemplos se referem ao tripes predador *Franklinotrhips vespiformis* (Crawford) (Pierre et al., 2005) e a tesourinha *Doru luteipes* (Scudder). O predador *F. vespiformis* tem como alvo principalmente tripes pragas e as cochonilhas da família Diaspididae. *Doru luteipes* é um predador comum em cultivos de milho, por exemplo, e estudos e liberações experimentais em cultivo de milho revelam que consomem 12,5 e 21 ovos e/ou pequenas lagartas de *S. frugiperda* nas fases ninfal e adulta, respectivamente. No caso de cultivos de milho para consumo *in natura* a tesourinha tem presença constante, podendo atingir 70% das plantas com pelo menos um indivíduo (Cruz, 2009).

Além das ordens e famílias já mencionadas anteriormente contendo inúmeras espécies de insetos predadores, os mesmos podem ainda ser encontrados em outras ordens como Diptera – Syrphidae e Asilidae, Hymenoptera – Vespidae, Formicidae, e esperam para ser descobertos e avaliados como possíveis agentes de controle.

Considerações finais

Embora problemas potenciais possam aparecer no processo de encontro e avaliação de um novo inimigo natural, ainda assim é claro que os insetos predadores atualmente representam um grande recurso no campo do controle biológico aumentativo, e se constituem em um nicho importante para o maior uso e comercialização em programas de controle biológico de pragas.

Importante no processo de busca e avaliação de inimigos naturais é estabelecer critérios que auxiliem nesse processo. van Lenteren (2010) e van Lenteren et al. (2019), reportam vários critérios para a avaliação de inimigos naturais e mencionam que um eficiente inimigo natural deve (1) ser sincronizado sazonalmente com a praga, (2) ter seu desenvolvimento sincronizado com a praga, (3) ser adaptado ao clima local, (4) discriminar entre um bom e não bom hospedeiro/presa, e entre um sadio e parasitado, (5) ser especifico para a praga, (6) ter uma taxa de mortalidade (predação) ("kill rate") mais alta do que as taxas de crescimento populacional da praga, (7) ser capaz de rapidamente localizar novas populações da praga, (8) ser capaz de reagir de uma maneira dependente da densidade em relação as flutuações populacionais da praga, (9) não mostrar efeitos negativos, e (10) ser fácil de ser multiplicado em criação massal. Seguindo esse raciocínio, ao iniciar trabalhos de avaliação com alguma espécie de inimigo natural sempre fazer perguntas como (1) que tipo de inimigo natural escolher? e (2) quais características deverá ter um eficiente predador para o controle da praga alvo? Assim basear-se em critérios que realmente vão elucidar e levar ao encontro de um bom e eficiente inimigo natural para a praga em questão, e ter maior confiabilidade de poder usá-lo como agente de controle em programas de controle biológico aumentativo.

Como os insetos predadores não se encaixam na visão tradicional de um agente de controle biológico ("ser altamente específico") seu papel em controle biológico é controverso. Atualmente, entretanto, esse conceito é alvo de inúmeras discussões na literatura. Tais trabalhos demonstram que os inimigos naturais, como os insetos predadores, com ampla gama de dietas alimentares, podem e são efetivos ou mesmo mais efetivos do que os especialistas em prevenir populações de pragas de aumentar seus picos populacionais. É notório o número crescente de espécies que se destacam no controle biológico de diversas pragas de importância econômica. Dentre as principais espécies usadas no controle biológico aumentativo, cerca de 60 insetos predadores eram comercializados em 2012, e em 2018 esse número aumentou para 114 (van Lenteren et al., 2018a).

Também é logico que desafios devem ser vencidos para ter um eficiente inseto predador e maior uso quanto ao número de insetos predadores no controle biológico aumentativo, como:

1. Maior conhecimento quanto à ecologia das espécies de predadores; o que certamente vai auxiliar no emprego desses insetos como agentes de controle biológico;
2. Evidenciar que predadores, embora generalistas, manifestam uma clara hierarquia de preferência por diferentes presas;
3. Tomar conhecimento de que predadores apresentam plasticidade comportamental e de desenvolvimento para mudanças ambientais e densidades de presas;
4. Ter clareza de que muitos novos insetos predadores estão esperando para serem descobertos e usados no controle biológico; o que é muito válido para o Brasil, devido a sua biodiversidade ser bastante rica em número de espécies de predadores, e devido à existência de muita pesquisa básica em laboratório com espécies de predadores;

5. Evidenciar a importância da realização de avaliações e testes práticos de liberação em cultivos no campo e ou casas de vegetação que demonstrem a potencialidade de insetos predadores como agente de controle biológico;
6. Desenvolvimento de métodos eficiente de criação e controle de qualidade, já que alguns insetos predadores podem ser difíceis de criar o que pode levar a um alto custo na sua produção;
7. Desenvolvimento de métodos de transporte e liberação.

Referências Bibliográficas

Albajes, R. & Alomar, O. (1999). Current and potential use of polyphagous predators. In: Albajes, R., Gullino, M. L., van Lenteren, J. C. & Elad, Y. (Eds.). *Integrated pest and disease management in greenhouse crops*. Dordrecht: Kluwer Academic Publishers. 265-275.

Albajes, R.; Castané, C.; Gabarra, R. & Alomar, O. (2006). Risks of plant damage caused by natural enemies introduced for arthropod biological control. In: Bigler, F., Babendreier, D. & Kuhlmann, U. (Eds.). *Environmental impact of invertebrates for biological control of arthropods: methods and risk assessment*. Oxon: CABI Publishing. 132–144.

Albuquerque, G. S., Tauber, C. A. & Tauber, M. J. (2001). *Chrysoperla externa* and *Ceraeochrysa* spp.: potential for biological control in the new world tropics and subtropics. In: McEwen, P. K., New, T. R. & Whittington, A. E. (Eds.). *Lacewings in the crop environment*. Cambridge: Cambridge University Press. 408-423.

Almeida, L. M. & Ribeiro-Costa, C. S. (2009). Coleópteros predadores (Coccinellidae). In: Panizzi, A. R. & Parra, J. R. P. (Ed.). *Bioecologia e nutrição de insetos - base para o manejo integrado de pragas*. Brasília: Embrapa Informação Tecnológica. 935-972.

Alomar, O., Goula, M. & Albajes, R. (2002). Colonization to tomato fields by predatory mirid bugs (Hemiptera: Heteroptera) in northern Spain. *Agriculture, Ecosystems and Environment. 89*, 105-115.

Arruda Filho, G. P. & Arruda, G. P. (2002). Manejo integrado da cochonilha *Diaspis echinocacti* praga da palma forrageira em Brasil. *Manejo Integrado de Plagas y Agroecología. 64*. 1-5.

Benassi, V. L. R. M., Benassi, A. C., Almeida, L. M. & Corrêa, G. H. (2008). *Coccinelídeos na cultura do mamoeiro importantes agentes de controle biológico*. Vitória: Incaper. 6p.

Blommers, L. H. M. (1994). Integrated pest management in European apple orchards. *Annual Review of Entomology, 39*, 213-241.

Britto, E., Gondim, M., Torres, J., Fiaboe, K., Moraes, G. & Knapp, M. (2009). Predation and reproductive output of the ladybird beetle *Stethorus tridens* preying on tomato red spider mite *Tetranychus evansi*. *BioControl, 54*, 363-368.

Bueno, V. H. P., van Lenteren, J. C., Silveira, L. C. P. & Rodrigues, S. M. M. (2003). An overview of biological control in greenhouse chrysanthemums in Brazil. *Bulletin IOBC/WPRS, 26*(10), 1-5.

Bueno, V. H. P., Mendes, S. M. & Carvalho, L. M. (2006). Evaluation of a rearing-method for the predator *Orius insidiosus*. *Bulletin of Insectology, 59*, 1–6.

Bueno, V. H. P. (Ed). (2009a). *Controle biológico de pragas: produção massal e controle de qualidade*. Lavras: Editora UFLA. 429 p.

Bueno, V. H. P. 2009b. Desenvolvimento e criação massal de percevejos predadores *Orius*. In: Bueno, V. H. P. (Ed). *Controle biológico de pragas: produção massal e controle de qualidade*. Lavras: Editora UFLA. 33-76.

Bueno, V. H. P. & Poletti, M. (2009). Progress with biological control and IPM strategies in protected cultivation in Brazil. *Bulletin IOBC/WPRS, 49*, 31-36

Bueno, V. H. P., Silva, A. R., Carvalho, L. M. & Moura, N. (2009). Control of thrips with *Orius insidiosus* in greenhouse cut roses: use of a banker plant improves the performance of the predator. *Bulletin IOBC/WPRS, 49*, 183-187.

Bueno, V. H. P. & Zanuncio, J. C. (2009). Percevejos predadores (Heteroptera). In: Panizzi, A. R. & Parra, J. R. P. (Eds.). *Bioecologia e nutrição de insetos - base para o manejo integrado de pragas*. Brasília: Embrapa Informação Tecnológica. 875-930.

Bueno V. H. P. & van Lenteren J. C. 2012. Bioecology and nutrition of predatory Heteroptera. In: Panizzi A. R. & Parra J. R. P. (Eds.) *Bioecology and insect nutrition for Integrated Pest Management*. Boca Raton: CRC Press. 51–70.

Bueno, V. H. P., Montes, F. C., Calixto, A. M., Lins Jr., J. C. & van Lenteren, J. C. (2012). Can recently found Brazilian hemipteran predatory bugs control *Tuta absoluta? Bulletin IOBC/WPRS, 80*, 63–67.

Bueno, V. H. P., van Lenteren, J. C., Lins Jr., J. C., Montes, F. C., Calixto, A. M. & Silva, D. B. (2013a). Biological control of *Tuta absoluta*: sampling and evaluation of new hemipteran predators found in Brazil. 269-272. In: *International Symposium on Biological Control of Arthropods*, 4, Proceedings... Pucón: CABI.

Bueno V. H. P., van Lenteren J. C., Calixto A. M., Silva D. B., Santiago L. D. & Perez L.M. (2013b). New records of *Tuta absoluta* (Meyrick) (Lepidoptera: Gelechiidae) predation by Brazilian Hemipteran predatory bugs. *Journal of Applied Entomology, 137*, 29–34.

Bueno, V. H. P., Carvalho, L. M. & van Lenteren, J. C. (2014). Performance of *Orius insidiosus* after storage, exposure to dispersal material, handling and shipment processes. *Bulletin of Insectology, 67*(2), 175-183.

Bueno, V. H. P., Calixto, A. M., Montes, F. C. & van Lenteren, J. C. (2015). Reproduction and population parameters of the Neartic predator *Geocoris punctipes* at constant and varying temperature regimes. *Journal of Applied Entomology, 140*, 323-333. doi: 10.1111/jen.12261

Bueno, V. H. P., Silva, D. B., Calixto, A. M., Montes, F. C. & van Lenteren, J. C. (2016). *Geocoris punctipes* nymphs and adults easily prey on leaf-mining larvae of *Tuta absoluta* on tomato. *Bulletin of Insectology*, *69*(2), 271-276.

Bueno, V. H. P., Montes, F. C., Sampaio, M. V., Calixto, A. M. & van Lenteren, J. C. (2018a). Performance of immatures of three Neotropical Miridae at five different temperatures reared on *Ephestia kuehniella* eggs on tobacco plants. *Bulletin of Insectology*, *71*(1), 77-87.

Bueno, V. H. P., Calixto, A. M., Montes, F. C. & van Lenteren, J. C. (2018b). Population growth parameters of three Neotropical mirid predators (Hemiptera: Miridae) at five temperatures on tobacco with *Ephestia kuehniella* Zeller (Lepidoptera: Pyralidae) eggs as food. Israel. *Journal of Entomology*, *48*(2), 1–22.

Bueno, V. H. P., Lins Jr., J. C., Silva, D. B. & van Lenteren, J. C. (2019). Is predation of *Tuta absoluta* by three Neotropical mirid predators affected by tomato lines with different densities in glandular trichomes? *Arthropod-Plant Interactions*, *13*, 41–48. https://doi.org/10.1007/s11829-018-9658-1

Bueno, V. H. P., Parra, J. R. P., Bettiol, W. & van Lenteren, J. C. (2020). Biological Control in Brazil. In: van Lenteren, J. C., Bueno, V. H. P., Colmenarez, Y. C. & Luna, M. G. (Eds.), *Biological Control In Latin America and the Caribbean: Its Rich History and Bright Future*. Wallingford: CABI. 78-107.

Calixto A. M., Bueno V. H. P., Montes F. C., Silva A. C. & Van Lenteren J. C. (2013). Effect of different diets on reproduction, longevity and predation capacity of *Orius insidiosus* (Say) (Hemiptera: Anthocoridae). *Biocontrol Science and Technology, 23*, 1.245–1.255.

Calvo, F. J., Bolckmans, K., Stansly, P. A. & Urbaneja, A. (2009). Predation by *Nesidiocoris tenuis* on *Bemisia tabaci* and injury to tomato. *BioControl*, *54,* 237–246.

Calvo, F. J. & Belda, J. E. (2010). Una nueva estrategia para el control biológico de mosca branca y *Tuta absoluta* em tomate. *Phytoma*, *216*, 46-52.

Calvo, F. J., Bolckmans, K. & Belda, J. E. (2012a). Release rate for pre-plant application of *Nesidiocoris tenuis* for *Bemisia tabaci* control in tomato. *BioControl*, *57*, 809–817.

Calvo, F. J., Lorente, M. J., Stansly, P. A. & Belda, J. E. (2012b). Pre-plant release of N*esidiocoris tenuis* and supplementary tactics for control of *Tuta absoluta* and *Bemisia tabaci* in greenhouse tomato. *Entomologia Experimentalis et Applicata, 143*, 111–119.

Calvo, F. J., Soriano, J., Bolckmans, K. & Belda, J. E. (2012c). A successful method for whitefly and *Tuta absoluta* control in tomato: evaluation after two years of application in practice. *Bulletin IOBC/WPRS*, *80*, 237–244.

Carvalho, L. M., Bueno, V. H. P. & Castané, C. (2010). Avaliação de substratos de oviposição para *Orius insidiosus* (Say) (Hemiptera: Anthocoridae). *Revista Brasileira de Entomologia*, *54*(1), 115-119.

Cassis, G. & Schuh, R. T. (2012). Systematics, biodiversity, biogeography and host associations of the Miridae (Insecta: Hemiptera: Heteroptera: Cimicomorpha. *Annual Review of Entomology*, *57*, 377-404.

Castané, C., Arnó, J., Gabarra, R. & Alomar, O. (2011). Plant damage to vegetable crops by zoophytophagous mirid predators. *Biological Control*, *59*, 22–29.

Cock, M. J. W., van Lenteren, J. C., Brodeur, J., Barratt, B. I. P., Bigler, F., Bolckmans, K., Consoli, F. L., Haas, F., Mason, P. G. & Parra, J. R. P. (2010). Do new access and benefit sharing procedures under the Convention on Biological Diversity threaten the future of biological control? *Biocontrol*, *55*, 199-218.

Coll, M. & Guershon, M. (2002). Omnivory in terrestrial arthropods: mixing plant and prey diets. *Annual Review of Entomology, 47*, 267-297.

Crowder, D. W. (2007). Impact of release rates on the effectiveness of augmentative biological control agents. *Journal of Insect Science*, *7*, 1-11

Cruz, I. (2009). Métodos de criação de agentes entomófagos de *Spodoptera frugiperda*. In: Bueno, V. H. P. (Ed.). *Controle biológico de pragas: produção massal e controle de qualidade*. Lavras: Editora UFLA. 237-267.

de Clercq, P. (2000). Predaceous stinkbugs (Pentatomidae: Asopinae). In: Schaefer, C. W. & Panizzi, A. R. (Eds.). *Heteroptera of economic importance*. Boca Raton: CRC Press. 737-786.

Diniz, A. J. F. (2006). *Produção de Orius Insidiosus (Say) (Hemiptera: Anthocoridae): densidade de adultos e ovos por recipiente e estimativa do custo*. 56 p. (Dissertação) Universidade Federal de Lavras.

Ferreira, P. S. F., Silva, E. R. & Coelho, L. B. N. (2001). Miridae (Hteroptera) fitófagos e predadores de Minas Gerais, Brasil, com ênfase em espécies com potencial econômico. *Iheringia Série Zoológica, 91*, 159-169.

Figueira, L. K., Toscano, L. C., Lara, F. M. & Boiça-Júnior, A. L. (2003). Aspectos biológicos de *Hippodamia convergens* e *Cycloneda sanguinea* (Coleoptera: Coccinellidae) sobre *Bemisia tabaci* biótipo B (Hemiptera: Aleyrodidae). *Boletin de Sanidad Vegetal Plagas*, *29*, 3-7.

Gabarra, R., Castané, C., Bordas, E. & Albajes, R. (1988). *Dicyphus tamaninii* Wagner as a beneficial insect and pest of tomato crops in Catalonia. *Entomophaga*, *33*, 219-228.

Gabarra, R., Anó, J. & Riudavets, J. (2008). Tomate. In: Jacas, J. & Urbaneja, A. (Eds.). *Control biológico de plagas agrícolas*. Valencia: Phytoma. 410-422.

Gillespie, D., McGregor, R., Quiring, D. & Foisy, M. (1999). You are what you've eaten: Prey versus plant feeding in *Dicyphus hesperus*. *Agriculture and Agri-Food Canada Technical Report, 154*, 1–4.

Gravena, S. (2005). *Manual prático de manejo ecológico de pragas dos citros*. Jaboticabal: Santa Terezinha Gráfica e Editora. 372p.

Hamdi F. & Bonato O. (2014). Relation entre sources trophiques et capacité de survie chez *Macrolophus pygmaeus* (Hemiptera: Miridae). *The Canadian Entomologist, 146*(3), 285–290.

Hernandez, L. M. & Henry, T. J. (2010). *The plant bugs, or Miridae (Hemiptera: Heteroptera), of Cuba*. Sofia: Pensoft Publishers. 212p.

Krey, K. L., Cooper, W. R., Renkema, J. M. (2020). Revealing the Diet of Generalist Insect Predators in Strawberry Fields: Not Only Pests, But Other Predators Beware. *Environmental Entomology*, *49*(6), 1300–1306. https://doi.org/10.1093/ee/nvaa125.

Kobor P. (2020). A review on biology and agricultural significance of big-eyed (Heteroptera: Lygaeoidea: Geocoridae). *Hungarian Agricultural Research*, *2*, 1-10.

Lattin, J. D. 1999. Bionomics of the Anthocoridae. *Annual Review of Entomology, 44,* 207–231.

Lins Jr., J. C., Bueno, V. H. P., Silva, D. B., van Lenteren, J. C., Calixto, A. M. & Sidney, L. A. 2011. *Tuta absoluta* eggs predation by *Orius insidiosus*. *Bulletin IOBC/WPRS*, *68*, 101-104.

Lundgren, J. G. (2011). Reproductive ecology of predaceous Heteroptera. *Biological Control*, *59*, 37-52.

Mahdavi, T. S., Madadi, H. & Biondi, A. (2020). Predation and reproduction of the generalist predator *Nabis pseudoferus* preying on *Tuta absoluta*. *Entomologia Experimentalis et Apllicata, 168,* 732–741. doi: 10.1111/eea.12975

Martins, C. B. C., Ameida, L. M., Zonta-de-Carvalho, R. C., Castro, C. F. & Pereira, R. A. (2009). *Harmonia axyridis*: a threat to Brazilian Coccinellidae? *Revista Brasileira de Entomologia*, *53*, 663-671.

Martinez-Cascales, J. L., Cenis, J. L., Cassis, G. & Sanchez, J. A. (2006). Species identity of *Macrolophus melanotoma* (Costa 1853) and *Macrolophus pygmaeus* (Rambur 1839) (Insecta: Heteroptera: Miridae) based on morphological and molecular data and bionomic implications. *Insect Systematic Evolution*, *37*, 385-404.

Mendes, S. M., Bueno, V. H. P., Argolo, V. M. & Silveira, L. C. P. (2002). Type of prey influences biology and consumption rate of *Orius insidiosus* (Hemiptera: Anthocoridae). *Revista Brasileira de Entomologia*, *46*, 99–103.

Mendes S. M., Bueno V. H. P. & Carvalho L. M. (2005a). Development and thermal requirements of *Orius insidiosus* (Say) (Hemiptera:Anthocoridae). *Revista Brasileira de Entomologia, 49*, 575–579.

Mendes, S. M., Bueno, V. H. P. & Carvalho, L. M. (2005b). Adequabilidade de diferentes substratos à oviposição do predador *Orius insidiosus* (Say) (Hemiptera: Anthocoridae). *Neotropical Entomology*, *32*(3), 415-421.

Mendes, S. M.; Bueno, V. H. P., Carvalho, L. M. & Reis, R. P. (2005c). Custo da produção de *O. insidiosus* como agente de controle biológico. *Pesquisa Agropecuária Brasileira*, *40*, 441-446.

Messelink, G. J., van Maanen, R., van Steenpaal, S. E. F. & Janssen, A. (2008). Biological control of thrips and whiteflies by a shared predator: two pests are better than one. *Biological Control*, *44*, 372–379.

Nogueira, B. C. F., Ferreira, P. S. F., Coelho, L. A., Martins, D. S., Barcelos, B. D. (2019). Plant Bugs Predators (Hemiptera: Heteroptera: Miridae) with References to Arthropods and Fungi in Brazil. *Anais da Academia Brasileira de Ciências, 91*(3), 1-7.

Pérez-Aguilar, D. A., Martinez, A. M., Vinuela, E., Figueiroa, J. I., Gómez, B., Morales, S. I., Tapia, A. & Pineda, S. (2019). Impact of the zoophytophagous predator *Engytatus varians* (Hemiptera: Miridae) on *Bactericera cockerelli* (Hemiptera: Triozidae) control. *Biological Control*, *132*, 29-35.

Pérez-Hedo, M. & Urbaneja, A. 2016. The zoophytophagous predator *Nesidiocoris tenuis*: a successful but controversial biocontrol agent in tomato crops. In: Horowitz, A. R. & Ishaaya, I. (Eds.) *Advances in insect control and resistance management*. Cham: Springer. 121-138. 10.1007/978-3-319-31800-4-7

Peronti, A. L. B. G., Martinelli, N. M., Alexandrino, J. G., Marsaro Junior, A. L., Penteado Dias, A. M. & Almeida, L. M. (2016). Natural enemies with *Maconellicoccus hirsutus* (Hemiptera: Pseudococcidae) in the State of Sao Paulo, Brazil. *Florida Entomologist*, *99*, 21-25.

Pierre, L. S. R., Bueno, V. H. P. & Silveira, L. C. P. (2005). *Franklinothrips vespiformis* (Thysanoptera: Aeolothripidae): biology on two preys. *Bulletin IOBC/WPRS*, *28*(1), 201-204.

Pierre, L. S. R., Bueno, V. H. P., Sampaio, M. V.; van Lenteren, J. C., Conti, B. F., Silva, M. P. F. & Silveira, L. C. P. (2006). Intraguild predation between *Orius insidiosus* (Say) and *Aphidius colemani* Viereck, and biological control of *Aphis gossypii* Glover. *Bulletin IOBC/WPRS*, *29*, 219-222.

Pires, E. M., Soares, M. A., Nogueira, R. M., Zanuncio, J. C., Moreira, P. S. A. & Oliveira, M. A. (2015). Seven decades of studies with Asopinae predators in Brazil (1933-2014). *Bioscience Journal*, *31*(5), 1.530-1.549.

Rudolf, V. H. W. (2007). The interaction of cannibalism and omnivory: consequences for community dynamics. *Ecology, 88*, 2.697–2.705.

Sanchez, J. A. (2009). Density thresholds for *Nesidiocoris tenuis* (Heteroptera: Miridae) in tomato crops. *Biological Control*, *51*, 493-498.

Sanches, N. F. & Carvalho, R. S. (2011). Multiplicação do predador exótico *Cryptolaemus montrouzieri* como alternativa de controle biológico clássico para o controle da cochonilha exótica *Maconellicoccus hirsutus*. *Cadernos de Agroecologia*, *6*(2), 1-5.

Santos, O. D., Bueno, V. H. P. & Berti Filho, E. (1990). Coccinelídeos predadores que ocorrem em diversas culturas na região de Lavras, MG. *Revista de Agricultura*, *65*, 233-238.

Santos, A. C. & Gravena, S. (2005). Aspectos biológicos de *Coccidophilus citricola* (Coleoptera, Coccinellidae) sobre *Aspidiotus nerii* e *Chrysomphalus aonidum* (Homoptera, Diaspididae). *Ciência Rural*, *35*, 6-9.

Silva, R. A., Busoli, A. C., Chagas Filho, N. R. (2004). Aspectos biológicos de *Coccidophilus citricola* Brèthes, 1905 (Coleoptera: Coccinellidae). *Ciência Rural*, *34*, 667-672.

Silva, R. A., Michelotto, M. D., Busoli, A. C. & Barbosa, J. C. (2005). Predação de Diaspididae por larvas de *Coccidophilus citricola* em diferentes temperaturas. *Ciência Rural*, *34*, 1.321-1.325.

Silva, R. B., Cruz, I., Zanúncio, J. C., Figueiredo, M. L. C., Canevari, G. C., Pereira, A. G. & Serrão, J. E. (2013a). *Spodoptera frugiperda* (J.E. Smith) (Lepidoptera: Noctuidae) eggs as alternative food for rearing of lady beetles *Eriopis connexa* Germar. *Biological Control*, *64*, 101-105.

Silva, R. B., Cruz, I., Figueiredo, M. L. C., Tavares, W. S., Serrão, J. E. & Zanúncio, J. C. (2013b). Development and reproduction of *Olla v-nigrum* (Coleoptera: Coccinellidae) fed *Anagasta kuehniella* (Lepidoptera: Pyralidae) eggs supplemented with an artificial diet. *Florida Entomologist*, *96*, 850-858.

Silva, D. B., Bueno, V. H. P., Montes, F. C. & van Lenteren, J. C. (2016a). Population growth of three mirid predatory bugs feeding on eggs and larvae of *Tuta absoluta* on tomato. *BioControl*, *61*, 545–553. 10.1007/s10526-016-9736-1

Silva, D. B., Bueno, V. H. P., Calvo, F. J. & van Lenteren, J. C. (2016b). Do nymphs and adults of three Neotropical zoophytophagous mirids damage leaves and fruits of tomato? *Bulletin Entomological Research*, *107*, 200–207.

Silveira, L. C. P., Bueno, V. H. P., Mendes, S. M. (2003a). Record of two species of *Orius* Wolff (Hemiptera, Anthocoridae) in Brazil. *Revista Brasileira de Entomologia*, *47*, 303-306.

Silveira, L. C. P., Bueno, V. H. P., Pierre, L. S. R. & Mendes, S. M. (2003b). Plantas cultivadas e invasoras como hábitat para predadores do gênero *Orius* (Wolff) (Heteroptera: Anthocoridae). *Bragantia*, *62*, 261-265.

Silveira, L. C. P., Bueno, V. H. P. & van Lenteren, J. C. (2004). *Orius insidiosus* as biological control agent of thrips in greenhouse chrysanthemums in the tropics. *Bulletin of Insectology*, *57*(2), 103-109.

Silveira, L. C. P., Bueno, V. H. P., Louzada, J. N. C. & Carvalho, L. M. (2005). Percevejos predadores (*Orius* spp.) (Hemiptera: Anthocoridade) e tripes (Thysanoptera): interação no mesmo hábitat? *Revista Árvore, 29*, 767-773.

Smith, J. W., Wiedenmann, R. N. & Gilstrap, F. E. (1997). Challenges and opportunities for biological control in ephemeral crop habits: an overview. *Biological Control*, *10*, 2-3.

Sweet, M. H. (2000). Economic importance of predation by big-eyed bugs (Geocoridae). In: Schaefer, C. W. & Panizzi, A. R. (Eds.), *Heteroptera of economic importance*. Boca Raton: CRC Press. 713-724.

Schuman K. B., Kessler D. & Baldwin I. T. (2013). Ecological observations of native *Geocoris pallens* and *G. punctipes* populations in the Great Basin Desert southwestern Utah. *Psyche, 2013,* 1–11.

Symondson, W. O. C., Sunderland, K. D. & Greenstone, M. H. (2002). Can generalist predators be effective biocontrol agents? *Annual Review of Entomology*, *47*, 561–594.

Torres, J. B., Zanuncio, J. C. & Moura, M. A. (2006). The predatory stinkbug *Podisus nigrispinus*: biology, ecology and augmentative releases for lepidopteran larval control in *Eucalyptus* forests in Brazil. *CAB Reviews: perspectives in agriculture, veterinary science, nutritional and natural resources*, *1*(1), 1-18.

Urbaneja A., Montón H. & Molla O. (2009). Suitability of the tomato borer *Tuta absoluta* as prey for *Macrolophus pygmaeus* and *Nesidiocoris tenuis*. *Journal of Applied Entomology*, *133*, 292–296. 10.1111/j.1439-0418.2008.01319 .x

Urbaneja A., González-Cabrera J., Arnó J. & Gabarra R. (2012). Prospects for the biological control of *Tuta absoluta* in tomatoes of the Mediterranean basin. *Pest Management Science*, *68*, 1.215–1.222.

van Lenteren, J. C. (2010). *Ecology: cool science, but does it help?* Wageningen: Wageningen University. 44p.

van Lenteren, J. C., Roskan, M. M. & Timmer, R. (1997). Commercial mass production and pricing of organisms for biological control of pests in Europe. *Biological Control*, *10*, 143-149.

van Lenteren, J. C., Bigler, F., Babendreier, D. & Loomans, A. J. M. (2008). *Harmonia axyridis*: an environmental risk assessment for Northwest Europe. *BioControl*, *53*, 37-54.

van Lenteren, J. C. (2012). The state of commercial augmentative biological control: plenty of natural enemies, but a frustrating lack of uptake. *BioControl*, *57*, 71-84.

van Lenteren, J. C., Bueno, V. H. P., Smit, J., Soares, M. A., Calixto, A. M., Montes, F.C. & Jong, P. W. (2017). Predation of *Tuta absoluta* eggs during the nymphal stages of three Neotropical mirid predators on tomato. *Bulletin of Insectology*, *70*, 69–74.

van Lenteren, J. C., Bolckmans, K. J., Ravensberg, W. & Urbaneja, A. (2018a). Biological control using invertebrates and microorganisms: plenty of new opportunities. *Biocontrol*, *63*, 39–59.

van Lenteren, J. C., Bueno, V. H. P., Montes, F.C., Hemerik, J. & Jong, P. W. (2018b). Adult lifetime predation of *Tuta absoluta* eggs by three Neotropical mirid predators on tomato. *Bulletin of Insectology*, *71*(2), 179-188.

van Lenteren, J. C., Bueno, V. H. P., Calvo, J. F., Calixto, A. M. & Montes, F. C. (2018c). Comparative effectiveness and injury to tomato plants of three Neotropical mirid predators of *Tuta absoluta* (Lepidoptera: Gelechiidae). *Journal of Economic Entomology*, *111*, 1.080-1.086. 10.1093/jee/toy057

van Lenteren, J. C., Bueno, V. H. P., Burgio, G., Lanzoni, A., Montes, F. C., Silva, D. B., Jong, P. W. & Hemerik, L. (2019). Pest kill rate as aggregate evaluation criterion to rank biological control agents: a case study with Neotropical predators of *Tuta absoluta* on tomato. *Bulletin of Entomological Research, 109*, 812-820. 10.1017/S0007485319000130

van Lenteren, J. C., Bueno, V. H. P., Colmenarez, Y. C. & Luna, M. G. (2020). *Biological Control in Latin America and the Caribbean: Its Rich History and Bright Future.* Wallingford: CABI. 522p.

van Lenteren, J. C. & Bueno, V. H. P. (2020). Advances in augmentative biological control in integrated pest management. In: Kogan, M. & Heinrichs E. (Eds.). *Integrated Management of Insect Pests.* Cambridge: Burleigh Dodds Science Publishing 481-508. 10.19103/AS.2019.0047.15

van Lenteren, J. C., Bueno, V. H. P. & Klapwijk, J. (2021). Augmentative biological control. In: Mason, P. G. (Ed.). *Biological Control: A Global Endeavour*. Clayton: CSIRO Publishing. no prelo.

Voigt, D., Gorb, E. & Gorb S 2007. Plant surface–bug interactions: *Dicyphus errans* stalking along trichomes. *Arthropod-Plant Interactions*, *1*, 221–243.

Voigt, D. & Gorb, S. (2010). Locomotion in a sticky terrain. *Arthropod-Plant Interactions*, *4*, 69–79.

Waeckers, F. L. (2008). Food for thought: how to cater to the nutritional needs of biological control agents? *Bulletin IOBC/WPRS*, *32*, 253-260.

Wheeler Jr., A. G. (2001). *Biology of the plant bugs (Hemiptera: Miridae): pests, predators, opportunists*. Ithaca: Cornell University Press. 507p.

Wheeler Jr., A. G. & Krimmel, B. A. (2015). Mirid (Hemiptera: Heteroptera) specialists of sticky plants: adaptations, interactions and ecological implications. *Annual Review of Entomology*, *60*, 393-414.

Uso de ácaros predadores no Brasil

Grazielle Moreira
Marcelo Poletti
Gilberto José de Moraes

Introdução

Os ácaros pertencem à subclasse Acari da classe Arachnida, contida no subfilo Chelicerata do filo Arthropoda. Os aracnídeos apresentam o corpo dividido em duas partes, chamadas cefalotórax (ou prossoma) e abdome (ou opistossoma) – exceto os ácaros, que apresentam o corpo não dividido. Ao corpo dos ácaros (idiossoma) estão conectados usualmente seis pares de apêndices nas fases pós-larvais, ou seja, um par de quelíceras nas proximidades da boca, seguidas por um par de palpos e quatro pares de pernas. Os dois primeiros pares de apêndices constituem o gnatossoma, que sempre apresenta os segmentos mais basais dos palpos (coxas) fundidos.

Quantos são, como são divididos e quais os hábitos alimentares?

Estima-se que o número total de ácaros descritos ultrapasse 55.000 espécies (Zhang, 2013), divididas em dois grandes grupos (superordens), os

Parasitiformes e os Acariformes. Ecologicamente, os ácaros desempenham diferentes papéis, podendo ser predadores, detritívoros, fungívoros, parasitos de vertebrados ou invertebrados fitófagos, ou onívoros. Estes diferentes papéis estão relacionados a mutações, incluindo alterações do formato das quelíceras, possibilitando o aproveitamento de diferentes fontes de alimento.

No meio agrícola, devido à importância econômica, maior atenção é dada aos predadores, que atuam no controle biológico de pragas, e nos fitófagos, que podem causar danos significativos a diversas culturas. A maioria dos ácaros predadores (mas nem todos) apresenta as quelíceras em forma de tesoura ou alicate, enquanto a maioria dos ácaros fitófagos (mas nem todos) apresenta as quelíceras modificadas em formato de agulhas, permitindo a perfuração de células vegetais.

Os Parasitiformes constituem quatro ordens, das quais duas são pequenas, sem expressão econômica (Opilioacarida e Holothyrida). As outras são de extrema relevância. Uma é conhecida como Ixodida, que compreende pouco menos de mil espécies de carrapatos, todos hematófagos, importantes parasitos e vetores de microrganismos patogênicos. Outra é conhecida como Mesostigmata, com pouco mais de 11.000 espécies, muitas das quais predadoras ou parasitas de animais (principalmente hematófagas), embora muitas também sejam fungívoras (Zhang, 2013).

Os Acariformes incluem duas grandes ordens, Trombidiformes (constituída principalmente pelos Prostigmata) e Sarcoptiformes (constituída principalmente pelos Oribatida, estes contendo os Astigmatina, um grupo antes designado de Astigmata e que por si só constituía uma ordem). Os Trombidiformes são de longe os mais conhecidos no meio agrícola, com a subordem Prostigmata representada pelas principais famílias de ácaros fitófagos, embora também seja representada por ácaros predadores ou parasitos, hematófagos ou não. Os Oribatida são conhecidos principalmente pelo papel que desempenham como decompositores de matéria orgânica, mas dentro deste, o grupo Astigmatina é constituído principalmente por parasitos (não hematófagos) de animais ou por ácaros frequentemente encontrados em produtos armazenados ou na poeira domiciliar.

Ácaros prejudiciais às plantas

Os principais ácaros que danificam as plantas pertencem às famílias Eriophyidae, Tarsonemidae, Tenuipalpidade e Tetranychidae, da subordem Prostigmata. Quase todos são exclusivamente fitófagos, exceto certos tarsonemídeos, que apresentam outros hábitos alimentares.

Os eriofiídeos, também conhecidos como microácaros, por seu tamanho diminuto, são superados em importância econômica apenas pelos tetraniquídeos. São diminutos, com o corpo alongado e contendo apenas dois pares de pernas em todos os estágios pós-embrionários. Sua morfologia lhes permite viver em locais confinados, como nas bainhas das folhas, gemas e brotos terminais. Podem ainda alterar o crescimento das plantas, podendo formar estruturas conhecidas como eríneos e galhas, as primeiras constituídas por regiões cobertas por grandes números de tricomas e as segundas por estruturas usualmente globulares ou alongadas, no interior das quais vivem estes ácaros. Entretanto, muitos eriofiídeos vivem na superfície exposta das plantas. São comumente hospedeiro-específicos, atacando somente uma ou poucas espécies vegetais. Alguns são vetores de vírus de plantas. No Brasil destacam-se como pragas agrícolas o ácaro-do-coqueiro, *Aceria guerreronis* Keifer, o ácaro-da-falsa-ferrugem-dos-citros, *Phyllocoptruta oleivora* (Ashmead), o ácaro-da-ferrugem-do-tomateiro, *Aculops lycopersici* (Massee), e o micro-ácaro-da-face-superior-da-folha-da-seringueira, *Calacarus heveae* Feres.

Os tarsonemídeos também estão entre os menores ácaros conhecidos, sendo seu último par de pernas bastante diferente dos demais; nos machos geralmente são mais robustas, e nas fêmeas, mais afiladas e terminando por duas setas longas. Suas quelíceras são bastante reduzidas, e aparentemente em função disso vivem principalmente nas regiões de crescimento das plantas, onde o tecido vegetal é mais tenro. Na agricultura, a principal espécie desta família é o ácaro-branco, *Polyphagotarsonemus latus* (Banks), que ataca diversas culturas, como algodoeiro, feijoeiro, mamoeiro, tomateiro, pimenteira, soja, videira e ornamentais. Espécies do gênero *Steneotarsonemus* preferem monocotiledôneas, como o ácaro-da-mancha-longitudinal-do-coqueiro ou o tarsonemídeo-do-arroz, *Steneotarsonemus furcatus* De Leon, assim como o *Steneotarsonemus spinki* Smiley, séria praga do arroz, de importância quarentenária para o Brasil.

Também conhecidos como ácaros planos, muitos dos tenuipalpídeos apresentam o idiossoma achatado, sendo por isso de difícil visualização na superfície das plantas, por se encaixarem nas depressões aí existentes. Até recentemente, mencionava-se na literatura a existência de uma grande amplitude de hospedeiros de *Brevipalpus phoenicis* (Geijskes), conhecido como ácaro-da-leprose-dos-citros (Moraes & Flechtmann, 2008). Depois da revisão publicada por Beard et al. (2015), tornou-se evidente a existência de um complexo de espécies muito próximas que vinham sendo citadas como *B. phoenicis*, devendo aquele complexo ser agora referido como "ácaros do grupo *phoenicis*", destacando-se entre estes as espécies *B. papayensis* Baker e *B. yothersi* Baker. Espécies deste grupo são importantes por estarem envolvidas com a transmissão de diversos vírus. Várias outras espécies são importantes, como o ácaro-vermelho-das-palmeiras, *Raioella indica* Hirst, que causa danos significativos ao coqueiro, bananeira e muitas outras espécies de palmeiras. Cite-se ainda o ácaro-plano-vermelho-da-seringueira, *Tenuipalpus heveae* Baker, outra espécie que causa grandes danos, à seringueira.

Os tetraniquídeos são ácaros pouco maiores que os outros mencionados. Muitos destes produzem quantidades variáveis de teia, que beneficia os ácaros de distintas maneiras. O ácaro-rajado, *Tetranychus urticae* Koch, pode ser considerado um dos principais ácaros pragas, por ser polífago, alimentando-se de diversas culturas importantes, como algodoeiro, feijoeiro, mamoeiro, morangueiro, soja, videira e ornamentais em geral, e por ter distribuição mundial. Outros tetraniquídeos importantes incluem, o ácaro-verde-da-mandioca, *Mononychellus tanajoa* (Bondar), o ácaro-vermelho-do-cafeeiro, *Oligonychus ilicis* (McGregor) e o ácaro-vermelho-europeu, *Panonychus ulmi* (Koch).

Fêmeas adultas de ácaros fitófagos podem produzir dezenas a mais de duas centenas de ovos durante seu ciclo de vida. Os machos são, na maioria dos grupos, produzidos por partenogênese arrenótoca, ou seja, sem necessidade de fecundação dos óvulos, e as fêmeas, através de reprodução sexuada.

Como são controlados

As principais formas de controle de ácaros são citadas a seguir.

Controle químico

O principal método de controle de ácaros fitófagos no Brasil e em muitos outros países envolve o uso de produtos químicos. Dezesseis ingredientes ativos pertencentes a 12 grupos químicos com nove mecanismos de ação diferentes são hoje registrados no país para o controle de ácaros pragas (Agrofit, 2018). Entretanto, características biológicas destes ácaros – como curto ciclo de vida, alta fecundidade e partenogênese arrenótoca na maioria das espécies – favorecem o desenvolvimento da resistência a acaricidas. A resistência ocorre mais rapidamente em populações expostas periodicamente a produtos que apresentam o mesmo mecanismo de ação, pela seleção de indivíduos naturalmente resistentes, o que torna os produtos ineficazes no controle da praga.

Manejo cultural

Algumas estratégias de manejo cultural podem auxiliar na redução de ácaros pragas. Como exemplo, em altas infestações de ácaros tetraniquídeos, produtores de morango da região sul de Minas Gerais realizam a lavagem das plantas com jatos d´água, na proporção de 1.000 L para 10.000 plantas. Esse tipo de manejo é considerado eficaz, quando complementado com o controle químico ou biológico. Outras estratégias – como a destruição de restos culturais, poda de ramos atacados e eliminação de plantas invasoras hospedeiras – também são frequentemente utilizadas por produtores de distintas culturas.

Controle biológico

Diferentes grupos de organismos são sabidamente conhecidos como inimigos naturais de ácaros pragas, incluindo patógenos e predadores. Dentre os patógenos, efeitos significativos são verificados com a ocorrência natural de fungos do gênero *Neozygites*, causando epizootias em hospedeiros tetraniquídeos, e de fungos do gênero *Hirsutella*, por sua vez associados a eriofiídeos (van der Geest et al., 2000, 2002). No Brasil, o uso do fungo entomopatogênico *Beauveria bassiana* (Bals.), comercializado por várias empresas, produz bons resultados no controle de *T. urticae*, principalmente quando atrelado a outras técnicas, como o uso de ácaros predadores (Sala et al., 2018).

Os predadores de ácaros incluem principalmente aranhas, pseudoescorpiões, insetos e ácaros. Aranhas de pequenas dimensões são observadas predando ácaros, mas não são citadas como importantes no controle de ácaros daninhos. No Brasil, a predação do fitoseídeo *Phytoseiulus fragariae* Denmark & Schicha por uma aranha da família Dictynidae foi observada em morangueiros (Autores do capítulo, informação pessoal). A predação de ácaros predadores daquele mesmo gênero (*Phytoseiulus persimilis* Athias-Henriot) por pseudoescorpiões foi relatada na Finlândia (Markulla & Tiitanen, 1981). Mais recentemente, a predação de carrapatos por aquele mesmo grupo de predadores foi relatada no Japão, mas a taxa de predação parece ser baixa (Okabe et al., 2018).

Dentre os insetos predadores de ácaros, as famílias Anthocoridae, Cecidomyiidae, Coccinellidae, Staphylinidae e Thripidae são as mais comuns. Pelo menos uma espécie de Cecidomyiidae [*Feltiella acarisuga* (Vallot)] é produzida comercialmente para o controle de ácaros em alguns países. Espécies de outras famílias são encontradas na natureza atacando ácaros. Uma resenha sobre os insetos predadores de ácaros foi apresentada por Moraes (1991).

De maneira geral, os ácaros predadores são os que exercem maior ação de controle sobre os ácaros fitófagos. Os dois grandes grupos mais comuns de predadores plantícolas pertencem aos Mesostigmata e aos Prostigmata. Dentre os Mesostigmata, as principais famílias plantícolas são Phytoseiidae (predominantes), Ascidae, Blattisociidae e Melicharidae. Dentre os Prostigmata, as famílias mais comuns são Bdellidae, Cheyletidae, Cunaxidae, Iolinidae e Stigmaeidae.

Em condições naturais, apesar de frequentes em plantas, os ácaros predadores não são abundantes, estando normalmente associados a níveis baixos de infestação de ácaros fitófagos. No entanto, podem atingir altos níveis populacionais em áreas agrícolas, quando os ácaros fitófagos estiverem em altos níveis populacionais. Esses predadores também podem se alimentar de pólen, substâncias açucaradas e fungos, podendo por isso permanecer no ambiente mesmo na ausência de suas principais presas.

No solo, Mesostigmata das famílias Laelapidae, Macrochelidae, Ologamasidae, Parasitidae e Rhodacaridae são frequentemente diversos e abundantes. Devido à alta diversidade de invertebrados nesse ambiente, esses predadores são de maneira geral generalistas. Quando ocorrem, as especializações usualmente se referem à preferência por um tipo de presa, por exemplo, nematoides ou artrópodes (Beaulieu & Walter, 2007).

Principais características dos ácaros predadores

De maneira geral, os ácaros predadores se distinguem de suas presas por serem mais ágeis, uma necessidade para permitir que consigam apanhar os organismos a serem predados. Os Mesostigmata se distinguem dos Prostigmata por serem geralmente mais brilhantes, o que se dá em função de grande parte de seus corpos ser recoberta por cutícula esclerotizada (formando placas), em que a luz é mais eficientemente refletida. Outra diferença entre eles é a presença do par de aberturas respiratórias na região médio-lateral do corpo destes Mesostigmata, sendo estas associadas a uma estrutura alongada e superficial (peritrema) que se estende em direção à região antero-dorsal do idiossoma. Nos Prostigmata, as aberturas respiratórias e o peritrema não estão presentes nesta região, sendo mais discretas e localizadas logo atrás do gnatossoma.

Os mesostigmatídeos são geralmente esbranquiçados, amarelados ou amarronzados. Dentre os predadores deste grupo (Ascidae, Blattisociidae, Melicharidae e Phytoseiidae) que vivem nas plantas, a separação segura exige sua montagem em lâminas de microscopia, sendo difícil separá-los quando ainda vivos, pela grande semelhança entre eles. Dentre os mesostigmatídeos plantícolas, há que se considerar ainda os Ameroseiidae, que não são predadores, mas que podem ser encontrados em algumas plantas (especialmente em inflorescências), sendo também confundidos com as outras famílias. Os fitoseídeos se distinguem de outros Mesostigmata por serem geralmente providos de um número menor de setas (estruturas sensoriais) no dorso do idiossoma, o que sugere que sejam mais evoluídos.

Dentre os Prostigmata, os Iolinidae podem ser mais facilmente reconhecidos pelo idiossoma muito delicado e pequeno, pernas curtas, movimentos muito rápidos para frente ou para trás e cor esbranquiçada. Os estigmeídeos são distinguidos pela movimentação relativamente lenta, idiossoma em forma de losango e pequeno, e cor amarelada ou avermelhada. Os bdelídeos e cunaxídeos apresentam a extremidade distal do rostro (entre os palpos) afilada, o idiossoma usualmente avermelhado, esverdeado ou amarelado, sendo alguns cunaxídeos distintamente mais ágeis que os bdelídeos. A maior diferença entre eles, quando montados em lâminas de microscopia é a forma dos palpos, usualmente raptoriais e afilados distalmente em cunaxídeos e não raptoriais, mas truncados distalmente e terminando em um par de setas alongadas em bdelídeos. Os queiletídeos se distinguem de outros predadores principalmente pelo grande volume de seus palpos, especialmente na parte basal.

Histórico de uso prático no mundo

O primeiro esforço para o uso de ácaros como predadores de pragas foi feito em 1873, com o envio de *Tyroglyphus phylloxerae* (Fumouze & Robin), Astigmatina da família Acaridae, dos Estados Unidos da América do Norte à França para o controle da cochonilha *Daktulosphaira vitifoliae* (Fitch) (Phylloxeridae), praga de videiras (DeBach & Rosen, 1991). Mais tarde, este ácaro foi considerado sinônimo de *Rhizoglyphus echinopus* (Fumouze & Robin), séria praga da parte subterrânea de diferentes culturas. Na verdade, este trabalho correspondeu à primeira transferência de um predador de um país a outro para o controle de um artrópode praga.

Há pouco mais de 110 anos, relatou-se pela primeira vez o potencial de um fitoseídeo como agente de controle de um ácaro praga (Parrott et al., 1906). O fitoseídeo *P. persimilis* correspondeu ao primeiro caso de sucesso para o controle de ácaros pragas, em casas-de-vegetação europeias, na década iniciada em 1960 (Hussey, 1965). Desde então, é produzido e comercializado em diferentes países para o controle de ácaros pragas em várias culturas. Muitos estudos são realizados para avaliar o potencial de espécies de diferentes famílias de ácaros para o controle biológico de pragas. Revisões relevantes e atuais sobre o tema podem ser encontradas em Gerson et al. (2003), Hoy (2011) e Carrillo et al. (2015).

No entanto, o uso prático de ácaros predadores para o controle biológico envolve em sua maioria liberações periódicas de fitoseídeos, e em menor escala lelapídeos, macroquelídeos e queiletídeos, sendo dependente de sistemas eficientes de produção massal destes predadores. Assim, apesar do potencial de muitas espécies para o controle de determinadas pragas ser constantemente relatado na literatura, seu uso prático pode não ser possível se sua produção em larga escala não puder ser feita a custos compatíveis com outras alternativas de controle.

Nos dias de hoje, um grande número de empresas, principalmente na América do Norte e na Europa, produz e comercializa diferentes espécies de inimigos naturais para o controle de diferentes pragas. Estas empresas frequentemente se associam para promover seus produtos. Associações atuantes existem na América do Norte (The Association of Natural Biocontrol Producers, 2019), Australásia (Australasian Biological Control Association, 2019) e Europa (International Biocontrol Manufacturers Association, 2019). Associações mais recentes foram estabelecidas no Japão (Japan Biocontrol Association, 2019), África do Sul (South African Bioproducts Organisation, 2019) e no Brasil (Associação Brasileira de Empresas de Controle Biológico, 2019), atualmente conhecida como CropLife, com um modo de atuação mais amplo, envolvendo proteção de cultivos. Muitas dessas empresas se dedicam à produção de ácaros predadores.

Principais grupos de ácaros predadores

Phytoseiidae

A família Phytoseiidae é de longe a mais estudada pelo seu reconhecido potencial no controle de insetos e ácaros pragas presentes na parte aérea das plantas, onde predominam, embora algumas espécies sejam encontradas no solo (McMurtry et al., 2015). A primeira revisão taxonômica deste grupo, então considerado uma subfamília (Phytoseiinae) da família Laelapidae, foi publicada há quase 70 anos (Nesbitt, 1951), quando apenas cerca de 30 espécies foram categoricamente incluídas nesta família, das quais sete foram mais tarde transferidas a outras famílias.

Fitoseídeos são predadores de movimentos rápidos, que buscam ativamente suas presas. Apresentam coloração normalmente palha e ocasionalmente marrom ou avermelhada. Poucas espécies são constituídas apenas por fêmeas, reproduzindo-se por partenogênese telítoca. Aparentemente a maioria das espécies se reproduz por para-haploidia ou pseudoarrenotoquia. Neste tipo de reprodução, machos e fêmeas são diploides no início da fase embrionária, mas pouco tempo após a oviposição, parte dos embriões tem a contribuição genética paterna desativada, passando a ser haploide e do sexo masculino (Norton et al., 1993).

Em relação a seu hábito predatório, os fitoseídeos podem ser classificados em quatro grupos, segundo seus níveis de especialização alimentar, conforme descrito por McMurtry & Croft (1997) e complementado por McMurtry et al. (2015). Tipo I corresponde aos fitoseídeos altamente especializados na predação, subdivididos em três categorias, de acordo com a presa mais comum, como *Phytoseiulus*, predador de *Tetranychus*. Tipo II, de hábito parecido ao tipo I, ataca preferencialmente ácaros da família dos tetraniquídeos, como alguns *Neoseiulus*. Tipo III, predadores generalistas, como muitos *Amblyseius* e outros *Neoseiulus*, divididos de acordo com seu hábitat mais comum. Tipo IV, generalistas que se alimentam primariamente de pólen.

Laelapidae

A família Laelapidae, comumente encontrada no solo e raramente encontrada sobre plantas, apresenta aproximadamente 1.300 espécies descritas em cerca de 90 gêneros (Beaulieu et al., 2011) e inclui espécies predadoras de vida livre, além de formas parasitas. Lelapídeos adultos apresentam coloração amarelada a marrom escuro. Morfologicamente, são facilmente distinguidos de outros grupos, quando montados em lâminas de microscopia, pelo escudo genital em forma de gota, separado do escudo anal. Sua placa dorsal não dividida apresenta mais de 20 pares de seta (usualmente 37-39), frequentemente incluindo setas não pareadas extras. Sua reprodução pode ser hapo-diploide, sendo os machos produzidos por partenogênese arrenótoca e as fêmeas por reprodução sexuada, ou podem apresentar partenogênese telítoca (Norton et al., 1993).

Lelapídeos de vida livre, em sua maioria classificados na subfamília Hypoaspidinae, alimentam-se de pequenos insetos, outros ácaros, nematoides, pequenos anelídeos e colêmbolas, sendo a maioria generalista. Dentre os gêneros desta família, *Cosmolaelaps*, *Gaeolaelaps* e *Stratiolaelaps* são os mais estudados em relação ao potencial como agentes de controle de pragas. *Cosmolaelaps* são frequentemente estudados em relação ao seu potencial de predação em diferentes espécies de nematoides, incluindo parasitos de plantas das ordens Aphelenchida, Dorylaimida e Tylenchida. Espécies de *Gaeolaelaps* são predadoras agressivas de uma grande variedade de artrópodes e nematoides, enquanto espécies de *Stratiolaelaps* são frequentemente associadas a larvas de "fungus gnats" (Diptera: Sciaridae) e ácaros astigmatídeos. Apesar do potencial do grupo no controle de pragas, trabalhos de campo mostrando a eficácia desses predadores são ainda escassos conforme revisão publicada por Moreira & Moraes (2015).

Macrochelidae

Cerca de 470 espécies são hoje incluídas nesta família. Macroquelídeos adultos são caracterizados por serem relativamente grandes (certas espécies com mais de 1 mm de comprimento), rápidos, coloração marrom-avermelhada escura e geralmente bem esclerotizados. Apresentam escudo dorsal não dividido, com aproximadamente 28 pares de setas, placa ventrianal com 1-5 pares de setas e peritrema em forma de cabo de guarda-chuva ao redor do estigma. Quanto à reprodução, podem apresentar partenogênese arrenótoca e telítoca (Norton et al., 1993).

É uma das famílias de ácaros mais comumente encontradas em excrementos e animais em decomposição, onde estão frequentemente associados a imaturos de diferentes espécies de moscas, dos quais se alimentam. São também foréticos em muitos insetos encontrados nesses ambientes, como besouros Scarabaeidae e dípteros, principalmente da família Muscidae. Além dos imaturos de moscas, macroquelídeos também se alimentam de nematoides, colêmbolas e outros pequenos artrópodes.

Em relação à possibilidade de uso destes ácaros para o controle biológico, os primeiros estudos foram conduzidos por Pereira & Castro (1945), que demonstraram o potencial de *Macrocheles muscaedomesticae* (Scopoli) no controle da mosca doméstica. Conforme dados compilados por Azevedo et al. (2015), são conduzidos estudos para avaliar o potencial de predação de diferentes espécies em tripes, sciarídeos e larvas de *Lyprauta* sp. (Kerplatidae). Estudos recentemente conduzidos no Brasil demonstraram o potencial de macroquelídeos na predação da fase larval da mosca-dos-estábulos *Stomoxys calcitrans* L., cuja ocorrência aumentou em áreas de pastagens próximas a canaviais em que a vinhaça (subproduto da produção de álcool) é utilizada como adubo, e em cafezais, em que o subproduto da produção de grãos de café (palhada) é também usada como adubo (Azevedo, 2017).

Cheyletidae

Informações sobre estes ácaros foram compilados por Athanassiou & Palyvos (2015). A família Cheyletidae conta com aproximadamente 370 espécies descritas em 74 gêneros. Queiletídeos adultos são frequentemente esbranquiçados, amarelados ou avermelhados e pouco esclerotizados. O idiossoma pode ser coberto por um ou dois escudos, contendo um número relativamente reduzido de setas. Queiletídeos predadores apresentam a aberturas respiratórias no gnatossoma e curtos peritremas a estas associados. Embora saiba-se nestes ácaros que os machos sejam haploides e as fêmeas diploides, a reprodução por partenogêneses arrenótoca e telítoca são relatadas (Norton et al., 1993; Walter et al., 2009).

Estes ácaros ocupam uma variedade de hábitats, sendo frequentemente encontrados em produtos armazenados, onde predam diversos insetos e ácaros, alguns dos quais, também predadores. *Cheyletus eruditus* (Schrank) é citado como o primeiro ácaro a ser utilizado para o controle biológico de pragas de produtos armazenados (Zdarkova, 1998).

Principais espécies de ácaros predadores comercializadas

Dezesseis espécies de Phytoseiidae, cinco de Laelapidae, uma de Macrochelidae e uma de Cheyletidae são hoje criadas de forma massal para o controle de ácaros ou insetos pragas em distintos países (Tabela 1).

Algumas destas espécies são utilizadas em países de diversos continentes, como por exemplo *Neoseiulus californicus* (McGregor) e *Neoseiulus cucumeris* (Oudemans), outros são utilizados em regiões mais restritas. Os predadores são utilizados principalmente para o controle de ácaros tetraniquídeos, mosca branca, tripes e "fungus gnats". Os fitoseídeos comercializados são utilizados

Tabela 1. Espécies de ácaros predadores, e seus respectivos alvos, comercializadas em diferentes regiões do mundo.

PHYTOSEIIDAE		
Região	**Espécie**	**Alvo**
África	*Amblyseius swirskii*	Mosca branca (Aleyrodidae)
	Neoseiulus californicus	Tetraniquídeos não especificados
	Neoseiulus cucumeris	Tripes (Thysanoptera)
	Phytoseiulus persimilis	Tetranychidae: *Tetranychus* spp.
América do Norte	*Amblydromalus limonicus*	Tripes
	Amblyseius andersoni	Tarsonemidae: *Polyphagotarsonemus latus* e *Phytonemus pallidus;* Tetranychidae: *Tetranychus urticae;* Eriophyidae
	A. swirskii	Tripes e mosca branca
	Galendromus occidentalis	Tetraniquídeos e eriofiídeos não especificados
	N. californicus	Tetranychidae: *Eotetranychus lewisi, Tetranychus pacificus* e *T. urticae*; Tarsonemidae: *P. latus* e *P. pallidus;* eriofiídeos não especificados
	N. cucumeris	Tripes e tarsonemídeos não especificados
	Neoseiulus fallacis	Tetranychidae: *Oligonychus ilicis, Oligonychus pratensis, Oligonychus ununguis, T. pacificus* e *T. urticae;* Tarsonemidae: *P. latus* e *P. pallidus*
	Phytoseiulus longipes	Tetranychidae
	P. persimilis	Tetranychidae: *T. urticae*
América Central e do Sul	*N. californicus*	Tetranychidae: *T. urticae*
	Neoseiulus longispinosus	Tetranychidae
	Phytoseiulus macropilis	Tetranychidae: *T. urticae*
	P. persimilis	Tetranychidae: *T. urticae*

Região	Espécie	Alvo
Australásia	*N. californicus*	Ácaros não especificados
	N. cucumeris	Tetranychidae: *T. urticae*
	G. occidentalis	Tetranychidae: *T. urticae*
	P. persimilis	Tetranychidae: *T. urticae*
	Transeius montdorensis	Tripes
Ásia	*A. swirskii*	Mosca branca e tripes
	N. californicus	Tetranychidae
	N. longispinosus	Tetranychidae
	N. cucumeris	Tripes
Europa	*A. andersoni*	Tetranychidae e Eriophyidae
	A. limonicus	Mosca branca e tripes
	A. swirskii	Mosca branca e tripes
	Euseius gallicus	Mosca branca e tripes
	Iphiseius degenerans	Tripes
	Neoseiulus barkeri	Tripes
	N. californicus	Tetranychidae
	N. cucumeris	Tripes e Tetranychidae
	N. fallacis	Tetranychidae
	P. persimilis	Tetranychidae: Tetranychus spp.
	T. montdorensis	Mosca branca e tripes
	Typhlodromus pyri	Ácaros não especificados

LAELAPIDAE		
Região	**Espécie**	**Alvo**
África	*Stratiolaelaps miles*	"Fungus gnats" (Sciaridae) e tripes
	Stratiolaelaps scimitus	"Fungus gnats" e tripes
América do Norte	*Gaeolaelaps gillespiei*	"Fungus gnats", tripes e pragas de solo
	S. scimitus	"Fungus gnats", "shore flies" (Ephydridae), tripes e pragas de solo não especificadas
América Central e do Sul	*S. scimitus*	"Fungus gnats"
Australásia	*Stratiolaelaps* spp.	"Fungus gnats"
Europa	*Androlaelaps casalis*	Dermanyssidae: *Dermanyssus gallinae*
	Gaeolaelaps aculeifer	"Fungus gnats" e tripes
	S. scimitus	"Fungus gnats", "shore flies" e tripes
MACROCHELIDAE		
Europa	*Macrocheles robustulus*	"Fungus gnats", tripes e *Lyprauta* spp. (Keroplatidae)
CHEYLETIDAE		
Europa	*Cheyletus eruditus*	*D. gallinae* e ácaros não especificados de produtos armazenados

principalmente para o controle de pragas sobre plantas, enquanto lelapídeos e macroquelídeos são utilizados principalmente para o controle de pragas no solo e queiletídeos, para o controle de pragas em armazéns. Em função de suas características biológicas, espécies de tripes são frequentemente controladas com a liberação de fitoseídeos sobre plantas para o controle dos primeiros estágios imaturos, e com a liberação de lelapídeos no solo para o controle de pré-pupas e pupas.

Histórico de uso prático no Brasil

A primeira dedicação consistente para o uso de ácaros predadores no controle biológico de pragas agrícolas no Brasil referiu-se à busca de espécies eficazes para o controle do ácaro-verde-da-mandioca (*M. tanajoa*), praga introduzida no continente africano na década iniciada em 1970 a partir da América do Sul. Consequentemente, diferentemente da estratégia de controle biológico hoje mais empregada em distintos países (controle biológico aumentativo), as primeiras atividades relacionadas ao controle biológico de ácaros no Brasil referiram-se ao controle biológico clássico, buscando-se aqui inimigos naturais daquela praga para introdução na África.

Ações conduzidas por pesquisadores brasileiros como parte de um projeto internacional permitiram que se encontrassem aqui e em outros países latino-americanos mais de 50 espécies de ácaros predadores, sendo mais de dez destas enviadas à África para multiplicação e liberação no campo (Yaninek & Hanna, 2003). As que apresentaram melhores resultados foram *Neoseiulus idaeus* Denmark & Muma em Benin e Quênia; *Amblydromalus manihoti* (Moraes) em Benin, Burundi, Gana e Nigéria, e *Typhlodromalus aripo* De Leon em 14 países. Considera-se que este seja um dos projetos de controle biológico clássico de maior impacto em todo o mundo.

Os primeiros trabalhos relacionados à implementação do controle biológico de ácaros pragas no território brasileiro referiram-se ao reconhecimento das espécies de ácaros fitoseídeos aqui existentes, como relatado em Demite et al. (2018). Um dos trabalhos iniciais mais relevantes se refere ao relato das 55 espécies de fitoseídeos então conhecidas no país (Denmark & Muma, 1973). Pouco mais de dez anos mais tarde foram dados os primeiros passos para a efetiva utilização destes, com a criação e liberação de *Phytoseiulus macropilis* (Banks) para o controle do ácaro-rajado, como brevemente relatado por Moraes (1991). Poucos anos depois, três espécies de fitoseídeos (*N. californicus*, *P. persimilis* e *Typhlodromus pyri* Scheuten) foram introduzidas no Brasil para o controle de ácaros, enquanto *Acarophenax lacunatus* (Cross & Krantz), da família Acarophenacidae, foi introduzido para o controle de insetos em produtos armazenados (Sá et al., 2016). Logo em seguida, grandes proprietários do sul do Brasil iniciaram a produção em larga escala de *N. californicus* para o controle de tetraniquídeos em macieiras (Monteiro, 1994).

A Promip Manejo Integrado de Pragas foi a primeira empresa a produzir no Brasil ácaros predadores para comercialização. Fundada em 2006, esta empresa foi incubada na Escola Superior de Agricultura "Luiz de Queiroz", em Piracicaba, SP. Em 2012, transferiu sua biofábrica para Engenheiro Coelho, no mesmo estado. Atualmente, a empresa comercializa os fitoseídeos *N. californicus* e *P. macropilis*, para o controle do ácaro-rajado, e o lelapídeo *Stratiolaelaps scimitus* (Womersley), para o controle de "fungus gnats".

A Koppert Brasil começou suas atividades no país em 2012, passando em 2016 a comercializar *N. californicus* para o controle do ácaro-rajado. Esta é uma empresa de longa tradição na área de controle biológico de pragas, especialmente de ácaros pragas, com unidades de produção e comercialização presentes em muitos países. Está nos planos desta empresa iniciar dentro de pouco tempo a produção e/ou comercialização de outros ácaros predadores.

Duas outras empresas estão em fase inicial de atividades no país em relação ao uso de ácaros predadores para o controle de pragas: Econtrole Pesquisa e Consultoria e Topbio Insumos Biológicos. A primeira localiza-se em Minas Gerais, a segunda, no Ceará. Atualmente, dedicam-se principalmente à consultoria sobre o uso de ácaros predadores para o controle de ácaros pragas.

Principais razões para o uso do controle biológico no Brasil

O conhecimento e interesse da população por produtos agrícolas de qualidade e livre de resíduos químicos torna-se cada vez mais evidente. Desde 2001, com a divulgação anual do relatório de análises de resíduos de agroquímicos nos alimentos publicado pela Agência Nacional de Vigilância Sanitária (Anvisa), amplamente compartilhado nos mais diversos veículos de comunicação, as discussões sobre o consumo de alimentos livres de resíduos leva à maior exigência do mercado consumidor, bem como à maior preocupação no meio agrícola em relação à correta utilização de agrotóxicos. Além disso, o próprio Ministério da Agricultura, Pecuária e Abastecimento dispende esforços, por meio de legislação específica, para a melhor rastreabilidade dos produtos agrícolas, promovendo a atenção aos limites máximos de resíduos permitidos.

Dessa forma, o uso exclusivo de produtos registrados para a cultura, obedecendo o período de carência de cada um, é cada vez mais fiscalizado pelos órgãos competentes e adotado pelos produtores. Além disso, a procura por agentes de controle biológico torna-se cada vez maior, pelo fato destes serem, de acordo com a legislação brasileira, registrados para o controle da praga em qualquer cultura e de não deixarem resíduos. O uso destes é particularmente importante em produtos agrícolas de exportação, nos quais a presença de resíduos acima das tolerâncias aceitas internacionalmente causa sérios problemas ao exportador.

Em determinadas culturas e regiões, o uso de agentes de controle biológico aumentou nos últimos anos, principalmente em função da ineficácia dos métodos de controle químico, pelo desenvolvimento da resistência das pragas. Exemplo disso é o uso consolidado de ácaros predadores para o controle do ácaro-rajado em cultivos de morango, rosas, crisântemo, gérbera e outras ornamentais em alguns municípios do estado de São Paulo, sul de Minas Gerais e em outros estados do Brasil. Nestes locais, o controle químico da praga foi altamente comprometido pela seleção de populações resistentes, o que levou os produtores a adotar o uso do controle biológico.

As chamadas "minor crops" ou culturas com suporte fitossanitário insuficiente (CSFI) também impulsionam o uso de agentes de controle biológico. Um exemplo é o caso da produção de cogumelos comestíveis no Brasil, para a qual nenhum produto químico é registrado para o controle de sua principal praga, "fungus gnat". Produtores de cogumelos usam com sucesso o predador *S. scimitus*, já amplamente utilizado em outros países para o controle dessa praga. O mesmo predador também é amplamente utilizado em viveiros de mudas de plantas ornamentais na região de Holambra, SP, e em produção de mudas de tabaco, no sul do país, com 1.800 produtores atendidos, apenas em 2018. Em relação a culturas de grande expressão econômica, outros mercados promissores envolvem o uso deste predador para o controle da mesma praga em viveiros de produção de mudas de citros e na produção de "mudas pré-brotadas" (MPB) de cana-de-açúcar.

Além de todos os fatores mencionados, os agricultores cada vez mais adotam estratégias preservacionistas, com um manejo ecológico nas lavouras, para a conservação de polinizadores e inimigos naturais nos sistemas de cultivos, garantindo maior produtividade. Dessa forma, a procura por estratégias que causem menor impacto em organismos não alvos, como o controle biológico, também se intensifica nos últimos anos.

Fatores limitantes ao uso

Um dos principais fatores que limitam o uso de controle biológico com macrobiológicos no Brasil está relacionado à produção em larga escala, com menor custo, para permitir competitividade de mercado com os produtos químicos. Essa é uma das principais razões do reduzido número de espécies de macrobiológicos produzidas no Brasil, sete no total, das quais três são ácaros predadores.

O custo de produção desses organismos também é refletido no tipo de cultura nas quais seu uso é economicamente viável, considerando o preço de mercado do produto agrícola e o tamanho da área de produção. Nesse contexto, os mercados de hortifrúti, bem como o de plantas ornamentais, que apresentam alto valor agregado, são os que mais absorvem os macrobiológicos, com exceção dos parasitoides *Cotesia flavipes* (Cameron) e *Trichogramma galloi* Zucchi, amplamente utilizados em grandes áreas de cana-de-açúcar (Fernandes et al., 2017). O uso em áreas agrícolas extensas de grandes culturas exige não somente um preço mais competitivo, mas também melhorias nos processos de aplicação e distribuição comercial.

Para o emprego de agentes macrobiológicos apresentar eficiência satisfatória em campo é fundamental que o gatilho para a aplicação seja acionado no momento correto, ou seja, no início da infestação da praga-alvo. Em um futuro próximo, o uso de dispositivos eletrônicos, desenvolvidos por empresas de tecnologia da informação, associadas a pesquisadores e técnicos ligados ao agronegócio, possibilitará a realização de diversas tarefas simultaneamente, de maneira rápida e assertiva. O acompanhamento remoto da chegada da praga à lavoura, bem como o seu desenvolvimento e crescimento populacional por meio de armadilhas inteligentes, é um caminho já projetado e deve chegar ao mercado muito em breve.

Aliado a esta tecnologia de ponta, a aplicação de predadores e microvespas com o uso de veículos aéreos não tripulados (drones) já impulsiona a distribuição desses inimigos naturais em grandes áreas de produção agrícola. Isso possibilita a ampliação da absorção de uso de técnicas antes restritas às pequenas áreas, pela necessidade da adoção de métodos manuais de liberação.

Com relação à distribuição, a grande maioria dos agentes macrobiológicos com registro no Brasil apresenta um curto período de prateleira, variando entre sete e 45 dias, o que dificulta a comercialização desses produtos pelos mesmos canais de distribuição que comercializam insumos convencionais para o controle de pragas. Diante desse fato, o desenvolvimento de novos modelos de negócios que minimizem esse entrave faz-se extremamente necessário, sendo uma alternativa viável à implantação de biofábricas avançadas nas principais regiões produtoras do país.

O registro dos macrobiológicos no Ministério da Agricultura, Pecuária e Abastecimento é uma exigência no Brasil. Embora esse processo esteja facilitado na última década, com o estabelecimento de legislação específica e redução no tempo para a emissão do registro, o processo ainda é limitante para algumas empresas, em função do custo.

Perspectivas

Até poucos anos atrás, quando produtores rurais e técnicos ligados ao agronegócio reuniam-se para trocar informações e experiências a respeito do manejo de pragas nas principais regiões agrícolas brasileiras, a única estratégia discutida era o controle químico. Quase nenhuma importância era dada ao controle biológico, e pouco era comentado sobre o uso prático dos ácaros predadores na agricultura. Para muitos influenciadores, esse assunto estava restrito às referências teóricas, geralmente debatidas em ambientes acadêmicos durante sessões em simpósios e congressos científicos.

Hoje o cenário mudou e a indústria se mobilizou para alavancar a distribuição de insumos biológicos em diversos países. Em 2016, o mercado mundial de biodefensivos foi avaliado em US$ 2,5 bilhões. No Brasil, uma pesquisa recente encomendada pela Associação das Empresas de Controle Biológico (ABCBio) apontou faturamento anual do mercado brasileiro de biológicos próximo a R$ 530 milhões, com tendência a dobrar rapidamente. Toda essa movimentação leva à expectativa de crescimento anual do setor na ordem de 15%, cinco vezes superior à estimativa para o aumento de vendas de agroquímicos no país, guardadas as devidas proporções. Em 2018, o Ministério da Agricultura, Pecuária e Abastecimento autorizou a comercialização de 50 produtos biológicos, um volume de registros 50% superior ao ano anterior, demonstrando um interesse conjunto dos órgãos governamentais, indústria, canais de distribuição de insumos agrícolas e produtores rurais por produtos mais eficientes, sustentáveis e de baixa periculosidade.

Apesar dos entomopatógenos (bactérias, fungos e vírus) predominarem atualmente no mercado nacional, representando cerca de 89% da receita do setor, a expectativa é que nos próximos anos a comercialização dos macrobiológicos também cresça exponencialmente, compondo pacotes tecnológicos para programas de manejo integrado de pragas. O ganho de produtividade a partir do sucesso do controle de pragas é resultado de uma série de atividades que devem ser estruturadas e executadas de forma integrada. Definitivamente a revolução 4.0 está chegando ao campo e o controle biológico encontra terreno fértil para na esteira da agricultura de precisão ocupar seu devido espaço nas grandes áreas agricultáveis do país. Nivelar o conhecimento técnico e científico com as expectativas geradas pelo agricultor é fundamental para a evolução do setor. É importante priorizar um amplo e permanente diálogo para troca de experiências, que se estendam desde a academia passando pela pesquisa e desenvolvimento até extensão rural. O foco da inovação deve ter seu início e fim nas necessidades do campo, de geração em geração. Sem esse exercício, será sempre muito difícil emplacar tantas novidades em tão alta velocidade nesse ambiente.

Por suas dimensões e característica biodiversidade, o Brasil leva vantagem em relação a muitos outros países, pelo potencial de aqui se encontrar outras espécies de predadores que sejam ainda mais eficientes que os predadores hoje utilizados mundialmente. O conhecimento adequado desse potencial exige a condução de pesquisas, já conduzidas principalmente com o apoio de instituições oficiais de pesquisa e com recursos públicos estaduais e federais. De especial importância é o estabelecimento de programas de financiamento, envolvendo tanto atividades de reconhecimento da fauna (BIOTA-FAPESP; SISBIOTA-CNPq), como o desenvolvimento de pesquisa para o conhecimento do potencial de uso e a própria implantação de uso prático de predadores promissores (PIPE-FAPESP). O apoio financeiro e de outros tipos das companhias privadas a essas iniciativas poderá agilizar a descoberta de novas espécies e o início do uso destes comercialmente.

Agradecimentos

A elaboração deste capítulo foi parcialmente apoiada pelo processo no. 2017/12004-1, Fundação de Amparo à Pesquisa do Estado de São Paulo (FAPESP).

Referências Bibliográficas

Agrofit. (2018). Agrofit. Disponível em: http://agrofit.agricultura.gov.br/agrofit_cons/principal_agrofit_cons.

Associação Brasileira de Empresas de Controle Biológico. (2019). Disponível em: http://www.abcbio.org.br/.

Australasian Biological Control Association. (2019). Disponível em: http://www.good-bugs.org.au/.

Athanassiou, C. G. & Palyvos, N. E. (2015). The Cheyletoidea (Prostigmata) with special reference to the potencial of *Cheyletus malaccensis* Oudemans as biological control agent of post-harvest pests. In: Carrillo, D.; Moraes, G. J. & Peña, J. E. (Eds.). *Prospects for Biological Control of Plant Feeding Mites and Other Harmful Organisms*. Cham: Springer. 241–250.

Azevedo, L. H. (2017). Taxonomic studies of Macrochelidae mites (Acari: Mesostigmata) and their potential use to control *Stomoxys calcitrans* and *Musca domestica* (Diptera: Muscidae). 277p. (Tese) Universidade de São Paulo / Escola Superior de Agricultura "Luiz de Queiroz".

Azevedo, L. H; Emberson, R. M.; Esteca, F. C. N. & Moraes, G. J. (2015). Macrochelid mites (Mesostigmata: Macrochelidae) as biological control agents. In: Carrillo, D.; Moraes, G. J. de & Peña, J. E. (2015) (eds). *Prospects for Biological Control of Plant Feeding Mites and Other Harmful Organisms*. Cham: Springer. 103–132.

Beard, J., Ochoa, R.; Braswell, W. E. & Bauchan, G. R. (2015). *Brevipalpus phoenicis* (Geijskes) species complex (Acari: Tenuipalpidae) - a closer look. *Zootaxa*, *3944*(1), 1-67.

Beaulieu, F. & Walter, D. E. (2007). Predation in suspended and forest floor soils: observations on Australian mesostigmatic mites. *Acarologia*, *47*, 43–54.

Beaulieu, F., Dowling, A. P. G., Klompen, H., Moraes, G. J. & Walter, D. (2011). Superorder Parasitiformes Reuter, 1909. In: Zhang, Z. Q. (Ed.) Animal Biodiversity: An Outline of higher-level classification and survey of taxonomic richness (Addenda 2013), *Zootaxa*, *3148,* 123–128.

Carrillo, D., Moraes, G. J. & Peña, J. E. (2015) (Eds). *Prospects for biological control of plant feeding mites and other harmful organisms*. Cham: Springer. 328p.

DeBach, P. & Rosen, D. (1991). *Biological control by natural enemies*. Nova York: Cambridge University Press. 440p.

Demite, P. R., Moraes, G. J., McMurtry, J. A., Denmark, H. A. & Castilho, R. C. (2018). Phytoseiidae Database. Disponível em: www.lea.esalq.usp.br/phytoseiidae.

Denmark, H. A. & Muma, M. H. (1973). Phytoseiid mites of Brazil (Acarina: Phytoseiidae). *Revista Brasileira de Biologia*, *33*(2), 235–276.

Fernandes, O. A., Moraes, G. J., Wekesa, V.W. (2017). Biological Pest Control in the Tropics. In: Rapisarda, C., Cocuzza, G.E.M.. (Orgs.). *Integrated Pest Management in Tropical Regions*. Wallingford: CABI. 33-46.

Gerson, U., Smiley, R. L. & Ochoa, R. (2003). *Mites (Acari) for pest control*. Oxford: Blackwell Science. 539p.

Hoy, M. (2011). *Agricultural Acarology: Introduction to Integrated Mite Management*. Boca raton: CRC Press. 410p.

Hussey, N. W. (1965). Possibilities for integrated control of some glasshouse pests. *Annals of Applied Biology*, *56*, 347–350.

International Biocontrol Manufacturers Association. (2019). Disponível em: http://www.ibma-global.org/en/all-ibma-members.

Japan Biocontrol Association. (2019). Disponível em: http://www.biocontrol.jp/.

Markkula, M. & Tiitanen, K. (1981). The pseudoscorpionid *Chernes cimicoides* as a predator of the predatory mite *Phytoseiulus persimilis* on cucumber cultures in glasshouses. *Annales Agriculturae Fenniae*, *20*(109), 28–31.

McMurtry, J. A. & Croft, B. A. (1997). Life styles of phytoseiid mites and their roles in biological control. *Annual Review of Entomology*, *42*, 291–321.

McMurtry, J. A., Sourassou, N. F. & Demite, P. R. (2015). The Phytoseiidae (Acari: Mesostigmata) as Biological Control Agents. In: Carrillo, D., Moraes, G. J. & Peña, J. E. (2015) (Eds). *Prospects for Biological Control of Plant Feeding Mites and Other Harmful Organisms*. Cham: Springer. 133–149.

Monteiro, L. (1994). Manejo integrado de *Panonychus ulmi* em macieira. Primeiras experiências com a introdução de *Neoseiulus californicus*. *Revista Brasileira de Fruticultura*, *16*, 46–53.

Moraes, G. J. (1991). Controle biológico de ácaros fitófagos. *Informe Agropecuário*, *15*(167), 55–62.

Moraes, G. J. & Flechtmann, C. H. W. (2008). *Manual de Acarologia. Acarologia Básica e Ácaros de Plantas Cultivadas no Brasil*. Ribeirão Preto: Holos. 288p.

Moreira, G. F. & Moraes, G. J. (2015). The potential of free-living laelapid mites (Mesostigmata: Laelapidae) as biological control agents. In: Carrillo, D.; Moraes, G. J. de

& Peña, J. E. (2015) (Eds). *Prospects for Biological Control of Plant Feeding Mites and Other Harmful Organisms*. Cham: Springer. 77–102.

Nesbitt, H. H. J. (1951). A taxonomic study of the Phytoseiinae (Family Laelaptidae) predaceous upon Tetranychidae of economic importance. *Zoologische Verhandelingen. 12*, 1-64.

Norton, R. A., Kethley, J. B., Johnston D. E. & O'Connor, B. M. (1993). Phylogenetic perspectives on genetic systems and reproductive modes of mites. In: Wrensch, D. L. & Ebbert, M. A. (Eds.). *Evolution and Diversity of Sex ratio in Insects and Mites*. Nova York: Chapman & Hall. 8–99.

Okabe, K., Makino, S., Shimada, T., Furukawa, T., Iijima, H. & Watari, Y. (2018). Tick predation by the pseudoscorpion *Megachernes ryugadensis* (Pseudoscorpiones: Chernetidae), associated with small mammals in Japan. *Journal of the Acarological Society of Japan*, *27*(1), 1–11.

Parrot, P. J., Hodgkiss, H. E. & Schoene, W. J. (1906). The apple and pear mites. *Bulletin New York Agricultural Experiment Station*, *283*, 281–318.

Pereira, C. & Castro, M. P. (1945). Contribuição para o conhecimento da espécie tipo de "*Macrocheles* Latr". (Acarina): "*M. muscaedomestica* (Scopoli, 1772)". *Arquivos do Instituto Biológico*, *16*, 153–186.

Sá, L. A. N., Pessoa, M. C. P. Y., Moraes, G. J., Marinho-Prado, J. S., Prado, S. S. & Vasconcelos, R. M. (2016). Quarantine facilities and legal issues of the use of biocontrol agents in Brazil. *Pesquisa Agropecuária Brasileira*, *51*(5), 502–509.

Sala, S. R. D., Bellini, M. R., Moreira, G. F. & Moraes, G. J. de. (2018). Manejo e controle biológico do ácaro rajado na cultura do mamoeiro. In: *Simpósio do Papaya Brasileiro*, 7, Resumo... Vitória: Papaya Brasil. Disponível em: http://papayabrasil.com.br/cd/dados/palestras/P10.pdf

South African Bioproducts Organization. (2019) Disponível em: https://sabo.org.za/.

The Association of Natural Biocontrol Producers. (2019). Disponível em: http://anbp.org/index.php.

van der Geest, L. P. S., Elliot, S. L., Breeuwer, J. A. J. & Beerling, E. A. M. (2000). Diseases of mites. *Experimental and Applied Acarology*, *24*, 497–560.

van der Geest, L. P. S., Moraes, G. J., Navia, D. & Tanzini, M. R. (2002). New records of pathogenic fungi in mites (Arachnida: Acari) from Brazil. *Neotropical Entomology*, *31*(3), 493–495.

Walter, D. E., Lindquist, E. E., Smith, I. M., Cook, D. R. & Krantz, G. W. (2009). Order Trombidiformes. In: Krantz, G. W. & Walter, D. E. 2009 (Eds.). *A Manual of Acarology*. Lubbock: Texas Tech University Press. 233-420.

Yaninek, S. & Hanna, R. (2003). Cassava Green Mite in Africa: A Unique Example of Successful Classical Biological Control of a Mite Pest on a Continental Scale. In:

Neuenschwander, P., Borgemeister, C. & Langewald, J. (Eds.) *Biological control in IPM in Africa*. Wallingford: CABI. 61–75.

Zdarkova, E. (1998). Biological control of storage mites by *Cheyletus eruditus*. *Integrated Pest Management Reviews*, *3*, 111–116.

Zhang, Z. Q. (2013). Animal Biodiversity: An Outline of Higher-level Classification and Survey of Taxonomic Richness. *Zootaxa, 3703,* 1–82.

CAPÍTULO 12

Controle biológico em frutíferas e hortaliças no semiárido

Tiago Cardoso da Costa-Lima
Beatriz Aguiar Giordano Paranhos
José Adalberto de Alencar
Saulo Renê Damião Sala
Marcos Roberto Bellini

Introdução

A produção tropical de frutas e hortaliças brasileiras concentra-se em áreas irrigadas da região Semiárida, englobando grande parte do Nordeste e o norte do estado de Minas Gerais. Nesta região encontra-se a maior produção de melão, uva de mesa e manga, com receitas que ultrapassam mais de U$ 100 milhões anuais em exportações por cultura (Agrianual, 2019). Possui, ainda, grandes áreas de outras frutíferas importantes, como a banana, o coco, o mamão, citros, entre outras.

A produção de frutas e hortaliças nessa região apresenta elevado nível tecnológico no manejo das culturas. Na região do Vale do Submédio do São Francisco (VSSF) houve o primeiro caso prático de sucesso do uso de liberação de *Trichogramma pretiosum* Riley no Brasil, para o controle da traça-do-tomateiro, na década de 1990. O presente capítulo irá apresentar este marco histórico no controle biológico no País, assim como relatar casos recentes de sucesso de controle biológico no Semiárido e ações que surgem com alto potencial para um futuro próximo.

Trichogramma pretiosum

Tomateiro

No final década de 1980, o VSSF representava cerca de 50% da produção nacional de tomate industrial (Espinoza, 1991). Todavia, a permanência desse importante parque industrial na região foi ameaçada, principalmente em função dos problemas fitossanitários relacionados às pragas que afetavam o tomateiro. Dentre estas, destacava-se a traça-do-tomateiro, *Tuta absoluta* (Meyrick), constatada pela primeira vez no VSSF em 1981 (Haji et al., 1982). Em 1989, a previsão da área de tomate a ser cultivada no VSSF era de 15 mil hectares. Entretanto, devido ao surto de *T. absoluta*, essa área foi reduzida para 12 mil hectares, com danos estimados em 50% da produção e com elevado número de pulverizações com inseticidas. Para manter viável o cultivo do tomate na região, a Embrapa Semiárido coordenou a implantação de um programa de controle biológico com o uso de *T. pretiosum*, que passou a ser componente básico do manejo de *T. absoluta* na região (Haji et al., 1995, 2002).

A Embrapa, com apoio de empresas privadas e diversas instituições públicas, importou uma linhagem de *T. pretiosum* da Colômbia. Um laboratório de produção massal de *T. pretiosum* foi instalado na Embrapa Semiárido, assim como em duas fazendas da região. O parasitoide foi multiplicado sobre ovos de *Sitotroga cerealella* Olivier. Em campo, observou-se o parasitismo médio de 48,5% de ovos de *T. absoluta* por *T. pretiosum* em área de sistema de produção (1,0 ha) propiciando um número de frutos danificados de 8,6%. Em área de empresa (1.450 ha), o parasitismo foi de 30,3% com uma média de frutos danificados de apenas 1,4% (Haji et al., 2002). Esses mesmos autores relataram que as áreas que empregaram o manejo integrado de pragas com uso de *T. pretiosum* apresentaram 55% menos frutos com danos, em relação a áreas com controle convencional. Este programa tornou-se referência para o controle biológico com *T. pretiosum* no Brasil.

Uva

Na cultura da uva, o surgimento de uma nova praga – de difícil controle com inseticidas no VSSF – resultou no primeiro caso de adoção de controle biológico com macro-organismos na cultura. A praga, *Lasiothyris luminosa* (Razowski & Becker) (Lepidoptera: Tortricidae), foi registrada em 2015 provocando danos desde o botão floral da videira até nas bagas nos diferentes estágios de maturação (Costa-Lima et al., 2016). O comportamento de penetrar nas estruturas reprodutivas (Figura 1), dificulta o controle químico; surgiu, então, a oportunidade de avaliar o uso de *T. pretiosum*, como opção para o controle de ovos da praga.

Testes iniciais em laboratório confirmaram a capacidade de *T. pretiosum* parasitar ovos de *L. luminosa* (Figura 2A). Em campo, ensaios foram conduzi-

Figura 1. A) Lagarta de *Lasiothyris luminosa* em flor e B) na baga de uva (Fotos: Tiago C. da Costa Lima).

dos em fazenda na região do VSSF. As liberações realizadas foram de 200 mil parasitoides/ha, em um total de 50 pontos/ha. O estudo foi realizado em dois ciclos da cultura, obtendo-se média de controle superior a 70% (Costa-Lima et al., 2017a). Verificou-se também que *T. pretiosum* parasitou ovos da traça-dos-cachos, *Cryptoblabes gnidiella* Millière, outra praga importante da videira.

Atualmente, o controle biológico com *T. pretiosum* é uma realidade no VSSF em uva, principalmente no controle de *L. luminosa*. Considerando a agressividade da praga, recomenda-se o controle inicial ainda na fase de botão floral, com liberações semanais dependendo da presença de *L. luminosa.* Quando liberado com cartelas de células de papelão, usa-se o arame condutor da cultura para fixar as mesmas sob a latada (Figura 2B). Além da liberação manual, foram realizados testes com drones, por meio da aplicação de ovos a granel na taxa de 8 mL/ha. Em menor escala, também ocorrem liberações de *T. pretiosum* em videira – para o controle de *C. gnidiella* e para o complexo do gênero *Spodoptera*.

Figura 2. A) Adultos de *Trichogramma pretiosum* sobre botões florais de videira, seta indica ovo de *Lasiothyris luminosa*. B) Método de liberação de *Trichogramma pretiosum* em videira, com célula fixa utilizando-se arame condutor (Foto: Tiago C. da Costa Lima).

Melão

No melão, as brocas-das-cucurbitáceas [*Diaphania hyalinata* (L.) e *Diaphania nitidalis* Stoll] podem causar danos nas folhas e frutos. Outras espécies desfolhadoras podem ocorrer, como *Chrysodeixis includens* (Walker) e *Spodoptera* spp. A partir de 2014, começaram a ser realizados os primeiros testes com uso de *T. pretiosum* para o controle de *Diaphania* spp. e *C. includens*. Os ensaios foram realizados em cultivos comerciais do Rio Grande do Norte, Ceará e Pernambuco. O meloeiro é coberto com manta agrotêxtil logo após o transplantio das mudas, como barreira física contra o ataque de pragas. Com a retirada da manta para a polinização pelas abelhas, em torno de 28 dias após o plantio, é que as plantas se tornam expostas a diferentes pragas. Em testes realizados em 2016, as liberações foram iniciadas com dois dias após a retirada da manta. Duas liberações semanais foram realizadas, com 50 mil parasitoides/ha cada, totalizando seis liberações até a colheita. As liberações foram realizadas por meio do uso de cartelas de papelão com células destacáveis e liberadas manualmente. Em dois ciclos avaliados, a média de parasitismo obtida foi de aproximadamente 70%, com valores variando de 26 a 94%. Foram também liberados ovos a granel de *Anagasta kuehniella* (Zeller) parasitados por *T. pretiosum*. A dispersão na área foi realizada utilizando dispositivo acoplado a motocicleta (Figura 3). Não foi avaliada a eficiência do parasitoide por meio deste método de liberação.

Figura 3. A) Dispositivo utilizado para liberar ovos a granel de *Anagasta kuehniella* parasitados por *Trichogramma pretiosum* e B) estrutura acoplada a motocicleta em uso em área de meloeiro, Icapuí, CE (Fotos: A - Marcos R. Bellini; B - Saulo R. D. Sala).

Parasitoides da mosca-minadora

A mosca-minadora é praga-chave da cultura do melão. Atualmente, os produtores relatam a baixa eficiência de controle da praga por meio do uso de inseticidas. Em outros países, o uso de parasitoides das espécies *Diglyphus isaea* (Walker) e *Dacnusa sibirica* Telenga são comuns em casas-de-vegetação, comercializados desde a década de 1980 (van Lenteren, 2012). Foram realizados estudos com populações com ocorrência natural no Brasil, para o avaliar o potencial destas espécies como agentes de controle biológico (Costa-Lima et al., 2014, 2019) e definir um sistema de criação em larga escala (Costa-Lima et al., 2017b). Em geral, os parasitoides de moscas-minadoras podem ser: (i) idiobiontes, paralisam a larva e completam o ciclo no interior da mina produzida pela mosca-minadora (p.ex., *Neochrysocharis* spp., *Diglyphus* spp.) (Figura 4A); e (ii) cenobiontes, parasitam a larva e apenas emergem do pupário formado após saída da folha (p.ex., *Phaedrotoma* spp. e *Dacnusa* spp.) (Figura 4B).

Figura 4. A) Parasitoide de mosca-minadora, *Neochrysocharis formosa* e B) adulto de *Phaedrotoma scabriventris* parasitando larva de *Liriomyza sativae* (Fotos: Tiago C. da Costa Lima).

Atualmente, há no MAPA um processo de registro do eulofídeo, *Neochrysocharis formosa* (Westwood) (Figura 4A), para comercialização no Brasil visando ao controle de *L. sativae*. Este parasitoide já é comercializado no Japão (Tagami et al., 2006) e possui ocorrência em mais de 30 países (Wang et al., 2014). Testes preliminares foram realizados em áreas de melão no Ceará, liberando-se adultos de *N. formosa*. Resultados parciais indicaram controle que variaram de 59% a 75%, na proporção de 12.500 adultos/ha. Este programa inova o uso de parasitoides de mosca-minadora em campo aberto, diferenciando do utilizado em outros países.

Parasitoides de moscas-das-frutas

As moscas-das-frutas (Diptera: Tephritidae) causam perdas diretamente na produção – e indiretamente, devido às barreiras quarentenárias impostas por países importadores. Os tefritídeos estão entre as pragas que ocasionam mais prejuízos à fruticultura no Brasil, destacando-se *Ceratitis capitata* (Wiedemann) e espécies do gênero *Anastrepha*. No VSSF, 99% das espécies de moscas-das-frutas são representadas por *C. capitata* (Paranhos et al., 2015), praga-chave de diversas culturas, como mangueira, videira, goiabeira, aceroleira, entre outras.

O controle biológico com macro-organismos de moscas-das-frutas é destacado por meio do uso de parasitoides. Em revisão de Paranhos et al. (2019), relataram-se 27 espécies de himenópteros parasitoides de moscas-das-frutas no Brasil. Estes, pertencentes às famílias Braconidae, Figitidae, Pteromalidae e Diapriidae. Dentre as espécies de ocorrência natural, destaca-se o braconídeo *Doryctobracon areolatus* (Szépligeti) como o mais abundante em diferentes regiões e frutíferas do Brasil (Nunes et al., 2012; Deus & Adaime, 2013).

Além dos parasitoides de ocorrência natural no País, diferentes espécies já foram introduzidas no Brasil para o controle biológico de moscas-das-frutas. Dentre estas, *Tetrastichus giffardianus* Silvestri (Hymenoptera: Eulophidae) em 1937 (Fonseca, 1938), *Diachasmimorpha longicaudata* (Ashmead) (Hymenoptera: Braconidae) (Figura 5A) em 1994 (Carvalho, 2005) e ***Fopius arisanus*** **(Sonan)** (Hymenoptera: Braconidae) (Figura 5B) em 2012 (Paranhos et al., 2013). Os parasitoides de pupa, *T. giffardianus*, e o parasitoide larval, *D. longicaudata*, estão estabelecidos em várias regiões do Brasil (Costa et al., 2005; Walder et al., 1995; Walder, 2002; Alvarenga et al., 2005). O parasitoide de ovos, *F. arisanus*, encontra-se em fase de estudos laboratoriais e ainda não foram realizadas liberações em campo (B. J. Paranhos, em comunicação pessoal).

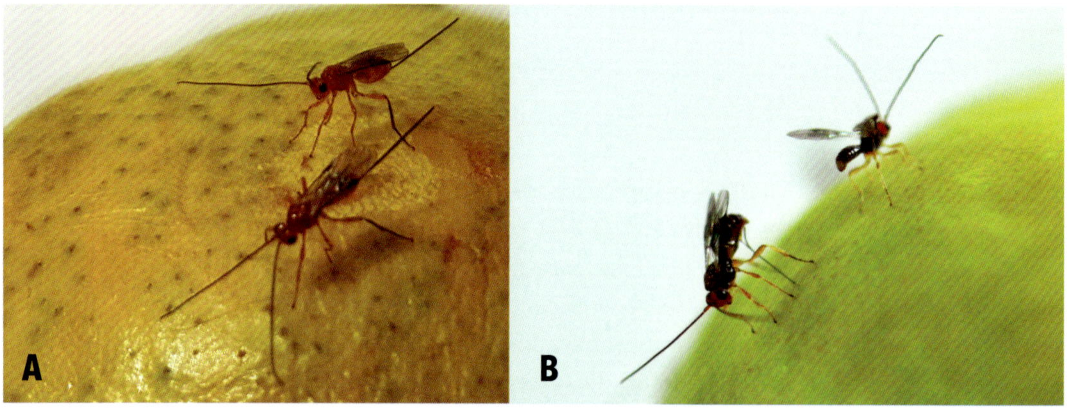

Figura 5. A) Parasitoides exóticos de moscas-das-frutas *Diachasmimorpha longicaudauta* e B) *Fopius arisanus* (Fotos: Tiago C. da Costa Lima; B – Fernanda B. Birolo).

O parasitoide, *D. longicaudata*, é uma das espécies utilizadas com mais sucesso em vários países, considerando sua facilidade de criação massal, boa dispersão em campo (Paranhos et al., 2007; Camargos et al., 2018) e capacidade de parasitar várias espécies de moscas-das-frutas (Carvalho & Nascimento, 2002; Ovruski et al., 2003). Em estudo em área de manga no VSSF, mostrou-se que *D. longicaudata* foi capaz de parasitar até sete dias após a liberação dispersando até 110 m (Oliveira et al., 2018). O uso do controle biológico aplicado de *D. longicaudata* é esperado no Brasil, em especial no VSSF – considerando a estrutura existente para a sua multiplicação em larga escala, na Biofábrica Moscamed Brasil, em Juazeiro, BA. Em 2018, *D. longicaudata* foi registrado no MAPA como agente de controle biológico de *C. capitata* para uso em agricultura orgânica.

Ácaros predadores

Os ácaros da família Phytoseiidae são predadores comumente encontrados em plantas e apresentam importante papel no controle de ácaros e insetos fitófagos (Demite et al., 2019). Um exemplo de sucesso no Brasil de ácaro predador é o *Neoseiulus californicus* McGregor para o controle de ácaros tetraniquídeos. Seu uso destaca-se no Sudeste e Sul, principalmente em cultivos de morangueiro (Sato et al., 2007), macieira (Monteiro, 2002) e ornamentais (Souza-Pimentel et al., 2014, *vide* capítulo 11). No entanto, com ensaios conduzidos no Semiárido se obtiveram bons resultados com *N. californicus* – para o controle de tetraniquídeos em diferentes culturas, como mamoeiro, maracujazeiro e bananeira (M. R. Bellini, comunicação pessoal). A exceção ocorre em regiões do Semiárido de maior altitude, que possuem temperaturas mais amenas. Este é o caso da Serra da Ibiapaba (CE) e Garanhuns (PE), onde se obtêm resultados exitosos com o uso de *N. californicus* em plantas ornamentais e hortaliças. Estas regiões demonstram clima mais próximo do Sudeste e Sul, que possuem ocorrência natural deste ácaro predador (Demite et al., 2019).

Um ácaro predador com potencial para ser utilizado no Semiárido é o *Neoseiulus idaeus* Denmark & Muma. Em levantamentos conduzidos em diversas culturas no Nordeste, *N. idaeus* se mostrou como a segunda espécie mais comumente encontrada e a mais frequente associada a ácaros tetraniquídeos (Moraes & McMurtry, 1983). Dentre as culturas alvos, *N. idaeus* se destacou pela abundância e frequência em levantamentos em mamoeiros no Espírito Santo (Collier et al., 2004). Estudos posteriores demonstraram que *Tetranichus urticae* (Koch) alimentados de mamoeiro se apresentaram como presas adequadas para o desenvolvimento e reprodução de *N. idaeus* (Collier et al., 2007). Com base nesses resultados, ensaios experimentais foram realizados utilizando *N. idaeus* para o controle de *T. urticae* em mamoeiro, por Sala et al. (2018) (Figura 6). O estudo foi realizado em quatro hectares de mamoeiro em Aracati (CE) e os ácaros foram produzidos pela empresa Topbio Insumos Biológicos Ltda. Foi realizado monitoramento semanal durante 13 semanas de *T. urticae* e *N. idaeus*. Duas liberações, com taxa de 140 ácaros/planta foram realizadas, nas semanas três e quatro. Da quarta até a sexta semana, constatou-se uma redução de aproximadamente 50% da população de *T. urticae*, enquanto observou-se um incremento populacional de *N. idaeus*, em torno de doze vezes em relação à inicial. Chuvas ocorridas a partir da sexta semana provavelmente causaram a redução de ambas as espécies de ácaros nas semanas seguintes. Os resultados foram promissores, no entanto, mais estudos são necessários para demonstrar a viabilidade do uso do *N. idaeus* como método de controle biológico de *T. urticae* em mamoeiro. Estão em estudos também o uso de *N. idaeus* em videira, no Submédio do Vale do São Francisco, para o controle de *T. urticae* e *Oligonychus mangiferus* (Rahman e Saprah) (Assis et al., 2017).

Figura 6. Liberação do ácaro predador *Neoseiulus idaeus* para o controle de *Tetranychus urticae*, em área comercial de mamão, em Aracati (CE) (Fotos: Saulo R. D. Sala).

Considerações finais

Assim como nas outras regiões do Brasil, o controle biológico em fruteiras e hortaliças no Semiárido nordestino demonstra elevado crescimento nos últimos anos. Esse cenário é favorecido pelo aumento de restrições de mercados importadores, principalmente relacionadas a resíduos de inseticidas, assim como a redução de eficiência de vários produtos, provavelmente associados à seleção de populações de pragas resistentes. Um gargalo ainda existente é a pequena presença de biofábricas de macro-organismos no Nordeste. Por exemplo, para *T. pretiosum*, as empresas que atualmente comercializam o parasitoide estão todas sediadas no estado de São Paulo. Considerando-se as dimensões do Brasil, as grandes distâncias oneram o produto e dificultam a logística (*vide* capítulo 21). A presença de biofábricas nas diferentes regiões brasileiras tornaria o processo mais dinâmico, assim como permitiria a multiplicação de agentes de controle biológico mais adaptados às condições climáticas de cada região.

Referências Bibliográficas

Agrianual. (2019). *Anuário da agricultura brasileira*. (24ªed). São Paulo: FNP. 448p.

Alvarenga, C. D., Brito, E. S., Lopes, E. N., Silva, M. A., Alves, D. A., Matrangolo, C. A. R. & Zucchi, R. A. (2005). Introdução e recuperação do parasitoide exótico *Diachasmimorpha longicaudata* (Ashmead) (Hymenoptera: Braconidae) em pomares comerciais de goiaba no norte de Minas Gerais. *Neotropical Entomology, 34*. 133-136.

Assis, C. P. O., Oliveira, J. E. M., Gondim Júnior, M. G. C. & Moraes, G. J. (2017). Manejo integrado de ácaros em videira no Submédio do Vale do São Francisco. In: *Simpósio de Controle Biológico*, 15, Resumos... Ribeirão Preto: FCAV – UNESP / Esalq – USP.

Camargos, M. G., Alvarenga, C. D., Reis Júnior, R., Walder, J. M. M., Novais, J. C. (2018). Spatial and temporal dispersal patterns of *Diachasmimorpha longicaudata* (Hymenoptera: Braconidae) reared on *Ceratitis capitata* and *Anastrepha fraterculus* (Diptera: Tephritidae). *Biological Control, 122*, 84-92.

Carvalho, R. S. & Nascimento, A. S. (2002). Criação e utilização de *Diachasmimorpha longicaudata* para controle biológico de moscas-das-frutas (Tephritidae). In: Parra, J. R. P., Botelho, P. S. M., Correa-Ferreira, B. S. & Bento, J. M. S. (Eds.), *Controle Biológico no Brasil: Parasitoides e Predadores*. São Paulo: Manole. 165- 179.

Carvalho, R. S. (2005). Avaliação das liberações inoculativas do parasitóide exótico *Diachasmimorpha longicaudata* (Ashmead) (Hymenoptera: Braconidae) em pomar diversificado em Conceição do Almeida, BA. *Neotropical Entomology, 34*, 799-805.

Collier, K. F. S., Lima, J. O. G. & Albuquerque, G. S. (2004). Predacious mites in papaya (*Carica papaya* L.) orchards: in search of a biological control agent of phytophagous mite pests. *Neotropical Entomology, 33*, 799–803.

Collier, K. F. S., Albuquerque, G. S., Lima, J. O., Pallini, A. & Molinarugama, A. J. (2007). *Neoseiulus idaeus* (Acari: Phytoseiidae) as a potential biocontrol agent of the two-spotted spider mite, *Tetranychus urticae* (Acari: Tetranychidae) in papaya: performance on different prey stage – host plant combinations. *Experimental & Applied Acarology, 41*(1), 27-36.

Costa-Lima, T. C., Chagas, M. C. M. & Parra, J. R. P. (2014). Temperature-dependent development of two Neotropical parasitoids of *Liriomyza sativae* (Diptera: Agromyzidae). *Journal of Insect Science, 14,* 245-245.

Costa-Lima, T. C., Moreira, G. R. P., Gonçalves, G. L. & Specht, A. (2016). *Lasiothyris luminosa* (Razowski & Becker) (Lepidoptera: Tortricidae): a new grapevine pest in northeastern Brazil. *Neotropical Entomology, 45,* 336-339.

Costa-Lima, T. C., Araújo, A. T. P. & Torris, A. F. (2017a). Uso de *Trichogramma pretiosum* no controle de microlepidópteros em videira no Vale do São Francisco. In: *Simpósio de Controle Biológico*, 15, Resumos... Ribeirão Preto: FCAV – UNESP / Esalq – USP.

Costa-Lima, T. C., Geremias, L. D., Begiato, A. M., Chagas, M. C. M. & Parra, J. R. P. (2017b). Sistema de criação de parasitoide de mosca-minadora. Petrolina: Embrapa Semiárido. 8p. (Circular técnica, *116*).

Costa-Lima, T. C., Chagas, M. C. M. & Parra, J. R. P. (2019). Comparing Potential as Biocontrol Agents of Two Neotropical Parasitoids of *Liriomyza sativae*. *Neotropical Entomology, 48,* 660–667. https://doi.org/10.1007/s13744-018-00667-0.

Costa, V. A., Araújo, E. L., Guimarães, J. A., Nascimento, A. S. & Lasalle, J. (2005). Redescoberta de *Tetrastichus giffardianus* (Hymenoptera: Eulophidae) após 60 anos da sua introdução no Brasil. *Arquivos do Instituto Biológico*, *72,* 539-541.

Demite, P. R., Moraes, G. J., McMurtry, J. A., Denmark, H. A. & Castilho, R. C. (2019). Phytoseiidae Database. Disponível em: www.lea.esalq.usp.br/phytoseiidae.

Deus, E. G. & Adaime, R. (2013). Dez anos de pesquisas sobre moscas-das-frutas (Diptera: Tephritidae) no estado do Amapá: avanços obtidos e desafios futuros. *Biota Amazônia*, *3,* 157-168.

Espinoza, W. (1991). *Manual de produção de tomate industrial no Vale do São Francisco*. Brasília: IICA/Codevasf. 301p.

Fonseca, J. P. (1938). O combate biológico às moscas das frutas. *O Biológico, 4,* 221-225.

Haji F. N. P. (1982). Nova praga do tomateiro no Vale do Salitre, no Estado da Bahia. Petrolina: Embrapa Semiárido. 2p. (Comunicado Técnico, *10*).

Haji, F. N. P., Freire, L. C. L., Garcia Roa, F., Silva, C. N., Souza Junior, M. M. & Silva, M. I. V. (1995). Manejo integrado de *Scrobipalpuloides absoluta* (Polvony) (Lepidoptera: Gelechiidae) no Submédio São Francisco. *Anais da Sociedade Entomológica do Brasil*, *24,* 587-591.

Haji, F. N. P., Prezotti, L., Carneiro, J. S. & Alencar, J. A. (2002). *Trichogramma pretiosum* para o controle de pragas no tomateiro industrial. In: Parra, J. R. P., Botelho, P. S. M., Corrêa-Ferreira, B. S. & Bento, J. M. S. (Eds.), *Controle Biológico no Brasil: Parasitoides e Predadores*. São Paulo: Manole. 477-491.

Monteiro, L. B. (2002). Manejo integrado de pragas em macieira no Rio Grande do Sul II. Uso de *Neoseiulus californicus* para o controle de *Panonychus ulmi*. *Revista Brasileira de Fruticultura, 24*(2), 395-405.

Moraes, G. J. & McMurtry, J. A. (1983). Phytoseiid mites (Acarina) of Northeastern Brazil with descriptions of four new species. *International Journal of Acarology, 9,* 131-148.

Nunes, A. M., Muller, F. A., Gonçalves, R. S., Garcia, M. S., Costa, V. A. & Nava D. E. (2012). Moscas frugívoras e seus parasitoides nos municípios de Pelotas e Capão do Leão, Rio Grande do Sul, Brasil. *Ciência Rural, 42,* 6-12.

Oliveira, P. C. C., Paranhos, B. A. J., Santos, R. F. S., Santos, J. O., Silva, U. T. F., Coelho, R. S. & Corsato, C. D. A. (2018). Dispersão e sobrevivência de *Diachasmimorpha longicaudata* (Hymenoptera: Braconidae) em pomar de manga no Semiárido. In: *Congresso Brasileiro de Entomologia*, 27, Resumos... Gramado: UFSM.

Ovruski, S. M., Colin, C., Soria, A., Oroño, L. & Schliserman, P. (2003). Introducción y establecimiento en laboratorio de *Diachasmimorpha tryoni* y *Diachasmimorpha longicaudata* (Hymenoptera: Braconidae, Opiinae) para el control biológico de *Ceratitis capitata* (Diptera: Tephritidae, Dacinae) en la Argentina. *Revista de la Sociedad Entomológica Argentina, 62,* 49-59.

Paranhos, B. J., Nava, D. E. & Malavasi, A. (2019). Biological control of fruit flies in Brazil. *Pesquisa Agropecuária Brasileira, 54,* e26037. https://doi.org/10.1590/s1678-3921.pab2019.v54.26037.

Paranhos, B. J., Sá, L. A. N., Manoukis, N. C., Prado, S. S., Morelli, R., Nava, D. E., Lima, A. & Jang, E. (2013). Competição interespecífica entre o parasitoide exótico *Fopius arisanus* e o nativo *Doryctobracon areolatus* (Hymenoptera Braconidae) em *Anastrepha fraterculus* (Diptera: Tephritidae). In: *Simpósio de Controle Biológico*, 13, Resumos... Bonito: Embrapa / UFGD.

Paranhos, B. A. J., Mendes, P. C. D., Papadopoulos, N. T. & Walder, J. M. M. (2007). Dispersion patterns of *Diachasmimorpha longicaudata* (Hymenoptera: Braconidae) in citrus orchards in southeast Brazil. *Biocontrol Science and Technology, 17,* 375-385.

Paranhos, B. A. J., Alencar, J. A., Carvalho, A. N. M., Gama, F. C. & Costa-Lima, T. C. (2015). Principais pragas e alternativas de controle. *Sistema de produção da mangueira*. Disponível em: https://www.spo.cnptia.embrapa.br/.

Sala, S. R. D., Bellini, M. R., Moreira, G. F. & Moraes, G. J. (2018). Manejo e controle biológico do ácaro-rajado na cultura do mamoeiro. In: *Simpósio do Papaya Brasileiro*, 7, Anais... Vitória: Papaya Brasil.

Sato, M. E., Silva, M. Z., Silva, R. B., Souza Filho, M. F. & Raga, A. (2007). Management of *Tetranychus urticae* (Acari: Tetranychidae) in strawberry fields with *Neoseiulus californicus* (Acari: Phytoseiidae) and acaricides. *Experimental and Applied Acarology, 42,* 107–120.

Souza-Pimentel, G. C., Reis, P. R., Silveira, E. C., Marafeli, P. P., Silva, E. A. & Andrade, H. B. (2014). Biological control of *Tetranychus urticae* (Tetranychidae) on rosebushes using *Neoseiulus californicus* (Phytoseiidae) and agrochemical selectivity. *Revista Colombiana de Entomología, 40,* 80-84.

Tagami, Y., Doi, M., Sugiyama, K., Tatara, A. & Saito, T. (2006). Survey of leafminers and their parasitoids to find endosymbionts for improvement of biological control. *Biological Control, 38,* 210-216.

van Lenteren, J. C. (2012). The state of commercial augmentative biological control: Plenty of natural enemies, but a frustrating lack of uptake. *BioControl, 57,* 1–20.

Walder, J. M. M. Produção de moscas-das-frutas e seus inimigos naturais: associação de moscas estéreis e controle biológico (2002). In: Parra, J. R. P., Botelho, P. S. M., Correa-Ferreira, B. S. & Bento, J. M. S. (Eds.), *Controle Biológico no Brasil: Parasitoides e Predadores*. São Paulo: Manole. 181-190.

Walder, J. M., Lopes, L. A., Costa, M. L. Z., Sesso, J. N., Tonin, G., Carvalho, M. L. & Lara, P. (1995). Criação e liberação do parasitoide *Diachasmimorpha longicaudata* (Ashmead) (Hymenoptera: Braconidae) para controle de moscas-das-frutas no estado de São Paulo. *Laranja, 16,* 149-153.

Wang, W., Lu, S. L., Liu, W. X., Cheng, L. S., Zhang, Y. B. & Wan, F. H. (2014). Effects of five naturally occurring sugars on the longevity, oogenesis, and nutrient accumulation pattern in adult females of the synovigenic parasitoid *Neochrysocharis formosa* (Hymenoptera: Eulophidae). *Neotropical Entomology, 43,* 564–573.

CAPÍTULO 13

Uso de eulofídeos no controle biológico de pragas

FABRICIO FAGUNDES PEREIRA
PATRIK LUIZ PASTORI
SAMIR OLIVEIRA KASSAB
JORGE BRAZ TORRES
CARLOS REINIER GARCIA CARDOSO
WINNIE CEZARIO FERNANDES
HARLEY NONATO DE OLIVEIRA
JOSÉ COLA ZANUNCIO

Introdução

Eulophidae é uma das maiores famílias de Chalcidoidea, incluindo 297 gêneros e 4.472 espécies em todo o mundo, distribuídas em quatro subfamílias: Eulophinae, Euderinae, Entedoninae e Tetrastichinae (Noyes, 2019). Espécies de Eulophidae apresentam diversos hábitos de vida, sendo fitófagas como aquelas formadoras de galhas ou que se alimentam de sementes. Contudo, a maioria das espécies é benéfica atuando como parasitoides de insetos e aranhas. Existem espécies parasitoides de ovos, larvas e pupas de mais de dez ordens de insetos. Parasitoides podem se desenvolver como solitários ou gregários, atuar sobre o desenvolvimento do hospedeiro como idiobiontes ou cenobiontes, e suas larvas se localizarem na superfície do corpo do hospedeiro como ectoparasitoides, ou dentro do corpo do hospedeiro como endoparasitoides (Hansson, 2019).

Diversas espécies de eulofídeos são estudadas no Brasil, para controle biológico de pragas, com destaque para *Tamarixia radiata* (Waterston), parasitoide de ninfas de *Diaphorina citri* Kuwayama (Garcia et al., 2019; Diniz et al., 2020; Parra et al., 2016), *Selitrichodes neseri* Kelly e LaSalle, para controle biológico clássico de *Leptocybe invasa* Fisher e La Salle (Masson et al., 2017) e *Oomyzus sokolowskii* (Kurdjumov), parasitoide de *Plutella xylostella* (L.) (Silva-Torres et al., 2010), com informações sobre essas espécies disponibilizadas em várias publicações. Neste estudo, vamos destacar três espécies de endoparasitoides *Palmistichus elaeisis* Delvare e LaSalle, *Trichospilus diatraeae* Cherian e Margabandhu, e *Tetrastichus howardi* (Olliff), objeto de estudos recentes visando ao controle de diversas pragas. Contudo, os resultados gerados estão dispersos em manuscritos científicos, dissertações e teses, resumos em eventos científicos e na forma de informativos. Portanto, o nosso objetivo com este capítulo será compilar as informações sobre essas três espécies de Eulophidae, de forma a demonstrar sua importância, e como se pode avançar em estudos para sua utilização no controle biológico de pragas.

Palmistichus elaeisis. Origem, taxonomia, distribuição, biologia e hospedeiros

É um endoparasitoide de pupas de Lepidoptera e de Coleoptera. Existem relatos de sua distribuição geográfica na Colômbia, Panamá, Costa Rica, Equador e Brasil. Informações detalhadas sobre sua descrição e a chave taxonômica para o gênero *Palmistichus* foram publicadas por Delvare & LaSalle (1993). Os primeiros espécimes de *P. elaeisis* coletados no Brasil foram encontrados em pupas de *Eupseudosoma involuta* (Sepp) em 8 de novembro de 1937, em Campinas, SP, e, posteriormente em 12 de outubro de 1977, em Tupaciguara, MG. Este parasitoide também foi coletado em pupas de *Euselasia eucerus* Hewitson em setembro de 1967 em eucalipto no estado de Minas Gerais (Delvare & LaSalle, 1993). Posteriormente, foi encontrado naturalmente em pupas de *Sabulodes* sp. em Itatinga, SP (Bittencourt & Berti Filho, 1999) e de *Dione juno juno* (Cramer) e em Nova Friburgo, RJ (Gil-Santana & Tavares, 2006a). Pupas de *Thyrinteina arnobia* (Stoll) coletadas em plantas de eucalipto, em Viçosa, MG, também estavam naturalmente parasitadas por *P. elaeisis* (Pereira et al., 2008a). Um compilado dos registros é apresentado Tabela 1.

Palmistichus elaeisis é um parasitoide polífago, de hábito gregário e com emergência de fêmeas superior aos machos. Os ovos de *P. elaeisis* são hialinos, lisos, com a região anterior mais estreita. O período de incubação

Tabela 1. Registros de hospedeiros para *Palmistichus elaeisis* (Hymenoptera: Eulophidae) no Brasil.

Em condições naturais	Autores
Eupseudosoma involuta (Arctiidae)	Delvare & LaSalle, 1993
Euselasia eucerus (Riodinidae)	Delvare & LaSalle, 1993
Sabulodes sp. (Geometridae)	Bittencourt & Berti Filho, 1999
Actinote parapheles (Nymphalidae)	Gil-Santana & Tavares, 2006b
Dione juno juno (Nymphalidae)	Gil-Santana & Tavares., 2006a
Thyrinteina arnobia (Geometridae)	Pereira et al., 2008a
Citioica anthonilis (Saturniidae)	Tavares et al., 2012a
Em condições de laboratório	**Autores**
Diatraea saccharalis (Crambidae)	Bittencourt & Berti Filho, 1999
Chloridea virescens (Noctuidae)	Bittencourt & Berti Filho, 1999
Bombyx mori (Bombycidae)	Pereira et al., 2008a
Pseudaletia sequax (Noctuidae)	Pereira et al., 2008a
Spodoptera frugiperda (Noctuidae)	Pereira et al., 2008a
Halysidota pearsoni (Arctiidae)	Pereira et al., 2008a
Alabama argillacea (Nocutidae)	Pereira et al., 2008a
Anticarsia gemmatalis (Erebidae)	Pereira et al., 2008a
Dirphia moderata (Saturniidae)	Pereira et al., 2008a
Thyrinteina leucocerae (Geometridae)	Pereira et al., 2008a
Tenebrio molitor (Tenebrionidae)	Zanuncio et al., 2008
Zophobas confusa (Tenebrionidae)	Silva et al., 2009
Chrysodeixis includens (Noctuidae)	Oliveira et al., 2009
Anagasta kuehniella (Pyralidae)	Pereira et al., 2012
Sarsina violascens (Lymantriidae)	Zaché et al., 2012b
Thagona tibialis (Lymantriidae)	Tavares et al., 2012b
Hypsipyla grandella (Pyralidae)	Zaché et al., 2013a
Musca domestica (Muscidae)	Zaché et al., 2013b
Methona themisto (Nymphalidae)	Tavares et al., 2013a
Thagona tibialis (Lymantriidae)	Tavares et al., 2012b
Heraclides anchisiades capys (Papilionidae)	Tavares et al., 2013b
Urbanus proteus (Hesperiidae)	Candelária & Wilcken, 2014
Psorocampa denticulata (Notodontidae)	Zanuncio et al., 2015
Agraulis vanillae vanillae (Nymphalidae)	Rodríguez-Dimaté et al., 2016

tem duração média de 48 horas em *Diatraea saccharalis* (Fabricius) *Anticarsia gemmatalis* Hubner, *Heliothis virescens* (Fabricius), *Spodoptera frugiperda* (J. E. Smith) e *T. arnobia*. As larvas de primeiro estádio são ápodas com cutícula transparente, com 12 segmentos; as do segundo, terceiro e quarto estádios possuem coloração esbranquiçada e segmentação bem definida. A fase larval de *P. elaeisis* nesses hospedeiros, a 25 °C, dura, em média, oito dias. A pré-pupa é de cor branca com apêndices pigmentados. As fases de pré-pupa e de pupa duram um e dez dias, respectivamente. Pupas fêmeas são maiores em comprimento do que as pupas machos e, a partir do 14º dia de desenvolvimento, ocorre o escurecimento do tegumento e dos olhos, com diferenciação entre fêmeas (escurecimento do ovipositor) e machos (placa ventral no escapo) (Bittencourt & Berti Filho, 2004).

Trichospilus diatraeae. Origem, taxonomia, distribuição, biologia e hospedeiros

Trichospilus Ferrière, 1930 é um gênero da família Eulophidae, tribo Eulophini, com oito espécies (Ubaidillah, 2006). *Trichospilus boops* Boucek; *Trichospilus ferrierei* Boucek; *Trichospilus vorax* Boucek foram encontradas somente na África e *Trichospilus lutelineatus* Liao na China (Boucek, 1976). *Trichospilus striatus* Ubaidillah e *Trichospilus politus* Ubaidillah foram descritas para Java, Sulawesi e Indonésia (Ubaidillah, 2006). *Trichospilus pupivora* Ferrière ocorre amplamente nas regiões tropicais e subtropicais em todo o mundo (Boucek, 1976; Bennett et al., 1987).

Trichospilus diatraeae foi descrita por Cherian e Margabandhu, 1942 utilizando exemplares emergidos de pupas de *Diatraea venosata* (Walker) provenientes do sul da Índia. Os adultos de *T. diatraeae* diferem de *T. pupivora*, espécie-tipo, por serem mais claros e mais largos, além de distinguirem-se também na medida dos artículos antenais, na escultura do escutelo, na variação do número e disposição de espinhos e nos tufos de cerdas nas asas (Cherian & Margabandhu, 1942). Outras características morfológicas incluem: o gáster com uma ampla ranhura central e pequenas cerdas marginais; e tufos de cerdas nas asas anteriores, próximo ao estigma (Boucek, 1976).

Adultos de *T. diatraeae* apresentam coloração castanha amarelada, e dimorfismo sexual acentuado. As fêmeas possuem a inserção das antenas na parte central da cabeça e os machos lateralmente, além disso, a forma do abdome das fêmeas é arredondada e, nos machos, o abdome é mais estreito (Paron, 1999). Em relação ao aparelho bucal, as fêmeas de *T. diatraeae* apresentam mandíbulas mais desenvolvidas do que a dos machos. Desta forma, são as fêmeas que fazem o orifício para emergirem do hospedeiro (Bournier, 1975).

Trichospilus diatraeae é um parasitoide polífago, gregário e primário (Boucek, 1976; Paron & Berti-Filho, 2000). A reprodução deste parasitoide pode ser sexuada ou por partenogênese arrenótoca, quando não há cópula. No caso de reprodução sexuada, a proporção de machos é abaixo de 10% (Fávero et al., 2013).

Ovos de *T. diatraeae* têm em média 0,2 mm de comprimento, são hialinos e alongados nas extremidades. O período de incubação é de aproximadamente 24 horas. Larvas com idade entre 24 e 48 horas têm, em média, 0,35 mm de comprimento, apresentam cutícula transparente e, posteriormente, se tornam esbranquiçadas, com segmentação do corpo bem definida. A fase larval de *T. diatraeae* em *D. saccharalis* dura de sete a oito dias. A pré-pupa de coloração branca tem em média 2,3 mm de comprimento, com cabeça, tórax e abdome definidos. A pupa recém-formada apresenta apêndices alares e olhos de coloração rosácea que posteriormente tornam-se vermelhos. A duração do período de pré-pupa e pupa é de nove e dez dias, respectivamente (Paron, 1999).

No Brasil, a ocorrência de *T. diatraeae* foi registrada pela primeira vez em pupas de Arctiidae coletadas em Piracicaba, SP, em 1996 (Paron & Berti-Filho, 2000). Em 2001, no município de Planaltina, DF, foram encontradas pupas de *Cerconota anonella* (Sepp) parasitadas por *T. diatraeae* (Oliveira et al., 2001). Em 2008, foram coletadas pupas de *T. arnobia* parasitadas por *T. diatraeae*, em cultivo de eucalipto em Viçosa, MG (Pereira et al., 2008b). E em 2010 foi encontrado no município de Botucatu, SP, parasitando pupa de *Melanolophia consimilaria* (Walker) (Zaché et al., 2010a) e também pupa de *Hypsipyla grandella* (Zeller) (Zaché et al., 2010b). Em 2011, *T. diatraeae* foi registrado ocorrendo em pupa de *E. eucerus* (Zaché et al., 2011a) e *Sarsina violascens* (Herrich-Schäffer) (Zaché et al., 2011b). Um compilado dos registros é apresentado na Tabela 2.

A capacidade reprodutiva de *T. diatraeae* foi estudada em pupas de *D. saccharalis*, *A. gemmatalis*, *S. frugiperda* e *H. virescens*, verificando-se parasitismo e emergência de progênie em todos os hospedeiros testados, mas *T. diatraeae* não teve preferência de escolha a nenhuma dessas espécies hospedeiras (Paron & Berti Filho, 2000). *Trichospilus diatraeae* pode ser criado em laboratório em pupas dos hospedeiros alternativos *Tenebrio molitor* L. e *Bombyx mori* L. e no hospedeiro natural *D. saccharalis*. Este parasitoide se desenvolve entre as temperaturas de 16 a 28 °C e umidade relativa de 45 a 85% em pupas de *D. saccharalis* (Rodrigues, 2010). A densidade ideal para multiplicação de *T. diatraeae* em tubos de ensaio em laboratório é de 14 a 21 fêmeas por pupa de *D. saccharalis* (Vargas et al., 2013a). A capacidade de *T. diatraeae* para procurar e parasitar pupas de *D. saccharalis* em colmos de cana-de-açúcar também foi avaliada. Para analisar a capacidade de busca e parasitismo foram usados colmos de cana-de-açúcar (20 cm), onde foi introduzida uma pupa de *D. saccharalis* (T1); uma pupa e uma lagarta (T2) ou uma pupa e resíduo fecal (T3). Cada colmo foi colocado em uma garrafa plástica transparente com 21 fêmeas de *T. diatraeae*. A porcentagem de pupas de *D. saccharalis* parasitadas por *T. diatraeae* foi de 50,00%, 83,33% e 16,66% em T1, T2 e T3, respectivamente, sendo que a presença de lagartas de *D. saccharalis* favoreceu a busca e parasitismo deste hospedeiro (Vargas et al., 2013b).

Tabela 2. Registros de hospedeiros para *Trichospilus diatraeae* (Hymenoptera: Eulophidae) no Brasil.

Em condições naturais	Autores
Espécie não mencionada (Arctiidae)	Paron & Berti-Filho, 2000
Cerconota anonella (Oecophoridae)	Oliveira et al., 2001
Thyrinteina arnobia (Geometridae)	Pereira et al., 2008b
Melanolophia consimilaria (Geometridae)	Zaché et al., 2010a
Hypsipyla grandella (Pyralidae)	Zaché et al., 2010b
Diaphania hyalinata (Pyralidae)	Melo et al., 2011
Em condições de laboratório	**Autores**
Spodoptera frugiperda (Noctuidae)	Paron & Berti-Filho, 2000
Anticarsia gemmatalis (Erebidae)	Paron & Berti-Filho, 2000
Diatraea saccharalis (Crambidae)	Paron & Berti-Filho, 2000
Chloridea virescens (Nocutidae)	Paron & Berti-Filho, 2000
Anagasta kuehniella (Pyralidae)	Pereira et al., 2012
Sarsina violascens (Lymantriidae)	Zaché et al., 2011b
Euselasia eucerus (Riodinidae)	Zaché et al., 2011a
Hylesia paulex (Saturniidae)	Pastori et al., 2012a
Spodoptera cosmioides (Noctuidae)	Zaché et al., 2012a
Musca domestica (Muscidae)	Zaché et al., 2013b
Eupseudosoma involuta (Saturniidae)	Zaché et al., 2013c
Tenebrio molitor (Tenebrionidae)	Fávero et al., 2013
Diaphania hyalinata (Pyralidae)	Silva et al., 2015
Bombyx mori (Bombycidae)	Calado et al., 2014
Helicoverpa armigera (Noctuidae)	Oliveira et al., 2016
Brassolis sophorae (Nymphalidae)	Ribeiro et al., 2019
Opsiphanes invirae (Nymphalidae)	Ribeiro et al., 2019
Plutella xylostella (Plutellidae)	Tiago, 2019

Tetrastichus howardi. Origem, taxonomia, distribuição, biologia e hospedeiros

É um parasitoide gregário e sua presença tem sido registrada em hospedeiros, principalmente de Lepidoptera e Coleoptera (Tabela 3). Seu potencial como agente de controle biológico é investigado para diversas espécies de interesse agrícola em diferentes países (Kfir et al., 1993; Moore & Kfir, 1995; Felix et al., 2005; La Salle & Polaszek, 2007; Vargas et al., 2011). *Testrastichus howardi* apresenta capacidade de parasitar diferentes fases de desenvolvimento do hospedeiro, como larvas, pré-pupa, pupas e até mesmo adultos de *D. saccharalis,* nesta última condição avaliada sem chance de escolha (Pereira et al., 2015; Fernandes, 2018).

Testrastichus howardi é nativo da região indo-asiática, com ampla distribuição nas Filipinas (Rao, 1965; Mohyuddin, 1990), no norte da China e oeste do Paquistão (La Salle; Polaszek, 2007) e Índia (Cherian & Subramaniam, 1940; Baitha & Maurya, 2012). Esse eulofídeo foi introduzido na África do Sul, para o controle de pragas-chave para as culturas do milho e do sorgo, *Chilo partellus* (Swinhoe) e na África para o controle de *Busseola fusca* (Fuller) (Kfir et al., 1993; Moore & Kfir, 1995; Kfir, 2001; Rao et al., 2001; Pessoa et al., 2016).

Na Índia, o controle da broca-do-da-cana-de-açúcar *Chilo sacchariphagus indicus* (Kapur) por *T. howardi* apresentou melhor desempenho em clima quente e seco. *Chilo infuscatellus* Snellen e *Sesamia inferens* (Walker) brocas importantes na cultura do arroz também são controladas por *T. howardi* (Sankar et al., 2014; Srikanth, 2016). Na China, o parasitismo natural em pupas de *Chilo auricilia* Dudgeon incluiu a possibilidade de se usar *T. howardi* para controlar essa praga nas culturas do arroz e da cana-de-açúcar (Liao et al., 2014). No sudeste do Vietnã, *T. howardi* foi considerado importante endoparasitoide de brocas da cana-de-açúcar, associado a outros agentes de controle biológico como o predador *Euborellia annulipes* (Lucas) o parasitoide de ovos *Trichogramma chilonis* Ishii e o parasitoide larval *Cotesia flavipes* (Cameron) (Duong et al., 2011).

No Brasil, Cruz et al. (2011) identificaram o parasitoide em pupas de *D. saccharalis* coletadas em milho, e Vargas et al. (2011) coletaram uma pupa de *Diatraea* sp. parasitada por *T. howardi* em plantio de cana-de-açúcar, no município de Dourados, MS. Inicialmente, este parasitoide era nomeado como *Aprostocetus* sp. (Hymenoptera: Eulophidae), posteriormente reclassificado como *T. howardi,* devido à presença de marcas características na sua morfologia (La Salle, 1994; González et al., 2003; Álvarez et al., 2007). O corpo do adulto *T. howardi* possui coloração escura, com brilho metálico, diferenciando-se de outras espécies do gênero *Tetrastichus* – que podem apresentar colorações claras, além de duas setas na veia submarginal na superfície dorsal da asa anterior (La Salle & Polaszek, 2007). Uma fêmea oviposita, em média, 30 ovos inserindo seu ovipositor no interior do hospedeiro. Os ovos de *T. howardi* permanecem em média dois dias, dando origem às larvas, que passam por três ínstares. Os ovos possuem coloração branco-leitosa, medem de 0,28 a 0,30 mm de comprimento e 0,08 mm de largura. O tamanho da progênie (larvas, pupas e adultos) tem relação direta com a espécie e a biomassa do hospedeiro, devido à quantidade de larvas que se desenvolverão no mesmo. A fase larval se dá em torno de seis dias, com cor esbranquiçada e aparelho bucal reduzido no primeiro estádio larval (tamanho inicial de 0,8 mm), diferenciando-se dos demais estádios pelo tamanho larval, variando de 1,2 a 2 mm de comprimento no segundo estádio e 2,5 a 2,9 mm no terceiro estádio, ambos com mandíbulas robustas e desenvolvidas, coloração creme e corpo ligeiramente curvado. Durante o desenvolvimento da fase pupal, de oito a nove dias, ocorre a mudança de coloração dos olhos compostos e ocelos, variando de amarelo-claro ao laranja, tornando-se vermelhos, e escurecendo pouco antes da emergência do adulto (González et al., 2003).

O período de desenvolvimento ovo-adulto varia de 16 a 18 dias a 25 °C. As fêmeas possuem corpo com comprimento de 1,6 a 2,2 mm, enquanto os machos medem de 1,3 a 1,8 mm (González et al., 2003). Os adultos apresentam marcante dimorfismo sexual, diferenças perceptíveis por meio da observação

Tabela 3. Registros de hospedeiros para *Tetrastichus howardi* (Hymenoptera: Eulophidae) no Brasil.

Em condições naturais	Autores
Plutella xylostella (Plutellidae)	Silva-Torres et al., 2010
Diatraea saccharalis (Crambidae)	Cruz et al., 2011
Diatraea saccharalis (Crambidae)	Vargas et al., 2011
Em condições de laboratório	**Autores**
Diatraea saccharalis (Crambidae)	Costa et al., 2014a
Anticarsia gemmatalis (Erebidae)	Fernandes, 2018
Erinnyis ello (Sphingidae)	Barbosa et al., 2015
Bombyx mori (Bombycidae)	Ferreira et al., 2016
Spodoptera frugiperda (Noctuidae)	Lucchetta, 2016
Helicoverpa armigera (Noctuidae)	Oliveira et al., 2016
Diatraea flavipennella (Pyralidae)	Rodrigues, 2019
Tenebrio molitor (Tenebrionidae)	Tiago et al., 2019
Oxydia vesulia (Geometridae)	Favoreto et al., 2020
Thyrinteina arnobia (Geometridae)	Souza et al., 2020

das antenas, em estrutura, distribuição e abundância de sensilas antenais. As antenas das fêmeas apresentam escapo e pedicelo castanho-amarelado claro. O flagelo contém três segmentos cilíndricos funiculares e uma clava cônica mais longa que a dos machos, ambos com coloração escura (marrom ou preta). A clava presente nas antenas dos machos possui pigmentação escura e os demais segmentos apresentam coloração castanho-amarelada clara (La Salle & Polaszek, 2007; Zheng et al., 2016). Machos e fêmeas de *T. howardi* também podem ser separados devido a cor da coxa e do fêmur nas pernas anteriores, marron avermelhado em fêmeas e amarelo-clara em machos (González et al., 2003).

Parasitismo de *Tetrastichus howardi*, *Trichospilus diatraeae* e *Palmistichus elaeisis* em lagartas e pré-pupas de lepidópteros

De maneira geral, os eulofídeos *P. elaeisis*, *T. diatraeae* e, *T. howardi* são considerados parasitoides da fase de pupa de seus hospedeiros, mas em alguns casos, esses parasitoides podem explorar outras fases do ciclo de vida do seu hospedeiro como larvas e pré-pupas.

Palmistichus elaeisis, por exemplo, não parasita lagartas de 4º ínstar de *P. xylostella* (Tiago, 2019). Mas acreditamos que ajuste do período de parasitismo possa ser um fator determinante para que este parasitoide se desenvolva em pupa de *P. xylostella*. Já *T. howardi* e *T. diatraeae* parasitam e se desenvolvem em lagartas de 4º ínstar do hospedeiro, sendo *T. howardi* o parasitoide que demonstra mais eficiência. O parasitismo de lagartas de 4º ínstar de *P. xylostella* por fêmeas de *T. howardi* e *T. diatraeae* é proporcional e linear ao aumento do período de parasitismo de 24 a 96 horas, não sendo observadas alterações significativas na progênie, na razão sexual, na duração do ciclo de vida e na longevidade de machos e de fêmeas desses parasitoides. Em 48 horas, uma única fêmea de *T. howardi* e ou de *T. diatraeae* consegue parasitar até cinco ou seis lagartas de *P. xylostella*, respectivamente (Tiago, 2019).

Tetrastichus howardi parasita lagartas de segundo, terceiro, quarto e quinto ínstares de *D. saccharalis*, com desenvolvimento e emergência em lagartas de terceiro e quarto ínstares. Quando o parasitismo ocorre em lagartas de quinto ínstar de *D. saccharalis*, a emergência dos parasitoides ocorre na fase de pupa do hospedeiro (Vargas, 2013). O parasitismo de *T. howardi* em lagartas do quinto ínstar de *D. saccharalis* (emergindo em pupas e adultos) revela a capacidade desse inimigo natural de se estabelecer em campo, mesmo na ausência de pupas hospedeiras (Pereira et al., 2015).

Os resultados de parasitismo de *Diatraea flavipennella* (Box) em mudas de cana-de-açúcar nos faz entender que o *T. howardi* localiza e parasita com confirmação de emergência em ambos, lagartas e pupas, nas condições de estudo. Cabe destacar que o parasitoide prefere a fase de pupa de *D. flavipennella* quando há chance de escolha (Rodrigues, 2019). Ainda, vale ressaltar que entre as fases de desenvolvimento da praga, a mortalidade de pupa possui grande impacto, visto que as fases anteriores já foram expostas a fatores de mortalidade, e, nesse sentido, *T. howardi* entra como um complemento aditivo ao controle biológico das brocas do gênero *Diatraea*. Atuando em conjunto com outros agentes, dentre eles, o parasitoide larval *C. flavipes* e o parasitoide de ovos *Trichogramma galloi* Zucchi, *T. howardi* agirá preferencialmente na fase de pupa da praga, justamente naquelas que escaparam do parasitismo em fases anteriores de vida, contribuindo assim para a redução da população da praga (Rodrigues, 2019).

Tetrastichus howardi parasita lagartas de segundo, terceiro, quarto, quinto e sexto ínstares e pré-pupa de *S. frugiperda*, com desenvolvimento e emergência apenas em lagartas de quinto e sexto ínstares, pré-pupa e pupa. Quando o parasitismo ocorre em lagartas de sexto ínstar e pré-pupa de *S. frugiperda*, a emergência dos parasitoides ocorre na fase de pupa do hospedeiro. O maior parasitismo e melhor desenvolvimento de *T. howardi* também ocorre pelo aumento do número de fêmeas por lagarta de *S. frugiperda* (Lucchetta, 2016).

Estudando a relação da densidade de *fêmeas de T. howardi* em lagartas de quarto ínstar de *A. gemmatalis* em condições de laboratório, pode-se evidenciar a ocorrência de parasitismo e desenvolvimento de progênie em todas as densidades, e mortalidade por meio do parasitismo em casa-de-vegetação (Fernandes, 2018). A sintomatologia padrão das lagartas parasitadas é percebida pela perda da coloração natural e alteração da consistência do tegumento. O corpo da lagarta pós-morte apresenta aspecto intumescido e descolorido, com posterior diminuição de biomassa, tornando-se rígido com coloração marrom e aspecto mumificado. Muitas lagartas de quinto ínstar que tentaram realizar a transição para a fase de pré-pupa, como tentativa de defesa, permanecem em um estágio intermediário aos dois. A emergência de progênie ocorreu em diferentes fases de desenvolvimento do hospedeiro em questão, tais como fase larval, pré-pupa e pupa.

O aumento da densidade de fêmeas de *T. howardi* por lagartas de *A. gemmatalis* resultou em maior parasitismo e reduzido ciclo de desenvolvimento (ovo-adulto) de *T. howardi*, não sendo observadas diferenças na emergência (%), progênie total e longevidade de machos e fêmeas desse parasitoide, em condições de laboratório. O parasitismo em lagartas de quarto ínstar de *A. gemmatalis*, confirmam o potencial biológico de *T. howardi*, a plasticidade das fêmeas parasitoides e sua capacidade de adaptação ao hospedeiro, com destaque para o potencial biológico de uma fêmea que causou mortalidade e conseguiu superar as defesas do hospedeiro com desenvolvimento de progênie (Fernandes, 2018).

Fêmeas adultas de *T. howardi* parasitaram lagartas de *T. arnobia* em condições de semicampo e foi verificado que estas passaram para a fase de pupa – mas cerca de 52,00±10,19% das pupas ficaram escuras e morreram devido ao parasitismo na fase de lagarta. *Tetrastichus howardi* emergiu de 5% das pupas, com progênie em apenas uma pupa com 216 indivíduos. A duração do ciclo de vida foi de 23 dias e razão sexual de 0,86. A longevidade de machos e fêmeas foi de 11,25±2,30 dias e 15,28±0,78 dias, respectivamente (Palombo et al., 2020). Este é o primeiro registro de *T. howardi* parasitando lagartas, causando mortalidade e emergindo de pupas de *T. arnobia* em plantas de eucalipto. Em condições de laboratório, *P. elaeisis, T. diatraeae* e *T. howardi* parasitaram e se desenvolvem em pupas de *T. arnobia,* sendo *T. diatraeae*, o parasitoide que apresentou as melhores características biológicas ao ser criado nesse lepidóptero desfolhador.

De maneira geral, fêmeas de *T. howardi* e *T. diatraeae* preferem pré-pupas e pupas, mas, na ausência destas, conseguem parasitar lagartas de lepidópteros e esta particularidade é importante para que estes parasitoides possam ser utilizados em programas de controle biológico de espécies de lepidópteros em que suas pupas ficam no interior do solo.

Coleta de parasitoides eulofídeos

A coleta no campo é uma das primeiras etapas de um programa de controle biológico com parasitoides. Pode-se procurar e coletar manualmente pupas de hospedeiros em ecossistemas ou agroecossistemas, acondicioná-las em recipientes plásticos ou de vidro e conduzí-las ao laboratório, evitando o excesso de calor e exposição direta do material ao sol. No laboratório, essas pupas devem ser individualizadas em recipientes que apresentem boa vedação [p.ex.: tubos de vidro (8,5 x 2,5 cm)] fechados com filme plástico PVC®, limpos e transparentes que devem permanecer sob condições climáticas adequadas (25 ± 2 °C, 80 ± 10% de umidade relativa e fotofase de 12 horas), facilitando a observação diária para detectar a emergência de parasitoides. Outra possibilidade de coleta dos parasitoides é por meio da confecção de armadilhas usando pupas de insetos criados em laboratório como "iscas". Essas pupas podem ser colocadas em armadilhas confeccionadas por diferentes materiais, comumente utilizados saquinhos de tecido tipo 'voile', que diminui a ocorrência de predadores, principalmente formigas. As armadilhas são fixadas nas plantas onde se deseja verificar a existência dos parasitoides, permanecendo por cerca de três a quatro dias, para evitar maior exposição às condições climáticas adversas e evitar também que o hospedeiro se transforme em adulto. Sugere-se ainda um isolamento (aplicação de óleo ou graxa automotiva) do material que prende a armadilha, evitando o caminhamento dos predadores.

Os dados das coordenadas geográficas, do hospedeiro, da espécie de planta, da data de coleta e do nome do coletor devem ser registrados para que taxonomistas, em casos de emergência de parasitoides, possam identificar a espécie e tombar os espécimes vouchers em coleções científicas. Dos parasitoides emergidos, em casos de sucesso na coleta, deve-se também contabilizar o número de fêmeas e de machos, alimentá-los com solução de mel a 10% e oferecer pupas, preferencialmente do hospedeiro coletado ou usado na coleta, para que se possa perpetuar e manter a criação do parasitoide no laboratório.

Produção de parasitoides eulofídeos em laboratório

Após a coleta e correta classificação taxonômica do parasitoide, os estudos devem seguir no intuito de estabelecer um sistema que visa à produção em grande escala de eulofídeos. Esses estudos seguem etapas não muito diferentes para outros parasitoides, consistindo em: 1) Estabelecimento da criação do parasitoide em hospedeiros naturais e alternativos por, no mínimo cinco gerações de laboratório, para que estes se adaptem às novas condições e consigam expressar todo o seu potencial biológico; 2) Avaliação das características biológicas sobre hospedeiros naturais e alternativos e aspectos comportamentais em condições de laboratório, para posteriormente serem realizados em semicampo e campo; 3) Relações da dinâmica do parasitoide e a espécie-praga que se pretende controlar; 4) Estudos envolvendo quantidade de parasitoides a serem liberados, distribuição por pontos em determinada área e melhor época e forma de liberação; 5) Controle de qualidade das populações; 6) Seletividade de produtos fitossanitários, visando a sua conservação nos agroecossistemas; e 7) Avaliação da eficiência biológica em campo.

O desenvolvimento de metodologias de multiplicação depende do conhecimento dos parâmetros biológicos relacionados ao parasitoide, além da sensibilidade desses aos fatores abióticos, como temperatura e umidade relativa do ar (Fávero et al., 2013; Rodrigues et al., 2013; Kumar et al., 2016). E é com bases nessas etapas que os estudos com as espécies de eulofídeos em questão foram e estão sendo desenvolvidos (Figura 1).

A multiplicação dos parasitoides serve de suporte para a implementação de programas de controle biológico, fazendo com que esses se consolidem como prática recomendada no manejo integrado de pragas. Devido à ausência de dietas artificiais para os eulofídeos em estudo, torna-se necessário o uso de uma grande quantidade de hospedeiros alternativos para a produção. A qualidade da produção e da criação massal de agentes de controle biológico está diretamente relacionada com a disponibilidade de hospedeiros naturais ou alternativos para a multiplicação dos parasitoides. No caso de *T. howardi,* que possui hábito gregário e alto potencial reprodutivo, o desenvolvimento é dependente dos recursos nutricionais oferecidos pelo hospedeiro, pois quando há qualidade do mesmo minimiza-se a competição entre as larvas, resultando na emergência de adultos viáveis (Harvey & Malcicka, 2016; Kumar et al., 2016).

Com base no que foi exposto anteriormente, a escolha do hospedeiro alternativo adequado para criação massal do inimigo natural só será vantajosa quando estes possuem baixo custo de produção, facilidade no processo de criação, alta capacidade de reprodução e que não afetem a eficiência do parasitoide quando precisar se desenvolver em seu hospedeiro natural (Pereira et al., 2010b). No caso de eulofídeos, o uso de pupas de *T. molitor* (Zanuncio et al., 2008; Fávero et al., 2013) e de *B. mori* são exemplos de hospedeiros alternativos viáveis de utilização para criação massal. Ainda, pupas de *B. mori* permitem a produção de progênie de *T. howardi* de alta qualidade, o que está diretamente relacionado ao tamanho da pupa, oferecendo abundante recurso para o desenvolvimento do parasitoide, mesmo comparado com o hospedeiro natural *D. saccharalis*, sem a redução da sua eficiência de parasitismo e desevolvimento (Ferreira et al., 2016). Outro fator de grande importância em um programa de controle biológico de pragas, a densidade de parasitoides por hospedeiro pode então afetar características biológicas como o parasitismo, a progênie, a razão sexual da progênie, a duração do ciclo de vida (ovo-adulto) e a longevidade de adultos. Dessa forma, a definição da proporção ideal de fêmeas por pupa pode assegurar a qualidade de indivíduos produzidos (Pereira et al., 2010a).

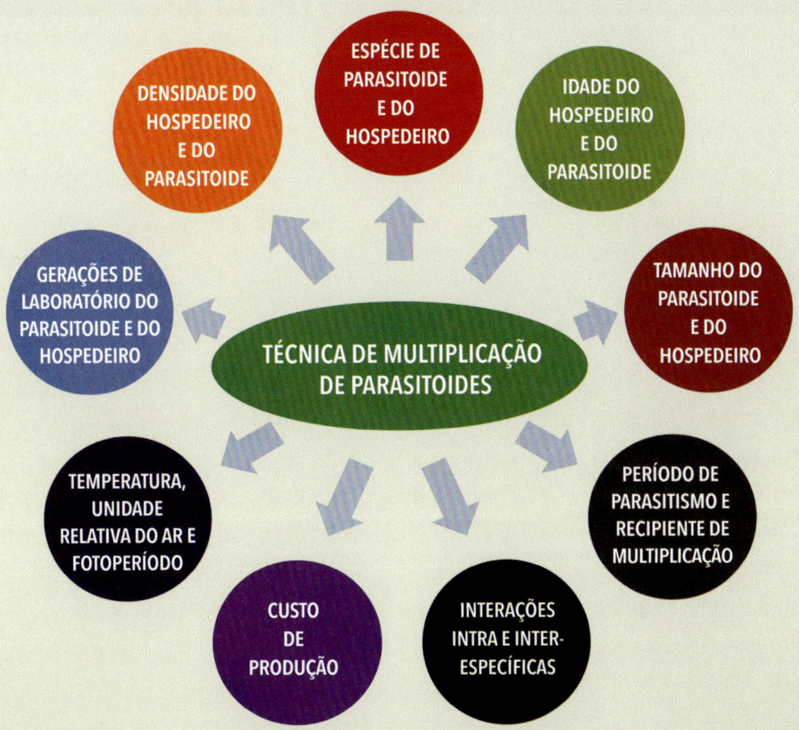

Figura 1. Estudos necessários para o desenvolvimento de técnica de multiplicação de parasitoides.

Densidade do parasitoide e do hospedeiro

A criação de eulofídeos e sua possível utilização em programas de controle biológico exigem a avaliação de sua capacidade reprodutiva, em função da densidade do parasitoide e de seu hospedeiro. O número de parasitoides por hospedeiro interfere na qualidade e quantidade de parasitoides produzidos, devido às exigências nutricionais para o desenvolvimento dos mesmos. Além disso, conhecer como os parasitoides respondem às variações da densidade do hospedeiro permite compreender a habilidade do inimigo natural em controlar a população da praga. A densidade de indivíduos por hospedeiro afeta a produção de descendentes, a razão sexual da descendência, a capacidade de parasitismo, a duração do ciclo de vida (ovo-adulto), o tamanho do corpo e a longevidade da descendência. Portanto, **para minimizar o custo com mão-de-obra e maximizar a produção é necessário determinar a melhor relação de parasitoides e hospedeiros por recipiente de criação (Tabela 4).**

Tabela 4. Número adequado de fêmeas de *Palmistichus elaeisis*, *Tetrastichus howardi* e *Trichospilus diatraeae* (Hymenoptera: Eulophidae) por pupa hospedeira para multiplicação desses parasitoides considerando 24 horas de parasitismo em condições de laboratório

Número de fêmeas	Hospedeiro (pupa)	Autores
45 fêmeas de *P. elaeisis*	*B. mori*	Pereira et al., 2010b
15 fêmeas de *P. elaeisis*	*T. arnobia*	Barbosa et al., 2016
07 fêmeas de *P. elaeisis*	*T. molitor*	Moreira et al., 2016
06 fêmeas de *P. elaeisis*	*A. gemmatalis*	Pastori et al., 2012b
05 fêmeas de *T. howardi*	*A. gemmatalis*	Fernandes, 2018
14 fêmeas de *T. howardi*	*B. mori*	Rodrigues et al., 2012
07 fêmeas de *T. howardi*	*S. frugiperda*	Lucchetta, 2016
07 fêmeas de *T. howardi*	*T. molitor*	Oliveira, 2013
07 fêmeas de *T. howardi*	*D. saccharalis*	Vargas, 2013
21 fêmeas de *T. diatraeae*	*B. mori*	Calado et al., 2014
28 fêmeas de *T. diatraeae*	*S. frugiperda*	Zaché, 2012
21 fêmeas de *T. diatraeae*	*T. molitor*	Fávero et al., 2013
14 fêmeas de *T. diatraeae*	*D. saccharalis*	Vargas et al., 2013a
28 fêmeas de *T. diatraeae*	*T. arnobia*	Zaché et al., 2011c
08 fêmeas de *T. diatraeae*	*D. hyalinata*	Silva et al., 2014
10 fêmeas de *T. diatraeae*	*A. gemmatalis*	Oliveira et al., 2018

As pupas hospedeiras podem se defender encapsulando os ovos dos parasitoides, impedindo assim o seu desenvolvimento. Esses mecanismos juntamente com a melanização constituem-se nas principais alternativas de defesa de insetos contra material estranho em seus corpos (Schmid-Hempel, 2005). No entanto, os parasitoides podem escapar da encapsulação com partículas semelhantes aos vírus, os polidnaviroses, ou mesmo através da injeção de substâncias venenosas que interferem na capacidade de reconhecimento imunológica do parasitoide pelo hospedeiro (Strand & Pech, 1995). A quebra da defesa também pode acontecer devido ao esgotamento do sistema imune do hospedeiro, que tem alto custo metabólico para a sua manutenção sendo, portanto, finito, e assim neutralizado por toxinas dos parasitoides (Schmid--Hempel, 2005). Essas pressuposições podem explicar a variação de progênie em *P. elaeisis*, em que foram observados, 426,6 ± 52,2 descendentes em média por pupa de *B. mori* na densidade de 45 fêmeas:1 pupa, indicando ser esse o número de parasitoides suficiente para neutralizar a atuação dos mecanismos de defesa desse hospedeiro. Nesse estudo, o aumento da densidade desse parasitoide para 54 fêmeas: 1 pupa reduziu o número de parasitoides emergidos por pupa de *B. mori*, o que pode evidenciar o superparasitismo (Pereira et al., 2010b). Nesse contexto, trabalhos devem ser realizados para definir a melhor proporção de fêmeas parasitoides por hospedeiro.

Idade do hospedeiro e do parasitoide

A idade do hospedeiro pode afetar o parasitismo e o número e tamanho de indivíduos emergidos com implicações na criação massal, experimentação e seleção de indivíduos para liberação em campo. A menor quantidade de descendentes na progênie de *P. elaeisis* em pupas de *B. mori*, com 24 e 96 horas de idade, indica que estas sejam menos adequadas para esse parasitoide, possivelmente devido a mudanças morfológicas e fisiológicas com períodos de histólises, histogêneses e diferenciação durante a fase pupal (Chapman, 1998). Contudo, na faixa de idade da pupa de 48 a 72 horas a progênie é superior. A ação das mudanças da pupa no desenvolvimento da progênie de parasitoides é pouco conhecida, mas pode determinar o grau de suscetibilidade do hospedeiro a esses inimigos naturais.

A idade da fêmea parasitoide pode, também, afetar a taxa de parasitismo, a produção de descendentes totais e a razão sexual da descendência para cada espécie de eulofídeo (Tabela 5). O sistema reprodutivo de *T. howardi* consiste em dois ovários, cada um geralmente compreendendo 8-9 ovaríolos. *Tetrastichus howardi* possui duas glândulas acessórias de oviduto da espermateca. Fêmeas recém-emergidas (índice de ovigenia = 0) não apresentam óvulos maduros nos ovários. Oogênese e vitelogênese começam com 12 horas após a emergência. Óvulos maduros são observados em fêmeas com 24 horas de idade (Zhong *et al.*, 2016).

Fêmeas de *P. elaeisis* apresentam o ovário composto por quatro ovaríolos e com 48 horas de idade apresentam grande quantidade de ovos prontos para a oviposição (Andrade et al., 2012). Ovócitos maduros foram encontrados em fêmeas de *T. diatraeae* com 48 horas de idade, estando estas aptas a oviposição (Andrade, 2010).

De maneira geral, parasitoides podem injetar secreções produzidas no ovário, fluidos do cálice, venenos, teratócitos e vírus no hospedeiro durante a oviposição, afetando a resposta imune celular e humoral do hospedeiro, sendo estas as principais estratégias para assegurar a reprodução de sua progênie. A defesa celular de pupas de *A. gemmatalis* foi menor ao serem parasitadas por fêmeas de *T. diatraeae* com até 48 horas de emergência e por *P. elaeisis* com 72 ou 96 horas. O aumento da idade das fêmeas desses parasitoides provocou, também, a absorção de ovos nas duas espécies. Assim, *T. diatraeae* e *P. elaeisis* com idades superiores a 48 horas e 96 horas, respectivamente, podem ter menor sucesso reprodutivo em criações em larga escala (Andrade, 2010).

Para se obter êxito na criação de *T. howardi*, *T. diatraeae* e *P. elaeisis* em diferentes hospedeiros, a combinação das melhores idades do parasitoide e do hospedeiro devem ser observadas (Tabela 5).

Tabela 5. Idade de fêmeas de *Palmistichus elaeisis*, *Tetrastichus howardi* e *Trichospilus diatraeae* (Hymenoptera: Eulophidae) e da pupa hospedeira mais adequada para a multiplicação desses parasitoides

Parasitoide	Idade da fêmea	Autores
P. elaeisis	72 a 96 horas	Pereira et al., 2009a
T. diatraeae	48 a 72 horas	Glaeser, 2011
T. howardi	24 a 48 horas	Zhong et al., 2016
Hospedeiro	**Idade da pupa**	**Autores**
B. mori	*S. frugiperda*	Pereira et al., 2009a
T. molitor	*T. molitor*	Oliveira, 2013
A. gemmatalis	*D. saccharalis*	Pastori et al., 2012b
D. hyalinata	*T. arnobia*	Silva et al., 2015
D. saccharalis	*D. hyalinata*	Costa et al., 2014a
S. frugiperda	*A. gemmatalis*	Lucchetta, 2016

Período de parasitismo

Após localizar um hospedeiro, a fêmea insere o ovipositor, e dessa forma o reconhece como adequado ou não. Se adequado, é depositado primeiro uma "substância tóxica", a fêmea então faz a efetiva oviposição, marca o hospedeiro, retira o ovipositor e se dispersa (Cônsoli & Vinson, 2009). Para cumprir estas etapas, existe um período necessário que pode variar de acordo com a espécie do parasitoide e do hospedeiro. De maneira geral, em experimentos com parasitoides, utiliza-se 24 horas como um período de parasitismo considerado suficiente para que a fêmea adulta consiga completar o processo de avaliação e oviposição. Porém, observa-se que o sucesso reprodutivo de *T. howardi* em lagartas de 3º ínstar de *D. saccharalis* foi maior com 96 horas de exposição em condições de laboratório (Costa et al., 2014b). Como *T. howardi* é um parasitoide preferencialmente de pupas, é possível que precise de mais tempo para conseguir suprimir as defesas imunológicas de lagartas. Em condições de semicampo e campo, a fêmea precisa procurar o hábitat do hospedeiro e encontrá-lo para em seguida iniciar o reconhecimento e oviposição, exigindo um tempo superior a 24 horas.

Tamanho do hospedeiro

Fêmeas dos parasitoides podem regular o tamanho de sua progênie conforme a variação do peso (biomassa) da pupa hospedeira. Pupas de *A. gemmatalis* com 240 ± 4mg e de *B. mori* com 1200 ± 50mg proporcionaram progênies de 110,2 ± 19,4 e 511,0 ± 49,7 indivíduos de *P. elaeisis*, respectivamente (Pereira et al., 2010a). Pupas de *T. arnobia* com 187,4 ± 10,1 mg e de *H. paulex* com 468,7 ± 24,3 mg proporcionaram progênie de 141,4 ± 17,3 e 341,8 ± 33,6 indivíduos de *T. diatraeae*, respectivamente (Pastori et al., 2012a). Portanto, ao instalar experimentos de biologia comparada com esses parasitoides, deve-se padronizar o peso do hospedeiro para todos os tratamentos, evitando assim resultados discrepantes entre as repetições. Pupas fêmeas e machos de insetos-hospedeiros podem apresentar diferentes tamanhos e este fato também deve ser levado em consideração na seleção de pupas para a avaliação da eficiência biológica de parasitoides eulofídeos.

Uso de hospedeiro alternativo

Diversas espécies de lepidópteros presentes nos agroecossistemas, como *A. gemmatalis*, *S. frugiperda* e *H. armigera*, são criadas com facilidade em laboratório e são excelentes hospedeiros para criação de *P. elaeisis*, *T. diatraeae* e *T. howardi*. Porém, em campo, a fase de pupa dessas espécies-praga ocorre predominantemente no solo, em profundidades de até cinco centímetros, o que impede que estes inimigos naturais consigam encontrá-las e parasitá-las. Portanto, o conhecimento prévio do local onde as pupas do hospedeiro permanecerão até a emergência dos adultos deve ser levado em consideração ao se elaborar experimentos visando obter resultados para compor programas de controle biológico com estes parasitoides.

Outra questão relevante é se a criação de parasitoides por sucessivas gerações em hospedeiros alternativos compromete a eficiência de parasitismo sobre o seu hospedeiro natural. O desempenho reprodutivo de *P. elaeisis* em pupas de *T. arnobia* (parasitismo, emergência, progênie, longevidade e razão sexual) foi semelhante, após esse parasitoide ser criado por seis gerações em pupas de *A. gemmatalis* ou *B. mori*. Portanto, esses hospedeiros alternativos podem ser utilizados para criação de *P. elaeisis*, sem comprometimento de sua capacidade de controlar o hospedeiro natural (Pereira et al., 2010a).

A criação sucessiva de *T. howardi* em pupas de *T. molitor* não afetou o número de pupas parasitadas e nem a emergência de parasitoides no hospedeiro natural *D. saccharalis*, e ainda contribuiu para o aumento de progênie por pupa, com indivíduos maiores e com maior longevidade para fêmeas e machos. A razão sexual encontrada foi a mesma nas duas condições testadas. Assim, *T. howardi* pode ser criado no hospedeiro alternativo *T. molitor* por três gerações, sem comprometimento do seu desempenho reprodutivo ao ser criado posteriormente no hospedeiro natural *D. saccharalis* (Oliveira, 2013). Da mesma forma, a multiplicação de *T. howardi* por três gerações sucessiva em pupas do hospedeiro alternativo *B. mori*, não comprometeu as características biológicas deste parasitoide ao ser ofertado o hospedeiro natural *D. saccharalis*.

A criação sucessiva de *T. diatraeae* no hospedeiro alternativo *T. molitor* não afetou o número de pupas parasitadas e de pupas com emergência de parasitoides no hospedeiro natural *D. saccharalis*, aumentando a longevidade de fêmeas e a razão sexual de *T. diatraeae*. A progênie, a duração do ciclo de desenvolvimento (ovo-adulto), a largura da cápsula cefálica de machos e fêmeas, e a longevidade de machos de *T. diatraeae* foram semelhantes entre os tratamentos. Portanto, *T. diatraeae* pode ser criado no hospedeiro alternativo *T. molitor*, por três gerações, sem comprometimento do seu desempenho reprodutivo, ao ser criado, posteriormente, no hospedeiro natural *D. saccharalis* (Glaeser et al., 2014). No entanto, quando possível, recomenda-se fazer a rotação entre hospedeiros alternativos e naturais na criação de eulofídeos.

A duração do ciclo ovo-adulto (dias) do hospedeiro de criação é outro fator importante em sua escolha. O ciclo de vida de *T. molitor* é aproximadamente de quatro meses dependendo da temperatura. Portanto, é importante que a criação deste hospedeiro alternativo tenha quantidade suficiente de insetos em todas as fases (ovos, larvas de diferentes ínstares, pupas e adultos), para que diariamente exista disponibilidade de pupas a serem utilizadas na multiplicação dos parasitoides.

Recipientes de multiplicação

Índices de parasitismo e emergência e número de descendentes produzidos por *P. elaeisis*, *T. diatraeae* e *T. howardi*, em experimentos conduzidos em recipientes menores com maior controle de espaço de forrageamento como em tubos de vidro (8,5 x 2,5 cm), podem ser superiores àqueles obtidos em recipientes de criação maiores, quando se pensa em criação em grande escala. Isto deve ser levado em consideração, para que se possa obter maior precisão na escala de produção dos parasitoides. O recipiente ou gaiola deve ser transparente para facilitar a visualização e permitir a entrada de luminosidade, bem como ventilação. Facilidade de manipulação dos parasitoides e hospedeiros são requisitos fundamentais para o sucesso da criação em laboratório. Um exemplo de recipiente empregado para a criação de *P. elaeisis*, *T. diatraeae* e *T. howardi*, no Lecobiol (Laboratório de Controle Biológico de Insetos da UFGD) é o coletor tipo universal, transparente e de tampa em rosca, no qual permite o monitoramento das atividades do parasitoide e hospedeiro, bem como é de fácil manipulação, transporte e aquisição.

Exigências térmicas e estimativa do número de gerações dos parasitoides para diferentes localidades

O conhecimento das exigências térmicas de parasitoides é fundamental para programar tempo de criação, bem como estimar potenciais efeitos da temperatura nos locais de liberações. Essas informações permitem prever e controlar a produção em laboratório, estabelecer a temperatura ótima para o desenvolvimento, o sincronismo das criações do inseto-praga e do inimigo natural, e estimar o número de gerações anuais ou durante o ciclo de produção das culturas em uma dada região. Além disso, permite melhor compreensão da eficácia do parasitoide em condições de campo, de acordo com os desafios climáticos enfrentados pelo agente de controle biológico depois da sua liberação.

Tabela 6. Exigências térmicas de *Palmistichus elaeisis*, *Trichospilus diatraeae* e *Tetrastichus howardi* (Hymenoptera: Eulophidae) em pupas de *Thyrinteina arnobia* (Lepidoptera: Geometridae) e *Diatraea saccharalis* (Lepidoptera: Crambidae) para Dourados, MS.

Parasitoide	Hospedeiro	Tb (°C)	K (GD)	Gerações anuais (NGA)
P. elaeisis	*T. arnobia*	3,92	478,85	14,10
T. diatraeae	*D. saccharalis*	9,37	257,60	18,50
T. howardi	*D. saccharalis*	9,66	292,89	15,86

Temperatura base (Tb), Constante térmica (K), número de gerações por ano (NGA)

Os parasitoides *P. elaeisis* e *T. diatraeae* desenvolvem-se em laboratório em temperaturas de 16 a 28 °C em pupas de *D. saccharalis* e de *T. arnobia*, respectivamente. O número estimado de gerações de *T. diatraeae* por ano é maior do que o de *D. saccharalis* e de *T. arnobia* (Tabela 6); isto é um importante atributo desse inimigo natural para diminuir a população da praga em um menor período (Pereira et al., 2011; Rodrigues et al., 2013).

O parasitoide *T. howardi* se desenvolve em pupas de *D. saccharalis* nas temperaturas de 16 a 31 °C, com 100% de emergência nessas condições. A temperatura base (Tb) e a constante térmica (K) de *T. howardi* parasitando pupas de *D. saccharalis* é de 9,6 °C e 292,8 graus-dia (GD), respectivamente. O número estimado de gerações anuais de *T. howardi* para os municípios de Dourados, MS, Jaboticabal, SP, Uberaba, MG, Itumbiara, GO, e Campo Mourão, PR, é de 15,86; 16,04; 16,20; 17,97; 13,29 gerações/ano, respectivamente. Isso resulta, para todas essas regiões em maior número de gerações de *T. howardi* em relação à praga *D. saccharalis* (Fávero, 2013).

Para *T. howardi*, os parâmetros da tabela de vida de fertilidade resultam em maior taxa líquida de reprodução (R_0) a 25 °C, enquanto a taxa intrínseca de crescimento populacional (r_m) é superior a 25, 28 e 31 °C. Temperaturas entre 19 e 28 °C permitem maior desempenho de *T. howardi* em pupas de *D. saccharalis* como maior fecundidade e longevidade. De maneira geral, temperaturas entre 16 e 31 °C são favoráveis ao desenvolvimento de *T. howardi* em pupas de *D. saccharalis* (Fávero et al., 2015). Novamente, essas informações além de validar a adequação hospedeira, fundamentam programas de controle biológico destas pragas usando os referidos parasitoides.

Na microrregião de Dourados, registros da Estação Meteorológica da Embrapa Agropecuária Oeste, mostram que a média da temperatura máxima dos últimos 30 anos para o verão (meses de janeiro, fevereiro e março) foi de 31,6 °C, e a mínima de 20,7 °C, e, em relação ao inverno (meses de junho, julho e agosto), a temperatura máxima média foi de 26,3 °C e a mínima de 13,1 °C. No entanto, aumento de pelo menos 2 °C por hora no verão é frequente, assim como registros superiores a 37 °C. Compreender os possíveis impactos das variações de temperatura sobre espécies de parasitoides são imprescindíveis, diante das mudanças climáticas relatadas, envolvendo principalmente incrementos e oscilações contantes nas médias de temperaturas. Em condições de laboratório, os eulofídeos se mostraram adaptados a essas oscilações, onde *T. diatraeae* apresentou sobrevivência de 100% quando exposto a oscilações de temperaturas que chegaram a até 39 °C, com índices de parasitismo de 73% (Glaeser et al., 2016), enquanto *T. howardi* suporta oscilações que chegaram a até 41 °C, com 100% de sobrevivência e índices de parasitismo de 86,7% em pupas de *D. saccharalis*.

Armazenamento do hospedeiro e do parasitoide em baixa temperatura

Um dos obstáculos para o sucesso da implementação de programas eficientes de produção e uso de parasitoides, é a dificuldade e o custo da criação desses em grandes quantidades para as liberações inundativas no momento desejado. A maioria dos insetos parasitoides utilizados em programas de controle biológico tem ciclo curto (ovo-adulto), bem como podem viver poucos dias na fase adulta, por isso eles devem ser produzidos e, dependendo da fase de liberação (pupas ou adultos), devem ser enviados com eficiência para os pontos de liberação. Dessa forma, o desenvolvimento de métodos de armazenamento eficientes para os eulofídeos podem possibilitar o aumento da disponibilidade desses parasitoides e a redução dos custos de produção.

O armazenamento em baixas temperaturas é considerado um método valioso para prolongar o tempo de desenvolvimento de parasitoides. Além de permitir uma oferta constante e em número suficiente de inimigos naturais para uso no controle biológico. Este processo permite compensar períodos de baixa produção ou períodos inesperados de alta demanda por esses agentes. No entanto, a redução na aptidão de indivíduos sobreviventes pode ser observada imediatamente após o armazenamento, ou mais tarde, no desenvolvimento das próximas gerações. Portanto, é essencial entender os efeitos do estresse induzido pelo frio antes de armazenar parasitoides a baixa temperatura.

No caso de *T. diatraeae*, o armazenamento de pupas de *A. gemmatalis* a 0 °C ou a 5 °C e a posterior oferta às fêmeas deste parasitoide, reduziu as taxas de emergência, número de indivíduos e a longevidade dos descendentes. Quando as pupas hospedeiras parasitadas por *T. diatraeae* foram armazenadas por mais de 24 horas, também se observa redução nos índices de parâmetros biológicos desse parasitoide. No entanto, o armazenamento a 5 °C por até 24 horas das pupas parasitadas, não afeta a reprodução de *T. diatraeae* e pode ser uma alternativa para viabilizar a embalagem para transporte (Pastori et al., 2013).

A produção de descendentes de *P. elaeisis* foi avaliada em pupas de *B. mori* armazenadas em baixa temperatura. Pupas com 48 a 72 horas de idade foram armazenadas a 10 °C por 5, 10, 15 e 20 dias e, posteriormente, expostas ao parasitismo por *P. elaeisis*. A duração do ciclo de vida do parasitoide foi menor em pupas de *B. mori* armazenadas a 10 °C durante 15 dias. O parasitismo de *P. elaeisis* atingiu 100% de pupas de *B. mori* a 10 °C em todos os períodos de armazenamento, com emergência de 78 a 100% desse parasitoide. A progênie por pupa de *P. elaeisis* foi maior quando pupas de *B. mori* foram armazenadas por 15 dias a 10 °C. Portanto, pupas de *B. mori* podem ser armazenadas por até 15 dias a 10 °C e serem utilizadas em criações de *P. elaeisis* (Pereira et al., 2009b).

De maneira geral, as características biológicas de *P. elaeisis* criado em pupas de *T. molitor* também não foram afetadas pelo seu armazenamento a 5,2 °C por até 40 dias. Essa informação é importante para um programa de controle biológico com este parasitoide, porque abre a possibilidade de se produzir grandes quantidades do inimigo natural usando hospedeiros armazenados (Kodama et al., 2011).

Pupas de *D. saccharalis* podem ser armazenadas a 10 °C por até 25 dias e, posteriormente, utilizadas para a multiplicação de *T. howardi* sem efeitos negativos para a população desse parasitoide. A qualidade das gerações parentais e F1 de *T. howardi* decresceu com o aumento do período de exposição ao frio quando os parasitoides estavam na fase imatura no interior das pupas de *D. saccharalis*. O parasitoide *T. howardi* pode ser armazenado a 10 °C por até dez dias sem comprometer os aspectos biológicos da geração parental e F1 (Fávero, 2013).

Pupas de *T. molitor* armazenadas a 0,5 ± 0,09 °C e 2,7 ± 0,11 °C por dez e 20 dias, respectivamente, foram adequadas para a produção de *T. howardi*. Os imaturos (pupas) de *T. howardi* podem ser armazenados em pupas de *T. molitor* por até dez dias a 10,3 °C para produzir adultos desse parasitoide com qualidade. Portanto, a conservação de pupas de *T. molitor* em baixas temperaturas pode ser utilizada para incremento da população de *T. howardi* na produção massal para programas de controle de pragas (Tiago et al., 2019).

Gerações do hospedeiro e do parasitoide no laboratório e métodos moleculares

A criação de parasitoides em laboratório por várias gerações pode resultar em alterações genéticas que serão mantidas em alguns indivíduos nas populações por constituírem apenas uma pequena amostra da variabilidade genética presente na espécie e, portanto, após muitas gerações, os indivíduos "alterados" podem sofrer degenerações (Dias et al., 2008). Uma forma de minimizar o problema de endogamia é a obtenção de grandes populações desses indivíduos para manter uma variação genética suficientemente ampla. O tamanho ideal de uma população fundadora da criação de laboratório é variável em função da espécie e, em muitos casos, o tamanho da população inicial não é fator tão importante, especialmente se o número de indivíduos aumentar significativamente durante as primeiras gerações. Contudo, vale salientar que naturalmente os parasitoides eulofídeos em estudo são gregários, parasitam principalmente pupas e apresentam baixa proporção de machos na descendência, os quais emergem primeiro e aguardam as fêmeas ("irmãs") para acasalar. Assim, o processo de endogamia é natural para essas espécies e merece estudo para demonstrar que um grande número de gerações pode ou não afetar seu desempenho biológico.

A degeneração das criações de laboratório é percebida pela ocorrência de alterações no tamanho (geralmente ocorre diminuição), na alteração do período de desenvolvimento, na redução da fecundidade, na razão sexual (geralmente pelo aumento no número de machos), na redução da longevidade e no comportamento do parasitoide. No entanto, mesmo com o estabelecimento da criação do parasitoide em laboratório, é importante obter periodicamente novos indivíduos coletados no campo para a melhoria das criações já instaladas, e reduzir as chances de possíveis perdas de qualidade desse inimigo natural. Embora seja recomendada, a introdução dos indivíduos selvagens (F1 oriundos de hospedeiros de campo) na criação de laboratório deve ser cautelosa. Apesar de ser importante para o ganho de variabilidade genética, pode ocorrer depressão inicial dos descendentes F1 devido a incompatibilidade de microrganismos citoplasmáticos, como *Wolbachia* e outros simbiontes, bem como adaptação ao hospedeiro alternativo (Sørensen et al., 2012). Assim, é indicada uma geração dos novos parasitoides em hospedeiro alternativo, em laboratório; deve ser realizada para posterior introdução na criação massal (*vide* capítulo 16).

A determinação da qualidade de parasitoides produzidos em laboratório é feita pela avaliação de características biológicas expressas por esses inimigos naturais após sucessivas gerações. A criação de *T. howardi* em pupas de *D. saccharalis* a partir de indivíduos obtidos de uma única pupa (coletada em plantio de cana-de-açúcar) por 25 gerações sucessivas não afetou o parasitismo e a razão sexual dos descendentes de *T. howardi*. Houve variações na progênie, ciclo de vida, longevidade e tamanho da cápsula cefálica deste parasitoide, mas apesar disso, essas características mantiveram-se em níveis aceitáveis de qualidade (ausência de reduções drásticas das variáveis) (Vargas, 2013). A criação de *T. diatraeae* e *P. elaeisis* em pupas de *D. saccharalis* por 20 gerações sucessivas também não comprometeu a qualidade biológica dos parasitoides (Calado, 2015) (*vide* capítulo 16).

O protocolo (Chelex®) pode ser utilizado para extração de DNA de himenópteros parasitoides, e a otimização desta técnica permitiu utilizar as amostras de DNA de *T. diatraeae* e *P. elaeisis* na reação de PCR com marcadores moleculares e tendo resultados satisfatórios. Em *T. diatraeae* e *P. elaeisis* criados em laboratório foram encontrados polimorfismo em dois marcadores e microssatélites já desenvolvidos, o que evidencia que podem ser consideradas como marcadores para ser aplicados na identificação de indivíduos pertecentes a Eulophidae. Com isso, pode-se construir um banco genômico com as informações genéticas dos parasitoides e também “primers” (marcadores) específicos para *T. diatraeae* e *P. elaesis*. Isso abre possibilidades para estudos de filogenia, para a variabilidade genética e a dinâmica populacional, para a eficácia de liberação no campo e para o estabelecimento de uma nova técnica para o controle de qualidade de criações massais de espécies de parasitoides eulofídeos (Calado, 2015).

Critérios/parâmetros para avaliação da eficiência biológica de eulofídeos

A determinação da qualidade de parasitoides produzidos em laboratório é feita pela determinação de variáveis quantitativas (numéricas) e qualitativas (morfológicas). Dentre os caracteres avaliados, citam-se:

1. Parasitismo (%) [(número de pupas que não emergiram adultos do hospedeiro) / (número de pupas total) x 100];
2. Emergência (%) [(número de pupas do hospedeiro com emergência de adultos do parasitoide) / (número de pupas parasitadas) x 100];
3. Duração do ciclo de vida ovo-adulto (Tempo contado a partir da exposição da pupa ao parasitismo até a emergência de adultos do parasitoide);
4. Número de imaturos (larvas, pré-pupas e pupas) no interior da pupa hospedeira que não completaram seu desenvolvimento;
5. Progênie total: Número de parasitoides adultos emergidos por pupa (descendentes produzidos);
6. Razão sexual (=♀ / ♀ + ♂).
7. Longevidade de fêmeas e de machos (Período compreendido desde a emergência até a morte dos adultos). Para determinação da longevidade dos adultos parasitoides em estudo tem sido empregado no mínimo 20 fêmeas e dez machos, obtidos ao acaso da população em avaliação e individualizados em tubos de vidro contendo gotículas de mel puro para sua alimentação. Diariamente, sempre no mesmo horário, anota-se a mortalidade dos indivíduos.
8. Avaliação do tamanho dos parasitoides, com base no comprimento da tíbia posterior. Para isso, ao acaso, dez fêmeas e cinco machos são medidos. O comprimento da tíbia posterior é considerado a partir da articulação com o fêmur até a junção com o tarso (Olson & Andow, 1998) e podem ser obtidos com o auxílio de uma câmera acoplada a um microscópio estereoscópico utilizando-se *software* apropriado para fazer as medições morfométricas.

9. A mortalidade natural das pupas do hospedeiro é calculada nas mesmas condições ambientais do experimento e empregada para corrigir a mortalidade ocasionada pelo parasitoide (Abbott, 1925). Para tanto, no mínimo, 20 pupas do hospedeiro são individualizadas em tubos de vidro para a avaliação da emergência dos adultos. A determinação desse parâmetro é fundamental para que se possa atribuir a causa da mortalidade da pupa ao parasitoide ou a outros fatores, como alimentação ou contaminação na criação, tendo em vista que eventualmente não fica claro o sinal de parasitismo.

10. A capacidade de voo é um importante indicador de qualidade do parasitoide a ser avaliado, estando relacionado a dispersão e alcance de abrigo, alimentos e hospedeiros em condições de campo e pode ser avaliada de acordo com metodologia adaptada por Feltrin-Campos et al. (2016).

Protocolo de produção de eulofídeos

Para produção em escala para liberação desses parasitoides são utilizadas pupas de *B. mori*, *T. molitor*, *A. gemmatalis*, *S. frugiperda* e *D. saccharalis*. Destas, *D. saccharalis* é o hospedeiro mais apropriado, devido aos índices de parasitismo (100%), emergência (100%), razão sexual (0,90) e descendência por pupa (322) ao se utilizar a uma pupa de *D. saccharalis* + uma fêmea de *T. howardi* com 24 horas de parasitismo. Diferentes recipientes, que vão desde boleiras de acrílico ou de plástico, potes plásticos de diferentes formatos e tamanhos, e gaiolas podem ser usados para a produção de parasitoides em grandes quantidades e com qualidade. No Lecobiol são empregados potes plásticos do tipo coletor universal (80 mL) transparente com tampa em rosca. O protocolo de produção empregando o referido recipiente é constituído por cinco pupas de *D. saccharalis* (24 a 120 horas de idade) + 25 fêmeas de *P. elaeisis* (72 a 96 horas de idade) ou de *T. howardi* (24 a 48 horas de idade) ou de *T. diatraeae* (48 a 72 horas de idade). Na parede interna dos potes é ofertada uma gota de mel puro e permitido até dez dias de parasitismo. Após 18 dias, pode-se obter até 1.500 indivíduos adultos de cada espécie de parasitoide por recipiente de criação. Importante ressaltar, que a escolha do recipiente, densidade do parasitoide e período de parasitismo depende da finalidade da produção do hospedeiro e da espécie de parasitoide, se é para instalação de experimentos, manutenção de matrizes ou para liberação em grande escala. Ao se colocar duas pupas de *D. saccharalis* + 10 fêmeas de *P. elaeisis* com período de 24 a 48 de parasitismo, nota-se melhor qualidade biológica dos descendentes.

Custo de produção

O sucesso de programas de controle biológico de pragas com parasitoides em sistemas agrícolas e florestais depende da produção desses inimigos naturais em larga escala, com qualidade e baixo custo de produção. Os valores estimados obtidos por milheiro de *T. howardi* foram R$ 3,04; R$ 2,16; R$ 0,88; R$ 2,72, criados em pupas de *D. saccharalis*, *T. molitor*, *B. mori* e *A. gemmatalis*, respectivamente (Domingues et al., 2020). Mas deve-se levar em consideração não só o valor econômico da pupa em si, mas os índices de parasitismo e emergência de parasitoides por pupa, que podem variar em função não só com o hospedeiro, mas entre os lotes de produção. Por isso, recomenda-se fazer uma análise biológica prévia sempre antes de escolher definitivamente o hospedeiro para a produção de *T. howardi*. Em dólar americano, o custo estimado desses parasitoide foi de US$ 0,56 em pupas de *D. saccharalis*, US$ 0,39 em pupas de *T. molitor*, US$ 0,16 em pupas de *B. mori* e US$ 1,09 em pupas de *A. gemmatalis* (Domingues et al., 2020). Estas informações são importantes para que laboratórios e empresas de controle biológico consigam obter maior retorno econômico ao produzirem e comercializarem esses insetos com qualidade.

Liberação de eulofídeos em campo

Conhecer a forma de realizar a correta liberação, estabelecendo número de pontos de liberação e densidade de parasitoides por hectare é importante para a distribuição desses agentes de controle biológico ser a mais uniforme possível (Barbosa et al., 2019). Similar a outros parasitoides, eulofídeos parasitoides podem sofrer influências dos fatores físicos, tais como temperatura, vento e umidade relativa do ar. Além disso, os fatores intrínsecos ao parasitoide (estado fisiológico e tamanho das fêmeas), do hospedeiro (densidade e localização de pupas) ou da planta hospedeira (idade, crescimento ou arquitetura vegetal) também influenciam na eficiência de dispersão do parasitoide. A capacidade de dispersão e a capacidade de localização do hospedeiro no campo são atributos de qualidade importantes no controle biológico, no entanto são difíceis de estimar no laboratório e campo. Fato que informações sobre a mobilidade de *P. elaeisis, T. diatraeae e T. howardi* em campo merecem estudos para melhor distribuição espacial dos parasitoides no momento da liberação. Para a avaliação da capacidade de dispersão desses parasitoides geralmente utilizam-se círculos concêntricos, onde em um ponto central são liberados os parasitoides e nos perímetros de cada círculo são dispostos hospedeiros sentinelas, ofertados de forma similar ao encontrado na natureza, (em casulos, expostos sobre a planta ou dentro da planta; p.ex., brocas-da-cana). A disposição deve ser de forma equidistante e aumentando o número de hospedeiros em função do aumento do perímetro do círculo. A avaliação da

capacidade de dispersão é realizada por meio da verificação do parasitismo em hospedeiros alternativos, hospedeiros naturais, ou marcação/recaptura com cartões coloridos adesivos (Canto-Silva et al., 2006; Barbosa et al., 2019).

Liberações inundativas de *T. howardi* em plantios de cana-de-açúcar, em Cuba, resultaram em redução da infestação em até 84,6% (González et al., 2003). Além disso, esse parasitoide foi compatível com outros agentes de controle biológico utilizados na cultura da cana-de-açúcar (Félix et al., 2005). Vale ressaltar que laboratórios cubanos produzem *T. howardi* em escala comercial e recomendam sua utilização na supressão de brocas-do-colmo em cana-de-açúcar, milho, cevada e outras poáceas.

No Brasil, cerca de 70 fêmeas de *T. howardi* por pupa de *D. saccharalis* é o número mais próximo do ideal para atingir cerca de 40% de parasitismo na cultura da cana-de-açúcar. Neste cenário, as fêmeas de *T. howardi* encontraram e parasitaram as pupas em até 20 metros do ponto de liberação. Assim, a distância média percorrida pelas fêmeas foi de 7,6 m, com área de dispersão de 80,1 m^2 e um índice de parasitismo de 39,4%. Nessas condições, inicialmente são necessários 125 pontos/ha para liberações de *T. howardi* em canaviais com até sete meses de brotação visando o controle de *D. saccharalis* (Barbosa et al., 2019). A utilização de veículos aéreos não tripuláveis (VANTs), conhecidos popularmente como *drones* é uma alternativa para a distribuição uniforme dos parasitoides considerando o número de pontos de liberação. Nesse caso, experimentos sobre número de liberações em diferentes fases fenológicas da cultura são requeridos devido ao impacto da área foliar na capacidade de dispersão. Dessa maneira, estudos mostraram o número ideal de pontos associados ao número de *T. howardi* por hectare capaz de reduzir satisfatoriamente a população de *D. saccharalis*. Experimentos com índice de predação das pupas pré-parasitadas dentro das cápsulas, bem como o custo de liberação manual e com uso de *drones* também são necessários, e de materiais que podem ser usados para impregnar as cápsulas de liberação com o objetivo de repelir predadores oportunistas.

Liberações inoculativas de eulofídeos em eucalipto no Mato Grosso do Sul

Após 11 liberações em 941 hectares de eucalipto e mais de 14.000.000 de parasitoides eulofídeos liberados em plantios de eucalipto (Tabela 7), foram constatados indivíduos de todas as espécies de eulofídeos nas armadilhas adesivas instaladas nas áreas com liberação, exceto nas áreas testemunhas sem liberação, o que nos permite sugerir que os parasitoides se dispersaram e estão presentes nas áreas em que foram realizadas liberações. O esquema de liberação adotado foi baseado em várias informações contidas em trabalhos publicados anteriormente nesta linha de pesquisa. Adultos dos parasitoides

P. elaeisis, *T. howardi* foram recoletados em pupas do hospedeiro sentinela *D. saccharalis* em que foram colocadas artificialmente em plantios comerciais de eucalipto, situados em Ribas do Rio Pardo, MS, o que demonstra a permanência desses parasitoides no campo. E *T. diatrae* foi coletado naturalmente em pupas de *Iridopsis* sp. (Lepidoptera: Geometridae) nessas áreas.

Os melhores resultados foram alcançados com as seguintes recomendações de uso dos eulofídeos para controle biológico de *T. arnobia*: dose: 1.200 a 16.000 fêmeas adultas /ha. Número, época e intervalo de aplicação: Utilizar a dose com base nas informações sobre índice de desfolha (0 a 100%) e intensidade de infestação (número de lagartas por 100 folhas). Amostragem para avaliação da desfolha e intensidade de infestação de *T. arnobia*. Vinte árvores de eucalipto por talhão de 40 hectares são inspecionadas e selecionadas aleatoriamente. São coletadas de cada árvore (no terço inferior), um galho com aproximadamente 100 folhas. As lagartas e pupas de *T. arnobia* e de outros lepidópteros em plantas de eucalipto são contadas visando determinar a intensidade de infestação. Os níveis de desfolha pelas lagartas (0, 25, 50, 75 e 100%) são considerados.

- **Situação 1:** Com 5 a 10 % de desfolha ou uma a cinco lagartas/100 folhas e/ou abaixo de 40 pupas de *T. arnobia*, faz-se liberação de 1.200 fêmeas adultas em quatro pontos/hectare, sendo 300 fêmeas adultas por ponto de liberação, com distância entre os pontos de liberação de 50 metros, para a inoculação e estabelecimento dos parasitoides. Fazer amostragem de pupas aos 15, 30 e 45 dias após a liberação para avaliar o índice de parasitismo e presença de lagartas, pupas e adultos do inseto-praga, numa área de 60 × 70 m, ou seja, 4.200 m^2. Observar pupas com orifícios de emergência compatíveis com o tamanho dos parasitoides.
- **Situação 2:** No caso de 11 a 20 % de desfolha ou seis a dez lagartas/100 folhas ou 40 pupas de *T. arnobia* por hectare liberam-se 7.200 fêmeas adultas em seis pontos/hectare, sendo 1.800 fêmeas adultas por ponto de liberação.
- **Situação 3**: Com a situação de 21 a 30 % de desfolha ou acima de dez lagartas/100 folhas ou acima de 40 pupas de *T. arnobia* por hectare, liberam-se de 16.200 fêmeas adultas de dos parasitoides em nove pontos/hectare, sendo 1.800 fêmeas adultas por ponto de liberação. Neste caso, a distância entre os pontos de liberação é de 33 metros. Para qualquer situação, deve-se coletar 16 a 32 pupas aleatoriamente por hectare. Se o parasitismo foi abaixo de 25% ou emergência de mariposas acima de 50%, deve-se fazer nova liberação.

No caso de utilização de pupas do hospedeiro previamente parasitadas com parasitoides próximos da emergência, estas devem ser colocadas dentro de saco de papel kraft SOS em galho da árvore ou da planta na altura do peito. Caso sejam utilizadas cápsulas biodegradáveis, estas podem ser colocadas manualmente no solo próximas as árvores ou plantas ou liberadas por drones. Em ambas as situações, as cápsulas devem ser dispostas de acordo com as distâncias sugeridas em função do índice de desfolha ou intensidade de infestação.

Considerações finais

Pesquisas com *P. elaeisis*, *T. howardi* ou *T. diatraeae* são realizadas há 20 anos, e dentro da perspectiva de controle biológico apresentada neste capítulo, muitas informações ainda precisam ser geradas para que sua eficiência seja otimizada. Entre elas, determinar o período de permanência dos parasitoides nas áreas após liberações, obter índices de parasitismo e de emergência dos parasitoides em pupas de *T. arnobia* mais precisos e correlacionar com a população de adultos do inseto-praga. Os estudos até o momento já demonstram a viabilidade da utilização de hospedeiros alternativos, contudo a viabilidade da logística e a viabilidade econômica de uma produção em grande escala somente será possível com o estabelecimento de biofábricas próximas às regiões produtoras. Acreditamos que apesar de serem parasitoides polífagos, o que facilita a sua produção em hospedeiros alternativos para a multiplicação, possivelmente existe melhor interação parasitoide-hospedeiro, que deve ser determinada, bem como quais agroecossistemas são mais favoráveis a uma espécie ou outra desses três parasitoides dependendo das condições climáticas. Os resultados de exigências térmicas demonstram que existem diferenças entre as espécies, o que sugere recomendação de determinada espécie a depender das condições locais. É necessário também estudar a possibilidade de aclimatação de adultos recém-emergidos para liberação em ambientes com temperaturas mais elevadas.

Para um programa de manejo integrado de pragas, o controle biológico é apenas mais um método a ser integrado. Em florestas plantadas de eucalipto, por exemplo, outras espécies pragas de parte aérea como psilídeos, vespas, percevejos, coleópteros, dentre outros, podem ocorrer simultaneamente, exigindo diferentes medidas de controle. Dessa maneira, devemos priorizar métodos racionais como o controle com uso de plantas resistentes, controle cultural, comportamental, a utilização de outros agentes de controle biológicos (entomopatógenos e entomófagos). Todavia, pode ser necessário o uso do controle químico. Assim, o impacto de inseticidas sintéticos, bem como de entomopatógenos, devem ser determinados para melhor programar as liberações, de modo a obter seletividade fisiológica ou ecológica. Enfim, a tomada de decisão para se obter êxito com um controle biológico integrativo com parasitoides deve ser baseada em análises conjuntas e sistêmicas de todo o agroecossistema interligando-o aos fatores climáticos, seguindo as boas práticas agronômicas.

Tabela 7. Liberação de eulofídeos em plantios comerciais de eucalipto no Mato Grosso do Sul.

Ocorrência	Local	Espécie de eucalipto e Lepidóptero desfolhador	Parasitoides	Número de parasitoides liberados	Área coberta pela liberação	Data da liberação
1	Faz. São Joaquim Antonieta Três Lagoas (MS)	*Eucalyptus urograndis* Sem infestação	*Palmistichus elaeisis*	750.000	50 ha	09/10/2018
			Tetrastichus howardi	525.000	35 ha	09/10/2018
			Trichospilus diatraeae	225.000	15 ha	09/10/2018
2	Faz. São Joaquim Antonieta Três Lagoas (MS)	*Eucalyptus urograndis* Sem infestação	*Palmistichus elaeisis*	750.000	50 ha	13/11/2018
			Tetrastichus howardi	450.000	30 ha	13/11/2018
			Trichospilus diatraeae	300.000	20 ha	13/11/2018
3	Faz. São Guilherme Ribas do Rio Pardo (MS)	*Eucalyptus urograndis* *Thyrinteina arnobia* e *Glenna* sp. 5 a 10 lag/100 folhas 20 a 25% de desfolha	*Palmistichus elaeisis*	750.000	50 ha	09/10/2018
			Tetrastichus howardi	450.000	30 ha	09/10/2018
			Trichospilus diatraeae	300.000	20 ha	09/10/2018
4	Faz. Nossa Senhora de Fátima Três Lagoas (MS)	*Eucalyptus urograndis* *Thyrinteina arnobia* e *Glenna* sp. 3 a 4 lag/100 folhas 5 a 10% de desfolha	*Palmistichus elaeisis*	450.000	30 ha	19/02/2019
			Tetrastichus howardi	750.000	50 ha	19/02/2019
			Trichospilus diatraeae	300.000	20 ha	19/02/2019
5	Faz. São Guilherme Ribas do Rio Pardo, (MS)	*Eucalyptus urograndis* *Thyrinteina arnobia* e *Glenna* sp. 2 a 3 lag/100 folhas 10 a 15% de desfolha	*Palmistichus elaeisis*	150.000	10 ha	20/02/2019
			Tetrastichus howardi	225.000	15 ha	20/02/2019
			Trichospilus diatraeae	150.000	10 ha	20/02/2019
6	Faz. Santo Antônio Cláudio Franco, Três Lagoas (MS)	*Eucalyptus urograndis* *Thyrinteina arnobia* e *Glenna* sp. 2 a 3 lag/100 folhas 10 a 15% de desfolha	*Palmistichus elaeisis*	525.000	35 ha	26/03/2019
			Tetrastichus howardi	375.000	25 ha	26/03/2019
			Trichospilus diatraeae	375.000	25 ha	26/03/2019
7	Faz. São Guilherme, Ribas do Rio Pardo, MS	*Eucalyptus urograndis* *Thyrinteina arnobia* e *Glenna* sp. 1 a 2 lag/100 folhas 5% de desfolha	*Palmistichus elaeisis*	150.000	10 ha	27/03/2019
			Tetrastichus howardi	150.000	10 ha	27/03/2019
			Trichospilus diatraeae	150.000	10 ha	27/03/2019

8	Faz. Amélia do Brioso, Três Lagoas, MS	*Eucalyptus urograndis* *Thyrinteina arnobia* 13 lag/100 folhas 5% de desfolha	*Palmistichus elaeisis*	750.000	35 ha	23/04/2019
			Tetrastichus howardi	525.000	30 ha	23/04/2019
			Trichospilus diatraeae	225.000	40 ha	23/04/2019
9	Faz. Pantano Ribas do Rio Pardo, MS	*Eucalyptus urograndis* *Iridopsis* sp. 50% de desfolha.	*Palmistichus elaeisis*	525.000	35 ha	28/05/2019
			Tetrastichus howardi	450.000	30 ha	28/05/2019
			Trichospilus diatraeae	600.000	40 ha	28/05/2019
10	Faz. Formosa Água Clara, MS	*Eucalyptus urograndis* *Iridopsis* sp. e *Thyrinteinaa arnobia* 10 a 15 lag/100 folhas 40 % de desfolha	*Palmistichus elaeisis*	375.000	25 ha	19/06/2019
			Tetrastichus howardi	525.000	35 ha	19/06/2019
			Trichospilus diatraeae	315.000	21 ha	19/05/2019
11	Faz. Santo Antônio Monte Alegre Água Clara, MS	*Eucalyptus urograndis* Sem infestação	*Palmistichus elaeisis*	600.000	40 ha	09/08/2019
			Tetrastichus howardi	405.000	30 ha	09/08/2019
			Trichospilus diatraeae	405.000	30 ha	09/08/2019

Resumo de pontos importantes

1. Para se produzir *P. elaeisis*, *T. diatraeae* e *T. howardi* em laboratório com qualidade, deve-se observar a densidade ideal das fêmeas adultas dos parasitoides de acordo com espécie de pupa hospedeira; as idades adequadas de utilização das fêmeas adultas e das pupas hospedeiras; o período de parasitismo e a alimentação dos indivíduos adultos com mel e o recipiente de multiplicação, que pode variar de acordo com a finalidade da reprodução do parasitoide, seja para instalação de experimentos ou para liberação em larga escala no campo;

2. **Fêmeas de *T. howardi* preferem pupas, mas na ausência destas, conseguem parasitar lagartas e emergirem de pupas de lepidópteros e essa particularidade é importante para o parasitoide ser utilizado em programas de controle biológico de espécies de lepidópteros em que suas pupas ficam no interior do solo;**

3. Fêmeas de *T. diatraeae* e *T. howardi* conseguem localizar e parasitar pupas de *D. saccharalis* no interior de colmos de cana-de-açúcar, portanto podem ser utilizados no manejo biológico integrado dessa praga;

4. De maneira geral, os fungos entomopatogênicos *B. bassiana* e *M. anisopliae* não comprometem a eficiência biológica de *P. elaeisis*, *T. diatraeae* e *T. howardi*;

5. O êxito do controle biológico de lepidópteros com parasitoides eulofídeos depende de fatores como: grau de resistência da espécie de planta cultivada, clone ou material plantado, predação, competição, parasitismo natural, doenças causadas por fungos, bactérias e vírus entomopatogênicos, que estão sob a influência de variáveis como vento, radiação solar, umidade relativa do ar, pressão atmosférica e precipitação pluviométrica;

6. O histórico das áreas, o preparo do solo, o uso de material resistente, época de plantio, o mosaico ou arranjo populacional das plantas ou árvores nas áreas, presença de corredores ecológicos e conexões com fragmento de matas nativas, inseticidas utilizados para controle de todo o complexo de pragas, além dos fungicidas e herbicidas são fatores que devem ser analisados para que o manejo biológico de lepidópteros com eulofídeos seja sistêmico e eficiente;

7. A amostragem periódica das fases biológicas dos lepidópteros é fundamental para acertar o "timing" de liberação dos parasitoides e evitar que o surto populacional aumente e atinja outras áreas;

8. É importante que os produtores agrícolas, técnicos e silvicultores compartilhem informações mensalmente sobre as áreas infestadas com insetos-pragas, e que um mapa de risco seja elaborado para que não sejam surpreendidos por surtos de insetos e caso isso aconteça, tenham tempo para lançar mão do método de controle;

9. Liberações inoculativas, preventivas em menores quantidades e ao longo do ano, próximo do período de ocorrência das lagartas desfolhadoras, podem ser mais efetivas para que *P. elaeisis*, *T. howardi* ou *T. diatraeae,* considerados parasitoides polífagos, consigam se estabelecer nas áreas e equilibrar populações dos lepidópteros desfolhadores em culturas perenes.

10. Experimentos relacionados à seletividade de inseticidas sintéticos e biológicos aos parasitoides eulofídeos, número de parasitoides e de liberações no campo, bem como a época, a fenologia da cultura e sua interferência sobre a capacidade de busca do parasitoide, o custo de liberação manual e com drones estão em andamento, para os resultados serem utilizados no programa de controle biológico integrativo de pragas com *P. elaeisis*, *T. howardi* ou *T. diatraeae*.

Agradecimentos

À Coordenação de Aperfeiçoamento de Pessoal de Nível Superior (CAPES), ao Conselho Nacional de Desenvolvimento Científico e Tecnológico (CNPq), à Fundação de Apoio ao Desenvolvimento de Ensino, Ciência e Tecnologia do Estado de Mato Grosso do Sul (FUNDECT) e à Associação Sul Mato-Grossense de Produtores e Consumidores de Florestas Plantadas (Reflore-MS) pelo auxílio financeiro para realização das pequisas.

Referências Bibliográficas

Abbott, W. S. (1925). A method of computing the effectiveness of an insecticide. *Journal Economy Entomology*, *18*(2), 265-267. https://doi.org/10.1093/jee/18.2.265a.

Álvarez J. F., Naranjo F. & Grillo H. (2007). Estudios sobre la bioecología, hábitos y comportamiento de *Tetrastichus howardi* (Olliff) (Hymenoptera: Eulophidae), parásito pupal de *Diatraea saccharalis* (Fab.) (Lepidoptera: Crambidae) en Cuba. *Centro Agrícola*, *30*, 63-67.

Andrade, G. S. (2010). *Influência dos parasitoides Palmistichus elaeisis e Trichospilus diatraeae (Hymenoptera: Eulophidae) na imunidade celular de Anticarsia gemmatalis (Lepidoptera: Noctuidae).* 86 p. (Tese) Universidade Federal de Viçosa.

Andrade, G. S., Souza, A. H., Santos, J. C., Casto, F., Serrão, J. E. & Zanuncio, J. C. (2012). Oogenesis pattern and type of ovariole of the parasitoid *Palmistichus elaeisis* (Hymenoptera: Eulophidae). *Anais da Academia Brasileira de Ciências*, *84*(3), 767-774. http://dx.doi.org/10.1590/S0001-37652012000300019.

Baitha, A. & Maurya, B. L. (2012). Reproductive biology of *Tetrastichus howardi* (Olliff) (Hymenoptera: Eulophidae): A gregarious pupal parasitoid. *Indian Journal of Sugarcane Technology*, *27*(2), 59-61.

Barbosa, R. H., Kassab, S. O., Pereira, F. F., Rossoni, C., Costa, D. P & Berndt, M. A. (2015). Parasitism and biological aspects of *Tetrastichus howardi* (Hymenoptera: Eulophidae) on *Erinnyis ello* (Lepidoptera: Sphingidae) pupae. *Ciência Rural*, *45*(2), 185-188. http://dx.doi.org/10.1590/0103-8478cr20130896.

Barbosa, R. H., Pereira, F. F., Motomiya, A. V. A., Kassab, S. O., Rossoni, C., Torres, J. B., Mussury, R. M. & Pastori, P. L. (2019). *Tetrastischus howardi* density and dispersal toward augmentation biological control of sugarcane borer. *Neotropical Entomology*, *48*(2), 323-331. http://dx.doi.org/10.1007/s13744-018-0646-z.

Barbosa, R. H., Zanuncio, J. C., Pereira, F. F., Kassab, S. O. & Rossoni, C. (2016). Foraging activity of *Palmistichus elaeisis* (Hymenoptera: Eulophidae) at various densities on pupae of the eucalyptus defoliator *Thyrinteina arnobia* (Lepidoptera: Geometridae). *Florida Entomologist*, *99*, 121-127. doi: https://doi.org/10.1653/024.099.0417.

Bennett, F. D., Glenn, H., Yaseen, M. & Baranowski, R. M. (1987). Records of *Trichospilus diatraeae*, an Asian parasite (Hymenoptera: Eulophidae) from the Caribbean and Florida. *Florida Entomologist*, *70*(1), 184-186. http://dx.doi.org/10.2307/3495110.

Bittencourt, M. A. L. & Berti Filho, E. (2004). Exigências térmicas para o desenvolvimento de *Palmistichus elaeisis* (Hymenoptera, Eulophidae) em pupas de cinco espécies de lepidópteros. *Iheringia, Série Zoologia*, *94*(3), 321-323. http://dx.doi.org/10.1590/S0073-47212004000300016.

Bittencourt, M. A. L. & Berti Filho, E. (1999). Preferência de *Palmistichus elaeisis* por pupas de diferentes lepidópteros pragas. *Scientia Agricola*, *56*(4), 1.281-1.283. http://dx.doi. org/10.1590/S0103-90161999000500033.

Boucek, Z. (1976). The African and Asiatic species of *Trichospilus* and *Cotterellia* (Hymenoptera: Eulophidae). *Bulletin Entomological Research*, *64*(4), 669-681.

Bournier, J. P. (1975). Sur la reproduction parthénogénétique de *Trichospilus diatraeae* Cher. et Margab. (Hymenoptera: Chalcidoidea). *Bulletin de la Societé Entomologique de France*, *80*(5-6), 116-118.

Calado, V. R. F. (2015). *Métodos moleculares e características biológicas de Trichospilus diatraeae e Palmistichus elaeisis (Hymenoptera: Eulophidae)*. 86 p. (Tese) Universidade Federal da Grande Dourados.

Calado, V. R. F., Pereira, F. F., Vargas, E. L., Glaeser, D. F. & Oliveira, F. G. (2014). Características biológicas de *Trichospilus diatraeae* (Hymenoptera: Eulophidae) nos hospedeiros *Bombyx mori* (Lepidoptera: Bombycidae) e *Diatraea saccharalis* (Lepidoptera: Crambidae). *Biotemas*, *27*(1), 71-77. https://doi.org/10.5007/2175-7925.2014v-27n1p71.

Candelária, M. C. & Wilcken, C. F. (2014). *Palmistichus elaeisis* (Delvare & LaSalle, 1993) (Hymenoptera: Eulophidae), possible agent for the biological control of *Urbanus proteus* (Linnaeus, 1758) (Lepidoptera: Hesperiidae). *Shilap: Revista de Lepidopterología*, *42*(167), 379-383.

Canto-Silva, C. R., Kolberg, R., Romanowski, H. P. & Redaelli, L. R. (2006). Dispersal of the egg parasitoid *Gryon gallardoi* (Brethes) (Hymenoptera: Scelionidae) in tobacco crops. *Brazilian Journal of Biology*, *66*(1), 9-17. http://dx.doi.org/10.1590/S1519-69842006000100003.

Chapman, R. F. (1998). *The Insects: Structure and Function*. Cambridge: Cambridge University Press. 770p.

Cherian, M. C. & Subramaniam C. K. (1940). *Tetrastichus ayyari* Rohw. A pupal parasite of some moth borers in South India. *Indian Journal of Entomology*, *2*(1), 75-77.

Cônsoli, F. L. & Vinson, S. B. (2009). Parasitoides (Hymenoptera). In: Panizzi, A. R. & Parra, J. R. P. (Eds.). *Bioecologia e nutrição de insetos*. Brasília: Embrapa Informação Tecnológica. 837-874.

Costa, D. P., Pereira, F. F., Kassab, S. O., Rossoni, C., Favero, K. & Barbosa, R. H. (2014a). Reprodução de *Tetrastichus howardi* em pupas de *Diatraea saccharalis* de diferentes idades. *Revista de Ciências Agrárias*, *57*(1), 67-71. http://dx.doi.org/10.4322/rca.2013.067.

Costa, D. P., Pereira, F. F., Kassab, S. O., Rossoni, C., Pastori, P. L. & Zanuncio J. C. (2014b). *Tetrastichus howardi* (Hymenoptera: Eulophidae) in different densities and periods of parasitism on *Diatraea saccharalis* (Lepidoptera: Crambidae) caterpillars. *Annals Entomological Society of America*, *107*(5), 961-966. http://dx.doi.org/10.1603/AN14014.

Cruz, I., Redoan, A. C., Silva, R. B. D., Figueiredo, M. D. L. C., Penteado-Dias, A. M. (2011). New record of *Tetrastichus howardi* (Olliff) as a parasitoid of *Diatraea saccharalis* (Fabr.) on maize. *Scientia Agricola*, *68*(2), 252-254. http://dx.doi.org/10.1590/S0103-90162011000200017.

Delvare, G. & Lasalle, J. (1993). A new genus of *Tetrastichinae* (Hymenoptera: Eulophidae) from the Neotropical region, with the description of a new species parasitic on key pests of oil palm. *Journal of Natural History*, *27*(2), 435-444. https://doi.org/10.1080/00222939300770201.

Dias, N. S., Parra, J. R. P. & Lima, T. C. C. (2008). Seleção de hospedeiro alternativo para três espécies de tricogramatídeos neotropicais. *Pesquisa Agropecuária Brasileira*, *43*(11), 1.467-1.473. http://dx.doi.org/10.1590/S0100-204X2008001100004.

Diniz, A. J. F., Garcia, A. G., Alves, G. R., Reigada, C., Vieira, J. M., & Parra, J. R. P. (2020). The Enemy is Outside: Releasing the Parasitoid *Tamarixia radiata* (Hymenoptera: Eulophidae) in External Sources of HLB Inocula to Control the Asian Citrus Psyllid *Diaphorina citri* (Hemiptera: Liviidae). *Neotropical Entomology*, *49*(2), 250–257. https://doi.org/10.1007/s13744-019-00736-y

Domingues, A., Lucchetta, J. T. L., Cardoso, C. R. G., Ramos, L. F. N., Rodrigues, G. B. & Pereira, F.F. (2020). Custo de produção de *Tetrastichus howardi* (Hymenoptera: Eulophidae) criado em diferentes hospedeiros: In: *Encontro de Ensino, Pesquisa e Extensão*, 14, Resumos... Dourados: UFGD.

Duong, C. A., Diep, D. N. & Hung, H. Q. (2011). Survey of sugarcane moth borers in southeast Vietnan. *International Sugar Journal*, *113*(1354), 732-737.

Fávero, K., Pereira, F. F., Kassab, S. O., Oliveira, H. N., Costa, D. P. & Zanuncio, J. C. (2013). Biological characteristics of *Trichospilus diatraeae* (Hymenoptera: Eulophidae) are influenced by the number of females exposed per pupa of *Tenebrio molitor* (Coleoptera: Tenebrionidae). *Florida Entomologist*, *96*(2), 583-590. https://doi.org/10.1653/024.096.0224.

Fávero, K., Pereira, F. F., Torres, J. B., Oliveira, H. N., Kassab, S. O. & Zanuncio, J. C. (2015). Reproduction of *Tetrastichus howardi* (Hymenoptera: Eulophidae) in *Diatraea sac-*

charalis (Lepidoptera: Crambidae) pupae at diferente temperatures. *Florida Entomologist, 98*(3), 865-869. https://doi.org/10.1653/024.098.0308.

Fávero, K. (2013). *Desempenho biológico de Tetrastichus howardi (Hymenoptera: Eulophidae) multiplicado em pupas de Diatraea saccharalis (Lepidoptera: Crambidae) sob diferentes temperaturas.* 96p. (Tese) Universidade Federal da Grande Dourados.

Favoreto, A. L., Pavani, R. F., Ribeiro, M. F., Zanuncio, A. J. V.; Soares, M. A., Zanuncio, J. C. & Wilcken, C. F. (2020). *Tetrastichus howardi* (Hymenoptera: Eulophidae): first report of parasitism in *Oxydia vesulia* (Lepidoptera: Geometridae). *Brazilian Journal of Biology, 80,* 1-5. https://doi.org/10.1590/1519-6984.228541.

Felix, J., González, A., Oca, F. N. M., Ravelo, H. G. & Baitha, A. (2005). Interaction of *Lixophaga diatraeae* (Towns.) and *Tetrastichus howardi* (Olliff.) for management of *Diatraea saccharallis* (Fab.) in Cuba. *Sugar Tech, 7*(2-3), 5-8. https://doi.org/10.1007/BF02942520.

Feltrin-Campos, E., Rôdas, P. L., Glaeser, D. F., Pereira, F. F. & Oliveira, H. N. (2016). Teste de voo como critério de avaliação da qualidade de *Palmistichus elaeisis* Delvare & LaSalle (Hymenoptera: Eulophidae). *Entomobrasilis, 9*(2), 137-139. http://dx.doi.org/10.12741/ebrasilis.v9i2.571.

Fernandes, W. C. (2018). *Desempenho biológico de Tetrastichus howardi (Hymenoptera: Eulophidae) em lagartas, pupas e pré-pupas de Anticarsia gemmatalis (Lepidoptera: Erebidae) em condições de laboratório e semi-campo.* 143p. (Tese) Universidade Federal da Grande Dourados.

Ferreira, N. G. P., Pereira, F. F., Borges, F. L. G., Rossoni, C., Silva, A. S. & Kassab, S. O. (2016). Multiplicar *Tetrastichus howardi* (Hymenoptera: Eulophidae) en la oruga de la seda afecta su biología? *Acta Biologica Colombiana, 21*(1), 189-193. https://doi.org/10.15446/abc.v21n1.47999.

Garcia, A. G., Diniz, A. J. F. & Parra, J. R. P. (2019). A fuzzy-based index to identify suitable areas for host-parasitoid interactions: Case study of the Asian citrus psyllid *Diaphorina citri* and its natural enemy *Tamarixia radiata*. *Biological Control*, 35*1*(1), 135-140. https://doi.org/10.1016/j.biocontrol.2019.05.001.

Gil-Santana, H. R. & Tavares, M. T. (2006b). Chalcidoid parasitoids (Hymenoptera) of Actinote parapheles Jordan, 1913 (Lepidoptera: Nymphalidae). *Biota Neotropica, 6*(1), 1-5. http://dx.doi.org/10.1590/S1676-06032006000100016.

Gil-Santana, H. R. & Tavares, M. T. (2006a). *Palmistichus elaeisis* Delvare & LaSalle (Hymenoptera, Eulophidae): a new parasitoid of *Dione juno juno* (Cramer) (Lepidoptera, Nymphalidae). *Revista Brasileira de Zoologia, 23*(3), 891-892. http://dx.doi.org/10.1590/S0101-81752006000300040.

Glaeser, D. F., Oliveira, H. N., Moreira, S. C. S. & Rôdas, P. L. (2016). Impacto das oscilações de temperatura sobre o parasitoide pupal *Trichospilus diatraeae* (Hymenoptera: Eulophidae). *Cadernos de Agroecologia, 11*(2), 1-8.

Glaeser, D. F., Pereira, F. F., Vargas, E. L., Calado, V. R. F. & Favero, K. (2014). Reprodução de *Trichospilus diatraeae* em *Diatraea saccharalis* após três gerações em *Tenebrio molitor*. *Pesquisa Agropecuária Tropical*, *44,* 213-218. doi: https://dx.doi.org/10.1590/S1983-40632014000200013.

Glaeser, D. F. (2011). *Características biológicas e comportamentais de Trichospilus diatraeae (Hymenoptera: Eulophidae) criado em pupa de Diatraea saccharalis (Lepidoptera: Crambidae).* 89p. (Tese) Universidade Federal da Grande Dourados.

González, J. F. A., Oca, F. N. M. & Ravelo, H. G. (2003). Estudios bioecológicos de *Tetrastichus howardi* Olliff. (Hymenoptera: Eulophidae), parásito pupal de *Diatraea saccharalis* (Fabr.) (Lepidoptera: Crambidae) en Cuba. (Primera parte). *Centro Agricola*, *30*(2), 37-41.

Hansson, C. (2019). *Neotropical Eulophidae*. Disponível em: http://www.neotropicaleulophidae.com/.

Harvey, J. A. & Malcicka, M. (2016). Nutritional integration between insect hosts and koinobiont parasitoids in an evolutionary framework. *Entomologia Experimentalis et Applicata*, *159*(2), 181-188. https://doi.org/10.1111/eea.12426.

Kfir, R. (2001). Prospects for biological control of *Chilo partellus* in grain crops in South Africa. *International Journal of Tropical Insect Science*, *21*(4), 275-280. https://doi.org/10.1017/S1742758400008353.

Kfir, R., Gouws, J. & Moore, S. (1993). Biology of *Tetrastichus howardi* (Olliff) (Hymenoptera: Eulophidae): a facultative hyperparasitoid of stem borers. *Biocontrol Science and Technology*, *3*(2), 149-159. https://doi.org/10.1080/09583159309355271.

Kodama, E., Pereira, F. F. & Calado, V. R. F. (2011). É possível armazenar pupas de *Tenebrio molitor* (coleoptera: tenebrionidade) em baixa temperatura para criação de *Pamistichus elaeisis* (Hymenoptera: Eulophidae)? In: *Encontro de Pesquisa e Extensão*, 5, Anais... Dourados: UFGD.

Kumar, A., Baitha, A. & Bareliya P. K. (2016). Some biological aspects of pupal parasitoid, *Tetrastichus howardi* (Olliff) (Hymenoptera: Eulophidae) on *Chilo auricilius* (Dudgeon) pupae. *Current Biotica*, *10*(2), 170-174.

La Salle, J. (1994). North American genera of Tetrastichinae (Hymenoptera: Eulophidae). *Journal of Natural History*. *28*(1). 109-236. https://doi.org/10.1080/00222939400770091.

La Salle, J. & Polaszek, A. (2007). Afrotropical species of the *Tetrastichus howardi* species group (Hymenoptera: Eulophidae). *African Entomology*, *15*(1), 45-56. https://doi.org/10.4001/1021-3589-15.1.45

Liao, Y. L., Li Y. F., Zhang, Z. F., Xiao, H. X., Li, Y. F., Zhang, Y. & Wu, W. J. (2014). New record of *Tetrastichus howardi* Olliff as pupal parasitoid of *Chilo auricilia*. *Journal of Environmental Entomology*, *36,* 408-411.

Lucchetta, J. T. (2016). *Parasitismo e desenvolvimento de Tetrastichus howardi (Hymenoptera: Eulophidae) em lagartas e pupas de Spodoptera frugiperda (Lepidoptera: Noctuidae).* 67p. (Dissertação) Universidade Federal da Grande Dourados.

Masson, M. V., Tavares, W. S., Lopes, F. A., Souza, A. R., Ferreira-Filho, P. J., Barbosa, L. R., Wilcken, C. F. & Zanuncio, J. C. (2017). *Selitrichodes neseri* (Hymenoptera: Eulophidae) recovered from *Leptocybe invasa* (Hymenoptera: Eulophidae) galls after initial release on Eucalyptus (Myrtaceae) in Brazil, and data on its biology. *Florida Entomologist, 100*(3), 589-593. https://doi.org/10.1653/024.100.0316.

Melo, R. L., Pratisoli, D., Polanczyk, R. A., Tavares, M. T., Milanez, A. M. & Melo, D. F. (2011). Ocorrência de *Trichospilus diatraeae* (Hym.: Eulophidae) em broca das cucurbitáceas, no Brasil. *Horticultura Brasileira, 29*(2). 228-230. http://dx.doi.org/10.1590/S0102-05362011000200016.

Mohyuddin, A. I. (1990). Biological Control of *Chilo* spp. in maize, sorghum and millet. *International Journal of Tropical Insect Science, 11*(4-5), 719-732. https://doi.org/10.1017/S1742758400021287.

Moore, S. D. & Kfir, R. (1995). Aspects of the biology of the parasitoid, *Tetrastichus howardi* (Olliff) (Hymenoptera: Eulophidae). *Journal of African Zoology, 109*(5-6), 455-466.

Moreira, S. C. S., Glaeser, D. F., Rôdas, P. L., Oliveira, H. N. & Pereira, F. F. (2016). Densidades de fêmeas de *Palmistichus elaeisis* Delvare & LaSalle, 1993 (Hymenoptera: Eulophidae) para sua reprodução em pupas de *Tenebrio molitor* Linnaeus, 1758 (Coleoptera:Tenebrionidae). *Cadernos de Agroecologia, 11*(2), 1-9.

Noyes, J. S. (2019). Universal Chalcidoidea Database. Disponível em: https://www.nhm.ac.uk/our-science/data/chalcidoids/eulophidae1.html.

Oliveira, F. A. L. D., Silva, R. O., Oliveira, N. R. X. D., Andrade, G. S., Pereira, F. F., Zanuncio, J. C., Coutinho, C. R. & Pastori, P. L. (2018). Reproduction of *Trichospilus diatraeae* (Hymenoptera: Eulophidae) with different densities and parasitism periods in *Anticarsia gemmatalis* (Lepidoptera: Noctuidae) pupae. *Folia Biologica, 66*(3), 103-110. https://doi.org/10.3409/fb_66-3.11.

Oliveira, F. G. (2013). *Multiplicação de Tetrastichus howardi (Hymenoptera: Eulophidae) em pupas de Tenebrio molitor (Coleoptera: Tenebrionidae) e de Diatraea saccharalis (Lepidoptera: Crambidae).* 54p. (Dissertação) Universidade Federal da Grande Dourados.

Oliveira, H. N., Avila, C. J. & Pereira, F. F. (2009). Aspectos biológicos do parasitoide *Palmistichus elaeisis* em *Pseudoplusia includens*. In: Simpósio de Controle Biológico, 11, Resumos... Gramado: UNISINOS / FIOCRUZ / IRGA.

Oliveira, H. N., Simonato, J., Glaeser, D. F. & Pereira, F. F. (2016). Parasitism of *Helicoverpa armigera* pupae (Lepidoptera: Noctuidae) by *Tetrastichus howardi* and *Trichospinus diatraeae* (Hymenopetra: Eulophidae). *Semina: Ciências Agrárias, 37*(1), 111-115. http://dx.doi.org/10.5433/1679-0359.2016v37n1p111.

Oliveira, M. A. S., Junqueira, N. T. V., Icuma, I. M., Alves, R. T., Oliveira, J. N. S. & Andrade, G. A. (2001). *Incidência de danos da broca do fruto da graviola no Distrito Federal*. Planaltina: Embrapa Cerrados. 5p. (Comunicado Técnico, 51).

Olson, D. M. & Andow, D. A. (1998). Larval crowding and adult nutrition effects on longevity and fecundity of female *Trichogramma nubilale* Ertle & Davis (Hymenoptera: Trichogrammatidae). *Environmental Entomology*, *27*(2), 508-514. https://doi.org/10.1093/ee/27.2.508.

Palombo, I. L., Lucchetta, J. T. L., Cardoso, C. R. G., Ramos, L. F. N., Santos, J. P. & Pereira, F. F. (2020). Parasitismo de *Tetrastichus howardi* em lagartas de *Thyrinteina arnobia* em semicampo. In: *Encontro de Ensino, Pesquisa e Extensão*, 14, Resumos... Dourados: UFGD.

Paron, M. R. (1999). *Bioecologia de Trichospilus diatraeae Cherian & Maragabandhu, 1942 (Hymenoptera: Eulophidae), endoparasitoide de Lepidoptera*. 86p. (Tese) Universidade de São Paulo / Escola Superior "Luiz de Queiroz",.

Paron, M. R. & Berti-Filho, E. (2000). Capacidade reprodutiva de *Trichospilus diatraeae* (Hymenoptera: Eulophidae) em pupas de diferentes hospedeiros (Lepidoptera). *Scientia Agricola*, *57*(2), 355-358. http://dx.doi.org/10.1590/S0103-90162000000200025.

Parra, J. R. P., Alves, G. R., Diniz, A. J. F. & Vieira, J. M. (2016). *Tamarixia radiata* (Hymenoptera: Eulophidae) × *Diaphorina citri* (Hemiptera: Liviidae): Mass Rearing and Potential Use of the Parasitoid in Brazil. *Journal of Integrated Pest Management*, *7*(1), 1–11. https://doi.org/10.1093/jipm/pmw003

Pastori, P. L., Pereira, F. F., Andrade, G. S., Silva, R. O., Zanuncio, J. C. & Pereira, A. I. A. (2012a). Reproduction of *Trichospilus diatraeae* (Hymenoptera: Eulophidae) in pupae of two lepidopterans defoliators of eucalypt. *Revista Colombiana de Entomologia*, *38*(1), 91-93.

Pastori, P. L., Pereira, F. F., Zanuncio, J. C., Oliveira, H. N., Calado, V. R. F. & Silva, R. O. (2012b). Densidade de fêmeas de *Palmistichus elaeisis* Delvare & LaSalle, 1993 (Hymenoptera: Eulophidae) para sua reprodução em pupas de *Anticarsia gemmatalis* Hübner, 1818 (Lepidoptera: Noctuidae). *Arquivos do Instituto Biológico*, *79*(4), 525-532. http://dx.doi.org/10.1590/S1808-16572012000400009.

Pastori, P. L., Zanuncio, J. C., Pereira, F. F., Pratissoli, D., Cecon, P. R. & Serrão, J. E. (2013). Temperatura e tempo de refrigeração de pupas de *Anticarsia gemmatalis* (Lepidoptera: Noctuidae) afetam parâmetros biológicos de *Trichospilus diatraeae* (Hymenoptera: Eulophidae). *Semina: Ciências Agrárias*, *34*(4), 1.493-1.508. http://dx.doi.org/10.5433/1679-0359.2013v34n4p1493.

Pereira, E. F., Pereira, F. F., Grance, E. L. V., Calado, V. R. F. & Oliveira, F. G. (2012). Biologia reprodutiva de *Trichospilus diatraeae* e *Palmistichus elaeisis* (Hymenoptera: Eulophidae) em pupa de *Anagasta kuehniella* (Lepidoptera: Pyralidae). In: *Encontro de Pesquisa e Extensão*, 6, Anais... Dourados: UFGD.

Pereira, F. F., Kassab, S. O., Calado, V. R. F., Vargas, E. L., Oliveira, H. N. & Zanuncio, J. C. (2015). Parasitism and emergence of *Tetrastichus howardi* (Hymenoptera: Eulophidae) on *Diatraea saccharalis* (Lepidoptera: Crambidae) larvae, pupae and adults. *Florida Entomologist*, *98*(1), 377-380. https://doi.org/10.1653/024.098.0164.

Pereira, F. F., Zanuncio, J. C., Oliveira, H. N., Grance, E. L. V., Pastori, P. L. & Gava-Oliveira, M. D. (2011). Thermal requirements and estimate number of generations of *Palmistichus elaeisis* (Hymenoptera: Eulophidae) in different *Eucalyptus* plantations regions. *Brazilian Journal of Biology*, *71*(2), 431–436. http://dx.doi.org/10.1590/S1519-69842011000300012.

Pereira, F. F., Zanuncio, J. C., Pastori, P. L., Chichera, R. A., Andrade, G. S. & Serrão, J. E. (2010a). Reproductive biology of the *Palmistichus elaeisis* Delvare & LaSalle, 1993 (Hymenoptera: Eulophidae) with alternative and natural hosts. *Revista Brasileira de Zoologia*, *27*(6), 887-891. http://dx.doi.org/10.1590/S1984-46702010000600008.

Pereira, F. F., Zanuncio, J. C., Serrão, J. E., Oliveira, H. N., Fávero, K. & Grance, E. L. V. (2009a). Progênie de *Palmistichus elaeisis* Delvare & LaSalle (Hymenopetera: Eulophidae) parasitando pupas de *Bombyx mori* L. (Lepidoptera: Bombycidae) de diferentes idades. *Neotropical Entomology*, *38*(5), 660-664. http://dx.doi.org/10.1590/S1519-566X2009000500016.

Pereira, F. F., Zanuncio, J. C., Serrão, J. E., Pastori, P. L. & Ramalho, F. S. (2009b). Reproductive performance of *Palmistichus elaeisis* (Hymenoptera; Eulophidae) with previously refrigerated pupae of *Bombyx mori* (Lepidoptera; Bombycidae). *Brazilian Journal of Biology*, *69*(3), 865-869. http://dx.doi.org/10.1590/S1519-69842009000400014.

Pereira, F. F., Zanuncio, J. C., Serrão, J. E., Zanuncio, T. V., Pratissoli, D. & Pastori, P. L. (2010b). The density of females of *Palmistichus elaeisis* Delvare and LaSalle (Hymenoptera: Eulophidae) affects their reproductive performance on pupae of *Bombyx mori* L. (Lepidoptera: Bombycidae). *Anais da Academia Brasileira de Ciências*, *82*(2), 323-331. http://dx.doi.org/10.1590/S0001-37652010000200008.

Pereira, F. F., Zanuncio, J. C., Tavares, M. T., Pastori, P. L. & Jacques, G. C. (2008b). New Record of *Trichospilus diatraeae* (Hymenoptera: Eulophidae) as a parasitoid of the eucalypt defoliator *Thyrinteina arnobia* (Lepidoptera: Geometridae) in Brazil. *Phytoparasitica*, *36,* 304-306. https://doi.org/10.1007/BF02980777.

Pereira, F. F., Zanuncio, T. V., Zanuncio, J. C., Pratissoli, D. & Tavares, M. T. (2008a). Species of Lepidoptera defoliators of eucalypt as new hosts for the polyphagous parasitoid *Palmistichus elaeisis* (Hymenoptera: Eulophidae). *Brazilian Archives of Biology and Technology*, *51*(2), 259-262. http://dx.doi.org/10.1590/S1516-89132008000200004.

Pessoa, M. C. P. Y., Marinho-Prado, J. S., Mingoti, R., Prado, S. S., Lovisi Filho, E. Sá, L. A. N., Spadotto, C. A. & Farias, A. R. (2016). *Avaliação de potencial desenvolvimento de*

Chilo partellus (Swinhoe) (Lepidoptera: Pyralidae) e de três bioagentes de controle exóticos em condições climáticas da Região Norte do Brasil - Estados do Amapá e Roraima. Campinas: Embrapa Gestão Territorial. 2p. (Nota Técnica – Científica 10).

Rao, G. M. V. P., Ramani, S. & Singh, S. P. (2001). Field parasitization of maize stem borer, *Chilo partellus* (Swinhoe) (Lepidoptera: Pyralidae) in Bangalore. *Journal of Biological Control, 15*(2), 193-195.

Rao, V. P. (1965). Natural enemies of rice stem borers and allied species in various parts of the world and possibilities of their use in Biol. Control of rice stem borers in Asia. *Technical Bulletin. Commonwealth Institute of Biological Control, 6*(1), 1-68.

Ribeiro, R. C., Pikart, T. G., Fouad, H. A., Parreira, M. C., Zanuncio, J. C., Soares, M. A. & Castro, V. R. (2019). *Trichospilus diatraeae* (Hymenoptera: Eulophidae): development and reproduction in Lepidoptera palm oil pests. *Brazilian Journal of Biology, 79*(3), 377-382. http://dx.doi.org/10.1590/1519-6984.173211.

Rodrigues, A. (2019). *Parasitismo e desenvolvimento de Tetrastichus howardi (Hymenoptera: Eulophidae) em lagartas e pupas de Diatraea flavipennella (Lepidoptera: Crambidae)*. 64 p.(Dissertação) Universidade Federal da Grande Dourados.

Rodrigues, B. A. C., Pereira, F. F., Oliveira, F. G., Vargas, E. L., Calado, V. R. F. & Silva, N. V. (2012). Lagartas e pupas de *Bombyx mori* (Lepidoptera: Bombycidae) podem ser utilizadas para criação do parasitoide *Tetrastichus howardi* (Hymenoptera: Eulophidae)? In: *Encontro de Ensino, Pesquisa e Extensão*, 6, Anais... Dourados: UFGD.

Rodrigues, M. A. T. (2010). *Exigências térmicas e hídricas de Trichospilus diatraeae (Hymenoptera: Eulophidae) em pupas de Diatraea saccharalis (Lepidoptera: Crambidae)*. 40 p. (Dissertação) Universidade Federal da Grande Dourados.

Rodrigues, M. A. T., Pereira, F. F., Kassab, S. O., Pastori, P. L., Glaeser, D. F., Oliveira, H. N. & Zanuncio, J. C. (2013). Thermal requirements and generation estimates of *Trichospilus diatraeae* (Hymenoptera: Eulophidae) in sugarcane producing regions of Brazil. *Florida Entomologist, 96*(1), 154-159. https://doi.org/10.1653/024.096.0120.

Rodríguez-Dimaté, F. A., Poderoso, J. C. M., Ribeiro, R. C., Brugger, B. P., Wilcken, C. F., Serrão, J. E. & Zanuncio, J. C. (2016). *Palmistichus elaeisis* (Hymenoptera: Eulophidae) parasitizing pupae of the passion fruit pest *Agraulis vanillae vanillae* (Lepidoptera: Nymphalidae). *Florida Entomologist, 99*(1), 130-132. https://doi.org/10.1653/024.099.0127.

Sankar, M., Jaigeetha, S. & Rao, M. S. (2014). Exploitation of Biocontrol Agents, *Trichogramma chilonis* and *Tetrastichus howardi* on Yield Improvement in Sugarcane at EID Parry (India) Ltd., Sugar Mill Command Areas. *International Journal of Innovative Research & Development, 3*(8), 314-318.

Schmid-Hempel, P. Evolutionary ecology of insect immune defenses. (2005). *Annual Review of Entomology, 50*(1), 529-551. https://doi.org/10.1146/annurev.ento.50.071803.130420.

Silva, I. M., Silva, R. O., Andrade, G. S., Zanúncio, J. C., Pereira, F. F. & Pastori, P. L. (2009). Reproduction of *Palmistichus elaeisis* Delvare and LaSalle, 1993 (Hymenoptera: Eulophidae) in pupae of *Zophobas confusa* Gebien, 1906 (Coleoptera: Tenebrionidae). *Entomotropica*, *24*(3), 141-144.

Silva, I. M., Zanuncio, T. V., Pereira, F. F., Wilcken, C. F., Serrão, J. E. & Zanuncio, J. C. (2015). Reproduction of *Trichospilus diatraeae* (Hymenoptera: Eulophidae) in the pupae of *Diaphania hyalinata* (Lepidoptera: Crambidae) of various ages. *Florida Entomologist*, *98*(4), 1.025-1.029. https://doi.org/10.1653/024.098.0403.

Silva, I. M., Zanuncio, T. V., Pereira, J. M. M., Wilcken, C. F., Pereira, F. F., Serrão, J. E. & Zanuncio, J. C. (2014). Density of *Trichospilus diatraeae* (Hymenoptera: Eulophidae) parasitizing *Diaphania hyalinata* (Lepidoptera: Crambidae) Pupae. *Annals of the Entomological Society of America*, *107*(4), 826-831. https://doi.org/10.1603/AN13131.

Silva-Torres, C. S. A., Pontes, I. V. A. F., Torres, J. B. & Barros, R. (2010). New records of natural enemies of *Plutella xylostella* (L.) (Lepidoptera: Plutellidae) in Pernambuco, Brazil. *Neotropical Entomology*, *39*(5), 835-838.

Sørensen, J. G., Addison, M. F. & Terblanche, J. S. (2012). Mass-rearing of insects for pest management: Challenges, synergies and advances from evolutionary physiology. *Crop Protection*, *38*(1), 87-94. https://doi.org/10.1016/j.cropro.2012.03.023.

Souza, A. A., Palombo, I. L., Lucchetta, J. T. L., Cardoso, C. R. G., Ramos, L. F. N. & Pereira, F. F. (2020). Biologia comparada de eulofídeos em pupas de *Thyrinteina arnobia* (Lepidoptera: Geometridae). In: *Encontro de Ensino, Pesquisa e Extensão*, 14, Anais... Dourados: UFGD.

Srikanth, J. A. (2016). 100 years of Biol. Control of sugarcane pests in India: review and perspective. *CAB Reviews*, *11*(13), 1-32. https://doi.org/10.1079/PAVSNNR201611013.

Strand, M. R. & Pech, L. L. (1995). Immunological basis for compatibility in parasitoid-host relationships. *Annual Review of Entomology*, *40*(1), 31-56. https://doi.org/10.1146/annurev.en.40.010195.000335.

Tavares, W. S., Mielke, O. H. H., Wilcken, C. F., Simon, L., Serrão, J. E. & Zanuncio, J. C. (2012a). *Palmistichus elaeisis* (Hymenoptera: Eulophidae) parasitizing pupae of *Citioica anthonilis* (Lepidoptera: Saturniidae) collected on *Piptadenia gonoacantha* (Fabaceae). *The Journal of the Lepidopterists Society*, *66*(4), 216-220. https://doi.org/10.18473/lepi.v66i4.a5.

Tavares, W. S., Zanuncio, T. V., Hansson, C., Serrão, J. E. & Zanuncio, J. C. (2012b). Emergence of *Palmistichus elaeisis* (Hymenoptera: Eulophidae) from pupae of *Thagona tibialis* (Lepidoptera: Lymantriidae) collected in the medicinal plant *Terminalia catappa* (Combretaceae). *Entomological News*, *122*(3), 250-256. https://doi.org/10.3157/021.122.0306.

Tavares, W. S., Hansson, C., Mielke, O. H. H., Serrão, J. E. & Zanuncio, J. C. (2013a). Parasitism of *Palmistichus elaeisis* Delvare & LaSalle, 1993 on pupae of *Methona themisto*

(Hübner, [1818]) reared on two hosts (Lepidoptera: Nymphalidae; Hymenoptera: Eulophidae). *Shilap: Revista de Lepidopterologia*, *41*(161), 43-48.

Tavares, W. S., Soares, M. A., Mielke, O. H. H., Poderoso, J. C. M., Serrão, J. E. & Zanuncio, J. C. (2013b). Emergence of *Palmistichus elaeisis* Delvare & LaSalle, 1993 (Hymenoptera: Eulophidae) from Pupae of *Heraclides anchisiades capys* (Hübner, [1809]) (Lepidoptera: Papilionidae) in the Laboratory. *Folia Biologica*, *61*(3-4), 233-237. https://doi.org/10.3409/fb61_3-4.233.

Tiago, E. F. (2019). *Biologia comparada de Tetrastichus howardi, Trichospilus diatraeae e Palmistichus elaeisis (Hymenoptera: Eulophidae) em lagartas e pupas de Plutella xylostella (Lepidoptera: Plutellidae).* 94 p. (Tese) Universidade Federal da Grande Dourados.

Tiago, E. F., Pereira, F. F., Kassab, S. O., Barbosa, R. H., Cardoso, C. R. G., Sanomia, W.Y., Pereira, H. C., Silva, R. M. M. F. & Zanuncio, J. C. (2019). Biological Quality of *Tetrastichus howardi* (Hymenoptera: Eulophidae) reared with *Tenebrio molitor* (Coleoptera: Tenebrionidae) Pupae after Cold Storage. *Florida Entomologist*, *102*(3), 571-576. http://dx.doi.org/10.1653/024.102.0345.

Ubaidillah, R. (2006). Eulophine parasitoids of the genus *Trichospilus* in Indonesia, with the description of two new species (Hymenoptera: Eulophidae). *Entomological Science*, *9*(2), 217-222. https://doi.org/10.1111/j.1479-8298.2006.00167.x.

Vargas, E. L. (2013). *Parasitismo e desenvolvimento de Tetrastichus howardi (Hymenoptera: Eulophidae) em lagarta e pupa de Diatraea saccharalis (Lepidoptera: Crambidae).* 89 p. (Tese) Universidade Federal da Grande Dourados.

Vargas, E. L., Pereira, F. F., Calado, V. R. F., Glaeser, D. F., Rodrigues, B. A. C., Silva, N. V. (2013a). Females density of *Trichospilus diatraeae* (Hymenoptera: Eulophidae) on pupae of *Diatraea saccharalis* (Lepidoptera: Crambidae). *Sitientibus série Ciencias Biologicas*, *13*(1), 1-7. http://dx.doi.org/10.13102/scb227.

Vargas, E. L., Pereira, F. F., Glaeser, D. F., Calado, V. R. F., Oliveira, F. G. & Pastori, P. L. (2013b). Searching and parasitism of *Diatraea saccharalis* (Lepidoptera: Crambidae) by *Trichospilus diatraeae* (Hymenoptera: Eulophidae). *Acta Biológica Colombiana*, *18*(2), 259-264.

Vargas, E. L., Pereira, F. F., Tavares, M. T. & Pastori, P. L. 2011). Record of *Tetrastichus howardi* (Hymenoptera: Eulophidae) parasitizing *Diatraea* sp. (Lepidoptera: Crambidae) in sugarcane crop in Brazil. *Entomotropica*, *26*(3), 143-146.

Zaché, B. (2012). *Técnicas de criação em laboratório e dispersão do parasitoide de pupas Trichospilus diatraeae (Hymenoptera: eulophidae) no campo.* 85 p. (Tese) Faculdade de Ciências Agronômicas de Botucatu, Universidade Estadual Paulista

Zaché, B., Zaché, R. R. C., Soliman, E. P. & Wilcken, C. F. (2011a). Evaluation of *Trichospilus diatraeae* (Hymenoptera: Eulophidae) as parasitoid of the eucalyptus defoliator

Euselasia eucerus (Lepidoptera: Riodinidae). *International Journal of Tropical Insect Science*, *31*(1-2), 118-121. https://doi.org/10.1017/S1742758411000117.

Zaché, B., Costa, R. R., Zanuncio, J. C. & Wilcken, C. F. (2013a). *Palmistichus elaeisis* (Hymenoptera: Eulophidae) Parasitizing Pupae of *Hypsipyla grandella* (Lepidoptera: Pyralidae). *Florida Entomologist*, *96*(3), 1207-1208. https://doi.org/10.1653/024.096.0369.

Zaché, B., Wilcken, C. F., Costa, R. R. & Soliman, E. P. (2010a). *Trichospilus diatraeae* Cherian & Margabandhu, 1942 (Hymenoptera: Eulophidae), a new parasitoid of *Melanolophia consimilaria* (Lepidoptera: Geometridae). *Phytoparasitica*, *38*(4), 355-357. https://doi.org/10.1007/s12600-010-0108-6.

Zaché, B., Wilcken, C. F., Zache, R. R. C., Soliman, E. P. & San Roman, M. L. (2010b). *Trichospilus diatraeae* Cherian & Margabandhu, 1942 (Hymenoptera: Eulophidae), un nuevo parasitoide de *Hypsipyla grandella* (Zeller, 1848) (Lepidoptera: Pyralidae). *Idesia (Arica)*, *28*(3), 111-114. http://dx.doi.org/10.4067/S0718-34292010000300014.

Zaché, B., Wilcken, C. F., Zache, R. R. C. & Souza, N. M. (2012a). Novo registro de *Trichospilus diatraeae* Cherian & Margabandhu, 1942 (Hymenoptera: Eulophidae), como parasitoide de *Spodoptera cosmioides* Walker, 1858 (Lepidoptera: Noctuidae) no Brasil. *Biota Neotropica*, *12*(1), 319-322. http://dx.doi.org/10.1590/S1676-06032012000100024.

Zaché, B., Zaché, R. R. C.; Candelaria, M. C. & Wilcken, C. F. (2013b). *Musca domestica* as a host for mass rearing of parasitoid *Palmistichus elaeisis* (Hymenoptera: Eulophidae). *Agrociencia*. *17*(1). 98-100.

Zaché, B.; Zaché, R. R. C., Souza, N. M., Dias, T. K. R. & Wilcken, C. F. (2011b). New Record of *Trichospilus diatraeae* Margabandhu & Cherian, 1942 (Hymenoptera: Eulophidae) parasitizing *Sarsina violascens* (Herrich-Schaeffer, 1856) (Lepidoptera: Lymantriidae) in Brazil. *Journal of Plant Protection Research*, *51*(4), 420-422. https://doi.org/10.2478/v10045-011-0069-x.

Zaché, B., Zaché, R. R. C. & Wilcken, C. F. (2012b). Evaluation of *Palmistichus elaeisis* Delvare & LaSalle (Hymenoptera: Eulophidae) as Parasitoid of the *Sarsina violascens* Herrich-Schaeffer (Lepidoptera: Lymantriidae). *Journal of Plant Studies*, *1*(1), 85-89. http://dx.doi.org/10.5539/jps.v1n1p85.

Zaché, B., Zaché, R. R. C. & Wilcken, C. F. (2011c). Diferentes densidades de *Trichospilus diatreae* (Hymenoptera: Eulophidae) e seu desenvolvimento sobre pupas de *Thyrinteina arnobia* (Lepidoptera:Geometridae). *Boletín de Sanidad Vegetal Plagas*, *37*(2), 187-193.

Zaché, B., Zaché, R. R. C. & Wilcken, C. F. (2013c). Reproduction of *Trichospilus diatraeae* (Hymenoptera: Eulophidae) parasitizing pupae of *Epseudosoma involuta* (Lepidoptera: Arctiidae) a lepidopteran defoliator in Brazil. *Revista Chilena de Historia Natural*, *86*(2), 221-224. https://doi.org/10.4067/S0716078X2013000200010.

Zanuncio, J. C., Pereira, F. F., Jacques, G. C., Tavares, M. T. & Serrão, J. E. (2008). *Tenebrio molitor* Linnaeus (Coleoptera: Tenebrionidae), a new alternative host to rear the pupae parasitoid *Palmistichus elaeisis* Delvare & LaSalle (Hymenoptera: Eulophidae). *The Coleopterists Bulletin*, *62*(1), 64-66. https://doi.org/10.1649/1015.1

Zanuncio, J. C., Vinha, G. L., Ribeiro, R. C., Fernandes, B. V., Kassab, S. O., Wilcken, C. F. & Zanuncio, T. V. (2015). *Psorocampa denticulata* (Lepidoptera: Notodontidae) Pupae as an Alternative Host for *Palmistichus elaeisis* (Hymenoptera: Eulophidae). *Florida Entomologist*, *98*(3), 1003-1005. https://doi.org/10.1653/024.098.0338.

Zheng, Y. H., Zheng, L. X., Liao, Y. L. & Wu, W. J. (2016). Sexual dimorphism in antennal morphology and sensilla ultrastructure of a pupal endoparasitoid *Tetrastichus howardi* Olliff (Hymenoptera: Eulophidae). *Microscopy Research and Technique*, *79*(5), 374-384. https://doi.org/10.1002/jemt.22640.

Zhong, L., Liao, Y., Zhang, Y. & Wu, W. (2016). Ovarian development and oogenesis in *Tetrastichus howardi* (Olliff) (Hymenoptera: Eulophidae). *Journal of Environmental Entomology*, *38*(1), 154-158.

Thaumastocoris peregrinus, adulto e ovos

CAPÍTULO 14

Controle biológico de pragas florestais introduzidas

CARLOS FREDERICO WILCKEN
LEONARDO RODRIGUES BARBOSA
LUIZ ALEXANDRE NOGUEIRA DE SÁ
JOSÉ COLA ZANUNCIO

Introdução

Insetos praga são um grande problema econômico e ambiental em plantios florestais em todo o mundo. Pragas exóticas introduzidas com frequência em plantios florestais têm causado grande impacto na produtividade das florestas. O controle de pragas exóticas muitas vezes não é viável utilizando-se produtos químicos, pela ausência de produtos registrados por ocasião da introdução de uma nova praga, impacto ambiental associado ao uso em áreas extensivas e condicionantes restritivas de selos de certificação florestal. Nesses casos, programas de controle biológico de pragas florestais exóticas produziram alguns sucessos surpreendentes.

O controle biológico, através da introdução de inimigos naturais para suprimir a população de herbívoros, é utilizado há muito tempo para fornecer uma abordagem sustentável, econômica e de longo prazo para o controle de pragas exóticas em plantios de *Pinus* e *Eucalyptus* no Brasil.

O primeiro caso de sucesso de controle biológico de uma praga florestal no Brasil foi obtido com a introdução do nematoide *Deladenus siricidicola*

Bedding, vindo da Austrália em 1989, 1990 e 1994, para o controle da vespa da madeira, *Sirex noctilio* Fabricius (Hymenoptera: Siricidae), em plantios de pínus no sul do país.

A utilização de percevejos predadores, em especial do gênero *Podisus*, para o controle de lagartas desfolhadoras de eucalipto, foi outro programa de controle biológico de sucesso, desenvolvido no Brasil pela Universidade Federal de Viçosa.

Atualmente, o controle biológico é um componente cada vez mais importante dos programas de manejo integrado de pragas florestais, principalmente neste momento em que a globalização dos recursos aumenta o potencial das pragas florestais exóticas se espalharem e se estabelecerem em diferentes regiões do mundo. Em paralelo, o uso de inseticidas químicos é cada vez mais restringido em plantios florestais. Em muitos casos o controle biológico representa a única solução de manejo.

Como a grande maioria dos programas de controle biológico de pragas florestais no Brasil foi desenvolvida para o manejo de pragas exóticas, apresentaremos neste capítulo os dois últimos programas desenvolvidos no país, que são do psilídeo-de-concha e do percevejo-bronzeado do eucalipto.

Psilídeo-de-concha

O psilídeo-de-concha, *Glycaspis brimblecombei* Moore, é uma praga secundária no país de origem, a Austrália. Entretanto, essa espécie foi introduzida acidentalmente na Califórnia (EUA) em 1998, sendo considerada praga urbana, causando secamento de ponteiros, principalmente em *Eucalyptus camaldulensis, E. tereticornis, E. diversicolor, E. globulus, E. sideroxylon* e *E. rudis* (Brennan et al., 1999). A praga se dispersou por quatro continentes, estando presente em 22 países (Wilcken et al., 2015). No Brasil, o psilídeo-de-concha foi detectado em Mogi-Guaçu, SP, em 2003, e atualmente está presente em 16 estados brasileiros mais o Distrito Federal (Wilcken et al., 2015).

Glycaspis brimblecombei mede de 1 a 2 mm na fase adulta e as ninfas constroem uma cobertura branca sobre seus corpos, feita de amido, chamada "concha". A reprodução é sexuada, sendo que as fêmeas ovipositam nas folhas abertas, colocando em média de 12 a 35 ovos/fêmea. Após seis a oito dias, eclodem as ninfas, que se desenvolvem em adultos no período médio de 14 a 16 dias, após 5 ínstares (Firmino-Winckler et al., 2009).

Essa praga, devido à intensa sucção de seiva pelas ninfas, causa inicialmente desfolha da parte apical das árvores, podendo chegar à desfolha total. Indiretamente promove fumagina nas folhas e ramos (Wilcken et al., 2015).

As perdas em clones suscetíveis ao psilídeo-de-concha variam de 10 a 15% de redução no volume final de madeira, além de causar de 30 a 90% de mortalidade de árvores em plantações de *E. camaldulensis*.

Controle biológico

Quanto ao controle biológico, na Austrália são relatados predadores generalistas importantes no controle biológico, como as larvas de moscas sirfídeas (Diptera: Syrphidae), larvas do bicho-lixeiro (Neuroptera: Chrysopidae) e as joaninhas (Coleoptera: Coccinellidae). Porém, no Brasil, nenhum desses inimigos naturais se mostrou efetivo, devido à proteção proporcionada pela concha, que protege as ninfas de *G. brimblecombei* (Wilcken et al., 2015).

O controle biológico com fungos entomopatogênicos é mais uma opção de controle, porém, viável apenas em condições de alta umidade relativa. Formulações comerciais de *Beauveria bassiana* e *Metarhizium anisopliae* demonstram eficiência entre 47 a 89% em condições de semicampo (Pogetto et al., 2011).

Controle biológico clássico

O controle do psilídeo-de-concha em vários países onde a praga foi introduzida é baseado no controle biológico clássico, com a importação do parasitoide *Psyllaephagus bliteus* Riek, iniciada nos EUA em 1998.

Em novembro de 2003 foi detectado no Brasil o parasitoide *P. bliteus* em plantação de eucalipto em Piracicaba, SP. Após estudos demonstrando a baixa variabilidade genética, foi realizada importação de populações de *P. bliteus* do México em 2006, visando incrementar essa variabilidade e a capacidade de adaptação às diferentes condições brasileiras. Atualmente o parasitoide está presente em todos os estados onde se encontra a praga.

O parasitoide *P. bliteus* é um micro-himenóptero que mede entre 1,6 a 2,4 mm de comprimento, de coloração verde-metálica, com as pernas amareladas. As fêmeas apresentam as antenas marrons e possuem pequeno ovipositor na extremidade do abdome e os machos têm as antenas amarelas e a extremidade do abdome arredondada (Riek, 1962; Plascencia-Gonzalez et al., 2005).

Quanto à biologia, o ciclo de desenvolvimento (ovo-pupa) do parasitoide é de 18 dias à temperatura de 26 °C. A longevidade dos adultos é afetada pela temperatura, reduzindo de 40,8 dias à temperatura de 17 °C para 14,2 dias a 32 °C (Sime et al., 2004). Esse efeito pode afetar o parasitismo no campo, sendo menor em regiões mais quentes.

As fêmeas de *P. bliteus* têm preferência por parasitar ninfas de 3º e 4º ínstares (85,1% das ocorrências), sendo que ninfas de ínstares iniciais morrem rapidamente se forem parasitadas, não permitindo o desenvolvimento da larva do parasitoide, e, em ninfas do 5º ínstar, o tempo para o desenvolvimento da larva do parasitoide é muito curto. Foi também verificada a ocorrência de superparasitismo em ninfas de *G. brimblecombei*, variando de dois até 26 ovos por ninfa, em condições de campo. A principal característica do parasitismo é que as ninfas do psilídeo-de-concha morrem quando as larvas do parasitoide estão desenvolvidas, tornando-se "mumificadas", com a pupa em seu interior. A emergência sempre se dá pela parte terminal do abdome das ninfas. Cada fêmea do parasitoide pode parasitar até 125 ninfas por fêmea (Daane et al., 2005).

P. bliteus é considerado um parasitoide cenobionte, ou seja, permite que seu hospedeiro continue a se desenvolver após ter iniciado o parasitismo, visando ter mais recursos disponíveis para seu desenvolvimento dentro do hospedeiro. Dessa forma, esse parasitoide causa alterações comportamentais nas ninfas de *G. brimblecombei* durante o desenvolvimento da larva, fazendo com que as ninfas do psilídeo produzam mais carboidratos (amido) tornando as paredes da concha mais espessas e selando a parte basal da concha (Sullivan et al., 2006).

Em um estudo com liberações regulares nos períodos de maior ocorrência do psilídeo-de-concha em floresta de *E. camaldulensis* em São Simão, SP, durante 2006 e 2007, foram realizadas quatro liberações de 20 casais de *P. bliteus* por ponto amostral por ano, a intervalos de 15 a 20 dias, sendo verificado que o parasitismo aumentou após aproximadamente 20 dias, mas se reduziu na avaliação subsequente. O número de ninfas parasitadas (múmias) variou de 0,21 a 5,92 múmias/folha nas parcelas testemunha e de 28,2 a 78,6 múmias/folha nas parcelas com liberação do parasitoide em 2006, e de 0,28 a 7,03 múmias/folha nas parcelas testemunha e de 30,3 a 79,3 múmias/folha nas parcelas com liberação do parasitoide em 2007 (Ferreira Filho et al., 2015). Portanto, esse parasitoide depende de liberações regulares ao longo do período de infestação no campo para atingir níveis de controle satisfatórios.

Com relação a predadores, no Brasil foi descoberto um percevejo predador do psilídeo-de-concha. Trata-se de *Atopozelus opsimus* Elkins, encontrado em plantações de *E. camaldulensis* predando ninfas e adultos de *G. brimblecombei*. A predação foi confirmada em laboratório, com *A. opsimus* completando seu ciclo de vida com ninfas do psilídeo-de-concha. A duração da fase ninfal do predador foi de 40,3 dias e longevidade de adultos de 61,0 dias para fêmeas e de 39,0 dias para machos. Adultos de *A. opsimus* predaram 13 indivíduos de *G. brimblecombei* em 36h de observação, sendo sete adultos e seis ninfas, em média (Dias et al., 2012).

Monitoramento de *G. brimblecombei* e de *P. bliteus* em florestas de eucalipto no Brasil

No Brasil, o monitoramento da praga é feito com armadilhas adesivas de coloração amarela desde fevereiro de 2004. As armadilhas medem 12,5 cm x 10 cm e são distribuídas na proporção de uma armadilha para 200 a 500 ha de florestas de eucalipto, para detecção. O monitoramento é feito em plantações de *E. camaldulensis* e de clones híbridos de *E. urophylla* x *E. grandis* (clones "Urograndis") e de *E. grandis* x *E. camaldulensis*, com idade entre 1 a 4 anos.

A armadilha adesiva amarela atrai tanto o psilídeo-de-concha quanto seu parasitoide, otimizando o monitoramento.

Programa de controle biológico do psilídeo-de-concha

Criações de *G. brimblecombei* e do parasitoide *P. bliteus* podem ser mantidas em gaiolas teladas de 80 x 44 x 38 cm, as quais comportam 15 mudas de *E. camaldulensis* em tubetes jumbo (540 ml). Inicialmente as mudas são acondicionadas na gaiola e são liberados de 50 a 80 adultos do psilídeo-de-concha por gaiola. Após uma semana, as fêmeas ovipositam, em média, 300 ovos/muda, gerando, em média, 125 ninfas/muda. Após 12 a 15 dias da eclosão das ninfas, as gaiolas são transferidas de sala e são liberados dez casais de *P. bliteus* por gaiola. Após mais duas semanas inicia-se a emergência dos parasitoides. As vespinhas são coletadas com um aspirador bucal, acondicionadas em tubos de vidro de 8,5 x 2,0 cm, fechados com tela de "voile". Esses tubos são transportados para as áreas infestadas onde os parasitoides são liberados (Wilcken et al., 2010a).

De acordo com os dados do monitoramento são escolhidos os pontos de liberação do parasitoide. No campo são escolhidas árvores dominadas ou ramos infestados com ninfas do psilídeo-de-concha, nas quais são liberados os parasitoides. As fêmeas de *P. bliteus* iniciam rapidamente a procura pelas conchas, reconhecendo aquelas com a presença de ninfas através de batimentos das antenas sobre as conchas. Logo após o reconhecimento, a fêmea introduz o ovipositor através da concha, colocando um ovo internamente ao corpo da ninfa de *G. brimblecombei*, geralmente no abdome.

Antes da liberação são coletados ramos de árvores próximas, dos quais são retiradas 50 folhas, que serão utilizadas para avaliar a população de ninfas do psilídeo-de-concha e se há parasitismo prévio por uma população local de *P. bliteus*.

Após aproximadamente 30 dias é realizada nova coleta de folhas para avaliar a progressão do parasitismo pós-liberação, repetindo-se essa avaliação mensalmente.

O controle biológico aumentativo foi demonstrado ser mais efetivo com liberações mensais entre maio a setembro, nas regiões Sudeste e Centro-Oeste (Ferreira Filho et al., 2015).

Percevejo bronzeado

O percevejo bronzeado, *Thaumastocoris peregrinus* Carpinteiro & Dellapé é um inseto originário da Austrália e foi introduzido no Brasil no município de São Francisco de Assis, RS, em maio de 2008. Sua introdução no país ocorreu provavelmente por dispersão natural do inseto a partir da Argentina e Uruguai (Wilcken et al., 2010b).

São insetos tipicamente gregários, sendo comumente encontrados em grandes números nas superfícies foliares do eucalipto. O adulto mede de 3,0 a 4,0 mm de comprimento, o corpo é achatado dorso-ventralmente e a cor, marrom clara. Nos machos, a genitália é assimétrica com abertura para a direita, diferenciando-os das fêmeas, onde a abertura é perfeitamente horizontal (Carpintero & Dellapé, 2006). Os ovos são de cor preta, normalmente encontrados agrupados nas irregularidades das folhas, assemelhando-se a manchas enegrecidas. Cada fêmea coloca em média dois ovos por dia. No período ninfal, os insetos apresentam cinco ínstares e o ciclo de vida (ovo-adulto) dura aproximadamente 60 dias (Soliman et al., 2012).

Este percevejo, que se alimenta do parênquima paliçádico de folhas maduras de *Eucalyptus* (Santadino et al., 2017), em especial, das espécies, *Eucalyptus camaldulensis*, *E. urophylla*, *E. viminalis*, *E. grandis*, *E. benthamii*, *E. dunnii* e dos híbridos, *E. grandis* x *camaldulensis*, *E. grandis* x *urophylla* e *E. urophylla* x *camaldulensis* (Wilcken et al., 2010b; Soliman et al., 2012). A alimentação do percevejo bronzeado causa uma clorose foliar, que evolui progressivamente para marron-avermelhado, podendo causar desfolha severa, diminuição do crescimento e eventual mortalidade de árvores.

No Brasil, ataques desse percevejo iniciaram-se em 2009 e desde então têm causado danos nos plantios de eucalipto, em especial, no Rio Grande do Sul, São Paulo, Minas Gerais e Maranhão (Wilcken et al., 2010b). O manejo de *T. peregrinus* em plantios de eucalipto inclui como estratégia principal o controle biológico clássico com o parasitoide de ovos *Cleruchoides noackae* Lin & Huber (Barbosa et al., 2017a, 2018).

Em 2012, *C. noackae* proveniente da Austrália foi introduzido no Brasil, iniciando o programa cooperativo de controle biológico do percevejo bronzeado, coordenado pelo Instituto de Pesquisas e Estudos Florestais (IPEF), desenvolvido pela Faculdade de Ciências Agronômicas, UNESP, Campus Botucatu, Embrapa, Universidade Federal de Viçosa – UFV e apoiado por empresas do setor florestal.

C. noackae é um parasitoide oófago solitário, descrito em 2007 na Austrália parasitando ovos de *T. peregrinus.* O adulto é uma pequena vespa de cor geralmente marrom a castanho claro dorsalmente, exceto escutelo e esbranquiçado ventralmente com 0,5 mm de comprimento (Lin et al., 2007). O tempo de desenvolvimento do ovo à emergência a 24 °C é em média de 15 dias para machos e fêmeas que têm uma longevidade média de dois dias. A capacidade de parasitismo de *C. noackae* varia com a idade do ovo de *T. peregrinus.* Em geral, a taxa de parasitismo das fêmeas é de 60% em ovos de até três dias e cai para 5% em ovos de quatro e cinco dias de idade (Barbosa et al., 2018).

Até o momento, *C. noackae* é o único parasitoide associado ao percevejo bronzeado e sua crescente utilização em programas de controle biológico tem demandado pesquisas que possam viabilizar sua produção massal em laboratório. Com isso, o desenvolvimento e ou aprimoramento de técnicas de criação do hospedeiro e do parasitoide são importantes para garantir as liberações em larga escala deste parasitoide nos plantios de eucalipto.

Criação massal do percevejo bronzeado

Considerando que *C. noackae* é um parasitoide exclusivo de ovos de *T. peregrinus*, a criação massal desse percevejo é de extrema importância para assegurar os ovos necessários para multiplicação do parasitoide.

Uma metodologia prática, eficiente e de baixo custo foi desenvolvida por Barbosa et al. (2016) para *T. peregrinus,* utilizando ramos de eucalipto como alimento e tiras de papel toalha como substrato de oviposição (Figura 1).

A criação de *T. peregrinus* é mantida em sala climatizada a 24 ± 2 °C, umidade relativa de 60 ± 10% e fotofase de 12h. Os insetos adultos provenientes de coletas do campo são mantidos em ramos de *Eucalyptus benthamii* Maiden & Cambage (Myrtaceae) dispostos na forma de "buquês". Cada buquê é constituído por oito a dez ramos de eucalipto com aproximadamente oito pares de folhas. A base dos ramos é envolta por uma tira de espuma de 15 cm, acoplada em frasco tipo Erlenmeyer de 500 ml com água e mantidos em bandejas plásticas retangulares (40 cm de comprimento x 35 cm de largura x 8 cm de altura). À medida que os ramos secam, os insetos caminham incessantemente pelo buquê, neste momento tiras de papel toalha de aproximadamente 1,5 cm de largura por 15 cm de comprimento são distribuídas sobre as folhas no ápice dos ramos para obtenção dos ovos do percevejo. Parte destes ovos são armazenados para criação do parasitoide e parte volta para manutenção da criação. Os buquês permanecem infestados por um período de dois a três dias, dependendo da quantidade de insetos. Após esse período, deve-se retirar a água dos Erlenmeyers e encostá-los em buquês novos. Os insetos, irão então migrar do buquê velho para o buquê novo em busca de alimento. Os ramos secos dos

Figura 1. Sistema de criação do percevejo bronzeado. A) Tipos de ramos usados na criação do percevejo bronzeado; B) Materiais para montagem dos buquês; C) Buquê montado; D) Bancada de criação com buquês encostados para passagem dos percevejos; E) Ramos infestados; F) Percevejos ovipositando no papel; G) Tira de papel com ovos do percevejo; H) Armazenamento dos ovos em câmara climatizada (Fotos: Leonardo Rodrigues Barbosa).

buquês velhos são descartados. Caso existam ovos do percevejo nos ramos secos, estes podem ser dispostos sobre um buquê novo para capturar as ninfas que irão eclodir e retornar para a criação. Para assegurar a dinâmica da criação os insetos são mantidos em três grupos distintos, quais sejam, um grupo de buquês com ninfas pequenas de primeiro a terceiro ínstares, outro grupo de buquês com ninfas grandes de quarto a quinto ínstares e um grupo apenas com adultos. Estes grupos são mantidos em conjunto de bandeja plástica de 40 cm de comprimento x 15,0 cm largura x 8 cm altura. A metodologia proposta é favorável para o desenvolvimento de todas as fases do inseto e permite a manutenção de populações de *T. peregrinus* em laboratório durante o ano todo (Barbosa et al., 2016).

Armazenamento de ovos do percevejo bronzeado

O armazenamento de ovos hospedeiro em baixas temperaturas é uma estratégia fundamental para programas de controle biológico que envolve a utilização de parasitoides oófagos. A estratégia é capaz de preservar a qualidade nutricional do hospedeiro sem afetar o desenvolvimento e desempenho reprodutivo do parasitoide.

Através do armazenamento a frio de ovos de *T. peregrinus* é possível otimizar a produção massal de *C. noackae* para suprir a demanda de liberações a campo. Ovos de *T. peregrinus* com um dia de idade são acondicionados em caixas tipo Gerbox 250 ml (11cm comprimento x 11 largura x 3,5 cm altura) e armazenados a 5 °C por até quinze dias, sem efeitos deletérios para o desenvolvimento e reprodução de *C. noackae.*

Criação massal do parasitoide

A criação de *C. noackae* foi iniciada com indivíduos introduzidos da Austrália em 2012. Os insetos devem ser mantidos em sala climatizada a 24 ± 2 °C, umidade relativa de 60 ± 10% e fotofase de 12 horas. Os parasitoides podem ser criados em ovos de *T. peregrinus* frescos de até três dias de idade ou armazenados em baixas temperaturas por até 15 dias. A multiplicação dos parasitoides ocorre em frascos de poliestireno de 7,0 cm de comprimento e 3,0 cm de diâmetro, na proporção aproximada de um casal do parasitoide para dez ovos do percevejo, podendo utilizar de 100 a 200 ovos por frasco. *C. noackae* é mantido com os ovos do percevejo durante toda sua fase adulta, que é de aproximadamente três dias. Para alimentação dos parasitoides, são utilizadas tiras de papel de filtro de aproximadamente 0,5 cm x 5 cm umedecidas em solução de mel a 50% (Figura 2).

Após a emergência dos parasitoides nos frascos, estes devem ser acoplados a um novo frasco vazio. Este acoplamento é feito pela utilização de

Figura 2. Sistema de criação do parasitoide (*Cleruchoides noackae*) para controle do percevejo bronzeado. A) Unidade para criação do parasitoide; B) *C. noackae* parasitando ovos do percevejo; C) Sistema para emergência dos parasitoides; D) Sistema para liberação de *C. noackae* em campo (Fotos: A, C, D - Leonardo Rodrigues Barbosa; B -Luciane Katarine Becchi).

duas tampas plásticas dos próprios frascos, ambas com orifício central e colocadas de forma oposta. Após isso, o frasco contendo os parasitoides deve ser envolvido em um cilindro de cartolina preta, e o sistema é então posicionado sob luz fluorescente. Os parasitoides atraídos pela luz irão migrar naturalmente do frasco coberto por cartolina para o frasco superior. Este deve ser removido, receberá novos ovos do percevejo e tiras com solução de mel, sendo rapidamente tampados.

Liberações do parasitoide

Os parasitoides são liberados como adultos, nos frascos de poliestireno após serem alimentados com solução de mel 50%. No campo, os frascos devem ser fixados na posição horizontal em galhos de árvores dominadas ou aquelas localizadas na bordadura dos talhões, o mais próximo possível da copa das árvores onde a presença do percevejo tenha sido confirmada. Após a fixação, os frascos devem ser abertos para a saída dos parasitoides. A liberação deve ser feita nos períodos de menor insolação.

As liberações de *C. noackae* no Brasil ocorrem desde 2012 em plantios de eucalipto localizados em MG, RS, SP, PR, GO, MS e MA. Até o momento o estabelecimento do parasitoide foi confirmado apenas em SP, RS e MG, sendo que neste último a taxa de parasitismo está próxima a 50% (Barbosa et al., 2017b).

Considerações finais

Os insetos praga introduzidos têm efeitos importantes na sanidade dos plantios florestais. Cada nova praga apresenta uma situação única, e o impacto potencial deve ser avaliado com base no conhecimento da praga e seu hospedeiro. Para minimizar o impacto das pragas em plantios florestais os cientistas recorrem frequentemente ao controle biológico, particularmente como parte de um programa de manejo integrado de pragas. A integração de projetos de controle biológico com as tecnologias inovadoras de MIP que estão surgindo deverão contribuir para o sucesso na supressão de pragas introduzidas em plantios florestais.

A eficácia dos programas de controle biológico de pragas em plantios florestais requer a manutenção de uma rede de pesquisa ampla e integrada, além de uma comunicação efetiva entre os cientistas e os formuladores de políticas nacionais e internacionais.

Um novo programa de controle biológico, iniciado em 2015, introduziu o parasitoide *Selitrichodes neseri* Kelly & La Salle para controla a vespa-da-galha *Leptocybe invasa* Fisher & La Salle, que é praga desde 2012 em viveiros e plantações de eucalipto no Brasil.

O futuro do controle biológico de pragas em plantios florestais no Brasil precisa ser construído com base no aprimoramento constante das pesquisas, capacitação técnica dos agentes envolvidos e apoio financeiro das agências governamentais e setor privado.

Referências Bibliográficas

Barbosa, L. R., Santos, F., Buhrer, C. B., Nichele, L. A., Wilcken, C. F. & Soliman, E. P. (2016). Criação massal do percevejo bronzeado, *Thaumastocoris peregrinus* Carpinteiro & Dellapé, 2006 (Hemiptera, Thaumastocoridae). Brasília: Embrapa. 22p. http://www.infoteca.cnptia.embrapa.br/ infoteca/handle/doc/1049862.

Barbosa, L. R., Rodrigues, A. P., Nichele, L. A., Souza, A. R. de, Becchi, L. K. & Wilcken, C. F. (2017a). Orientações para a criação massal e liberação em campo de *Cleruchoides noackae* para controle biológico do percevejo bronzeado do eucalipto. Brasília: Embrapa. 23p. http://www.embrapa.br/florestas/publicacoes.

Barbosa, L. R., Rodrigues, A. P., Soler, L. S., Fernandes, B. V., Castro, B. M. C., Wilcken C. F. & Zanuncio, J. C. (2017b). Establishment in the field of *Cleruchoides noackae* (Hymenoptera: Mymaridae), an exotic egg parasitoid of *Thaumastocoris peregrinus* (Hemiptera: Thaumastocoridae). *Florida Entomologist*, *100*(2), 372–374.

Barbosa, L. R., Rodrigues, A. P., Souza, L. N., Foerster, L. A., Souza, A. R., Castro, B. M. C., Wilcken C. F. & Zanuncio, J. C. (2018). Development of *Cleruchoides noackae*, an egg parasitoid of *Thaumastocoris peregrinus*, in eggs laid on different substrates, with different ages and post-cold storage. *BioControl*, *63*, 193–202.

Brennan, E. B., Gill, R. J., Hrusa, G. F. & Weinbaum, S. A. (1999). First record of *Gliscaspis brimblecombei* (Moore) (Homoptera: Psyllidae) in North America: initial observations and predator associations of potentially serious pest of Eucalyptus in California. *Pan-Pacific Entomology*, *75*(1), 55-57.

Carpinteiro, D. L. & Dellapé, P.M. (2006). A new species of *Thaumastocoris kirkaldy* from Argentina (Heteroptera: Thaumastocoridae: Thaumastocorinae). *Zootaxa*, *1228*, 61-68.

Daane, K. M., Sime, K. R., Dahlsten, D. L., Andrews, J. W. & Zuparko, R. (2005). The biology of *Psyllaephagus bliteus* Riek (Hymenoptera: Encyrtidae), a parasitoid of the red gum lerp psyllid (Hemiptera: Psylloidea). *Biological Control*, *32*(2), 228-235.

Dias, T. K., Wilcken, C. F., Soliman, E. P., Gil-Santana, H. G. & Zaché, B. (2012). Occurrence of *Atopozelus opsimus* preying on nymphs and adults of *Glycaspis brimblecombei. Phytoparasitica, 40(2), 137-141.*

Ferreira Filho, P. J., Wilcken, C. F., Lima, A. C. V., Sá, L. A. N., Carmo, J. B., Guerreiro, J. C. & Zanuncio, J. C. (2015). Biological control of *Glycaspis brimblecombei* (Hemiptera: Aphalaridae) in eucalyptus plantations. *Phytoparasitica*, *43*(2), 151-157.

Firmino-Wincker, D. C., Wilcken, C. F., Matos, C. A. O. & Oliveira, N. C. (2009). Biologia do psilídeo-de-concha *Glycaspis brimblecombei* Moore (Hemiptera: Psyllidae) em *Eucalyptus* spp. *Revista Brasileira de Entomologia, 53(*1), 144–146.

Lin, N. Q., Huber J. T. & La Salle, J. (2007). The Australian genera of Mymaridae (Hymenoptera: Chalcidoidea). *Zootaxa, 1.596*, 1-111.

Plascencia-Gonzalez, A., Cibrián-Tovar, D., Llanderal-Cazares, C., Lopez-Perez, V. & Arriola-Padilla, V. (2005). Biologia del parasitoide *Psyllaephagus bliteus* (Hymenoptera: Encyrtidae). *Revista Chapingo. Serie Ciencias Forestales y del Ambiente*, *11*(1), 11-17.

Pogetto, M. H. F. A. D., Wilcken, C. F., Gimenes, M. J.; Christovam, R. S. & Prado, E. P. (2011). Control of red-gum lerp psyllid with formulated mycoinsecticides under semi-field conditions. *International Journal of Tropical Insect Science*, *31*, 85-91.

Riek, E. F. (1962). The Australian species of *Psyllaephagus* (Hymenoptera: Encyrtidae), parasites of psyllids (Homoptera). *Australian Journal of Zoology*, *10*(4), 684-757.

Santadino, M., Brentassi, M. E., Fanello, D. D. & Coviella, C. (2017). First evidence of Thaumastocoris peregrinus (Heteroptera: Thaumastocoridae) feeding from mesophyll of eucalyptus leaves. *Environmental Entomology*, *46*, 251–257.

Sime, K. R., Daane, K. M., Dahlsten, D. L., Andrews, J. W. & Rowney, D. L. (2004). Constraints on the effectiveness of *Psyllaephagus bliteus* (Hymenoptera: Encyrtidae), a biological control agent for the red-gum lerp psyllid (Hemiptera: Psylloidea) in California. In: *California Conference on Biological Control, 4, Proceedings...* Berkeley: University of California.

Soliman, E. P., Wilcken, C. F., Pereira, J. M., Dias, T. K. R., Zaché, B., Pogetto, M. H. F. A. D. & Barbosa L. R. (2012). Biology of *Thaumastocoris peregrinus* in different eucalyptus species and hybrids. *Phytoparasitic, 40,* 223-230.

Sullivan, D. J., Daane, K. M., Sime, K. R. & Andrews Jr., J. W. (2006). Protective mechanisms for pupae of *Psyllaephagus bliteus* Riek (Hymenoptera: Encyrtidae), a parasitoid of the red-gum lerp psyllid, *Glycaspis brimblecombei* Moore (Hemiptera: Psylloidea). *Australian Journal of Entomology*, *45*, 101-105.

Wilcken, C. F., Sá, L. A. N., Pogetto, M. H. F. A. D., Couto, E. B., Ferreira Filho, P. J. & Firmino-Winckler, D. C. (2010a). Sistema de criação do psilídeo-de-concha *Glycaspis brimblecombei* e de seu parasitoide *Psyllaephagus bliteus*. *Documentos técnicos IPEF*, *2*(2), 23p.

Wilcken, C. F., Soliman, E. P., Nogueira de Sá, L. A., Barbosa, L. R., Dias, T. K. R., Ferreira Filho, P. J. & Oliveira, R. J. R. (2010b). Bronze bug *Thaumastocoris peregrinus* Carpintero & Dellapé (Hemiptera: Thaumastocoridae) on *Eucalyptus* in Brazil and its distribuition. *Journal Research of Plant Protection*, *50*(2), 184-188.

Wilcken, C. F., Firmino-Winckler, D. C., Pogetto, M. H. F. A. D., Dias, T. K. R., Lima, A. C. V., Sá, L. A. N. & Ferreira Filho, P. J. (2015). Psilídeo-de-concha-do-eucalipto *Glycaspis brimblecombei* Moore. In: Zucchi R. A. & Vilella, E. *Pragas Introduzidas no Brasil: insetos e ácaros*. Piracicaba: FEALQ. 883-897.

PARTE 3

PRODUÇÃO E LIBERAÇÃO DE INIMIGOS NATURAIS

Trichogramma galloi parasitando ovos de *Diatraea saccharalis*

CAPÍTULO 15

Criação massal de inimigos naturais

José Roberto Postali Parra

Introdução

A criação de insetos faz parte da história do homem – se forem consideradas a domesticação de abelhas melíferas no antigo Egito e do bicho-da-seda, 2000 anos a.C. no leste de Ásia (Cohen, 2015). No início do século XX, as criações de *Drosophila* foram fundamentais para estudos genéticos. Também no século XX, trabalhos como os de Bottger (1942) e de Beck et al. (1949) – com pragas agrícolas, como *Ostrinia nubilalis* (Hübner) e outras pesquisas com *Pectinophora gossypiella* (Saunders), a lagarta rosada do algodoeiro – fizeram com que a "ciência e profissão da criação de insetos" ganhasse maior reconhecimento e aceitação na década de 1950 e crescesse exponencialmente nas décadas seguintes (Dickerson & Leppla, 1992).

Os estudos com dietas artificiais, especialmente para criação de Lepidoptera, Coleoptera e Diptera (Smith, 1966; Singh, 1977; Singh & Moore, 1985; Cohen, 2004, 2015; Schneider, 2009; Morales-Ramos et al., 2014), contribuíram para expansão da nova filosofia de Manejo Integrado de Pragas (MIP), que passou a exigir insetos para implementação de novas técnicas de controle, como resistência de plantas a insetos, plantas geneticamente modificadas, controle biológico com parasitoides, predadores e patógenos, técnica do inseto estéril, entre outros.

Seguiram-se as criações massais como uma atividade rotineira e uma necessidade de implementação destes métodos (Parra, 1998). Knipling (1979) referiu que um dos mais importantes avanços na entomologia foi o progresso feito pelos cientistas, ao conseguirem criar um número quase ilimitado de insetos a um custo razoável.

Assim, a manutenção de colônias de insetos em laboratório é hoje imprescindível às modernas estratégias de MIP, pois tanto nas pesquisas básicas como aplicadas de um programa é exigido um suprimento contínuo de insetos (Parra, 2002), como para o caso de produção de macro-organismos, objeto do presente livro, em programas de CB. O assunto é focado mundialmente e um histórico do Global Working Group on Mass Rearing and Quality Assurance da IOBC, estabelecido em 1980, foi feito por Leppla & de Clercq (2019).

Formas de obtenção de fitófagos

A moderna entomologia exige, em laboratórios de pesquisa, a produção contínua de insetos para atender aos diversos objetivos dos diferentes assuntos estudados. Assim, para se ter esses insetos, o pesquisador poderá obtê-los **no campo**, que é a forma mais antiga e ainda muito aceita pelos "conservadores", por se tratarem de populações selvagens. Entretanto, tais populações têm desvantagens, por não terem periodicidade de ocorrência e por apresentarem procedência, nutrição e idade desconhecidas, o que pode limitar determinados tipos de estudos, especialmente aqueles de longo prazo. Como os de resistência de plantas a insetos, que demandam disponibilidade contínua de insetos ou, por exemplo, estudos de transmissão de agentes fitopatogênicos por insetos que demandam insetos isentos de patógenos, e que quando coletados no campo podem conter micro-organismos nem sempre identificados.

As populações podem, ainda, ser mantidas no laboratório em **hospedeiros naturais**, o que demanda muita mão-de-obra, mas é necessário, em muitos casos. Isso porque pode haver casos de alteração de comportamento do inseto criado em laboratório em dietas artificiais ou mesmo naqueles em que não existam dietas artificiais disponíveis, como para pulgões, tripes e ácaros, por exemplo. No caso de criação em hospedeiros naturais, deve-se investir em plantas fáceis de serem cultivadas e manipuladas (não são necessariamente os hospedeiros naturais). Para manutenção dos vegetais, dependendo da região, há necessidade de se dispor de locais (como casas

Figura 1. Relações entre criações de insetos e as diversas áreas da entomologia (modificada de Parra, 2000).

de vegetação) com controle de temperatura, UR e fotoperíodo. Para espécies pequenas (tripes, ácaros, moscas brancas) deve-se tomar cuidados com a mistura de espécies. Existem hospedeiros padrão para determinados insetos, como ervas daninhas para mosca branca e feijoeiro para o ácaro rajado, *Tetranychus urticae* Koch.

A terceira forma de obtenção de insetos é criando-os em dietas artificiais, que apresenta uma série de vantagens (Parra, 1998). Especialmente por reduzirem a mão-de-obra, mas que não existem para todas as Ordens de insetos, sendo mais frequentes em Lepidoptera, Coleoptera e Diptera, como anteriormente referido.

A dieta deve conter todos os nutrientes exigidos pelo inseto (proteínas, vitaminas, sais minerais, carboidratos, lipídeos, esteróis) – alguns dípteros e coleópteros exigem ainda ácidos nucleicos. Entretanto, isso não é suficiente, pois a ausência de certas propriedades físicas e de fagoestimulantes (físicos e químicos), assim como do balanceamento de nutrientes, podem determinar um desenvolvimento inadequado do inseto. Insetos dependentes de simbiontes podem apresentar obstáculos à formulação de uma dieta artificial (Parra, 2001, 2008).

Assim, uma dieta artificial corretamente formulada possui propriedades físicas e contém produtos químicos que estimulam e mantêm a alimentação, contém nutrientes (essenciais e não essenciais) em proporções balanceadas para produzir um ótimo crescimento e desenvolvimento, e deve ser livre de micro-organismos contaminantes. Os problemas associados com a formulação de dietas artificiais têm correlação direta com seu conteúdo de água.

A consistência da dieta depende do hábito alimentar do inseto. Assim, para pulgões, a dieta deve ser líquida; para fitófagos mastigadores, semilíquida, ou seja, com bastante água, mas com uma consistência que ofereça resistência ao aparato bucal do inseto; já para pragas de grãos armazenados e baratas, por exemplo, a dieta deve ser em pó ou friável. Quanto mais água tiver a dieta, maior será o problema de contaminação. Em última análise, uma dieta artificial adequada apresenta as seguintes características (Parra, 2002):

- Propicia alta viabilidade larval;
- Produz insetos com duração da fase larval igual à da natureza;
- Dá origem a adultos com alta capacidade reprodutiva;
- Serve para mais de uma espécie e, se possível, para mais de uma ordem de insetos;
- Tem, em sua composição, componentes de baixo custo (facilmente adquiridos no mercado);
- Apresenta uma viabilidade total superior a 75%;
- Mantém a qualidade do inseto ao longo das gerações, para que ele seja competitivo com insetos da natureza.

As dietas atualmente utilizadas têm a mesma composição daquelas desenvolvidas em 1960, 1970, 1980. Espera-se que com o desenvolvimento da nutrigenômica (Coudron et al., 2006) novas dietas artificiais venham a ser desenvolvidas para outros grupos de insetos, com abordagens multidisciplinares (Huynh et al., 2019a), bem como a utilização de softwares para desenvolvimento de dietas artificias utilizando-se análises multidimensionais (Huynh et al., 2019b).

Formas de obtenção de inimigos naturais

Existem três formas de se obter inimigos naturais (parasitoides e predadores): 1. **sobre o hospedeiro natural**; 2. **sobre o hospedeiro alternativo ou de substituição**; 3. **em meios artificiais (*in vitro*)**. Atualmente, a grande dificuldade para produção de inimigos naturais é a necessidade da criação de duas espécies, o hospedeiro e o inimigo natural. Se muitas vezes é difícil criar uma única espécie, as dificuldades neste caso são duplicadas.

Apenas na terceira forma (produção *in vitro*) em que se utilizaria uma dieta artificial, não seria necessária a produção do hospedeiro.

1. Sobre o hospedeiro natural

É a forma mais utilizada no mundo, para parasitoides. Assim, há necessidade da criação do hospedeiro natural visado e do parasitoide para o seu controle. No Brasil, *Cotesia flavipes* (Cameron) é liberado em 3,5 milhões de ha de cana-de-açúcar, para controle de *Diatraea saccharalis* (Fabricius). Portanto, é criada a praga, a broca-da-cana, em dieta artificial e o braconídeo sobre lagartas de 4º ínstar deste hospedeiro natural (*vide* capítulo 7). No caso do lepidóptero citado, há dietas artificiais para criá-lo (Parra & Mihsfeldt, 1992). Por se tratar de um cenobionte, a broca-da-cana, mesmo depois de parasitada, continua a receber dieta artificial, chamada de dieta de realimentação.

Em outros casos, não existem dietas e o hospedeiro tem que ser criado sobre a planta. Podem ser citadas no Brasil, os casos de produção de pulgões do trigo em plantas desta gramínea para produção de parasitoides importados (*vide* capítulo 4), e o de *Ageniaspis citricola* Logvinovskaya parasitoide do minador-dos-citros, *Phyllocnistis citrella* Stainton, praga que foi criada em tubetes contendo plantas cítricas, para produção do parasitoide, um caso de sucesso na citricultura brasileira (Chagas et al., 2002; Parra et al., 2004) após a liberação do encirtídeo em todo o estado de São Paulo (*vide* capítulo 4).

Com o aparecimento do HLB ou "greening" na citricultura brasileira, a partir de 2004, começou a ser estudada a possibilidade de controle biológico do psilídeo *Diaphorina citri* Kuwayama que veicula a bactéria nas plantas cítricas. Assim, foi necessária a criação do vetor em plantas de murta, *Murraya paniculata*, que como o citros, é um dos hospedeiros naturais da praga. O controle biológico feito por *Tamarixia radiata* (Waterston), parasitoide exótico encontrado no Brasil em 2005 (Gómes-Torres et al., 2006), com uma nova abordagem, envolvendo um **manejo externo**, controlando os focos primários da doença nas áreas externas ao pomar comercial (áreas de murta, áreas orgânicas, áreas abandonadas, áreas de fundo de quintal) tem dados excelentes resultados (Parra et al., 2016). Este pode ser considerado um novo procedimento em CB ao lado de Introdução, Conservação e Multiplicação (*vide* capítulos 1 e 6).

2. Sobre hospedeiros alternativos ou de substituição

É muito comum criarem-se cochonilhas que atacam citros em abóboras ou outras cucurbitáceas para produção de coccinelídeos e nitidulídeos. Marin (2000) criou *Selenaspidus articulatus* (Morgan) a cochonilha pardinha dos citros em *Citrulus silvestris,* cucurbitácea importada do Peru e que chega a resistir até um ano para criação desta cochonilha.

Outras espécies de cochonilhas, como a da raiz do cafeeiro *Dysmicocus cryptus* (Hempel) podem ser criadas em batatinhas brotadas (Nakano, 1972). Assim como existem insetos que são criados em hospedeiros alternativos, também os inimigos naturais podem ser criados nestes hospedeiros alternativos ou de substituição; é um hospedeiro que normalmente não "ataca", mas que é suficiente para promover um bom desenvolvimento. Assim, lagartas de *Chloridea virescens* (Fabricius) são utilizadas para manutenção de parasitoides de lagartas de *Helicoverpa armigera* (Hübner). Ovos de *Anagasta kuehniella* (Zeller), *Sitotroga cerealella* (Olivier) e *Corcyra cephalonica* (Stainton), bem como ovos ou óvulos de várias espécies de bicho-da-seda, como *Samia cynthia* (Drury) e *Antheraea pernyi*, Guérin-Méneville são usados para criação de *Trichogramma* spp. (Parra, 1997).

Os ovos das traças mencionadas servem também para criação de predadores (crisopídeos, coccinelídeos, dermápteros, percevejos etc.). Tem-se criado no Brasil *Diachasmimorpha longicaudata* (Ashmead) parasitoide de *Anastrepha* spp., sobre a mosca-do-mediterrâneo, *Ceratitis captata* (Wiedemann) (Carvalho & Nascimento, 2002).

O taquinídeo *Lixophaga diatraeae* (Towns), parasitoide de *D. saccharalis*, é criado em várias partes do mundo sobre *Galleria mellonella* (Fabricius). Estudos demonstram que a utilização de hospedeiros alternativos poderá ser aumentada, tratando-se, especialmente ovos, com estimulantes de oviposição.

3. Criação *in vitro* (meios artificiais)

Seria a forma ideal de criação, pois reduzirá o custo de produção, eliminando as etapas de produção do parasitoide (ou predador) (Parra, 2002). Embora as "exigências qualitativas de todos os insetos sejam semelhantes, independente da sua posição sistemática e hábito alimentar (Regra da Identidade)", são poucos os casos de sucesso para parasitoides (e/ou predadores). Em geral, as diversas tentativas foram frustradas, especialmente antes de 1990. Segundo Thompson (1986) e Thompson & Hagen (1999) a escassez de resultados se deve à falta de conhecimentos básicos em fisiologia, biologia, nutrição, genética, metabolismo dos parasitoides, mas também da natureza das interações hospedeiro-parasitoide.

Como o parasitoide está muito adaptado fisiológica e biologicamente ao hospedeiro, para sobrevivência e desenvolvimento, torna-se muito difícil o preparo de um meio artificial. Mesmo para predadores, cujo desenvolvimento é independente da fisiologia do hospedeiro, além de apresentarem menor especificidade, ainda hoje não se obteve uma dieta totalmente sintética.

Um dos poucos casos de sucesso de criação de um parasitoide *in vitro* foi a produção de *Trichogramma dendrolimi* Matsumura pelos chineses em ovos artificiais com córion de polietileno (Ying et al., 1988). O meio artificial é composto de hemolinfa pupal dos bichos-da-seda, *A. pernyi* ou *S. cynthia*, gema de ovo de galinha, leite e sais de Neisenheimer (estes como atraente de oviposição). Este meio pode ser utilizado para criação de várias espécies de *Trichogramma*. Há necessidade, no entanto, do uso de plástico de diferentes espessuras, em função do tamanho do ovipositor da espécie citada. Os parasitoides são produzidos em anéis plásticos ou cartões (em máquinas) com tecnologia desenvolvida pelos chineses em 1986, os quais criaram também um sistema computadorizado de produção de *Trichogramma* spp. *in vitro* para liberação em grandes áreas.

Na América Latina, o primeiro relato de produção *in vitro* foi feito por Parra & Cônsoli (1992) com a espécie *Trichogramma pretiosum* Riley, utilizando uma dieta artificial à base de hemolinfa de *Helicoverpa zea* (Boddie), gema de ovo, leite e antibiótico. Cônsoli & Parra (1996) melhoraram as técnicas de criação de *T. pretiosum* e criaram pela primeira vez, *T. galloi* Zucchi *in vitro*, com resultados comparáveis aos obtidos pelos chineses. Comparações de hemolinfa e holotecidos de diferentes espécies de insetos para criação *in vitro* de *T. galloi* e *T. pretiosum* foram feitos por Cônsoli & Parra (1996, 1997a, 1997b).

Magro & Parra (2004) e Magro et al. (2006) conseguiram no Brasil excelentes resultados de criação *in vitro* de *Habrobracon hebetor* (Say), usando a dieta artificial de *Trichogramma* spp. Ainda existem muitas dificuldades na produção *in vitro*, destacando-se, segundo Parra (2001):

- Necessidade de um suporte bioquímico ao entomologista, visando a determinação da composição dos hospedeiros e dos inimigos naturais;
- Escolha de um recipiente adequado, em função da espécie do inimigo natural;
- Determinação da temperatura e fotoperíodo adequados para criação;
- Ajuste das características físicas de dieta (forma, textura etc.);
- Determinação e utilização de pH e pressão osmótica adequados;
- Balanceamento adequado e perfeita dissolução dos nutrientes; o balanceamento e a dissolução devem ser mantidos ao longo do desenvolvimento do inseto, pois como o inseto apresenta intestino cego (sem eliminação de resíduos) pode haver toxicidade metabólica; assim, estudos de digestão, peculiaridade do canal alimentar e enzimas tornam-se necessários:
- Escolha do recipiente que permita trocas gasosas;
- Escolha do atraente de oviposição (cairomônios) no caso de parasitoides de ovos.

Embora tenham avançado os estudos de criação *in vitro* ainda estão distantes as produções de inimigos naturais em larga escala, sendo tais avanços apenas utilizados como suporte para estudos das interações de inimigos naturais e hospedeiros, em seus aspectos bioquímicos (enzimáticos), nutricionais, fisiológicos etc. Estudos na tentativa de substituição da hemolinfa de insetos na composição das dietas para microimenópteros não são ainda conclusivos (Lü et al., 2013).

O assunto de produção *in vitro* foi bastante investigado de 1970 a 2000 com uma redução das pesquisas a partir do início do novo século. Por exemplo, apenas para parasitoides de ovos, o número de artigos para produção *in vitro* caiu de 40 entre 1991 e 2000, para cerca de dez entre 2001 e 2010 (Cônsoli & Grenier, 2010). Entre 2002 (Grenier & Cônsoli, 2002) e 2010 (Cônsoli & Grenier, 2010) apenas o artigo de Dias et al. (2010) foi publicado, relatando a possibilidade de criação de *T. atopovirilia* Oatman & Platner em dieta artificial (perfazendo 22 espécies de *Trichogramma,* criadas *in vitro*). No cômputo geral, cerca de 127 espécies de entomófagos têm sido criadas parcial ou completamente em dietas artificiais, incluindo 53 espécies de predadores e 74 espécies de parasitoides; 61 das espécies são himenópteros, sendo 30 parasitoides de ovos (21 do gênero *Trichogramma*) (Cônsoli & Grenier, 2010), excluindo Dias et al. (2010) publicado posteriormente, com dieta artificial para *T. atopovirilia.*

Segundo Cônsoli & Grenier (2010), abordagens moleculares, a partir dos resultados de sequenciamento genômico de espécies como *Nasonia,* poderão ajudar o entendimento de exigências nutricionais de parasitoides pela identificação de rotas nos processos metabólicos, ao lado da bioinformática aplicada ao estudo de metabólitos (estudos metabolômicos). A aplicação de ferramentas genômicas para o estudo da nutrição, por meio da nutrigenômica (Coudron et al., 2006) poderá levar a progressos na área. Há avanços, mas à luz dos conhecimentos atuais, há necessidade ainda para produzir agentes de controle biológico, da criação do hospedeiro e do inimigo natural.

Tipos de criação de insetos

Os tipos de criação de insetos podem ser caracterizados pelo tamanho da sua produção potencial e serem classificados em (Davis, 2009):

1. **Criação em pequena escala:** neste caso, são produzidos centenas de adultos por semana;
2. **Criação de tamanho médio:** milhares de adultos são produzidos por semana.
3. **Criações massais:** milhões de adultos são produzidos por semana.

1. São criações pequenas, também chamadas de criações de pesquisa, que envolvem uma ou mais espécies de insetos. Os insetos são criados por estudantes ou técnicos de laboratório para trabalhos de dissertações e teses ou para estudos bioecológicos de um modo geral e para demonstração em processos educativos. Representam quase que um aprendizado para aumento das populações e são conduzidas por uma ou duas pessoas.

2. São criações muito utilizadas em "screening" em diferentes áreas, principalmente agroquímicos, e para outras áreas da entomologia, como controle biológico, patologia de insetos, testes com organismos geneticamente modificados, semioquímicos, estudos de manejo da resistência e bioensaios em geral. No caso de Controle Biológico, por meio de liberações inoculativas ou em pequenas áreas. Existem pequenas empresas que comercializam os insetos para "screening" de produtos químicos e que se dedicam a este tipo de produção ("startups").

3. Envolvem a produção de milhões de insetos em programas de controle (biológico, comportamental, semioquímicos), técnica do inseto estéril, controle microbiano, controle genético etc. Atuam como suporte a programas de MIP (Manejo Integrado de Pragas).

Existem várias definições de criações massais (Parra, 2008). Segundo (Finney & Fisher, 1964), "Criação Massal é a produção econômica de milhões de insetos benéficos, em uma linha de montagem, com o objetivo de produzir, com o mínimo de homens hora e de espaço, o número máximo de fêmeas férteis no tempo mais curto possível e com um baixo custo". Mackauer (1972) e Chambers (1972) combinaram o aspecto econômico com o biológico e definiram criação massal como sendo a "produção de insetos capaz de atingir objetivos com uma aceitável relação custo/benefício e com números excedendo de 10 mil a 1 milhão de vezes a produtividade média da população de fêmeas nativas".

Segundo Leppla & Adams (1987): "criação massal é uma atividade sistemática automatizada, em instalações integradas com o objetivo de produzir um suprimento relativamente grande de insetos, de qualidade, para distribuição".

As primeiras criações massais eram financiadas por órgãos governamentais em programas envolvendo grandes montantes de recursos. É o caso da erradicação de *Cochliomyia hominivorax* (Coquerel), produção de *Anthonomus grandis* (Boheman), *P. gossypiella*, moscas-das-frutas, *Anastrepha* spp. etc. (Smith, 1966).

Para liberações de inimigos naturais em grandes áreas elas devem ser automatizadas, pois 70-80% dos custos se refere a mão-de-obra, e são verdadeiras "fábricas" onde há necessidade de se planejar até onde vão ser colocados os resíduos da produção.

Hoje existem grandes empresas que comercializam agentes de CB. Existem cerca de 450 empresas no mundo, sendo as maiores Koppert (holandesa), Biobest (belga) e Biobee (israelense). São produzidos milhões de insetos. Por exemplo, para criação de *Trichogramma* spp. são utilizados ovos de traças, *A. kuehniella*. Cada grama de ovos desta traça tem 36.000 ovos. Uma grande empresa chega a produzir 40 kg de ovos de traças por dia (*vide* capítulo 8).

No caso de controle de *C. hominivorax* por meio da técnica do inseto estéril nos EUA/México, eram produzidos e liberados de 50-200 milhões de moscas estéreis por semana. No final do programa constatou-se que para cada fêmea da natureza foram liberadas 49 fêmeas estéreis, relação bem maior do que a prevista teoricamente para este método que é de 1:9. Nesta "fábrica" eram empregados mais de 300 funcionários.

No Brasil, são liberados *C. flavipes* em 3,5 milhões de ha, utilizando-se cerca de 6.000 parasitoides por ha. A produção é bastante grande e como não existe sistema automatizado de produção, são empregadas mais de 100 pessoas numa das fábricas do parasitoide.

No Brasil hoje existem cerca de uma dezena de empresas comercializando agentes de CB. Em cana-de-açúcar, onde se usa CB em quase metade da área plantada, existem ainda usinas (cerca de 30) que produzem os próprios inimigos naturais em seus laboratórios. Detalhes sobre Criações Massais podem ser vistas entre outros, em Smith, 1966; Ridgway & Vinson, 1977; Starler & Ridgway, 1977; Morrison & King, 1977; Leppla & Ashley, 1978; King & Leppla, 1984; Parra, 1990, 2002, 2008; Bueno, 2000, 2009; Parrella et al., 1992; van Lenteren, 2000; Schneider, 2009; Morales-Ramos et al., 2014; Parra & Coelho Jr., 2019; Leppla & de Clercq, 2019.

Problemas da criação de inimigos naturais e ajustes para estabelecimento de uma criação massal

A criação massal é muito importante num programa de Controle Biológico, mas isoladamente não vai resolver o problema. Assim, o início de uma criação massal depende, de resultados anteriores nas criações em pequena escala (especialmente) e criação de tamanho médio na bioecologia da praga e do inimigo natural, incluindo estudos que determinem os fatores bióticos e abióticos (temperatura, UR, luz e aeração) que afetam os dois insetos envolvidos na criação.

Somente a partir destes resultados é que vai ser feito o **ajuste da escala de criação**, para transformar o sistema de produção de uma pequena escala para uma grande escala. Não é um processo muito fácil e este ajuste às vezes pode ser bastante demorado. Uma criação massal deixa de ser apenas um problema entomológico. Passa a ser uma verdadeira fábrica que demanda pessoal treinado e especializado, áreas maiores para separar as diferentes atividades, inclusive com separação de áreas para preparo de dietas, locais de desenvolvimento das diferentes fases de crescimento do hospedeiro e do inimigo natural e locais para eliminação dos resíduos da grande criação.

Como são grandes criações, aumentam os investimentos e custos constantes, o que implica num maior rigor no controle da qualidade do inseto produzido. Aumentam os problemas de contaminação, seja nas dietas artificiais onde são criados os hospedeiros, seja no ambiente de criação ou mesmo nos hospedeiros e nos inimigos naturais. Deve haver um rigor constante na inspeção das diferentes fases da criação, pois os diferentes patógenos (fungos, bactérias, vírus etc.) podem dizimá-la totalmente, mesmo sendo grandes criações, incluindo patógenos que ficam nos armazéns, nos componentes das dietas a serem utilizadas. Os custos devem ser obviamente, como já comentado, sempre levados em consideração, e deve ser reduzida a mão-de-obra que representa de 70 a 80% do custo total de produção, por meio de automatização. Fica aqui demonstrado que, numa criação massal, as ações devem ser inter e multidisciplinares, pois há necessidade de engenheiros envolvidos nesta operação, com a supervisão do pessoal treinado e do entomologista que conhece a bioecologia e comportamento da praga e do inimigo natural, seja um parasitoide ou um predador.

As condições dos locais de criação, devem ser controladas, com relação à temperatura, UR e luz (fotoperíodo) baseando-se em estudos bioecológicos anteriormente realizados nas criações em menor escala. O acompanhamento da qualidade dos insetos produzidos, seja por características biológicas ou moleculares, deve ser constante, para evitar perdas na criação como um todo. Os insetos podem alterar a sua performance e muitas vezes simbiontes podem afetar tal performance, pois para iniciar a criação massal, muitas vezes, foram selecionados "strains" mais agressivos e que apresentavam ou não determinados simbiontes.

No caso de criações massais, o número inicial da colônia fundadora deve ser levado em consideração (*vide* capítulo 16). Segundo Hassan (1997), em casos de criações massais para Controle Biológico Aplicado, devem ser levados em conta, no controle de qualidade, as características de laboratório (preferência hospedeira e adequação), semicampo (capacidade de busca) e campo (eficiência, adaptação, localização do hábitat e hospedeiro, aceitação e adequação e sincronização com o hospedeiro) (Parra, 2002).

Um dos grandes problemas de uma criação massal é que, dado ao grande número de insetos criados, não se consegue interromper tal criação numa época em que os insetos não estão sendo utilizados no campo (no presente caso, os inimigos naturais) e voltar com a mesma intensidade no período em que eles voltarem a ser liberados. Então deveria haver uma técnica de armazenamento destes insetos.

Na Europa, há indução de diapausa em espécies de *Trichogramma* (Pizzol, 1978), armazenando-os por mais de seis meses a um ano, "quebrando" a diapausa quando necessário utilizá-los; outros estudos utilizam nitrogênio líquido para armazenamento de ovos de *Nezara viridula* (L.) por até seis meses, para produção de *Trissolcus basalis* (Wollaston) (Corrêa-Ferreira & Moscardi, 1994); os chineses utilizam a técnica de nitrogênio líquido para armazenamento de ovos de hospedeiros de *Trichogramma*.

No Brasil, pode ser utilizada a temperatura base (limiar térmico inferior de desenvolvimento) para as espécies criadas. Além disso, com relação ao armazenamento para as criações massais deve existir uma logística de armazenamento e transporte, pois muitas vezes o inseto emerge antes da liberação e não atinge os objetivos propostos. Os insetos devem ser armazenados e transportados acondicionados em recipientes adequados (empacotamento) e mantidos em temperaturas baixas, controladas, sempre baseando-se nas exigências térmicas, conforme relatado neste capítulo.

Como comentado o pessoal responsável pela criação massal deve ser treinado. Deve haver, no entanto, uma infraestrutura na "fábrica de produzir insetos", pois a manutenção e reposição de equipamentos é fundamental para que não haja perda de continuidade no processo de produção.

É conveniente lembrar que por se tratar de grandes criações tudo é em maior escala e, obviamente, existem riscos aos operadores, pois especialmente em criações massais de lepidópteros, há muita escama e existem pessoas alérgicas e que podem ter problemas pulmonares e, muitas vezes, até choques anafiláticos. A grande quantidade de CO_2 nas salas de criação, fruto do metabolismo dos insetos pode levar a desmaios. Assim, equipamentos e vestuário de proteção devem ser utilizados para evitar tais problemas.

É um sistema contínuo, no qual, no caso de inimigos naturais, em geral, 95% dos inimigos naturais produzidos são para liberação e 5% para continuidade da criação (Figura 2).

O livro de Schneider (2009) *Princípios e Procedimentos para criação de insetos de alta qualidade* tem na capa, as peças de um quebra cabeça que representariam os problemas (ou soluções) de uma criação massal, sendo eles: Projeto das Instalações; Genética das Populações; Controle de Qualidade; Biologia Ambiental; Sistema de Produção; Sanidade e Segurança; Nutrição

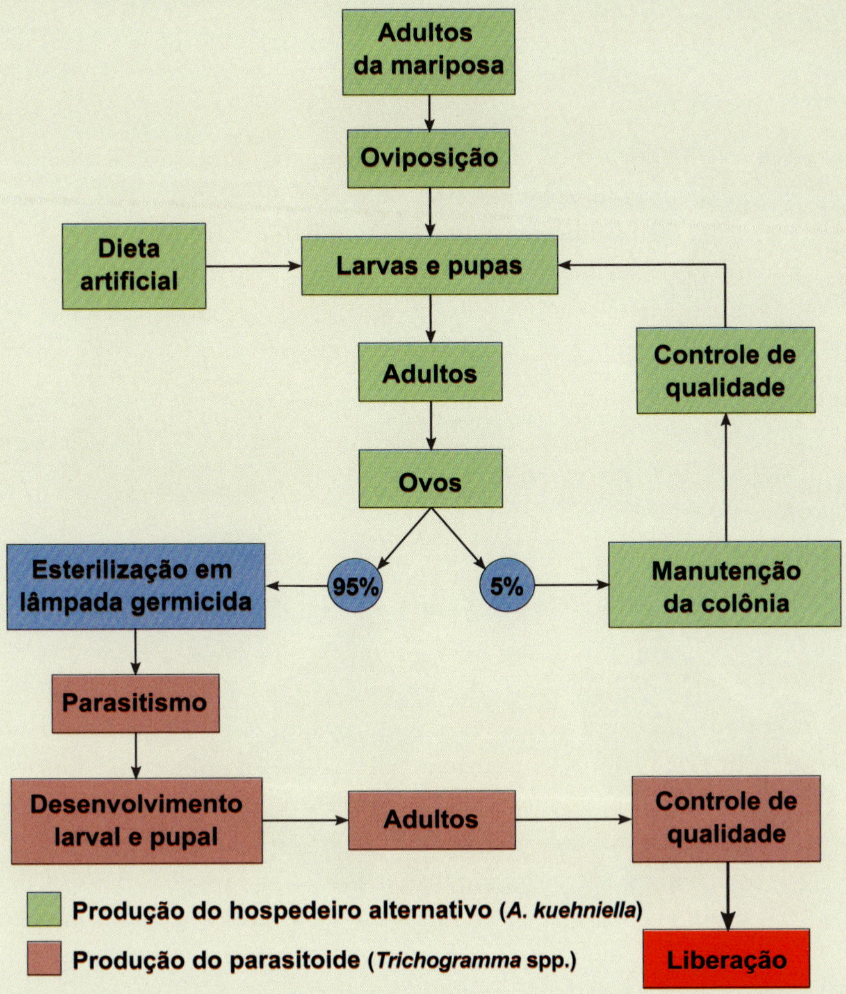

Figura 2. Esquema de produção de *Anagasta kuehniella* para produção de *Trichogramma* spp.

e Dieta; Manejo Microbiano e Manejo das Instalações. A este quebra-cabeça incluiríamos Logística de transporte (empacotamento e despacho do material em condições adequadas) e Condições de armazenamento (Figura 3).

Numa criação massal, como em qualquer tipo de criação, devem ser levados em consideração as condições microclimáticas de temperatura, UR, fotoperíodo e aeração (ventilação) (características abióticas) e as características bióticas incluindo acasalamento, oviposição e alimentação de adultos. Em certas regiões a diapausa é um parâmetro bastante importante embora muito mal estudado no Brasil.

Não existem regras para se criar insetos em laboratório, pois a diversidade e os hábitos são muito variáveis. Entretanto, tais características bióticas e abióticas devem ser levadas em consideração (Parra, 2000).

Figura 3. Inclusão de condições de armazenamento e logística de transporte nos princípios de produção de agentes de CB com qualidade para se ter bons resultados no campo (Modificado de Schneider, J. C., 2009).

Parra (2002) relaciona algumas etapas a serem estudadas numa criação de *Trichogramma* spp., envolvendo o hospedeiro (no caso, alternativo), a traça *A. kuehniella* e o parasitoide *Trichogramma* spp., um parasitoide de ovos (*vide* capítulo 8).

Hospedeiro alternativo

1. Biologia em diferentes temperaturas e determinação das exigências térmicas;
2. Volume adequado de recipientes para as diferentes fases da criação;
3. Inviabilização de embriões de *A. kuehniella* (para evitar canibalismo);
4. Combinação ideal de condições térmicas para formas jovens e adultos e ritmo de postura da traça em diferentes temperaturas;

5. Tempo de exploração de caixas de coletas de adultos e de ovos;
6. Desenvolvimento de uma dieta adequada e econômica.

Parasitoide

1. Seleção de linhagens de *Trichogramma;*
2. Estudo da biologia dos parasitoides em diferentes temperaturas e exigências térmicas;
3. Separação dos locais para produção de espécies diferentes;
4. Relação adequada parasitoides : ovos do hospedeiro;
5. Idade do ovo do hospedeiro mais suscetível ao parasitismo e que produza parasitoides agressivos e altamente competitivos;
6. Adaptação ao hospedeiro alternativo;
7. Armazenamento.

Em qualquer tipo de criação, seja de **pesquisa**, **de médio porte** ou **massal**, existem problemas gerais, como formigas e ácaros, favorecidos por sujeiras (resíduos de alimentos) e por ambientes mais úmidos; no caso de produção de *Trichogramma* spp. Há ainda problemas específicos, sendo *H. hebetor* o mais importante deles, por dizimar populações de traça, por ser um ectoparasitoide que paralisa e mata lagartas – sendo atraídos por "frass" das lagartas maiores (Parra et al., 1996).

Em alguns países, existem sofisticados programas de acompanhamento e produção de insetos, que utilizam sistemas computadorizados desde a década de 1990 (Singh & Clare, 1992). Entretanto, é possível esquematizar uma produção simplesmente baseando-se nas exigências térmicas dos insetos. Tais exigências são avaliadas pela constante térmica (K) expressa em graus-dias, usada há muitos anos em previsão de crescimento de plantas. Essa constante parte da hipótese de que a duração do desenvolvimento, pela temperatura, é uma constante, sendo o somatório da temperatura computado a partir de um limiar térmico inferior chamado temperatura-base (Tb). Como os insetos são pecilotérmicos, ou seja, acompanham a temperatura do ambiente, essa constante térmica também se aplica a seu desenvolvimento.

Assim,

$K = D\,(T - Tb)$, em que:

K = constante térmica (graus-dias);

D = duração do desenvolvimento (dias);

T = temperatura ambiente (°C);

Tb = temperatura-base (°C).

A determinação da Tb – ou limite térmico inferior de desenvolvimento – pode ser feita por vários métodos (Haddad & Parra, 1984; Haddad et al., 1999).

Uma vez determinado o limiar térmico inferior, é possível estimar o ciclo do inseto em uma sala cuja temperatura seja registrada ou controlada. Exemplificando: em uma sala de criação, mantida a 25 °C, é possível estimar a duração das fases de ovo, lagarta e pupa do inseto, cujas exigências térmicas são apresentadas na Tabela 1.

Tabela 1. Previsão de desenvolvimento de um inseto, com base nas exigências térmicas das diferentes fases de desenvolvimento, em sala mantida a 25 °C (Parra, 2001)

Fase	Tb (°C)*	K (graus-dias)	Estimativa
Ovo	11,5	79,48	5,9 (6 dias)
Lagarta	12,2	156,53	12,2 (12 dias)
Pupa	15,1	67,81	6,8 (7 dias)

*Tb = temperatura-base; K= constante térmica.

Assim, de forma simplista, se a temperatura-base da fase de ovo é de 11,5 °C, ele utilizará por dia 13,5 °C (na sala mantida a 25 °C) como energia, até que sejam completados os 79,48 graus-dias exigidos para o desenvolvimento. O mesmo se aplica para outras fases de desenvolvimento e também para inimigos naturais.

Considerações finais

A criação massal não é suficiente para o sucesso de um programa de CB, mas é importante peça desta engrenagem para se ter sucesso em qualquer programa. Essa criação deve ser iniciada a partir de uma em pequena escala, com resultados biológicos da praga e dos inimigos naturais, conhecidos, em diferentes temperaturas e umidades relativas e fotoperíodos. Deve envolver estudos de acasalamento, oviposição, alimentação de adultos, diapausa (em alguns casos), iniciando sempre a criação com um número razoável de insetos (efeito fundador) (*vide* capítulo 16) para evitar problemas de qualidade dos insetos produzidos. O ajuste de escala, passando de uma criação pequena para uma criação maior, pode demandar tempo com muitos ajustes e adaptações, e deverá ser feito por pessoal treinado em técnicas de criação de insetos.

Obviamente que o aumento do número de insetos produzidos, no caso são duas espécies sendo criadas, implicará em aumento de custos com pessoal e instalações, maiores problemas com micro-organismos, qualidade e até mesmo com o armazenamento. Seja em épocas em que os insetos não estejam sendo utilizadas, seja para armazenamento, levando-se em conta a logística desse armazenamento e transporte. Isso exige completo conhecimento dos insetos produzidos, com relação às suas exigências térmicas, especialmente para previsão de produção. Muitas vezes, o conhecimento entomológico para tal criação não é suficiente; assim, deve-se pensar em automatização e manutenção de gaiolas e equipamentos utilizados na criação.

Setenta a 80% de uma criação massal refere-se a mão-de-obra. Entretanto, mesmo tendo uma excelente criação massal, que à luz dos conhecimentos atuais exige a produção de dois insetos, o hospedeiro e o inimigos natural para programas de CB, pode ser que haja problemas na liberação em campos abertos com grandes áreas. Seja na forma de liberação, no número de parasitoides ou predadores liberados e número de pontos de liberação, seja na definição do momento de liberação para diferentes fases do desenvolvimento da praga visada (dependendo se se trata de um parasitoide, predador de ovos, lagartas, pupas ou adultos) (*vide* capítulo 17). Muitas vezes, parasitoide e/ou predador são eliminados por inseticidas aplicados na área, especialmente no Brasil, onde há a "cultura" de produtos químicos.

Portanto, uma criação massal deve ser um componente chave de um programa inter e/ou multidisciplinar para se ter sucesso em programas de CB (Figura 4).

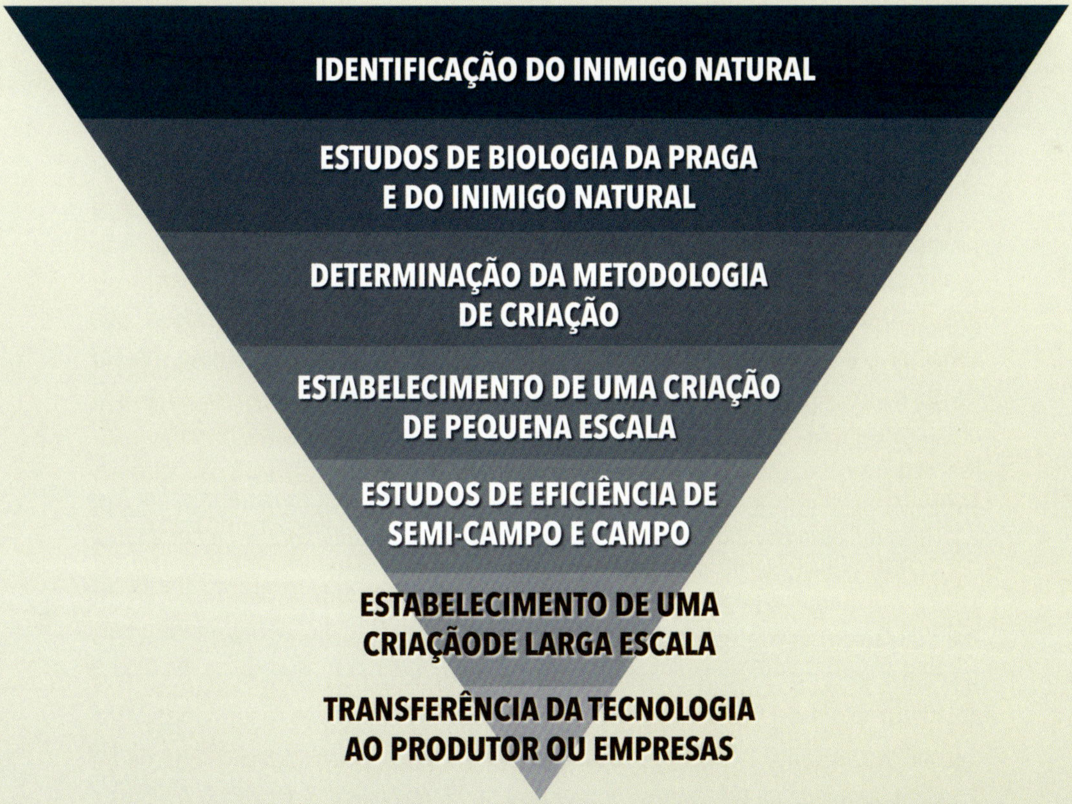

Figura 4. Sequência de etapas para o sucesso de um programa de controle biológico aplicado. (Parra et. al, 2002).

Referências Bibliográficas

Beck, S. D., Lillyj, J. H. & Stauffer, J. F. (1949). Nutrition of the European corn borer. *Pyrausta nubilalis* (Hbn.). I. Development of a satisfactory purified diet for larval growth. *Annals of the Entomological Society of America*. *42*(4), 483–496.

Bottger, G. T. (1942). Development of synthetic food media for use in nutrition studies of the european corn borers. *Journal of Agricultural Research, 65*(10), 493-500.

Bueno, V. H. P. (Org.). (2000). *Controle biológico de pragas: produção massal e controle de qualidade*. (1°ed). Lavras: Editora UFLA. 207 p.

Bueno, V. H. P. (Org.). (2009). *Controle Biológico de Pragas: Produção massal e Controle de qualidade* (2°ed). Lavras: Editora UFLA. 430 p.

Carvalho, R. S. & Nascimento, A. S. (2002). Criação e utilização de *Diachasmimorpha longicaudata* para controle biológico de moscas-das-frutas (Tephritidae). In: Parra, J. R. P., Botelho, P. S. M., Correa-Ferreira, B. S. & Bento, J. M. S. (Eds.), *Controle Biológico no Brasil: Parasitoides e Predadores*. São Paulo: Manole. 165- 179.

Chagas, M. C. M., Parra, J. R. P., Nascimento, A. S., Parra, A. L. G. C. & Yamamoto, P. T. (2002). *Ageniaspis citricola*: Criação e Estabelecimento no Brasil. In: Parra, J. R. P., Botelho, P. S. M., Correa-Ferreira, B. S. & Bento, J. M. S. (Eds.), *Controle Biológico no Brasil: Parasitoides e Predadores*. São Paulo: Manole. 377–394.

Chambers, D. L. (1972). Quality Control in Mass Rearing. *Annual Review of Entomology, 22*, 289–308.

Cohen, A. (2004). *Insect diets: science and technology.* (1°ed). Boca Raton: CRC Press. 324 p.

Cohen, A. (2015). *Insect Diets: science and technology.* (2°ed). Boca Raton: CRC Press. 474 p.

Cônsoli, F. L. & Grenier, S. (2010). In vitro Rearing of Egg Parasitoids. In: Consoli, F. L., Parra, J. R. P. & Zucchi, R. A. (Orgs.). *Egg parasitoids in Agroecosystems with enphasis on Trichogramma.* Heidelberg: Springer. 293–213. https://doi.org/10.1007/978-1-4020-9110-0

Cônsoli, F. L. & Parra, J. R. P. (1996). Biology and parasitism of *Trichogramma galloi* Zucchi and *T. pretiosum* Riley reared "in vitro" and in "vivo". *Annals of the Entomological Society of America, 89*, 828–834.

Cônsoli, F. L. & Parra, J. R. P. (1997a). Development of an Oligidic Diet for in Vitro Rearing of *Trichogramma galloi* Zucchi and *Trichogramma pretiosum* Riley. *Biological Control, 8*, 172–176.

Cônsoli, F. L. & Parra, J. R. P. (1997b). Produção in vitro de parasitoides: criação de *Trichogramma galloi* e *T. pretiosum* no Brasil. In: Parra, J. R. P. & Zucchi, R. A. (Orgs.), *Trichogramma e o controle biológico aplicado.* Piracicaba: *FEALQ*. 259–302.

Corrêa-Ferreira, B. S. & Moscardi, F. (1994). Temperature effect on the biology and reproductive performance of the egg parasitoid *Trissolcus basalis* (Woll.). *Anais da Sociedade Entomológica do Brasil, 23*(3), 399–408.

Coudron, T. A., Yocum, G. D. & Brandt, S. L. (2006). Nutrigenomics: a case study in the measurement of insect response to nutritional quality. *Entomologia Experimentalis et Applicata, 121*(1), 1–14. https://doi.org/10.1111/j.1570-8703.2006.00461.x

Davis, F. M. (2009). Insect Rearing Production Systems; A case Estudy: The Southwestern Corn Borer. In: Schneider, J. C. (Org.), *Principles and Procedures for Rearing High Quality Insects*. Starkville: Mississipi State University. 307–333.

Dias, N. S., Parra, J. R. P. & Cônsoli, F. L. (2010). Egg laying and development of Neotropical trichogrammatid species in artificial eggs. *Entomologia Experimentalis et Applicata, 137*(2), 126–131. https://doi.org/10.1111/j.1570-7458.2010.01045.x

Dickerson, W. A. & Leppla, N. C. (1992). The insect rearing group and the development of insect rearing as a profession. In: Anderson, T. E. & Leppla, N. C. (Orgs.), *Advances in insect rearing or research e pest management*. Boulder: Westview Press. 3-7.

Finney, G. L. & Fisher, T. W. (1964). Culture of entomophagus insects and their host. In: P. DeBach, P. & Schlinger, E. I. (Orgs.), *Biological Control of Pests and Weeds*. London: Chapman e Hall. 328–355.

Gómes-Torres, M. L., Nava, D. E., Gravena, S. A., Costa, V. A. & Parra, J. R. P. (2006). Registro de *Tamarixia radiata* (Waterson) (Hymenoptera: Eulophidae) em *Diaphorina citri* Kuwayama (Hemiptera: Psyllidae) em São Paulo, Brasil. *Revista de Agricultura, 81*, 112–117.

Grenier, S. & Cônsoli, F. L. (2002). Criação in vitro de parasitoides e predadores. In: Parra, J. R. P., Botelho, P. S. M., Correa-Ferreira, B. S. & Bento, J. M. S. (Eds.), *Controle Biológico no Brasil: Parasitoides e Predadores*. São Paulo: Manole. 239–275.

Haddad, M. L. & Parra, J. R. P. (1984). *Métodos para estimar os limites térmicos e a faixa ótima de desenvolvimento das diferentes fases do ciclo evolutivo de insetos.* Piracicaba: Embrapa/ USP/ FEALQ. 12 p.

Haddad, M. L., Parra, J. R. P. & Morales, R. C. B. (1999). *Métodos para estimar os limites térmicos inferior e superior de desenvolvimento de insetos.* Piracicaba: FEALQ. 29 p.

Hassan, S. A. (1997). Seleção de espécies de *Trichogramma* para o uso em programas de controle biológico. In: Parra, J. R. P. & Zuchi, R. A. (Orgs.), *Trichogramma e o controle biológico aplicado*. Piracicaba: FEALQ. 183–205.

Huynh, M. P., Hibbard, B. E., Vella, M., Lapointe, S. L., Niedz, R. P., Shelby, K. S. & Coudron, T. A. (2019a). Development of an improved and accessible diet for western corn rootworm larvae using response surface modeling. *Scientific Reports, 9*, 16009. https://doi.org/10.1038/s41598-019-52484-z

Huynh, M. P, Hibbard, B. E., Lapointe, S. L., Niedz, R. P., French, B. W., Pereira, A. E., Finke, D. L., Shelby, K. S. & Coudron, T. A. (2019b). Multidimensional approach to formulating a specialized diet for northern corn rootworm larvae. *Scientific Reports*, *9*, 3709. https://doi.org/10.1038/s41598-019-39709-x

King, E. G. & Leppla, N. C. (1984). *Advances and challenges in insect rearing*. New Orleans: USDA. 306 p.

Knipling, E. F. (1979). *The basic principles of insect population supression and management*. Washington: USDA. 659 p.

Leppla, N. C. & Adams, F. (1987). *Insect mass-rearing technology, principles and applications*. Washington: USDA. 20 p.

Leppla, N. C. & Ashley, T. R. (1978). *Facilities for insect research and production*. Washington: USDA. 86 p.

Leppla, N. C. & Clercq, P. (2019). History of the International Organization for Biological Control Global Working Group on Mass Rearing and Quality Assurance. *Zoological Journal of the Linnean Society*, *19*(2), 1-12. https://doi.org/10.1093/zoolinnean/zly093

Lü, X., Han, S. C., Li, L. Y., Grenier, S. & de Clercq, P. (2013). The potential of trehalose to replace insect hemolymph in artificial media for *Trichogramma dendrolini* (Hymenoptera: Trichogrammatidae). *Insect science*, *20(5)*, 629–636. https://doi.org/10.1111/j.1744-7917.2012.01566.x

Mackauer, M. (1972). Genetic aspects of insect production. *Entomophaga*, *17*(1), 27–48. https://doi.org/10.1007/BF02371071

Magro, S. R. & Parra, J. R. P. (2004). Comparison of artificial diets for rearing Bracon hebetor Say (Hymenoptera: Braconidae). *Biological Control*, *29*(3), 341–347. https://doi.org/https://doi.org/10.1016/j.biocontrol.2003.07.001

Magro, S. R., Dias, A. B., Terra, W. R. & Parra, J. R. P. (2006). Biological, nutritional, and histochemical basis for improving an artificial diet for *Bracon hebetor* Say (Hymenoptera: Braconidae). *Neotropical Entomology*, *35*, 215–222.

Marin, L. L. (2000). *Bioecologia e determinação do nível de controle de Selenaspidus articulatus (Morgan, 1887) (Hemiptera: Diaspididae) em citros*. 127 p. (Tese) Universidade de São Paulo / Escola Superior de Agricultura "Luiz de Queiroz"

Morales-Ramos, J., Shapiro-Ilan, M. & Guadalupe Rojas, D. (2014). *Mass production of Beneficial Organisms: Invertebrates and Enthomopathogens* San Diego: Academic Press. 711 p. https://doi.org/10.1016/B978-0-12-391453-8.01002-5

Morrison, R. K. & King, E. G. (1977). Mass prodution of natural enemies. In: Ridgway, R. L. & Vinson, S. B. (Orgs.), *Biological control by augmentation of natural enemies*. New York: Plenum Press. 183-217.

Nakano, O. (1972). *Estudo da cochonilha da raiz do cafeeiro, Dysmicoccus cryptus (Hempel, 1918) comb. n. (Homoptera: Pseudococcidae).* 127 p. (Tese) Universidade de São Paulo / Escola Superior de Agricultura "Luiz de Queiroz"

Parra, J. R. P. (2001). *Técnicas de criação de insetos para programas de Controle Biológico* (6ºed). Piracicaba: FEALQ. 128 p.

Parra, J. R. P. & Cônsoli, F. L. (1992). In vitro rearing of *Trichogramma pretiosum* Riley. *Ciência e Cultura, 44*, 407–409.

Parra, J. R. P., Bento, J. M. S., Chagas, M. C. M. & Yamamoto, P. T. (2004). O controle biológico da larva-minadora-dos-citros. *Visão Agrícola, 2*, 64–67.

Parra, J. R. P., Vinson, S. B., Gomes, S. M. & Cônsoli, F. L. (1996). Flight Response of *Habrobracon hebetor* (Say) (Hymenoptera : Braconidae) in a Wind Tunnel to Volatiles Associated with Infestations of *Ephestia kuehniella* Zeller (Lepidoptera : Pyralidae). *Biological Control, 6*(2), 143–150.

Parra, J. R. P. (1997). Técnicas de criação de *Anagasta kuehniella*, hospedeiro alternativo para a produção de *Trichogramma*. In: Parra, J. R. P. & Zucchi, R. A. (Orgs.), *Trichogramma e o controle biológico aplicado*. Piracicaba: FEALQ. 121–150.

Parra, J. R. P. (2002). Criação Massal de Inimigos Naturais. In: Parra, J. R. P., Botelho, P. S. M., Correa-Ferreira, B. S. & Bento, J. M. S. (Eds.), *Controle Biológico no Brasil: Parasitoides e Predadores*. São Paulo: Manole. 143–164.

Parra, J. R. P. (2000). A biologia de insetos e o manejo de pragas: da criação em laboratório à aplicação no campo. In: Guedes, J. C.; Costa, I. D. & Castiolioni, E. (Orgs.), *Bases e técnicas do manejo de insetos*. Santa Maria: UFSM. 1–29.

Parra, J. R. P. (1998). Criação de insetos para estudos com patógenos. In: *Controle Microbiano de Insetos* (2º ed.). Piracicaba: FEALQ. 1.015–1.038.

Parra, J. R. P. & Mihsfeldt, L. H. (1992). Comparison of artificial diets for rearing the sugarcane borer. In: Anderson, T. E. & Leppla, N. C. (Orgs.), *Advances in insect rearing or research e pest management*. Boulder: Westview Press. 195–209.

Parra, J. R. P. (1990). Técnicas de criação e produção massal de inimigos naturais. In: Crocomo, W. B. (Org.), *Manejo Integrado de Pragas*. São Paulo: UNESP. 117–146.

Parra, J. R. P. (2008). Mass Rearing of Natural Enemies. In: Capinera, J. L. (Org.), *Encyclopedia of Entomology* (2°ed). Heidelberg: Springer. 2.301–2.305. https://doi.org/10.1007/978-1-4020-6359-6_1741

Parra, J. R. P., Alves, G. R., Diniz, A. J. F. & Vieira, J. M. (2016). *Tamarixia radiata* (Hymenoptera: Eulophidae) × *Diaphorina citri* (Hemiptera: Liviidae): Mass Rearing and Potential Use of the Parasitoid in Brazil. *Journal of Integrated Pest Management, 7*(1), 1–11. https://doi.org/10.1093/jipm/pmw003

Parra, J. R. P. & Coelho Jr., A. (2019). Applied Biological Control in Brazil: From Laboratory Assays to Field Application. *Journal of Insect Science*, *19*(2), https://doi.org/10.1093/jisesa/iey112

Parrella, M. P., Heins, K. M. & Nunney, L. (1992). Biological control throgh augmentative releases of natural enemies: a strategy whose time has come. *American Entomologist, 38*, 172–178.

Pizzol, J. (1978). *La diapause chez Trichogramma evanescens Westwood (Hym., Trichogrammatidae), écotype moldave parasite oophage de la Pyrale du maïs*. 78 p. (Diplôme de l'Ecole Pratique des Hautes Etudes) Institut de Montpellier.

Ridgway, R. L. & Vinson, S. B. (1977). *Biological control by augmentation of natural enemies*. New York: Plenum Press. 450 p.

Schneider, J.C (2009). *Principles and Procedures for Rearing High Quality Insects*. Starkville: Missisipi State University. 352 p.

Singh, P. (1977). *Artificial diets for insects, mites and spiders.* New York: Plenum Press. 594 p.

Singh, P. & Clare, G. C. (1992). Insect rearing management (IRM): on operating system for multiple-species rearing laboratories. In: Anderson, T. E. & Leppla, N. C. (Orgs.), *Advances in insect rearing or research e pest management*. Boulder: Westview Press. 135–157.

Singh, P. & Moore, R. F. (1985). *Handbook of insect rearing*. Amsterdan: Elsevier. 514 p.

Smith, C. N. (1966). *Smith insect colonization and mass production*. San Diego: Academic Press. 618 p.

Starler, N. H. & Ridgway, R. L. (1977). Economic and social considerations for the utilization of augmentation of natural enemies. In: Ridgway, R. L. & Vinson, S. B. *Biological control by augmentation of natural enemies*. New York: Plenum Press. 413–453.

Thompson, S. & Hagen, K. (1999). Nutrition of entomophagus insects and other arthropods. In: Bellows, T. S. & Fisher, T. W. (Orgs.), *Handbook of Biological Control. Principles and Application of Biological Control*. Cambridge: Academic Press. 594–652.

Thompson, S. N. (1986). Nutritional and in vitro culture of insect parasitoids. *Annual Review of Entomology*, *31*, 197–219.

Ying, L. L., Wen-Huei, L., Chao-Shian, C., Shi-Tzou, H., Jia-Chi, S., Han-Sun, D. & Shu-Yi, F. (1988). In vitro rearing of *Trichogramma* spp. and *Anastatus* sp. in artificial "eggs" and the method of mass production. *Colloques de l'INRA, 43*. 339–352.

van Lenteren, J. C. (2000). A greenhouse without pesticides: fact or fantasy? *Crop Protection*, *19*(6), 375–384. https://doi.org/https://doi.org/10.1016/S0261-2194(00)00038-7

CAPÍTULO 16

Controle de qualidade de inimigos naturais

Aline Bertin
Alexandre de Sene Pinto
José Roberto Postali Parra

Introdução

O uso do controle biológico aumentou nos últimos anos. Estima-se que em 2015, o controle biológico foi aplicado em mais de 30 milhões de hectares em todo mundo (van Lenteren et al., 2018). O aumento da demanda por uma agricultura mais sustentável, aliado aos casos de resistência de insetos a táticas de controle, de efeitos nocivos de produtos fitossanitáros ao meio ambiente e ao surgimento de pragas invasoras estimulou a busca de alternativas para o controle de insetos praga na agricultura, entre elas, o controle biológico. Atualmente, cerca de 440 espécies de inimigos naturais são comercializadas no mundo todo (van Lenteren et al., 2018). No Brasil, estão disponíveis no mercado cerca de 423 produtos chamados atualmente de biológicos, incluindo micro e macro-organismos (CropLife, 2021). Dentre os macro-organismos, destacam-se insetos e ácaros, os quais são utilizados em programas de controle biológico aplicado, onde milhares de indivíduos são liberados para o controle de uma determinada praga.

A produção desses agentes de controle biológico requer a criação em escala comercial. Atualmente, insetos e ácaros são produzidos com base em técnicas convencionais de criação massal bem conhecidas, sobre hospedeiros naturais e alternativos (Parra, 2010). No entanto, a criação massal de inimigos naturais pode resultar em mudanças fenotípicas e genéticas, as quais podem afetar o desempenho e a eficiência das populações em campo.

O sucesso de programas de controle biológico está, portanto, diretamente ligado à qualidade dos inimigos naturais produzidos. A qualidade de agentes de controle biológico, por sua vez, está relacionada não somente às condições adequadas de criação, como por exemplo, pela ausência de contaminações, pelo controle dos fatores abióticos (temperatura, umidade relativa, ventilação), mas também a fatores genéticos e evolutivos, os quais na maioria das vezes são pouco investigados.

Neste capítulo serão abordados aspectos gerais sobre o controle de qualidade de inimigos naturais, incluindo os desafios para o controle de qualidade em criações massais, estratégias para minimizar os efeitos negativos em criações massais e avanços recentes na área.

Controle de qualidade em criações massais

O controle de qualidade tem como objetivo determinar se um inimigo natural, após sucessivas gerações em condições de laboratório, continua eficiente no controle da praga alvo (van Lenteren, 2003, 2009a). Este conceito, foi mencionado dentro do contexto de controle biológico apenas a partir da metade dos anos 1980 e, pouco tempo depois passou a despertar maior interesse (van Lenteren, 1986). A Organização Internacional para o Controle Biológico (IOBC), através de uma série de iniciativas, teve um papel muito importante ao priorizar discussões sobre o tema, as quais resultaram na elaboração de diretrizes para o controle de qualidade de mais de 30 espécies de inimigos naturais (van Lenteren, 2003). Essas diretrizes, compreendem testes de laboratório que têm como base a avaliação de parâmetros biológicos (van Lenteren et al., 2003; van Lenteren, 2009a,b). De maneira geral, a qualidade dos inimigos naturais produzidos é monitorada por meio de parâmetros como longevidade, fecundidade, razão sexual, tamanho de adultos, porcentagem de emergência e parasitismo (van Lenteren et al., 2003; van Lenteren, 2009a,b)

Leppla (2014) expandiu conceitos previamente incorporados ao controle de qualidade, dando origem ao termo garantia de qualidade (do inglês, *quality assurance*), o qual compreende não somente fatores ligados ao processo de produção de artrópodes, mas, principalmente, fatores associados aos processos de pós-produção, como distribuição, aplicação e avaliação da eficiência dos mesmos (Leppla, 2003, 2009). Segundo Leppla (2014), a garantia de qualidade não está limitada a testes e avaliações dos organismos produzidos, mas está associada sobretudo ao planejamento e gestão de todas as etapas que compreendem a produção e distribuição de produtos (neste caso, inimigos naturais) que atendam às especificações e padrões exigidos. Uma representação da estrutura geral de um sistema de garantia de qualidade é apresentada na Figura 1.

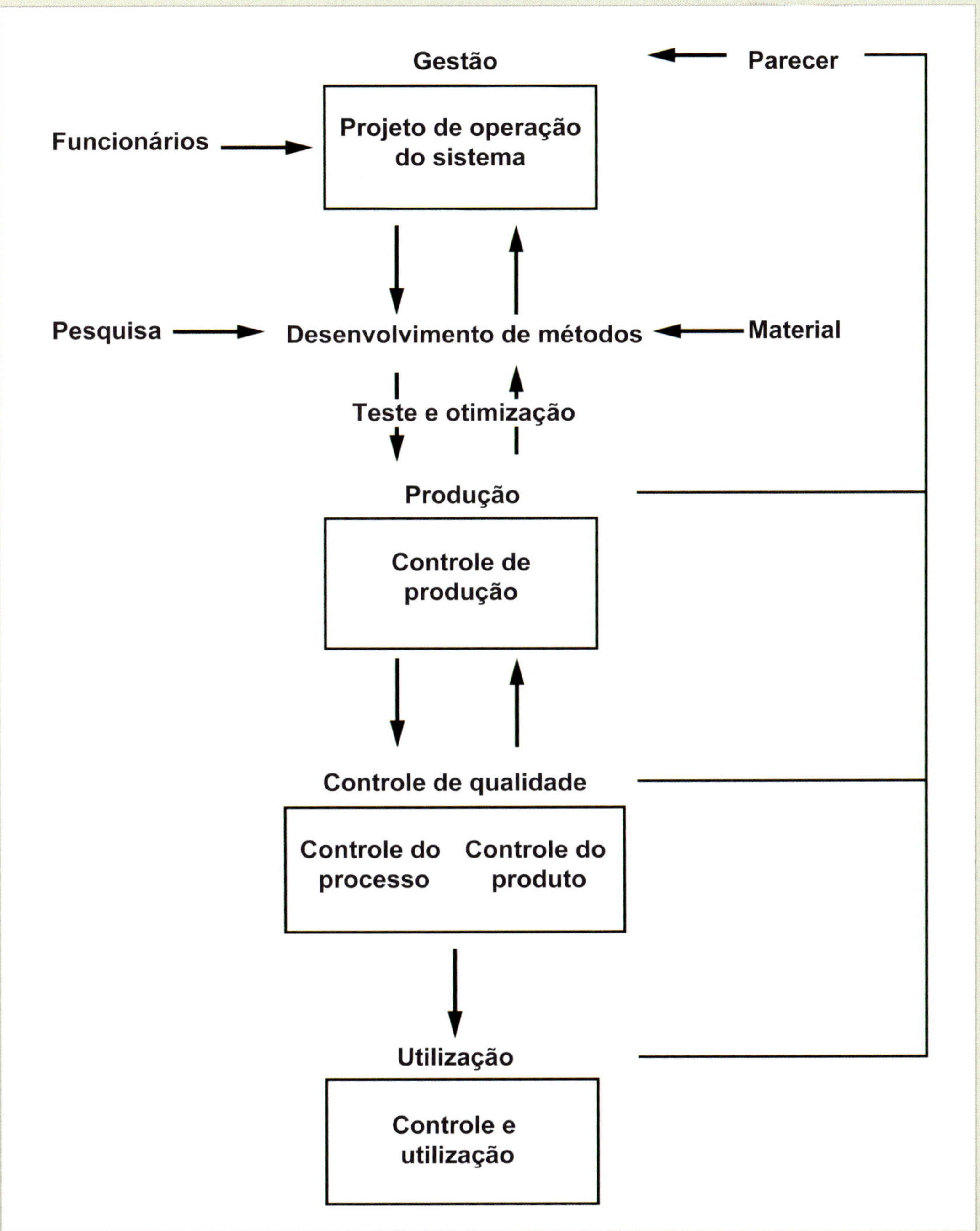

Figura 1. Sistema de garantia de qualidade para a produção massal de artrópodes proposto por Leppla (2014).

Neste capítulo, serão abordados o controle de qualidade de inimigos naturais (controle de qualidade do produto), uma vez que diretrizes para a elaboração de um sistema completo de garantia de qualidade são descritas por Leppla (2014).

Neste sistema, a equipe responsável pela gestão oferece suporte administrativo para projetar e operar todo o sistema. As divisões de pesquisa e material fornecem informações para o departamento de desenvolvimento de métodos, que é responsável por testar e otimizar as instalações, equipamentos, materiais e métodos de criação. A divisão de produção executa procedimentos operacionais padrão para a criação em massa de artrópodes e controla os insumos e processos de produção. O processo de criação e os artrópodes produzidos são monitorados pela divisão de controle de qualidade para assegurar a conformidade com as especificações e padrões estabelecidos. A divisão de utilização avalia a qualidade do produto ao longo da cadeia de fornecimento e garante que as expectativas do cliente sejam atendidas. A equipe responsável pela gestão recebe pareceres sobre a qualidade do produto das divisões de produção, controle de qualidade e utilização, permitindo que sejam tomadas decisões sobre o ajuste do sistema, caso necessário.

No Brasil, ainda são poucos os estudos e publicações dedicados ao controle de qualidade de inimigos naturais criados em laboratório (alguns exemplos: Prezotti & Parra, 2002; Prezotti et al., 2002; Prezotti et al., 2004; Bueno, 2009; Veiga et al., 2013; Trevisan et al., 2016; Bertin et al., 2017; Queiroz et al., 2017). Porém, com o aumento da utilização do controle biológico e do número de espécies produzidas no país, iniciativas de pesquisa e desenvolvimento nesta área se tornam cada vez mais necessárias. Além disso, estudos de diferentes países, incluindo o Brasil, indicam uma variabilidade na qualidade de inimigos naturais provenientes de diferentes fornecedores, o que reforça ainda mais a necessidade de monitorar a qualidade dos inimigos naturais produzidos (Hassan & Zhang, 2001; Vasquez & Morse, 2012; Veiga et al., 2013).

Desafios para o controle de qualidade em criações massais

A criação de inimigos naturais em condições de laboratório pode resultar em mudanças fenotípicas e genéticas drásticas, as quais podem afetar o desempenho e a eficiência das populações após a liberação em campo (Hopper et al., 1993). Estas mudanças estão relacionadas a alterações causadas pela adaptação às condições de criação (seleção não intencional), perda de diversidade genética, depressão por endogamia (Figura 2) e fatores diretamente relacionados às condições de criação, como, por exemplo, fatores abióticos (temperatura, umidade e fotoperíodo), utilização de dietas artificias e hospedeiros alternativos, densidade populacional, entre outros.

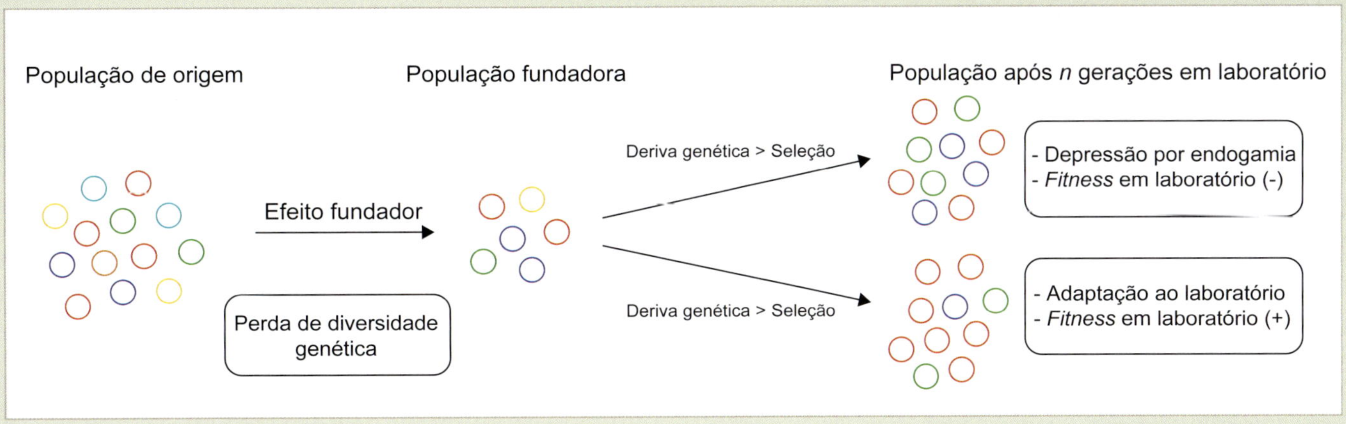

Figura 2. Processos evolutivos que podem afetar a criação de inimigos naturais em laboratório.

Com base na figura 2, inicialmente, para se estabelecer uma criação em laboratório, indivíduos são coletados em campo, em quantidades que podem ser variáveis, mas que geralmente se resumem a poucos indivíduos. Devido ao efeito fundador, a introdução destes indivíduos em laboratório pode resultar na perda de diversidade genética, uma vez que apenas uma parte da variabilidade genética da população original estará representada na população fundadora. Após o estabelecimento da população fundadora, se o tamanho da população se mantiver reduzido, os acasalamentos entre indivíduos aparentados (endogamia) tendem a ficar mais frequentes, podendo resultar no aumento do número de indivíduos homozigotos e na redução da aptidão devido à expressão de características deletérias indesejáveis (depressão por endogamia). Por outro lado, se após o estabelecimento da população em laboratório houver um aumento no tamanho populacional, a seleção tende a atuar de maneira mais intensa do que a deriva genética, podendo levar a adaptação às condições de criação. Estes processos podem afetar de maneira diferente o desempenho das espécies em condições de laboratório; entretanto, ambos podem afetar negativamente o desempenho de inimigos naturais em campo.

Adaptação às condições de laboratório

A adaptação às condições de laboratório é um assunto ainda pouco investigado em programas de controle biológico; no entanto, pode constituir um problema sério para a criação massal de inimigos naturais. Insetos e ácaros podem se adaptar rapidamente às condições de criação uma vez que as pressões de seleção impostas no ambiente artificial diferem das encontradas na natureza (laboratório é um ambiente pouco variável). Em criações massais de insetos e ácaros, a pressão de seleção está direcionada a caracteres que aumentam a produtividade neste ambiente (como, por exemplo, ciclo de vida mais curto, reprodução precoce), mas que não necessariamente garantem maior eficiência em campo (Matos et al., 2000; Tayeh et al., 2012). A criação de inimigos naturais em ambientes controlados e favoráveis pode resultar na perda de características biológicas desejáveis e na redução da capacidade adaptativa às condições naturais, comprometendo o sucesso de programas de controle biológico (Bigler, 1994; Hopper et al., 1993; Tayeh et al., 2012). Em um estudo realizado com a joaninha predadora *Harmonia axyridis* Pallas, comparações entre uma população utilizada em programas de controle biológico (mantida em laboratório por aproximadamente 70 gerações) e populações selvagens da espécie (populações nativas e invasoras) revelaram maior sobrevivência, sucesso reprodutivo e fecundidade da população mantida em laboratório, evidenciando a presença de seleção direcional para características que maximizam a aptidão em laboratório (Tayeh et al., 2012). Por outro lado, a população de laboratório apresentou menor sobrevivência em temperaturas mais baixas e maior susceptibilidade à infecção pelo fungo entomopatogênico *Beauveria bassiana* (Balsamo) Vulleimen em comparação às populações selvagens da espécie, características estas desvantajosas em condições naturais (Lombaert et al., 2008; Tayeh et al., 2012).

A adaptação às condições de criação pode ocorrer não somente por mudanças genéticas herdáveis, mas também por meio da plasticidade fenotípica, onde a expressão de uma determinada característica (por um mesmo genótipo) pode mudar em resposta às mudanças no ambiente (Boivin, 2010). No caso de inimigos naturais, mudanças no ambiente podem ser aquelas relacionadas, por exemplo, à espécie e à qualidade do hospedeiro utilizado na criação massal (Boivin, 2010). Os agentes de controle biológico podem apresentar certa preferência por seu hospedeiro de criação, diminuindo sua eficiência sobre a praga-alvo (Cônsoli & Parra, 1996; Bertin et al., 2017).

Existem inúmeros exemplos de adaptação às condições de criação documentados na literatura (Matos et al., 2000; Lewis & Thomas, 2001; Henry et al., 2008; Li et al., 2010; Christie et al., 2012). Em muitos casos, as taxas de adaptação podem ser iguais ou até mesmo superiores às observadas em populações naturais, o que reforça a necessidade de se desenvolver protocolos para auxiliar na manutenção da qualidade durante o processo de criação massal (Hoffmann & Ross, 2018). Atualmente, os testes de controle de qualidade tendem a extrapolar a relação entre as características medidas em laboratório e o desempenho em larga escala no campo. No entanto, é preciso ter cautela ao assumir que determinado padrão de qualidade em laboratório, de fato, se traduz em características benéficas em campo. O aumento da longevidade, por exemplo, característica considerada benéfica em agentes de controle biológico por proporcionar maior tempo de atuação e maior chance de estabelecimento do inimigo natural em campo, está, do ponto de vista evolutivo, frequentemente relacionada, de forma negativa, com características reprodutivas (Ellers et al., 2000; Burke & Rose, 2009; Sørensen et al., 2012). Dessa forma, o aumento da longevidade em agentes de controle biológico pode não ser uma característica desejável em criações massais. Embora estudos recentes mostrem que a performance de inimigos naturais em laboratório pode antever o sucesso obtido em campo (Coelho Jr. et al., 2016), em muitos casos a performance de agentes de controle biológico criados de forma massal é inferior a de indivíduos selvagens (Rull et al., 2005; Tayeh et al., 2012; Weldon et al., 2013; Hough-Goldstein et al., 2014). Sendo assim, o controle de qualidade de inimigos naturais deve incorporar também avaliações periódicas em campo, visando confirmar a relação entre a performance obtida em laboratório e o controle obtido em campo.

Os casos de adaptação às condições de criação constituem exemplos de seleção não intencional; no entanto, a seleção intencional — seleção artificial — pode ser empregada como forma de aumentar o desempenho de inimigos naturais. Este tema será discutido com mais detalhe na seção "Estratégias para minimizar os efeitos negativos das condições de criação e melhorar a aptidão de agentes de controle biológico".

Deriva genética e endogamia

Assim como a adaptação às condições de criação, a deriva genética e a endogamia também podem afetar de maneira significativa criações massais de inimigos naturais. A deriva genética (ou seja, mudanças estocásticas nas frequências alélicas) está associada à perda de diversidade alélica e pode ocorrer quando poucos indivíduos são utilizados para se estabelecer uma criação de inimigos naturais em laboratório (efeito fundador) ou quando as populações são mantidas em tamanho reduzido (Fauvergue et al., 2012). A perda de variabilidade genética pode limitar o potencial evolutivo da espécie, impedindo que esta responda positivamente às mudanças que ocorrem no ambiente e reduzindo a probabilidade de a população persistir devido à depressão por endogamia (Frankham et al., 2002; Allendorf & Luikart, 2007; Fauvergue et al., 2012). O tamanho populacional reduzido também pode afetar negativamente as criações massais, devido ao aumento no número de acasalamentos entre indivíduos aparentados (endogamia) e ao consequente aumento na produção de indivíduos homozigotos. O aumento no número de indivíduos homozigotos pode levar à depressão por endogamia, ou seja, uma redução na aptidão devido à expressão de características deletérias indesejáveis ou à vantagem conferida à indivíduos heterozigotos (Bartlett, 1984; Charlesworth & Willis, 2009). Embora a depressão por endogamia seja uma preocupação constante em programas de controle biológico (Hopper et al., 1993), resultados diversos são observados. Em alguns casos, como para a espécie *Allotropa burrelli*

Muesebeck, não foi encontrado nenhum impacto negativo da endogamia sobre parâmetros biológicos, indicando que populações do parasitoide criadas de forma massal provavelmente não serão afetadas pela endogamia. Dessa forma, nenhuma medida específica necessita ser tomada a fim de prevenir a endogamia em criações massais (Quaglietti et al., 2017). Da mesma forma, a fecundidade e caracteres morfológicos de linhagens de *Trichogramma brassicae* Bezdenko não foram afetadas pela endogamia (Sorati et al., 1996). Por outro lado, Vayssade et al. (2014) observaram uma redução de 20% no número de ovos no momento da emergência em fêmeas do parasitoide *Venturia canescens* (Gravenhorst) provenientes de cruzamentos endogâmicos. A redução na fecundidade de parasitoides devido à endogamia também já foi observada em parasitoides do gênero *Trichogramma*, *Uscana* e *Nasonia* (Antolin, 1999; Henter, 2003; Luna & Hawkins, 2004; Benvenuto et al., 2012a).

Os efeitos da endogamia podem diferir conforme o sistema de determinação do sexo das espécies em questão. Espera-se que organismos haplodiploides, como parasitoides da ordem Hymenoptera, sejam parcialmente imunes à depressão por endogamia, uma vez que alelos recessivos deletérios são expostos à seleção natural nos machos haploides (Antolin, 1999; Henter, 2003). Porém, alguns estudos mostram que esse sistema de determinação do sexo não impede totalmente a depressão por endogamia, uma vez que alelos presentes em fêmeas diploides podem estar 'protegidos' em indivíduos heterozigotos, fazendo com que espécies haplodiploides sofram mais os efeitos da endogamia em características determinadas por genes expressos somente nas fêmeas (Antolin, 1999; Benvenuto et al., 2012a; Vayssade et al., 2014; Tien et al., 2015).

Diferentemente da adaptação às condições de criação, a deriva genética e a depressão por endogamia tendem a diminuir a aptidão de agentes de controle biológico em condições de laboratório, colocando em risco as criações massais. Para evitar os efeitos causados pela deriva genética e pela endogamia, recomenda-se iniciar criações em laboratório com o maior número de indivíduos possível a fim de se obter uma diversidade genética próxima da população de origem e evitar o surgimento de problemas relacionados ao acasalamento entre indivíduos aparentados. Porém, o tamanho inicial de populações fundadoras é ainda tema de debate. Para o parasitoide de ovos *Trichogramma pretiosum* Riley estudos mostram que o tamanho inicial da população não compromete a qualidade de parâmetros biológicos como o parasitismo, a porcentagem de emergência, a longevidade e a razão sexual, sendo possível iniciar uma criação em laboratório com apenas um casal de insetos (Prezotti et al., 2004). No entanto, Prezotti et al. (2004) aconselham que as colônias sejam iniciadas com um tamanho populacional efetivo de 15 a 20 casais, uma vez que populações iniciadas a partir de dez casais apresentaram qualidade superior às populações iniciadas com um ou cinco casais, mesmo que estas tenham apresentado nível de qualidade satisfatório. De maneira geral, recomenda-se como forma de prevenção, utilizar entre 200 e 500 indivíduos no estabelecimento de novas colônias (Waage et al., 1985). Além disso, deve-se garantir que o tamanho das populações permaneça suficientemente grande, evitando gargalos populacionais, os quais podem levar à perda de diversidade genética e à diminuição do potencial adaptativo.

Densidade populacional

As criações massais de inimigos naturais também estão sujeitas a efeitos relacionados à alta densidade populacional, utilizada em muitos casos para maximizar a produtividade. A alta densidade populacional pode reduzir o tamanho dos indivíduos produzidos, diminuir a taxa de emergência, aumentar a proporção de machos na população e afetar a taxa de dispersão de agentes de controle biológico (van Lenteren, 2003; Tormos et al., 2012; Zboralski et al., 2016). Em espécies do gênero *Trichogramma*, foi observada menor capacidade de dispersão em indivíduos criados em altas densidades (representando as condições observadas em criações massais), além de uma redução na fecundidade (Zboralski et al., 2016). Aparentemente, existe uma interação complexa entre diferentes componentes do fenótipo, uma vez que a fecundidade em espécies do gênero *Trichogramma* foi fortemente influenciada pela capacidade de dispersão dos indivíduos (Zboralski et al., 2016). Essas interações, por outro lado, só podem ser detectadas com métodos experimentais apropriados, uma vez que a avaliação de características biológicas de maneira isolada não permite quantificar interações mais complexas entre caracteres.

Dietas artificiais e hospedeiros alternativos

Além destes fatores, a utilização de hospedeiros alternativos ou de dietas artificias também pode resultar em alterações no comportamento e desenvolvimento dos inimigos naturais (Gandolfi et al., 2003a; Grenier & de Clercq, 2003). A utilização de hospedeiros alternativos ou dietas artificiais pode comprometer o desenvolvimento dos inimigos naturais devido à oferta inadequada de nutrientes, resultando em indivíduos com desempenho inferior (de Clercq et al., 2005; Nguyen et al., 2014). Por outro lado, a elaboração de dietas nutricionalmente adequadas pode aumentar a sobrevivência e reprodução; diminuir o tempo de desenvolvimento de inimigos naturais e, assim, beneficiar programas de controle biológico (Nguyen et al., 2015).

O comportamento de busca e aceitação também pode ser afetado, uma vez que as respostas comportamentais de inimigos naturais são influenciadas pelos estímulos químicos associados ao hospedeiro (Gandolfi et al., 2003a).

Esses estímulos químicos envolvem respostas inatas ou respostas associadas à aprendizagem, seja durante a fase de desenvolvimento ou durante a fase adulta (Giunti et al., 2015). Gandolfi et al. (2003a,b) demonstraram que a resposta de parasitoides adultos de *Hyssopus pallidus* (Askew) ao *frass* de lagartas de *Cydia pomonella* L. depende de um processo de aprendizagem pré-imaginal envolvendo sinais da planta hospedeira. A resposta do parasitoide ao "frass" de lagartas alimentadas com frutos de macieira (hospedeiro natural) foi reduzida em cerca de 53% em linhagens do parasitoide criadas sobre um sistema artificial, onde as lagartas foram alimentadas com dieta desprovida de maçã, em comparação a linhagens do parasitoide criadas sobre um sistema natural, onde as lagartas foram alimentadas com frutos do hospedeiro natural (Gandolfi et al., 2003a).

Todos os fatores discutidos nesta seção podem afetar de alguma maneira a criação massal de inimigos naturais e consequentemente, o sucesso de programas de controle biológico.

Estratégias para minimizar os efeitos negativos das condições de criação e melhorar a aptidão de agentes de controle biológico

Algumas estratégias podem ser empregadas para minimizar os efeitos negativos das condições de criação e assim melhorar a qualidade dos agentes de controle biológico produzidos. Nesta seção serão apresentados e discutidos avanços recentes na área.

Uso de linhagens endogâmicas

A perda de diversidade genética e a adaptação às condições de laboratório são motivos de preocupação constante em criações de inimigos naturais, porém com o uso de linhagens endogâmicas, ou seja, linhagens iniciadas a partir de uma única fêmea fecundada, pode-se ao mesmo tempo evitar a deterioração genética e a adaptação às condições de criação, uma vez que nenhuma mudança genética poderá ocorrer tendo em vista que linhagens endogâmicas não apresentam variação genética (Roush & Hopper, 1995; Guzmán-Larralde et al., 2014). A variação genética original, por sua vez, pode ser restabelecida através do cruzamento das linhagens antes da liberação em campo (Hopper et al., 1993; Margan et al., 1998). Guzmán-Larralde et al. (2014), utilizando o parasitoide de ovos *T. pretiosum*, compararam o desempenho de 26 linhagens endogâmicas, cinco populações compostas (criadas a partir de linhagens endogâmicas) e uma população proveniente de uma criação massal utilizando tabelas de vida de fertilidade. Das populações compostas, três foram criadas visando obter uma variação genética máxima através da mistura de todas as 26 linhagens endogâmicas, sendo estas populações criadas por um número diferente de gerações (duas, seis ou 17 gerações) (Guzmán-Larralde et al., 2014). Nenhuma das populações formadas a partir da mistura das 26 linhagens endogâmicas apresentou mudanças significativas na fecundidade ao longo de duas, seis e 17 gerações, indicando não haver sinais de adaptação às condições de criação (Guzmán-Larralde et al., 2014). Além disso, a maior taxa intrínseca de crescimento foi observada na população formada a partir da mistura das 26 linhagens endogâmicas mantida por duas gerações (Guzmán-Larralde et al., 2014). Esses resultados são promissores pois indicam que a manutenção de populações na forma de isolinhagens, seguida pelo cruzamento antes da liberação, garante a manutenção de características desejadas durante o processo de criação (Guzmán-Larralde et al., 2014). Em outros casos, como para o nematoide entomopatogênico *Heterorhabditis bacteriophora* (Poinar), a criação de isolinhagens por si só, foi suficiente para manter características benéficas ao longo das gerações (Bai et al., 2005; Sharifi-Far et al., 2018).

Hibridização intraespecífica

A hibridização intraespecífica, ou seja, o cruzamento entre populações divergentes também pode ser um método eficaz para aumentar a aptidão biológica de agentes de controle biológico, em especial, em espécies utilizadas em programas de controle biológico clássico (Li et al., 2018). O cruzamento entre populações divergentes pode aumentar a diversidade genética e a aptidão da prole híbrida (heterose), além de minimizar os efeitos negativos da depressão por endogamia (Whitlock et al., 2000; Facon et al., 2011; Benvenuto et al., 2012a; Szücs et al., 2012). Por outro lado, é possível que o cruzamento entre populações divergentes reduza o "fitness" de híbridos devido à perda de adaptações locais ou até mesmo o sucesso no acasalamento das populações parentais (isolamento pré-zigótico) (Lynch & Walsh, 1998; Edmands, 2007; Verhoeven et al., 2011; Benvenuto et al., 2012a). Os resultados de estudos nesta área ainda são contraditórios; enquanto para o parasitoide *Psyttalia lounsburyi* Silvestri não foram observados casos de heterose após o cruzamento entre duas populações, o cruzamento entre diferentes populações do parasitoide de ovos *Trichogramma chilonis* Ishii resultou, em alguns casos, em híbridos com maior "fitness" (Benvenuto et al., 2012a,b). Em cruzamentos realizados com o parasitoide de ovos *Trichogramma galloi* Zucchi, a fecundidade de fêmeas de uma das populações híbridas apresentou aumento de 89% em relação à população parental com menor desempenho e aumento de 35% em relação à média das populações parentais. No entanto, a fecundidade das demais populações híbridas não apresentou nenhuma alteração após a hibridização (Bertin et al., 2018).

No caso de inimigos naturais utilizados em programas de controle biológico clássico, a hibridização intraespecífica pode favorecer o estabelecimento das populações em campo, uma vez que múltiplas introduções em uma mesma área podem contribuir para o acasalamento entre diferentes populações, resultando num desempenho superior dos híbridos (Facon et al., 2011; Turgeon et al., 2011; Li et al., 2018). Estudos baseados em marcadores genéticos comprovaram a ocorrência de eventos de hibridização em agentes de controle biológico liberados em campo (Lombaert et al., 2011; Sethuraman et al., 2015; Li et al., 2017), sendo o caso mais emblemático, o da joaninha *H. axyridis* (Lombaert et al., 2011). Em um estudo recente com o agente de controle biológico *Cryptolaemus montrouzieri* Mulsant, Li et al. (2018) observaram que populações híbridas apresentam maior potencial de estabelecimento em campo devido à maior capacidade reprodutiva e à maior sobrevivência em condições adversas (fome e frio).

O uso de cruzamentos intraespecíficos em programas de controle biológico ainda é pouco explorado; no entanto, existe um grande potencial para que esta técnica seja cada vez mais estudada e aplicada, especialmente em combinação com técnicas moleculares. Segundo Mallet (2005), espera-se que a hibridização tenha efeitos mínimos na aptidão, particularmente quando a distância genética entre as populações é pequena. Por esse motivo, a utilização de marcadores moleculares pode auxiliar a estimar a distância genética entre as populações parentais antes da realização de cruzamentos intraespecíficos e assim assegurar que as populações sejam geneticamente divergentes.

Seleção artificial

Foram discutidas por Lommen et al. (2017) as perspectivas de utilização da variação genética intraespecífica para a otimização de inimigos naturais utilizados em programas de controle biológico aumentativo. A variação genética intraespecífica, ou seja, a variação existente entre diferentes populações de uma mesma espécie e/ou a variação existente em uma mesma população, pode ser utilizada a favor do controle biológico por meio da seleção de fenótipos de interesse. A variação genética intraespecífica já é utilizada, de certo modo, durante o processo de seleção de linhagens de uma determinada espécie, onde linhagens que apresentam certas características benéficas são escolhidas em detrimento de outras. Porém, a variação genética intraespecífica pode ser utilizada ainda como forma de otimizar a performance de agentes de controle biológico por meio da seleção artificial.

Grande parte da variação fenotípica observada nas populações de inimigos naturais está sob controle genético. A variabilidade fenotípica (VP) observada entre indivíduos de uma população é o resultado de interações do genótipo (VG) de cada organismo e o ambiente (VE) no qual vivem e pode ser expressa, de maneira simplificada, da seguinte forma: VP = VG + VE.

Porém, os componentes da variância genética é que determinam a proporção em que os caracteres respondem à seleção e estes podem ser subdivididos em componentes genéticos aditivos, dominantes e epistáticos (VP = VA + VD + VI + VE). O interesse na decomposição da variância genética se deve ao fato de a variância genética aditiva representar a parte da variabilidade fenotípica que é efetivamente transmitida aos descendentes. Dependendo da herdabilidade de uma característica (isto é, da proporção da variação total entre indivíduos que é devida à variação genética aditiva), a seleção prolongada ao longo de gerações pode alterar o valor médio de uma determinada característica na população para um valor desejado para o controle biológico (Lommen et al., 2017).

Apesar da seleção artificial ser sugerida nas últimas décadas como uma estratégia para melhorar a aptidão de agentes de controle biológico (Hopper et al., 1993; Nunney, 2003), poucos avanços foram observados nessa área. Um exemplo foi a criação de linhagens de *H. axyridis* com a capacidade de voar reduzida ("flightless strains") (Ferran et al., 1998; Tourniaire et al., 2000). Adultos de *H. axyridis* têm a tendência de abandonar as plantas hospedeiras; no entanto, após a criação de linhagens com a capacidade de voar reduzida foi observado um aumento no tempo de permanência sobre a plantas hospedeiras, bem como um aumento no controle de pulgões (Seko et al., 2008). Em outro exemplo, foram selecionadas populações do parasitoide *Aphytis melinus* DeBach resistentes ao inseticida carbaril, permitindo assim a liberação desse agente de controle biológico em áreas tratadas (Rosenheim & Hoy, 1988). Em outros casos, a seleção artificial foi utilizada para melhorar a aptidão de moscas-das-frutas do gênero *Anastrepha* empregadas na técnica do inseto estéril, selecionando indivíduos resistentes à dessecação e com maior sucesso no acasalamento (Sánchez-Rosario et al., 2017; Tejeda et al., 2017).

Atualmente, com o avanço das tecnologias de sequenciamento genético grandes quantidades de informações genômicas podem ser geradas rapidamente a um custo acessível (Ellegren, 2014), facilitando a descoberta de marcadores genéticos que possam ser utilizados no melhoramento assistido dentro de programas de controle biológico. Marcadores moleculares, como por exemplo, microssatélites e SNPs (polimorfismos de nucleotídeo único), podem ser utilizados tanto para monitorar a diversidade genética em criações massais de inimigos naturais quanto para identificar regiões genômicas ligadas a fenótipos de interesse para o melhoramento genético (Lommen et al., 2017). No entanto, para que maiores avanços sejam feitos, é necessária a colaboração e o esforço conjunto entre pesquisadores de diferentes áreas e empresas produtoras de agentes de controle biológico.

Utilização de estímulos visuais e olfativos

Para otimizar o desempenho de agentes de controle biológico sobre determinada praga-alvo, Giunti et al. (2015) também sugerem a inclusão de estímulos visuais e olfativos em protocolos de criação massal. Predadores e parasitoides utilizam uma variedade de estímulos, sejam eles visuais, olfativos ou táteis, na busca por alimento, hospedeiros e parceiros para a reprodução, os quais são determinantes para o seu sucesso como agentes de controle (Wajnberg & Colazza, 2013). A resposta de inimigos naturais aos estímulos do hospedeiro pode ser modificada por meio da aprendizagem durante a fase imatura, imediatamente após a emergência ou na fase adulta (Kaiser et al., 1989; Gandolfi et al., 2003b; Takemoto et al., 2012). Segundo Giunti et al. (2015), algumas estratégias poderiam ser exploradas a fim de otimizar o desempenho de inimigos naturais; entre elas, avaliar a capacidade de aprendizagem ainda durante o processo de seleção de uma determinada espécie ou linhagem e, aplicar uma espécie de treinamento associativo visando otimizar a resposta de parasitoides a cores, formas ou odores associados a praga alvo, melhorando assim o comportamento de forrageamento (Giunti et al., 2015). Essas estratégias, no entanto, necessitam ainda de pesquisas adicionais, uma vez que constituem áreas de estudo pouco exploradas.

Utilização de condições de criação alternantes

Por fim, outra estratégia simples de ser empregada é a utilização de condições de criação alternantes, como, por exemplo, temperatura e umidade relativa flutuantes. Condições de temperatura alternantes já foram testadas para o parasitoide de ovos *T. galloi*, e comprovaram que o parasitismo da espécie é maior e o tempo de desenvolvimento é menor em comparação a temperaturas constantes (Cônsoli & Parra, 1995a,b).

Todas as técnicas e estratégias discutidas nesta seção podem apresentar efeitos variados conforme a espécie em questão. Dessa forma, recomenda-se que sejam estudadas estratégias para minimizar os efeitos negativos das condições de criação e melhorar a aptidão de agentes de controle biológico, levando em consideração características intrínsecas de cada espécie, como, por exemplo, o modo de reprodução, a capacidade de aprendizagem, o grau de especialização trófica, entre outros.

Diretrizes para o controle de qualidade

Diretrizes para o controle de qualidade de mais de 30 espécies de inimigos naturais foram desenvolvidas na Europa (van Lenteren, 2003,

2009a,b). No entanto, a grande maioria das diretrizes publicadas refere-se a espécies que não são produzidas e comercializadas no Brasil. Estas diretrizes, por outro lado, servem de modelo para os testes de controle de qualidade realizados no Brasil, uma vez que não existe nenhuma organização responsável por esse setor no país.

De maneira geral, essas diretrizes apresentam critérios que devem ser avaliados em condições de laboratório e em campo. Os testes de controle de qualidade envolvem a avaliação dos seguintes componentes de qualidade (van Lenteren & Bigler, 2010):

Quantidade. Para predadores, número de indivíduos vivos por recipiente; para parasitoides, se liberados como adultos, número de insetos vivos e, se liberados na forma imatura, número de adultos emergidos após determinado período.

Razão sexual. Porcentagem mínima de fêmeas (uma proporção maior de machos pode indicar condições de criação inadequadas).

Fecundidade. Número de descendentes produzidos durante determinado período (para parasitoides, também pode ser indicação da eficiência em matar o hospedeiro).

Longevidade. Longevidade mínima em dias.

Predação. Número de presas consumidas durante determinado período (os testes de fecundidade, longevidade e capacidade de predação podem ser combinados).

Tamanho do adulto. Comprimento da tíbia posterior, algumas vezes tamanho da pupa (normalmente fornece boa indicação da fecundidade, longevidade e capacidade de predação).

Atividade de voo. Voo de curta extensão (se o inimigo natural ainda consegue voar); voo de longa extensão associado à capacidade de predação/parasitismo (se o inimigo natural consegue voar e demonstrar bom desempenho).

Desempenho em campo. Capacidade de localizar e consumir/parasitar a presa/ hospedeiro em condições de campo.

Para cada teste são recomendadas condições de temperatura, umidade relativa e fotoperíodo específicos, exigindo-se ainda dos fornecedores de insetos a especificação da data de validade de cada remessa na embalagem do material, assim como todos os números/razões/ tamanhos etc. obtidos para as variáveis descritas anteriormente (van Lenteren & Bigler, 2010).

No Brasil, no entanto, as informações relativas aos valores esperados para as variáveis biológicas não são exigidas, dificultando a realização do controle de qualidade por parte dos consumidores.

Programas de controle de qualidade

Programas de controle de qualidade no Brasil são escassos. A maioria das informações disponíveis sobre o assunto resultam de pesquisas realizadas em universidades. Dentre os trabalhos mais recentes no Brasil, destacam-se os realizados com o parasitoide de ovos *T. galloi* (Bertin et al., 2017, 2018).

As espécies do gênero *Trichogramma* são produzidas, em sua maioria, sobre hospedeiros alternativos (Parra, 2010); no entanto, poucos estudos visam avaliar se parasitoides mantidos nestes hospedeiros continuam eficientes no controle da praga alvo. Devido à sua ampla utilização como agente de controle biológico da broca da cana-de-açúcar, *Diatraea saccharalis* (Fabricius) e devido à sua especificidade, *T. galloi* foi o modelo biológico utilizado para avaliar a qualidade de parasitoides mantidos ao longo das gerações sobre hospedeiros alternativos. Bertin et al. (2017) verificaram uma redução na fecundidade e emergência de parasitoides mantidos no hospedeiro alternativo quando a aptidão foi avaliada no hospedeiro natural, confirmando a previsão de que o uso de hospedeiros alternativos pode diminuir a aptidão de *T. galloi* sobre a praga alvo.

Considerando que *T. galloi* é criado massalmente sobre o hospedeiro alternativo, os resultados referentes aos efeitos negativos de gerações sucessivas de criação sobre este hospedeiro são de grande importância. Visando melhorar a aptidão biológica desse agente de controle, Bertin et al. (2018) avaliaram os efeitos de cruzamentos intraespecíficos sobre a aptidão de *T. galloi*. A introdução de variação genética pela mistura de diferentes populações pode ser uma alternativa viável e eficaz. O cruzamento entre populações divergentes pode levar a heterose, ou seja, um aumento na aptidão da prole híbrida e/ou ao aumento da variância genética em parâmetros fenotípicos relevantes (Facon et al., 2011; Benvenuto et al., 2012a; Szücs et al., 2012). O cruzamento entre três populações de *T. galloi* resultou no aumento da fecundidade em apenas uma das populações híbridas (Bertin et al., 2018). Nesta população, foi observado um aumento de 89% na fecundidade em relação à população parental com menor desempenho (Bertin et al., 2018). Este resultado é promissor pois indica que a população híbrida pode ter se beneficiado de um aumento na variação genética. Porém, como não houve aumento significativo na fecundidade das demais populações híbridas, tudo indica que as populações apresentam um baixo nível de divergência genética (Bertin et al., 2018). Para a otimização de agentes de controle biológico, o ideal é que a diversidade e a distância genética entre populações parentais sejam estimadas antes dos cruzamentos intraespecíficos. Dessa forma, seria possível definir com maior precisão quais populações utilizar, e aumentar as chances de obter valores positivos de heterose.

Adaptações de metodologias para o controle de qualidade também já foram propostas no Brasil, entre elas, a adaptação do teste para avaliar a atividade de voo de espécies do gênero *Trichogramma* em condições de laboratório (Prezotti et al., 2002).

Em função de algumas dificuldades, principalmente relacionadas ao escape de parasitoides, encontradas na utilização do modelo original desenvolvido por Dutton & Bigler (1995), foram realizadas algumas modificações por Prezotti et al. (2002), visando aumentar a eficiência do teste (Figura 3).

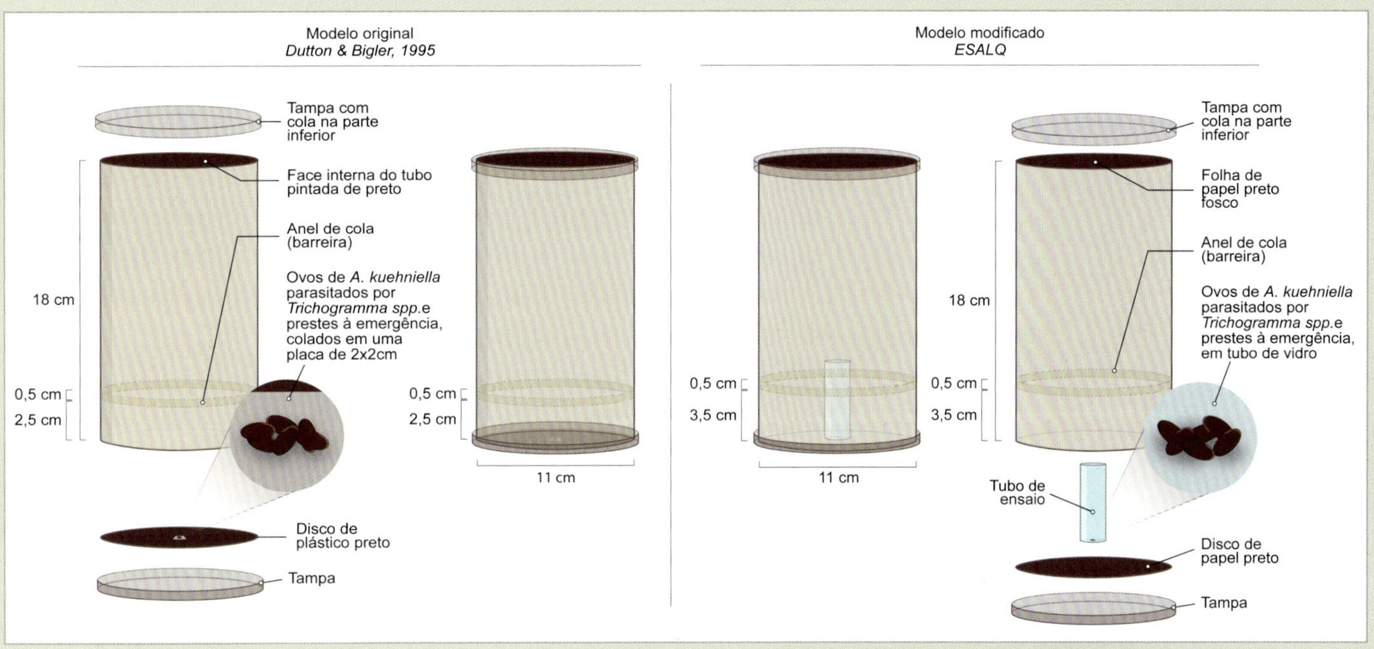

Figura 3. Unidades-teste para avaliação da atividade de voo de *Trichogramma* em laboratório. Modelo original desenvolvido por Dutton & Bigler, 1995 e modelo "Esalq" adaptado por Prezotti et al., (2002).

O modelo adaptado, denominado "modelo ESALQ", consiste em um cilindro de PVC com as mesmas dimensões do modelo original (18 cm de altura e 11 cm de diâmetro); entretanto, seu interior é pintado com tinta acrílica preta sobre uma camada de tinta látex branca, para facilitar sua fixação; com isso, substituiu-se o uso da folha plástica preta recomendada no modelo original (Figura 3). O fundo do tubo é vedado com disco de papel preto ajustado com uso de uma tampa (maior que o diâmetro do tubo). O anel de cola, utilizado como barreira, é pincelado a 3,5 cm da extremidade inferior da parede interna do modelo. Os ovos parasitados, com parasitoides prestes a emergir, são colocados no fundo de um tubo de ensaio (9,0 x 2,5 cm), que, por sua vez, é fixado no centro da região inferior da unidade-teste com fita adesiva (Figura 3). A introdução do tubo de ensaio foi realizada com o objetivo de permitir que, durante o caminhamento, os parasitoides "voadores" tenham tempo suficiente para distender as asas e ultrapassar o anel de cola, evitando-se, assim, erros na avaliação. Os resultados obtidos por Prezotti et al. (2002) com a utilização do modelo ESALQ evidenciam que as modificações realizadas no modelo original, recomendado pela IOBC, levam a um menor percentual de erros e sugerem que o modelo ESALQ poderá vir a substituir o convencional em testes de voo para controle de qualidade de populações de *Trichogramma*.

Considerações finais

A preocupação com a qualidade de inimigos naturais criados em laboratório aumentou nos últimos anos. Porém, apesar do esforço da comunidade científica, não se sabe ao certo de que maneira o controle de qualidade é realizado em empresas privadas no Brasil. Não existe um órgão responsável por fiscalizar a qualidade dos agentes de controle biológico produzidos, cabendo a cada empresa garantir a qualidade dos mesmos.

É fundamental que padrões de qualidade sejam estabelecidos no Brasil, levando em consideração as condições particulares de criação de cada espécie comercializada no país. Além disso, é preciso que técnicas de monitoramento da qualidade sejam desenvolvidas visando detectar com maior rapidez e precisão a qualidade dos inimigos naturais produzidos, e que estratégias para minimizar ou retardar a perda de qualidade em criações massais sejam implementadas.

Para que haja um avanço no controle de qualidade no Brasil, é imprescindível a interação da comunidade científica e empresas produtoras. Projetos em colaboração possibilitariam o contato direto entre pesquisadores e alunos de graduação e pós-graduação, fazendo com que os resultados e inovações obtidos pudessem ser prontamente implementados pelas empresas.

Referências Bibliográficas

Allendorf, F.W. & Luikart, G. (2007). *Conservation and the genetics of populations*. Oxford: Blackwell Publishing. 642p.

Antolin, M. F. (1999). A genetic perspective on mating systems and sex ratios of parasitoid wasps. *Researches on Population Ecology*, *41*, 29–37.

Bai, C., Shapiro-Ilana, D. I., Gaugle, R. & Keith, H. R. (2005). Stabilization of beneficial traits in *Heterorhabditis bacteriophora* through creation of inbred lines. *Biological Control*, *32*(2), 220–227.

Bartlett, A. C. (1984). Genetic changes during insect domestication. In: King, E. G. & Leppla, N. C. (Eds.). *Advances and challenges in insect rearing*. Louisiana: USDA. 2-8.

Benvenuto, C., Tabone, E., Vercken, E., Sorbier, N., Colombel, E., Warot, S., Fauvergue, X. & Ris, N. (2012a). Intraspecific variability in the parasitoid wasp *Trichogramma chilonis*: can we predict the outcome of hybridization? *Evolutionary Applications*, *5*(5), 498–510.

Benvenuto, C., Cheyppe-Buchmann, S., Bermond, G., Ris, N. & Fauvergue, X. (2012b). Intraspecific hybridization, life history strategies and potential invasion success in a parasitoid wasp. *Evolutionary Ecology*, *26*(6), 1.311–1.329.

Bertin, A., Pavinato, V. A. C. & Parra, J. R. P. (2017). Fitness-related changes in laboratory populations of the egg parasitoid *Trichogramma galloi* and the implications of rearing on factitious hosts. *BioControl*, *62*(4), 435–444.

Bertin, A., Pavinato, V. A. C. & Parra, J. R. P. (2018). Effects of intraspecific hybridization on the fitness of the egg parasitoid *Trichogramma galloi*. *BioControl*, *63*(4), 555–563.

Bigler, F. (1994). Quality control in *Trichogramma* production. In: Wajnberg, E. & Hassan, S. A. (Ed.). *Biological control with egg parasitoids*. Wallingford: Cab International. 93-110.

Boivin, G. (2010). Phenotypic plasticity and fitness in egg parasitoids. *Neotropical Entomology*, *39*(4), 457–463.

Bueno, V. H. P. (2009). *Controle biológico de pragas: Produção massal e controle de qualidade*. (2ªed.) Lavras: Editora UFLA. 429p.

Burke, M. K. & Rose, M. R. (2009). Experimental evolution with *Drosophila*. *American Journal of Physiology-Regulatory, Integrative and Comparative Physiology*, *296*(6), 1.847–1.854.

Charlesworth, D. & Willis, J. H. (2009). The genetics of inbreeding depression. *Nature Reviews Genetics*, *10*(11), 783–796.

Christie, M. R., Marine, M. L., French, R. A. & Blouin, M. S. (2012). Genetic adaptation to captivity can occur in a single generation. *Proceedings of the National Academy of Sciences of the United States of America*, *109*(1), 238–242.

Coelho Jr., A., Rugman-Jones, P. F., Reigada, C., Stouthamer, R. & Parra, J. R. P. (2016). Laboratory performance predicts the success of field releases in inbred lines of the egg parasitoid *Trichogramma pretiosum* (Hymenoptera: Trichogrammatidae). *PloS ONE*, *11*(1), e0146153.

Cônsoli, F. L. & Parra, J. R. P. (1995a). Effects of constant and alternating temperatures on *Trichogramma galloi* Zucchi (Hym., Trichogrammatidae) biology. I. Development and thermal requirements. *Journal of Applied Entomology*, *119*(1-5), 415–418.

Cônsoli, F. L. & Parra, J. R. P. (1995b). Effects of constant and alternating temperatures on *Trichogramma galloi* Zucchi (Hym., Trichogrammatidae) biology. II. Parasitism capacity and longevity. *Journal of Applied Entomology*, *119*(1-5), 667–670.

Cônsoli, F. L. & Parra, J. R. P. (1996). Biology of *Trichogramma galloi* and *T. pretiosum* (Hymenoptera: Trichogrammatidae) reared in vitro and in vivo. *Annals of the Entomological Society of America*, *89*(6), 828–834.

CropLife. (2021). Novos Produtos Biológicos de controle são registrados no Brasil. Disponível em https://croplifebrasil.org/noticias/novos-produtos-biologicos-de-controle-sao-registrados-no-brasil/

de Clercq, P., Arijs,Y., van Meir, T., van Stappen, G., Sorgeloos, P., Dewettinck, K., Rey, M., Grenier, S. & Febvay, G. (2005). Nutritional value of brine shrimp cysts as a factitious food for *Orius laevigatus* (Heteroptera: Anthocoridae). *Biocontrol Science and Technology*, *15*(5), 467–479.

Dutton, A. & Bigler, F. (1995). Flight activity assessment of the egg parasitoid *Trichogramma brassicae* (Hym.: Trichogrammatidae) in laboratory and field conditions. *Entomophaga*, *40*(2), 223–233.

Edmands, S. (2007). Between a rock and a hard place: evaluating the relative risks of inbreeding and outbreeding for conservation and management. *Molecular Ecology*, *16*, 463- 475.

Ellegren, H. (2014). Genome sequencing and population genomics in non-model organisms. *Trends in Ecology & Evolution*, *29*(1), 51–63.

Ellers, J., Driessen, G. & Sevenster, J. G. (2000). The shape of the trade-off function between egg production and life span in the parasitoid *Asobara tabida*. *Netherlands Journal of Zoology*, *50*(1), 29–36.

Facon, B., Crespin, L., Loiseau, A., Lombaert, E., Magro, A. & Estoup, A. (2011). Can things get worse when an invasive species hybridizes? The harlequin ladybird *Harmonia axyridis* in France as a case study. *Evolutionary Applications*, *4*(1), 71–88.

Fauvergue, X., Vercken, E., Malausa, T. & Hufbauer, R. A. (2012). The biology of small, introduced populations, with special reference to biological control. *Evolutionary Applications*, *5*(5), 424–443.

Ferran, A., Giuge, L., Tourniaire, R., Gambier, J. & Fournier, D. (1998). An artificial non--flying mutation to improve the efficiency of the ladybird *Harmonia axyridis* in biological control of aphids. *BioControl*, *43*(1), 53–64.

Frankham, R., Ballou, J. D. & Briscoe, D. A. (2002). *Introduction to Conservation Genetics*. Cambridge: Cambridge University Press. 617p.

Gandolfi, M., Mattiacci, L. & Dorn, S. (2003a). Mechanisms of behavioral alterations of parasitoids reared in artificial systems. *Journal of Chemical Ecology*, *29*(8), 1.871–1.887.

Gandolfi, M., Mattiacci, L. & Dorn, S. (2003b). Preimaginal learning determines adult response to chemical stimuli in a parasitic wasp. *Proceedings of the Royal Society B: Biological Sciences, 1.533*(270), 2.623–2.629.

Giunti, G., Canalea, R., Messing, R. H., Donatic, E., Stefaninic, C., Michaud, J. P. & Benelliac, G. (2015). Parasitoid learning: current knowledge and implications for biological control. *Biological Control, 90*, 208–219.

Grenier, S. & de Clercq, P. (2003). Comparison of artificially versus naturally reared natural enemies and their potential for use in biological control. In: van Lenteren, J. C. (Ed.). *Quality control and production of biological control agents: theory and testing procedures*. Wallingford: CABI Publishing. 115–131.

Guzmán-Larralde, A., Cerna-Chávez, E., Rodríguez-Campos, E., Loyola-Licea, J. C. & Stouthamer, R. (2014). Genetic variation and the performance of a mass-reared parasitoid, *Trichogramma pretiosum* (Hymenoptera: Trichogrammatidae), in laboratory trials. *Journal of Applied Entomology, 138*(5), 346–354.

Hassan, S. A. & Zhang, W. Q. (2001). Variability in quality of *Trichogramma brassicae* (Hymenoptera: Trichogrammatidae) from commercial suppliers in Germany. *Biological Control, 22*(2), 115–121.

Henry, L. M., Roitberg, B. D. & Gillespie, D. R. (2008). Host-range evolution in *Aphidius* parasitoids: fidelity, virulence and fitness trade-offs on an ancestral host. *Evolution, 62*(3), 689–699.

Henter, H. J. (2003). Inbreeding depression and haplodiploidy: experimental measures in a parasitoid and comparisons across diploid and haplodiploid insect taxa. *Evolution, 57*(8), 1.793–1.803.

Hoffmann, A. A. & Ross, P. A. (2018). Rates and patterns of laboratory adaptation in (mostly) insects. *Journal of Economic Entomology, 111*(2), 501–509.

Hopper, K. R., Roush, R. T. & Powell, W. (1993). Management of genetics of biological control introductions. *Annual Review of Entomology, 38*, 27–51.

Hough-Goldstein, J., Stout, A. R. & Schoenstein, J. A. (2014). Fitness and field performance of a mass-reared biological control agent, *Rhinoncomimus latipes* (Coleoptera: Curculionidae). *Environmental Entomology, 43*(4), 923–931.

Kaiser, L., Pham-Delegue, M. H. & Masson, C. (1989). Behavioural study of plasticity in host preferences of *Trichogramma maidis* (Hym.: Trichogrammatidae). *Physiological Entomology, 14*(1), 53–60.

Leppla, N. C. (2003). Aspects of total quality control for the production of natural enemies. In: van Lenteren, J. C. (Ed.). *Quality control and production of biological control agents: theory and testing procedures*. Wallingford: CABI. 19-24.

Leppla, N. C. (2009). The basics of quality control for insect rearing. In: Schneider, J. C. (Ed.). *Principles and procedures for rearing high quality insects.* Starkville: Mississippi State University. 289-304.

Leppla, N. C. (2014). Concepts and methods of quality assurance for parasitoids and predators. In: Morales-Ramos, J. A., Rojas, M. G. & Shapiro-Ilan, D. I. (Ed.). *Mass production of beneficial organisms: Invertebrates and Entomopathogens*. Waltham: Academic Press. 277-317.

Lewis, O. T. & Thomas C. D. (2001). Adaptations to captivity in the butterfly *Pieris brassicae* (L.) and the implications for ex situ conservation. *Journal of Insect Conservation, 5*, 55-63.

Li, L., Wei, W., Liu, Z. & Sun, J. (2010). Host adaptation of a gregarious parasitoid *Sclerodermus harmandi* in artificial rearing. *BioControl, 55*(4), 465–472.

Li, H. S., Liang, X. Y., Zou, S. J., Liu, Y., de Clercq, P., Slipinski, A. & Pang, H. (2017). New EST-SSR markers reveal strong genetic differentiation in native and introduced populations of the mealybug destroyer *Cryptolaemus montrouzieri*. *Biological Control, 109*, 21–26.

Li, H. S., Zou,S. J., de Clercq, P. & Pang, H. (2018). Population admixture can enhance establishment success of the introduced biological control agent *Cryptolaemus montrouzieri*. *BMC Evolutionary Biology, 18*(1), 36.

Lombaert, E., Malausa, T., Devred, R. & Estoup, A. (2008). Phenotypic variation in invasive and biocontrol populations of the harlequin ladybird, *Harmonia axyridis*. *BioControl, 53*(1), 89–102.

Lombaert, E., Guillemaud, T., Thomas, C. E., Lawson Handley, L. J., Li, J., Wang, S., Pang, H., Goryacheva, I., Zakharov, I. A., Jousselin, E., Poland, R. L., Migeon, A., van Lenteren, J., de Clercq, P., Berkvens, N., Jones, W. & Estoup, A. (2011). Inferring the origin of populations introduced from a genetically structured native range by approximate Bayesian computation: case study of the invasive ladybird *Harmonia axyridis*. *Molecular Ecology, 20*(22), 4.654–4.670.

Lommen, S. T. E., De Jong, P. W. & Pannebakker, B. A. (2017). It is time to bridge the gap between exploring and exploiting: prospects for utilizing intraspecific genetic variation to optimize arthropods for augmentative pest control - a review. *Entomologia Experimentalis et Applicata, 162*(2), 108–123.

Luna, M. G. & Hawkins, B. A. (2004). Effects of inbreeding versus outbreeding in *Nasonia vitripennis* (Hymenoptera: Pteromalidae). *Environmental Entomology, 33*(3), 765–775.

Lynch, M. & Walsh, B. (1998). *Genetics and Analysis of Quantitative Traits*. Sunderland: Sinauer Associates. 980p.

Mallet, J. (2005). Hybridization as an invasion of the genome. *Trends in Ecology & Evolution, 20*(5), 229–237.

Margan, S. H., Nurthen, R. K., Montgomery, M. E., Woodworth, L. M., Lowe, E. H., Briscoe, D. A. & Frankham, R. (1998). Single large or several small? Population fragmentation in the captive management of endangered species. *Zoo Biology, 17*(6), 467–480.

Matos, M., Rose, M. R., Rocha Piteâ, M. T., Rego, C. & Avelar, T. (2000). Adaptation to the laboratory environment in *Drosophila subobscura*. *Journal of Evolutionary Biology, 13*(11), 9–19.

Nguyen, D. T., Vangansbeke, D. & de Clercq, P. (2014). Artificial and factitious foods support the development and reproduction of the predatory mite *Amblyseius swirskii*. *Experimental and Applied Acarology, 62*(2), 181–194.

Nguyen, D. T., Bouguet, V., Spranghers, T., Vangansbeke, D. & de Clercq, P. (2015). Beneficial effect of supplementing an artificial diet for *Amblyseius swirskii* with *Hermetia illucens* haemolymph. *Journal of Applied Entomology*, 139(5), 342–351.

Nunney, L. (2003). Managing captive populations for release: a population genetic perspective. In: van Lenteren, J. C. (Ed.). *Quality control and production of biological control agents: theory and testing procedures*. Wallingford: CABI. 73-97.

Parra, J. R. P. (2010). Mass rearing of egg parasitoids for biological control programs. In: Cônsoli, F. L., Parra, J. R. P. & Zucchi, R. A. (Ed.). *Egg Parasitoids in Agroecosystems with Emphasis on Trichogramma*. Dordrecht: Springer. 267—292.

Prezotti, L. & Parra, J. R. P. (2002). Controle de qualidade em criações massais de parasitoides e predadores. In: Parra, J. R. P., Botelho, P. S. M., Correa-Ferreira, B. S. & Bento, J. M. S. (Eds.), *Controle Biológico no Brasil: Parasitoides e Predadores*. São Paulo: Manole. 295-311.

Prezotti, L., Parra, J. R. P., Vencovsky, R., Dias, C. T. S., Cruz, I. & Chagas, M. C. M. (2002). Teste de voo como critério de avaliação da qualidade de *Trichogramma pretiosum* Riley (Hymenoptera: Trichogrammatidae): adaptação de metodologia. *Neotropical Entomology, 31*(3), 411–417.

Prezotti, L., Parra, J. R. O., Vencovsky, R., Coelho, A. S. G. & Cruz, I. (2004). Effect of the size of the founder population on the quality of sexual populations of *Trichogramma pretiosum*, in laboratory. *Biological Control, 30*(2), 174–180.

Quaglietti, B., Tamisier, L., Groussier, G., Fleisch, A., Le Goff, I., Ris, N., Kreiter, P., Fauvergue, X. & Malausa, T. (2017). No inbreeding depression in laboratory-reared individuals of the parasitoid wasp *Allotropa burrelli*. *Ecology and Evolution, 7*(3), 964–973.

Queiroz, A. P., Freitas Bueno, A., Pomari-Fernandes, A., Grande, M. L. M., Bortolotto, O. C. & Silva, D. M. (2017). Quality control of *Telenomus remus* (Hymenoptera: Platygastridae) reared on the factitious host *Corcyra cephalonica* (Lepidoptera: Pyralidae) for successive generations. *Bulletin of Entomological Research, 107*(6), 791–798.

Rosenheim, J. A. & Hoy, M. A. (1988). Genetic improvement of a parasitoid biological control agent: artificial selection for insecticide resistance in *Aphylis melinus* (Hymenoptera: Aphelinidae). *Journal of Economic Entomology*, *81*(6), 1.539–1.550.

Roush, R. T. & Hopper, K. R. (1995). Use of single family lines to preserve genetic variation in laboratory colonies. *Annals of the Entomological Society of America*, *88*(6), 713–717.

Rull, J., Brunel, O. & Mendez, M. E. (2005). Mass rearing history negatively affects mating success of male *Anastrepha ludens* (Diptera: Tephritidae) reared for sterile insect technique programs. *Journal of Economic Entomology*, *98*(5), 1.510–1.516.

Sánchez-Rosario, M., Pérez-Staples, D., Toledo, J., Valle-Mora, J. & Liedo, P. (2017). Artificial selection on mating competitiveness of *Anastrepha ludens* for sterile insect technique application. *Entomologia Experimentalis et Applicata*, *162*(2), 133–147.

Seko, T., Yamashita, K.-I. & Miura, K. (2008). Residence period of a flightless strain of the ladybird beetle *Harmonia axyridis* Pallas (Coleoptera: Coccinellidae) in open fields. *Biological Control*, *47*(2), 194–198.

Sethuraman, A., Janzen, F. J. & Obrycki, J. (2015). Population genetics of the predatory lady beetle *Hippodamia convergens*. *Biological Control*, *84*, 1–10.

Sharifi-Far, S., Shapiro-Ilanc, D. I., Brownbridged, M. & Hallett, R. H. (2018). The combined approach of strain discovery and the inbredline technique for improving control of *Delia radicum* with *Heterorhabditis bacteriophora*. *Biological Control*, *118*, 37–43.

Sorati, M., Newman, M. & Hoffman, A. A. (1996). Inbreeding and incompatibility in *Trichogramma nr. brassicae*: evidence and implications for quality control. *Entomologia Experimentalis et Applicata*, *78*(3), 283–290.

Sørensen, J. G., Addison, M. F. & Terblanche, J. S. (2012). Mass-rearing of insects for pest management: Challenges, synergies and advances from evolutionary physiology. *Crop Protection*, *38*, 87–94.

Szűcs, M., Eigenbrode, S. D., Schwarzländer, M. & Schaffner, U. (2012). Hybrid vigor in the biological control agent, *Longitarsus jacobaeae*. *Evolutionary Applications*, *5*(5), 489–497.

Takemoto, H., Powell, W., Pickett. J., Kainoh, Y. & Takabayashia, J. (2012). Two-step learning involved in acquiring olfactory preferences for plant volatiles by parasitic wasps. *Animal Behaviour*, *83*(6), 1.491–1.496.

Tayeh, A., Estoup, A., Laugier, G., Loiseau, A., Turgeon, J., Toepfer, S. & Facon, B. (2012). Evolution in biocontrol strains: insight from the harlequin ladybird *Harmonia axyridis*. *Evolutionary Applications*, *5*(5), 481–488.

Tejeda, M. T., Arredondo-Gordillo, J., Orozco-Dávila, D., Quintero-Fong, L. & Díaz-Fleischer, D. (2017). Directional selection to improve the sterile insect technique: Survival and sexual performance of desiccation resistant *Anastrepha ludens* strains. *Evolutionary Applications*, *10*(10), 1.020–1.030.

Tien, N. S. H., Sabelis, M. W. & Egas, M. (2015). Inbreeding depression and purging in a haplodiploid: gender-related effects. *Heredity*, *114*(3), 327–332.

Tormos, J., Asís, J., Sabater-Muñoz, B., Baños, L., Gayubo, S. F. & Beitia, F. (2012). Superparasitism in laboratory rearing of *Spalangia cameroni* (Hymenoptera: Pteromalidae), a parasitoid of medfly (Diptera: Tephritidae). *Bulletin of Entomological Research*, *101*(1), 51–61.

Tourniaire, R., Ferran, A., Giuge, L., Piotte, C. & Gambier, J. (2000). A natural flightless mutation in the ladybird, *Harmonia axyridis*. *Entomologia Experimentalis et Applicata*, *96*(1), 33–38.

Trevisan, M., Bortoli, S. A., Vacari, A. M., Laurentis, V. L. & Ramalho, D. G. (2016). Quality of the exotic parasitoid *Cotesia flavipes* (Hymenoptera: Braconidae) does not show deleterious effects after inbreeding for 10 generations. *PloS ONE*, *11*(8) e0160898.

Turgeon, J., Tayeh, A., Facon, B., Lombaert, E., de Clercq, P., Berkvens, N., Lundgren, J. G. & Estoup, A. (2011). Experimental evidence for the phenotypic impact of admixture between wild and biocontrol Asian ladybird (*Harmonia axyridis*) involved in the European invasion. *Journal of Evolutionary Biology*, *24*(5), 1.044–1.052.

van Lenteren, J. C. (1986). Evaluation, mass production, quality control, and release of entomophagous insects. In: Franz, J. M. (Ed.). *Biological plant and health protection* Frankfurt: Gustav Fischer. 31–56.

van Lenteren, J. C. (Ed.) (2003). *Quality control and production of biological control agents: theory and testing Procedures*. Wallingford: CABI. 352 p.

van Lenteren, J. C. (2009a). Controle de qualidade de agentes de controle biológico produzidos massalmente. In: Bueno, V.H. P.(Ed.). *Controle biológico de pragas: produção massal e controle de qualidade*. Lavras: Editora UFLA. 430p.

van Lenteren, J. C. (2009b). Testes para o controle de qualidade de agentes de controle biológico comercializados. In: Bueno, V.H. P.(Ed.). *Controle biológico de pragas: produção massal e controle de qualidade*. Lavras: Editora UFLA. 430p.

van Lenteren, J. C. & Bigler, F. (2010). Quality control of mass reared egg parasitoids. In: Cônsoli, F. L., Parra, J. R. P. & Zucchi, R. A. (Eds.). *Egg Parasitoids in Agroecosystems with Emphasis on* Trichogramma. Dordrecht: Springer. 315-340.

van Lenteren, J. C., Hale, A., Klapwijk, J. N., van Schelt, J. & Steinberg, S. (2003). Guidelines for quality control of commercially produced natural enemies. In: van Lenteren, J. C. (Ed.) *Quality control and production of biological control agents: theory and testing Procedures*. Wallingford: CABI. 1-8.

van Lenteren, J. C., Bolckmans, K., Köhl, J., Ravensberg, W. J. & Urbaneja, A. (2018). Biological control using invertebrates and microorganisms: plenty of new opportunities. *BioControl*, *63*(1), 39–59.

Vasquez, C. J. & Morse, J. G. (2012). Fitness components of *Aphytis melinus* (Hymenoptera: Aphelinidae) reared in five California insectaries. *Environmental Entomology*, *41*(1), 51–58.

Vayssade, C., Fazio, C., Quaglietti, B., Auguste, A., Ris, N. & Fauvergue, X. (2014). Inbreeding depression in a parasitoid wasp with single-locus complementary sex determination. *PloS ONE*. *6*(9). e97733

Veiga, A. C. P., Vacari, A. M., Volpe., H. X. L., Laurentis, V. L. & Bortoli, S. A. (2013). Quality control of *Cotesia flavipes* (Cameron) (Hymenoptera: Braconidae) from different Brazilian bio-factories. *Biocontrol Science and Technology*, *23*(6), 665–673.

Verhoeven, K. J. F., Macel, M., Wolfe, L. M. & Biere, A. (2011). Population admixture, biological invasions and the balance between local adaptation and inbreeding depression. *Proceedings of the Royal Society B: Biological Sciences*, *278*(1702), 2–8.

Waage, J. K., Carl, R. P., Mills, N. C. & Greathead, D. J. (1985). Rearing entomophagous insects. In: Singh, P. & Moore, R. F. (Eds.). *Handbook of insect rearing*. Amsterdam: Elsevier. 45–66.

Wajnberg, E. & Colazza, S. (Eds.) (2013). *Chemical ecology of insect parasitoids*. London: Wiley- Blackwell. 328p.

Weldon, C. W., Yap, S. & Taylor, P. W. (2013). Desiccation resistance of wild and mass--reared *Bactrocera tryoni* (Diptera: Tephritidae). *Bulletin of Entomological Research*, *103*(6), 690–699.

Whitlock, M. C., Ingvarsson, P.K. & Hatfield, T. (2000). Local drift load and the heterosis of interconnected populations. *Heredity*, *84*, 452–457.

Zboralski, A., Vilarelle, M., Colombel, E., Tabone, E. & Vercken, E. (2016). Density-dependent dispersal in biological control agents: a reflexion on the side-effects of mass--rearing conditions. *BioControl*, *61*(1), 13–22.

CAPÍTULO 17

Tecnologia de liberação de parasitoides e predadores

Alexandre de Sene Pinto
José Roberto Postali Parra

Introdução

O controle biológico de pragas avança no mundo. No Brasil, esse avanço é ainda mais expressivo, superando o crescimento anual mundial de 10-15% (Parra & Coelho Jr., 2019). Mas enquanto o mundo se especializa em controle biológico em ambientes protegidos ou lavouras pequenas, o Brasil se torna referência em grandes áreas de campos abertos.

A maioria das pesquisas brasileiras e internacionais concentra esforços na constatação da eficiência do agente biológico no controle da praga visada ou no desenvolvimento e/ou aprimoramento de técnicas de criação. Todo esse esforço busca atender a demanda dos produtores, quando o inimigo natural estiver sendo utilizado e, consequentemente, comercializado. No entanto, aspectos finais e importantes, como tecnologia para armazenamento, preparo, transporte e liberação desses agentes de controle biológico, são negligenciados pela maioria dos "pacotes tecnológicos".

Se essas deficiências nas estratégias de uso de biológicos é problema para parasitoides, para predadores é maior ainda. Um dos motivos é devido aos parasitoides serem mais específicos que os predadores e por coabitarem com seus hospedeiros (normalmente dentro deles), o que torna mais fácil o desenvolvimento de metodologias de avaliação de eficácia em campo.

Um programa de controle biológico precisa ser bem planejado em laboratório e semicampo (Parra et al., 2002a), mas pode ser integralmente comprometido se a tecnologia de liberação de parasitoides e predadores em campo não for bem desenvolvida.

Segundo Stiling (1993), as causas para o insucesso de uma liberação de um inimigo natural estão relacionadas ao clima (34,5%), à competição com a fauna nativa (20,3%), à falta de alimento, devido às liberações em épocas inadequadas) (16,9%), e por diversos outros fatores, como a falta de sincronização, ausência de refúgios, baixa taxa reprodutiva do inimigo natural, número inadequado de inimigos naturais na liberação, migração para outras áreas (28,3%).

Poucas, se não raras, são as pesquisas que visam determinar qual a melhor técnica de liberação e as adaptações que ela deve sofrer, minimizando o efeito do ambiente sobre o "sensível" material biológico. Se já não bastasse a escassez de trabalhos, existe grande dificuldade no levantamento de informações a respeito da liberação em si, pois a maioria das publicações na área de controle biológico omite detalhes importantes. Dentre estes podem ser citados: a forma de liberação do inimigo natural, o horário de liberação, a relação entre a densidade populacional da praga e o número de predadores/parasitoides liberado, o recipiente utilizado etc. A falta de conhecimento sobre os aspectos da liberação afeta não somente os resultados finais de um programa, mas também, muitas vezes, as fases iniciais dos projetos. Certamente, vários inimigos naturais foram considerados inadequados para serem empregados em programas de controle biológico pela forma inadequada de utilizá-los. Por outro lado, inimigos naturais tidos como excelentes para o controle de determinada praga não o foram em diversas outras situações por falta de detalhamento da metodologia de liberação. O insucesso de *Trichogramma* spp. nos EUA, na década de 1960, se deveu a ausência de muitos dos estudos abordados (Parra & Zucchi, 2004)

O desconhecimento parcial ou total de como o inimigo natural deve ser liberado em campo é, sem dúvida, um fator limitante para o sucesso de programas de controle biológico de diversas pragas no Brasil e no mundo. O mais preocupante é que esse desconhecimento poderá vir a comprometer muitos outros programas bem elaborados já existentes (Daane et al., 1998). Dentre os inimigos naturais, o parasitoide de ovos *Trichogramma* é, sem dúvida, o mais estudado quanto aos aspectos mencionados; bem pouco se sabe sobre os demais parasitoides e sobre os predadores em geral.

Liberar um inimigo natural não é simplesmente levar ao campo um recipiente repleto de adultos prestes a voar e abri-lo em meio a lavoura, nos horários mais frescos do dia. São vários os fatores que interferem na liberação de um agente de controle biológico, sendo eles, a arquitetura e estádio fenológico da planta, as condições meteorológicas durante e após a liberação, fase de desenvolvimento e momento de liberação, quantidade liberada, frequência de liberações e tecnologia para a distribuição dos inimigos naturais em campo.

Vários outros aspectos devem ser levados em conta em um programa de controle biológico antes de o parasitoide ou predador ser introduzido no campo, como identificação, seleção de linhagens, armazenamento, preparo, transporte de agentes biológicos etc. O maior enfoque deste capítulo será dado ao conhecimento dos fatores envolvidos no processo de liberação de parasitoides e predadores na cultura a ser tratada.

Atividades anteriores à liberação que afetam a eficácia do controle

Comercialização

A disponibilização de inimigos naturais é um dos grandes desafios para a implementação do controle biológico (*vide* capítulo 15) e é, obviamente, dependente de empresas que comercializam tais produtos biológicos.

A produção de micro-organismos para controle biológico foi iniciada no Brasil na década de 1970 (Alves et al., 2008), coordenada pelo pesquisador da FAO, Pietro Guagliumi, na região Nordeste, com a produção de *Metarhizium anisopliae* (Metchnikoff) para controle da cigarrinha-das-folhas, *Mahanarva posticata* (Stål) em cana-de-açúcar (Mendonça et al., 1996).

A primeira empresa de macro-organismos surgiu também no Nordeste, em Alagoas, em 1987, para produzir *Cotesia flavipes* (Cameron) para o controle de *Diatraea saccharalis* (Fabricius), denominada Biotech – Controle Biológico Ltda., sob a coordenação do Dr. Artur F. Mendonça. Em seguida, em 1994, surge a Biocontrol – Sistema de Controle Biológico Ltda., em Sertãozinho, SP, e, em 2000, a Bug Agentes Biológicos S/A, saída do Laboratório de Biologia de Insetos do Departamento de Entomologia e Acarologia da ESALQ/USP, no início de 2000, esta especializada na produção de *Trichogramma*. A partir daí, começaram a aparecer as grandes empresas internacionais, como em 2010, a maior empresa de controle biológico do mundo se instalou em Piracicaba, SP, a Koppert, empresa holandesa, que nos últimos anos adquiriu a Bug Agentes Biológicos.

Hoje existem muitas empresas comercializando macro e micro-organismos no país, figurando dentre elas as grandes multinacionais de inseticidas que têm o seu setor de biológicos, antevendo para o futuro o incremento desta medida de controle. Existe uma tendência destas grandes companhias adquirirem as "startups" da área, que hoje se avolumam, com cerca de 15, apenas no estado de São Paulo, financiadas pela Fapesp (Fundação de Amparo à Pesquisa do Estado de São Paulo) no programa PIPE (Programa de Incentivo a Pequenas Empresas).

A comercialização, portanto, é feita por grandes e pequenas empresas. Seja qual for a empresa e seu porte, o que importa é a qualidade dos inimigos naturais produzidos (*vide* 16) e a sua logística de distribuição no mercado, considerando-se a extensão territorial do Brasil. Uma das razões do sucesso de *C. flavipes* para o controle de *D. saccharalis* no Brasil é que os inimigos naturais foram produzidos em laboratórios de Usinas (*vide* capítulo 7), localizadas em diferentes pontos do país, o que levou ao sucesso nas liberações do parasitoide pela facilidade na logística de transporte dos inimigos naturais.

Hoje as empresas estão filiadas à CropLife, empresa de proteção de cultivos, que substituiu, em 2019, a ABCBio (Associação Brasileira de Empresas de Controle Biológico).

No Brasil, atualmente, existem 423 produtos biológicos registrados, segundo a CropLife, sendo 60,4% de micro-organismos, 17,6% de macro-organismos, 13,0% semioquímicos e 9,0% bioquímicos (*vide* capítulo 21).

Armazenamento e transporte

Muitas vezes, uma empresa não tem mercado para os inimigos naturais produzidos durante o ano todo. Assim, no período da entressafra, há necessidade de armazenar as diferentes fases de desenvolvimento do inseto para evitar a interrupção da criação, o que inviabilizaria grandes criações no futuro.

Para isso, são utilizadas baixas temperaturas para diminuir o metabolismo dos insetos, que é menor nos ovos e nas pupas em relação às larvas e adultos.

O armazenamento pode ser feito:

- na temperatura base (Tb) ou limiar térmico inferior de desenvolvimento (em torno de 10 °C para grande parte dos insetos);
- armazenando em geladeiras que têm uma temperatura entre 8 e 12 °C;
- utilizando nitrogênio líquido;
- armazenando em baixas temperaturas.

Dessa forma, os ovos de traças armazenados a -10 °C por mais de um ano podem ser utilizados para a criação de *Trichogramma* spp. (Drooz, 1981), e armazenados em nitrogênio líquido em até nove meses podem ser parasitados por *Trichogramma* sem perda das características biológicas (Huai-Yi, 1988). Já parasitados por *Trichogramma*, os ovos de traças podem ser armazenados em geladeira por 20-22 dias, sem perda da sua capacidade de parasitismo.

Trichogrammatidae e Encyrtidae podem ser criados em ovos de traças inviabilizados, para evitar o canibalismo, com radiação ultravioleta ou em altas temperaturas (50-55 °C) e umidade relativa próxima à saturação. Este material pode ser armazenado em baixas temperaturas sem perda do valor nutricional, para a criação de predadores (crisopídeos).

Os franceses induzem diapausa em espécies de *Trichogramma* em laboratório e quebram tal diapausa no verão, utilizando temperatura e fotoperíodo, conseguindo emergências superiores a 90%, após a interrupção do desenvolvimento no inverno.

O parasitoide *C. flavipes*, utilizado no controle de *D. saccharalis* na América Latina, pode ter as lagartas hospedeiras (cerca de duas semanas de desenvolvimento) armazenadas a 9 °C por pelo menos 30 dias antes de serem parasitadas, sem afetar negativamente a sobrevivência do himenóptero e a biologia dos descendentes (Pinto, A. S., informação pessoal). As pupas de *C. flavipes* podem ser armazenadas por até cinco dias entre 8-12 °C (Carvalho et al., 2008; Morsoletto et al., 2014) e por sete dias a 6 °C (Morsoletto et al., 2014). Os adultos não morrem quando são armazenados por até três dias entre 8-12 °C (Ivan et al., 2010a).

Ovos de *Nezara viridula* (L.) armazenados por até 12 meses em nitrogênio líquido foram parasitados por *Trissolcus basalis* (Wollaston) sem alterar as suas características biológicas (Corrêa-Ferreira & Oliveira, 1998). Por outro lado, os adultos de *T. basalis* podem ser armazenados por 180 dias, a 15 ou 18 °C, sem perder a capacidade de parasitismo (Doetzer & Foerster, 2007).

Espécies de Pteromalidae que atacam *Musca domestica* L. parasitam pupários armazenados a -21 °C por mais de um ano. Pupas de *Apanteles plutellae* Kurdjumov podem ser armazenadas por 50 dias na faixa de 7 a 10 °C (Ho, 1979).

Adultos de *Tamarixia radiata* Waterston, parasitoide de *Diaphorina citri* Kuwayama, podem ser armazenados na faixa de 9 a 11 °C durante seis dias (Bertanha et al., 2021).

Após o armazenamento, deve-se ter cuidados com os insetos, pois os macro-organismos, diferente dos micro-organismos, que têm o tempo de prateleira ("shelf life"), podem morrer logo após a sua emergência, pois a longevidade de adultos é geralmente baixa.

Para o transporte, quando para locais distantes, os insetos devem ser empacotados em recipientes climatizados, adicionando-se alimento (mel ou pólen) e a presa para predadores. Para reduzir o canibalismo durante o transporte, se houver emergência, adicionar papel, serragem, vermiculita, farinha de trigo, trigo sarraceno, casca de arroz, colar em cartões etc., nas embalagens de plástico ou de papelão.

O meio e a condição de transporte podem ser fundamentais para o sucesso do controle biológico. O transporte do laboratório ou escritório para o campo também pode comprometer a sobrevivência dos insetos. Deve-se evitar os choques térmicos, que muitas vezes levam os insetos à morte em segundos ou podem comprometer a qualidade deles.

Para *C. flavipes* é comum as pupas ou os adultos ficarem armazenados por dois ou três dias em sala climatizada mantida a 18-20 °C e desse local irem direto ao campo com temperaturas superiores a 30 °C, frequentemente. Nesses casos, uma aclimatação por período de duas horas em uma sala a 25 °C deve minimizar o impacto do choque térmico em campo.

Ancheschi et al. (2009) verificaram que pupas de *C. flavipes* expostas a 40 °C tiveram a porcentagem média de emergência afetada negativamente quando mantidas a essa temperatura por mais de uma hora. Em 38 °C, nenhum parâmetro biológico das gerações F_0 e F_1 foram afetados até cinco horas de exposição das pupas (Hivizi et al., 2016).

Também deve-se evitar o transporte em temperaturas muito baixas do material a ser liberado em campo, pois o choque térmico da saída do veículo pode comprometer a vida no inseto. Da mesma forma, os insetos a serem liberados precisam ser acondicionados em recipientes térmicos para se evitar o aquecimento da embalagem de liberação durante o caminhamento em meio a lavoura, pois os últimos insetos a serem liberados podem morrer ou ter a qualidade comprometida.

Monitoramento de pragas

O momento da liberação é fundamental para o sucesso do controle biológico. Assim, a amostragem, que se faz para determinar o nível de controle (NC) de pragas, deve ser feita para indicar o momento da liberação do parasitoide ou do predador. Em Gallo et al. (2002) existem vários métodos de monitoramento de pragas citados e vários exemplos para diversas pragas e culturas.

O momento de liberação de um parasitoide ou predador será discutido mais adiante neste capítulo.

Tecnologia de liberação

Arquitetura e estádio fenológico da planta

As espécies de plantas cultivadas, com suas formas variadas, crescem diferentemente entre elas. Seus desenvolvimentos fenológicos conferem características típicas nas diferentes fases. A disposição das folhas nos caules e ramos, dos ramos, flores e frutos no caule, a largura e o comprimento das folhas e folíolos etc., todas essas características interferem na atuação do inimigo natural.

Os efeitos da arquitetura vegetal no comportamento do agente de controle biológico podem ser significativos no bom desempenho do controle populacional da praga, podendo afetar a capacidade de busca, a eficiência e a dispersão do parasitoide ou predador. Uma cultura ou um estádio da cultura em que a folhagem seja densa propicia a formação de um microambiente adequado para a sobrevivência do inimigo natural liberado, onde a umidade é mantida e a insolação, evitada. Entretanto, um ambiente muito fechado pode dificultar a dispersão do inimigo natural e a localização da presa/hospedeiro por ele.

O raio de ação de um parasitoide geralmente é maior nas fases iniciais de desenvolvimento da cultura, como acontece com *Trichogramma pretiosum* Riley em tomateiro (Pratissoli et al., 2005) e *Telenomus remus* Nixon em algodoeiro (Silva, 2007), milho (Pomari, 2013; Mendoza, 2017; Salazar-Mendoza et al., 2020) e soja (Pomari, 2013), parasitando ovos de diferentes espécies de lepidópteros. Isso porque o tamanho e a arquitetura das plantas interferem na dispersão do parasitoide ou predador, especialmente por permitirem maior ou menor circulação dos insetos por entre elas, influenciada pelo vento (Silva, 2007).

Por isso, dependendo da arquitetura da planta e do estádio fenológico da cultura, a distribuição do inimigo natural deve ser mais ou menos espalhada, para o sucesso do controle. Esse assunto será tratado mais à frente.

O parasitismo também pode ser afetado pela posição do hospedeiro na planta. O parasitoide *T. pretiosum* parasita mais os ovos de *Chrysodeixis includens* (Walker) colocados nas folhas mediano-inferiores do que nas superiores de plantas de soja em campo (Bueno, 2008), o contrário acontecendo para *Telenomus podisi* (Ashmead) em ovos de *Euschistus heros* (Fabricius) (Carvalho, 2017).

Geralmente, a superfície abaxial das folhas é preferida para o parasitismo de muitas espécies de parasitoides, como *T. pretiosum* em feijoeiro (Fiorese, 2016), algodoeiro e cafeeiro (Nogueira, 2017). Entretanto, *T. podisi* prefere ovos de *E. heros* na superfície adaxial das folhas em soja (Carvalho, 2017).

A joaninha *Adalia bipunctata* (L.) é encontrada principalmente em árvores (Gordon, 1985), enquanto a joaninha *Hippodamia convergens* (Guérin-Méneville), em vegetações mais baixas (Hodek, 1973), e ambas são predadoras de afídeos. Em contrapartida, as joaninhas *Scymnus* sp., *Hyperaspis festiva* Mulsant, *Cycloneda sanguinea* (L.), entre outras, são observadas tanto na copa de plantas cítricas como na vegetação de cobertura de pomares de laranjeiras (Tannuri, 1995).

Os diferentes genótipos das plantas cultivadas levam a diferentes fenótipos, que podem interferir nos inimigos naturais. Vários trabalhos de campo de levantamento de parasitismo e predação naturais já indicavam diferenças entre as variedades ou cultivares de plantas, como para o parasitoide *Aprostocetus diplosidis* Crawford e para os predadores *Doru lineare* (Eschscholtz) e *Orius* spp. em sorgo (Campos, 1991), para *T. pretiosum* em milho (Paron et al., 1998) e em tomateiro (Gonçalves-Gervásio et al., 2000), para *Catolaccus grandis** Burks em batata-doce (Wanderley et al., 2003) e para *Encarsia* spp. em soja-hortaliça (Pessoa, 2009). Além das diferenças morfológicas dos genótipos, a produção de aleloquímicos em diferentes concentrações deve interferir no parasitismo (Gonçalves-Gervásio et al., 2000).

Em liberações inundativas de *Trichogramma galloi* Zucchi, Lopes (1988) e Botelho et al. (1995ab) verificaram interferência das variedades de cana-de-açúcar no parasitismo de ovos de *D. saccharalis* em campo.

Condições meteorológicas durante e após a liberação

O clima, sem dúvida, é um dos fatores mais importantes para toda decisão a ser tomada em qualquer uma das etapas de um programa de controle biológico com insetos e ácaros, visto que está manuseando um ser vivo pecilotérmico (ou seja, sua temperatura interna é alterada de acordo com a variação térmica do ambiente) e que responde às variações de umidade do ar ou do solo, duração do período de luz, insolação etc. (Silveira Neto et al., 1976; Haddad et al., 1999).

A liberação de um inimigo natural a uma temperatura acima ou abaixo da faixa térmica considerada ótima para o desenvolvimento em laboratório (Parra, 2002) pode afetar drasticamente sua sobrevivência em campo. Tal efeito costuma ser amenizado pelo microclima dos ambientes onde os parasitoides são espalhados (em meio ao palhiço, entre a folhagem das plantas etc.) (Egydio, 2019) ou onde se refugiam (Silva, 2015). Mas as condições adversas podem ser aumentadas de acordo com o método de liberação desse agente (Guidetti, 2013; Litholdo, 2014; Silva, 2015; Novelli, 2017; Egydio, 2019).

A ação do microambiente na sobrevivência de um parasitoide é tão importante que, apesar dos horários mais quentes do dia ocorrerem entre 10h e 15h, esse período geralmente é de maior atividade para alguns parasitoides (Junqueira et al., 2012, Sanitá et al., 2012; Guidetti, 2013; Litholdo, 2014) (Figura 1).

O frio também interfere na liberação de inimigos naturais. Em locais muitos frios, com neve, *T. podisi* prefere usar a serapilheira como abrigo, evitando as áreas marginais (Lahiri et al., 2017).

* Agora referido como *Jaliscoa grandis*.

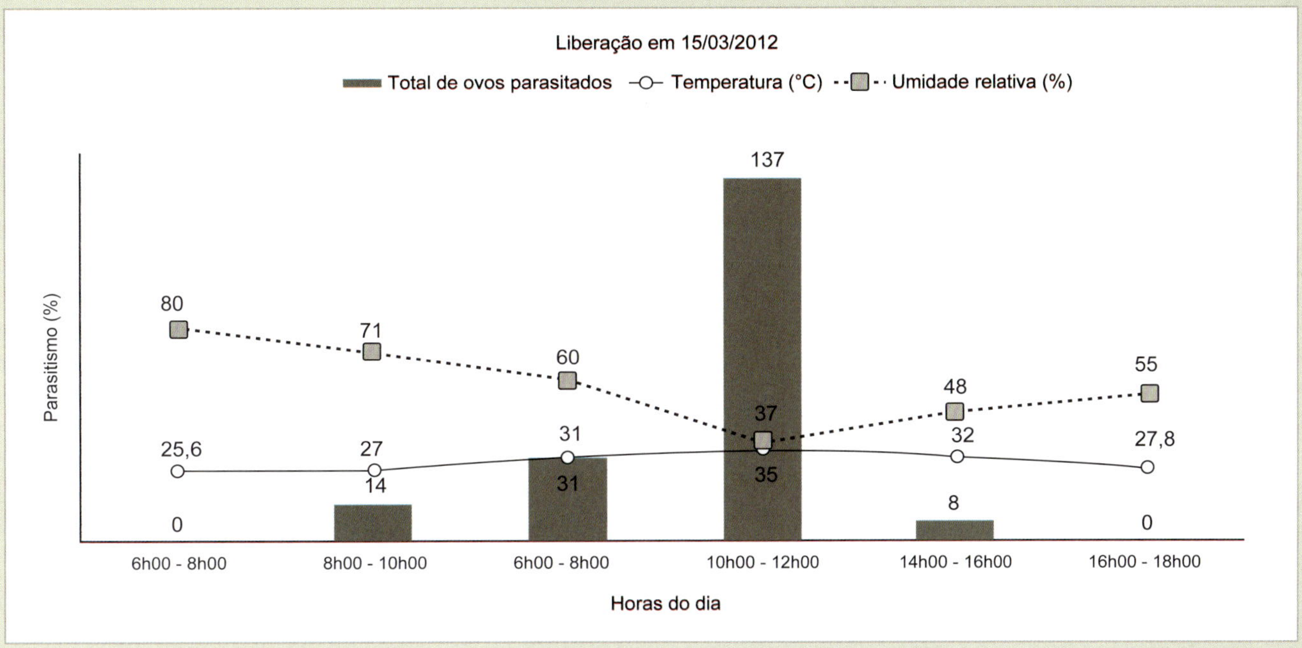

Figura 1. Ritmo de parasitismo de ovos de *Anagasta kuehniella* por *Trichogramma pretiosum* durante 12h após a liberação às 6h00 (Junqueira et al., 2012).

Quando não devidamente protegidos no transporte em campo, os parasitoides a serem liberados são prejudicados pelas altas temperaturas, como demonstrado por Rôdas et al. (2019) para *C. flavipes*, onde os melhores índices de parasitismo de *D. saccharalis* foram obtidos a partir de liberações das 7h às 9h (temperatura média de 24 °C no interior do canavial). Entretanto, dependendo da forma de liberação, da fase do inimigo natural liberada ou dos cuidados no transporte em campo, esse impacto da temperatura é minimizado.

O parasitoide larval *C. flavipes* quando liberado na forma de pupa (em massas de casulos) com "drones" e cai no solo protegido pelo palhiço ou sombra das plantas, tem sua sobrevivência aumentada (Egydio, 2019), por ser esse um local menos quente do que os demais ambientes.

As precipitações pluviométricas podem afetar um inimigo natural no momento de sua liberação. Se os inimigos naturais forem liberados na forma de pupa (como para *Trichogramma*) ou de ovo (como para crisopídeos), uma chuva logo após a liberação pode carregá-los para o solo, que geralmente é um ambiente mais hostil para macro-organismos. Além disso, dependendo do recipiente de liberação (caso este fique no campo), é possível haver encharcamento e afogamento dos agentes liberados na forma de ovo, larva ou pupa (como para *Trichogramma* liberado em copos plásticos). O mesmo não ocorre para artrópodes liberados na fase adulta (como é o caso de *C. flavipes* para o controle da broca-da-cana), que se deslocarão quando o recipiente for aberto (Pinto & Trujillo, 2019).

Se as chuvas podem ser prejudiciais aos inimigos naturais no momento da liberação (Novelli, 2017), não ocorre o mesmo depois desse momento. Os parasitoides *C. flavipes* e *T. galloi* diminuem o parasitismo durante a chuva (Sanitá et al., 2012), mas restabelecem um ritmo normal ou até superior após esse evento (Junqueira et al., 2012).

Temperaturas muito altas, associadas à insolação, também podem afetar a sobrevivência do agente de controle (Egydio, 2019), assim como temperaturas baixas costumam diminuir sua eficiência de controle (Pinto et al., 2003).

Um bom exemplo de como o clima pode influenciar a liberação de inimigos naturais é encontrado em Pinto (1999) e Pinto et al. (2003). O autor liberou *T. galloi* em diferentes formas e técnicas para o controle de ovos da broca-da-cana e observou que a condição climática é o principal fator a ser levado em conta no momento da liberação. As chuvas que ocorreram nos dias das liberações ou logo depois arrastaram as pupas de parasitoides, diminuindo sua eficiência de parasitismo. As baixas temperaturas de inverno acarretaram baixos índices de parasitismo, porém levaram a maior permanência do parasitoide no campo. A umidade relativa do ar não afetou o parasitismo, em função do estádio fenológico da cultura, que certamente sempre garantiu um microclima favorável para a sobrevivência e atuação do parasitoide, o que coincidiu com as conclusões de Boldt (1974), que demonstrou que a atividade de locomoção de *Trichogramma evanescens* Westwood e *Trichogramma minutum* Riley não é afetada por umidades na faixa de 50 a 80%. Finalmente, Pinto (1999) concluiu que quando as condições climáticas são favoráveis ao parasitoide, a técnica de liberação não interfere na eficiência de parasitismo.

O efeito da temperatura no parasitismo verificado no trabalho mencionado confirma os resultados de Biever (1972) e Shui-Chen & Chien-Chung (1986), citados por Sales Jr. (1992). O primeiro autor observou aumento na capacidade de busca de fêmeas de várias espécies do gênero *Trichogramma* à medida que se aumentava a temperatura, mantida constante, de 20 a 35 °C, e os outros dois verificaram que, abaixo da temperatura mínima (20 °C), a atividade das fêmeas de *Trichogramma chilonis* Ishii ficava reduzida.

Uma espécie de parasitoide pode ser mais afetada pelo clima do que outra do mesmo gênero. Fournier & Boivin (2000) constataram que *T. evanescens* é mais sensível à temperatura e velocidade do vento do que *T. pretiosum*.

Muitos pesquisadores destacam que o horário de liberação de um parasitoide é decisivo para o sucesso de um programa. Afirmam que as liberações precisam ser realizadas pela manhã ou no final da tarde, sempre preferindo os horários com temperaturas mais amenas (Botelho & Macedo, 2002; Pinto & Parra, 2002; Rôdas et al., 2019).

Quando não há preocupação com os choques térmicos que sofrem os inimigos naturais no transporte do laboratório ou sala de armazenamento ou veículo refrigerado para o campo, a sobrevivência ou a capacidade de parasitismo/predação dos insetos podem ser totalmente comprometidas (Ancheschi et al., 2009; Hivizi et al., 2016).

Evitando-se os choques térmicos e a exposição ao sol, os parasitoides podem ser liberados em qualquer horário do dia, como observado por Vasconcelos et al. (2011) para *T. pretiosum* parasitando ovos de *Anagasta kuehniella* (Zeller) em milho e por Zanatto et al. (2013) para *C. flavipes* parasitando lagartas de *D. saccharalis* em cana-de-açúcar.

Fase de desenvolvimento liberada

Geralmente as fases de desenvolvimento do inimigo natural são escolhidas pela facilidade de manuseio e obtenção ou resistência às condições adversas que possuem. Mas a percepção científica dessa resistência tem mudado nos últimos anos, por um melhor conhecimento dos microambientes agrícolas e suas influências sobre os inimigos naturais (Oliai & King, 2000; Miller et al., 2009; Litholdo et al., 2016).

A fase de ovo é preferida para liberação de algumas espécies predadoras que são canibais na fase larval, como no caso de crisopídeos (Daane et al., 1998), mas para algumas pragas essa fase não tem sido eficiente. Por exemplo, a liberação de ovos de *Chrysoperla carnea* (Stephens) para o controle de *Leptinotarsa decemlineata* (Say) não foi eficaz, enquanto a liberação de larvas de segundo e terceiro ínstares causou uma redução populacional da praga de mais de 85% (Adashkevich & Kuzina, 1974).

A fase adulta é a mais liberada entre os predadores e os parasitoides. Entre os predadores, porque os adultos dispersam com mais eficiência, e no caso de coccinelídeos, dermápteros entre outros, eles são mais vorazes do que as fases jovens. Entre os parasitoides, além da dispersão, esta é a fase em que eles prontamente parasitam, levando à lógica de que isto garantiria maior eficiência no controle da praga-alvo.

Historicamente, os tricogramatídeos são liberados na fase adulta (Gross et al., 1981; Mani & Krishnamoorthy, 1983; Brenière et al., 1985; Smith, 1994; Pinto et al., 2003). No entanto, a liberação de pupas dentro dos ovos de seus hospedeiros, protegidas em embalagens adequadas, tem sido realizada. A liberação de pupas tem mostrado igual (Rossi et al., 2012; Arroyo et al., 2014; Cantori et al., 2015; Afonso et al., 2017; Ivan et al., 2017) ou melhor eficiência no parasitismo do que a liberação de adultos (Litholdo et al., 2013), especialmente quando as condições meteorológicas são aparentemente adversas para *Trichogramma* (Pinto et al., 2003).

A liberação de parasitoides na forma pupal dentro dos ovos dos hospedeiros espalhados pelo campo, sem proteção, parece ser uma estratégia viável. Apesar da predação ser o fator que impediria o espalhamento de pupas sem proteção, a quantidade liberada geralmente é muito pequena, além do tamanho diminuto do material biológico, viabilizando a técnica. Rajendran & Mohammed (1998) verificaram maior eficácia dessa técnica de espalhamento de *Trichogramma* sobre a cultura da cana-de-açúcar quando comparada com as técnicas convencionais, onde os ovos são presos a cartelas e protegidos.

Momento de liberação

A tomada de decisão para realizar a liberação de um parasitoide ou predador é essencial para o sucesso da maioria das estratégias de controle biológico, especialmente para parasitoides que são específicos para determinadas fases de poucos hospedeiros.

Se várias liberações são necessárias, como é o caso de *Trichogramma* (Botelho et al., 1995c), a primeira delas deve ocorrer no início da infestação da praga e na época de maior ocorrência da fase-alvo e as demais dependem da dinâmica populacional da praga (frequência de liberação).

Portanto, o momento de liberação está intimamente ligado ao monitoramento da praga, que deve ser realizado e seguir as técnicas recomendadas, definidas pela Ciência, dentro dos preceitos do Manejo Integrado de Pragas (Kogan, 1998; Kogan & Jepson, 2007).

O controle biológico de lagartas de últimos ínstares da broca-da-cana, *D. saccharalis*, pelo parasitoide *C. flavipes* exigiu uma estratégia de monitoramento da fase larval da praga que permitia a decisão do momento de liberação do himenóptero e o acompanhamento da eficácia do método (Botelho & Macedo, 2002; Pinto et al., 2006; Pinto et al., 2015). Durante mais de 40 anos o acompanhamento populacional da broca-da-cana foi realizado partindo-se colmos da planta e contando o número de lagartas e pupas da praga e de pupas do parasitoide.

Com o lançamento de muitos inseticidas para o controle dos ínstares iniciais da broca-da-cana, uma nova estratégia empírica de monitoramento da praga foi definida para determinar o momento de aplicação dos produtos visando às pequenas lagartas caminhando no exterior dos colmos (Macedo & Macedo, 2004).

Com o lançamento do micro-himenóptero *T. galloi* para o controle de ovos, não mais seria possível a utilização das duas estratégias de monitoramento desenvolvidas, pois estas não determinavam o momento de ocorrência dos ovos. Foi estabelecido um novo método para a previsão de ocorrência dos ovos por meio do monitoramento de adultos com armadilhas de feromônio (confinamento de fêmeas virgens) (De Conti, 2012; Pinto et al., 2019).

Essa estratégia passou a substituir as anteriores e possibilitou a previsão de ocorrência de todas as fases de desenvolvimento, podendo ser usada para todos os produtos biológicos e químicos.

Uma estratégia similar foi desenvolvida para as culturas da soja e do feijão, onde armadilhas de feromônio (sintético) são instaladas em meio à lavoura para a previsão de ocorrência de ovos e liberação de *T. pretiosum* (Pinto & Bueno, 2019).

Para algumas pragas, em determinadas culturas, a época de ocorrência é tão definida que nem há necessidade de monitoramento para a decisão de liberação de um parasitoide. É o caso da lagarta-do-cartucho, *Spodoptera frugiperda* (J.E. Smith), na cultura do milho. As infestações de *S. frugiperda* começam logo após a germinação na maioria das regiões produtoras, tanto que a liberação de *T. pretiosum* para o controle de ovos dessa praga pôde ser pré-definida. Atualmente, a primeira de uma série de três liberações é realizada entre dez e 24 dias após a semeadura do milho para uma boa eficácia de controle (Tabela 1) (Pinto et al., 2010; Silva et al., 2017). O mesmo ocorre para *T. remus* para o controle de ovos de *S. frugiperda* em milho (Ivan et al., 2016). E para *T. podisi* para o controle de ovos de *E. heros* em soja, onde o início das liberações ocorre uma semana antes do florescimento da cultura (Pinto & Bueno, 2019).

Tabela 1. Número médio de espigas e peso médio de grãos por hectare após a liberação de *Trichogramma pretiosum* em milho de segunda safra para controle de *S. frugiperda* (Pinto et al., 2010).

Início das liberações (dias após semeadura)	Número de espigas por hectare	Peso de grãos por hectare/kg
10	61.111	6.111
24	65.972	6.000
38	46.667	3.778
Sem controle	58.333	4.917

Quantidade liberada

A quantidade de indivíduos a ser liberada muitas vezes dependerá da quantidade da praga existente, levantada pelo monitoramento. Entretanto, são escassos os estudos de quantidade liberada do inimigo natural (Tabela 2), especialmente os que levam em conta a população da praga.

Para o controle biológico clássico, quando se tem por objetivo a introdução de um novo agente de controle em determinada região, a quantidade a ser liberada não tem tanta importância quanto aquela exigida para o controle biológico aplicado. No primeiro, o agente deve ser liberado em pequenas quantidades para se perpetuar no novo ambiente (Sá et al., 2000; Botelho & Macedo, 2002; Parra, 2014); no segundo, em grandes quantidades para regular a população da praga antes que esta atinja níveis prejudiciais à cultura em estudo (Ridgway & Jones, 1968; Torres, 2005; Monteiro et al., 2008).

No entanto, para a definição da quantidade correta de artrópodes a ser liberada no ambiente, faz-se necessário o conhecimento da relação agente/praga ideal para que o controle seja bem-sucedido. Inicialmente, essa relação é definida em estudos de laboratório, onde a capacidade de predação/parasitismo do agente de controle biológico será determinada. Embora não possa ser extrapolada para as condições de campo, uma vez que foi estabelecida em ambiente fechado, livre de influências diversas, tais como efeitos do clima, da competição entre os inimigos naturais, capacidade de dispersão etc., tal relação fornece ao pesquisador uma ideia muito boa da real capacidade de controle do agente em estudo. Posteriormente, em estudos de campo, poderá ser definida de forma mais adequada a relação ideal.

Vários são os experimentos que testaram diferentes relações praga/inimigo natural em todo o mundo. Na Grécia, constatou-se que a relação ideal para a liberação de *Cryptolaemus montrouzieri* (Mulsant) contra *Planococcus citri* (Risso) em citros é de 1:15 (Hamid et al., 1997). No Brasil, quando é usado o parasitoide de ovos *T. galloi*, a relação estabelecida é de 1,6 a 3,2 parasitoides para cada ovo da praga (Lopes, 1988).

Em vaso, Yang et al. (2020) conseguiram determinar que 400 adultos do ácaro *Stratiolaelaps scimitus* (Womersley) por vaso de 800 mL é a dose que promove melhor controle de *Meloidogyne incognita* Kofoid and White.

Entretanto, em campo, os resultados obtidos em pequenas parcelas, como gaiolas e vasos, podem não se repetir (Daane et al., 1998). Geralmente, em pequenas parcelas, são testados números muito altos de parasitoides e predadores; entretanto, se houver bons resultados, torna-se impraticável uma liberação com esse número determinado. Como exemplo, os autores observaram que para a liberação do crisopídeo *Chrysoperla carnea* em campos experimentais foram utilizados de 7.500 ovos ha^{-1} (Daane et al., 1993) a aproximadamente dois milhões de ovos por hectare (Ridgway & Jones, 1968), enquanto nas liberações comerciais comumente recomendam-se entre 5.000 e 30.000 ovos ha^{-1}.

Outro exemplo, é o uso de *T. galloi* para o controle de ovos de *D. saccharalis* em cana-de-açúcar. Em laboratório, a relação ideal de *T. galloi* por ovo do hospedeiro é de 1,6-3,2 : 1 (Lopes, 1988). No campo, a infestação da praga ultrapassa 100.000 ovos por hectare (Pinto, 1999), o que exigiria, no mínimo, entre 160.000 a 320.000 parasitoides nessa área. Entretanto, para infestações entre 100.000 e 400.000 ovos por hectare, são realizadas três liberações de 50.000 parasitoides cada com igual eficácia daquela com 100.000 (Bertate, 2017) (Tabela 2).

Tabela 2. Quantidade liberada de parasitoides e predadores em campo no controle de pragas de diversas culturas.

Inimigo natural	Praga	Quantidade ha^{-1}	Referência
Cotesia flavipes	*Diatraea saccharalis*	6.000-18.000	Ivan (2012) Masson et al. (2012) Cantori et al. (2013b) Ivan et al. (2013)
Habrobracon hebetor	*Corcyra cephalonica*	70.000[1]	Arroyo et al. (2017)
	Heliocheilus albipunctella	0,2	Baoua et al. (2018) Amadou et al. (2019)
Neoseiulus californicus	*Panonychus ulmi*	150.000	Monteiro, Doll & Boeing (2008)
Stratiolaelaps scimitus	*Meloidogyne incognita*	400[2]	Yang et al. (2020)
Tamarixia radiata	*Diaphorina citri*	3.200	Marin (2019)
Telenomus podisi	*Euschistus heros*	2.500-6.500	Gomes (2016) Tibaldi (2017) Pernambuco Filho (2018)
Telenomus remus	*Spodoptera frugiperda*	20.000-150.000	Vasconcelos et al. (2008) Pomari et al. (2013) Silva et al. (2016) Salazar-Mendoza, Rodriguez--Saona & Fernandes (2020)
Trichogramma galloi	*Diatraea saccharalis*	50.000-150.00	Broglio-Micheletti et al. (2007) Carvalho (2013) Bertate (2017)
Trichogramma pretiosum	*Spodoptera frugiperda*	100.000-200.000	Arcaro Filho (2007) Ivan et al. (2017) Padilha et al. (2017) Yokoji (2005)
	Helicoverpa zea	400.000	Moreira (1999) Matos (2010)
	Bonagota salubricola	150.000	Pastori et al. (2008b)
	Spodoptera eridania	500.000	Madalon (2018)

[1] adultos por tonelada de amendoim; [2] adultos por vaso de 800 mL

O que acontece em campo, nos casos citados, é que a sobreposição de gerações do predador ou do parasitoide supre a quantidade necessária de inimigos naturais para a quantidade da praga presente. Essa prática não é propriamente uma liberação inundativa, mas mais corretamente chamada de inoculação sazonal (Williams & Leppla, 1992; Parra et al., 2002b), usualmente utilizada para liberações em casas-de-vegetação.

A liberação do inimigo natural em quantidades menores do que a necessária para o efetivo controle da praga acarretaria ineficiência do agente, o que seria extremamente maléfico para um programa de controle biológico aplicado. É o que pode ser observado para *T. podisi*, para o controle de ovos de *E. heros* em soja (Tibaldi, 2017), para *C. flavipes*, para o controle de lagartas de *D. saccharalis* (Ivan, 2012; Cantori et al., 2013b) e para *Neoseiulus californicus* (McGregor), para o controle de *Panonychus ulmi* (Koch) (Monteiro et al., 2008).

Em contrapartida, a liberação de uma quantidade excessiva de artrópodes para o controle de determinada praga, além de um desperdício de recursos, que resultaria em um aumento no custo de aplicação, poderia também diminuir a eficiência de controle.

Essa diminuição da eficácia dos parasitoides a partir de certa quantidade liberada pode estar ligada a dois fatores: *confusão no reconhecimento dos hospedeiros* marcados como parasitados e *competição por alimento* entre as fêmeas parasitoides. Muitos desses insetos utilizam-se de cairomônios para a marcação dos hospedeiros parasitados. As fêmeas que chegam primeiro sobre um grupo de hospedeiros realizam o parasitismo de alguns (Pak, 1988) e os marcam com cairomônios específicos. O excesso de cairomônios no microambiente pode provocar sua saturação, impedindo que as fêmeas percebam que existem ainda hospedeiros a serem parasitados e induzindo sua dispersão. Dessa forma, alguns hospedeiros escapariam ilesos, diminuindo, assim, a eficiência de parasitismo do agente de controle biológico (Ueno & Tanaka, 1994; Chen et al., 2016).

À medida que o número relativo de parasitoides aumenta, ocorrem mais encontros entre eles, levando a uma diminuição na eficiência da busca e na taxa de parasitismo (Beddington, 1975), ocorrendo aumento no tempo de busca (Visser et al., 1999; Harvey et al., 2013).

A diminuição da eficácia ocorre para *T. galloi* no controle de *D. saccharalis*, a partir de 50.000, 100.000 ou 175.000 (Broglio-Micheletti et al., 2007; Carvalho, 2013; Carneiro, 2019), para *T. pretiosum* no controle de *Bonagota salubricola* (Meyrick), a partir de 150.000 (Pastori et al., 2008b), para *T. podisi* no controle de *E. heros*, a partir de 7.500 (Tibaldi, 2017), para *T. remus* no controle de *S. frugiperda*, a partir de 25.000 (Silva et al., 2016) e para *C. flavipes* no controle de *D. saccharalis*, a partir de 12.000 ou 15.000 parasitoides por hectare para infestação de 3.000 lagartas por hectare (Candeloro, 2012; Nunes et al., 2013).

Em El Salvador, Rosales & Gonzales (1995) também avaliaram o efeito da liberação de diferentes quantidades do parasitoide *Cephalonomia stephanoderis* Betrem contra a broca-do-café, *Hypothenemus hampei* (Ferrari), em duas localidades diferentes, e observaram que aumentando de 3.000 para 6.000 parasitoides por hectare não houve melhoria no parasitismo, e de 3.000 para 18.000, chegou até a ocorrer uma redução na eficiência de controle.

Nem sempre as tentativas de descobrir a quantidade de inimigo natural ideal a ser liberada resultaram em melhoria na eficiência do controle biológico. Na Nicarágua, Dufour et al. (1995) avaliaram o efeito da liberação de duas densidades do parasitoide *C. stephanoderis* para o controle da broca-do-café, após a colheita, e concluíram que quatro liberações na razão de um parasitoide para quatro frutos infestados ou duas liberações na razão de um parasitoide para cinco frutos infestados não resultaram em uma diferença significativa na eficiência de parasitismo, que ficou ao redor de 53%.

Por outro lado, Tibaldi (2017), estudando a quantidade liberada de *T. podisi* em diferentes níveis de infestação artificial de ovos de *E. heros* em soja, no Brasil, constatou que para infestações até 100.000 ovos do percevejo a quantidade de 2.500 parasitoides foi a mais eficaz, mas para infestações entre 200.000 e 400.000 ovos, a quantidade ideal foi de 5.000 parasitoides por hectare.

Dessa forma, diferentemente dos inseticidas químicos e dos biológicos à base de micro-organismos (fungos, bactérias e vírus), a liberação de qualquer parasitoide tem uma relação muito mais dependente da dose utilizada. Tanto para os químicos como para os biológicos, o aumento da dose leva ao aumento da eficácia de controle da praga-alvo. Entretanto, essa eficácia se estabiliza a partir de uma certa dose, o mesmo não acontecendo com os parasitoides, onde a eficácia pode diminuir com o excesso de organismos liberados em campo (Figura 2). Um exemplo disso é o estudo da quan-

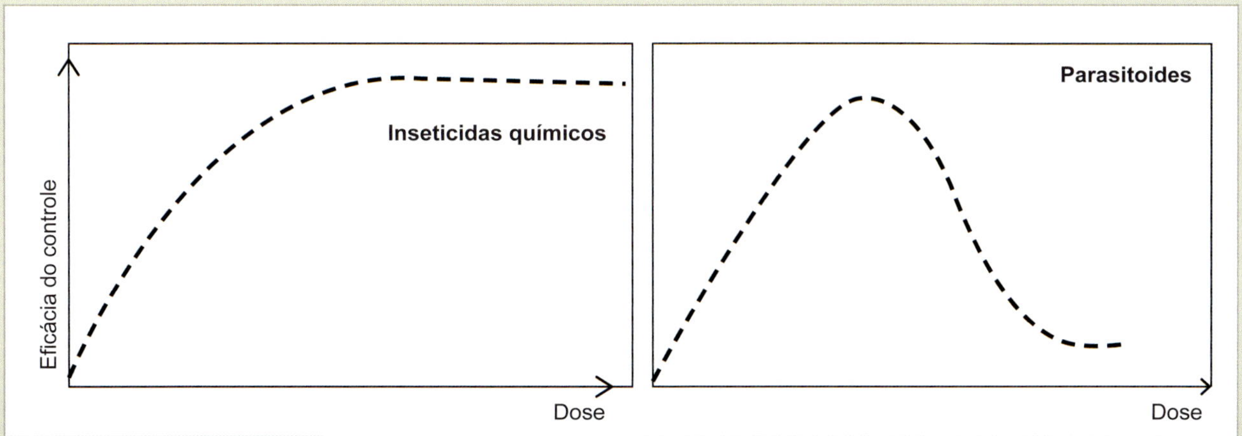

Figura 2. Curvas hipotéticas que representam a eficácia de controle de pragas dos produtos (**esquerda**, inseticidas químicos, e **direita**, parasitoides) em função da dose aplicada.

tidade liberada de *T. pretiosum* para o controle de ovos de *B. salubricola* em macieira (Pastori et al., 2008b), onde acima de 150.000 parasitoides a eficácia começa a diminuir. Outro exemplo, é a diminuição do parasitismo de ovos de *D. saccharalis* em cana-de-açúcar a partir de 100.000 adultos de *T. galloi* liberados (Figura 3).

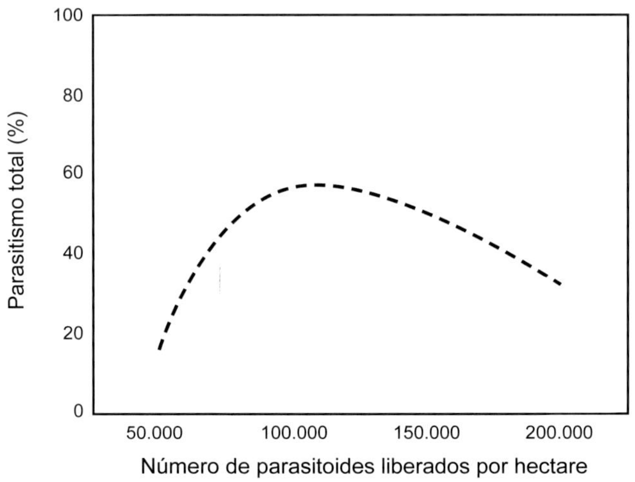

Figura 3. Quantidade liberada de *Trichogramma galloi* influenciando o parasitismo de ovos de *Diatraea saccharalis* em cana-de-açúcar, em São Raimundo das Mangabeiras, MA (Carvalho, 2013).

Distribuição dos inimigos naturais

A distribuição dos inimigos naturais no campo está diretamente relacionada à sua capacidade de dispersão. Quanto maior a capacidade de dispersão, menor será a necessidade de espalhamento do artrópode. A quantidade de pontos de liberação, dessa forma, pode variar bastante (Tabela 3), pois a dispersão do inimigo natural está relacionada com a espécie e linhagem escolhidas, com a arquitetura da planta (espécie ou variedade ou estádio fenológico) e com as condições climáticas (Botelho, 1997; Botelho et al., 1995a; Pinto et al., 2003).

Yu & Byers (1994) utilizaram *Trichogramma brassicae* Bezdenko para controlar *Ostrinia nubilalis* (Hübner) em milho e observaram que liberações realizadas em 25 pontos foram tão efetivas quanto aquelas realizadas em 49 pontos por hectare.

No Brasil, *Trichogramma* é liberado em 25 pontos para a broca-da-cana em cana-de-açúcar (Lopes, 1988) e em 130 pontos por hectare para a lagarta-da-soja

Tabela 3. Raio de ação de diferentes espécies de parasitoides e número estimado de pontos de liberação por hectare para liberações em pontos fixos e, geralmente, manuais, em diferentes culturas.

Inimigo natural	Cultura	Raio de ação (m)	Pontos ha^{-1}	Referência
Cotesia flavipes	cana-de-açúcar	15	11	Dinardo-Miranda et al. (2014)
		35	4	Botelho et al. (1980)[1]
		25	16	Volpe (2009)
		20-33	8-19	Ivan et al. (2010b) Ivan (2012) Ivan et al. (2011)
		64	-	Sallam et al. (2001)
Diachasmimorpha longicaudata	goiabeira	20	6	Leal et al. (2008)
	goiabeira	173	0,4	Camargos (2016)
	mangueira	25-37	7-16	Garziera et al. (2010)
Gryon gallardoi	tabaco	8	40	Canto Silva et al. (2006)
Habrobracon hebetor	campo aberto	14	13	Arroyo et al. (2011)
Palmistichus elaeisis	eucalipto	80	0,4	Candelária (2013)
Tamarixia radiata	citros	7	56	Marin (2019)
Telenomus podisi	soja	38	7	Bueno et al. (2013)
	campo aberto	9	31	Bueno (2011)
Telenomus remus	milho	10-11	68-91	Mendoza (2017)
	milho	16	16-34	Carneiro et al. (2007) Pinto et al. (2007) Pomari-Fernandes et al. (2014) Pomari-Fernandes et al. (2018)
	milho	18	27	Pomari et al. (2012)
	soja	15	35	Pomari-Fernandes et al. (2018)
Tetrastichus howardi	cana-de-açúcar	8	125	Barbosa (2014)
Trichogramma atopovirilia	citros	9	60	Torres (2005)
Trichogramma galloi	milho	12	54	Geremias & Parra (2014)
	cana-de-açúcar	10	25	

continua

Inimigo natural	Cultura	Raio de ação (m)	Pontos ha^{-1}	Referência
Trichogramma pretiosum	soja	8	130	Zachrisson & Parra (1998)
	milho	5-6	166-206	Oliveira (2017)
	pepino	6	161	Oliveira (2017)
	repolho	6	176	Oliveira (2017)
	macieira	7	51	Pastori et al. (2008a)
	tomateiro	7-8	75	Pratissoli et al. (2005)
	milho	9	100	Sá et al. (1993)
	milho	8	39	Sammour (2009)
Trichospilus diatraeae	eucalipto	>30	<3	Zaché (2012)
	cana-de-açúcar	12	17	Pastori et al. (2013)
Trissolcus basalis	campo aberto	13	15	Bueno (2011)

[1] Não levou em consideração o parasitismo, apenas a distância atingida.

em soja (Zachrisson & Parra, 1998). Stinner et al. (1974) não observaram diferença no parasitismo de *T. pretiosum* sobre ovos de *Heliothis* spp. em algodoeiro no Brasil quando os parasitoides foram liberados em nove, 42 ou 256 pontos por hectare. Muitas vezes, a quantidade exagerada do número de pontos de liberação acaba por inviabilizar a liberação manual do inimigo natural.

Entretanto, Chiang et al. (1986), em estudos a partir de liberações em um único ponto, calcularam que a taxa de parasitismo teórica de *Trichogramma nubilale* Ertle & Davis obtida em nove pontos por hectare de milho poderia ser de 96%, se os microimenópteros fossem liberados em uma grade de três por três. Assim, a emigração dos parasitoides de um ponto de liberação poderia ser compensada pela imigração dos quatro pontos vizinhos.

A liberação de parasitoides por via terrestre é o meio mais comumente relatado na literatura (Allen & Gonzalez, 1974; Burbutis & Koepke, 1981; Ridgway & Morrison, 1985; Bigler, 1986; Lopes, 1988; Neil & Specht, 1990; Prokrym et al., 1992) e na forma adulta (Mani & Krishnamoorthy, 1983; Brenière et al., 1985).

Os parasitoides podem ser liberados de forma protegida ou não. Antigamente, o material parasitado era liberado diretamente na cultura em pontos de liberação (Stinner et al., 1974). Entretanto, algum tempo depois, na maioria dos trabalhos tem-se adotado a liberação desse material aderido a um substrato de cartolina ou a vários tipos de papéis (encerados, de filtro etc.) (Lopes,

1988; Smith, 1994). Esses substratos costumam ser distribuídos em pontos de liberação devidamente escolhidos e presos às plantas com barbante, prendedor ou clipe em diversas culturas (Dolphin et al., 1972; Allen & Gonzalez, 1974; Hassan et al., 1986; Hulme & Miller, 1986; Newton, 1988). Em alguns casos, os cartões ou tiras de papel contendo ovos parasitados são colocados entre as folhas das plantas (Neil & Specht, 1990). Essa técnica era muito comum na China, onde as folhas eram entrelaçadas de forma a envolver o material biológico. A liberação de *Trichogramma* spp. em forma de pupa, em substratos desprotegidos, apresenta a desvantagem de o material parasitado ficar exposto por um longo período no ambiente, em comparação com os adultos que são liberados diretamente. A probabilidade de a presença de predadores e a ocorrência de chuvas, por exemplo, reduzirem o número de parasitoides aumenta muito.

O problema da exposição do material biológico pode ser minimizado por meio de sua proteção ou abrigo. Uma grande quantidade de diferentes técnicas foi desenvolvida para proteger o material parasitado (Gross et al., 1981). Os recipientes utilizados para isso variaram desde modelos simples (Burrell & McCormick, 1962; Ables et al., 1979; Shi et al., 1988) até outros mais elaborados (Sttiner, 1977).

Mertz et al. (1995), nos EUA, utilizaram, na cultura do milho doce, cartões com ovos parasitados protegidos por caixas de papel enceradas, com uma malha cobrindo o topo do conjunto, que foi então colocado dentro de armadilhas plásticas de feromônio. Na França, cápsulas de papelão parafinadas, com duas aberturas, foram desenvolvidas pelo Institut National de la Recherche Agronomique (INRA), para a liberação aérea do parasitoide; na década de 2000 passaram a ser feitas de amido, por ser biodegradável.

Qualquer que seja o recipiente adotado, uma fonte alimentar pode ser adicionada a ele para aumentar a longevidade do parasitoide (Gross et al., 1984; Lopes, 1988; Pinto, 1999). Lopes (1988), em liberações de pupas de *T. galloi* em canaviais, utilizou mel puro espalhado pelas paredes internas de copos plásticos. Entretanto, em liberações comerciais, essa prática pode ser difícil.

Em pesquisa científica, o material parasitado é distribuído manualmente em pontos fixos específicos (Smith, 1994), embora existam casos em que os recipientes foram colocados mecanicamente por meio de um veículo em movimento (Ables et al., 1979).

Nas técnicas em que o material parasitado é liberado em pontos fixos, observam-se alguns problemas, como a necessidade de uma boa distribuição dos pontos por toda a área e de um espaçamento entre eles suficiente para a dispersão do parasitoide de forma uniforme (Gusev & Lebedev, 1986). Por esse motivo, vários pesquisadores tentaram desenvolver técnicas para a distribuição do material parasitado por meio de dispersão ou pulverização de adultos ou pupas em vez de distribuí-los em pontos fixos e específicos.

Brower (1988), nos EUA, simplesmente pulverizou, semanalmente, ovos parasitados por *T. pretiosum* sobre a superfície de amendoim armazenado para controlar algumas espécies-praga. Para sistemas fechados, como armazéns de grãos, essa técnica simples é suficiente; entretanto, para condições de campo e florestas, a mecanização da técnica se faz necessária (Smith, 1994).

Schutte & Franz (1961) desenvolveram um pulverizador para aplicar ovos de *A. kuehniella* parasitados por *Trichogramma embryophagum* (Hartig) em um pomar de maçã. Ables et al. (1979) utilizaram um pulverizador de ar comprimido para a aplicação de *Trichogramma* no campo, baseando-se nos resultados obtidos por outros pesquisadores para a aplicação de predadores, e concluíram que a técnica não era adaptável para o parasitoide em questão, especialmente no caso de aplicações em grandes áreas.

Nordlund et al. (1974), nos EUA, criaram um pulverizador pneumático de arranque manual para liberar ovos de *Helicoverpa zea* (Boddie) parasitados por *T. pretiosum* em plantações de algodão. Esse pulverizador, acoplado a uma mangueira de 15,2 m, permitiu que uma área de oito ruas de largura e 15,2 m de comprimento fosse tratada de apenas um ponto de pulverização. Usando essa técnica, Jones et al. (1977), também nos EUA, colaram ovos de *Sitotroga cerealella* (Olivier) em flocos de farelo, aplicando-os em um semeador modificado, para testar a primeira liberação em larga escala do gênero *Trichogramma*, por dispersão, na densidade de 176.000 a 247.000 parasitoides por hectare.

Mais tarde, ainda nos EUA, Gross et al. (1981) desenvolveram um sistema constituído de uma bomba peristáltica, uma corrente e uma ventoinha centrífuga para liberar ovos de *H. zea* parasitados por *Trichogramma* acima da copa das plantas de algodão, na densidade de 244.000 parasitoides por hectare. Esses autores concluíram que os sistemas desenvolvidos poderiam ser usados comercialmente para aplicações terrestres, atingindo distribuições uniformes de parasitoides sem danificá-los.

Haji (1997) aplicou *T. pretiosum* por meio de pivô central, em Petrolina, PE, e observou que esse sistema de liberação é prático, eficiente e de baixo custo.

Para o controle de cigarrinhas em plantações de uva nos EUA, liberações de crisopídeos (*C. carnea*) são frequentemente realizadas pulverizando-se uma mistura de ovos com sabugo de milho triturado ou vermiculita ou palha de arroz. Essa mistura é colocada em um reservatório que contém um funil aberto na base, que pode ser regulado com a velocidade do trator, controlando-se, assim, a quantidade liberada. As liberações são iniciadas a partir do pico da densidade ninfal da praga (Daane et al., 1998).

Alguns autores testaram, em florestas, as aplicações aéreas de parasitoides (Hope et al., 1990; Johnson, 1985). No Canadá, com o objetivo de simularem uma aplicação aérea, Smith & Wallace (1990) modificaram um equipamento de ventilação manual para distribuir, em florestas, ovos soltos de *S. cerealella* parasitados por *T. minutum*.

Bigler et al. (1997) afirmaram que a técnica de liberação de *Trichogramma* spp., entre outros fatores, é importante para a localização do hospedeiro no campo e discorreram sobre algumas vantagens e desvantagens do uso de técnicas que utilizam pupas do parasitoide distribuídas diretamente na cultura, dentro de cápsulas lançadas ao solo ou aderidas a cartões presos às plantas. Os autores relatam que, apesar da técnica por dispersão ser simples, possui a desvantagem de muitas pupas caírem ao solo, o mesmo acontecendo com o lançamento de cápsulas, pois os adultos que emergem devem voar ou andar até as plantas, fato que não ocorre com os parasitoides dos cartões presos às plantas.

Houseweart et al. (1984) comparam diversos métodos de liberação de *T. minutum* em floresta, em diferentes regiões de Maine, EUA, visando ao controle de *Choristoneura fumiferana* (Clemens). Concluíram que a liberação de pupas por dispersão e por múltiplas liberações, em quatro pontos fixos de liberação ao redor da parcela, foi melhor que aquelas utilizando uma única liberação.

Smith & Wallace (1990), no Canadá, compararam duas técnicas de liberação de *T. minutum* em florestas, para o controle de *C. fumiferana*, durante o verão. Uma técnica foi de ponto fixo dentro da área, onde cartões contendo ovos parasitados, protegidos por copos de papel em formato de cone, eram presos em estacas; a outra técnica foi por dispersão, que utilizou uma máquina de pulverização para distribuir pacotes contendo pupas do parasitoide. Concluíram que ambas as técnicas proporcionaram a mesma longevidade, razão sexual, fecundidade e emergência dos parasitoides, além de sua distribuição uniforme.

Na Índia, Rajendran & Mohammed (1998) estudaram diferentes técnicas de liberação de *T. chilonis* em cana-de-açúcar. Compararam o copo de plástico descartável abre-e-fecha, o copo de sorvete abre-e-fecha, o copo térmico e a exposição de ovos soltos com as técnicas de liberação convencionais, envolvendo cartão de ovos parasitados preso por uma linha na bainha foliar ou grampeando diretamente o cartão na superfície inferior do meio da folha. Em 1994-1995, os métodos que usaram os copos abre-e-fecha resultaram as maiores porcentagens de emergência do parasitoide. No geral, as técnicas testadas foram melhores que as convencionais.

Pinto et al. (2003) compararam diferentes técnicas de liberação de *T. galloi* para o controle de *D. saccharalis* em cana-de-açúcar no Brasil. Os autores observaram que, em períodos frios ou chuvosos, a liberação de pupas de *T. galloi* protegidas em cartelas parafinadas foi a técnica que apresentou o maior parasitismo nos ovos do hospedeiro, quando comparada com a liberação de adultos ou de pupas desprotegidas. Em dias quentes e sem chuvas, as técnicas não diferiram de forma significativa. Pinto (1999) observou predações de ovos do lepidóptero praga de até 100% em folhas de cana-de-açúcar, com os ovos expostos.

Os fatores bióticos, como predação, e os abióticos, como o clima, podem afetar drasticamente a liberação de parasitoides na forma pupal sem algum tipo de proteção, como cápsulas com perfurações para a saída do adulto. Entretanto, Grande (2019), estudando a simulação da liberação aérea de pupas protegidas ou desprotegidas de *T. pretiosum*, *T. remus* e *T. podisi,* verificou que tanto a proteção, quanto a falta dela, mostram problemas para a sobrevivência dos parasitoides.

Mills et al. (2000) verificaram que a liberação de pupas soltas de *Trichogramma* sobre a copa das plantas é uma técnica viável e de boa eficiência no controle de *Cydia pomonella* (L.) em pomares de maçã e pera nos EUA. Os autores comentaram que a predação é minimizada provavelmente porque os ovos parasitados são distribuídos sobre as folhas da copa da árvore, onde a predação é menor. Por outro lado, Pinto (1999), estudando a predação de ovos de *D. saccharalis* em campo, verificou que a predação é diminuída com as menores densidades de ovos por postura, o que pode indicar que liberações de pupas de parasitoides por espalhamento em pequenas quantidades não são muito suscetíveis à predação, sendo provado posteriormente por Martins (2010) e Cantori et al. (2013a) para *T. pretiosum*, em campo, e por Sisdeli (2012) e Candeloro (2012) para *C. flavipes*, em cana-de-açúcar.

Apesar da predação não influenciar a eficácia da liberação de pupas de *Trichogramma* desprotegidas por espalhamento, Schiavinato (2015) desenvolveu repelentes de predadores para *T. pretiosum*, caso esse precise ser liberado em quantidades superiores a 200.000 insetos por hectare.

Para os parasitoides maiores do que *Trichogramma*, a predação de pupas desprotegidas espalhadas pela área é bastante expressiva (Sisdeli, 2012; Sanitá, 2015). Por isso, alguns repelentes de predadores foram desenvolvidos por Pedrazzi (2017), para *C. flavipes* em cana-de-açúcar, e por Sanitá (2015), para *T. podisi* em soja. Mateus Jr. (2017) evitou a predação de pupas de *C. flavipes* por até 48h após o espalhamento das "massas" tratadas (conjunto de pupas envolvidas por fios de seda) de *C. flavipes* sobre o solo de canavial, com leve alteração no peso de pupas na geração F_1 do parasitoide.

Entretanto, Bueno et al. (2020) constataram que a liberação de pupas protegidas ou desprotegidas de *T. podisi* para o percevejo *E. heros* mostram a mesma performance de controle da praga na cultura da soja.

Simulando a liberação aérea de frações de "massas" de *C. flavipes*, sem repelentes de predadores, em canavial, Nunes et al. (2013) conseguiram parasitismo semelhante àquele observado na liberação manual de adultos.

Apesar da teoria da liberação aérea de pupas desprotegidas de parasitoides por espalhamento sobre a área agrícola estar desenvolvida, faltava ainda a avaliação dessa prática em larga escala. Finalmente, em 2014, Arroyo et al. (2014), liberando *T. galloi* por meio de avião, pela técnica de espalhamento de pupas desprotegidas na cana-de-açúcar, conseguiram bom resultado de controle de *D. saccharalis,* semelhante à liberação manual do parasitoide protegido em cápsulas, sem alterar a quantidade liberada.

Após essas pesquisas, foram desenvolvidos veículos aéreos não tripulados (VANT) ou drones para a liberação de pupas desprotegidas de *T. galloi* (2016) e de *C. flavipes* (2019), com bom rendimento (mais de 300 hectares por dia). Em 2019, a liberação de *T. galloi*, em cana-de-açúcar no Brasil, foi realizada em 92% da área com drones de espalhamento de pupas desprotegidas (Pinto, 2019; Pinto & Trujillo, 2019).

A liberação aérea de *C. flavipes*, apesar de desenvolvida desde 2013 (Nunes et al., 2013), passa a ser realizada em 2018, em tubetes de proteção. A liberação de pupas desprotegidas deverá começar em breve, pois a tecnologia já está desenvolvida (Mateus Jr., 2017; Novelli, 2017; Pedrazzi, 2017), assim como o drone para esse fim.

Frequência e intervalo entre liberações

Outros fatores importantes para o sucesso da liberação de um agente de controle biológico são a frequência e o intervalo entre liberações. Muitos inimigos naturais atuam por pouco tempo no campo após a liberação e, depois de certo tempo, necessitam ser novamente liberados para que a praga seja mantida em níveis não prejudiciais à cultura. Esse é o caso dos inimigos naturais que atuam específica e/ou eficientemente sobre curtos intervalos do desenvolvimento da praga, característica mais comum aos parasitoides.

Um exemplo é o parasitoide *T. galloi*, que parasita ovos da broca-da-cana (com período de incubação de dez dias, aproximadamente) e não tem preferência pela idade do ovo (Lopes & Parra, 1991; Oliveira et al., 2014). Se a broca-da-cana, a partir do aparecimento do primeiro adulto no canavial, permanece ovipositando por um período de cerca de três meses consecutivos (Botelho, 1985) e *T. galloi* atua durante seis a sete dias após sua liberação (Pinto, 1999), tem-se uma ideia da importância da manutenção desse agente de controle biológico no campo durante todo o período de oviposição da praga. Para que isso seja possível, somente o aumento da frequência de liberações em intervalos regulares garantirá o sucesso do programa.

Botelho et al. (1999) estudaram tal necessidade de manutenção de *T. galloi* em campo para o controle da broca-da-cana, chegando à conclusão de que seriam necessárias três liberações desse parasitoide (200 mil insetos cada), associadas a uma liberação do parasitoide larval *C. flavipes* (6 mil insetos), para que os resultados fossem considerados satisfatórios. Mais recentemente, com 50.000 pupas do parasitoide, essa frequência de liberação em três semanas seguidas, em intervalo semanal, foi reconfirmada (Carneiro, 2019; Pinto, dados não publicados).

No Japão, Iga (1997) realizou liberações do parasitoide importado *Diadegma semiclausum* (Hellen) para o controle da traça *Plutella xylostella* (L.) em repolho, em diferentes frequências, durante três anos. Quando o parasitoide foi liberado uma única vez, em 1991, o autor conseguiu 30% de controle da praga durante um mês. Em 1992, quatro liberações foram realizadas, em intervalos de dez dias, e o parasitismo atingiu cerca de 70% após cinquenta dias da primeira liberação. Entretanto, quando o número de liberações foi aumentado para oito em 1993, constatou-se que esse acréscimo não foi benéfico, pois o parasitismo manteve-se ao redor de 70%.

Normalmente, três liberações seguidas são necessárias para grande parte dos parasitoides comercializados, em intervalo de uma semana entre elas. Isso ocorre para *T. galloi* em cana-de-açúcar (Carvalho, 2013; Pinto & Trujillo, 2019; Pinto, A. S., informação pessoal), para *T. pretiosum* no controle de *S. frugiperda* em milho (Afonso Jr., 2008; Figueiredo et al., 2015) e para *T. remus* em milho (Ivan et al., 2016).

Entretanto, alguns anos depois, para o controle de ovos de *S. frugiperda* em milho, o número de liberações foi redefinido para cinco liberações de 100.000 ou quatro de 200.000 *T. pretiosum* por hectare (Padilha et al., 2017) ou duas liberações por semana de 50.000 parasitoides, em duas semanas seguidas (Figueiredo et al., 2015; Santos et al., 2017).

Para o controle de *H. zea* em milho, Matos (2010) constatou que a liberação de 400.000 adultos de *T. pretiosum*, uma vez por semana, ou 200.000, três vezes por semana, mostrou bons resultados.

Em soja, para o controle de ovos de percevejos, especialmente *E. heros*, são indicadas duas liberações, em intervalo mensal, de *T. podisi*, em áreas de baixa pressão da praga, e três liberações em intervalo quinzenal, em áreas de alta pressão (especialmente aquelas áreas que serão colhidas por último) (Pinto & Bueno, 2019).

Outros fatores que interferem na liberação

Outros fatores interferem na liberação de parasitoides e predadores, como a seletividade de agroquímicos aplicados em associação, a linhagem do parasitoide, a preferência hospedeira e a associação de liberações entre diferentes espécies de inimigos naturais.

A seletividade dos agroquímicos para inimigos naturais será discutida no capítulo 18. Somente alguns casos serão aqui comentados. É o caso da pulverização de triflumurom, na dose recomendada, diretamente sobre as pupas de *C. flavipes* antes da liberação em campo, onde Cano et al. (2013) constataram a inocuidade do produto no parasitismo e na capacidade de dispersão.

Em soja, Zucoloto (2017) verificou que o parasitoide *T. podisi* foi prejudicado pela pulverização de acefato ou clorantraniliprole após sua liberação. Aos nove dias após a aplicação dos produtos, pôde-se verificar que o acefato mostrou 52,4% e clorantraniliprole 45,4% de redução no parasitismo, e aos 17 dias, o acefato mostrou 20,4% de redução no parasitismo de ovos de *E. heros* e clorantraniliprole, 21,2%.

No Brasil, há duas espécies de *Diatraea* que atacam a cana-de-açúcar: *D. saccharalis* e *D. impersonatella* (=*D. flavipennella*). E *T. galloi* tem preferência pela segunda espécie, quando há chance de escolha (Valente et al., 2016), mas em campo a eficácia é a mesma.

A preferência hospedeira de *T. pretiosum* também foi verificada em campo. Em feijoeiro, *T. pretiosum*, liberado na quantidade de 100.000 adultos por hectare, prefere *C. includens* em relação a *Anticarsia gemmatalis* (Hübner), quando há os ovos das duas espécies (Costa, 2016), mas se várias outras espécies estiverem presentes [*Helicoverpa armigera* (Hübner), *Chloridea virescens* (Fabricius) e *A. gemmatalis*], *C. includens* passa a ser a menos parasitada quando os ovos são colocados na superfície abaxial da folha ou nas vagens (Fiorese, 2016). Tanto quanto para *C. includens*, os ovos de *Spodoptera cosmioides* (Walker) são menos parasitados do que os das demais espécies, mas em qualquer parte da planta do feijoeiro (Fiorese, 2016).

No algodoeiro, *C. includens* e *C. virescens* são "menos preferidos" quando ovos de *H. armigera*, *H. zea* e *S. cosmioides* estão presentes, mas quando somente as duas espécies de Heliothinae estão presentes, o parasitismo de ovos de *C. virescens* é prejudicado, em liberações de 100.000 ou 200.000 adultos do parasitoide por hectare (Oliva, 2016).

O aumento da quantidade liberada de *T. pretiosum* elimina a preferência hospedeira no feijoeiro (Costa, 2016), mas em algodoeiro isso não ocorre (Oliva, 2016).

Talvez esse problema de preferência hospedeira possa ser resolvido com o aumento da quantidade liberada, para algumas culturas (Costa, 2016), com a mistura de linhagens com preferências específicas ou com o melhoramento genético do parasitoide.

Alexandre & Pinto (2016) selecionaram fêmeas mais eficazes no parasitismo de ovos de *S. frugiperda* em laboratório, conseguindo aumentar em quase 50% a capacidade do parasitismo na cultura do milho (A.S. Pinto, informação pessoal).

A associação de inimigos naturais no controle de uma praga geralmente melhora a eficácia da estratégia. É o caso de *T. galloi* associado a *C. flavipes* (Botelho et al., 1999), mas a associação de *C. flavipes* com *Tetrastichus howardi* (Olliff) não melhorou o controle de *D. saccharalis* em campo, apesar de ter potencial para isso (Costa, 2013).

Avaliação da eficácia de controle

A eficácia de controle exercido por um inimigo natural precisa ser avaliada e pode-se utilizar diferentes técnicas para isso.

Introdução e incremento. Pode-se quantificar as pragas ou de inimigos naturais antes e depois da liberação, mas o ideal é a associação dessas duas.

É o caso da avaliação da eficácia de *T. radiata* no controle de *D. citri* em pomar de laranjeiras (Gómez-Torres, 2009), *T. podisi* no controle de *E. heros* (Gomes, 2016; Meirelles, 2018) e de *N. californicus* no controle de *P. ulmi* em macieira (Monteiro et al., 2008).

Entretanto, para verificar a eficácia de *T. galloi* ou *C. flavipes* no controle de *D. saccharalis* em cana-de-açúcar, os danos da praga são avaliados depois de 45 dias da liberação. Nesse caso, o indicativo de que a performance do parasitoide foi adequada é a baixa infestação nos quatro últimos entrenós do colmo da planta, pois esses, no verão, foram formados no período estabelecido (um entrenó a cada 11 dias) (Segato et al., 2006).

Gaiolas e outras barreiras. Pode-se isolar a praga para comparação da predação em locais não isolados. Podem ser utilizadas gaiolas (Smith & Debach, 1942), trincheiras forradas com palha embebida em inseticida (Coaker, 1965; Wright et al., 1960) etc.

Entretanto, essas técnicas não permitem identificar qual inimigo natural está sendo mais eficiente, as gaiolas podem modificar o comportamento dos inimigos naturais, da praga e da planta (Hand & Keaster, 1967) e podem afetar a capacidade da presa/hospedeiro de se esconder de seu inimigo natural (pode ocorrer superestimativa da predação e do parasitismo).

Remoção dos inimigos naturais. Pode-se excluir os inimigos naturais com inseticidas ou pode-se removê-los manualmente.

A remoção com inseticidas deve ser utilizada somente para estimar a taxa de predação bruta. Essa técnica pode estimular a reprodução da presa ou causar a indução invertida na relação sexual (casos em ácaros, afídeos e delfacídeos quando expostos a doses subletais de inseticidas) (Mueke et al., 1978; Chelliah et al., 1980; Maggi & Leigh, 1983).

A remoção manual pode ser usada para estudos de interações presa-predador e para avaliar predadores de ácaros ou para espécies de baixo deslocamento, de atividade diurna ou que não se perturbam com a luz à noite.

Aumento da presa ou do hospedeiro. No campo, pode-se realizar infestações artificiais da praga para avaliação do parasitismo ou predação após a liberação do parasitoide ou predador. Essa é uma das técnicas mais comuns.

Funciona bem para formas imóveis, como ovos, mas há necessidade de se ter cuidado na verificação se a infestação artificial representa a condição natural.

É uma técnica muito utilizada para a avaliação da eficácia de parasitismo de *T. galloi* sobre ovos de *D. saccharalis* em cana-de-açúcar (Lopes, 1988; Botelho et al., 1999; Pinto, 1999), de *T. pretiosum* sobre ovos de *A. gemmatalis*, *C. virescens*, *C. includens*, *H. armigera*, *H. zea*, *S. cosmioides*, em algodoeiro, feijoeiro ou soja (Zachrisson & Parra, 1998; Godoy, 2014; Costa, 2016; Fiorese, 2016; Oliva, 2016), de *T. podisi* sobre ovos de *E. heros* em soja (Gomes, 2016; Tibaldi, 2017; Meirelles, 2018), de *T. remus* no controle de *S. frugiperda* e *S. cosmioides* em milho ou soja (Pomari-Fernandes et al., 2013, 2014; Mendoza, 2017; Pomari-Fernandes et al., 2018) e de *C. flavipes* sobre lagartas de *D. saccharalis* em cana-de-açúcar (Volpe, 2009; Ivan et al., 2010b; Ivan et al., 2011; Ivan, 2012; Dinardo-Miranda et al., 2014).

Observação direta. Funciona para medir a predação, é simples e não afeta a naturalidade do acontecimento. Determina facilmente a taxa de predação e as espécies de presas e predadores, por meio de amostragem.

Pode levar a falsas interpretações das relações presa-predador e não é aplicável para predadores que se dispersam facilmente quando molestados.

Evidência de alimentação. Detectar material no trato intestinal dos predadores de forma visual (restos dos organismos consumidos) (Alencar et al., 1999) ou utilizando alguma técnica serológica, como Elisa (Enzima-Linked Imunosor-Bent Assay), PHI (Passive Hemaglutination Inhibition), testes de precipitação, entre outros, ou eletroforética.

Nesse último caso, detecta proteínas da presa, sem necessidade do desenvolvimento do soro. São vários os testes, mas o mais sensível é o que emprega IEF (focalização isoelétrica) combinada com membrana de acetato celulósico.

Atualmente as abordagens mais comuns são a aplicação de reação de cadeia de polimerase (PCR) utilizando "primers" específicos ou múltiplos "primers" (PCR multiplex) e o sequenciamento de fragmentos de DNA, principalmente do gene citocromo c oxidase subunidade I (Eitzinger & Traugott, 2011; Nanini et al., 2019; Sierra Ramírez et al., 2021).

Marcação da presa. Podem-se utilizar radioisótopos, elementos raros, corantes, tintas etc. São utilizados o isótopo ^{32}P em mariposas de noctuídeos, colocando ovos radioativos (McCarty et al., 1980) (detecção por cintilador líquido, contador Geiger ou autorradiografia) ou os elementos raros rubídio ou estrôncio, que são pulverizados nas folhas ou incluídos em dietas (detecção em espectrômetro de absorção atômica).

Perfil de reflectância. Através da análise de imagens, é possível determinar por quais espécies ou linhagens de parasitoides um hospedeiro estava parasitado.

Três espécies de *Trichogramma* (*T. atopovirilia*, *T. galloi* e *T. pretiosum*) e os ovos parasitados por elas em diferentes fases de desenvolvimento tiveram suas imagens hiperespectrais estabelecidas e foi possível separar *T. atopovirilia* das demais espécies que não foram muito bem distinguidas entre si, por serem geneticamente muito próximas (Nansen et al., 2014).

Marcadores mitocondriais. Para avaliar a eficiência de um inimigo natural, pode-se usar de marcadores moleculares. Um exemplo, é o uso de haplótipos mitocondriais raros como marcadores genéticos de linhagens de isofêmeas de *T. pretiosum* para avaliar sua performance em campo, inclusive se o parasitoide liberado é competitivo (Coelho Jr. et al., 2016).

Considerações finais

Da publicação do capítulo "Liberação de inimigos naturais", em 2002 (Pinto & Parra, 2002), até os dias atuais a tecnologia de liberação avançou para as culturas da cana-de-açúcar (Pinto, 2019; Pinto & Trujillo, 2019), soja (Pinto & Bueno, 2019) e milho (Matos, 2010; Pomari et al., 2013; Santos et al., 2017; Ivan et al., 2017; Salazar-Mendoza et al., 2020), mas ainda falta muito para as demais culturas.

A compreensão da relação do inimigo natural com a planta atacada pela presa/hospedeiro (praga) precisa melhorar, pois a arquitetura da planta em diferentes estádios fenológicos e de diferentes fenótipos pode criar barreiras para a dispersão do parasitoide ou predador. Além disso, as substâncias produzidas pelas plantas de diferentes genótipos podem alterar a eficácia do parasitoide no controle da praga.

Muito se conhece sobre a temperatura e a umidade do ar e do solo influenciando a sobrevivência e a eficácia de um inimigo natural, mas pouco ou nada se conhece sobre os demais fatores abióticos, como a pressão atmosférica, que afeta a cópula de alguns insetos como *Diabrotica speciosa* Germar (Pellegrino et al., 2013). Também quase nada se sabe sobre o comportamento dos insetos em microambientes, como estudado por Silva (2015), para *T. pretiosum*, e por Ivan (2018), para *T. galloi*.

As quantidades liberadas em campo são mais complexas para serem determinadas, pois não pode ser levada em consideração apenas a relação ideal do inimigo natural da geração inicial e do seu hospedeiro/presa em campo. A ação dos descendentes geralmente é mais importante do que a dos artrópodes inicialmente liberados, que pode ser influenciada pela permanência de hospedeiros ou de alimentos alternativos na área agrícola ou adjacente. Essa ação continuada interfere diretamente na frequência de liberações, que deve ser diminuída e o intervalo aumentado com a melhor compreensão da ação dos descendentes dos inimigos naturais levados a campo.

A distribuição dos inimigos naturais em campo é realizada de forma mais eficaz do que antes, com o uso de drones. A substituição da liberação dos adultos por pupas de muitos parasitoides facilitou esse processo, que antes era manual e oneroso, comprometendo o avanço do controle biológico em campos abertos (Pinto & Bueno, 2019; Pinto & Trujillo, 2019).

Se de um lado a distribuição foi facilitada, de outro muito se tem a conhecer sobre o transporte do inimigo natural até o local de uso, assim como o armazenamento em diferentes temperaturas dos insetos e ácaros antes da liberação.

O manejo biológico de algumas pragas no entorno das áreas agrícolas deverá ser uma realidade no futuro (Pinto, 2019), como se tem feito para *T. radiata* no controle de *D. citri* em pomares cítricos (Diniz et al., 2020)

Referências Bibliográficas

Ables, J. R., Reeves, B. G., Morrison, R. K., Kinzer, R. E., Jones, S. L., Ridgway, R. L. & Bull, D. L. (1979). Methods for the field release of insect parasites and predators. *Transactions of the ASAE, 18*(1), 59-62.

Adashkevich, B. P. & Kuzina, N. P. (1974). Chrysopids on vegetable crops. *Zashchita Rastenii, 9*, 28-29.

Afonso Junior, V. A. (2008). *Número de liberações de Trichogramma pretiosum no controle de Spodoptera frugiperda em milho "safrinha".* 22 f. (Trabalho de conclusão de curso) Centro Universitário Moura Lacerda.

Afonso, V. S., Oliveira, A. J. M. B., Araújo Jr., L. P., Santos, A. J. P. S., Carneiro, R. P. & Pinto, A. S. (2017). Comparação entre liberação de pupas e adultos de *Trichogramma pretiosum* para o controle de ovos de *Spodoptera frugiperda* em milho. In: Simpósio de Controle Biológico, 15, Resumos... Ribeirão Preto: FCAV – UNESP / Esalq – USP.

Alencar, Y. B., Hamada, N. & Magni- Darwich, S. (1999). Stomach content analysis of potential predators of Simuliidae (Diptera: Nematocera) in two Lowland forest streams, Central Amazonia, Brazil. *Anais da Sociedade Entomológica do Brasil, 28*(2), 327-332.

Alexandre, N. O. & Pinto, A. S. (2016). Melhoramento genético de *Trichogramma pretiosum* visando ao controle de ovos de *Spodoptera frugiperda* em milho. In: *Congresso Nacional de Iniciação Científica*, 16, Resumos expandidos... Guarulhos: Eniac/Semesp.

Allen, J. C. & Gonzalez, D. (1974). Spatial attack patterns of *Trichogramma pretiosum* around release sites compared with a random diffusion model. *Environmental Entomology, 3*(4), 647-652.

Alves, S. B., Lopes, R. B., Vieira, S. A. & Tamai, M. A. (2008). Fungos entomopatogênicos usados no controle de pragas na América Latina. In: Alves, S.B. & Lopes, R.B. (Eds.). *Controle microbiano de pragas na América Latina: avanços e desafios*. Piracicaba: FEALQ. 69-110.

Amadou, L., Ba, M. N., Baoua, I. & Muniappan, R. (2019). Timing of releases of the parasitoid *Habrobracon hebetor* and numbers needed in augmentative biological control against the millet head miner *Heliocheilus albipunctella*. *BioControl, 64*, 573-581.

Ancheschi, J. G., Canini, F. L. S. & Pinto, A. S. (2009). Efeito de alta temperatura na emergência de adultos de *Cotesia flavipes*. In: *Simpósio De Produção Científica,* 9, Resumos... Ribeirão Preto: Centro Universitário Moura Lacerda.

Arcaro Filho, M. (2007). *Efeito da quantidade liberada de Trichogramma pretiosum no controle de Spodoptera frugiperda em milho safrinha.* 19 f. (Trabalho de conclusão de curso) Centro Universitário Moura Lacerda.

Arroyo, B. M., Litholdo, M. G., Oliveira, A J. M. B., Rodrigues, L. R., Santos, F. B. T. Q., Pinto, A. S., Oliveira, H. N. & Carvalho, D. R. (2014). Liberação aérea de *Trichogramma galloi*, pela técnica de espalhamento de pupas desprotegidas, no controle de ovos de *Diatraea saccharalis* em cana-de-açúcar. In: Congresso Brasileiro de Entomologia, 25, Resumos... Goiânia: Embrapa / UFG

Arroyo, B. M., Gomes, F. L., Alexandre, N. O., Costa, J. L. F., Betiol, V. & Pinto, A. S. (2017). Quantidade liberada de *Habrobracon hebetor* no controle biológico da traça-do-amendoim, *Corcyra cephalonica*, em amendoim armazenado. In: *Simpósio de Controle Biológico*, 15, Resumos... Ribeirão Preto: FCAV – UNESP / Esalq – USP.

Arroyo, B. M., Masson, M. B., Pinto, A. S., Lopes, V. L. & Junqueira, V. R. P. (2011). Dispersão de *Habrobracon hebetor* em campo aberto. In: *Simpósio de Controle Biológico*, 12, Resumos... São Paulo: Instituto Biológico.

Baoua I. B., Ba, M. N., Amadou, L., Kabore, A. & Dabire-Binso, C. L. (2018). Field dispersal of the parasitoid wasp *Habrobracon hebetor* (Hymenoptera: Braconidae) following augmentative release against the millet head miner *Heliocheilus albipunctella* (Lepidoptera: Noctuidae) in the Sahel. *Biocontrol Science and Technology, 28*(4), 404-415.

Barbosa, R. H. (2014). *Capacidade de dispersão e parasitismo de Tetrastichus howardi (Hymenoptera: Eulophidae) em pupas de Diatraea saccharalis (Lepidoptera: Crambidae) na cultura da cana-de-açúcar.* 54 f. (Dissertação) Universidade Federal da Grande Dourados.

Beddington, J. R. (1975). Mutual interference between parasites or predators and its effect on searching efficiency. *Journal of Animal Ecology, 44*, 331-340.

Bertanha, L. A., Diniz, A. J. F., Garcia, A. G. & Parra, J. R. P. (2021). Determining the minimum temperature for storage of *Tamarixia radiata* (Hymenoptera: Eulophidae) adults for biological control of Asian Citrus Psyllid. *Neotropical Entomology, 50*(1), 114-120.

Bertate, L. M. (2017). *Quantidade liberada de Trichogramma galloi para o controle de diferentes densidades de ovos de Diatraea saccharalis em cana-de-açúcar.* 36 f. (Trabalho de conclusão de curso) Centro Universitário Moura Lacerda.

Bigler, F. (1986). Mass production of *Trichogramma maidis* Pint. et Voeg. and its field application against *Ostrinia nubilalis* Hbn. in Switzerland. *Journal of Applied Entomology, 101*(1), 23-29.

Bigler, F., Suverkropp, B. P. & Cerutti, F. (1997). Host searching by *Trichogramma* and its implications for quality control and release techniques. In: Andow, D. A., Ragsdale, D. W. & Nyvall, R. F. *Ecological interactions and biological control*. Boulder: Westview Press. 240-253.

Boldt, P. E. (1974). Temperature, humidity, and host: effect on rate of search of *Trichogramma evanescens* and *T. minutum* auctt. (not Riley, 1871). *Annals of Entomological Society of America, 67*, 706-708.

Botelho, P. S. M. (1997). Eficiência de *Trichogramma* em campo. In: Parra, J. R. P. & Zucchi, R. A. (Eds.). *Trichogramma e o controle biológico aplicado*. Piracicaba: FEALQ. 303-318.

Botelho, P. S. M. (1985). *Tabela de vida ecológica e simulação da fase larval de Diatraea saccharalis (Fabricius 1794) (Lepidoptera: Pyralidae).* 110 f. (Tese) Universidade de São Paulo / Escola Superior de Agricultura "Luiz de Queiroz"

Botelho, P. S. M. & Macedo, N. (2002). *Cotesia flavipes* para o controle de *Diatraea saccharalis*. In: Parra, J. R. P., Botelho, P. S. M., Correa-Ferreira, B. S. & Bento, J. M. S. (Eds.), *Controle Biológico no Brasil: Parasitoides e Predadores*. São Paulo: Manole. 409-425.

Botelho, P. S. M., Macedo, N., Mendes, A. C. & Silveira Neto, S. (1980) Aspects of the population dynamics of *Apanteles flavipes* (Cameron) and support capacity of its host *Diatraea saccharalis* (Fabr.). In: *Congress of the International Society of Sugar Cane Technologists*, 18, Proceedings... Manila: SSCT, 1532p.

Botelho, P. S. M., Parra, J. R. P., Chagas Neto, J. F. & Oliveira, C. P. B. (1999). Associação do parasitoide de ovos *Trichogramma galloi* Zucchi (Hymenoptera: Trichogrammatidae) e do parasitoide larval *Cotesia flavipes* (Cam.) (Hymenoptera: Braconidae) no controle de *Diatraea saccharalis* (Fabr.) (Lepidoptera: Crambidae) em cana-de-açúcar. *Anais da Sociedade Entomológica do Brasil, 28*(3), 491-496.

Botelho, P. S. M., Parra, J. R. P., Magrini, E. A., Haddad, M. L. & Resende, L. C. L. (1995a). Parasitismo de ovos de *Diatraea saccharalis* (Fabr., 1794) (Lep.; Pyralidae) por *Trichogramma galloi* Zucchi, 1988 (Hym.; Trichogrammatidae) em duas variedades de cana-de-açúcar conduzidas em dois espaçamentos de plantio. *Revista Brasileira de Entomologia, 39*, 591-595.

Botelho, P. S. M., Parra, J. R. P., Magrini, E. A., Haddad, M. L. & Resende, L. C. L. (1995b). Parasitismo de ovos de *Diatraea saccharalis* (Fabr.) por *Trichogramma galloi* Zucchi, em diferentes variedades de cana-de-açúcar. *Anais da Sociedade Entomológica do Brasil*, *24*, 141-145.

Botelho, P. S. M., Parra, J. R. P., Magrini, E. A., Haddad, M. L. & Resende, L. C. L. (1995c). Efeito do número de liberações de *Trichogramma galloi* (Zucchi, 1988) no parasitismo de ovos de *Diatraea saccharalis* (Fabr., 1794). *Scientia Agrícola, 52*(1), 65-69.

Brenière, J., Bordat, D., Vercambre, B., Hamza, H. & Renand, M. (1985). Les opérations de lutte biologique contre le foreur du maïs *Chilo partellus* (Swinhoe), Lepidoptera, dans l'île de Ngazidja. *L'Agronomie Tropicale, 40*(2), 157-166.

Broglio-Micheletti, S. M. F., Pereira-Barros, J. L., Santos, A. J. N., Carvalho, L. W. T., Carvalho, L. H. T. & Oliveira, C. J. T. (2007). Efeito do número de adultos de *Trichogramma galloi* Zucchi, 1988 (Hymenoptera: Trichogrammatidae) liberados em semanas sucessivas, para o controle de *Diatraea saccharalis* (Fabricius, 1794) (Lepidoptera: Crambidae). *Ciência e Agrotecnologia, 31*(1), 53-58.

Brower, J. H. (1988). Population suppression of the almond moth and the Indian meal moth (Lepidoptera: Pyralidae) by release of *Trichogramma pretiosum* (Hymenoptera: Trichogrammatidae) into simulated peanut storage. *Journal of Economic Entomology*, *81*(3), 944-948.

Bueno, A. F., Braz, E. C., Favetti, B. M., França Neto, J. B. F. & Silva, G. V. (2020) Release of the egg parasitoid *Telenomus podisi* to manage the Neotropical Brown Stink Bug, *Euschistus heros*, in soybean production. *Crop Protection*, *137*, 105310.

Bueno, L. L. R. (2011). *Dispersão de Telenomus podisi e Trissolcus basalis (Hymenoptera: Platygastridae) no controle de Euschistus heros (Hemiptera: Pentatomidae).* 28 f. (Trabalho de conclusão de curso) Centro Universitário Moura Lacerda.

Bueno, R. C. O. F., Carvalho, M. M., Bueno, N. M., Carvalho, L. C., Godoy, A. F., Favoreto, A. L., Bueno, A. F., Dorneles Junior, J., Martins, P. M. & Carnietto Junior, N. A. (2013). Capacidade de dispersão de *Telenomus podisi* para o controle de *Euschistus heros* na cultura da soja. In: *Simpósio de Controle Biológico*, 13, Resumos... Bonito: Embrapa / UFGD.

Bueno, R. C. O. F. (2008). *Bases biológicas para utilização de Trichogramma pretiosum Riley, 1879 (Hymenoptera: Trichogrammatidae) para controle de Pseudoplusia includens (Walker, 1857) e Anticarsia gemmatalis Hubner, 1818 (Lepidoptera: Noctuidae) em soja.* 123 f. (Tese) Universidade de São Paulo / Escola Superior de Agricultura "Luiz de Queiroz"

Burbutis, P. P. & Koepke, C. H. (1981) European corn borer control in peppers by *Trichogramma nubbilale. Journal of Economic Entomology, 16*(2), 360-364.

Burrell, R. W. & Mc Cormick, W. J. (1962). Effect of *Trichogramma* releases on parasitism of sugarcane borer eggs. *Journal of Economic Entomology, 55*(1), 880-882.

Camargos, M. G. (2016). *Padrão de dispersão espacial e temporal de Diachasmimorpha longicaudata (Hymenoptera: Braconidae) criado em larvas de Ceratitis capitata e Anastrepha fraterculus (Diptera: Tephritidae).* 79 f. (Tese) Universidade de São Paulo / Centro de Energia Nuclear na Agricultura.

Campos, A. R. (1991). *Influência de genótipos de sorgo sobre a mosca Contarinia sorghicola (Coquillett, 1898) (Diptera, Cecidomyiidae) e seus inimigos naturais.* 132 f. (Tese). Universidade de São Paulo / Escola Superior de Agricultura "Luiz de Queiroz"

Candelária, M. C. (2013). *Palmistichus elaeisis (Hymenoptera: Eulophidae) densidade e idade do parasitoide e do hospedeiro alternativo e dispersão em plantação de eucalipto.* 84 f. (Dissertação) Universidade do Estado de São Paulo / Faculdade de Ciências Agrárias.

Candeloro, D. C. (2012). *Eficiência da liberação de Cotesia flavipes para o controle de lagartas de Diatraea saccharalis pela técnica de espalhamento de casulos em canavial.* 34 f. (Trabalho de conclusão de curso) Centro Universitário Moura Lacerda.

Cano, M. A. V., Ivan, E. A. F., Dias, T. A. M., Vasconcelos, G. R., Pinto, A. S. & Rossi, M. M. (2013). Parasitismo de *Cotesia flavipes* sobre lagartas de *Diatraea saccharalis* após exposição ao triflumurom em cana-de-açúcar. In: *Simpósio de Controle Biológico*, 13, Resumos... Bonito: Embrapa / UFGD.

Cantori, L. V., Litholdo, M. G., Arroyo, B. M., Pinto, A. S. & Vasconcelos, G. R. (2013a). Eficiência da técnica de espalhamento de pupas de *Trichogramma pretiosum* no controle de ovos de lepidóptero no campo. In: *Simpósio de Controle Biológico*, 13, Resumos... Bonito: Embrapa / UFGD.

Cantori, L. V., Masson, M. B., Pinto, A. S., Coelho, W. V., Assunção, D. R. & Vasconcelos, G. R. (2013b). Quantidade liberada de *Cotesia flavipes* contra populações de *Diatraea saccharalis* abaixo e no nível de controle em cana-de-açúcar. In: *Simpósio de Controle Biológico*, 13, Resumos... Bonito: Embrapa / UFGD.

Cantori, L. V., Pinto, A. S., Oliveira, A. J. M. B., Padilha, I. M. N., Kobayashi, A. I. F., Silva, K. R. E. & Oliveira, H. N. (2015). Comparison between the releasing of different amounts of pupae and adults of *Trichogramma pretiosum* in controlling lepidopteran eggs in soybean. In: *Annual Meeting of the Entomological Society of America,* 63, Abstracts... Minneapolis: ESA.

Canto-Silva, C. R., Kolberg, R., Romanowski, H.P. & Redaelli, L. R. (2006). Dispersal of the egg parasitoid *Gryon gallardoi* (Brethes) (Hymenoptera: Scelionidae) in tobacco crops. *Brazilian Journal of Biology, 66*(1), 9-17.

Carneiro, R. P. (2019) *Quantidade liberada de Trichogramma galloi para o controle de Diatraea saccharalis baseada na captura de machos em armadilhas de feromônio.* Relatório final do PIBIC-CNPq.

Carneiro, T. R., Fernandes, O. A. & Cruz, I. (2007). Capacidade de dispersão de *Telenomus remus* Nixon (Hymenoptera: Scelionidae) na cultura do milho. In: *Simpósio de Controle Biológico*, 10, Resumos... Brasília: Embrapa.

Carvalho, H. A. (2017). *Parasitismo de ovos de Euschistus heros por Telenomus podisi influenciado pela posição nas plantas de soja.* 32 f. (Trabalho de conclusão de curso) Centro Universitário Moura Lacerda.

Carvalho, J. A. V. (2013). *Quantidade liberada de Trichogramma galloi, simulando uma aplicação aérea, no controle de Diatraea saccharalis em canavial.* 32 f. (Trabalho de conclusão de curso) Centro Universitário Moura Lacerda.

Carvalho, J. S., Vacari, A. M., De Bortoli, S. A. & Viel, S. R. (2008). Efeito do armazenamento de pupas de *Cotesia flavipes* (Cameron, 1891) (Hymenoptera: Braconidae) em baixa temperatura. *Boletín de sanidad vegetal. Plagas*, *34*(1), 21-26.

Chelliah, S., Fabellar, L. T. & Heinrichs, E. A. (1980). Effect of sub-lethal doses of three insecticides on the reproductive rate of the brown planthopper, *Nilaparvata lugens*, on rice. *Environmental Entomology*, *9*(6), 778-780.

Chen, X. L., Bordini, G. B. & Stansly, P. A. (2016). Avoidance of parasitized hosts by female wasps of *Tamarixia radiata* (Hymenoptera: Eulophidae), parasitoid of *Diaphorina citri* (Hemiptera: Liviidae), vector of citrus greening disease. *Florida Entomologist, 99*, 311-313.

Chiang, H. C., Burbutis, P. P. & Volden, C. S. (1986). Assessing the potential of augmentation program: *Trichogramma - Ostrinia* system as an example. *Plant Protection Bulletin*, 28, 23-30.

Coaker, T. H. (1965). Further experiments on the effect of beetle predators on the numbers of the cabbage root fly, *Erioischia brassicae* (Bouché), attacking brassica crops. *Annals of Applied Biology, 56*, 7-20.

Coelho Jr., A., Rugman-Jones, P. F., Reigada, C., Stouthamer, R. & Parra, J. R. P. (2016). Laboratory performance predicts the success of field releases in inbred lines of the egg parasitoid *Trichogramma pretiosum* (Hymenoptera: Trichogrammatidae). *Plos One, 11*(1), e0146153.

Corrêa-Ferreira, B. S. & Oliveira, M.C.N. (1998). Viability of *Nezara viridula* (L.) eggs for parasitism by *Trissolcus basalis* (Woll.), under different storage techniques in liquid nitrogen. *Anais da Sociedade Entomológica do Brasil, 27*(1), 101-107.

Costa, D. P. (2013) *Interações biológicas entre Tetrastichus howardi (Hymenoptera: Eulophidae) e Cotesia flavipes (Hymenoptera: Braconidae) no parasitismo de Diatraea saccharalis (Lepidoptera: Crambidae) em cana-de-açúcar.* 82 f. (Tese) Universidade Federal da Grande Dourados.

Costa, J. L. F. (2016). *Preferência hospedeira e quantidade liberada de Trichogramma pretiosum para ovos de Anticarsia gemmatalis e Chrysodeixis includens na cultura do feijoeiro.* 39 f. (Trabalho de conclusão de curso) Centro Universitário Moura Lacerda.

Daane, K. M., Hagen, K. S. & Mills, N. J. (1998) Predaceous insects for insect and mite management. In: Ridgway, R. L., Hoffmann, M. P., Inscoe, M. N. & Glenister, C. S. (Eds.). *Mass-reared natural enemies: application, regulation and needs*. Maryland: ESA. 62-115.

Daane, K. M., Yokota, G.Y., Rasmussen, Y. D., Zheng, Y. & Hagen, K. S. (1993). Effectiveness of leafhopper control varies with lacewing release methods. *California Agriculture, 47*(6) 19-23.

de Conti, B. F. (2012). *Exigências térmicas e monitoramento de Diatraea saccharalis (Fabricius, 1794) (Lepidoptera: Crambidae), como suporte ao seu controle biológico.* 120 f. (Tese) Universidade de São Paulo / Escola Superior de Agricultura "Luiz de Queiroz".

Dinardo-Miranda, L. L., Fracasso, J. V., Costa, V. P. & Lopes, D. O. T. (2014) Dispersal of *Cotesia flavipes* in sugarcane field and implications for parasitoid releases. *Bragantia, 73*(2), 163-170.

Diniz, A. J. F., Garcia, A. G., Alves, G. R., Reigada, C., Vieira, J. M. & Parra, J. R. P. (2020). The Enemy is Outside: Releasing the Parasitoid *Tamarixia radiata* (Hymenoptera: Eulophidae) in External Sources of HLB Inoculated to Control the Asian Citrus Psyllid *Diaphorina citri* (Hemiptera: Liviidae). *Neotropical Entomology, 49*(2), 250-257.

Doetzer, A. K. & Foerster, L. A. (2007). Desenvolvimento, longevidade e reprodução de *Trissolcus basalis* (Wollaston) e *Telenomus podisi* Ashmead (Hymenoptera: Scelionidae) em condições naturais durante a entressafra da soja no sul do Paraná. *Neotropical Entomology, 36*(2), 233-242.

Dolphin, R. E., Cleveland, M. L., Mozing, T. E. & Morrison, R. K. (1972). Releases of *Trichogramma minutum* and *T. cacoeciae* in apple orchard and the effects on populations of codling moth. *Environmental Entomology, 1*(4), 481-484.

Drooz, A. T. (1981). Subfreezing eggs of *Lanbina pellucidaria* (Lepidoptera: Geometridae) alters status as factitious host for *Ooencyrtus ennomophagus* (Hymenoptera: Encyrtidae). *Cannadian Journal of Entomology, 113*, 775-776.

Dufour, B., Calderon, S., Bernadette, L. & Aragon, F. (1995). Control biológico de la broca del cafeto con *Cephalonomia stephanoderis* Betrem. 3. Eficacia en periodo de post-cosecha en función de la cantidad relativa liberada. In: *Simposio sobre Cafeicultura Latinoamericana*, 17, Resúmenes... Tegucigalpa: Procafé-Promecafe.

Egydio, M. M. (2019). *Viabilidade do espalhamento de pupas de Cotesia flavipes tratadas com repelente de predadores em diferentes ambientes no canavial.* 43 f. (Trabalho de conclusão de curso) Centro Universitário Moura Lacerda.

Eitzinger, B., & Traugott, M. (2011). Which prey sustains cold-adapted invertebrate generalist predators in arable land? Examining prey choices by molecular gut-content analysis. *Journal of Applied Ecology, 48*(3), 591-599.

Figueiredo, M. L. C., Cruz, I., Silva, R. B. & Foster, J. E. (2015). Biological control with *Trichogramma pretiosum* increases organic maize productivity by 19.4%. *Agronomy for Sustaintable Development, 35*, 1175–1183.

Fiorese, F. C. (2016). *Preferência hospedeira de Trichogramma pretiosum por ovos de espécies de lepidópteros em diferentes partes de plantas do feijoeiro.* 33 f. (Trabalho de conclusão de curso) Centro Universitário Moura Lacerda.

Fournier, F. & Boivin, G. (2000). Comparative dispersal of *Trichogramma evanescens* and *Trichogramma pretiosum* (Hymenoptera: Trichogrammatidae) in relation to environmental conditions. *Environmental Entomology, 29*(1), 55-63.

Gallo, D., Nakano, O., Silveira Neto, S., Carvalho, R. P. L., Batista, G. C., Berti Filho, E., Parra, J. R. P., Zucchi, R. A., Alves, S. B., Vendramim, D. J., Marchini, L. C., Lopes, J. R. S. & Omoto, C. (2002). *Entomologia Agrícola*. Piracicaba: FEALQ. 920p.

Garziera, L., Castro, R. M., Torres, T. G. O., Paranhos, L. G., Giornado, A. B., Siqueira, M. C., Fernandes, M. H. A. & Paranhos, B. A. J. (2010). Dispersão de *Diachasmimorpha longicaudata* (Hymenoptera: Braconidae) em pomar de mangueira no Semiárido nordestino. In: *Congresso Brasileiro de Entomologia*, 23, Resumos... Natal: EMPARN.

Geremias, L. D. & Parra, J. R. P. (2014). Dispersal of *Trichogramma galloi* in corn for the control of *Diatraea saccharalis*. *Biocontrol Science and Technology, 24*(7), 751-762.

Godoy, M. R. (2014). *Parasitismo de ovos de lepidópteros por Trichogramma pretiosum Riley (Hymenoptera: Trichogrammatidae) em soja.* 19 f. (Trabalho de conclusão de curso) Centro Universitário Moura Lacerda.

Gomes, M. G. (2016). *Quantidade liberada do parasitoide Telenomus podisi no controle de ovos do percevejo-marrom, Euschistus heros, em soja.* 34 f. (Trabalho de conclusão de curso) Centro Universitário Moura Lacerda.

Gómez Torres, M. L. (2009). *Estudos bioecológicos de Tamarixia radiata (Waterston, 1922) (Hymenoptera: Eulophidae) para o controle de Diaphorina citri Kuwayama, 1907 (Hemiptera, Psyllidae).* 138 f. (Tese) Universidade de São Paulo / Escola Superior de Agricultura "Luiz de Queiroz".

Goncalves-Gervásio, R. C. R., Ciociola, A. I., Santa-Cecilia, L. V. C. & Maluf, W. R. (2000) Parasitismo de ovos de *Tuta absoluta* por *Trichogramma pretiosum* em diferentes genótipos de tomateiro. *Pesquisa Agropecuária Brasileira, 35*(6), 1269-1274.

Gordon, R. D. (1985). The Coccinellidae (Coleoptera) of America North of Mexico. *Journal of New York Entomological Society, 93*, 1-912.

Grande, M. L. M. (2019). *Fatores bióticos e abióticos interferindo na eficiência de Trichogramma pretiosum, Telenomus remus e Telenomus podisi no manejo de pragas em soja e milho.* 112 p. (Tese) Universidade Estadual de Londrina.

Gross, H. R., Harrell, E. A., Lewis, W. J. & Nordlund, D. A. (1981) *Trichogramma* spp.: concurrent ground application of parasitized eggs, supplemental *Heliothis zea* host eggs, and host-seeking stimuli. *Journal of Economic Entomology, 74*(2), 227-229.

Gross, H. R., Lewis, W. J., Beevers, M. & Nordlund, D. A. (1984). *Trichogramma pretiosum* (Hymenoptera: Trichogrammatidae): effects of augmented densities and distributions of *Heliothis zea* (Lepidoptera: Noctuidae) host eggs and kairomones on field performance. *Environmental Entomology, 13*(4), 981-985.

Gross, H. R., Lewis, W. J. & Nordlund, D. A. (1981). *Trichogramma pretiosum*: effect of prerelease parasitization experience on retention in release areas and efficiency. *Environmental Entomology, 10*, 554-556.

Guidetti, E. S. (2013). *Ritmo de parasitismo de Trichogramma pretiosum sobre ovos de Anagasta kuehniella em milho.* 22 f. (Trabalho de conclusão de curso) Centro Universitário Moura Lacerda.

Gusev, G. V. & Lebedev, G.I. (1986). Present state of *Trichogramma* application and research. In: Voegelé, J., Waage, J. K. & van Lenteren, J. C. (Eds.). *Trichogramma and other egg parasites.* Paris: INRA. 477-481.

Haddad, M. L., Parra, J. R. P. & Moraes, R. C. B. (1999) *Métodos para estimar os limites térmicos inferior e superior de desenvolvimento de insetos.* Piracicaba: FEALQ. 29p. (Boletim Técnico)

Haji, F. N. P. (1997) Controle biológico da traça do tomateiro com *Trichogramma* no Nordeste do Brasil. In: Parra, J.R.P. & Zucchi, R.A. (Eds.) *Trichogramma e o controle biológico aplicado*. Piracicaba: FEALQ. 319-324.

Hamid, H.A., Michelakis, S.E. & Vacante, V. (1997). The use of *Cryptolaemus montrouzieri* (Mulsant) for the control of *Planococcus citri* (Risso) in Crete - Greece. *Bulletin OILB/SROP, 20*, 7-12.

Hand, L. F. & Keaster, A. J. (1967). The environment of an insect field cage. *Journal of Economic Entomology, 60*, 910-915.

Harvey, J.A., Poelman, E.H. & Tanaka, T. (2013). Intrinsic inter- and intra-specific competition in parasitoid wasps. *Annual Review of Entomology, 58*, 333-351.

Hassan, S. A., Stein, E., Dannemann, K. & Reichel, W. (1986). Mass-production and utilization of *Trichogramma*: 8. Optimizing the use to control the European corn borer *Ostrinia nubilalis* Hbn. *Journal of Applied Entomology, 101*(5), 508-515.

Hivizi, C. L., Marcolino, L. E., Sanitá, D. A., Oliveira, A. J. M. B., Silva, K. R., Rossi, M. M. & Pinto, A. S. (2016). Exposição de *Cotesia flavipes* (Cam.) (Hymenoptera: Braconidae) a alta temperatura e efeito sobre duas gerações em laboratório. In: *Congresso Brasileiro de Entomologia*, 26, Resumos... Maceió: Embrapa

Ho, K. K. (1979).Studies on the effect of low temperature storage of *Apanteles plutellae*. *National Taiwan University Phytopathology and Entomology*, *6*, 16-22.

Hodek, I. (1973). *Biology of Coccinellidae.* Prague: Academia. 100p.

Hope, C. A., Nicholson, S. A. & Churcher, J. J. (1990). Aerial release system for *Trichogramma minutum* Riley in plantation forests. In: Smith, S. M., Carrow, J. R. & Laing, J. E. (Eds.). *Inundative release of the egg parasitoid, Trichogramma minutum (Hymenoptera: Trichogrammatidae), against forest insect pests such as the spruce budworm,*

Choristoneura fumiferana (Lepidoptera: Tortricidae): the Ontario Project 1982-1986. Ontario: Entomological Society of Canada. 38-44.

Houseweart, M. W., Jennings, D. T. & Lawrence, R. K. (1984). Field releases of *Trichogramma minutum* (Hymenoptera: Trichogrammatidae) for suppression of epidemic spruce budworm, *Choristoneura fumiferana* (Lepidoptera: Tortricidae), egg populations in Maine. *The Canadian Entomologist*, *116*, 1357-1366.

Huai-Yi, M. (1988). Studies on long-term storage of hosts for propagating *Trichogramma*. In: *International Symposium on Trichogramma and other Egg Parasites*, 2, Abstracts... Paris: INRA. 368-371.

Hulme, M. A. & Miller, G. E. (1986). Potential for control of *Barbara colfaxiana* (Kearfott) (Lepidoptera: Olethreutidae) using *Trichogramma* sp. In: Voegelé, J., Waage, J. K. & van Lenteren, J. C. (Eds.). *Trichogramma and other egg parasites*. Paris: INRA. 483-488.

Iga, M. (1997). Effects of release of the introduced ichneumonid parasitoid, *Diadegma semiclausum* (Hellen), on the diamondback moth, *Plutella xylostella* (L.) in an experimental cabbage Weld. Japanese Journal of Applied Entomology, 41, 195-199.

Ivan, E. A. F. (2012). *Uso de Cotesia flavipes (Cam.) (Hymenoptera: Braconidae) no controle de Diatraea saccharalis (F.) (Lepidoptera: Crambidae) em cana-de-açúcar*. 56f. (Trabalho de conclusão de curso) Centro Universitário Moura Lacerda.

Ivan, E. A. F., Dias, T. A. M., Vasconcelos, G. R. & Pinto, A. S. (2013). Quantidade liberada de *Cotesia flavipes* para o controle de baixa infestação de *Diatraea saccharalis* em cana-de-açúcar. In: *Simpósio de Controle Biológico*, 13, Resumos... Bonito: Embrapa / UFGD.

Ivan, E. A. F., Moço, C. A., Pinto, A. S. & Parra, J. R. P. (2010a). Armazenamento de adultos de *Cotesia flavipes* em baixas temperaturas. In: *Congresso Brasileiro de Entomologia*, 23, Resumos... Natal: EMPARN.

Ivan, E. A. F., Pedrão, V., Silva, B. F. B., Lopes, V. L., Pagliarani, V. D. & Pinto, A. S. (2010b) Dispersão e tempo de permanência de *Cotesia flavipes* parasitando lagartas de *Diatraea saccharalis* em cana-de-açúcar. In: *Congresso Brasileiro de Entomologia*, 23, Resumos... Natal: EMPARN.

Ivan, E. A. F., Silva, T. L., Pinto, A. S., Silva, B. F. B., Pedrão, V., Silva, M. G. M. F. & Costa, V. A. (2011). Número de pontos de liberação de *Cotesia flavipes* influenciando o parasitismo de lagartas de *Diatraea saccharalis* em canavial. In: *Simpósio de Controle Biológico*, 12, Resumos... São Paulo: Instituto Biológico.

Ivan, I. A. F. (2018). *A distribuição de adultos no canavial e na planta influenciando a oviposição de Diatraea saccharalis e o parasitismo de seus ovos por Trichogramma galloi em cana-de-açúcar*. 28 f. (Trabalho de conclusão de curso) Centro Universitário Moura Lacerda.

Ivan, I. A. F., Alexandre, N. O., Stoppa, N. S., Oliveira, A. J. M. B., Silva, K. R. E. & Pinto, A. S. (2017). Estratégias de liberação de pupas e adultos de *Trichogramma pretiosum* para o controle de ovos de *Spodoptera frugiperda* em milho. In: *Congresso Brasileiro de Fitossanidade*, 4, Anais... Uberlândia: Unesp FCAV.

Ivan, I. A. F., Carneiro, R. P., Silva, K. R. E., Araujo Jr., L. P., Santos, A. J. P. S. & Pinto, A. S. (2017). Quantidade liberada de adultos de *Trichogramma pretiosum* para o controle de ovos de *Spodoptera frugiperda* em milho. In: *Congresso Brasileiro de Fitossanidade*, 4, Anais... Uberlândia: Unesp FCAV.

Ivan, I. A. F., Silva, K. R. E., Loboschi, D. L., Araujo Jr., L. P., Santos, A. J. P. S. & Pinto, A. S. (2016). Número de liberações de *Telenomus remus* no controle de ovos de *Spodoptera frugiperda* em milho de segunda safra. In: *Congresso Nacional de Milho e Sorgo,* 31, Resumo expandido... Bento Gonçalves: ABMS.

Johnson, S. J. (1985). Low-level augmentation of *Trichogramma pretiosum* and naturally occurring *Trichogramma* spp. parasitism of *Heliothis* spp. in cotton in Louisiana. *Environmental Entomology, 14*(1), 28-31.

Jones, S. L., Morrison, R. K., Ables, J. R. & Bull, D. L. (1977), A new and improved technique for the field release of *Trichogramma pretiosum*. *Southwestern Entomologist, 2*(4), 210-215.

Junqueira; V. R. P., Ivan, E. A. F., Sanitá, D. A., Silva, T. L., Silva, B. F. B. & Pinto, A. S. (2012). Ritmo de parasitismo de *Trichogramma pretiosum* sobre ovos de *Anagasta kuehniella* em duas condições meteorológicas em lavoura de milho. In: *Congresso Nacional de Milho e Sorgo*, 29, Resumo expandido... Águas de Lindoia: ABMS.

Kogan, M. (1998). Integrated pest management: historical perspectives and contemporary development. *Annual Review of Entomology*, *43*, 243-270.

Kogan, M. & Jepson, P. (2007). Ecology, sustainable development and IPM: the human fator. In: Kogan, M. & Jepson, P. (Eds.) *Perspectives in Ecological Theory and Integrated Pest Management*. Cambridge: Cambridge University. 1-44.

Lahiri, S., Orr, D., Sorenson, C. & Cardoza, Y. J. (2017). Behavior of *Telenomus podisi* (Hymenoptera: Platygastridae) adults under overwintering conditions. *Journal of Entomological Science*, *52*(1), 15-28.

Leal, M. R., Aguiar-Menezes, E. L., Lima Filho, M., Ribeiro, J. C. R. & Menezes, E. B. (2008). *Capacidade de sobrevivência e dispersão de Diachasmimorpha longicaudata, um parasitoide exótico de larva de moscas-das-frutas.* Seropédica: Embrapa Agrobiologia. 33p. (Documentos 260).

Litholdo, M. G. (2014). *Ritmo de parasitismo de Trichogramma pretiosum sobre ovos de Anagasta kuehniella em campo.* 26 f. (Trabalho de conclusão de curso) Centro Universitário Moura Lacerda.

Litholdo, M. G., Arroyo, B. M., Pinto, A. S., Vasconcelos, G. R. & Rossi, M. M. (2013). Comparação entre a liberação de pupas e adultos de *Trichogramma galloi* no controle de *Diatraea saccharalis* em cana-de-açúcar. In: *Simpósio de Controle Biológico*, 13, Resumos... Bonito: Embrapa / UFGD.

Litholdo, M. G., Silva, K. R. E., Kobayashi, A. I. F., Sanitá, D. A., Oliveira, A. J. M. B. & Pinto, A. S. (2016). Parasitismo de ovos de *Anagasta kuehniella* por *Trichogramma pretiosum* em diferentes microrregiões de um mesmo ambiente. In: *Congresso Brasileiro de Entomologia*, 26, Anais... Maceió: Embrapa.

Lopes, J. R. S. (1988). *Estudos bioetológicos de Trichogramma galloi Zucchi, 1988 (Hym., Trichogrammatidae) para o controle de Diatraea saccharalis (Fabr., 1794) (Lep., Pyralidae).* 141 f. (Dissertação) Universidade de São Paulo / Escola Superior de Agricultura "Luiz de Queiroz".

Lopes, J. R. S. & Parra J. R. P. (1991). Efeito da idade de ovos do hospedeiro natural e alternativo no desenvolvimento e parasitismo de duas espécies de *Trichogramma*. *Revista de Agricultura, 66*, 221-244.

Macedo, N. & Macedo, D. (2004). As pragas de maior incidência nos canaviais e seus controles. *Visão Agrícola, 1*, 38-46.

Madalon, F. (2018). *Comportamento de Trichogramma pretiosum Riley (Hymenoptera: Trichogrammatidae) no manejo biológico de Spodoptera eridania (Cramer) (Lepidoptera: Noctuidae), na cultura do tomateiro.* 95 f. (Tese) Universidade Federal do Espírito Santo.

Maggi, V. L. & Leigh, T. F. (1983). Fecundity response of the twospotted spider mite to cotton treated with methyl parathion or phosphoric acid. *Journal of Economic Entomology, 76*, 20-25.

Mani, M. & Krishnamoorthy, A. (1983) Recovery of two exotic parasites, *Trichogramma brasiliensis* [Hym.: Trichogrammatidae] and *Eucelatoria bryani* [Dip.: Tachinidae] from *Heliothis armigera* [Lep.: Noctuidae] in tomato fields. *Entomophaga, 28*(4), 401-406.

Marin, D. R. (2019). *Densidade e raio de dispersão de Tamarixia radiata (Waterston) (Hymenoptera: Eulophidae) para o controle de Diaphorina citri Kuwayama (Hemiptera: Liviidae) em pomares cítricos.* 28 f. (Dissertação) Fundecitrus.

Martins, J. F. O. (2010). *Predação de pupas de Trichogramma pretiosum em diferentes técnicas de liberação e eficiência da técnica de espalhamento de pupas no controle de ovos de lepidópteros no campo.* 37 f. (Trabalho de conclusão de curso) Centro Universitário Moura Lacerda.

Masson, M. B. Pinto, A. S., Canini, F. L. S., Junqueira, V. R. P., Lima, J. A., & Cano, M. A. V. (2012). Liberação de diferentes quantidades de *Cotesia flavipes* no controle de *Diatraea saccharalis* em cana-de-açúcar. In: *Workshop Agroenergia*, 6, Resumo expandido... Ribeirão Preto: IAC.

Mateus Junior, R. R. (2017). *Uso de misturas de produtos em pupas de Cotesia flavipes como repelentes de predadores para a liberação aérea em cana-de-açúcar.* 45 f. (Trabalho de conclusão de curso) Centro Universitário Moura Lacerda.

Matos, T. L. (2010). *Quantidade e frequência de liberações de Trichogramma pretiosum no controle de lagartas das espigas do milho.* 25 f. (Trabalho de conclusão de curso) Centro Universitário Moura Lacerda.

Mccarty, M. T., Shepard, M. & Turnipseed, S. G. (1980). Identification of predaceous arthropods in soybeans by using autoradiography. *Environmental Entomology, 9*, 199-203.

Meirelles, V. P. C. (2018). *Estratégias de liberação de Telenomus podisi para o controle de ovos do percevejo-marrom, Euschistus heros, e demais percevejos em lavoura de soja*. 28 f. (Trabalho de conclusão de curso) Centro Universitário Moura Lacerda.

Mendonça, A. F., Barbosa, G. V. S. & Marques, E. J. (1996). As cigarrinhas da cana-de-açúcar (Hemiptera: Cercopidae) no Brasil. In: Mendonça, A. F. (Ed.) *Pragas da cana-de-açúcar*. Maceió: Insetos & Cia. 171-192.

Mendoza, P. S. S. (2017). *Avaliação da dispersão do parasitoide Telenomus remus Nixon (Hymenoptera: Platygastridae) e armazenamento do hospedeiro para o controle de Spodoptera frugiperda (J.E. Smith) (Lepidoptera: Noctuidae) em milho*. 45 p. (Dissertação) Unesp / FCAV.

Mertz, B. P., Fleischer, S. J., Calvin, D. D. & Ridgway, R. L. (1995). Field assessment of *Trichogramma brassicae* (Hymenoptera: Trichogrammatidae) and *Bacillus thuringiensis* for control of *Ostrinia nubilalis* (Lepidoptera: Pyralidae) in sweet corn. *Journal of Economic Entomology, 88*(6), 1616-1625.

Miller, D. G., Ivey, C. T. & Shedd, J. D. (2009). Support for the microenvironment hypothesis for adaptive value of gall induction in the California gall wasp, *Andricus quercuscalifornicus*. *Entomologia Experimentalis et Applicata, 132*, 126-133.

Mills, N., Pickel, C., Mansfield, S., McDougall, S., Buchner, R., Caprile, J., Edstrom, J., Elkins, R., Hasey, J. Kelley, K., Krueger, B., Olson, B. & Stocker, R. (2000). Mass releases of *Trichogramma* wasps can reduce damage from codling moth. *California Agriculture, 54*(6), 22-25.

Monteiro, L. B., Doll, A. & Boeing, L. F. (2008). Densidade de *Neoseiulus californicus* (McGregor, 1954) (Acari: Phytoseiidae) no controle do ácaro-vermelho da macieira, Fraiburgo-SC. *Revista Brasileira de Fruticultura, 30*(4), 902-906.

Moreira, J. O. T. (1999). *Trichogramma pretiosum Riley, 1879 (Hymenoptera: Trichogrammatidae) como agente de controle de Helicoverpa zea (Boddie, 1850) (Lepidoptera: Noctuidae) em tomateiro, Lycopersicon esculentum Mill: aspectos biológicos e eficiência em campo*. 84 f. (Tese) Universidade Federal do Paraná.

Morsoletto, F. A., Morsoletto, E. L. C., Pinto, A. S. & Rossi, M. M. (2014). Armazenamento de pupas de *Cotesia flavipes* (Hymenoptera: Braconidae) em baixas temperaturas. In: *Congresso Brasileiro de Entomologia*, 25, Resumos... Goiânia: Embrapa / UFG

Mueke, J. M., Manglitz, G. R. & Kerr, W. R. (1978). Pea aphid: interaction of insecticides and alfalfa varieties. *Journal of Economic Entomology, 71*, 61-65.

Nanini, F., Maggio, D. H., Ferronato, P., Rugno, G., Yamamoto, P. T., & Corrêa, A. S. (2019). Molecular marker to identify *Diaphorina citri* (Hemiptera: Liviidae) DNA in gut content of predators. *Neotropical Entomology, 48*(6), 927-933.

Nansen, C., Coelho Jr., A. Vieira, J. M. & Parra, J. R. P. (2014) Reflectance-based identification of parasitized host eggs and adult *Trichogramma* specimens. *The Journal of Experimental Biology, 217*, 1187-1192.

Neil, K. A. & Specht, H. B. (1990). Field releases of *Trichogramma pretiosum* Riley (Hymenoptera: Trichogrammatidae) for suppression of corn earworm, *Heliothis zea* (Boddie) (Lepidoptera: Noctuidae), egg populations on sweet corn in Nova Scotia. *The Canadian Entomologist, 122*(11), 1259-1266.

Newton, P. J. (1988). Movement and impact of *Trichogrammatoidea cryptophlebiae* Nagaraja (Hymenoptera: Trichogrammatidae) in citrus orchards after inundative releases against the false codling moth, *Cryptophlebia leucotreta* (Meyrich) (Lepidoptera: Tortricidae). *Bulletin of Entomological Research, 78*(1), 85-99.

Nogueira, P. H. Z. (2017). *A insolação influenciando no parasitismo de ovos de Anagasta kuehniella por Trichogramma pretiosum em diferentes culturas.* 25 f. (Trabalho de conclusão de curso) Centro Universitário Moura Lacerda.

Nordlund, D. A., Lewis, W. J., Gross, H. R. & Harrell, E. A. (1974). Description and evaluation of a method for field application of *Heliothis zea* eggs and kairomones for *Trichogramma*. *Environmental Entomology, 3*(6), 981-984.

Novelli, M. X. (2017). *A precipitação pluviométrica influenciando a predação de "massas" de Cotesia flavipes em solo após simulação de liberação aérea.* 44 f. (Trabalho de conclusão de curso) Centro Universitário Moura Lacerda.

Nunes, E. L., Candeloro, D. C., Ivan, E. A. F. & Pinto, A. S. (2013). Eficiência da liberação de *Cotesia flavipes* para o controle de lagartas de *Diatraea saccharalis* pela técnica de espalhamento de casulos em canavial. In: *Congresso Brasileiro de Fitossanidade*, 2, Resumo expandido... Jaboticabal: Funep.

Oliai, S. E. & King, B. H. (2000). Associative learning in response to color in the parasitoid wasp *Nasonia vitripennis* (Hymenoptera: Pteromalidae). *Journal of Insect Behavior, 13*, 55-69.

Oliva, M. B. (2016). *Preferência hospedeira e quantidade liberada de Trichogramma pretiosum para ovos de múltiplas espécies de lepidópteros em algodoeiro.* 55 f. (Trabalho de conclusão de curso) Centro Universitário Moura Lacerda.

Oliveira, H. N., Santana, D. R. S., Bellon, P. P. & Oliveira, F.C. (2014). Influência da idade dos ovos de *Diatraea saccharalis* (Lepidoptera: Crambidae) no parasitismo de *Trichogramma galloi* (Hymenoptera: Trichogrammatidae). *Interciência, 39*(1), 46-48.

Oliveira, R. C. M. (2017). *Trichogramma pretiosum (Hymenoptera: Trichogrammatidae): parasitismo natural em broca-pequena-do-tomateiro e dispersão em repolho, pepino e milho verde.* 60 f. (Dissertação) Universidade Federal do Ceará.

Padilha, I. M. N., Oliveira, A. J. M. B., Kobayashi, A. I. F., Zanatto, B., Goncalves, L. H. O., Sanitá, D. A. & Pinto, A. S. (2017). Número de liberações em diferentes quantidades de *Trichogramma pretiosum* para o controle de ovos de *Spodoptera frugiperda* em milho. In: *Simpósio de Controle Biológico*, 15, Resumos... Ribeirão Preto: FCAV – UNESP / Esalq – USP.

Pak, G. A. (1988). *Selection of Trichogramma for inundative biological control: a study of behavioural variations among strains and species of an egg-parasite genus.* 224 p. (Tese) Wageningen Agriculture University.

Paron, M. J. F. O., Cruz, I. & Ciociola, A. I. (1998). Efeito de genótipos de milho no parasitismo por *Trichogramma* spp. em ovos de *Helicoverpa zea* (Boddie). *Anais da Sociedade Entomológica do Brasil, 27*(3), 435-441.

Parra, J. R. P. (2014). Biological Control in Brazil: an overview. *Scientia Agricola, 71*(5), 420-429.

Parra, J.R.P. (2002). Criação massal de inimigos naturais. In: Parra, J. R. P., Botelho, P. S. M., Correa-Ferreira, B. S. & Bento, J. M. S. (Eds.), *Controle Biológico no Brasil: Parasitoides e Predadores*. São Paulo: Manole. 143-164.

Parra, J. R. P. & Coelho Jr., A. (2019). Applied Biological Control in Brazil: From Laboratory Assays to Field Application. *Journal of Insect Science, 19*(2), 1-6.

Parra, J. R. P. & Zucchi, R. A. (2004). *Trichogramma* in Brazil: feasibility of use after twenty years of research. *Neotropical Entomology, 33*(3), 271-281.

Parra; J. R. P., Botelho, P. S. M., Corrêa-Ferreira, B. S. & Bento, J. M. S. (2002a). Controle biológico: uma visão inter e multidisciplinar. In: Parra, J. R. P., Botelho, P. S. M., Correa-Ferreira, B. S. & Bento, J. M. S. (Eds.), *Controle Biológico no Brasil: Parasitoides e Predadores*. São Paulo: Manole. 125-142.

Parra; J. R. P., Botelho, P. S. M., Corrêa-Ferreira, B. S. & Bento, J. M. S. (2002b). Controle biológico: terminologia. In: Parra, J. R. P., Botelho, P. S. M., Correa-Ferreira, B. S. & Bento, J. M. S. (Eds.), *Controle Biológico no Brasil: Parasitoides e Predadores*. São Paulo: Manole. 1-16.

Pastori, P. L., Monteiro, L. B. & Botton, M. (2008a). Capacidade de dispersão de *Trichogramma pretiosum* Riley (Hymenoptera: Trichogrammatidae) em pomar adulto de macieira. *Boletin da Sanidad Vegetal. Plagas, 34*(2), 239-245.

Pastori, P. L., Monteiro, L. B., Botton, M., Souza, A., Poltronieri, A. S. & Schuber, J. M. (2008b). Parasitismo de ovos da lagarta-enroladeira-da-maçã em função do número de *Trichogramma pretiosum* Riley (Hymenoptera: Trichogrammatidae) liberado. *Scientia Agraria, 9*(4), 497-504.

Pastori, P. L., Pereira, F. F., Pratissoli, D., Zanuncio, J. C., Oliveira, F. A. L. & Zaidan, Ú. R. (2013). Dispersão de *Trichospilus diatraeae* Cherian & Margabandhu (Hymenoptera: Eulophidae) em plantio de cana-de-açúcar. *Revista Brasileira de Ciências Agrárias, 8*(1), 85-89.

Pedrazzi, G. (2017). *Mistura de repelentes de predadores em pupas de Cotesia flavipes (Hymenoptera: Braconidae) para a liberação aérea em cana-de-açúcar.* 44 f. (Trabalho de conclusão de curso) Centro Universitário Moura Lacerda.

Pellegrino, A. C., Peñaflor, M. F. G. B., Nardi, C., Bezner-Kerr, W., Guglielmo, C. G., Bento, J. M. S. & McNeil, J. N. (2013). Weather forecasting by insects: modified sexual behaviour in response to atmospheric pressure changes. *PloS ONE, 8*, e75004.

Pernambuco Filho, J. C. A. (2018). *Eficácia no controle do Euschistus heros Fabricius (Hemiptera: Pentatomidae) na cultura da soja com liberação de Telenomus podisi Ashmead (Hymenoptera: Platygastridae).* 43 f. (Dissertação) Unesp / FCA.

Pessoa, R. (2009). *Infestação e parasitismo natural de ninfas de Bemisia tabaci biótipo B (Hemiptera: Aleyrodidae) em soja-hortaliça e elaboração de chave de identificação de Encarsia spp. (Hymenoptera: Aphelinidae).* 45 p. (Dissertação) Unesp / FCAV.

Pinto, A. S. (1999). *Comparação de técnicas de liberação e atuação de Trichogramma galloi Zucchi, 1988 em infestações artificiais de Diatraea saccharalis (Fabr., 1794) prejudiciais à cana-de-açúcar.* 83 f. (Tese) Universidade de São Paulo / Escola Superior de Agricultura "Luiz de Queiroz".

Pinto, A. S. (2019). Sucesso do controle biológico de pragas da cana-de-açúcar. *Informe Agropecuário, 40*, 57-65.

Pinto, A. S. & Bueno, R. C. O. F. (2019). Soybean. In: Souza, B., Vazquez, L. L. & Marucci, R. C. (Eds.). *Natural enemies of insect pest in neotropical agroecosystems: biological control and functional biodiversity*. Switzerland: Springer. 397-412.

Pinto, A. S., Cantori, L. V. & Ivan, E. A. F. (2015). Inovações tecnológicas no Controle Biológico de pragas da cana-de-açúcar. In: Busoli, A. C. (Ed.). *Tópicos em Entomologia Agrícola VIII.* Jaboticabal: Maria de Lourdes Brandel-ME. 125-135

Pinto, A. S., Costa, E. N., Leoni, L. J. S., Canini, F. L. S., Parra, J. R. P. & Pellegrino, A. C. (2010). Estratégias de liberação de *Trichogramma pretiosum* no controle da lagarta-do-cartucho, *Spodoptera frugiperda*, em milho. In: *Congresso Nacional De Milho E Sorgo*, 28, Resumo expandido... Goiânia: ABMS.

Pinto, A. S., Gomes, G., Nogueira, J. P., Parra, J. R. P. & Oliveira, H. N. (2007). Dispersão de *Telenomus remus* Nixon, na cultura de milho, infestada artificialmente com ovos de *Spodoptera frugiperda* (J.E. Smith). In: *Simpósio de Controle Biológico*, 10, Resumos... Brasília: Embrapa.

Pinto, A. S., Parra, J. R. P. (2002). Liberação de inimigos naturais. In: Parra, J. R. P., Botelho, P. S. M., Correa-Ferreira, B. S. & Bento, J. M. S. (Eds.), *Controle Biológico no Brasil: Parasitoides e Predadores*. São Paulo: Manole. 325-342

Pinto, A. S., Parra, J. R. P., Oliveira, H. N. & Arrigoni, E. B. (2003). Comparação de técnicas de liberação de *Trichogramma galloi* Zucchi (Hymenoptera: Trichogrammatidae) para o controle de *Diatraea saccharalis* (Fabricius) (Lepidoptera: Crambidae). *Neotropical Entomology, 32*(2), 311-318.

Pinto, A. S., Rodrigues, L. R. & Oliva, M. B. (2019). *Uso de armadilhas de feromônio para a broca-da-cana, Diatraea spp., em canaviais.* (2°Ed.) Piracicaba: Occasio. 24 p.

Pinto, A. S.; Trujillo, S. E. L. (2019). Sugarcane. In: Souza, B., Vazquez, L. L. & Marucci, R. C. (Eds.). *Natural enemies of insect pest in neotropical agroecosystems: biological control and functional biodiversity*. Switzerland: Springer. 413-425.

Pinto, A. S., Garcia, J. F. & Botelho, P. S. M. (2006). Controle biológico de pragas da cana-de-açúcar. In: Pinto, A. S., Nava, D. E., Rossi, M. M. & Malerbo-Souza, D. T. (Eds.). *Controle biológico de pragas: na prática.* Piracicaba: CP2. 65-74.

Pomari, A. F. (2013). *Características biológicas de Telenomus remus Nixon em ovos de Corcyra cephalonica (Stainton) e Spodoptera frugiperda (J.E. Smith): bases para o desenvolvimento de programas de controle biológico aplicado para as culturas da soja e do milho.* 110 p. (Tese) Universidade de São Paulo / FFCLRP.

Pomari, A. F., Bueno, A. F., Bortoli, S. A., Frugeri, A. P., Barbosa, G. C., França, L. F. T. & Mantovani, M. A. M. (2012). Capacidade de dispersão de *Telenomus remus* em milho na safra de inverno. In: *Congresso Brasileiro de Entomologia,* 24, Anais... Curitiba: Embrapa / UFPR.

Pomari, A. F., Bueno, A. F., Bueno, R.C.O. F., Menezes Junior, A. O. & Fonseca, A. C. P. F. (2013). Releasing number of *Telenomus remus* (Nixon) (Hymenoptera: Platygastridae) against *Spodoptera frugiperda* Smith (Lepidoptera: Noctuidae) in corn, cotton and soybean. *Ciência Rural, 43*(3), 377-382.

Pomari-Fernandes, A. F., Bueno, A. F., De Bortoli, S. A. & Favetti, B. M. (2018).Dispersal capacity of the egg parasitoid *Telenomus remus* Nixon (Hymenoptera: Platygastridae) in maize and soybean crops. *Biological Control, 126*, 158-168.

Pomari-Fernandes, A. F., Bueno, A. F., De Bortoli, S. A. & Menezes Junior, A. O. (2014). *Telenomus remus* no controle do gênero *Spodoptera*: do laboratório ao campo. *Cadernos de Agroecologia, 9*(1), 1-5.

Pratissoli, D., Vianna, U. R., Zago, H. B. & Pastori, P. L. (2005) Capacidade de dispersão de *Trichogramma* em tomateiro estaqueado. *Pesquisa Agropecuária Brasileira, 40*(6), 613-616.

Prokrym, D. R., Andow, D. A., Ciborowski, J. A. & Sreenivasam, D. D. (1992). Suppression of *Ostrinia nubilalis* by *Trichogramma nubilale* in sweet corn. *Entomologia Experimentalis et Applicata, 64*(1), 73-85.

Rajendran, B. & Mohammed, H. A. (1998). Efficacy of different techniques for the release of *Trichogramma chilonis* Ishii, parasitising sugarcane internode borer, *Chilo sacchariphagus* (Kapur). *Journal of Entomological Research, 22*(4), 355-359.

Ridgway, R.L. & Jones, S.L. (1968). Field-cage releases of *Chrysopa carnea* for suppression of populations of the bollworm and the tobacco budworm on cotton. *Journal of Economic Entomology, 61*, 892-898.

Ridgway, R. L. & Morrison, R. K. (1985). Worldwide perspective on practical utilization of *Trichogramma* with special reference to control of *Heliothis* on cotton. *Southwestern Entomologist, 8*, 190-195.

Rôdas, P. L., Oliveira, H. N. & Glaeser, D. F. (2019). Liberação do parasitoide *Cotesia flavipes* (Hymenoptera: Braconidae) em *Diatraea saccharalis* (Lepidoptera: Crambidae) na cana-de-açúcar. *Interciencia, 44*(5), 287-290.

Rosales, M. I. V. & Gonzalez, M. O. (1995). Evaluación de la eficacia de *Cephalonomia stephanoderis* sobre la broca. In: *Simposio sobre Caficultura Latinoamericana*, 17, Resúmenes... San Salvador: Procafé-Promecafe.

Rossi, M. M., Oliveira, L. P. M., Ivan, E. A. F. & Pinto, A. S. (2012). Comparação entre a liberação de pupas e adultos de *Trichogramma pretiosum* (Hymenoptera: Trichogrammatidae) no controle de ovos de lepidópteros em campo. In: *Congresso Brasileiro de Entomologia*, 24, Resumos... Curitiba: Embrapa / UFPR.

Sá, L. A. N., Costa, V. A., Oliveira, W. P. & Almeida, G. R. (2000). Parasitoids of *Phyllocnistis citrella* in Jaguariúna, state of São Paulo, Brazil, before and after the introduction of *Ageniaspis citricola*. *Scientia Agricola, 57*(4), 799-801.

Sá, L. A. N., Parra, J. R. P. & Silveira Neto, S. (1993). Capacidade de dispersão de *Trichogramma pretiosum* Riley, 1879 para controle de *Helicoverpa zea* (Boddie, 1850) em milho. *Scientia Agrícola, 50*(2), 226-231.

Salazar-Mendoza, P., Rodriguez-Saona, C. & Fernandes, O. A. (2020) Release density, dispersal capacity, and optimal rearing conditions for *Telenomus remus*, an egg parasitoid of *Spodoptera frugiperda*, in maize. *Biocontrol Science and Technology, 30*(10), 1040-1059.

Sales Jr., O. (1992). *Bioecologia de Trichogramma galloi Zucchi, 1988 no hospedeiro natural Diatraea saccharalis (Fabricius, 1794) e em hospedeiros alternativos.* 97p. (Tese) Universidade de São Paulo / Escola Superior de Agricultura "Luiz de Queiroz".

Sallam, M. N., Overholt, W. A. & Kairu, E. (2001). Dispersal of the exotic parasitoid *Cotesia flavipes* in a new ecosystem. *Entomologia Experimentalis et Applicata,* 98(2), 211-217.

Sammour, A. P. (2009). *Dispersão de Trichogramma pretiosum no controle de Helicoverpa zea em milho na fase de pendoamento.* 27 f. (Trabalho de conclusão de curso) Centro Universitário Moura Lacerda.

Sanitá, D. A. (2015). *Uso de repelentes de predadores em pupas de Telenomus podisi (Hymenoptera: Platygastridae) para a liberação aérea em campo.* 32 f. (Trabalho de conclusão de curso) Centro Universitário Moura Lacerda.

Sanitá, D. A., Ivan, E. A. F., Silva, T. L. & Pinto, A. S. (2012). Ritmo de parasitismo de *Cotesia flavipes* (Hymenoptera: Braconidae) sobre lagartas de *Diatraea saccharalis* (Lepidoptera: Crambidae) em canavial. In: *Congresso Brasileiro de Entomologia*, 24, Resumos... Curitiba: Embrapa / UFPR.

Santos, A. J. P. S., Alexandre, N. O., Stoppa, N. S., Ivan, I. A. F., Silva, K R. & Pinto, A. S. (2017). Liberação de pequenas quantidades de *Trichogramma pretiosum* para o controle de ovos de *Spodoptera frugiperda* em milho. In: *Simpósio de Controle Biológico,* 15, Resumos... Ribeirão Preto: FCAV – UNESP / Esalq – USP.

Schiavinato, M. R. (2017). *Uso de misturas de repelentes de predadores sobre Trichogramma pretiosum visando à liberação aérea de pupas em feijoeiro.* 34 f. (Trabalho de conclusão de curso) Centro Universitário Moura Lacerda.

Schutte, F. & Franz, J. M. (1961). Utersuchungen Zur Apfelwickler-Bekampfung (*Carposapsa pomonella* L.) MitHilfe von *Trichogramma* Hartig. *Entomophaga, 6*(4), 237-247.

Segato, S. V., Mattiuz, C. F. M. & Mozambani, A. E. (2006). Aspectos fenológicos da cana-de-açúcar. In: Segato, S. V., Pinto, A. S., Jendiroba, E. & Nóbrega, J. C. M. *Atualização em produção de cana-de-açúcar.* Piracicaba: CP2. 19-36.

Shi, G. Z., Zhou, Y. N., Zhao, J. S., Li, T., Lian, M. L., Chang, R. Q., Li, T. X., Chen, S. J., Yang, X. L. & Niou. J. Q. (1988). The techniques of protection of the *Trichogramma* population in the fields. In: Voegelé, J., Waage, J. K. & van Lenteren, J. C. (Eds.). *Trichogramma and other egg parasites.* Paris: INRA. 581-583.

Sierra Ramírez, D., Guevara, G., Franco Pérez, L. M., van Der Meijden, A., González-Gómez, J. C., Carlos Valenzuela-Rojas, J., & Prada Quiroga, C. F. (2021). Deciphering the diet of a wandering spider (*Phoneutria boliviensis*; Araneae: Ctenidae) by DNA metabarcoding of gut contents. *Ecology and Evolution, 11*(11), 5950-5965.

Silva, C. S. B. (2007). *Dispersão do parasitoide de ovos Telenomus remus (Hymenoptera: Scelionidae) e sua interação com algumas variáveis ambientais em agroecossistemas de algodoeiro (Gossypium hirsutum L.).* 139 f. (Dissertação) Unesp / FCAV.

Silva, K. R. (2015). *Parasitismo de ovos de Anagasta kuehniella por Trichogramma pretiosum em diferentes microrregiões de um mesmo ambiente.* 31 f. (Trabalho de conclusão de curso) Centro Universitário Moura Lacerda.

Silva, K. R., Araujo Junior, L. P., Santos, A. J. P. S., Carneiro, R. P., Alexandre, N. O. & Pinto, A. S. (2017). Momento de liberação de adultos de *Trichogramma pretiosum* para o controle de ovos de *Spodoptera frugiperda*, em milho. In: *Simpósio de Controle Biológico,* 15, Resumos... Ribeirão Preto: FCAV – UNESP / Esalq – USP.

Silva, K. R., Loboschi, D. L., Alexandre, N. O., Carneiro, R. P., Arroyo, B. M. & Pinto, A. S. (2016). Quantidade liberada de *Telenomus remus* no controle de ovos de *Spodoptera frugiperda* em milho de segunda safra. In: *Congresso Nacional de Milho e Sorgo,* 31, *Resumo expandido...* Bento Gonçalves: ABMS.

Silveira Neto, S., Nakano, O., Barbin, D. & Villa Nova, N. A. (1976). *Manual de Ecologia dos Insetos.* São Paulo: Ceres. 419p.

Sisdeli, D. C. (2012). *Predação de pupas de Cotesia flavipes liberadas para o controle de Diatraea saccharalis pela técnica de espalhamento de casulos em canavial.* 35 f. (Trabalho de conclusão de curso) Centro Universitário Moura Lacerda.

Smith, H. S. & Debach, P. (1942). The measurement of the effect of entomophagous insects on population densities of their hosts. *Journal of Economic Entomology, 4*, 231-234.

Smith, S. M. (1994). Methods and timing of releases of *Trichogramma* to control lepidopterous pests. In: Wajnberg, E. & Hassan, S. A. (Eds.). *Biological control with egg parasitoids.* Wallingford: CABI International. 113-144

Smith, S. M. & Wallace, D. R. (1990). Ground systems for releasing *Trichogramma minutum* Riley in plantation forests. In: Smith, S. M., Carrow, J. R. & Laing, J. E. (Eds.).

Inundative release of the egg parasitoid, Trichogramma minutum (Hymenoptera: Trichogrammatidae), against forest insect pests such as the spruce budworm, Choristoneura fumiferana (Lepidoptera: Tortricidae): the Ontario Project 1982-1986. Ontario: Memoirs of the Entomological Society of Canada. 31-37.

Stiling, P. (1993). Why do natural enemies fail in classical biological control programs? *American Entomologist, 39*, 31-37.

Stinner, R. E. (1977). Efficacy of inundative releases. *Annual Review of Entomology, 22*, 414-531.

Stinner, R. E., Ridgway, R. L., Copedge, J. R., Morrison, R. K. & Dickerson Junior, W. A. (1974). Parasitism of *Heliothis* eggs after field releases of *Trichogramma pretiosum* in cotton. *Environmental Entomology*, 3, 497-500.

Tannuri, L. A. R. (1995). *Flutuação populacional de coccinelídeos (Coleoptera: Coccinellidae) na região citrícola do Estado de São Paulo.* 91 f. (Trabalho de conclusão de curso) Unesp / FCAV.

Tibaldi, G. R. (2017). *Controle de ovos em diferentes infestações de Euschistus heros com liberações de diferentes quantidades de Telenomus podisi na soja.* 29 f. (Trabalho de conclusão de curso) Centro Universitário Moura Lacerda.

Torres, M. L. G. (2005). *Controle biológico de Ecdytolopha aurantiana (Lima, 1927) (Lepidoptera: Tortricidae) com Trichogramma atopovirilia Oatman & Platner, 1983.* 101 f. (Dissertação) Universidade de São Paulo / Escola Superior de Agricultura "Luiz de Queiroz".

Ueno, T. & Tanaka, T. (1994). Can a female parasitoid recognize a previously rejected host? *Animal Behaviour, 47*, 988-990.

Valente, E. C. N., Broglio, S. M. F., Passos, E. M. & Lima, A. S. T. (2016). Desempenho de *Trichogramma galloi* (Hymenoptera: Trichogrammatidae) sobre ovos de *Diatraea* spp. (Lepidoptera: Crambidae). *Pesquisa Agropecuária Brasileira, 51*(4), 293-300.

Vasconcelos, G. R., Pinto, A. S., Parra, J. R. P., Gomes, A. A. L. & Afonso Jr., V. A. (2011). Efeito do horário de liberação de *Trichogramma pretiosum* no parasitismo de ovos da traça *Anagasta kuehniella*. In: *Simpósio de Controle Biológico*, 12, Resumos... São Paulo: Instituto Biológico.

Vasconcelos, G. R., Scandiuzzi, G. F., Arcaro Filho, M. & Pinto, A. S. (2008). Quantidade liberada do parasitoide *Telenomus remus* no controle da lagarta-do-cartucho, *Spodoptera frugiperda*, em milho "safrinha". In: *Congresso Brasileiro de Entomologia*, 22, Resumos... Uberlândia: UFV / UFU / Embrapa.

Visser, M. E., Jones, T. H. & Driessen, G. (1999). Interference among insect parasitoids: a multi-patch experiment. *Journal of Animal Ecology, 68*, 108-120.

Volpe, H. X. L. (2009). *Distribuição espacial do parasitismo de Cotesia flavipes (Cameron, 1981) (Hymenoptera: Braconidae) em cana-de-açúcar.* 67 f. (Dissertação) Unesp / FAV.

Wanderley, P. A., Boiça Júnior, A.L. & Ramalho, F. S. (2003). Influência de cultivares de batata-doce resistentes e suscetíveis a *Euscepes postfasciatus* Fairmaire (Coleoptera: Curculionidae) sobre o parasitismo, sobrevivência e a biologia de *Catolaccus grandis* Burks (Hymenoptera: Pteromalidae). *Neotropical Entomology, 32*(1), 139-143.

Williams, D. W. & Leppla, N. C. (1992). The future augmentation of beneficial arthropods. In: Kauffman, W. C. & Nechols, J. R. (Eds.) *Selection criteria and ecological consequences of importing natural enemies.* Lanham: ESA. 87-102.

Wright, D. W., Hughes, R. D. & Worrell, J. (1960). The effect of certain predators on the numbers of cabbage root fly (*Erioischia brasicae* (Bouchè)) and on the subsequent damage caused by the pest. *Annals of Applied Biology, 48*, 756-763.

Yang, S., Wang, D., Chen, C., Xu, C.L. & Xie, H. (2020). Evaluation of *Stratiolaelaps scimitus* (Acari: Laelapidae) for controlling the root-knot nematode, *Meloidogyne incognita* (Tylenchida: Heteroderidae). *Scientific Reports, 10*, 5645.

Yokoji, C. A. (2005). *Comparação de táticas de controle biológico de Spodoptera frugiperda (J. E. Smith, 1797) utilizando o parasitoide Trichogramma spp. em milho.* 21 f. (Trabalho de conclusão de curso) Centro Universitário Moura Lacerda.

Yu, D. S. & Byers, J. R. (1994). Inundative release of *Trichogramma brassicae* Bezdenko (Hymenoptera: Trichogrammatidae) for control of European corn borer in sweet corn. *The Canadian Entomologist, 126*, 291-301.

Zaché, B. (2012). *Técnicas de criação em laboratório e dispersão do parasitoide de pupas Trichospilus diatraeae (Hymenoptera: Eulophidae) no campo.* 112 f. (Tese) Unesp / FCA.

Zachrisson, B. & Parra, J. R. P. (1998). Capacidade de dispersão de *Trichogramma pretiosum* Riley, 1879 para o controle de *Anticarsia gemmatalis* Hübner, 1818 em soja. *Scientia Agricola, 55*(1), 133-137.

Zanatto, B., Ivan, E. A. F., Dias, T. A. M. & Pinto, A. S. (2013). Horário de liberação de *Cotesia flavipes* influenciando o parasitismo de lagartas de *Diatraea saccharalis* em cana-de-açúcar. In: *Simpósio de Controle Biológico*, 13, Resumos... Bonito: Embrapa / UFGD.

Zucoloto, G. C. (2017). *Impacto de acefato e clorantraniliprole sobre organismos de superfície de solo e Telenomus podisi em soja.* 60 f. (Trabalho de conclusão de curso) Centro Universitário Moura Lacerda.

PARTE 4

ESTRATÉGIAS PARA INCREMENTO DA EFICIÊNCIA DO CONTROLE BIOLÓGICO

TD-002588

CAPÍTULO 18

Seletividade de produtos fitossanitários: uma estratégia viável para a agricultura sustentável

Geraldo Andrade Carvalho
Paulo Rebeles Reis
Anderson Dionei Grützmacher
Paulo Eduardo Degrande
Pedro Takao Yamamoto
Adeney de Freitas Bueno

Introdução

A crescente demanda por alimentos em todo o mundo eleva a exigência por uma agricultura sustentável em níveis jamais observados. Alimentar a população mundial, que deve atingir aproximadamente 10 bilhões de pessoas até 2050, com uma produção de alimentos que preserve a saúde do homem e do meio ambiente, é um enorme desafio para toda a cadeia produtiva do agronegócio. Agrava ainda mais esse cenário, na mesma velocidade que cresce a demanda por alimentos, a crescente perda de produtividade causada por pragas. Até 2050, estimam-se aumentos de 50% a 100% nas perdas de safra no trigo europeu, podendo chegar a 16 milhões de toneladas. De forma semelhante, o mesmo estudo indica aumento de 30% a 40% de perdas no milho norte-americano, redução de 27 milhões de toneladas de arroz na China, também induzidos pelo ataque de pragas (Deutsch et al., 2018). No Brasil, os prejuízos provocados pela ferrugem asiática na soja evoluíram de US$ 177 milhões, na safra 2001/2002, para US$ 2,38 bilhões, na safra de 2007/2008. Estima-se que os insetos considerados pragas causem perdas anuais de aproximadamente US$ 12 bilhões para os produtores brasileiros (Rangel, 2015). Portanto, reduzir esse crescente prejuízo causado por pragas é crucial para o sucesso de nossa agricultura e aumento da oferta mundial de alimentos. Isso pode exigir maior uso de produtos químicos. Nesse contexto, o uso de produtos fitossanitários eficientes e seguros ao homem, bem como aplicação de produtos fitossanitários seletivos de forma sustentável são fundamentais para o futuro da agricultura e produção de alimentos saudáveis ao redor do mundo.

Os produtos fitossanitários são, em geral, a primeira linha de defesa agropecuária utilizada pelo agricultor no controle das pragas agrícolas. Esse destaque é geralmente devido à facilidade de aplicação, rápida e efetiva ação, associados a um baixo custo financeiro da aplicação desses químicos (Bueno et al., 2017). Entretanto, os produtos químicos podem também causar efeitos negativos em organismos benéficos, como insetos predadores, parasitoides, polinizadores, entre outros. Isso leva à ressurgência de pragas e/ou no aparecimento de pragas secundárias e/ou resistentes aos inseticidas utilizados. Dessa forma, o melhor tratamento a ser utilizado é sempre aquele que tenha maior eficiência contra a praga-alvo associado ao menor impacto possível nos organismos benéficos não alvos (Bueno et al., 2012a; Bueno et al., 2017), o que será abordado em detalhes neste capítulo. Assim, a seletividade de um inseticida ou outro produto fitossanitário é definida como a propriedade de controlar a praga-alvo com o menor impacto possível sobre os demais componentes do agroecossistema. Ou seja, o produto fitossanitário deve apresentar baixo impacto sobre inimigos naturais, nas mesmas condições em que a praga é controlada com sucesso (Degrande et al., 2002).

É importante destacar que o uso de produtos químicos na agricultura sempre foi alvo de preocupação da opinião pública, o que se intensifica nos últimos anos – com inúmeras campanhas divulgadas nas mais diferentes mídias contrárias ao uso dessa ferramenta de manejo. A demanda por estratégias de manejo de pragas mais sustentáveis e redução do uso de produtos químicos é, portanto, uma necessidade atual e crescente em todo o mundo. Entre as estratégias de controle de pragas mais sustentáveis, o controle biológico (CB) merece destaque pela sua eficiência, aceitação pública e crescimento em todo o mundo (van Lenteren et al., 2018). O CB consiste na população de um ou mais organismos vivos (predadores, parasitoides e/ou entomopatógenos) controlando a população de outros organismos indesejáveis ao ser humano. Esse controle biológico pode ser natural ou aumentativo (aplicado), quando estrategicamente são liberadas grandes quantidades de inimigos naturais, suficientes para controlar as pragas mais rapidamente (Bueno et al., 2012b). Entretanto, nenhuma ferramenta de controle de pragas é suficientemente eficiente para agir sozinha em longo prazo no manejo de pragas. Manejo de pragas baseado em estratégias únicas de controle é insustentável, e levará ao insucesso, devido à seleção de populações de insetos resistentes, surtos de outras pragas, entre outros problemas advindos do desequilíbrio biológico estabelecido. Além disso, a ocorrência de múltiplas espécies de pragas simultaneamente na lavoura pode exigir o uso de duas ou mais ferramentas de manejo ao mesmo tempo, que precisam ser compatíveis entre si. Nesse contexto, a associação do controle químico e do controle biológico (aumentativo ou natural) é, muitas das vezes, a melhor opção de manejo, e isso somente será possível com a utilização de produtos químicos seletivos (Bueno et al., 2017; Torres & Bueno, 2018).

Ao ressaltar a importância do uso de produtos químicos seletivos aos inimigos naturais na agricultura, deve-se considerar não somente os inseticidas e acaricidas, mas também herbicidas, fungicidas, reguladores de crescimento e outros químicos que são, na maioria das vezes, negligenciados e podem também ter efeitos negativos sobre os agentes de controle biológico. A maneira pela qual um produto químico pode ou não ser seletivo não é única, assim todas as formas devem ser consideradas na escolha do melhor produto para ser utilizado em campo.

Seletividade

A determinação da seletividade dos produtos químicos aos inimigos naturais envolve diferentes estudos, sempre objetivando compatibilizar o controle biológico e o químico, em uma dimensão não só química, mas também ecológica. A seletividade de produtos aos inimigos naturais, de maneira bem simples e didática, pode ser dividida em seletividade fisiológica e seletividade ecológica (Ripper et al., 1951; Santos et al., 2006; Bueno et al., 2012b).

É importante destacar que o conceito de seletividade é sempre comparativo, sendo que um produto é mais ou menos seletivo à determinada espécie de inimigo natural em relação a outro produto. Portanto, o uso de um produto classificado como seletivo não necessariamente implica na total ausência de impacto negativo na população de inimigos naturais. O uso de um produto classificado como seletivo apenas indica que este produto é mais seletivo (menos impactante) do que outros produtos que têm classificações mais nocivas. Por isso, mesmo um produto considerado seletivo deve ser usado dentro de critérios agronômicos de Manejo Integrado de Pragas (MIP) para evitar efeitos negativos.

A seguir, observam-se resultados da aplicação de produtos com diferentes graus de seletividade para inimigos naturais e o impacto decorrente da maior ou menor preservação do controle biológico natural sobre a população da lagarta *Chrysodeixis includens* Walker. Verifica-se menor abundância da lagarta em parcelas de soja tratadas com *Baculovirus anticarsia* (AgMNPV), mesmo sendo um produto que não tem qualquer controle contra essa espécie de praga (Alexandre, 2010). Isso devido à maior preservação do controle biológico natural nessas parcelas, visto que o AgMNPV é um inimigo natural específico de *Anticarsia gemmatalis* (Hübner), e por isso altamente seletivo aos inimigos naturais. Na área com tratamento à base de pulverização de um inseticida regulador de crescimento (geralmente considerado como seletivo), que tem controle de *C. includens,* teve maior população de *C. includens* do que no tratamento com AgMNPV, o qual não apresenta ação sobre essa praga. Este é um excelente exemplo prático: mesmo os produtos considerados seletivos precisam ser aplicados com cautela dentro dos princípios do MIP. Nesse exemplo, o tratamento mais seletivo, sem impacto no controle natural, evitou efetivamente um surto de *C. includens*, enquanto os inseticidas químicos, devido aos seus efeitos negativos sobre inimigos naturais (maior ou menor), resultaram em maior número de lagartas de *C. includens* (Figura 1).

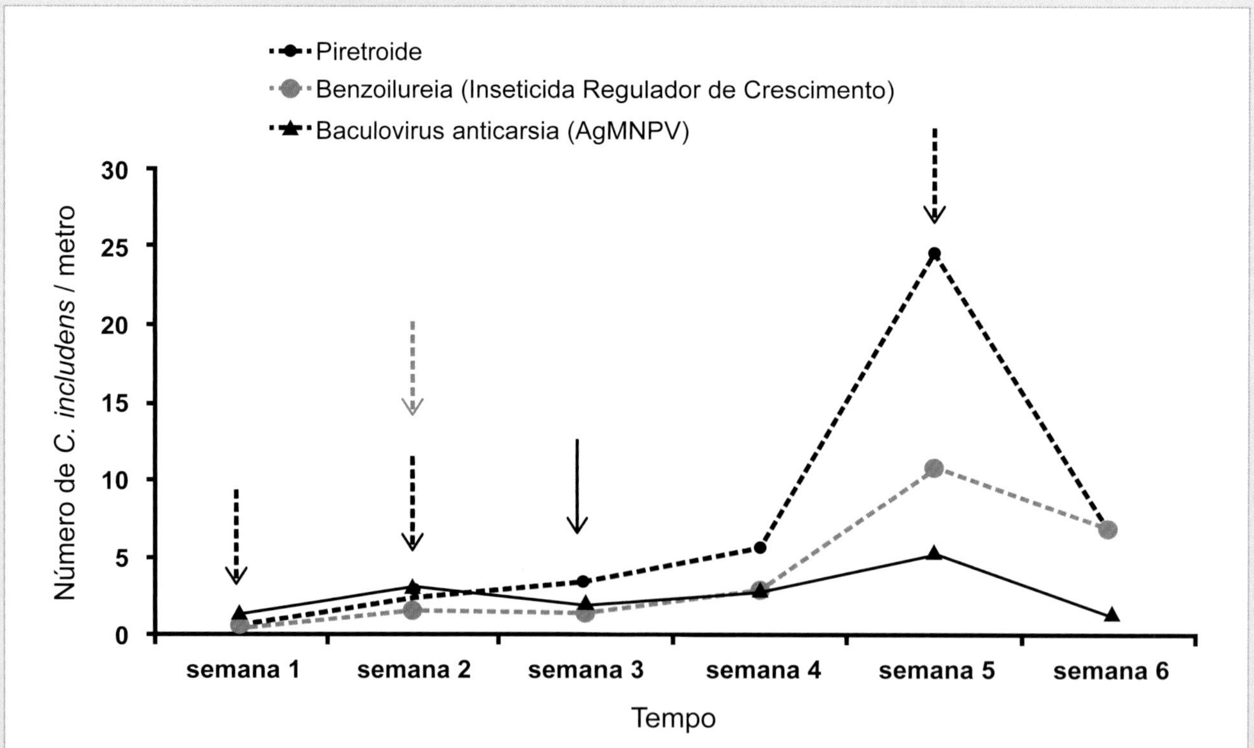

Figura 1. Abundância de *Chrysodeixis includens* (número por pano-de-batida) em campo de soja, em datas consecutivas de amostragem, após tratamento com diferentes produtos químicos (adaptado de Bueno et al., 2017). As setas indicam o momento de aplicação de cada inseticida.

Esses resultados ilustram a importância de sempre usar racionalmente os inseticidas, mesmo aqueles considerados seletivos. Ainda, outro ponto a ser destacado é que ambos os tipos de seletividade (fisiológica e ecológica) são complementares e de grande importância para o equilíbrio do sistema agrícola. A seletividade ecológica é ainda mais importante quando não existem opções de produtos seletivos fisiologicamente para uma determinada praga. Neste contexto, é sempre importante combinar a seletividade fisiológica com a ecológica em programas de MIP.

Seletividade fisiológica

A seletividade fisiológica implica em uma toxicidade diferencial intrínseca entre a praga e o inimigo natural. É uma característica inerente ao composto químico e está relacionada à tolerância fisiológica de um inimigo natural, quando o mesmo é submetido ao contato direto, aos resíduos e ou ingestão de um produto específico (Santos et al., 2006). Este tipo de seletividade deve-se às diferenças fisiológicas entre as espécies envolvidas como pragas, predadores, parasitoides, patógenos ou polinizadores e pode ser determinada por uma concentração de um produto que resulte em bom controle da praga, não afetando os organismos benéficos ou sendo mais tóxicos para as pragas do que para os inimigos naturais (Bacci et al., 2006). Essa seletividade é, por exemplo, o que ocorre com alguns inseticidas fosforados quando há uma redução na penetração do tegumento, ou um aumento na degradação da molécula tóxica pelo sistema enzimático do inseto benéfico (Fernandes et al., 2010).

O grau de seletividade fisiológica de um produto é normalmente expresso pela razão entre a dose letal média (DL_{50}) à praga e ao inimigo natural ou pela relação entre dose recomendada para o controle da praga e a DL_{50} ao inimigo natural. Assim, se for traçada uma curva de mortalidade da praga e de um inimigo natural para um determinado produto, a dose para obter a melhor seletividade pode ser definida como o ponto da curva em que a diferença entre a mortalidade da praga e do inimigo natural é máxima (Santos et al., 2006). Muitas vezes é difícil alcançar esse ponto de seletividade fisiológica ideal. Vários inseticidas utilizados agem no sistema nervoso central e existem grandes similaridades no processo de transmissão dos impulsos nervosos não somente entre as diferentes ordens de insetos (envolvendo pragas e inimigos naturais), mas entre outros filos de animais, o que leva à similaridade de resposta da praga e do inimigo natural a uma determinada dose de um inseticida. Entretanto, é possível ao menos aumentar o grau dessa seletividade fisiológica por meio, por exemplo, da redução de dose, desde que seja feita de forma criteriosa, suportada por dados de pesquisa que comprovem a manutenção de um aceitável nível de controle da praga.

Seletividade ecológica

A seletividade ecológica é o uso de inseticidas seletivamente, ou seja, minimizando a exposição de inimigos naturais aos compostos. Esta seletividade é geralmente realizada por meio de aplicações de produtos fitossanitários em determinadas horas do dia, quando há menos movimento de inimigos naturais e outros organismos benéficos (Fernandes et al., 2010). A seletividade ecológica ainda é subdividida de acordo com a forma pela qual a exposição ao produto fitossanitário é diferenciada entre pragas e artrópodes benéficos, podendo ser temporal ou espacial (Santos et al., 2006). Um exemplo de seletividade ecológica em soja é quando se realiza mistura de inseticidas com 0,5% de NaCl (cloreto de sódio), pulverizada na bordadura da lavoura para controlar os percevejos. Essa recomendação é eficaz no início da infestação de insetos, pois os percevejos sempre iniciam surtos populacionais pelas bordas da cultura. O uso de cloreto de sódio tem efeito arrestante, prolongando a alimentação dos percevejos e, consequentemente aumentando o seu contato com o inseticida (Corso & Gazzoni, 1998). Nesse caso há o controle satisfatório dos percevejos com maior preservação dos inimigos naturais em função da não aplicação de produtos na área total. A aplicação de produtos químicos em áreas restritas, especialmente para pragas que atacam em reboleiras e possuem pouca mobilidade, como os ácaros e as cochonilhas, é outra forma de se obter seletividade ecológica. Essas técnicas permitem separar no espaço o inseticida e o artrópode benéfico, preservando esse último da intoxicação que ocorreria se o mesmo entrasse em contato com o produto químico. Referente à seletividade ecológica temporal, um exemplo é quando não se aplica produtos químicos no meio do dia, evitando os horários em que os insetos polinizadores mais visitam as flores, obtendo-se desse modo, uma separação no tempo entre a aplicação do produto químico e o período em que o artrópode benéfico poderia ser mais exposto à contaminação (Santos et al., 2006).

Essas práticas de aplicação seletiva permitem que um produto químico, mesmo quando não seletivo fisiologicamente, apresente seletividade ecológica, preservando os artrópodes benéficos na área e, consequentemente, minimizando o impacto negativo do controle químico. A seletividade ecológica é possível graças às diferenças de comportamento ou hábitat entre as espécies, possibilitando que o produto entre mais em contato com determinada espécie e não com a outra. Baseia-se nas diferenças ecológicas existentes entre pragas, inimigos naturais e polinizadores e requer amplo conhecimento dos aspectos bioecológicos das pragas e dos artrópodes benéficos. O uso do tratamento de sementes, o uso de inseticidas com atrativos, aplicações via solo, entre outras formas de aplicação de inseticidas, podem oferecer seletividade ecológica a produtos que não sejam fisiologicamente seletivos aos inimigos naturais.

Objetivando-se preservar o controle biológico natural é importante considerar os conceitos de MIP, onde o nível de ação (NA) merece destaque, pois determina o momento exato em que os inseticidas devem ser utilizados. Sendo assim, a primeira etapa para preservar agentes de controle biológico no ambiente agrícola é usar inseticidas apenas quando necessários (adotando os NAs), dando preferência para aqueles menos impactantes (seletivos) e disponíveis no mercado.

Seletividade e o manejo integrado de pragas

Como mencionado anteriormente, os produtos fitossanitários classificados como seletivos também podem causar impactos negativos sobre os agentes de controle biológico, mesmo que em menor grau, o que poderá favorecer fenômenos como ressurgência de pragas e surtos de pragas secundárias. Portanto, visando maior sustentabilidade do sistema agrícola a médio e longo prazo, dentro de programas de MIP a seletividade de produtos fitossanitários deve ser sempre priorizada. No MIP é preconizado o uso racional de produtos fitossanitários, bem como a integração harmoniosa de diferentes métodos e estratégias de controle de pragas (Zalucki et al., 2009), com base em níveis de ação (NAs), o que permite a utilização de inseticidas apenas quando necessária, priorizando sempre aqueles seletivos.

Como o MIP baseia-se na premissa de que a planta tolera certos níveis de injúrias sem prejuízos econômicos (os chamados níveis de dano), em um sistema agrícola mais equilibrado, o resultado desejado da aplicação de um inseticida não deve ser 100% de mortalidade da praga. A mortalidade total de pragas num agroecossistema foi o objetivo das aplicações de inseticidas no passado. Entretanto, com a eliminação total das pragas, seus inimigos naturais também são eliminados pela falta de alimentos e, como um agroecossistema (nicho ecológico) não permanece sem ataque de pragas por um longo período, a área será recolonizada rapidamente. Neste caso, na ausência de inimigos naturais, a população de pragas poderá atingir níveis populacionais ainda maiores do que as anteriores à aplicação de inseticidas, o que é chamado de ressurgência de pragas. Por isso, o objetivo da aplicação de um inseticida no MIP é reduzir a população da praga para um nível abaixo daquele que pode causar dano econômico e não a eliminar totalmente.

A importância da preservação dos agentes de controle biológico de pragas, com a priorização do uso de produtos seletivos, aplicados racionalmente, é normalmente pouco valorizada em condições de campo. Isso leva o agricultor, no momento da aplicação, a escolher o produto químico muito mais com base em preço, eficiência e outros fatores, do que em função da sua seletividade aos organismos benéficos. Isso se deve em parte à dificuldade de quantificar o valor econômico desses agentes de controle biológico encontrados no campo. Apesar das espécies poderem variar em diferentes agroecossistemas (p.ex., soja), os predadores mais comuns encontrados no Brasil são as aranhas, seguidas de *Geocoris* spp., *Nabis capsiformis* (Germar), *Callida* spp. e *Lebia concinna* Brullé (Cividanes & Barbosa, 2001; Corso, 1989; Hoffmann-Campo et al., 2000). Um único espécime de *Geocoris* sp. tem a capacidade de matar e consumir cerca de nove ovos da lagarta-da-soja, *A. gemmatalis* por dia (Corrêa-Ferreira & Moscardi, 1985). *Nabis* sp. é capaz de se alimentar diariamente de 21,16 ovos ou 3,29 lagartas de terceiro instar de *A. gemmatalis* (Corrêa-Ferreira & Moscardi, 1985). Larvas de *Callida* sp. podem consumir cerca de 65,6 lagartas-da-soja para atingir o estágio adulto (Corrêa-Ferreira & Pollato, 1989). Adultos de *L. concinna* consomem em média, 4,8 lagartas de terceiro estádio de *A. gemmatalis* por dia (Corrêa-Ferreira & Moscardi, 1985). Portanto, a preservação desses agentes de controle biológico é extremamente importante e de grande valor econômico, pois na ausência de seus serviços de regulação populacional de artrópodes pragas, o produtor terá que gastar mais com inseticidas para controlar as pragas. De forma semelhante aos predadores, parasitoides e entomopatógenos também são importantes. Fêmeas adultas de parasitoides de ovos do gênero *Trichogramma* podem parasitar cerca de 50 ovos de uma espécie de lepidóptero (Bueno et al., 2012c), ilustrando a importância e valor econômico de preservar essas espécies benéficas em agroecossistemas, visando melhorar o controle biológico natural. Em cultura de soja, a maneira mais adequada para atingir esse objetivo é a adoção do MIP, usando produtos fitossanitários apenas quando necessários, e escolhendo cuidadosamente os compostos a serem utilizados, priorizando os produtos inofensivos (seletivos) sempre que possível (Torres & Bueno, 2018).

É sabido que dependendo das diferentes espécies, populações ou mesmo estágios de desenvolvimento, os agentes de controle biológico natural podem responder diferentemente aos produtos químicos, bem como às diferentes doses do produto aplicado. Entretanto, é importante ressaltar que alguns grupos de produtos como os inseticidas biológicos, os reguladores de crescimento de insetos, as diamidas e espinosinas são, em geral, menos tóxicos aos organismos benéficos do que outros grupos como piretroides, carbamatos e fosforados, os quais devem ser evitados ou usados de forma ecologicamente seletiva, sempre que possível (Bueno et al., 2017).

Os benefícios da adoção do MIP-soja com a adoção de produtos seletivos utilizados somente quando necessários podem ser observados pelos resultados obtidos no programa realizado no estado do Paraná, onde agrônomos da Emater prestam assistência técnica a centenas de produtores de soja. O programa está em operação desde a safra 2013/2014 e os resultados obtidos (Conte et al., 2018) e apresentados na Tabela 1 ilustram a importância do tópico abordado nesse capítulo (uso de inseticidas seletivos dentro do MIP). Com o uso de inseticidas apenas quando necessário, foi possível aumentar o intervalo de pulverização da primeira pulverização de inseticida em aproximadamente 30 dias. Isso associado ao uso dos inseticidas mais seletivos possíveis permitiu a preservação dos inimigos naturais na área e com isso reduziu a necessidade de uso de agroquímicos. Essa redução em aproximadamente 50% beneficiou o produtor que economizou dinheiro e obteve boa produtividade, e também o meio ambiente que foi menos impactado pelos inseticidas.

Tabela 1. Programa de uso do MIP-soja no estado do Paraná com a adoção de inseticidas seletivos.

Variáveis/Comparação		Safra				
		2013/2014	2014/2015	2015/2016	2016/2017	2017/2018
Número de aplicações de inseticidas	MIP	2,3 (46 áreas)	2,1 (106 áreas)	2,1 (123 áreas)	2,0 (141 áreas)	1,5 (196 áreas)
	Média do estado do Paraná	5,0 (333 áreas)	4,7 (330 áreas)	3,8 (314 áreas)	3,7 (390 áreas)	3,4 (615 áreas)
Dias até a primeira aplicação de inseticida	MIP	60 dias	66 dias	66,8 dias	70,8 dias	78,7 dias
	Média do estado do Paraná	33 dias	34 dias	36 dias	40,5 dias	43,6 dias
Custo do controle de pragas (sacas/ha)	MIP	2,41	2,00	2,00	2,30	1,41
	Média do estado do Paraná	5,03	5,00	4,00	4,10	3,27
Produtividade (sacas/ha)	MIP	49,23	60,20	57,10	64,50	61,7
	Média do estado do Paraná	48,67	58,60	54,70	64,20	60,4

A seguir, serão analisados diferentes estudos de casos a respeito de seletividade de produtos fitossanitários a organismos benéficos, provando que essa estratégia já é uma realidade e viável para diferentes cenários e cultivos, apesar de alguns desafios e dificuldades ainda necessitarem ser superados.

Seletividade de produtos fitossanitários a parasitoides

Os parasitoides são insetos que têm pelo menos uma fase de seu desenvolvimento associada ao hospedeiro, do qual se alimenta, completando o seu ciclo de vida. Estima-se que existam, aproximadamente, 200 mil diferentes espécies de parasitoides pertencentes principalmente às ordens Hymenoptera e Diptera (Parra et al., 2002). A preservação desses organismos nos agroecossistemas merece destaque, pois eles exercem o controle biológico natural de seus hospedeiros, pragas da agricultura, além de também poder ser multiplicados e liberados nas lavouras, no chamado controle biológico aumentativo (aplicado) (Parra, 2006).

Nos agroecossistemas, esses organismos conhecidos como agentes de controle biológico natural são essenciais para reduzir a necessidade do uso de produtos químicos. Por serem de tamanho menor do que os predadores podem ser muitas vezes considerados mais sensíveis à ação dos inseticidas. Por outro lado, em sua fase de pupa, ficam protegidos dentro do corpo do hospedeiro e por isso podem sofrer menos com a ação dos inseticidas.

Tamarixia radiata (Waterston) (Hymenoptera: Eulophidae)

Dentre os inimigos naturais do psilídeo *Diaphorina citri* Kuwayama, o ectoparasitoide *T. radiata* é um dos mais importantes, específico e mais eficiente na redução populacional do vetor (Chien, 1995; Diniz et al., 2020; Parra et al., 2016). Em ensaios para avaliar os efeitos de inseticidas sob condição de laboratório, 13 produtos foram considerados moderadamente ou nocivos para o parasitoide. Entretanto, verificou-se que inseticidas apresentaram baixo efeito direto, causando mortalidade inferior a 30%, indicando que são compatíveis e não causam alta mortalidade de *T. radiata* e por isso sempre que possível devem ser priorizados no controle dessa praga (Tabela 2).

Tabela 2. Toxicidade e persistência de inseticidas aplicados em citros para *Tamarixia radiata.*

Tratamento	Dose (g ou mL/ 100 L de água)	Efeito Direto	Persistência
		Classe[1] IOBC/WPRS	Classe[2] IOBC/WPRS
Dimethoate	200	4	3
Phosmet	50	3	3
Formetanate	25	3	4
Beta-cyfluthrin	25	3	2
Etofenproxi	25	1	3
Esfenvarelate	12,5	3	3
Gama-cyalothrin	5	1	*
Lambda-cyhalothrin	20	2	2
Imidacloprid	4,5	2	3
Thiamethoxam	10	4	3

Spinosad	15	4	4
Pyriproxyfen	6,25	1	2
Buprofezin	200	3	2
Tebufenozide	50	1	1
Lambda-cyhalothrin + thiamethoxam	15	3	3
Chlorantraniliprole + lambda-cyhalothrin	20	*	2
Azadirachtin	250	1	1

[1] Efeito direto: Classe 1= < 25% (inócuo); Classe 2= 25-50% (pouco nocivo); Classe 3= 51-75% (moderadamente nocivo); Classe 4= > 75% (nocivo).
[2] Persistência: 1- vida curta (<5 dias); 2- levemente persistente (5-15 dias); 3- moderadamente persistente (16-30 dias) e 4 persistente (>31 dias).
Fonte: Lira (2013) e Beloti (2014).

Quanto aos acaricidas, com exceção daqueles que também têm efeito inseticida, como carbosulfan, bifenthrin e fenpropathrin, os demais foram inócuos ou levemente nocivos para *T. radiata*. Da mesma forma, os fungicidas foram considerados inócuos ou levemente nocivos (Tabelas 3 e 4). Portanto, esses produtos podem ser usados sempre que necessário em programas de manejo de *D. citri* e de doenças da cultura dos citros.

Tabela 3. Toxicidade e persistência de acaricidas aplicados em citros para o ectoparasitoide *Tamarixia radiata*.

Tratamento	Dose (g ou mL/ 100 L de água)	Efeito Direto	Persistência
		Classe[1] IOBC/WPRS	Classe[2] IOBC/WPRS
Carbosulfan	50	4	4
Acrinathrin	10	2	2
Bifenthrin	20	4	3
Fenpropathrin	50	3	3
Abamectin	30	1	1
Hexitiazoxi	3	1	1
Etoxazol	45	1	1
Oxide fembutatina	80	2	1
Propargite	100	1	3
Flufenoxuron	50	2	1
Diflubenzuron	50	1	1
Fenpyroximate	100	2	3
Pyridaben	75	1	1

continua

Espirodiclofen	20	1	1
Súlfur	500	2	3
Dicofol	200	1	1

[1] Efeito direto: Classe 1= < 25% (inócuo); Classe 2= 25-50% (pouco nocivo); Classe 3= 51-75% (moderadamente nocivo); Classe 4= > 75% (nocivo). [2] Persistência: 1- vida curta (<5 dias); 2- levemente persistente (5-15 dias); 3- moderadamente persistente (16-30 dias) e 4- persistente (>31 dias). Fonte: Lira (2013) e Beloti (2014).

Tabela 4. Toxicidade de fungicidas aplicados em citros para o ectoparasitoide *Tamarixia radiata*.

Tratamento	Dose (g ou mL/ 100 L de água)	Efeito Direto Classe[1] IOBC/WPRS
Azoxystrobin	16	1
Pyraclostrobin	15	1
Trifloxystrobin	10	1
Folpet	190	1
Copper hydroxide	125	1
Copper oxychloride	300	1
Mancozeb + copper oxychloride	300	2
Thiophanate-methyl	70	1
Difenoconazol	20	2

[1/] Efeito direto: Classe 1= < 25% (inócuo); Classe 2= 25-50% (pouco nocivo); Classe 3= 51-75% (moderadamente nocivo); Classe 4= > 75% (nocivo). Fonte: Lira (2013) e Beloti (2014).

Telenomus podisi Ashmead (Hymenoptera: Platygastridae)

O inseto *T. podisi* é um parasitoide de ovos, microhimenóptero de vida livre que se alimenta de néctar ou mel quando adulto. Possui aproximadamente 1 mm de comprimento e se desenvolve dentro de ovos de diferentes hospedeiros pertencentes às famílias Pentatomidae, Scutelleridae e Coreidae (Margaría et al., 2009). Sua distribuição geográfica vai desde o Centro-Oeste até o sul do Brasil (Medeiros et al., 1997). No estado do Paraná eles estão presentes durante o ano todo, principalmente devido à disponibilidade de hospedeiros alternativos em cultivos de soja, como o percevejo *Euschistus heros* (Fabricius), que foi sempre considerado hospedeiro preferencial (Corrêa-Ferreira & Moscardi, 1995). Em arrozais, *T. podisi* é o principal agente de controle biológico natural de ovos das espécies de percevejos *Tibraca lim-*

bativentris Stål, *Oebalus* spp. e *Glyphepomis adroguensis* Berg. No entanto, o uso incorreto e abusivo de produtos fitossanitários pode provocar impacto negativo sobre estes inimigos naturais.

Desta forma, foram realizados estudos para avaliação de seletividade de mais de 30 produtos químicos, entre herbicidas, fungicidas e inseticidas, utilizados na cultura do arroz irrigado, ao parasitoide de ovos *T. podisi* (Pazini et al., 2016; Pazini et al., 2017a,b). Os inseticidas neurotóxicos, dos grupos químicos dos piretroides e neonicotinoides, mostraram-se menos seletivos aos adultos de *T. podisi*. Os piretroides cypermethrin (Arrivo 200 EC) e ethofenproxy (Safety) foram classificados como levemente nocivos quanto à redução do parasitismo. Lambda-cyhalothrin (Karate Zeon 50 CS) e zeta-cypermethrin (Mustang 350 EC) reduziram em 100% o parasitismo, enquadrando-se como nocivos ao parasitoide. Resultados semelhantes também foram observados na avaliação de inseticidas formulados em mistura entre piretroide e neonicotinoide. Alpha-cypermethrin + acetamiprid (Incrivel) foi mais seletivo (classe 2) que lambda-cyhalothrin + thiamethoxam (Engeo Pleno) (classe 4). Outros inseticidas neurotóxicos como thiamethoxam (Actara 250 WG), bifenthrin + carbosulfan (Talisman) e fipronil (Klap) também apresentaram elevado impacto sobre *T. podisi*, reduzindo o parasitismo de ovos em mais de 97%.

Em contrapartida, a diamidas [chlorantraniliprole (Altacor)], benzoilureias [diflubenzurom (Micromite 240 SC)] e os inseticidas biológicos à base de *Beauveria bassiana* (Boveril) e *Metarhizium anisopliae* (Metarril) apresentaram-se como seletivos ao parasitoide, sem diferenças significativas do tratamento controle, referente ao número de ovos parasitados. Desempenho semelhante foi observado na avaliação de seletividade de dez fungicidas e dez herbicidas de diferentes grupos químicos e ingredientes ativos registrados para a cultura do arroz. Os fungicidas e herbicidas não afetaram o parasitismo de ovos e foram classificados como inócuos. Isto é altamente relevante, principalmente ao considerar que o controle de plantas daninhas, principais limitantes da produtividade da cultura, por herbicidas é amplamente utilizado. Além disso, a inocuidade destacada para os fungicidas, em que as pulverizações ocorrem predominantemente no estádio de emborrachamento tardio das plantas, não afetaria o potencial de parasitismo natural de ovos de percevejos, que atingem picos populacionais a partir deste período na cultura (Pazini et al., 2016; Pazini et al., 2017b).

Os resultados de pulverizações de mais de 30 produtos fitossanitários, utilizados em lavouras de arroz, sobre ovos do hospedeiro contendo estágios imaturos (ovo e larva) de *T. podisi*, evidenciaram reduzido impacto na emergência de adultos dos parasitoides. Isso pode ser explicado em razão dos parasitoides, em seus estágios imaturos, serem pouco expostos aos compostos em função de estarem protegidos pelo córion do ovo hospedeiro. Mesmo assim, é válido comentar que o efeito de herbicidas, fungicidas e inseticidas sobre o parasitoide em sua fase imatura, pode ser considerado menos grave do que quando esses produtos são pulverizados em ovos ainda não parasitados do hospedeiro, em que a fêmea adulta do parasitoide pode se contaminar pela exposição aos resíduos tóxicos por ocasião da oviposição, como demonstrado por Pazini et al. (2017a).

Pazini et al. (2017b) demonstraram que os fungicidas tebuconazole (Alterne), tricyclazole (Bim 750 BR) e azoxystrobin (Priori 250 SC), isolados ou em mistura, e os herbicidas cyhalofop-butyl (Clincher), imazethapyr (Imazetapir Plus Nortox), imazapyr + imazapik (Kifix) e penoxsulam (Ricer), isolados ou em mistura na calda, não afetaram o desempenho de parasitismo de *T. podisi*, podendo ser utilizados na proteção de plantas de arroz sem prejuízos ao controle biológico natural. Os inseticidas neurotóxicos cypermethrin (Arrivo 200 EC), thiamethoxam (Actara 250 WG) e bifenthrin + carbosulfan (Talisman), porém, foram prejudiciais a *T. podisi* quando aplicados separadamente ou em associação a herbicidas e fungicidas na calda. Portanto, são menos preferenciais para uso em tratamentos fitossanitários em arroz irrigado.

Seletividade de produtos fitossanitários para predadores

Os predadores são artrópodes de vida livre que se alimentam de várias presas para completarem o desenvolvimento e têm, normalmente, tamanho maior ou igual aos das presas que consomem. Esses artrópodes são comuns nos diferentes ecossistemas, sendo que apenas na classe Insecta, 22 ordens possuem espécies que são predadoras. Essas espécies são utilizadas no controle biológico de pragas antes mesmo da era cristã. Os registros mais antigos do uso do controle biológico datam do século III a.C., quando formigas predadoras eram utilizadas pelos chineses para o controle de pragas nos citros (Costa et al., 2006). Isso demonstra a importância e necessidade de preservação desses agentes de controle biológico nos diferentes agroecossistemas visando ao manejo mais sustentável de artrópodes pragas.

Seletividade na cultura algodoeira

A abundância e a diversidade de inimigos naturais de pragas na cultura do algodoeiro podem variar consideravelmente de ano para ano e de região para região. Na prática de campo, as aplicações de inseticidas para o controle do bicudo-do-algodoeiro, *Anthonomus grandis* Boheman são as que mais afetam negativamente a abundância e diversidade de inimigos naturais. Na Tabela 5 estão apresentadas informações a respeito da seletividade dos principais inseticidas e acaricidas para predadores de pragas do algodoeiro, com o intuito de orientar o produtor na escolha do produto a ser utilizado em programas de MIP nessa cultura.

Tabela 5. Informações de seletividade de produtos fitossanitários e de sua persistência para predadores em algodoeiro.

Tratamento	Seletividade*	Persistência	Praga - alvo principal
Abamectin	N	curta	ácaro
Acetamiprid	M	curta	mosca-branca; pulgão
Bacillus thuringiensis	N	curta	lagarta
Bifenthrin	T	moderada	lagarta
Buprofezin	N	curta	mosca-branca
Carbosulfan	M	moderada	pulgão
Chlorantraniliprole	N	curta	lagarta
Chlorfluazuron	N	curta	lagarta
Chlorpyrifos	T	moderada	lagarta
Clothianidin	M	curta	pulgão; mosca-branca
Cyntraniliprole	M	curta	lagarta; mosca-branca
Deltamethrin	T	moderada	lagarta
Diafentiuron	M	moderada	ácaro; mosca-branca; pulgão
Diflubenzuron	N	curta	lagarta
Dimethoate	T	curta	pulgão
Esfenvalerate	T	moderada	lagarta
Spinosad	N	curta	lagarta
Espinoteran	N	curta	lagarta
Espiromesifen	N	curta	ácaro; mosca-branca
Ethofenproxy	N	curta	lagarta
Ethoxazole	M	curta	ácaro
Fenitrothion	T	curta	bicudo
Fipronil	T	longa	formiga; bicudo
Flonicamid	N	curta	pulgão
Flubendiamid	N	curta	lagartas
Flufenoxuron	N	curta	lagarta
Imidacloprid	M	curta	mosca-branca; pulgão
Indoxacarb	M	moderada	lagarta
Lambda-Cyhalothrin	T	moderada	bicudo; lagarta
Methoxyfenozide	N	curta	lagarta

continua

Tratamento	Seletividade*	Persistência	Praga - alvo principal
Milbemectin	N	curta	ácaro
Novaluron	N	curta	lagarta
Pymetrozin	N	curta	pulgão
Pyriproxyfen	N	curta	mosca-branca
Propargite	N	curta	ácaro
Tebufenozide	N	curta	lagarta
Teflubenzuron	N	curta	lagarta
Tiacloprid	M	curta	mosca-branca; pulgão
Thiamethoxam	M	curta	mosca-branca; pulgão
Triflumuron	N	curta	lagarta
VPN-Hzsnpv	N	curta	lagarta

* Critério de categorização da seletividade de acordo com a IOBC, onde: N = inócuo ou levemente tóxico (mortalidade dos principais inimigos naturais a campo ou semicampo de 0 a 50%; em laboratório de 0 a 30%); M = moderadamente tóxico (mortalidade dos principais inimigos naturais a campo ou semicampo de 50 a 75%; em laboratório de 30 a 79%) e T = tóxico (mortalidade dos principais inimigos naturais a campo ou semicampo maior que 75%; em laboratório maior que 80%).

Seletividade para ácaros predadores

Ácaros fitoseídeos (Acari: Phytoseiidae) são considerados os mais eficientes e mais estudados entre os ácaros predadores de ácaros fitófagos em cultivos agrícolas de importância econômica. Neste subitem são apresentados alguns resultados de seletividade fisiológica de produtos fitossanitários sobre as espécies de ácaros predadores *Euseius alatus* DeLeon, *Euseius citrifolius* Denmark & Muma, *Euseius concordis* (Chant), *Amblyseius herbicolus* (Chant) e *Iphiseiodes zuluagai* Denmark & Muma de ocorrência natural em cafeeiros (*Coffea arabica* L.) e sobre *Neoseiulus californicus* (McGregor) e *Phytoseiulus macropilis* (Banks) em roseiras (*Rosa* spp.) cultivadas em casa de vegetação.

Salienta-se que os ácaros predadores encontrados em lavoura cafeeira estão em associação com o ácaro-plano *Brevipalpus phoenicis* (Geijskes), vetor da mancha-anular do cafeeiro (Coffee Ring Spot Vírus - CoRSV) e com o ácaro-vermelho *Oligonychus ilicis* (McGregor) (Pallini Filho et al., 1992; Reis, 2002; Franco et al., 2009). Os ácaros predadores *N. californicus* e *P. macropilis* são amplamente criados e liberados para o controle biológico do ácaro-rajado, *Tetranychus urticae* Koch, em roseiras cultivadas em casa de vegetação (Souza-Pimentel et al., 2014; 2017). Alguns produtos já foram avaliados para análise da seletividade fisiológica aos ácaros predadores que vivem em cafeeiro, entre eles *E. alatus*, *E. citrifolius*, *E. concordis*, *A. herbicolus* e *I. zuluagai* (Tabela 6).

Tabela 6. Efeito de acaricidas e inseticidas, utilizados em cafeeiros, sobre fêmeas adultas de ácaros predadores (Phytoseiidae) em teste residual de laboratório sobre superfície de vidro; 2 mg do resíduo fresco do produto por cm² (n = 30)

Tratamento	Dose/100 litros de água	Espécie de ácaro predador/ Efeito total/ Classes de toxicidade									
		Euseius alatus		*Euseius citrifolius*		*Euseius concordis*		*Amblyseius herbicolus*		*Iphiseiodes zuluagai*	
		E[1]	CT[2]	E[1]	CT[2]	E[1]	CT[2]	E[1]	CT[2]	E[1]	CT[2]
Abamectin	30 mL	89,90	3	38,14	2	0,00	1	19,20	1	12,68	1
Chlorantraniliprole	18 g	-	-	17,86	1	-	-	13,80	1	0,00	1
Cyantraniliprole	350 mL	30,59	2	-	-	71,24	2	50,00	2	7,69	1
Fenbutatin Oxide	80 mL	52,02	2	21,62	1	0,00	1	57,70	2	29,51	1
Hexythiazox	3 g	17,65	1	23,21	1	-	-	27,59	1	0,00	1
Spirodiclofen	30 mL	76,47	2	49,37	2	0,00	1	70,73	2	29,51	1
Spiromesifen	60 mL	35,02	2	14,23	1	0,00	1	44,71	2	3,28	1
Sulfur	500 g	100,00	4	62,16	2	100,00	4	71,19	2	15,56	1
Emamectin	20 g	46,47	2	0,00	1	0,00	1	-	-	31,04	2
Emamectin	50 g	9,45	1	51,56	2	0,00	1	10,42	1	34,48	2
Chlorpyrifos	300 mL	100,00	4	100,00	4	-	-	100,00	4	100,00	4
Fenpropathrin	80 mL	-	-	-	-	100,00	4	-	-	-	-
Fenpyroximate	400 mL	-	-	-	-	100,00	4	-	-	-	-

[1]Efeito Total = E % = 100% -(100% - Mc) x Er, onde Mc = mortalidade corrigida e Er = Efeito na reprodução.[2]CT = Classes de toxicidade conforme a IOBC/WPRS: Classe 1 = $E < 30\%$ (inócuo), Classe 2 = $30\% \leq E \leq 79\%$ (levemente tóxico), Classe 3 = $80\% \leq E \leq 99\%$ (moderadamente tóxico) e Classe 4= $E > 99\%$ (tóxico). (-) ausência de testes com a espécie de ácaro. Fonte: Reis et al. (2004; 2006; 2007).

Analisando-se os dados apresentados na Tabela 6, referentes aos ácaros predadores encontrados em cafeeiros, observa-se que 75% dos produtos analisados mostraram algum grau de seletividade, e a maioria deles foi enquadrado nas classes 1 e 2 de seletividade conforme a escala proposta pela IOBC, ou seja, foram inócuos e levemente tóxicos. A espécie de ácaro predador que apresentou maior tolerância aos compostos foi *I. zuluagai*, com oito produtos inócuos e um levemente tóxico, seguido por *E. concordis*, com cinco inócuos e um levemente tóxico. A espécie *E. alatus* foi a mais sensível aos produtos, com dois inócuos e quatro levemente tóxicos. De acordo com os resultados fica claro que a seletividade fisiológica pode ser considerada específica, isto é, não é igual para todas as espécies de ácaros predadores, apesar de pertencerem à mesma família, detalhe que deve ser considerado no momento da escolha de um produto fitossanitário a ser aplicado.

Pelos resultados encontrados, pode-se concluir que os produtos analisados e pertencentes às classes 1 e 2, podem ser utilizados em programas de manejo integrado visando ao controle da broca-do-café *Hypothenemus hampei* (Ferrari), do bicho-mineiro *Leucoptera coffeella* (Guérin-Méneville.), do ácaro-vermelho *O. ilicis* e do ácaro da mancha-anular *B. phoenicis*, entre outras pragas que podem atacar os cafeeiros, sem afetar a população de ácaros predadores (Phytoseiidae), contribuindo assim para a conservação das espécies úteis que ocorrem naturalmente nos cafezais.

Em roseiras, o ácaro predador *N. californicus* é eficiente no controle do ácaro-rajado, *T. urticae*. Se necessário, o uso de produtos químicos para o controle de outras pragas ou doenças, o óleo mineral, acephate, tebuconazol, iprodione, fenpropathrin e o abamectin podem ser utilizados sem afetar significativamente o controle biológico do *T. urticae* por *N. californicus*. Entretanto, fenpyroximate não deve ser associado com o controle biológico utilizando o *N. californicus*, pois esse composto é considerado como moderadamente tóxico (classe 3) (Bakker et al., 1992) ou tóxico (T) (Boller et al., 2005) ao predador, conforme as classes de toxicidade da IOBC (Tabela 7).

Em outro estudo da seletividade fisiológica de produtos usados em roseiras cultivadas em casa de vegetação para os ácaros predadores *P. macropi-*

Tabela 7. Efeito de acaricidas, inseticidas e fungicidas, utilizados em roseiras, sobre fêmeas adultas de *Neoseiulus californicus* (Phytoseiidae) em teste residual de laboratório sobre superfície de vidro; 2 mg do produto por cm^2 (n = 30).

Tratamento	Grupo químico	Mc (%)[1]	Er[2]	E (%)[3]	Classes de Toxicidade[4]	
					Bakker et al., 1992[4]	Boller et al., 2005[5]
Testemunha	-	0,0	-	-	-	-
Óleo Mineral	Hidrocarboneto alifático	20,0	1,3	0,00	1	N
Tebuconazol	Triazol	56,7	0,9	61,03	2	M
Fenpropathrin	Piretroide	13,3	0,7	39,31	2	M
Acephate	Organofosforado	16,7	0,6	50,02	2	M
Iprodione	Dicarboxamida	26,7	0,5	63,35	2	M
Abamectin	Avermectina	23,3	0,6	53,98	2	M
Fenpyroximate	Pirazol	83,3	0,2	96,66	3	T

[1]Mc = mortalidade corrigida; [2]Er = Efeito na reprodução; [3]Efeito Total = E % = 100% -(100% - Mc) x Er, onde.[4]CT = Classes de toxicidade conforme a IOBC/WPRS: Classe 1 = E < 30% (inócuo), Classe 2 = 30% ≤ E ≤ 79% (levemente tóxico), Classe 3 = 80% ≤ E ≤ 99% (moderadamente tóxico) e Classe 4= E > 99% (tóxico). [5]Classe de toxicidade conforme Boller et al. (2005), onde T = tóxico e M = moderadamente tóxico. Fonte: Sousa-Pimentel et al. (2014).

lis e *N. californicus*, também foi utilizado o método residual de pulverização sobre uma superfície de vidro ou folha, conforme IOBC/WPRS. Foi constatado que à exceção de chlorfenapyr, os demais produtos avaliados, methiram + pyraclostrobin, thiofanate-methyl, boscalid + kresoxim-methyl, chlorothalonil, propargite, mandipropamid, mefenoxam, difenoconazol, bifenthrin e pyriproxifen, foram inócuos (classe 1) ou ligeiramente tóxicos (classe 2) para ambas as espécies (Tabelas 8 e 9). Os resultados indicaram que chlorfenapyr foi altamente tóxico apenas para *N. californicus* (classe 4); no entanto, após cinco dias da sua aplicação, nenhum resíduo tóxico desse produto foi detectado na superfície do vidro e por isso o produto passou a ser classificado como inócuo (classe 1) também para essa espécie de ácaro predador. Portanto, o ácaro predador *N. californicus*, em um programa de manejo integrado com o uso de chlorfenapyr, somente deve ser liberado após cinco dias da aplicação desse produto (Souza-Pimentel et al., 2017).

Tabela 8. Efeito de acaricidas, inseticidas e fungicidas utilizados em roseiras na região do Campo das Vertentes, estado de Minas Gerais, sobre fêmeas adultas de *Neoseiulus californicus*, em condições de laboratório à temperatura de 25 ± 2 °C, UR 70 ± 10% e 14 horas de fotofase (n = 35).

Tratamento	Mortalidade (%)	Mc (%)[1]	Er[2]	E (%)[3]	Classes de toxicidade[4]
Testemunha	14,30	-	-	-	-
Bifenthrin	22,90	10,00	0,61	44,97	2
Boscalid + Kresoxim-Methyl	25,70	13,30	1,23	0,00	1
Chlorfenapyr	100,00	100,00	-	100,00	4
Chlorothalonil	48,60	40,00	0,98	41,27	2
Difenoconazole	22,90	10,00	0,46	58,73	2
Metalaxyl-M + Mancozeb (Mefenoxam)	34,30	23,30	0,42	67,72	2
Mandipropamid	31,40	20,00	0,40	67,72	2
Methiram + Pyraclostrobin	20,00	6,70	0,61	42,86	2
Propargite	17,20	3,30	0,59	42,86	2
Pyriproxifen	14,30	0,00	0,34	66,14	2
Thiofanate-Methyl	5,40	0,00	0,17	79,00	2

[1]Mc = mortalidade corrigida; [2]Er = Efeito na reprodução; [3]Efeito Total = E % = 100% -(100% - Mc) x Er; [4]CT = Classes de toxicidade conforme a IOBC/WPRS: Classe 1 = E < 30% (inócuo), Classe 2 = 30% ≤ E ≤ 79% (levemente tóxico), Classe 3 = 80% ≤ E ≤ 99% (moderadamente tóxico) e Classe 4= E > 99% (tóxico). Fonte: Sousa-Pimentel et al. (2017).

Tabela 9. Efeito de acaricidas, inseticidas e fungicidas utilizados em roseiras na região do Campo das Vertentes, estado de Minas Gerais, sobre fêmeas adultas de *Phytoseiulus macropilis*, em condições de laboratório à temperatura de 25 ± 2 °C, UR 70 ± 10% e 14 horas de fotofase (n = 25).

Tratamento	Mortalidade (%)	Mc (%)[1]	Er[2]	E (%)[3]	Classes de toxicidade[4]
Testemunha	4,00	-	-	-	-
Bifenthrin	40,00	37,50	0,72	54,88	2
Boscalid + Kresox-im-Methyl	28,00	25,00	0,62	53,56	2
Chlorfenapyr	72,00	70,80	0,93	72,82	2
Chlorothalonil	28,00	25,00	0,98	26,65	1
Difenoconazole	68,00	66,70	1,29	56,99	2
Metalaxyl-M + Mancozeb (Mefenoxam)	32,00	29,20	1,04	26,65	1
Mandipropamid	16,00	12,50	0,57	50,13	2
Methiram + Pyraclos-trobin	48,00	45,80	1,30	29,55	1
Propargite	72,00	70,80	1,59	53,56	2
Pyriproxifen	40,00	37,50	1,14	29,02	1
Thiofanate-Methyl	36,00	33,30	0,47	68,87	2

[1] Mc = mortalidade corrigida; [2]Er = Efeito na reprodução; [3] Efeito Total = E % = 100% -(100% - Mc) x Er; [4] CT = Classes de toxicidade conforme a IOBC/WPRS: Classe 1 = E < 30% (inócuo), Classe 2 = 30% ≤ E ≤ 79% (levemente tóxico), Classe 3 = 80% ≤ E ≤ 99% (moderadamente tóxico) e Classe 4= E > 99% (tóxico). Fonte: Sousa-Pimentel et al. (2017).

Seletividade para crisopídeos

Os crisopídeos se destacam devido à sua abundância em agroecossistemas neotropicais e pela sua alta capacidade reprodutiva, voracidade e plasticidade ecológica. Esses predadores têm seus diferentes estágios do ciclo de vida afetados pelo uso de inseticidas e acaricidas. Carvalho et al. (2011) demonstraram que para a espécie *Ceraeochrysa cubana* (Hagen), os estágios de ovo e pupa se mostraram mais tolerantes a acaricidas. Referente aos efeitos dos compostos sobre *C. cubana* na fase adulta, verificaram que triazophos e carbosulfan causaram 100% de mortalidade para machos e fêmeas do predador, sendo então classificados na classe 4 (nocivos). Os piretroides fenpropathrin e bifenthrin apresentaram taxas de mortalidade relativamente mais altas para adultos (Tabela 10).

Tabela 10. Viabilidade, período embrionário, mortalidade e longevidade de adultos de *Ceraeochrysa cubana* e grau de toxicidade dos acaricidas avaliados[1].

Tratamento	Viabilidade (%)	Período embrionário (dias)	Grau de toxicidade*
Fenpropathrin	90,7 ± 3,55 ab	-4,9 ± 0,37 b	1
Bifenthrin	85,9 ± 5,98 ab	4,9± 0,42 ab	1
Bromopropylate	97,0 ± 8,11a	4,8± 0,33 b	1
Triazophos	77,9 ± 4,30 b	5,0 ± 0,45 ab	1
Carbosulfan	90,8 ± 4,58 ab	4,9 ± 0,40 b	1
Abamectin	88,4 ± 6,12 ab	4,9 ± 0,39 b	1
Hexythiazox	89,0 ± 4,15 ab	5,0 ± 0,41 b	1
Cyhexatin	92,4 ± 3,50 ab	5,0 ± 0,35 b	1
Testemunha	94,5 ± 5,10 ab	5,0 ± 0,45 b	-

Tratamento	Mortalidade (%)		Longevidade (dias)		Grau de toxicidade*
	Macho	Fêmea	Machos	Fêmeas	
Fenpropathrin	70,0±4,89b	50,0±4,36b	35,3±7,70a	45,5±4,40a	2
Bifenthrin	50,0±3,99b	60,0 ±5,89b	54,2±9,8a	52,1±5,72a	2
Bromopropylate	0,0±0,00a	0,0±0,00a	44,6±5,41a	49,4±4,87a	1
Triazophos	100,0±0,00c	100,0±0,00c	-	-	4
Carbosulfan	100,0± 0,00c	100,0±0,00c	-	-	4
Abamectin	0,0±0,00a	0,0±0,00a	53,0±7,84a	41,8±5,61a	1
Hexythiazox	0,0±0,00a	0,0±0,00a	46,5±3,59a	47,1±4,58a	1
Cyhexatin	0,0±0,00a	0,0±0,00a	54,0±8,81a	48,6±5,47a	1
Testemunha	0,0±0,00a	0,0±0,00a	53,9±8,88a	47,6±4,89a	-

[1] Médias seguidas da mesma letra na coluna não diferem significativamente entre si, pelo teste de Tukey ($P > 0,05$). *Classes de toxicidade da IOBC, onde: classe 1 = inócuo ($E < 30\%$ de mortalidade e/ou influência na reprodução do crisopídeo), classe 2 = levemente nocivo ($30\% \leq E \leq 79\%$), classe 3 = moderadamente nocivo ($80\% \leq E \leq 99\%$) e classe 4 = nocivo ($E > 99\%$).

A espécie *Chrysoperla externa* (Hagen) está presente em vários agroecossistemas, onde desempenha importante papel na regulação populacional de artrópodes pragas. No entanto, o uso de produtos químicos seja na forma de tratamento de sementes ou em pulverização pode causar efeitos negativos sobre esse predador. Nesse contexto, o efeito do tratamento de sementes de algodoeiro com thiamethoxam (Cruiser 350 FS - 600 mL 100 kg^{-1} de sementes) foi avaliado por Sâmia et al. (2018). Plantas tratadas e não tratadas foram cultivadas em vasos e mantidas em casa de vegetação. O efeito do inseticida foi avaliado quando as plantas se encontravam no estágio V2. Larvas neonatas foram mantidas em gaiolas contendo as plântulas oriundas de sementes de algodoeiro tratadas (estágio V2) até que alcançasse a fase de pupa. Os bioensaios com adultos foram conduzidos de forma semelhante ao bioensaio de larvas, permanecendo oito dias em contato com as plântulas. Durante o período de exposição, o néctar extrafloral foi a única fonte de hidratação dos insetos. Parâmetros reprodutivos dos adultos também foram avaliados entre gerações de desenvolvimento do predador. Thiamethoxam diminuiu a fertilidade dos ovos das gerações F0 e F1 de *C. externa* e prolongou o tempo de desenvolvimento pupal da geração F1. No bioensaio com adultos, thiamethoxam reduziu a viabilidade dos ovos, prolon-

Tabela 11. Efeito do inseticida thiamethoxam sobre características biológicas de *Chrysoperla externa* após larvas alimentarem de néctar extrafloral de plantas de algodoeiro provenientes de sementes tratadas.

Característica biológica	Exposição de larvas (F0)		Geração F1	
	Tratamento de sementes		Tratamento de sementes	
	Controle	Thiamethoxam	Controle	Thiamethoxam
Período larval				
Sobrevivência (%)	91,5 ± 1,1	84,0 ± 1,8	89,9 ± 3,2	81,5 ± 7,7
Tempo de desenvolvimento	10,7 ± 0,1	10,6 ± 0,1	11,9 ± 0,1	11,6 ± 0,1
Período pupal				
Sobrevivência (%)	95,5 ± 0,9	98,0 ± 0,6	100	100
Tempo de desenvolvimento	10,8 ± 0,2	10,9 ± 0,1	11,9 ± 0,1 b	12,3 ± 0,1 a
Adultos				
Adultos faratos (%)	15,8 ± 4,7 b	32,0 ± 7,5 a	8,7 ± 3,9 b	21,6 ± 5,1 a
Número de adultos emergidos	35	28	41	33
Razão sexual	0,41	0,54	0,49	0,55
Parâmetros reprodutivos				
Período de pré-oviposição	6,0 ± 0,2	6,3 ± 0,2	4,1 ± 0,1	4,4 ± 0,1
Fecundidade[1] (ovos fêmea^{-1})	125,9 ± 10,0	132,5 ± 14,2	55,8 ± 4,3	54,2 ± 4,7
Fertilidade (% larvas eclodidas)	89,3 ± 2,1 a	68,3 ± 1,6 b	93,8 ± 1,9 a	85,9 ± 2,1 b
Sobrevivência[2] (%)				
Fêmea	100	60,0 ± 16,3	100	100
Macho	87,5 ± 12,5	90,0 ± 10,0	100	100

[1]Número de ovos das três primeiras oviposições (geração F1). [2]Sobrevivência acumulada no último dia de avaliação. Médias seguidas de letras diferentes nas linhas são significativamente diferentes entre si.

gou o período larval e reduziu a fecundidade e a fertilidade da geração F1. Estes resultados demonstram que inseticidas sistêmicos aplicados no tratamento de sementes podem não ser seguros para a conservação de inimigos naturais. Desta forma, novos estudos com inseticidas sistêmicos aplicados em sementes são necessários para a avaliação de risco para organismos não alvos, principalmente em condições de campo (Tabelas 11 e 12).

Tabela 12. Efeito do inseticida thiamethoxam sobre características biológicas de *Chrysoperla externa* após adultos se alimentarem de néctar extrafloral de plantas de algodoeiro provenientes de sementes tratadas.

	Característica biológica	Tratamento de sementes	
		Controle	Thiamethoxam
Adutlos expsotos (F0)	Período de pré-oviposição	5,0 ± 0,0	5,2 ± 0,2
	Fecundidade[1] (ovos fêmea^{-1})	114,9 ± 14,8	136,5 ± 9,7
	Fertilidade (% larvas eclodidas)	97,7 ± 1,3 a	90,1 ± 2,3 b
	Sobrevivência[2] (%)		
	Fêmea	91,7 ± 5,8	95,8 ± 4,2
	Macho	83,3 ± 7,8	70,8 ± 9,5
Geração F1	**Período larval**		
	Sobrevivência (%)	82,9 ± 4,2	75,7 ± 2,9
	Tempo de desenvolvimento	11,6 ± 0,1 b	12,0 ± 0,1 a
	Período pupal		
	Sobrevivência (%)	96,4 ± 2,3	94,3 ± 4,1
	Tempo de desenvolvimento	12,6 ± 0,1	12,5 ± 0,1
	Adultos		
	Adultos faratos (%)	10,3 ± 3,9	3,8 ± 2,5
	Número adultos emergidos	51	47
	Razão sexual	0,53	0,62
	Parâmetros reprodutivos		
	Número de acasalados	18	21
	Período de pré-oviposição	4,1 ± 0,1	4,1 ± 0,1
	Fecundidade[1] (ovos fêmea^{-1})	54,7 ± 3,2 a	43,4 ± 4,3 b
	Fertilidade (% larvas eclodidas)	97,0 ± 0,9 a	91,8 ± 2,9 b
	Sobrevivência[2] (%)		
	Fêmea	100	100
	Macho	100	100

[1]Número de ovos da primeira oviposição (geração F1). [2]Sobrevivência acumulada no último dia de avaliação. Médias seguidas de letras diferentes nas linhas são significativamente diferentes entre si.

Seletividade para mirídeos

Os percevejos predadores da família Miridae alimentam-se de várias espécies de artrópodes pragas em culturas de importância econômica. A maioria dos resultados de pesquisas (Tabela 13) quanto à resposta desses inimigos naturais a produtos químicos vem sendo realizada com as espécies *Engytatus varians* Distant e *Macrolophus basicornis* (Stal) (Wanumen et al., 2016; Passos et al., 2017; Passos et al., 2018; Pérez-Aguilar et al., 2018). Pode-se observar que os inseticidas flubendiamide, spiromesifen e teflubenzuron são menos tóxicos para *M. basicornis* em comparação à espécie *E. varians*. Entretanto, a maioria dos compostos avaliados foram enquadrados nas clas-

Tabela 13. Classe de toxicidade de inseticidas para ninfas de terceiro ínstar e adultos de *Macrolophus basicornis* e *Engytatus varians*.

Tratamento	Concentração (mg ou mL i.a./L água)	Laboratório[1]		Laboratório estendido[2]	Semicampo[2]	
		Ninfas	Adultos	Adultos	Ninfas	Adultos
Macrolophus basicornis						
Flubendiamide	240	-	1	1	-	1
Spiromesifen	240	-	1	2	-	1
Indoxacarb	48	-	3	3	-	1
Imidacloprid	100	-	2	4	-	4
Abamectin	13,5	4	4	-	4	-
Cartape hydrochloride	1250	4	2	-	3	-
Teblubezuron	37,5	2	1	-	-	-
Chlorfenapyr	120	4	4	-	4	-
Chlorantraniliprole	27,6	3	1	-	1	-
Engytatus varians						
Abamectin	13,5	3	3	-	-	-
Chlorfenapyr	120	4	4	-	-	-
Teblubezuron	37,5	3	2	-	-	-
Thiamethoxam	20	3	3	-	-	-
Imidacloprid	48	3	2	-	-	-

[1]Categorias toxicológicas para testes laboratoriais: 1 = inofensivo (<30%), 2 = levemente nocivo (30% -79%), 3 = moderadamente prejudicial (80% -99%), 4 = nocivo (> 99%). [2]Categorias toxicológicas para testes de laboratório estendido e semicampo: 1 = inofensivo (<25%), 2 = levemente nocivo (25% -50%), 3 = moderadamente prejudicial (51% -75%), 4 = nocivo (> 75%).

ses 3 e 4, devendo ser avaliados em condições de semicampo e campo para comprovação da toxicidade. Dessa forma, estudos estão sendo conduzidos para fornecimento de novas informações visando a integração dessas espécies de predadores com produtos químicos.

Considerações finais

Levando-se em consideração que o Brasil é um dos maiores usuários de produtos fitossanitários do mundo, é de suma importância a realização de pesquisas que busquem o uso mais racional desses compostos, respeitando os fatores de mortalidade natural, como inimigos naturais.

A cada dia a sociedade exige da comunidade científica o desenvolvimento de medidas de controle de pragas, menos impactantes ao ambiente e menos nocivas ao homem. Nessa direção, o conceito de agricultura sustentável tem como um de seus pilares o uso racional e seletivo de produtos químicos em harmonia com o controle biológico de pragas. Os inimigos naturais são considerados um dos mais importantes fatores reguladores do crescimento populacional de pragas; portanto, sua conservação em agroecossistemas é de fundamental importância para o desenvolvimento de uma agricultura sustentável. No entanto, um dos principais entraves para o sucesso de programas de controle biológico é sua incompatibilidade com o método químico, principalmente no controle de pragas, uma vez que geralmente os inimigos naturais são mais sensíveis aos compostos do que os insetos-alvo durante e após as aplicações. Dessa forma, é necessário o desenvolvimento de estudos visando obter informações relacionadas aos efeitos letal e subletal de produtos sobre as principais espécies de inimigos naturais presentes em cada agroecossistema, sendo que os resultados obtidos poderão ser utilizados para a melhoria e sucesso na implantação de programas de manejo integrado de pragas.

Para manter e/ou atingir a sustentabilidade da produção global de alimentos a médio e longo prazos, é necessária uma alternativa na agricultura ao uso excessivo de produtos fitossanitários tóxicos, que provocam prejuízos na preservação de programas de controle biológico. No entanto, ao mesmo tempo, o lucro dos produtores não pode ser comprometido. Portanto, a melhor tecnologia disponível para combinar sustentabilidade e rentabilidade do produtor é o uso do MIP, que propõe o uso racional de inseticidas adotando-se níveis de ação (NAs) para aplicar produtos químicos, priorizando sempre os mais seletivos ou aplicações feitas de forma seletiva. Assim, na abordagem do MIP, o uso de compostos seletivos ou sua aplicação de forma seletiva (seletividade fisiológica e ecológica) é crucial para a integração entre os métodos químico e biológico, contribuindo para a sustentabilidade do setor agrícola.

Referências Bibliográficas

Alexandre, T. M. (2010). *Estratégias para o manejo integrado de Pseudoplusia includens (Walker)(Lepidoptera: Noctuidae) em soja*. 104 p. (Tese) Universidade Federal do Paraná.

Bacci, L., Pereira, E. J. G., Fernandes, F. L., Picanço, M. C., Crespo, A. L. B., Campos, M. R. (2006). Seletividade fisiológica de inseticidas a vespas predadoras (Hymenoptera: Vespidae) de *Leucoptera coffeella* (Lepidoptera: Lyonetiidae). *BioAssay*, *10*(1), 1-7.

Bakker, F. M., Groove, A., Bluemel, S., Calis, J. N. M., Omen, P. (1992). Side-effect test for phytoseiids and their rearing methods. *IOBC/WPRS Bulletin*, *15*, 61-81.

Beloti, V. H. (2014). *Seletividade de inseticidas recomendados para a produção integrada de citros sobre o parasitoide Tamarixia radiata (Waterston, 1922) (Hymenoptera: Eulophidae)*. 89 f. (Dissertação) Universidade de São Paulo / Escola Superior de Agricultura "Luiz de Queiroz".

Boller, E. F., Vogt, H., Ternes, P. & Malavolta, C. (2005). Working document on selectivity of pesticides. Disponível em http://www.iobc.ch/2005/Working%20Document%20 Pesticides_Explanations.pdf.

Bueno, A. F. & Bueno, R. C. O. F. (2012a). Integrated pest management as a tool to mitigate the pesticide negative impact into the agroecosystem: the soybean example. In: Jokanovic, M. (Ed.). *The impact of pesticides*. Cheyenne: Academy Publish.165-190.

Bueno, A. F., Sosa-Gómes, D. R., Côrrea-Ferreira, B. S., Moscardi, F. & Bueno, R. C. O. F. (2012b). Inimigos naturais das pragas da soja. In: Hoffmann-Campo, C. B., Côrrea-Ferreira, B. S. & Moscardi, F. (Eds.). *Soja: Manejo Integrado de Insetos e outros Artrópodes-Praga*. Brasília: Embrapa. 493-630.

Bueno, R. C. O. F., Parra, J. R. P. & Bueno, A. F. (2012c). *Trichogramma pretiosum* parasitism of *Pseudoplusia includens* and *Anticarsia gemmatalis* eggs at different temperatures. *Biological Control*, *60*(2), 154-162.

Bueno, A. F., Carvalho, G. A., Santos, A. C., Sosa-Gomez, D. R. & Silva, D. M. (2017). Pesticide selectivity to natural enemies: challenges and constraints for research and field recommendation. *Ciência Rural*, *47*(6), 1-10.

Carvalho, G. A., Carvalho, C. F. & Ferreira, M. N. (2011). Toxicidade de acaricidas a ovos e adultos de *Ceraeochrysa cubana* (Hagen, 1861) (Neuroptera: Chrysopidae). *Ciência e Agrotecnologia*, *35*(1), 165-171.

Chien, C. C. (1995). The role of parasitoids in the pest management of citrus psyllid. In: *Symposium on Research and Development of Citrus in Taiwan,* Proceedings... Taiwan: TARI. 245-261.

Cividanes, F. J. & Barbosa, J. C. (2001). Effects of no-tillage and of soybean-corn intercropping on natural enemies and pests. *Pesquisa Agropecuária Brasileira*, *36*(2), 235-241.

Conte, O., Oliveira, F. T., Harger, N., Corrêa-Ferreira, B. S., Roggia, S., Prando, A. M. & Seratto, C. D. (2018). *Resultados do Manejo Integrado de Pragas da Soja na safra 2017/18 no Paraná*. Londrina: Embrapa-CNPSo. 66p. (Documentos 402).

Corrêa-Ferreira, B. S. & Moscardi, F. (1985). *Potencial de consumo dos principais insetos predadores ocorrentes na cultura da soja. Resultados de Pesquisa de Soja 1984/85*. Londrina: Embrapa-CNPSo. 79. (Documentos 15).

Corrêa-Ferreira, B. S. & Moscardi, F. (1995). Seasonal occurrence and host spectrum of egg parasitoids associated with soybean stink bugs. *Biological Control*, *5*(2), 196-202.

Corrêa-Ferreira, B. S. & Pollato, S. L. B. (1989). Biologia e consumo do predador *Callida* sp. (Coleoptera: Carabidae) criado em *Anticarsia gemmatalis* Hübner, 1818. *Pesquisa Agropecuária Brasileira*, *24*(8), 923-927.

Corso, I. C. (1989). Efeito de inseticidas sobre inimigos naturais de insetos pragas da soja. In: *Resultados de Pesquisa de Soja – 1988/89: Entomologia*. Londrina: Embrapa Soja. 32-36.

Corso, I. C. & Gazzoni, D. L. (1998). Sodium chloride: an insecticide enhancer for controlling pentatomids on soybeans. *Pesquisa Agropecuária Brasileira*, *33*, 1.563-1.571.

Costa V. A. C., Berti Filho E. & Sato M. E. (2006). Parasitoides e predadores no controle de pragas. In: Pinto A. S., Nava D. E., Rossi M. M. & Malerbo-Souza D. T. *Controle biológico de pragas na prática*. Piracicaba: Prol. 25-34.

Degrande, P. E., Reis, P. R.; Carvalho, G. A. & Belarmino, L. C. (2002). Metodologia para avaliar o impacto de pesticidas sobre inimigos naturais. In: Parra, J. R. P., Botelho, P. S. M., Correa-Ferreira, B. S. & Bento, J. M. S. (Eds.), *Controle Biológico no Brasil: Parasitoides e Predadores*. São Paulo: Manole. 71-93.

Deutsch, C. A., Tewksbury, J. J., Tigchelaar, M., Battisti, D. S., Merrill, S. C., Huey, R. B. & Naylor, R. L. (2018). Increase in crop losses to insect pests in a warming climate. *Science*, *361*(6405), 916-919.

Diniz, A. J. F., Garcia, A. G., Alves, G. R., Reigada, C., Vieira, J. M. & Parra, J. R. P. (2020). The Enemy is Outside: Releasing the Parasitoid *Tamarixia radiata* (Hymenoptera: Eulophidae) in External Sources of HLB Inocula to Control the Asian Citrus Psyllid *Diaphorina citri* (Hemiptera: Liviidae). *Neotropical Entomology*, *49*(2), 250–257. https://doi.org/10.1007/s13744-019-00736-y

Fernandes, F. L., Bacci, L. & Fernandes, M. S. (2010). Impact and selectivity of insecticides to predators and parasitoids. *EntomoBrasilis*, *3*(1), 1-10.

Franco, R. A., Reis, P. R., Zacarias, M. S., Altoé, B. F. & Barbosa, J. P. R. A. D. (2009). Influência da infestação de *Oligonychus ilicis* (McGregor, 1917) (Acari: Tetranychidae) sobre a taxa de fotossíntese potencial de folhas de cafeeiro. *Arquivos do Instituto Biológico*, *76*(2), 205-210.

Hoffmann-Campo, C. B., Moscardi, F., Corrêa-Ferreira, B. S., Oliveira, L. J., Sosa-Gómez, D. R., Panizzi, A. R., Corso, I., Gazzoni, D. L. & Oliveira, E. B. (2000). *Pragas da soja no Brasil e seu manejo integrado*. Londrina: Embrapa Soja. 70p. (Circular Técnica, 30).

Lira, A. C. S. (2013). *Seletividade fisiológica de acaricidas utilizados em citros para Tamarixia radiata (Waterston, 1922) (Hymenoptera: Eulophidae)*. 51p. (Dissertação) Universidade Federal de Lavras.

Margaría C. B., Loiácono, M. S. & Lanteri, A. A. (2009). New geographic and host records for scelionid wasps (Hymenoptera: Scelionidae) parasitoids of insect pests in South America. *Zootaxa*, *2.314*, 41-49.

Medeiros, M. A., Schimidt, F. V. G., Loiácono, M. S., Carvalho, V. F. & Borges, M. (1997). Parasitismo e predação em ovos de *Euschistus heros* (Fab.) (Heteroptera: Pentatomidae) no Distrito Federal, Brasil. *Anais da Sociedade Entomológica do Brasil*, *26*(2), 397-401.

Pallini Filho, A., Moraes, G. J. & Bueno, V. H. P. (1992). Ácaros associados ao cafeeiro (*Coffea arabica* L.) no Sul de Minas Gerais. *Ciência e Prática*, *16*(3), 303-307.

Parra, J. R. P. (2006). A prática do controle biológico de pragas no Brasil. In: Pinto, A. S., Nava, D. E., Rossi, M. M. & Malerbo-Souza, D. T. (Eds.). *Controle biológico de pragas na prática*. Piracicaba: Prol. 11-24.

Parra, J. R. P., Alves, G. R., Diniz, A. J. F. & Vieira, J. M. (2016). *Tamarixia radiata* (Hymenoptera: Eulophidae) × *Diaphorina citri* (Hemiptera: Liviidae): Mass Rearing and Potential Use of the Parasitoid in Brazil. *Journal of Integrated Pest Management*, *7*(1), 1–11. https://doi.org/10.1093/jipm/pmw003

Parra, J. R. P., Botelho, P. S. M., Corrêa-Ferreira, B. S. & Bento, J. M. S. (2002). Controle biológico: terminologia. In: Parra, J. R. P., Botelho, P. S. M., Correa-Ferreira, B. S. & Bento, J. M. S. (Eds.), *Controle Biológico no Brasil: Parasitoides e Predadores*. São Paulo: Manole. 1-16.

Passos, L. C., Soares, M. A., Collares, L. J., Malagoli, I., Desneux, N. & Carvalho, G. A. (2018). Lethal, sublethal and transgenerational effects caused by insecticides on *Macrolophus basicornis*, predator of *Tuta absoluta*. *Entomologia Generalis*, *38*(2), 27-143.

Passos, L. C., Soares, M. A., Costa, M. A., Michaud, J. P., Freire, B. C. & Carvalho, G. A. (2017). Physiological susceptibility of the predator *Macrolophus basicornis* (Hemiptera: Miridae) to pesticides used to control of *Tuta absoluta* (Lepidoptera: Gelechiidae). *Biocontrol Science and Technology*, *27*(9), 1.082-1.095.

Pazini, J. B., Grützmacher, A. D., Martins, J. F. da S., Pasini, R. A. & Rakes, M. (2016). Selectivity of pesticides used in rice crop on *Telenomus podisi* and *Trichogramma pretiosum*. *Pesquisa Agropecuária Tropical*, *46*(3), 327-335.

Pazini, J. B., Pasini, R. A., Rakes, M., De Armas, F. S., Seidel, E. J., Martins, J. F. da S. & Grützmacher, A. D. (2017b). Toxicity of pesticide tank mixtures from rice crops against *Telenomus podisi* Ashmead (Hymenoptera: Platygastridae). *Neotropical Entomology*, *46*(4), 461-470.

Pazini, J. B., Pasini, R. A., Seidel, E. J., Rakes, M., Martins, J. F. da S. & Grützmacher, A. D. (2017a). Side-effects of pesticides used in irrigated rice areas on *Telenomus podisi* Ashmead (Hymenoptera: Platygastridae). *Ecotoxicology*, *26*(6), 782-791.

Pérez-Aguilar, D. A., Soares, M. A., Passos, L. C., Martínez, A. M., Pineda, S. & Carvalho, G. A. (2018). Lethal and sublethal effects of insecticides on *Engytatus varians* (Heteroptera: Miridae), a predator of *Tuta absoluta* (Lepidoptera: Gelechiidae). *Ecotoxicology*, *27*(6), 1-10.

Rangel, L. E. P. (2015). Defesa Agropecuária: Perdas e Danos para o Agronegócio. *Agroanalysis*, *5*, 30-31.

Reis, P. R. (2002). *Brevipalpus phoenicis*, ácaro vetor da mancha-anular em cafeeiro: bioecologia, dano e controle. In: *Simpósio de Pesquisa dos Cafés do Brasil*, 3, *Resumos...* Brasília: Embrapa Café. 257-280.

Reis, P. R., Pedro Neto, M., Franco, R. A. & Teodoro, A. V. (2004). Controle de *Brevipalpus phoenicis* (Geijskes, 1939) e *Oligonychus ilicis* (McGregor, 1917) (Acari: Tenuipalpidae, Tetranychidae) em cafeeiro e o impacto sobre ácaros benéficos. I - Abamectin e emamectin. *Ciência e Agrotecnologia*, *28*(2), 269-281.

Reis, P. R., Pedro Neto, M., Franco, R. A. & Teodoro, A. V. (2006). Selectivity of agrochemicals on predatory mites (Phytoseiidae) found on coffee plants. *Coffee Science*, *1*(1), 64-70.

Reis, P. R., Altoé, B. F. & Franco, R. A. (2007). Controle de ácaros-praga em cafeeiro com produto de efeito fisiológico e o impacto sobre ácaros benéficos. *Coffee Science*, *2*(2), 123-134.

Ripper, W. E., Greenslade, R. M. & Hartley, G. S. (1951). Selective insecticides and biological control. *Journal of Economic Entomology*, *44*(4), 448-449.

Sâmia, R. R., Gontijo, P. C., Oliveira, R. L. & Carvalho, G. A. (2018). Sublethal and transgenerational effects of thiamethoxam applied to cotton seed on *Chrysoperla externa* and *Harmonia axyridis*. *Pest Management Science*, *75*, 694–701.

Santos, A. C., Bueno, A. F. & Bueno, R. C. O. F. (2006). Seletividade de Defensivos Agrícolas aos Inimigos Naturais. In: Pinto, A. S., Nava, D. E., Rossi, M. M. & Malerbo-Souza, D. T. (Eds.). *Controle Biológico de Pragas na Prática*. Piracicaba: Prol. 221-227.

Souza-Pimentel, G. C., Reis, P. R., Silveira, E. C., Marafeli, P. P., Silva, E. A. & Andrade, H. B. (2014). Biological control of *Tetranychus urticae* (Tetranychidae) on rosebushes using *Neoseiulus californicus* (Phytoseiidae) and agrochemical selectivity. *Revista Colombiana de Entomología*, *40*(1), 80-84.

Souza-Pimentel, G. C., Reis, P. R., Marafeli, P. P. & Alves, J. P. (2017). Physiological selectivity to predatory mites of *Tetranychus urticae* (Acari: Tetranychidae) on rosebushes growing in greenhouse. *International Journal of Environmental & Agriculture Research*, *3*(12), 14-22.

Torres, J. B. & Bueno, A. F. (2018). Conservation biological control using selective insecticides – A valuable tool for IPM. *Biological Control*, *26*, 53–64.

van Lenteren, J. C., Bolckmans, K., Kohl, J., Ravensberg, W. J. & Urbaneja, A. (2018). Biological control using invertebrates and microorganisms: plenty of new opportunities. *BioControl*, *62*, 1-25.

Wanumen, A. C., Carvalho, G. A.; Medina, P., Vinuela, E. & Adán, Á. (2016). Residual acute toxicity of some modern insecticides toward two mirid predators of tomato pests. *Journal of Economic Entomology*, *109*(3), 1.079-1.085.

Zalucki, M. P., Admson, D. & Furlong, M. J. (2009). The future of IPM: whither or wither? *Australian Journal of Entomology*, *48*, 85-96.

CAPÍTULO 19

Uso de semioquímicos no controle biológico de pragas

José Maurício S. Bento
Maria Fernanda Gomes Villalba Peñaflor

Introdução

Parasitoides e predadores de insetos herbívoros vivem em ambientes altamente complexos, repletos de estímulos visuais, auditivos, físicos, gustativos e olfativos (Vet & Dicke, 1992; Ode, 2013; Wäschke et al., 2013; Aartsma et al., 2017). No curso da evolução, os inimigos naturais foram selecionados quanto às habilidades de reconhecer, desde longas distâncias, sinais detectáveis e confiáveis sobre o ambiente que o cercam, facilitando assim a localização de hospedeiros/presas, parceiros sexuais e até competidores coespecíficos ou heteroespecíficos (Hilker & McNeil, 2008). Enquanto as pistas visuais, táteis e vibracionais, atuam apenas a curtas distâncias e podem ser limitadas por barreiras, as químicas agem a variadas distâncias, transpõem as barreiras e são detectáveis independentemente da luz (Alcock, 2009). Neste cenário, dentre todos os estímulos, os sinais químicos são os mais relevantes (Bernal & Luck, 2007) e desempenham papel fundamental nas relações que possam favorecer o manejo biológico destes organismos (Weatherston & Minks, 1995; Smart et al., 2014; Sharma et al., 2019).

Dentre os artrópodes, os inimigos naturais aperfeiçoaram uma ampla gama de receptores para detecção dos sinais químicos (Quicke, 1997). A integração de fatores endógenos do organismo receptor como o estado nutricional, estágio de desenvolvimento e sexo, associado com os estímulos químicos provenientes do organismo emissor, resultará em uma resposta comportamental adequada do receptor (Browne, 1993).

O termo semioquímico (do grego *sēmeíon* ~ sinal) compreende os sinais químicos utilizados na comunicação entre os mais diversos organismos e que alteram o comportamento ou fisiologia do receptor (Nordlund & Lewis, 1976). Quando há troca de informações químicas entre organismos de uma mesma espécie (ação intraespecífica), o semioquímico é denominado "feromônio", e quando esta troca se dá entre espécies distintas (ação interespecífica), denomina-se "aleloquímico".

Os feromônios podem ser desencadeadores ou preparadores, se alterarem o comportamento ou modificar a fisiologia do receptor, respectivamente. Entre os desencadeadores, de acordo com a sua função podem ser classificados como: feromônio sexual, alarme, trilha, agregação, antiagregação, marcação do hospedeiro, entre outros.

Nos aleloquímicos, os compostos químicos envolvidos na comunicação podem ser classificados como: (i) alomônios, se o sinal beneficiar o emissor, mas prejudicar o receptor; (ii) cairomônios, se beneficiar o receptor, mas prejudicar o emissor; (iii) sinomônios, se beneficiar tanto o emissor quanto o receptor; e (iv) antimônios, se prejudicar o emissor e o receptor (Nordlund & Lewis, 1976; Dicke & Sabelis, 1988). Os odores do corpo do hospedeiro ou presa ou aqueles associados, como originários das fezes ou "honeydew", ou seus feromônios, são exemplos de cairomônios importantes no processo de localização de presa/hospedeiro pelos inimigos naturais (Vet & Dicke, 1992; Afsheen et al., 2008). Igualmente importantes para os agentes de controle biológico são os odores das plantas sob ataque da presa/hospedeiro, conhecidos como 'Voláteis de Plantas Induzidos pela Herbivoria' (VPIH), que constituem sinomônios por recrutarem inimigos dos herbívoros (benefício para a planta emissora) e facilitarem o encontro da presa/hospedeiro (benefício para o receptor) (Dicke et al., 1990; Turlings et al., 1990).

Neste capítulo, apresentamos e discutimos as principais táticas descritas na literatura para uso dos semioquímicos com a finalidade de otimizar o controle biológico de pragas, por meio de agentes entomófagos. Além disso, abordamos novas e promissoras possibilidades de uso de feromônios e aleloquímicos em associação com o controle biológico.

Feromônios e o controle biológico

Feromônios de insetos-praga, quando utilizados no Manejo Integrado de Pragas (MIP), inegavelmente promovem a redução no uso de agroquímicos na agricultura. Consequentemente, favorecem a adoção do controle biológico, e vice-versa, sendo ambas estratégias compatíveis.

Os feromônios são estudados e utilizados com sucesso no MIP, especialmente, para monitorar as populações de insetos-praga, removê-las do ambiente (coleta massal) ou interferir diretamente em seu comportamento e reduzir seus danos/injúrias (atrai-mata e confusão sexual). Existe uma extensa literatura sobre este tema com inúmeros casos de sucesso (Witzgall et al., 2010). Neste contexto, há três elementos que determinam o fascínio destes compostos químicos e que viabilizam seu uso no MIP: (i) são específicos, (ii) atuam em quantidades muito baixas, e (iii) em sua grande maioria não são tóxicos aos animais, incluindo o homem.

Contudo, quando o enfoque principal são os feromônios produzidos pelos inimigos naturais e suas possibilidades de uso no MIP – visando manipular suas populações para um aprimoramento do controle biológico – os estudos e sua aplicabilidade são ainda bem limitados (Aldrich & Cantelo, 1999; Wermelinger, 2004; Khan et al., 2008).

Assim como os demais insetos, parasitoides e predadores costumam utilizar feromônios sexuais ou de agregação para acasalar antes de buscar seus respectivos hospedeiros e presas (Pompanon et al., 1997; Quite, 1997; Ruther et al., 2000). Além disso, podem fazer uso de feromônios para marcar os locais visitados ou hospedeiros recém parasitados, e desse modo evitar o superparasitismo (Rabb & Bradley, 1970; van Alphen & Visser, 1990; Hofsvang, 1990; Nufio & Papaj, 2001). Apesar disso, estes feromônios mencionados são pouco aproveitados nos sistemas agrícolas.

Estratégias de uso

Uma possibilidade de uso dos feromônios de parasitoides e predadores para aumento na eficácia do controle biológico é a atração e retenção destes inimigos naturais numa área onde se deseja concentrar sua atuação contra os insetos-praga. Um exemplo comercial desta estratégia é o feromônio de agregação do percevejo, *Podisus maculiventris* (Say), um predador generalista. Esse produto, quando bem utilizado atrai e mantém este inseto na área, sendo conhecido por '*Spined Soldier Bug Attractors*™', da Sterling International (Veradale, WA, EUA). Embora seja comercializado, principalmente, no mercado de hortas domésticas, também foi empregado com sucesso para suprimir o besouro do Colorado, *Leptinotarsa decemlineata* (Say), em plantações de batata na costa leste dos EUA (Aldrich & Cantelo, 1999).

Outra estratégia promissora para o emprego de feromônios no controle biológico, e ainda pouco explorada é a adoção de um nível de controle (NC) para a liberação de inimigos naturais, a partir do monitoramento de adultos de insetos-praga em armadilhas (Figura 1). Embora o conceito de NC tenha sido primeiramente adotado no MIP, visando a aplicação mais racional de agroquímicos, nada impede que o mesmo princípio seja utilizado no controle biológico. Para isso, o NC já estabelecido para muitos insetos-praga nas mais diversas culturas é também o ponto de partida para a tomada de decisão na liberação ou não de inimigos naturais. Todavia, alguns critérios importantes necessitam ser respeitados ou ajustados, para evitar perdas econômicas na cultura (nível de dano econômico – NDE).

Primeiramente, deve-se levar em conta que o monitoramento com feromônio baseia-se na coleta de adultos do inseto-praga em armadilhas, e que o parasitoide ou predador utilizado não necessariamente atua neste estágio do desenvolvimento. Portanto, a liberação do inimigo natural, geralmente, não deve acontecer imediatamente ao se atingir o NC, como ocorre para a aplicação de inseticidas – que em muitas situações são dirigidas para o controle dos adultos. Por exemplo, se o inimigo natural a ser liberado é um parasitoide de ovos, ao se atingir o NC nas armadilhas com o feromônio (ex. Lepidoptera), o produtor deve aguardar um tempo (em dias) suficiente para que haja ovos na idade adequada ao parasitismo, levando-se em conta o ciclo biológico do inseto-praga alvo (período de pré-oviposição). O mesmo princípio deve ser adotado, se a fase monitorada for um adulto (armadilha), e a fase larval for a responsável pelos danos na cultura. Neste caso, se o inimigo natural a ser liberado for um parasitoide larval, deve-se considerar os períodos de pré-oviposição, oviposição, eclosão de lagartas e do tempo para atingir o ínstar(es) ideal(is) para o parasitismo. Desse modo, para ambos os exemplos citados, o controle biológico será mais preciso e eficiente, já que o inimigo natural terá a idade e maturidade sexual adequada no momento da liberação e poderá atuar diretamente no alvo e idade específica do hospedeiro/presa desejado.

Até um passado recente, o uso desta estratégia era pouco viável para lavouras extensivas, em razão da baixa disponibilidade de inimigos naturais e de feromônios de insetos-praga no mercado, além dos custos de mão-de-obra abundante para as avaliações periódicas das armadilhas e das liberações destes insetos. Entretanto, com o aumento no número de empresas na área de controle biológico e de feromônios, associado ao uso de novas tecnologias – como drones e armadilhas automatizadas –, as liberações de inimigos naturais passaram a cobrir extensas áreas em tempo reduzido com um custo cada vez mais baixo. Ademais, o uso de drones, por exemplo, pode ser adaptado para a liberação dos mais diversos inimigos naturais, incluindo parasitoides de ovos e larvais, e predadores. Do mesmo modo, o uso de armadilhas automatizadas de feromônio que permitem o registro de capturas em tempo real. Os dados são enviados para uma central, que processam essas informações e podem ser combinadas com dados biológicos dos insetos e das condições

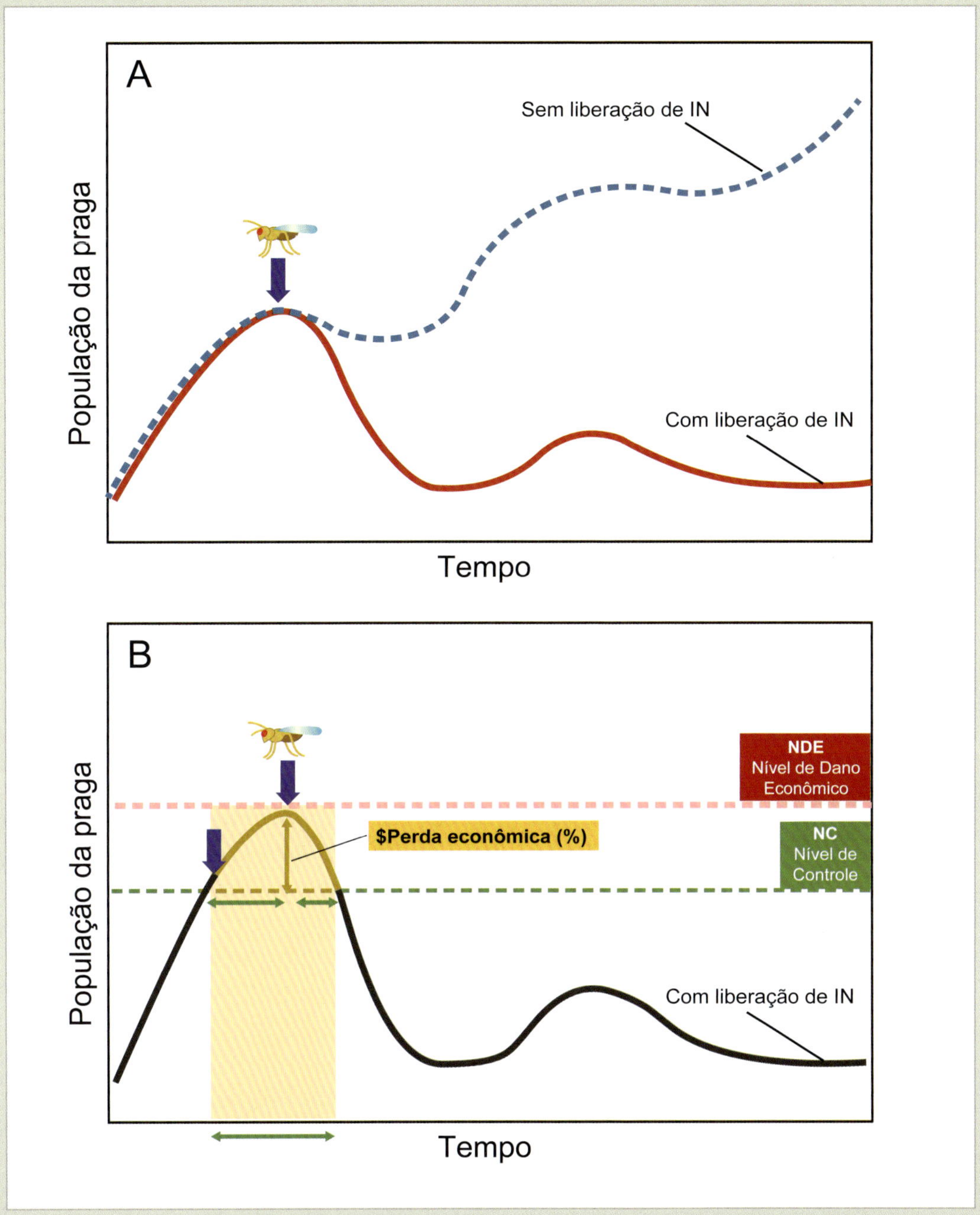

Figura 1. Critérios de liberação de inimigos naturais para o controle biológico (CB) de pragas. (A) A decisão de se liberar ou não um inimigo natural, num dado momento ao longo da safra, pode ser decisivo sobre a população de uma praga ao longo do tempo, visando sua redução (*linha cheia vermelha*) ou aumento (*linha pontilhada azul*); (B) A adoção de um critério baseado no Nível de Controle (NC) (*linha pontilhada verde*) para a liberação de um inimigo natural, torna o CB mais eficiente do que um critério levando-se em conta o Nível de Dano Econômico (NDE) (*linha pontilhada vermelha*), em razão do tempo necessário para atuação desse organismo e uma possível perda econômica da produção nas plantas atacadas.

meteorológicas locais. Essa nova concepção, vem revolucionando o MIP, pois podem prever com grande acurácia o momento ideal para a liberação dos inimigos naturais. Adicionalmente, novos sensores instalados no campo e sistemas de algoritmos podem aprimorar ainda mais o modelo de manejo adotado, tornando o controle biológico ainda mais sofisticado e preciso.

Para algumas culturas, a estratégia de liberação de inimigos naturais a partir de um NC do inseto-praga, levando-se em conta seu monitoramento por feromônio, vem sendo implementada gradativamente, com resultados promissores. É o caso, por exemplo, do bicho-furão-dos-citros, *Gymnandrosoma aurantianum* Lima, cujo feromônio para o seu monitoramento encontra-se disponível comercialmente desde o início da década de 2000 (Parra et al., 2004; Bento et al., 2016). Estudos preliminares indicaram que, uma vez atingido o NC de seis machos/semana em armadilhas instaladas a cada 10 ha em plantações de citros, o parasitoide de ovos, *Trichogramma atopovirilia* Oatman & Platner, deve ser liberado dois dias após esta constatação (correspondente ao período de pré-oviposição da praga) quando haverá posturas do hospedeiro na área amostrada (Gómez-Torres, 2005).

De modo semelhante, na cultura do milho, esta estratégia vem sendo também aperfeiçoada para a lagarta-do-cartucho, *Spodoptera frugiperda* (J. E. Smith). De acordo com Cruz et al. (2012), a partir do monitoramento de *S. frugiperda* com o feromônio sintético é possível sincronizar tanto a aplicação de inseticidas de modo mais assertivo para atingir as lagartas no terceiro ou quarto ínstares (ínstares mais suscetíveis), quanto para definir a liberação de inimigos naturais, baseados em sua biologia. Tomando como NC a captura de ao menos três machos/armadilha, e um intervalo de três dias após atingir este índice – que corresponde ao período médio de incubação dos ovos de *S. frugiperda* (Cruz, 1995) – deve-se realizar a liberação de dez adultos por m^2 (~100 mil/ha) do parasitoide de ovos, *Trichogramma pretiosum* Riley. Nos experimentos foram realizadas até quatro liberações na safra (~400 mil/ha), e os resultados indicaram uma relação inversa entre o dano de *S. frugiperda* e o número de liberações do parasitoide, ou seja, a nota de dano observada nas plantas de milho, reduziu linearmente com o aumento do número de liberações do parasitoide.

Em ambos os exemplos, tanto em citros como em milho, embora os resultados preliminares sejam satisfatórios, o momento exato e o número ideal de parasitoides liberados ainda necessitam ser confirmados e/ou ajustados em futuros estudos.

Para os insetos-praga que ainda não possuem um feromônio comercial disponível, ainda assim essa estratégia pode ser utilizada. É o caso do uso de parasitoides para o controle biológico da broca-da-cana-de-açúcar, *Diatraea saccharalis* (Fabricius). Tradicionalmente, as amostragens desta praga sempre foram realizadas por meio da avaliação da Intensidade de Infestação

(I.I.), levando-se em conta o número de colmos broqueados pelas lagartas e/ou com sintomas da podridão vermelha (pontos fixos por hectare ou pelo sistema hora-homem) (Botelho & Macedo, 2002). Uma vez atingido o NC (I.I. >3%), faz se a liberação do parasitoide larval *Cotesia flavipes* (Cameron). Nesse sentido, boa parte do sucesso até hoje alcançado por esse sistema, deve-se justamente ao fato de se tratar de um parasitoide larval de *D. saccharalis*. Todavia, essa amostragem ainda que largamente utilizada, apresenta um elevado custo de mão-de-obra, considerando as extensas áreas de plantio de cana-de-açúcar. Mais recentemente, de acordo com Pinto et al. (2019), o emprego de armadilhas contendo fêmeas virgens da broca-da-cana (até que se obtenha um feromônio sintético) para determinar o momento de liberação de parasitoides, vem substituindo gradativamente esse sistema até então adotado. Além da redução de custos como fator principal para sua adoção no campo, trata-se de um sistema mais versátil e rápido de acompanhamento ao longo da safra. Ademais, para o controle biológico há um leque de opções biológicas disponíveis comercialmente, que podem ser empregados no momento mais propício, que coincida com a fase de vida da broca-da-cana que se deseja controlar. A recomendação atual é de uma armadilha para cada 12,5 ha e o NC de dez machos/armadilha/semana. Nesse sentido, as opções biológicas e o tempo ajustado para sua liberação/aplicação após atingir o NC são: (i) parasitoide de ovos, *Trichogramma galloi*, após 5-10 dias; (ii) bactéria *Bacillus thuringiensis,* após 10-15 dias; (iii) fungo *Beauveria bassiana,* após 10-15 dias; e (iv) parasitoide larval, *Cotesia flavipes,* após 21 (primavera/verão) a 30 dias (outono/inverno). Estes tempos (em dias), foram ajustados, de acordo com a biologia de *D. saccharalis*, segundo os autores (*vide* capítulo 8).

Outro critério – para o uso de armadilhas com feromônio e o controle biológico – que ainda carece de mais estudos para aperfeiçoamento do sistema, refere-se ao número ideal de inimigos naturais a ser liberado após se atingir o NC. Para isso, a quantidade de indivíduos liberados é determinante para o sucesso desta estratégia no MIP, levando-se em conta a eficiência do parasitismo/predação e a otimização dos custos envolvidos

Aleloquímicos e o controle biológico

Na etapa inicial do processo de seleção hospedeira, os inimigos naturais guiam-se por pistas químicas voláteis (ou compostos orgânicos voláteis – COVs) detectáveis a longas distâncias, que irão auxiliá-los na localização do hábitat do seu hospedeiro/presa (Vinson, 1976, 1984). Esses químicos, em geral, não são provenientes dos hospedeiros/presas e seus subprodutos (fezes, fios de seda, escamas das asas), que são compostos de média a baixa volatilidade e disponíveis em pequenas quantidades. Já os sinais químicos emitidos pelas plantas que hospedam seus hospedeiros/presas são detectáveis a longas distâncias, não só por serem mais abundantes (as plantas apresentam maior biomassa), mas também de alta volatilidade (Vet & Dicke, 1992). Além disso, as plantas emitem uma composição distinta de COVs ao serem consumidas pelos artrópodes herbívoros, chamados de Voláteis de Plantas Induzidos pela Herbivoria (VPIH) (*herbivore-induced plant volatiles*, em inglês), que sinalizam a presença de potenciais hospedeiros/presas (Turlings et al., 1990; Turlings & Tumlinson, 1991). Assim, a longas distâncias, os COVs das plantas intactas (chamados de voláteis constitutivos) ou atacadas por herbívoros (VPIH) constituem pistas químicas importantes para os inimigos naturais localizarem o hábitat do seu hospedeiro/presa ou, mais especificamente, a planta onde se encontra o hospedeiro/presa (McCormick et al., 2012; Webster & Cardé, 2017).

A emissão de VPIH é resultante da resposta das plantas induzida pela herbivoria de artrópodes que inclui também a síntese de metabólitos não voláteis que atuam contra o herbívoro. Como os VPIH comumente atraem o terceiro nível trófico, os parasitoides e predadores do herbívoro, eles atuam como defesas induzidas indiretas da planta (Mumm & Dicke, 2010; Turlings & Erb, 2018), porém desempenham outros papéis ecológicos importantes, como serão mencionados ao longo deste capítulo. Com relação à interação tritófica, os VPIH são categorizados como sinomônios, pois, em termos de *fitness*, beneficiam ambas as espécies envolvidas na interação (planta e inimigo natural do herbívoro) (Schuman et al., 2012).

A próxima etapa da seleção hospedeira dos inimigos naturais consiste na localização do hospedeiro/presa a curtas e médias distâncias e os odores derivados da espécie de hospedeiro/presa desempenham um papel importante na localização (Vet & Dicke, 1992). Esses aleloquímicos, categorizados como cairomônios, podem ser provenientes dos estágios alvo, ou não alvo, do parasitismo e têm função na atração e retenção do inimigo natural (Afsheen et al., 2008). No contato com o hospedeiro/presa, os inimigos naturais detectam cairomônios mais específicos que informam a adequação do hospedeiro/presa e, assim, o aceitam ou rejeitam para o parasitismo ou predação (Roux et al., 2007).

Tanto os químicos das plantas quanto aqueles provenientes do hospedeiro/presa comumente apresentam uma composição complexa de dezenas a centenas de compostos. Porém, em geral, apenas alguns compostos são biologicamente ativos e suscitam comportamentos no inimigo natural que podem ser de atração (movimentação em direção à fonte de odor), alerta (paralização e antenação) ou arrestamento (permanência no local) (Guo & Wang, 2019). Além disso, os inimigos naturais artrópodes são capazes de expandir o repertório de pistas químicas usadas na localização do seu hospedeiro/presa após a aprendizagem por experiência ou exposição a novas pistas químicas (Geervliet et al.,

1998; Turlings et al., 2006). Assim, a eficácia dos inimigos naturais na localização do hospedeiro/presa guiada pelos odores depende não só da composição da mistura de COVs (quantidades, proporções e compostos), mas também da experiência dos inimigos naturais (McCormick et al., 2012; Kruidhof et al., 2015).

Nas últimas duas décadas, o conhecimento mais aprofundado sobre o papel dos químicos das plantas e dos hospedeiros/presas no comportamento dos inimigos naturais permitiu o desenvolvimento de estratégias de manipulação dos agentes de controle biológico com o objetivo de recrutá-los ou melhorar a sua eficácia na localização hospedeira (Peñaflor & Bento, 2013; Sharma et al., 2019). Essas táticas podem ser empregadas em associação com o Controle Biológico Clássico, Aumentativo ou Conservativo por meio da liberação de compostos sintéticos, manipulação das defesas das plantas, uso de genótipos de plantas com defesas mais robustas e condicionamento olfativo dos agentes de controle biológico. Para tanto, os compostos químicos de natureza volátil são os mais explorados para atração e retenção nas áreas, assim como no condicionamento dos inimigos naturais. Enquanto as táticas que exploram a resposta induzida da planta são mais diversificadas, aquelas usando compostos cairomonais limitam-se à liberação de suas versões sintéticas para o recrutamento e retenção dos inimigos naturais (Peñaflor, 2019). A seguir, é apresentado um panorama geral das estratégias mais promissoras para manipulação do comportamento dos inimigos naturais em campo.

Liberação de cairomônios sintéticos

Os cairomônios derivados do corpo ou dos subprodutos do hospedeiro foram os primeiros aleloquímicos a serem estudados e testados em táticas aliadas do controle biológico (Lewis et al., 1972; Gross et al., 1981). Diversas fontes de cairomônios do hospedeiro/presa, que são explorados de maneira inata pelos inimigos naturais, foram descritas, tais como pellets fecais (Steidle et al., 2003), *honeydew* (Mehrnejad & Copland, 2006), hidrocarbonetos cuticulares (Ohara et al., 1996), escamas das asas (Dalen et al., 2015), feromônios (Fatouros et al., 2008), secreção de defesa (Morawo & Fadamiro, 2018), secreção do oviduto (De Santis et al., 2008) e fios de seda das glândulas labiais (Gauthier et al., 2004). Dentre eles, os feromônios do hospedeiro/presa são os mais promissores no aumento do recrutamento dos inimigos naturais devido à alta volatilidade e atração de diversas espécies de inimigo naturais, especialmente os parasitoides de ovos (Fatouros et al., 2008; Milonas et al., 2009). Além disso, a disponibilidade comercial das versões sintéticas dos feromônios sexuais ou de agregação para o uso no monitoramento ou controle da praga (coleta massal, confundimento) facilita o seu emprego em táticas de recrutamento de inimigos naturais. O princípio consiste na distribuição de liberadores com o feromônio na área, mas sem o uso da armadilha de captura, geralmente empregada para o monitoramento de pragas. Há estudos mostrando que a liberação de um ou mais componentes do feromônio sexual de Lepidoptera ou de agregação de percevejos (Hemiptera) aumenta entre duas a três vezes o parasitismo de ovos em campo (Son et al., 2009; Lim & Mainali, 2013).

Apesar desses exemplos de sucesso, a atração de parasitoides de ovos com o uso de feromônios nem sempre resulta no aumento do parasitismo em campo (Vieira et al., 2014) e muitos pesquisadores questionam se a atração associada à ausência de recompensa (hospedeiro, presa ou alimento) prejudica a localização do hospedeiro/presa (Khan et al., 2008). Assim, uma adaptação da tática de liberação dos feromônios sintéticos no recrutamento de parasitoides de ovos foi a associação do feromônio com ovos inviáveis do hospedeiro provindos de criações em laboratório. Essa abordagem, chamada de "attract-and-reward" ("atrai e recompensa", em tradução literal), não só reforça a associação do químico com a presença do hospedeiro, mas pode proporcionar o aumento populacional dos parasitoides de ovos resultante do parasitismo dos ovos inviáveis (Alim & Lim, 2011). Mas, em geral, as táticas usando feromônios para atração de inimigos naturais não são muito exploradas talvez por recrutarem pragas dos cultivos vizinhos (Rahman et al., 2018) ou uma gama restrita de inimigos naturais, os parasitoides de ovos.

Liberação de voláteis de plantas sintéticos

A partir dos anos 2000, o melhor entendimento sobre o papel ecológico dos VPIH no comportamento dos inimigos naturais possibilitou que táticas empregando esses sinomônios fossem desenvolvidas (Dicke & Grostal, 2001; Arimura et al., 2005). Diferentemente do uso de feromônios sexuais e agregação, que são especialmente atraentes para os parasitoides de ovos, os VPIH são conhecidos por atraírem uma ampla diversidade de inimigos naturais, ou seja, predadores, parasitoides larvais, pupais, ninfais e de ovos (Gohole et al., 2003; Mumm & Dicke, 2010). As versões sintéticas de vários componentes das misturas de VPIH são disponíveis comercialmente e, por isso, o uso dos sintéticos para o recrutamento e retenção de inimigos naturais foi uma das primeiras táticas a serem exploradas (James, 2003a,b).

O uso individual da maior parte dos VPIH não atrai uma considerável diversidade de inimigos naturais (James, 2003a,b, 2005; James & Grasswitz, 2005), provavelmente porque a atratividade dos VPIH para um inimigo natural é resultante da combinação de alguns compostos em determinadas proporções, e não da simples presença de alguns compostos na mistura (van Wijk et al., 2011; Tamiru et al., 2015). Além disso, muitos dos VPIH podem atrair insetos herbívoros, o que não é desejável em uma tática de manejo integrado de pragas (Kaplan, 2012). Somente a liberação individual do salicilato de metila (ou *methyl salicylate*, MeSA), um éster benzenoide, ou de voláteis de folhas verdes (ou *green leaf volatiles*, GLVs), álcoois, aldeídos e ésteres com seis carbonos na cadeia, mostraram-se promissores no recrutamento de um maior número de espécies de inimigos naturais em campo. Ambos são voláteis muito comuns entre espécies de plantas sob infestação de artrópodes herbívoros (Paré & Tumlinson, 1997; Dudareva et al., 2006)

A liberação de MeSA, em particular, é bem documentada por atrair uma vasta gama de predadores, como joaninhas (Coleoptera: Coccinellidae), crisopídeos (Neuroptera: Chrysopidae), sirfídeos (Diptera: Syrphidae), ácaros (Acari) e percevejos *Orius* spp. (Hemiptera: Anthocoridae) em campo (James, 2003b, 2006; James & Price, 2004; Zhu & Park, 2005; Lee, 2010; Rodriguez-Saona et al., 2011a; Gadino et al., 2012) e, em menor extensão, parasitoides (Kelly et al., 2014; Simpson et al., 2011a). Com base nisso, foi elaborado um produto comercial usando MeSA incorporado em sachês de liberação lenta (Predalure, AgBio Inc., Westminster, CO, USA), recomendado como uma tática aliada do Controle Biológico Conservativo em cultivos protegidos, por atuarem não só como atraentes, como também na retenção dos predadores (Ingwell et al., 2018).

Apesar de muitos estudos relatarem a atração de predadores para áreas tratadas com o produto ou com liberadores de MeSA, os resultados na supressão populacional das pragas não são consistentes e a eficácia parece depender da cultura, praga alvo e distância do liberador (Mallinger et al., 2011; Rodriguez-Saona et al., 2011a; Woods et al., 2011). Além disso, o MeSA pode ser repelente para determinadas espécies de parasitoides (Snoeren et al., 2010), atrair algumas espécies de herbívoros pragas e hiperparasitoides dependendo do sistema de estudo (Orre et al., 2010; Gordon et al., 2013). Por isso, é importante analisar os efeitos da liberação de MeSA em cada sistema anteriormente à recomendação do uso.

A emissão de GLVs em campo também aumenta a abundância e o número de espécies de inimigos naturais nas áreas tratadas (James 2003b, 2005; Yu et al., 2008). A emissão volátil dos GLVs é bem conhecida por resultar em *priming* (em português, preparação) nas plantas, isto é, a exposição das plantas a esses voláteis estimula a preparação das defesas induzidas da planta, em um estado de latência. Assim, após o ataque pela herbivoria, as defesas das plantas são expressas mais rapidamente e/ou vigorosamente após o ataque de herbívoros (Engelberth et al., 2004; Runyon et al., 2006; Balmer et al., 2015). Nesse sentido, as plantas expostas aos GLVs, uma vez atacadas, podem emitir mais rapidamente os VPIH, otimizando a localização do hospedeiro pelos parasitoides (Frost et al., 2008; Li et al., 2016). Mas, apesar da ação direta e indireta dos GLVs, em campo, a liberação desse grupo de voláteis não resulta no aumento do parasitismo de espécies pragas (von Mérey et al., 2011; Vieira et al., 2014).

Assim como no uso de cairomônios sintéticos, uma questão relevante dessa tática refere-se à atração do inimigo natural associada à falta de recompensa que resulta em efeitos negativos na habilidade de localização do hospedeiro/presa (Kaplan, 2012). Assim, testou-se a emissão de VPIH sintéticos com fontes de alimento artificial para "atrair e recompensar" os inimigos naturais (Simpson et al., 2011b,c). Além de evitar associações negativas dos inimigos naturais com os VPIH, a adição de fonte alimentar constitui um alimento alternativo que mantém os inimigos naturais nos cultivos mesmo quando a população hospedeira está baixa ou ausente e aumenta a sua longevidade e fecundidade. Esse princípio é bem explorado em táticas de controle biológico conservativo por meio da adição de flores produtoras de néctar, cuja fragrância floral também atua como atraente, porém outros aspectos, tais como a cor das flores, contribuem para o recrutamento dos inimigos naturais (Gillespie et al., 2016). Neste contexto, a combinação de um HIPV atraente com flores produtoras de néctar poderia ser altamente eficiente na atração de inimigos naturais, porém não foi demonstrado um efeito sinérgico entre as duas fontes de atraentes no recrutamento de inimigos naturais e controle das pragas em campo (Gordon et al., 2013; Salamanca et al., 2018). Resultados semelhantes também foram reportados usando fontes artificiais de alimento (Simpson et al., 2011c), sugerindo que essa associação do odor com a recompensa não otimiza o controle biológico.

Em resumo, tanto a emissão de GLVs quanto de MeSA em campo apresentam potenciais benefícios e riscos semelhantes. Entre os benefícios, estão o recrutamento de inimigos naturais e a ativação do estado de *priming* nas plantas, enquanto os riscos consistem na atração de herbívoros e hiperparasitoides (Orreet et al., 2010; Kaplan, 2012; Poelman et al., 2012). Assim, o emprego de VPIH sintéticos em campo para aumentar a eficácia do controle biológico precisa ser estudado de acordo com as particularidades de cada agrossistema, visto que as interações mediadas pelos VPIH são espécie-específicas.

Manipulação da emissão de aleloquímicos pelas plantas

Esta estratégia compreende o uso de substâncias ou microrganismos benéficos que estimulam o sistema de defesas e a manipulação genética de plantas. O objetivo dessas táticas é não só aumentar o recrutamento dos inimigos naturais, mas também otimizar a localização do hospedeiro/presa, pois a resposta induzida da planta à herbivoria em termos de emissão de voláteis é mais intensa e/ou iniciada mais rapidamente.

As substâncias químicas que estimulam as defesas das plantas podem ser indutoras de resistência (*elicitors*, em inglês) ou agentes de *priming*, também chamados de "vacinas de plantas" por fortalecerem o sistema imune das plantas (Quintana-Rodriguez et al., 2018). Essa tática foi melhor estudada no controle de doenças do que de pragas, e algumas substâncias indutoras das defesas contra herbívoros, hoje conhecidas, foram primeiramente descritas para o controle de doenças (Walters et al., 2013). Os indutores mais bem estudados são os hormônios ácido jasmônico (AJ) e o ácido salicílico (AS), seus derivados (jasmonatos ou salicilatos) e análogos (Stout et al., 2002). Esses dois sinalizadores vegetais, juntamente com o etileno (ET), têm um papel central na regulação das defesas induzidas da planta contra a herbivoria (Howe & Jander, 2008). Os voláteis derivados do AJ e AS, tais como o jasmonato de metila (MeJA, sigla para methyl jasmonate), cis-jamona e MeSA, são também importantes na comunicação planta-planta, atuando como agentes de *priming* (Birkett et al., 2000; Okada et al., 2015; Rowen et al., 2017). Mas, podem ser utilizados em soluções aquosas, assim como os próprios hormônios para aplicação direta na planta, atuando como indutores (Turlings & Erb, 2018).

O grupo dos jasmonatos é o mais estudado como indutores de plantas no controle de insetos pragas, pois a ativação da via de sinalização do AJ é a principal na regulação de defesas da planta contra a herbivoria (Thaler et al. 2002; Ament et al. 2004; Howe, 2008). Em geral, a aplicação exógena dos jasmonatos em plantas resulta no incremento das defesas químicas diretas (por exemplo, substâncias tóxicas, antinutritivas ou repelentes que afetam diretamente os herbívoros) e indiretas (recrutamento dos inimigos naturais dos herbívoros) da planta contra insetos (Boland et al., 1995; Thaler et al. 1996; Thaler, 1999a,b). No entanto, esse tratamento também interfere no crescimento vegetal e frutificação, pois a via de sinalização do AJ regula outros processos fisiológicos da planta (Borrego & Kolomiets, 2016). Assim, há limitações no emprego dos jasmonatos como indutores de resistência de plantas, porém alguns deles (em especial, os derivativos do AJ) produzem efeitos mais discretos sobre parâmetros de produtividade, principalmente a baixas concentrações (na ordem de miliMolar) (Thaler, 1999b; Sanches et al., 2017). Além disso, a ideia é que o custo fisiológico da síntese das defesas induzidas pelos jasmonatos compense os efeitos sobre o crescimento e produtividade devido ao dano reduzido causado pelos artrópodes herbívoros.

Entre os jasmonatos, o MeJA é o mais estudado na indução de defesas contra herbivoria e mostra ser eficiente como indutor de resistência tanto sob aplicação foliar, via solo ou no tratamento de semente (Svoboda & Boland, 2010; Smart et al., 2013). No entanto, em relação ao recrutamento de inimigos naturais, a aplicação foliar de MeJA é a mais eficiente e usada, pois induz uma emissão de voláteis atrativa similar à mistura liberada por plantas sob herbivoria (Gols et al., 1999; Bruinsma et al., 2009), enquanto o tratamento nas sementes produz efeitos variáveis sobre as defesas indiretas das plantas (Smart et al., 2013; Strapasson et al., 2014).

Apesar de muitos estudos em laboratório reportarem que o tratamento com jasmonatos induz a emissão de voláteis de plantas atrativos aos inimigos naturais (Dicke et al., 1999; Gols et al., 1999; Bruinsma et al., 2009; Sanches et al., 2017), em campo, as evidências que o uso desses indutores melhora a eficácia do controle biológico são escassas (Heil, 2004; Lou et al., 2005; von Mérey et al., 2012). Por exemplo, Vieira et al. (2013) mostraram que a aplicação foliar de *cis*-jasmona em soja resultou no aumento do recrutamento de parasitoides de ovos de percevejos, mas não alterou as taxas de parasitismo de ovos, que foram similares às das áreas não tratadas. Esses resultados sugerem que a emissão de voláteis induzida pela aplicação dos jasmonatos não facilita a localização do hospedeiro pelos inimigos naturais, provavelmente porque se orientam por voláteis atraentes emitidos por plantas intactas, ou seja, sem hospedeiros/presas.

Nesse sentido, o uso de agentes de *priming* pode ser mais vantajoso do que os indutores para otimizar a localização hospedeira pelo inimigo natural, pois a planta expressa um elevado nível das defesas somente na presença do hospedeiro presa. O indutor comercial benzo (1,2,3)-thiadiazole-7-carbothioic acid-S-methyl ester (BTH) é um análogo do AS usado no controle de fitopatógenos, mas atua como um agente de *priming* das defesas indiretas das plantas de milho e feijão caupi, tornando-as mais atraentes aos parasitoides larvais somente após a herbivoria (Sobhy et al., 2012, 2014, 2018). Apesar dos salicilatos e seus análogos mostrarem resultados promissores como agentes de *priming* ou indutores das defesas diretas e indiretas contra alguns herbívoros, a ativação da via do AS pode interagir antagonistamente com a via de sinalização do AJ na planta, resultando em suscetibilidade a insetos pragas em geral (Thaler et al., 1999; Felton & Korth, 2000; Bostock et al., 2001). Por isso, diferentemente dos jasmonatos, o uso dos salicilatos no aumento da resistência contra herbívoros deve ser criterioso considerando as particularidades de cada espécie vegetal, assim como da comunidade de artrópodes do agrossistema.

Os microrganismos benéficos que habitam o solo e se associam às plantas, como os fungos micorrízicos e rizobactérias, podem também ativar um estado de latência das defesas das plantas conhecido como resistência sistêmica induzida (ou induced systemic resistance, ISR) (van der Ent et al., 2009; Song et al., 2013). As rizobactérias promotoras de crescimento de plantas (RPCP) são bem estudadas devido ao interesse comercial como bioestimulantes (Du Jardin, 2015). Em uma interação complexa com a planta, as rizobactérias estimulam o crescimento das plantas e ativam a ISR porque disponibilizam nutrientes do solo e produzem moléculas que estimulam o sistema imune da planta (Vessey, 2003). Assim, plantas inoculadas com RPCP de linhagens compatíveis frequentemente apresentam defesas induzidas mais vigorosas e emitem uma mistura de VPIH mais atrativa para os inimigos naturais do que plantas não inoculadas (Rasmann et al., 2017; Bell et al., 2020). Porém, os estudos com essa abordagem ainda são escassos e são necessários testes em campo para avaliar se a associação com RPCP reflete em maior eficácia do controle biológico.

De maneira similar, o silício (Si), um mineral não essencial, que atua como bioestimulante em gramíneas (Richmon & Sussman, 2003), promove o aumento da atratividade dos voláteis das plantas para inimigos naturais (Liu et al., 2017; Oliveira et al., 2020) que, provavelmente, contribuiu com maiores taxas de parasitismo em cultivos tratados com o mineral (Nickpay, 2016; Nickpay et al., 2017). Há poucas informações a respeito do mecanismo, mas parece que, dependendo da espécie de planta, o acúmulo de Si nos tecidos vegetais de gramíneas desencadeia o *priming* ou induz a via de sinalização do AJ (Ye et al., 2013; Oliveira et al., 2020). Embora os estudos sobre o Si no controle biológico sejam iniciais, tanto o Si quanto as RPCP são bioestimulantes promissores para a agricultura, pois além de melhorarem características de crescimento e vigor da planta, têm potencial para aumentar a eficácia do controle biológico por meio da sensibilização das defesas induzidas das plantas. Essa é uma vantagem dos bioestimulantes em relação aos indutores à base de hormônios que afetam outros processos fisiológicos da planta.

Mais recentemente, pequenos peptídeos, ATP, fragmentos de DNA e parede celular gerados pelo dano nas células vegetais, que constituem padrões moleculares associados ao dano (DAMPs, do inglês *damage-associated molecular patterns*), foram sugeridos como uma nova classe de indutor ou agente *priming* para a resistência contra artrópodes (Huffaker et al., 2013; Huffaker, 2015; Ferrusquía-Jiménez et al., 2020). Os DAMPs são sinais importantes no reconhecimento e regulação da defesa induzida da planta e são encontrados em extratos vegetais, que contêm uma série de fragmentos de moléculas derivadas de células (Bonaventure, 2018). Esses extratos podem ser da mesma espécie de planta, de outra ou de algas e têm a vantagem de serem naturais, porém, novamente, esses agentes foram mais estudados na resistência contra patógenos do que contra artrópodes (Quintana-Rodriguez et al., 2018). Essa tática, apesar de ser ainda incipiente, abre perspectivas para o uso de extratos botânicos multifuncionais, com ação inseticida e indutor de resistência de plantas, por exemplo.

A manipulação genética das plantas é uma ferramenta útil no estudo dos mecanismos e vias de sinalização envolvidas na indução de defesas em modelos genéticos de plantas, como *Arabidopsis thaliana* L., seja por meio do "desligamento" (*knockout*) ou super expressão de genes, e a transgenia (Aharoni et al., 2003, 2005; Tholl et al., 2005; Schnee et al., 2006). Com o avanço do conhecimento bioquímico e molecular das plantas, os estudos com abordagem aplicada foram direcionados ao desenvolvimento de genótipos com super expressão ou transgenia de genes associados às enzimas terpeno sintases que participam da biossíntese dos terpenos (ou isoprenoides), a classe dominante na mistura de VPIH e bem conhecidos por serem atraentes a diversos inimigos naturais (Degenhardt et al., 2003; Tholl, 2006; Maffei, 2010; Aljbory & Chen, 2018).

Nesse sentido, os estudos com plantas de interesse agrícola modificadas geneticamente ainda são escassos e a maior parte trata de ensaios laboratoriais, os quais confirmam a liberação aumentada ou de novos compostos terpenos pela planta e a consequente atração dos inimigos naturais. O estudo em campo mais conhecido foi com uma variedade americana de milho que, por ter perdido a capacidade de emitir o sesquiterpeno (*E*)-*β*-cariofileno pelas raízes após a herbivoria, não atraia o principal agente de controle biológico de *Diabrotica virgifera virgifera* LeConte, os nematoides entomopatogênicos. A inserção de um gene de terpeno sintase originária da planta de orégano fez com que o milho emitisse (*E*)-*β*-cariofileno pelas raízes e, assim, houvesse controle das larvas de *D. v. virgifera* pelo recrutamento dos nematoides entomopatogênicos (Degenhardt et al., 2009).

Todavia, o sucesso da manipulação dos genes que expressam terpeno sintases é limitado, pois, além de poder impactar o crescimento e desenvolvimento das plantas (Aharoni et al., 2003), resulta na emissão contínua (ou constitutiva) pela planta (Cheng et al., 2007; Xiao et al., 2012). De modo similar a outras táticas mencionadas anteriormente, a emissão do sinal químico pela planta na ausência da presa/hospedeiro, deve prejudicar a ação dos agentes de controle biológico (Stenberg et al., 2015). Assim, são necessários mais estudos moleculares para desenvolver métodos em que a expressão dos genes manipulados é ativada com o ataque da herbivoria, em um mecanismo semelhante aos genes que são sensíveis ao AJ (Wasternack & Parthier, 1997).

Genótipos que liberam VPIH mais atrativos

Há uma grande variação na composição de VPIH, em termos qualitativo e quantitativo dos compostos, entre os genótipos de uma espécie de planta (Gouinguené et al., 2001; Degen et al., 2004), podendo, ou não, resultar em modificações das interações com os inimigos naturais (Rapusas et al., 1996; Degen et al., 2012; Michereff et al., 2019). Em geral, os genótipos mais modernos de plantas cultivadas são mais suscetíveis do que aqueles mais rústicos ou selvagens, pois foram resultantes de processos de seleção artificial na domesticação e melhoramento genético direcionados ao aumento da palatabilidade, produtividade e otimização do manejo da cultura (por exemplo, simplificação da arquitetura da planta) (Gols et al., 2011; Meyer et al., 2012). Em contrapartida, as características de resistência da planta contra pragas e patógenos não foram consideradas nesses processos (Chen et al., 2015). Além disso, os cruzamentos entre parentais próximos, que são realizados em programas de melhoramento ou de produção de sementes, afeta negativamente a emissão de VPIH e pode causar alterações na atratividade para os inimigos naturais (Delphia et al., 2009; Kariyat et al., 2012). Como consequência, hoje, temos plantas muito produtivas, porém, ao mesmo tempo mais dependentes de insumos agrícolas para proteção fitossanitária, já que as suas defesas são fracas, incluindo as de natureza química.

O milho (*Zea mays* L. ssp. *mays*) é um sistema bem estudado com relação aos efeitos do processo de domesticação e melhoramento genético, pois apresenta espécies ancestrais que ainda ocorrem em ambientes naturais, o teosinto, e variedades rústicas, como os milhos crioulos (de Lange et al., 2014). Os estudos nesse sistema mostram um padrão claro com relação à atenuação das defesas diretas ao longo da domesticação (transição teosinto – milho) e no melhoramento genético (transição de variedades rústicas –modernas) (Rosenthal & Dirzo, 1997; Dávila-Flores et al., 2013). No entanto, com relação às indiretas, os efeitos desses processos de seleção nas interações tritrófica são variáveis, pois, dependendo da espécie de inimigo natural, eles são capazes, ou não, de discriminar entre as emissões de ancestrais e do milho moderno (Gols et al., 2011; Tamiru et al., 2011; Mutyambai et al., 2015; de Lange et al., 2016). Já em outras espécies de plantas cultivadas, como feijão, repolho e tomate, os inimigos naturais são mais atraídos pelos VPIH dos genótipos mais ancestrais do que das cultivares modernas (Benrey et al., 1998; Li et al., 2018).

Outra questão relevante na variação intraespecífica das defesas de planta é que pode haver diferenças nas partições do alocamento energético entre defesas constitutivas e induzidas, ou diretas e indiretas. Por exemplo, um determinado genótipo pode apresentar defesas diretas fracas, mas altas defesas indiretas, ou vice-versa, em comparação a outro genótipo (balanço energético denominado de *trade-off*) (Ballhorn et al., 2008). Porém, muitos genótipos não apresentam esse balanço energético entre defesas diretas e indiretas (Rodriguez-Saona et al., 2011b), mas também é importante notar que defesas diretas, tais como metabólitos tóxicos e tricomas glandulares, podem afetar negativamente os inimigos naturais (Gols, 2014). Isso ocorre, por exemplo, em insetos herbívoros que acumulam metabólitos secundários de plantas da Família Brassicaceae (os glucosinolatos), como estratégia de deter a ação de parasitoides e predadores (Kos et al., 2012). Assim, a seleção de um genótipo resistente que integre de forma harmônica com o controle biológico deve considerar que as defesas químicas diretas não sejam tão acentuadas de modo que não prejudique a ação dos agentes de controle biológico (Pappas et al., 2017).

A seleção dos genótipos que emitem VPIH mais atrativos para os inimigos naturais pode ser iniciada por meio de ensaios de olfatometria em laboratório antes das avaliações em campo. Os resultados dessa seleção inicial em laboratório frequentemente refletem nas taxas de parasitismo dos genótipos em campo, de modo que aqueles que emitem VPIH mais atrativos são os que possuem maiores taxas de parasitismo (Lou et al., 2006; Poelman et al., 2009; Aartsma et al., 2019). Mesmo em ambientes mais complexos, onde o cultivo é diversificado ou adjacente a fragmentos florestais, o uso de genótipos altamente atrativos parece ser uma tática que aumenta a eficácia do controle biológico conservativo e aplicado, pois os inimigos naturais são capazes de discriminar os VPIH desses genótipos e, assim, encontrar com mais facilidade a presa/hospedeiro (Aartsma et al., 2019, 2020).

Dependendo da espécie de planta, é possível que não existam cultivares que emitam VPIH altamente atrativos para os inimigos naturais e que programas de melhoramento genético devam ser conduzidos para o desenvolvimento desses novos genótipos. Nesse sentido, os genótipos ancestrais ou rústicos para incorporação de características de resistência, como as defesas indiretas, são materiais genéticos importantes para otimizar a eficácia dos agentes de controle biológico. Diferentemente das táticas anteriormente mencionadas, nas quais os aleloquímicos atrativos são emitidos sem a ocorrência do hospedeiro/presa, o uso de genótipos com defesas induzidas indiretas mais vigorosas é uma tática mais promissora, pois manipulam o comportamento dos inimigos naturais por meio de sinais químicos confiáveis, isto é, que indicam a presença do hospedeiro/presa.

Condicionamento dos agentes de controle biológico

Alguns dos principais entraves no sucesso do Controle Biológico Aumentativo em ambientes abertos são a dispersão dos inimigos naturais e a disponibilidade de hospedeiros/presas alternativos à praga alvo (Michaud, 2018). Esses problemas podem ser decorrentes da preferência inata dos inimigos naturais por odores de determinados hospedeiros e plantas, ou das condições da criação massal (Canale & Benelli, 2012). Há inimigos naturais, por exemplo, que não apresentam preferência inata pelos VPIH emitidos pela cultura alvo e se dispersam no ambiente logo após liberação, resultando em uma baixa eficácia do controle populacional da praga (Dumont et al., 2011).

Os inimigos naturais, em especial parasitoides (Ordem Hymenoptera), tornam-se mais eficientes na localização do hospedeiro no ambiente ao aprenderem novas pistas químicas e reterem esse aprendizado (memória) (Giunti et al., 2015). Para incrementar a eficácia do Controle Biológico Aumentativo, é possível "treinar" os parasitoides aos aleloquímicos da praga alvo e/ou da cultura sob infestação da praga (os VPIH) anteriormente à liberação em campo. Há várias táticas de "treinamento", chamadas de Condicionamento Olfativo de Parasitoides (COP, em inglês *Parasitoid Olfactory Conditioning*) propostas na literatura que se baseiam nos processos de aprendizado das parasitoides, empregando odores da praga alvo (feromônio, por exemplo) ou da cultura alvo sob infestação da praga (os VPIH) (Kruidhof et al., 2019).

O aprendizado em parasitoides pode ocorrer associativamente quando o adulto detecta a pista química e, simultaneamente, é recompensado pelo encontro do hospedeiro ou alimento; ou não associativamente por meio da exposição à pista química durante seu desenvolvimento (estágio larval) ou no início da fase adulta (logo após a emergência), condicionando o inseto ao sinal químico ao qual foi exposto (sensibilização) (Vet & Groenewold, 1990; Takemoto et al., 2011; Giunti et al., 2015, 2016). Essas experiências de exposição aos COVs, com ou sem recompensa, em geral modificam a preferência inata dos parasitoides pelos odores especificamente de determinadas espécies de hospedeiros e/ou plantas infestadas, ou ainda acentuam a sua capacidade de reconhecer aquele sinal ao qual foi o exposto (Rehman & Powell, 2010; Giunti et al., 2015).

As táticas de COP que melhoram a eficiência de localização da praga alvo pelos parasitoides incluem: (i) impregnação do hospedeiro alternativo com os odores da praga alvo ou VPIH da cultura; (ii) exposição dos parasitoides recém-emergidos aos odores; (iii) experiência de oviposição, anteriormente à liberação, em gaiolas contendo a praga alvo se alimentando da cultura alvo; (iv) experiência de oviposição na praga e exposição simultânea de uma fonte de odor; (v) criação massal usando como hospedeiro a praga alvo; (vi) criação do hospedeiro em dieta natural, de preferência a cultura alvo (Gandolfi et al., 2003; Tertuliano et al., 2004; Bodino et al., 2016; Kruidhof et al., 2019). As duas últimas táticas não incluem apenas o condicionamento aos aleloquímicos da cultura e/ou praga alvo, pois expõem os parasitoides a outros aspectos, tais como os nutricionais. A viabilidade de implementação dessas táticas varia dependendo do sistema assim como da escala de produção de parasitoides. Por exemplo, criações massais de parasitoides para uso comercial dificilmente poderão adotar a criação do hospedeiro em dieta natural ou a experiência de oviposição anteriormente à liberação, já que os parasitoides devem ser enviados nos estágios imaturos ao produtor. Apesar disso, o condicionamento pode ocorrer no local da liberação – o que é desejável, pois o adulto recém-emergido parece ser mais sensível ao aprendizado e facilita a retenção dele na cultura (Bondino et al., 2016; Grasswitz, 1998). Dessa forma, o produtor expõe um produto sintético que mimetiza os VPIH da cultura alvo ou os odores da praga alvo anteriormente à liberação. Uma maneira mais simples que pode ser realizada no próprio cultivo é a colocação do recipiente com os parasitoides recém-emergidos na planta infestada no cultivo por um curto intervalo de tempo (10-60 min) (Grasswitz et al., 1998; Kruidhof et al., 2019).

A maior parte dessas táticas de COP tem como base resultados de estudos em laboratório e poucos trabalhos avaliam os efeitos delas na eficácia do controle biológico em campo. Nesse sentido, até hoje, o sistema que foi melhor estudado é o da vespa parasitoide *Aphytis melinus* DeBach, usada no controle da cochonilha praga do citrus *Aonidiella aurantii* (Maskell) nos EUA. A criação massal desse parasitoide somente é viável usando, como hospedeiro, uma outra espécie de cochonilha que, por sua vez, é multiplicada em larga escala em abóboras. Ademais, o hospedeiro alternativo não produz o-cafeoil-tirosina, um composto que é dominante no corpo da cochonilha praga e atua como estimulante da oviposição do parasitoide (Millar & Hare, 1993). Porém, a exposição, sem recompensa, das fêmeas recém-emergidas do hospedeiro alternativo ao cairomônio o-cafeoil-tirosina por 48h antes da liberação promoveu maior atração, aceitação e parasitismo da praga alvo em campo (Hare, 1996; Hare et al., 1997). Essa tática, apesar de ter induzido uma mudança no comportamento do parasitoide a favor do controle da praga alvo, não apresentou praticabilidade para ser incorporada em produções em larga escala de parasitoides condicionados. Assim, investigaram-se tratamentos mais práticos que pudessem se adequar a essas condições e verificaram que a aplicação do o-cafeoil-tirosina sintético sobre o hospedeiro alternativo enquanto o parasitoide estava no estágio larval, resultou no condicionamento dos adultos. Esse método não requeria conhecimento adicional do produtor na liberação dos parasitoides, porém, estimou-se um alto custo, pois foi necessária uma grande quantidade do composto sintético para o tratamento da superfície dos hospedeiros (Hare & Morgan, 1997).

O COP também já foi empregado no controle biológico de moscas-das-frutas com *Diachasmimorpha krausii* (Fullaway) em plantações de tomate. A tática consistiu na experiência de oviposição das fêmeas recém-emergidas do parasitoide simultaneamente expostas aos VPIH dos frutos da cultura alvo (Masry et al., 2019). Essa experiência modificou a preferência inata dos parasitoides, que era pelos voláteis de nectarinas, para os emitidos pelos frutos de tomate. A liberação dessas vespas condicionadas promoveu um incremento em quase 100% nas taxas de parasitismo em cultivos de tomate. Porém, assim como no caso anterior, a exequibilidade dessa tática de COP para criações massais de parasitoides é baixa, principalmente porque a experiência foi fornecida no estágio adulto e a comercialização desses agentes de controle biológico deve ser realizada no estágio de pupa. Além disso, a menor carga de ovos na fêmea devido à experiência de oviposição anteriormente à liberação em campo, deve afetar as taxas de parasitismo comparadas com aquelas fêmeas sem essa experiência e carregando mais ovos (Masry et al., 2019). Por isso, é necessário avaliar se a maior habilidade de localizar o hospedeiro compensa o custo da redução da carga de ovos das fêmeas condicionadas.

Em conclusão, a base teórica do COP é bem estabelecida e mostra grande potencial para manipulação do comportamento dos agentes biológicos por meio dos aleloquímicos, direcionando-os para a supressão da população da praga alvo em determinada cultura. Além disso, uma outra abordagem interessante do COP é o condicionamento de parasitoides nativos para o controle de pragas exóticas, evitando a importação de inimigos naturais (Bodino et al., 2016). Contudo, maiores esforços são necessários em desenvolver e incorporar táticas de COP que sejam viáveis economicamente no sistema de produção em larga escala e comercialização de vespas parasitoides (Kruidhof et al., 2019).

Considerações finais

As estratégias atuais que utilizam os semioquímicos no controle biológico de pragas, visam em sua maioria recrutar inimigos naturais (parasitoides e predadores), para os cultivos ou melhorar a eficiência de busca hospedeira ou da presa. Entretanto, existe ainda uma infinidade de possibilidades nesta área, dado à complexidade de interações envolvendo plantas, herbívoros e inimigos naturais na natureza, mediadas pelos semioquímicos. Tanto o uso de feromônios, seja do inseto-praga ou dos inimigos naturais, quanto dos aleloquímicos para incrementar a eficácia do controle biológico, representa enorme potencial de inovação na agricultura para as próximas décadas.

A implementação bem-sucedida de semioquímicos em conjunto com o controle biológico nos agroecossistemas, pode ainda reduzir os custos dos insumos agrícolas favorecendo um manejo de pragas mais sustentável, evitando o uso de agroquímicos.

Referências Bibliográficas

Aartsma, Y., Bianchi F. J. J. A., van der Werf, W., Poelman, E. H. & Dicke, M. (2017) Herbivore-induced plant volatiles and tritrophic interactions across spatial scales. *New Phytologist, 216*, 1.054–1.063.

Aartsma, Y., Hao, Y., Dicke, M., van der Werf, W., Poelman, E. H. & Bianchi, F. J. (2020). Variation in parasitoid attraction to herbivore-infested plants and alternative host plant cover mediate tritrophic interactions at the landscape scale. *Landscape Ecology, 35*(4), 907-919.

Aartsma, Y., Leroy, B., van der Werf, W., Dicke, M., Poelman, E. H. & Bianchi, F. J. (2019). Intraspecific variation in herbivore-induced plant volatiles influences the spatial range of plant–parasitoid interactions. *Oikos*, *128*(1), 77-86.

Afsheen, S., Wang, X., Li, R., Zhu, C. S. & Lou, Y. G. (2008). Differential attraction of parasitoids in relation to specificity of kairomones from herbivores and their by-products. *Insect Science*, *15*(5), 381-397.

Aharoni, A., Giri, A. P., Deuerlein, S., Griepink, F., De Kogel, W. J., Verstappen, F. W. A., Verhoeven, H. A., Jongsma, M. A., Schwab, W. & Bouwmeester, H. J. (2003). Terpenoid metabolism in wild–type and transgenic *Arabidopsis* plants. *Plant Cell, 15*, 2.866–2.884.

Aharoni, A., Jongsma, M. A. & Bouwmeester, H. J. (2005). Volatile science? Metabolic engineering of terpenoids in plants. *Trends Plant Science*, *10*, 594–602.

Alcock, J. (2009). *Animal behavior: An evolutionary approach*. Sunderland: Sinauer Associates. 546 p.

Aldrich, J. R. & Cantelo, W. W. (1999). Suppression of Colorado potato beetle infestation by pheromone–mediated augmentation of the predatory spined soldier bug, *Podisus maculiventris* (Say) (Heteroptera: Pentatomidae). *Agriculture and Forest Entomology*, *3*(1), 209–217

Alim, M. A. & Lim, U. T. (2011). Refrigerated eggs of *Riptortus pedestris* (Hemiptera: Alydidae) added to aggregation pheromone traps increase field parasitism in soybean. *Journal of Economic Entomology*, *104*(6), 1.833-1.839.

Aljbory, Z. & Chen, M. S. (2018). Indirect plant defense against insect herbivores: a review. *Insect Science*, *25*(1), 2-23.

Arimura, G. I., Kost, C. & Boland, W. (2005). Herbivore-induced, indirect plant defences. *Biochimica et Biophysica Acta-Molecular and Cell Biology of Lipids*, *1734*(2), 91-111.

Bahlai, C. A., Welsman, J. A., Macleod, E. C., Schaafsma, A. W., Hallett, R. H. & Sears, M. K. (2008). Role of visual and olfactory cues from agricultural hedgerows in the orientation behavior of multicolored Asian lady beetle (Coleoptera: Coccinellidae). *Environmental Entomology*, *37*(4), 973-979.

Ballhorn, D. J., Kautz, S., Lion, U. & Heil, M. (2008). Trade–offs between direct and indirect defences of lima bean (*Phaseolus lunatus*). *Journal of Ecology*, *96*, 971–980.

Balmer, A., Pastor, V., Gamir, J., Flors, V. & Mauch-Mani, B. (2015). The 'prime-ome': towards a holistic approach to priming. *Trends in plant science*, *20*(7), 443-452.

Bell, K., Naranjo-Guevara, N., Santos, R. C. D., Meadow, R. & Bento, J. (2020). Predatory Earwigs are Attracted by Herbivore-Induced Plant Volatiles Linked with Plant Growth-Promoting Rhizobacteria. *Insects*, *11*(5), 271.

Benrey, B., Callejas, A., Rios, L., Oyama, K. & Denno, R. F. (1998). The Effects of domestication of *Brassica* and *Phaseolus* on the interaction between phytophagous insects and parasitoids. *Biological Control*, *11*, 130-140.

Bento, J. M. S., Parra, J. R. P., Miranda, S. H. G., Adami, A. C. O., Vilela, E. F. & Leal, W. S. (2016). How much is a pheromone worth? *F1000Research*, *5*, 1.763.

Bernal., J. S. & Luck, R. F. (2007). Mate finding via a trail sex pheromone by *Aphytis melinus* De Bach (Hymenoptera: Aphelinidae) males. *Journal of Insect Behavior, 20*, 515–525.

Birkett, M.A., Campbell, C. A. M., Chamberlain, K., Guerrieri, E., Hick, A. J., Martin, J. L., Matthes, M., Napier, J.A., Pettersson, J., Pickett, J. A., Poppy, G. M., Pow, E. M., Pye, B. J., Wadhams, L. J. & Woodcock, C. M. (2000). New roles of *cis*–jasmone as an insect semiochemicals and in plant defense. *PNAS*, *97*, 9.329–9.334.

Bodino, N., Ferracini, C. & Tavella, L. (2016). Is host selection influenced by natal and adult experience in the parasitoid *Necremnus tutae* (Hymenoptera: Eulophidae)? *Animal Behaviour*, *112*, 221-228.

Boland, W., Hopke, J., Donath, J., Nüske, J. & Bublitz, F. (1995). Jasmonic acid and coronation induce odor production in plants. *Angewandte Chemie*, *34*, 1.600–1.602.

Bonaventure, G. (2018). Plants recognize herbivorous insects by complex signalling networks. *Annual Plant Reviews online*, *1,* 34-35.

Borrego, E. J. & Kolomiets, M. V. (2016). Synthesis and functions of jasmonates in maize. *Plants*, *41*(5), 1-25.

Bostock, R. M., Karban, R., Thaler, J. S., Weyman, P. D. & Gilchrist, D. (2001). Signal interactions in induced resistance to pathogens and insect herbivores. *European Journal of Plant Pathology*, *107*(1), 103-111.

Botelho, P. S. & Macedo, N. (2002). *Cotesia flavipes* para o controle de *Diatraea saccharalis*. In: Parra, J. R. P., Botelho, P. S. M., Correa-Ferreira, B. S. & Bento, J. M. S. (Eds.), *Controle Biológico no Brasil: Parasitoides e Predadores*. São Paulo: Manole. 409–425.

Browne, L. B. (1993). Physiologically induced changes in resource-oriented behavior. *Annual Review of Entomology*, *38*(1), 1-23.

Bruinsma, M., Posthumus, M. A., Mumm, R., Mueller, M. J., Van Loon, J. J. A. & Dicke, M. (2009). Jasmonic acid–induced volatiles of *Brassica oleracea* attract parasitoids: effects of time and dose, and comparison with induction by herbivores. *Journal of Experimental Botany*, *60*, 2.575–2.587.

Canale, A. & Benelli, G. (2012). Impact of mass-rearing on the host seeking behaviour and parasitism by the fruit fly parasitoid *Psyttalia concolor* (Szépligeti) (Hymenoptera: Braconidae). *Journal of Pest Science*, *85*(1), 65-74.

Chen, Y. H., Gols, R., Benrey, B. (2015). Crop domestication and its impact on naturally selected trophic interactions. *Ecological Entomology*, *30*, 673–683.

Cheng, A. X., Xiang, C. Y., Li, J. X., Yang, C. Q., Hu, W. L., Wang, L. J., Lou, Y. G. & Chen, X. Y. (2007). The rice (*E*)-β-caryophyllene synthase (OsTPS3) accounts for the major inducible volatile sesquiterpenes. *Phytochemistry, 68*, 1.632–1.641.

Cruz, I., Figueiredo, M. L. C., Silva, R. B., Silva, I. F., Souza, P. C. & Foster, J. E. (2012). Using sex pheromone traps in the decision-making process for pesticide application against fall armyworm (*Spodoptera frugiperda* [Smith] [Lepidoptera: Noctuidae]) larvae in maize. *International Journal of Pest Management*, *58*, 83–90.

Cruz, I. (1995). *A lagarta-do-cartucho na cultura do milho.* Sete Lagoas: Embrapa-CNPMS. 45p. (Circular Técnica, 21),

Dalen, M., Knudsen, G. K., Norli, H. R. & Thöming, G. (2015). Sources of volatiles mediating host location behaviour of *Glypta haesitator*, a larval parasitoid of *Cydia nigricana*. *Biological Control*, *90*, 128-140.

Dávila-Flores, A. M., Dewitt, T. J. & Bernal, J. S. (2013). Facilitated by nature and agriculture: performance of a specialist herbivore improves with host-plant life history evolution, domestication, and breeding. *Oecologia, 173*, 1.425–1.437.

de Lange, E. S., Balmer, D., Mauch-Mani, B. & Turlings, T. C. (2014). Insect and pathogen attack and resistance in maize and its wild ancestors, the teosintes. *New Phytologist*, *204*, 329-341.

de Lange, E. S., Farnier, K., Gaudillat, B. & Turlings, T. C. (2016). Comparing the attraction of two parasitoids to herbivore-induced volatiles of maize and its wild ancestors, the teosintes. *Chemoecology*, *26*, 33-44.

De Santis, F., Conti, E., Romani, R., Salerno, G., Parillo, F. & Bin, F. (2008). Colleterial glands of *Sesamia nonagrioides* as a source of the host-recognition kairomone for the egg parasitoid *Telenomus busseolae*. *Physiological Entomology*, *33*(1), 7-16.

Degen, T., Dillmann, C., Marion–Poll, F. & Turlings, T. C. J. (2004). High genetic variability of herbivore–induced volatile emission within a broad range of maize inbred lines. *Plant Physiology*, *135*, 1.928–1.938.

Degen, T., Bakalovic, N., Bergvinson, D. & Turlings, T. C. (2012). Differential performance and parasitism of caterpillars on maize inbred lines with distinctly different herbivore-induced volatile emissions. *PLoS ONE*, *10*(7), e47589.

Degenhardt, J., Gershenzon, J., Baldwin, I. T. & Kessler, A. (2003). Attracting friends to feast on foes: engineering terpene emission to make crop plants more attractive to herbivore enemies. *Current Opinion Biotechnology*, *14*, 169–176.

Degenhardt, J., Hiltpold, I., Köllner, T. G., Frey, M., Gierl, A., Gershenzon, J., Hibbard, B. E., Ellersieck, M. R. & Turlings, T. C. J. (2009). Restoring a maize root signal that attracts insect–killing nematodes to control a major pest. *PNAS*, *106*, 13.213–13.218.

Delphia, C. M., Rohr, J., Stephenson, A. G., De Moraes, C. M. & Mescher, M. C. (2009). Effects of genetic variation and inbreeding on volatile production in a field population of horsenettle. *International Journal of Plant Science*, *170*, 12–20.

Dicke, M., Gols, R., Ludeking, D. & Posthumus, M. A. (1999). Jasmonic acid and herbivory differentially induce carnivore attracting plant volatiles in Lima bean plants. *Journal of Chemical Ecology*, *25*, 1.907–1.922.

Dicke, M., Sabelis, M. W. (1988). Terminology of chemicals involved in interactions between individual organisms: Should it be based on cost-benefit analysis rather than on origin of compounds? *Functional Ecology*, *2*, 131–139.

Dicke, M. & Grostal, P. (2001). Chemical detection of natural enemies by arthropods: an ecological perspective. *Annual Review of Ecology and Systematics*, *32*(1), 1-23.

Dicke, M., Sabelis, M. W., Takabayashi, J., Bruin, J. & Posthumus, M. A. (1990). Plant strategies of manipulating predator prey interactions through allelochemicals: prospects for application in pest control. *Journal of Chemical Ecology*, *16*(11), 3.091-3.118.

Du Jardin, P. (2015). Plant biostimulants: definition, concept, main categories and regulation. *Scientia Horticulturae*, *196*, 3-14.

Dudareva, N., Negre, F., Nagegowda, D. A. & Orlova, I. (2006). Plant volatiles: recent advances and future perspectives. *Critical Reviews in Plant Science*, *25*, 417–440.

Dumont, V. A., Trigaux, A., Moreau, A. & Hance, T. (2011). Study of two conditioning methods of parasitoids used in biological control prior to inundative releases in apple orchards. *European Journal of Environmental Sciences*, *1*(1), 51-56.

Engelberth, J., Alborn, H. T., Schmelz, E. A. & Tumlinson, J. H. (2004). Airborne signals prime plants against insect herbivore attack. *PNAS, 101*, 1.781–1.787.

Fatouros, N. E., Dicke, M., Mumm, R., Meiners, T. & Hilker, M. (2008). Foraging behavior of egg parasitoids exploiting chemical information. *Behavioral Ecology*, *19*(3), 677-689.

Felton, G. W. & Korth, K. L. (2000). Trade–offs between pathogen and herbivore resistance. *Current Opinion in Plant Biology*, *3*, 309–314.

Ferrusquía-Jiménez, N. I., Chandrakasan, G., Torres-Pacheco, I., Rico-Garcia, E., Feregrino-Perez, A. A. & Guevara-González, R. G. (2020). Extracellular DNA: A Relevant Plant Damage-Associated Molecular Pattern (DAMP) for Crop Protection Against Pests–A Review. *Journal of Plant Growth Regulation*, 1-13.

Frost, C. J., Mescher, M. C., Dervinis, C., Davis, J. M., Carlson, J. E. & De Moraes, C. M. (2008). Priming defense genes and metabolites in hybrid poplar by the green leaf volatile cis-3-hexenyl acetate. *New Phytologist*, *180*(3), 722-734.

Gadino, A. N., Walton, V. M. & Lee, J. C. (2012). Evaluation of methyl salicylate lures on populations of *Typhlodromus pyri* (Acari: Phytoseiidae) and other natural enemies in western Oregon vineyards. *Biological Control*, *63*(1), 48-55.

Gauthier, N., Mandon, N., Renault, S. & Bénédet, F. (2004). The *Acrolepiopsis assectella* silk cocoon: kairomonal function and chemical characterisation. *Journal of Insect Physiology*, *50*(11), 1.065-1.074.

Geervliet, J. B. F., Posthumus, M. A., Vet, L. E. M., Dicke, M. (1997). Comparative analysis of headspace volatiles from different caterpillar–infested or uninfested food plants of *Pieris* species. *Journal of Chemical Ecology, 23*, 2.935–2.954.

Geervliet, J. B., Vreugdenhil, A. I., Dicke, M. & Vet, L. E. (1998). Learning to discriminate between infochemicals from different plant-host complexes by the parasitoids *Cotesia glomerata* and *C. rubecula*. *Entomologia Experimentalis et Applicata*, *86*(3), 241-252.

Gillespie, M. A., Gurr, G. M. & Wratten, S. D. (2016). Beyond nectar provision: the other resource requirements of parasitoid biological control agents. *Entomologia Experimentalis et Applicata*, *159*(2), 207-221.

Giunti, G., Benelli, G., Messing, R. H. & Canale, A. (2016). Early adult learning affects host preferences in the tephritid parasitoid *Psyttalia concolor* (Hymenoptera: Braconidae). *Journal of Pest Science*, *89*(2), 529-537.

Giunti, G., Canale, A., Messing, R. H., Donati, E., Stefanini, C., Michaud, J. P. & Benelli, G. (2015). Parasitoid learning: current knowledge and implications for biological control. *Biological Control*, *90*, 208-219.

Godfray, H. C. J. (1994). *Parasitoids: behavioral and evolutionary ecology*. Princeton: Princeton University Press. 488 p.

Gohole, L. S., Overholt, W. A., Khan, Z. R. & Vet, L. E. (2003). Role of volatiles emitted by host and non-host plants in the foraging behaviour of *Dentichasmias busseolae*, a pupal parasitoid of the spotted stemborer *Chilo partellus*. *Entomologia Experimentalis et Applicata*, *107*(1), 1-9.

Gols, R., Bullock, J. M., Dicke, M., Bukovinszky, T. & Harvey, J. A. (2011). Smelling the wood from the trees: non–linear parasitoid responses to volatile attractants produced by wild and cultivated cabbage. *Journal of Chemical Ecology*, *37*, 795–807.

Gols, R., Posthumus, M. A. & Dicke, M. (1999). Jasmonic acid induces the production of gerbera volatiles that attract the biological control agent *Phytoseiulus persimilis*. *Entomologia Experimentalis et Applicata*, *93*, 77–86.

Gols, R. (2014). Direct and indirect chemical defences against insects in a multitrophic framework. *Plant, Cell & Environment*, *37*(8), 1.741-1.752.

Goméz–Torres, M. L. (2005). *Controle biológico de Ecdytolopha aurantiana (Lima, 1927) (Lepidoptera: Tortricidae) com Trichogramma atopovirilia Oatman & Platner, 1983*. 101 p. (Dissertação) Universidade de São Paulo / Escola Superior de Agricultura "Luiz de Queiroz"

Gouinguené, S. P., Degen, T. & Turlings, T. C. J. (2001). Variability in herbivore-induced odour emissions among maize cultivars and their wild ancestors (teosinte). *Chemoecology, 11*, 9–16.

Grasswitz, T. R. (1998). Effect of Adult Experience on the Host-Location Behavior of the Aphid Parasitoid *Aphidius colemani* Viereck (Hymenoptera: Aphidiidae). *Biological Control, 12*(3), 177-181.

Gross, Jr., H. R., Harrell, E. A., Lewis, W. J. & Nordlund, D. A. (1981). *Trichogramma* spp.: concurrent ground application of parasitized eggs, supplemental *Heliothis zea* host eggs, and host-seeking stimuli. *Journal of Economic Entomology, 74*(2), 227-229.

Guo, H. & Wang, C. Z. (2019). The ethological significance and olfactory detection of herbivore-induced plant volatiles in interactions of plants, herbivorous insects, and parasitoids. *Arthropod-Plant Interactions, 13*(2), 161-179.

Gutiérrez-Ibáñez, C., Villagra, C. A. & Niemeyer, H. M. (2007). Pre-pupation behaviour of the aphid parasitoid *Aphidius ervi* (Haliday) and its consequences for pre-imaginal learning. *Naturwissenschaften, 94*(7), 595-600.

Hare, J. D. (1996). Priming *Aphytis*: behavioral modification of host selection by exposure to a synthetic contact kairomone. *Entomologia Experimentalis et Applicata, 78*(3), 263-269.

Hare, J. D. & Morgan, D. J. (1997). Mass-Priming *Aphytis*: Behavioral Improvement of Insectary-Reared Biological Control Agents. *Biological Control, 10*(3), 207-214.

Hare, J. D., Morgan, D. J. & Nguyun, T. (1997). Increased parasitization of California red scale in the field after exposing its parasitoid, *Aphytis melinus*, to a synthetic kairomone. *Entomologia Experimentalis et Applicata, 82*(1), 73-81.

Heil, M. (2004). Induction of two indirect defences benefits Lima bean (*Phaseolus lunatus*) in nature. *Journal of Ecology, 92*, 527–536.

Hilker, M. & McNeil, J. (2008). Chemical and behavioral ecology in insect parasitoids: how to behave optimally in a complex odorous environment. In: Wajnberg, E., Bernsteinand, C. & van Alphen, J. J. M. (Eds.) *Behavioral Ecology of Insect Parasitoids: From Theoretical Approaches to Field Applications*. Oxford: Blackwell Publishing. 92–112.

Hofsvang, T. (1990). Discrimination between unparasitized and parasitized hosts in hymenopterous parasitoid. *Acta Entomologica Bohemoslovica, 87*, 161–175.

Howe, G. A. & Jander, G. (2008). Plant immunity to insect herbivores. *Annual Review of Plant Biology, 59*, 41–66.

Howe, G. A. (2008). New weapons and a rapid response against insect attack. *Plant Physiology, 146*(3), 832-838.

Huffaker, A. (2015). Plant elicitor peptides in induced defense against insects. *Current Opinion in Insect Science, 9*, 44-50.

Huffaker,A., Pearce, G., Veyrat, N., Erb, M., Turlings, T. C. J., Sartor, R., Shen, Z., Briggs, S. P., Vaughan, M. M., Alborn, H. T., Teal, P. E.A. & Schmelza, E. A. (2013). Plant elicitor peptides are conserved signals regulating direct and indirect antiherbivore defense. *PNAS, 110*(14), 5.707-5.712.

Ingwell, L. L., Avila-Ruiz, D. A., Foster, R. & Kaplan, I. (2018). Tailoring insect biocontrol for high tunnels. *Biological Control, 123*, 76-86.

James, D. G. (2003a). Field evaluation of herbivore-induced plant volatiles as attractants for beneficial insects: methyl salicylate and the green lacewing *Chrysopa nigricornis*. *Journal of Chemical Ecology, 29*, 1.601–1.609.

James, D. G. (2003b). Synthetic herbivore-induced plant volatiles as field attractants for beneficial insects. *Environmental Entomology, 32*, 977–982.

James, D. G. (2005). Further field evaluation of synthetic herbivore-induced plant volatiles as attractants for beneficial insects. *Journal of Chemical Ecology, 31*, 481–494.

James, D. G. & Price, T. S. (2004). Field-testing of methyl-salicylate for recruitment and retention of beneficial insects in grapes and hops. *Journal of Chemical Ecology, 30*, 1.613–1.628.

James, D. G. (2006). Methyl salicylate is a field attractant for the goldeneyed lacewing, *Chrysopa oculata*. *Biocontrol Science and Technology, 16*(1), 107-110.

James, D. G. & Grasswitz, T. R. (2005). Synthetic herbivore-induced plant volatiles increase field captures of parasitic wasps. *BioControl, 50*(6), 871-880.

Kaplan, I. (2012). Attracting carnivorous arthropods with plant volatiles: the future of biocontrol or playing with fire? *Biological Control, 60*, 77–89.

Kariyat, R. R., Mauck, K. E., De Moraes, C. M., Stephenson, A. G. & Mescher, M. C. (2012). Inbreeding alters volatile signaling phenotypes and influences tri-trophic interactions in horsenettle (*Solanum carolinense* L). *Ecology Letters, 15*, 301–309.

Kelly, J. L., Hagler, J. R. & Kaplan, I. (2014). Semiochemical lures reduce emigration and enhance pest control services in open-field predator augmentation. *Biological Control, 71*, 70-77.

Khan, Z. R., James, D. G., Midega, C. A. O. & Piccket, J. A. (2008). Chemical ecology and conservation biological control. *Biological Control, 45*, 210–224.

Köllner, T. G., Held, M., Lenk, C., Hiltpold, I., Turlings, T. C. J., Gershenzon, J. & Degenhardt, J. (2008). A maize (*E*)-β-caryophyllene synthase implicated in indirect defense responses against herbivores is not expressed in most American maize varieties. *Plant Cell, 20*, 482–494.

Kos, M., Houshyani, B., Achhami, B. B., Wietsma, R., Gols, R., Weldegergis, B. T., Kabouw, P., Bouwmeester, H. J., Vet, L. M. E., Dicke, M. & van Loon, J. J. A. (2012). Herbivore-mediated effects of glucosinolates on different natural enemies of a specialist aphid. *Journal of Chemical Ecology*, *38*(1). 100-115.

Kruidhof, H. M., Roberts, A. L., Magdaraog, P. Muñoz, D., Gols, R., Vet, L. E. M., Hoffmeister, T. S. & Harvey, J. A. (2015). Habitat complexity reduces parasitoid foraging efficiency, but does not prevent orientation towards learned host plant odours. *Oecologia*, *179*(2), 353-361.

Kruidhof, H. M., Kostenko, O., Smid, H. M. & Vet, L. E. (2019). Integrating parasitoid olfactory conditioning in augmentative biological control: potential impact, possibilities, and challenges. *Frontiers in Ecology and Evolution*, *7*, 84.

Lee, J. C. (2010). Effect of methyl salicylate-based lures on beneficial and pest arthropods in strawberry. *Environmental Entomology*, *39*(2), 653-660.

Lewis, W. J., Jones, R. L. & Sparks, A. N. (1972). A host-seeking stimulant for the egg parasite *Trichogramma evanescens*: Its source and a demonstration of its laboratory and field activity. *Annals of the Entomological Society of America*, *65*(5), 1.087-1.089.

Li, X., Garvey, M., Kaplan, I., Li, B. & Carrillo, J. (2018). Domestication of tomato has reduced the attraction of herbivore natural enemies to pest-damaged plants. *Agricultural and Forest Entomology*, *20*(3), 390-401.

Li, T., Cofer, T., Engelberth, M. & Engelberth, J. (2016). Defense priming and jasmonates: a role for free fatty acids in insect elicitor-induced long distance signaling. *Plants*, *5*(1), 1-5.

Lim, U. T. & Mainali, B. P. (2013). Effect of aggregation pheromone trap of *Riptortus pedestris* (Hemiptera: Alydidae) on the distribution and composition of its egg parasitoids. *Journal of Economic Entomology*, *106*(5), 1.973-1.978.

Liu, J., Zhu, J., Zhang, P., Han, L., Reynolds, O. L., Zeng, R., Wu, J., Shao, Y., You, M. & Gurr, G. M. (2017). Silicon supplementation alters the composition of herbivore induced plant volatiles and enhances attraction of parasitoids to infested rice plants. *Frontiers in Plant Science*, *8*, 1.265.

Lou, Y. G., Ma, B. & Cheng, J. A. (2005). Attraction of the parasitoid *Anagrus nilaparvatae* to rice volatiles induced by the rice brown planthopper *Nilaparvata lugens*. *Journal of Chemical Ecology*, *31*, 2.357–2.372.

Lou, Y., Hua, X., Turlings, T. C., Cheng, J., Chen, X. & Ye, G. (2006). Differences in induced volatile emissions among rice varieties result in differential attraction and parasitism of *Nilaparvata lugens* eggs by the parasitoid *Anagrus nilaparvatae* in the field. *Journal of Chemical Ecology*, *32*(11), 2.375.

Maffei, M. E. (2010). Sites of synthesis, biochemistry and functional role of plant volatiles. *South African Journal of Botany*, *76*(4), 612-631.

Mallinger, R. E., Hogg, D. B. & Gratton, C. (2011). Methyl salicylate attracts natural enemies and reduces populations of soybean aphids (Hemiptera: Aphididae) in soybean agroecosystems. *Journal of Economic Entomology*, *104*, 115–124.

Masry, A., Cunningham, J. P. & Clarke, A. R. (2019). From laboratory to the field: consistent effects of experience on host location by the fruit fly parasitoid *Diachasmimorpha kraussii* (Hymenoptera: Braconidae). *Insect science*, *26*(5), 863-872.

McCormick, A. C., Unsicker, S. B. & Gershenzon, J. (2012). The specificity of herbivore-induced plant volatiles in attracting herbivore enemies. *Trends in plant science*, *17*(5), 303-310.

Mehrnejad, M. R. & Copland, M. J. (2006). Behavioral responses of the parasitoid Psyllaephagus pistaciae (Hymenoptera: Encyrtidae) to host plant volatiles and honeydew. *Entomological Science*, *9*(1), 31-37.

Meyer, R. S., DuVal, A. E. & Jensen, H. R. (2012). Patterns and processes in crop domestication: an historical review and quantitative analysis of 203 global food crops. *New Phytologist*, *196*, 29–48.

Michereff, M. F. F., Magalhães, D. M., Hassemer, M. J., Laumann, R. A., Zhou, J. J., Ribeiro, P. E. A., Viana, P. A., Guimarães, P. E. O., Schimmelpfeng, P. H. C., Borges, M., Pickett, J. A., Birkett, M. A. & Blassioli-Moraes, M. C. (2019). Variability in herbivore-induced defence signalling across different maize genotypes impacts significantly on natural enemy foraging behaviour. *Journal of Pest Science*, *92*(2), 723-736.

Millar, J. G. & Hare, J. D. 1993. Identification and synthesis of a kairomone inducing oviposition by parasitoid, *Aphytis melinus* from California red scale covers. *Journal of Chemical. Ecology*, *19*, 1.721-1.736.

Milonas, P. G., Martinou, A. F., Kontodimas, D. C., Karamaouna, F. & Konstantopoulou, M. A. (2009). Attraction of different *Trichogramma* species to *Prays oleae* sex pheromone. *Annals of the Entomological Society of America*, *102*(6), 1.145-1.150.

Morawo, T. & Fadamiro, H. (2018). Chemical-mediated counter defense: attraction of two parasitoid species to the defensive secretion of host larvae. *Chemoecology*, *28*(6), 153-162.

Mumm, R. & Dicke, M. (2010). Variation in natural plant products and the attraction of bodyguards involved in indirect plant defense. *Canadian Journal of Zoology*, *88*, 628–667.

Mutyambai, D. M., Bruce, T. J., Midega, C. A., Woodcock, C. M., Caulfield, J. C., van den Berg, J., Pickett, J. A. & Khan, Z. R. (2015). Responses of parasitoids to volatiles induced by *Chilo partellus* oviposition on teosinte, a wild ancestor of maize. *Journal of Chemical Ecology*, *41*, 323-329.

Nickpay, A. (2016). Improving biological control of stalk borers in sugarcane by applying silicon as a soil amendment. *Journal of Plant Protection Research*, *56*(4), 394-401.

Nikpay, A., Nejadian, E. S., Goldasteh, S. & Farazmand, H. (2017). Efficacy of silicon formulations on sugarcane stalk borers, quality characteristics and parasitism rate on five commercial varieties. *Proceedings of the National Academy of Sciences, India. Section B: Biological Sciences*, *87*(2), 289-297.

Nordlund, D. A. & Lewis, W. J. (1976). Terminology of chemical releasing stimuli in intraspecific and interspecific interactions. *Journal of Chemical Ecology*, *2*, 211– 220.

Nufio, C. R. & Papaj, D. R. (2001). Host marking behavior in phytophagous insects and parasitoids. *Entomologia Expperimentalis et Applicata*, *99*, 273–293.

Ode, P. J. (2013). Plant defences and parasitoid chemical ecology. In: Wajnberg, E. & Colazza, S. (Eds.). *Chemical Ecology of Insect Parasitoids*. Oxford: Wiley-Blackwell. 11–36.

Ohara, Y., Takabayashi, J. & Takahashi, S. (1996). Oviposition kairomones in the cuticular wax of host larvae, *Pseudaletia separata*, toward its parasitic wasp, *Cotesia kariyai*. *Applied Entomology and Zoology*, *31*(2), 271-277.

Okada, K., Abe, H. & Arimura, G. I. (2015). Jasmonates induce both defense responses and communication in monocotyledonous and dicotyledonous plants. *Plant and Cell Physiology*, *56*(1), 16-27.

Orre, G. U. S., Wratten, S. D., Jonsson, M. & Hale, R. J. (2010). Effects of an herbivore-induced plant volatile on arthropods from three trophic levels in brassicas. *Biological Control*, *53*, 62–67.

Paré, P. W. & Tumlinson, J. H. (1997). Induced synthesis of plant volatiles. *Nature*, *385*, 30–31.

Parra, J. R. P., Bento, J. M. S., Garcia, M. S., Yamamoto, P. T., Vilela, E. F. & Leal, W. S. (2004). Development of a control alternative for the citrus fruit borer, *Ecdytolopha aurantiana* (Lepidoptera, Tortricidae): from basic research to the grower. *Revista Brasileira de Entomologia*, *48*, 561–567.

Peñaflor, M. F. G. V. (2019). Use of Semiochemical-Based Strategies to Enhance Biological Control. In: Souza, B., Vázquez L. & Marucci, R. (Eds.). *Natural Enemies of Insect Pests in Neotropical Agroecosystems*. Springer: Cham. 509–522.

Peñaflor, M. F. G. V. & Bento, J. M. S. (2013). Herbivore-induced plant volatiles to enhance biological control in agriculture. *Neotropical Entomology*, *42*(4), 331-343.

Pinto, A. S., Rodrigues, L. R. & Oliva, M. B. (2019). *Uso de armadilhas de feromônio para a broca-da-cana, Diatraea spp., em canaviais*. (2ªed.) Piracicaba: Occasio. 24p.

Poelman, E. H., Bruinsma, M., Zhu, F., Weldegergis, B. T., Boursault, E. A., Jongema, Y., van Loon, J. J. A., Vet, L. E. M., Harvey, J. A. & Dicke, M. (2012). Hyperparasitoids use herbivore-induced plant volatiles to locate their parasitoid host. *PLoS Biology, 10*, e1001435.

Poelman, E. H., Oduor, A. M. O., Broekgaarden, C., Hordijk, C. A., Jansen, J. J., van Loon, J. J. A., van Dam, N. M., Vet, L. E. M. & Dicke, M. (2009). Field parasitism rates of caterpillars on *Brassica oleracea* plants are reliably predicted by differential attraction of *Cotesia* parasitoids. *Functional Ecology*, *23*, 951–962.

Pompanon, F., De Schepper, B., Mourer, Y., Fouillet, P. & Bouletreau, M. (1997). Evidence for a substrate–borne sex pheromone in the parasitoid wasp *Trichogramma brassicae*. *Journal of Chemical Ecology, 23*, 1.349–1.360.

Quicke, D. L. J. (1997). *Parasitic Wasps*. London: Chapman & Hall. 470p.

Quintana-Rodriguez, E., Duran-Flores, D., Heil, M. & Camacho-Coronel, X. (2018). Damage-associated molecular patterns (DAMPs) as future plant vaccines that protect crops from pests. *Scientia Horticulturae*, *237*, 207-220.

Rabb, R. L. & Bradley, J. L. (1970). Marking host eggs by *Telenomus sphingis*. *Annals of the Entomological Society of America*, *63*, 1.053–1.056.

Rahman, M. M., Kim, E., Kim, D., Bhuyain, M. M. & Lim, U. T. (2018). Use of aggregation pheromone traps increases infestation of adult *Riptortus pedestris* (Hemiptera: Alydidae) in soybean fields. *Pest Management Science*, *74*(11), 2.578-2.588.

Rapusas, H. R., Bottrell, D. G. & Coll, M. (1996). Intraspecific variation in chemical attraction of rice to insect predators. *Biological Control*, *6*, 394–400.

Rasmann, S., Bennett, A., Biere, A., Karley, A. & Guerrieri, E. (2017). Root symbionts: Powerful drivers of plant above-and belowground indirect defenses. *Insect Science*, *24*(6), 947-960.

Rehman, A. & Powell, W. (2010). Host selection behaviour of aphid parasitoids (Aphidiidae: Hymenoptera). *Journal of Plant Breeding and Crop Science*, *2*(10), 299-311.

Reynolds, O. L., Padula, M. P., Zeng, R. & Gurr, G. M. (2016). Silicon: potential to promote direct and indirect effects on plant defense against arthropod pests in agriculture. *Frontiers in Plant Science*, *7*, 744.

Richmond, K. E. & Sussman, M. (2003). Got silicon? The non-essential beneficial plant nutrient. *Current Opinion in Plant Biology*, *6*(3), 268-272.

Rodriguez-Saona, C., Kaplan, I., Braasch, J., Chinnasamy, D. & Williams, L. (2011a). Field responses of predaceous arthropods to methyl salicylate: a meta-analysis and case study in cranberries. *Biological Control*, *59*(2), 294-303.

Rodriguez-Saona, C., Vorsa, N., Singh, A. P., Johnson-Cicalese, J., Szendrei, Z., Mescher, M. C. & Frost, C. J. (2011b). Tracing the history of plant traits under domestication in cranberries: potential consequences on anti-herbivore defences. *Journal of Experimental Botany*, *62*(8), 2.633-2.644.

Rosenthal, J. P. & Dirzo, R. (1997). Effects of life history, domestication and agronomic selection on plant defence against insects: evidence from maizes and wild relatives. *Evolutionary Ecology, 11*, 337–355.

Roux, O., Gers, C., Tene-Ghomsi, J. N., Arvanitakis, L., Bordat, D. & Legal, L. (2007). Chemical characterization of contact semiochemicals for host-recognition and host-acceptance by the specialist parasitoid *Cotesia plutellae* (Kurdjumov). *Chemoecology*, *17*(1), 13-18.

Runyon, J. B., Mescher, M. C. & De Moraes, C. M. (2006). Volatile chemical cues guide host location and host selection by parasitic plants. *Science*, *313*, 1.964–1.967.

Ruther, J., Homann, M., Steidle, J. L. M. (2000). Female–derived sex pheromone mediates courtship behaviour in the parasitoid *Lariophagus distinguendus. Entomologia Expperimentalis et Applicata*, *96*, 265–274.

Salamanca, J., Souza, B. & Rodriguez-Saona, C. (2018). Cascading effects of combining synthetic herbivore-induced plant volatiles with companion plants to manipulate natural enemies in an agro-ecosystem. *Pest Management Science*, *74*(9), 2.133-2.145.

Sanches, P. A., Santos, F., Peñaflor, M. F. G. V. & Bento, J. M. S. (2017). Direct and indirect resistance of sugarcane to *Diatraea saccharalis* induced by jasmonic acid. *Bulletin of Entomological Research*, *107*(6), 828.

Schnee, C., Köllner, T. G., Held, M., Turlings, T. C. J., Gershenzon, J., Degenhardt, J. (2006). The products of a single maize sesquiterpene synthase form a volatile defense signal that attracts natural enemies of maize herbivores. *PNAS*, *103*, 1.129–1.134.

Schuman, M. C., Barthel, K. & Baldwin, I. T. (2012). Herbivory-induced volatiles function as defenses increasing fitness of the native plant *Nicotiana attenuata* in nature. *elife*, *1*, 1-29.

Sharma, A., Sandhi, R. K. & Reddy, G. V. (2019). A review of interactions between insect biological control agents and semiochemicals. *Insects*, *10*(12), 1-16.

Simpson, M., Gurr, G. M., Simmons, A. T., Wratten, S. D., James, D. G., Leeson, G. & Nicol, H. I. (2011a). Insect attraction to synthetic herbivore-induced plant volatile-treated field crops. *Agricultural and Forest Entomology*, *13*(1), 45-57.

Simpson, M., Gurr, G. M., Simmons, A. T., Wratten, S. D., James, D. G., Leeson, G., Nicol, H. I. & Orre–Gordon, G. U. S. (2011b). Attract and reward: combining chemical ecology and habitat manipulation to enhance biological control in field crops. *Journal of Applied Ecology*, *48*, 580–590.

Simpson, M., Gurr, G. M., Simmons, A. T., Wratten, S. D., James, D. G., Leeson, G., Nicol, H. I. & Orre, G. U. S. (2011c). Field evaluation of the 'attract and reward' biological control approach in vineyards. *Annals of Applied Biology*, *159*(1), 69-78.

Smart, L. E., Aradottir, G. I. & Bruce, T. J. A. (2014). Role of semiochemicals in Integrated Pest Management. In: Abrol, D. P. (Ed.) *Integrated Pest Management, Current Concepts and Ecological Perspective*. Cambridge: Academic Press. 93–109.

Smart, L. E., Martin, J. L., Limpalaër, M., Bruce, T. J. & Pickett, J. A. (2013). Responses of herbivore and predatory mites to tomato plants exposed to jasmonic acid seed treatment. *Journal of Chemical Ecology*, *39*(10), 1.297-1.300.

Snoeren, T. A., Mumm, R., Poelman, E. H., Yang, Y., Pichersky, E. & Dicke, M. (2010). The herbivore-induced plant volatile methyl salicylate negatively affects attraction of the parasitoid *Diadegma semiclausum*. *Journal of Chemical Ecology*, *36*(5), 479-489.

Sobhy, I. S., Erb, M., Sarhan, A. A., El-Husseini, M. M., Mandour, N. S. & Turlings, T. C. (2012). Less is more: treatment with BTH and laminarin reduces herbivore-induced volatile emissions in maize but increases parasitoid attraction. *Journal of Chemical Ecology*, *38*(4), 348-360.

Sobhy, I. S., Erb, M., Lou, Y. & Turlings, T. C. (2014). The prospect of applying chemical elicitors and plant strengtheners to enhance the biological control of crop pests. *Philosophical Transactions of the Royal Society B: Biological Sciences*, *1639*(369), 20120283.

Sobhy, I. S., Bruce, T. J. & Turlings, T. C. (2018). Priming of cowpea volatile emissions with defense inducers enhances the plant's attractiveness to parasitoids when attacked by caterpillars. *Pest Management Science*, *74*(4), 966-977.

Son, J. K., Choo, H. Y., Choi, J. Y., Paik, C. H. & Park, C. G. (2009). Enhancement of *Riptortus clavatus* (Thunberg) (Hemiptera: Alydidae) egg parasitism by a component of the bug's aggregation pheromone. *Journal of Asia-Pacific Entomology*, *12*(3), 159-163.

Song, Y. Y., Ye, M., Li, C. Y., Wang, R. L., Wei, X. C., Luo, S. M. & Zeng, R. S. (2013). Priming of anti-herbivore defense in tomato by arbuscular mycorrhizal fungus and involvement of the jasmonate pathway. *Journal of Chemical Ecology*, *39*(7), 1.036-1.044.

Steidle, J. L., Steppuhn, A. & Ruther, J. (2003). Specific foraging kairomones used by a generalist parasitoid. *Journal of Chemical Ecology*, *29*(1), 131-143.

Stenberg, J. A., Heil, M., Åhman, I. & Björkman, C. (2015). Optimizing crops for biocontrol of pests and disease. *Trends in Plant Science*, *20*(11), 698-712.

Stout, M. J., Zehnder, G. W. & Baur, M. E. (2002). Potential for the use of elicitors of plant resistance in arthropod management programs. *Archives of Insect Biochemistry and Physiology*, *51*, 222–235.

Svoboda, J. & Boland, W. (2010). Plant defense elicitors: analogues of jasmonoyl–isoleucine conjugate. *Phytochemistry*, *71*(13), 1.445-1.449.

Takemoto, H., Kainoh, Y. & Takabayashi, J. (2011). Learning of plant volatiles by aphid parasitoids: timing to learn. *Journal of Plant Interactions*, *6*(2-3), 137-140.

Tamiru, A., Bruce, T. J. A., Woodcock, C. M., Caulfield, J. C., Midega, C. A. O., Ogol, C. K. P. O., Mayon, P., Birkett, M. A., Pickett, J. A. & Khan, Z. R. (2011). Maize landraces recruit egg and larval parasitoids in response to egg deposition by a herbivore. *Ecology Letters*, *14*, 1.075–1.083.

Tamiru, A., Bruce, T. J. A., Woodcock, C. M., Birkett, M. A., Midega, C. A. O., Pickett, J. A. & Khan, Z. R. (2015). Chemical cues modulating electrophysiological and behavioural responses in the parasitic wasp *Cotesia sesamiae*. *Canadian Journal of Zoology*, *93*(4), 281-287.

Tertuliano, M., Olson, D. M., Rains, G. C. & Lewis, W. J. (2004). Influence of handling and conditioning protocol on learning and memory of *Microplitis croceipes*. *Entomologia Experimentalis et Applicata*, *110*(2), 165-172.

Thaler, J. S. (1999a). Jasmonate–inducible plant defenses cause increased parasitism of herbivores. *Nature*, *399*, 686–688.

Thaler, J. S. (1999b). Induced resistance in agricultural crops: effects of jasmonic acid on herbivory and yield in tomato plants. *Environmental Entomology*, *28*, 30–37.

Thaler, J. S., Farag, M. A., Paré, P. W. & Dicke, M. (2002). Jasmonate–deficient plants have reduced direct and indirect defenses against herbivores. *Ecology Letters*, *5*, 764–774.

Thaler, J. S., Stout, M. J., Karban, R. & Duffey, S. S. (1996). Exogenous jasmonates stimulates insect wounding in tomato plants (*Lycopersicon esculentum*) in the laboratory and field. *Journal of Chemical Ecology*, *22*, 1.767–1.781.

Thaler, J. S., Fidantsef, A. L., Duffey, S. S. & Bostock, R. M. (1999). Trade-offs in plant defense against pathogens and herbivores: a field demonstration of chemical elicitors of induced resistance. *Journal of Chemical Ecology*, *25*(7), 1.597-1.609.

Tholl, D. (2006). Terpene synthases and the regulation, diversity and biological roles of terpene metabolism. *Current Opinion on Plant Biology*, *9*, 297–304.

Tholl, D., Chen, F., Petri, J., Gershenzon, J. & Pichersky, E. (2005). Two sesquiterpene synthases are responsible for the complex mixture of sesquiterpenes emitted from *Arabidopsis* flowers. *Plant Journal*, *42*, 757–771.

Turlings, T. C. J. & Erb, M. (2018). Tritrophic interactions mediated by herbivore-induced plant volatiles: mechanisms, ecological relevance, and application potential. *Annual Review of Entomology*, *63*, 433–452.

Turlings, T. C. J., Tumlinson, J. H. & Lewis, W. J. (1990). Exploitation of herbivore–induced plant odors by host–seeking parasitic wasps. *Science*, *250*, 1.251–1.253.

Turlings, T. C. & Tumlinson, J. H. (1991). Do parasitoids use herbivore-induced plant chemical defenses to locate hosts? *Florida Entomologist*, *74*(1), 42-50.

Turlings, T., Held, M., Davison, A., Ricard, I. & Tamò, C. (2006). A comparison of naive and conditioned responses of three generalist endoparasitoids of lepidopteran larvae to host-induced plant odours. *Animal Biology*, *56*(2), 205-220.

van Alphen, J. J. M. & Visser, M. E. (1990). Superparasitism as an adaptive strategy for insect parasitoids. *Annual Review of Entomology*, *35*, 59–79.

van der Ent, S., Van Wees, S. C. & Pieterse, C. M. (2009). Jasmonate signaling in plant interactions with resistance-inducing beneficial microbes. *Phytochemistry*, *70*(13-14), 1.581-1.588.

van Wijk, M., De Bruijn, P. J. & Sabelis, M. W. (2011). Complex odor from plants under attack: Herbivore's enemies react to the whole, not its parts. *PLoS ONE*, *6*(7), e21742.

Vessey, J. K. (2003). Plant growth promoting rhizobacteria as biofertilizers. *Plant and Soil*, *255*(2), 571-586.

Vet, L. E. M. & Dicke, M. (1992). Ecology of infochemical use by natural enemies in a tritrophic context. *Annual Review of Entomology*, *37*, 141–172.

Vet, L. E. & Groenewold, A. W. (1990). Semiochemicals and learning in parasitoids. *Journal of Chemical Ecology*, *16*(11), 3.119-3.135.

Vieira, C. R., Moraes, M. C. B., Borges, M., Sujii, E. R. & Laumann, R. A. (2013). cis-Jasmone indirect action on egg parasitoids (Hymenoptera: Scelionidae) and its application in biological control of soybean stink bugs (Hemiptera: Pentatomidae). *Biological Control*, *64*(1), 75-82.

Vieira, C. R., Blassioli-Moraes, M. C., Borges, M., Pires, C. S. S., Sujii, E. R. & Laumann, R. A. (2014). Field evaluation of (E)-2-hexenal efficacy for behavioral manipulation of egg parasitoids in soybean. *BioControl*, *59*(5), 525-537.

Vinson, S. B. (1976). Host selection by insect parasitoids. *Annual Review of Entomology*, *21*(1), 109-133.

Vinson, S. B. (1984). Parasitoid–host relationship. In: Bell, W. J. & Cardé, R. T. *Chemical Ecology of Insects*. Springer: Boston. 205-233.

von Mérey, G. E., Veyrat, N., Mahuku, G., López–Valdez, R., Turlings, T. C. J. & D'Alessandro, M. (2011). Dispensing synthetic green leaf volatiles in maize fields increases the release of sesquiterpenes by the plants, but has little effect on the attraction of pest and beneficial insects. *Phytochemistry*, *72*, 1.838–1.847.

von Mérey, G. E., Veyrat, N., de Lange, E., Degen, T., Mahuku, G., Valdez, R. L., Turlings, T. C. J. & D'Alessandro, M. (2012). Minor effects of two elicitors of insect and pathogen resistance on volatile emissions and parasitism of *Spodoptera frugiperda* in Mexican maize fields. *Biological Control*, *60*(1), 7-15.

Walters, D. R., Ratsep, J. & Havis, N. D. (2013). Controlling crop diseases using induced resistance: challenges for the future. *Journal of Experimental Botany*, *64*(5), 1.263-1.280.

Wäschke, N., Meiners, T. & Rostàs, M. (2013). Foraging strategies of insect parasitoids in complex chemical environments. In: Wajnberg, E. & Colazza, S. (Eds.). *Recent Advances in Chemical Ecology of Insect Parasitoids*. Wiley-Blackwell: Hoboken. 193–224.

Wasternack, C. & Parthier, B. (1997). Jasmonate-signalled plant gene expression. *Trends in Plant Science*, *2*(8), 302-307.

Weatherston, I. & Minks, A. (1995). Regulation of semiochemicals–global aspects. *Integrated Pest Management Reviews*, *1*, 1–13.

Webster, B. & Cardé, R. T. (2017). Use of habitat odour by host-seeking insects. *Biological Reviews*, *92*(2), 1.241-1.249.

Wermelinger, B. (2004). Ecology and management of the spruce bark beetle *Ips typographus* – a review of recent research. *Forest Ecology and Management*, *202*, 67–82.

Witzgall, P., Kirsch, P. & Cork, A. (2010). Sex pheromones and their impact on pest management. *Journal of Chemical Ecology*, *36*, 80–100.

Woods, J. L., James, D. G., Lee, J. C. & Gent, D. H. (2011). Evaluation of airborne methyl salicylate for improved conservation biological control of two-spotted spider mite and hop aphid in Oregon hop yards. *Experimental and Applied Acarology*, *55*(4), 401.

Xiao, Y., Wang, Q., Erb, M., Turlings, T. C. J., Ge, L., Hu, L., Li, J., Han, X., Zhang, T., Lu, J., Zhang, G. & Lou, Y. (2012). Specific herbivore-induced volatiles defend plants and determine insect community composition in the field. *Ecology Letters*, *15*, 1.130–1.139.

Yu, H., Zhang, Y., Wu, K., Gao, X. W. & Guo, Y. Y. (2008). Field-testing of synthetic herbivore-induced plant volatiles as attractants for beneficial insects. *Environmental Entomology*, *37*, 1.410–1.415.

Zhu, J. & Park, K. C. (2005). Methyl salicylate, a soybean aphid-induced plant volatile attractive to the predator *Coccinella septempunctata*. *Journal of Chemical Ecology*, *31*(8), 1.733-1.746.

CAPÍTULO 20

Modelos matemáticos e computacionais como ferramenta analítica e preditiva em programas de controle biológico

Adriano Gomes Garcia
Carolina Reigada
Dori Edson Nava
Wesley Augusto Conde Godoy

Introdução

A dinâmica populacional de insetos parasitoides e predadores tem papel importante na regulação e estruturação de comunidades de insetos fitófagos. Em especial, nos contextos agrícola e florestal, dá-se importante valor estratégico em manejo de agrossistemas, uma vez que esses insetos podem atuar como agentes de controle biológico de outras espécies de insetos consideradas pragas (Hassel, 1978; van Driesche & Bellows, 1996; Pereira et al., 2018; Sanchez et al., 2018).

O controle biológico baseia-se no uso de um ou mais tipos de organismos predadores ou parasitoides para controlar populações de insetos pragas (Eilenberg et al., 2001). Entretanto, devido ao fato de a eficiência do controle biológico depender das interações estabelecidas de populações de pragas e seus inimigos naturais, os resultados das interações podem ser imprevisíveis, sendo necessário estudo mais detalhado destas interações. Essa imprevisibilidade da interação hospedeiro-parasitoide estabelecida faz com que a história do controle biológico em geral seja marcada por relatos de sucessos, mas também por inúmeros insucessos (Moran, 1985; Cock et al., 2016; Greathead & Greathead, 1992). Casos de insucesso do controle biológico se devem, na maioria das vezes, à complexidade das interações estabelecidas entre as espécies e entre as espécies com o ambiente no qual se encontram (Godfray & Waage, 1991). A detecção de insucessos, no entanto, pode indicar caminhos importantes para o delineamento de estudos científicos, permitindo o aperfeiçoamento de estratégias empregadas em programas de controle biológico e busca a adequação do método de controle à realidade do local e do cultivo que será aplicado. O processo de busca do conhecimento científico, baseado em experiências empíricas e insucesso em tentativas passadas, normalmente se dá após longos períodos de estudos, até que a adequação da técnica, a avaliação da eficácia do agente biológico e o sucesso do programa de controle biológico sejam alcançados (Cock et al., 2016).

A integração de conhecimentos advindos de diferentes sistemas biológicos reais pode permitir abstrações gerais sobre múltiplas classes de interação praga-inimigo natural (hospedeiro-parasitoide, predador-presa, herbívoro-planta) por meio de métodos de modelagem de sistemas tróficos, melhorando a efetividade da aplicação dos inimigos naturais e possibilitando a otimização do tempo de adequação do agente de controle aos diferentes tipos de controle biológico (Heimpel & Mills, 2017; McEvoy, 2018). O uso de modelos matemáticos e computacionais permite a comparação e a extrapolação do sistema biológico estudado a novas situações e cenários, produzindo bases informativas e auxílio para a escolha da espécie de agente biológico a ser utilizado, bem como para a definição do período e condições os quais devem ser aplicados nos diferentes sistemas agrícolas e florestais (McEvoy, 2018). Dessa forma, o uso de modelos matemáticos e computacionais em programas de controle biológico pode contribuir substancialmente como "ferramenta" de análise, previsão e avaliação (Heimpel & Mills, 2017; McEvoy, 2018), reduzindo custos e tempo de pesquisa para o manejo e implantação de programas de controle biológico.

Neste capítulo, serão discutidos os benefícios e vantagens advindos de pesquisas teórico-práticas em controle biológico. Embora o tema central seja a apresentação de modelos matemáticos e computacionais como ferramentas de análise, o objetivo geral não é descrever procedimentos matemáticos, estatísticos e computacionais, mas sim demonstrar como a entomologia e a matemática se sobrepõem para auxiliar em questões práticas aplicadas ao controle biológico de pragas. A primeira parte do capítulo mostra como modelos matemáticos podem ser utilizados para descrever relações hospedeiro-parasitoide, auxiliando no planejamento de programas de controle biológico. Na segunda parte, será abordado o uso de tecnologias SIG (Sistemas de Informações Geográficas) no manejo integrado de pragas.

Modelos matemáticos

Modelos matemáticos são importantes métodos para a caracterização de processos e mecanismos biológicos em diversos níveis de classificação de insetos, como por exemplo, indivíduos e populações, além de ainda serem úteis para investigar interações tróficas, dentre as quais, as empregadas em programas de controle biológico de pragas. Particularmente, padrões ecológicos descritos por oscilações populacionais no tempo, carecem de tratamento por meio de modelagem para que sejam observados e interpretados (Lima et al., 2009). Assim, os modelos matemáticos descrevem processos demográficos inerentes à dinâmica de populações. Conhecer quais padrões ecológicos são predominantes em populações de insetos é importante para a tomada de decisão em programas de manejo integrado, previsões espaço-temporais a respeito de surtos, definição de estratégias de controle biológico, bem como manejo de pragas utilizando relações tróficas, tais como hospedeiro-parasitoide ou presa-predador (Ferreira & Godoy, 2014).

Modelos matemáticos podem ser vistos como aproximações concebidas por meio de abstração de biossistemas para descrever padrões muitas vezes de alta complexidade, geralmente de difícil visualização (Ferreira & Godoy, 2014). A descrição dos processos interativos requer a captura do que é essencial em processos biológicos envolvidos no sistema e, para isso, vale-se da formalização matemática do problema (Kot, 2001). Para o contexto de agroecossistemas, pressupõe-se o uso de modelos do tipo predador-presa ou hospedeiro-parasitoide, principalmente para enfatizar estratégias de controle biológico de pragas (Murdoch et al., 1985).

A seguir será apresentado o processo de construção de um modelo matemático que descreve a dinâmica populacional de uma espécie de inseto, com base na descrição de seu ciclo de vida. Mostra como a interconectividade entre a matemática e a biologia pode auxiliar no entendimento de sistemas biológicos, na identificação de hipóteses testáveis e sugestão de experimentos apropriados, gerando diferentes vias para se solucionar problemas.

Construindo um modelo populacional

O primeiro passo para se construir um modelo é definir o problema que será estudado. Por exemplo, vamos considerar a seguinte questão: Em quantas gerações a população da praga presente em uma área atingirá o nível de controle, ou seja, atingirá o tamanho populacional e alguma medida de controle deve ser iniciada?

Tendo em mente a resposta que procuramos, o segundo passo é a descrição dos aspectos da biologia importantes para a espécie de inseto estudada. A descrição do problema a ser estudado pode, inicialmente, ser feita de maneira qualitativa, através de um diagrama que representa os eventos importantes que ocorrem ao longo ciclo de vida do inseto. O diagrama a seguir tornará mais fácil a seleção das variáveis e parâmetros importantes que serão usados nas equações. O diagrama da Figura 1 descreve os principais eventos que ocorrem ao longo ciclo de vida de um inseto praga hipotético.

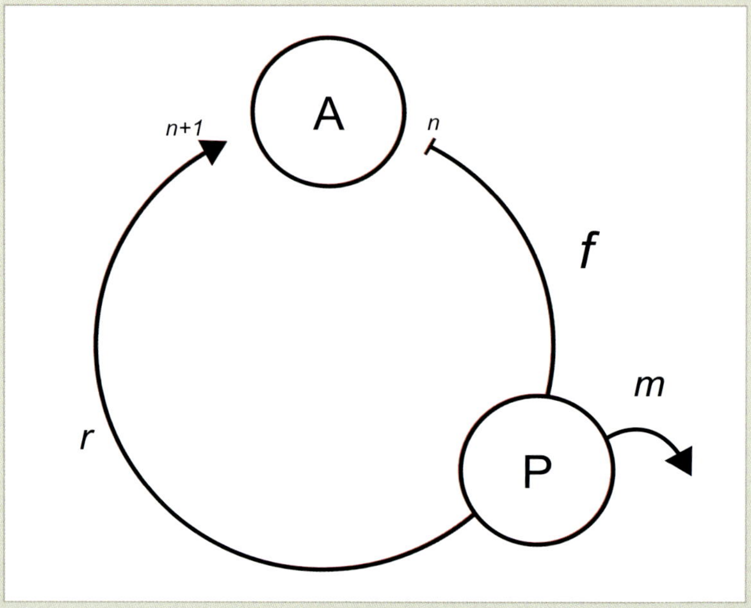

Figura 1. Diagrama representando a dinâmica populacional de um inseto na qual a população é representada por insetos na fase imatura (**P**) e adultos (**A**). No diagrama, somente as fêmeas adultas são consideradas, uma vez que através das características biológicas das fêmeas é que o potencial de dano da praga está baseado. Sendo assim, **A** representa a fração de fêmeas adultas na população de insetos na geração ***n***; **P**, a quantidade de insetos no estágio imaturos da geração ***n***; ***f***, número de progênie de fêmeas adultas; ***m***, a mortalidade dos imaturos; ***r***, a razão de fêmeas dentre os imaturos **P** que se tornarão adultas (**A**) na geração ***n*+1**.

No diagrama, a população é representada por insetos no estágio imaturo (P) e pela fração de fêmeas adultas (A), uma vez que somente elas são responsáveis pela oviposição e consequentemente pelo aumento do tamanho populacional. A quantidade de fêmeas adultas e de insetos imaturos são as variáveis do modelo a ser construído. No ciclo de vida deste inseto, também são considerados três parâmetros demográficos importantes: tamanho da progênie (número de novos indivíduos) das fêmeas adultas (f), a mortalidade dos insetos na fase imatura ($\boldsymbol{m}$) e a razão de fêmeas no total de adultos na população ($\boldsymbol{r}$).

A dinâmica da população deste inseto é dada pelos seguintes passos:

1. Na geração n, as fêmeas adultas, A_n, produzirão um total de imaturos P_{n+1}, que constituirão a geração $n+1$.
2. Dentre os imaturos da geração n, apenas uma fração $(1 - m)$ de imaturos será capaz de alcançar o estágio adulto, devido à mortalidade (m) associada ao estágio imaturo P_n. Dentre os imaturos que sobrevivem, somente uma fração r originará fêmeas adultas da próxima geração, A_{n+1}.

Dessa forma, os diferentes estágios de vida dos insetos serão representados por duas equações matemáticas, uma para o estágio imaturo e outra para a fração de fêmeas adultas:

$$P_{n+1} = fA_n \qquad (1)$$

$$A_{n+1} = r\,(1 - m)\,P_{n+1} \qquad (2)$$

Substituindo P_{n+1} na equação 2 pela equação 1, a dinâmica populacional do inseto praga pode ser escrita em função da população de fêmeas adultas:

$$A_{n+1} = rf(1 - m)\,A_n \qquad (3)$$

Considerando um tamanho populacional inicial de 50 fêmeas e os seguintes valores de parâmetros: $f = 10$, $r = 0.5$, $m = 0.25$, ao longo de dez anos tem-se a seguinte dinâmica para a população do inseto praga (Figura 2):

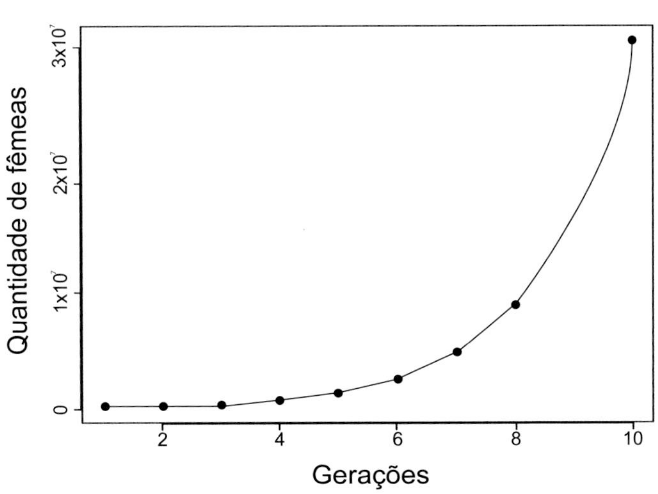

Figura 2. Número de fêmeas em uma população de inseto praga ao longo de dez gerações. A população de fêmeas na população é dada segundo a equação 3. Valores dos parâmetros utilizados na simulação: $f = 10$, $r = 0.5$, $m = 0.25$.

A Figura 2 mostra a variação no tamanho populacional das fêmeas adultas ao longo de dez gerações. Conhecendo o limiar para dano econômico e a média de dias em que a espécie completa seu ciclo biológico, pode-se estimar, em média, a partir de quanto tempo medidas de controle da espécie praga devem ser programadas.

No modelo construído, os parâmetros r, f e m são constantes (obtidos de forma experimental em estudo de tabela de vida, por exemplo). Dessa forma, considerando que os valores destes parâmetros serão mantidos ao longo das gerações, tem-se a solução geral para o problema estudado:

$$A_n = [fr(1 - m)]^n A_0 \qquad (4)$$

Na equação 4, conhecendo o número inicial de fêmeas, A_0, é possível prever o tamanho populacional por n gerações, sem que seja necessário o cálculo do tamanho populacional no decorrer de cada geração. Por exemplo, tendo inicialmente 50 fêmeas na população, considerando os valores de parâmetros: $f=10$, $r = 0.5$, $m = 0.25$, qual será o tamanho da população após dez gerações? Dessa forma, tem-se:

$$A_n = [10 \times 0,5 \times (1 - 0,25)]^{10} \times 50$$

Após dez gerações, partindo de 50 fêmeas iniciais originarão aproximadamente $2,7 \times 10^7$ novas fêmeas na população (valor observado na Figura 2 para $t = 10$ gerações).

Portanto, demonstra-se como construir um modelo matemático simples para determinar a dinâmica populacional de uma espécie de inseto praga. Ao modelo construído, o pesquisador pode acrescentar outros fatores que julgar importantes, tornando o modelo mais complexo. Sendo assim, aspectos tais como resposta funcional, capacidade de suporte, influência de fatores abióticos e interação com outras espécies podem ser incluídos. Em modelos matemáticos aplicados a problemas de controle biológico normalmente é necessário escrever equações para a espécie praga e para seu inimigo natural, bem como definir como ocorre a interação nas equações de ambas as espécies.

Incorporando a modelagem matemática no controle biológico

As primeiras proposições sobre modelos matemáticos com aplicação ao controle biológico foram iniciadas com formulações visando conhecer os padrões de flutuação populacional, com base nas equações de Lotka & Volterra, escritas, a princípio, para modelar a relação predador-presa (Lotka, 1925; Volterra, 1926). Em 1935, Nicholson & Bailey propuseram um modelo teórico para estudar a interação hospedeiro-parasitoide. Em ambos os modelos, a ênfase é dada na análise dos parâmetros biológicos capazes de influenciar significativamente o comportamento de populações de presas/hospedeiros e parasitoides/predadores. Como os parasitoides são os agentes de controle biológico mais utilizados em programas de controle biológico de pragas, devido ao seu maior grau de especificidade com a praga alvo, a seguir será apresentado o modelo de Nicholson & Bailey (1935).

O modelo de Nicholson-Bailey assume duas importantes suposições em relação ao número de encontros e a taxa de parasitismo em um hospedeiro:

- Os encontros entre hospedeiro e parasitoide ocorrem aleatoriamente, de forma que o número de encontros é proporcional ao produto da densidade de hospedeiros e parasitoides, ou seja, quanto maior for o número de insetos, maior será o número de encontros entre eles.
- Cada hospedeiro só pode ser parasitado uma vez, por um parasitoide.

Como o encontro entre parasitoides e hospedeiros ocorre aleatoriamente e é um evento discreto, a distribuição de Poisson pode ser utilizada para descrever a probabilidade de que um inseto-hospedeiro seja bem-sucedido em escapar do encontro com o parasitoide. Dessa maneira, as populações de hospedeiros, H_{t+1}, e parasitoides, P_{t+1}, em um tempo futuro **t + 1** podem ser descritas por meio das equações:

$$H_{t+1} = \sigma H_t e^{-aP_t} \qquad (5)$$

$$P_{t+1} = cH_t(1 - e^{-aP_t}) \qquad (6)$$

Onde H_t é a população de hospedeiros no tempo t, σ é a taxa de crescimento intrínseca da população de hospedeiros H_t e e^{-aP_t} é o termo derivado de uma distribuição Poisson que indica a probabilidade de que os hospedeiros escapem do parasitoide sendo a, a taxa de encontro entre as espécies.

Dadas as equações, é possível construir assim uma cadeia lógica de eventos: hospedeiros da geração t que sobrevivem ao parasitoide produzem indivíduos no tempo $t+1$ (equação 5). O aumento da população de parasitoides depende exclusivamente do hospedeiro H_t, sendo que c é o número de ovos produzidos pelo parasitoide em cada hospedeiro e $(1 - e^{-aP_t})$ indica a probabilidade de os hospedeiros serem atacados pelos parasitoides. Dessa forma, interpretando a equação (6) tem-se: os parasitoides da geração que encontraram e parasitaram hospedeiros no tempo t, produzirão uma nova geração de parasitoides no tempo $t+1$.

A Figura 3 mostra a dinâmica da praga (hospedeiros) e seu parasitoide. Pode-se notar que o crescimento da população de parasitoides ocorre em resposta ao crescimento da população de pragas (Figura 3a). Ambas as populações apresentam flutuação sincrônica, de maneira que os parasitoides conseguem regular a população de seus hospedeiros, respondendo com o aumento do parasitismo à medida que a população de hospedeiros aumenta (Figura 3a,b). Entretanto, a população de parasitoides é extinta na 50ª geração, devido a alta queda populacional dos hospedeiros no período anterior.

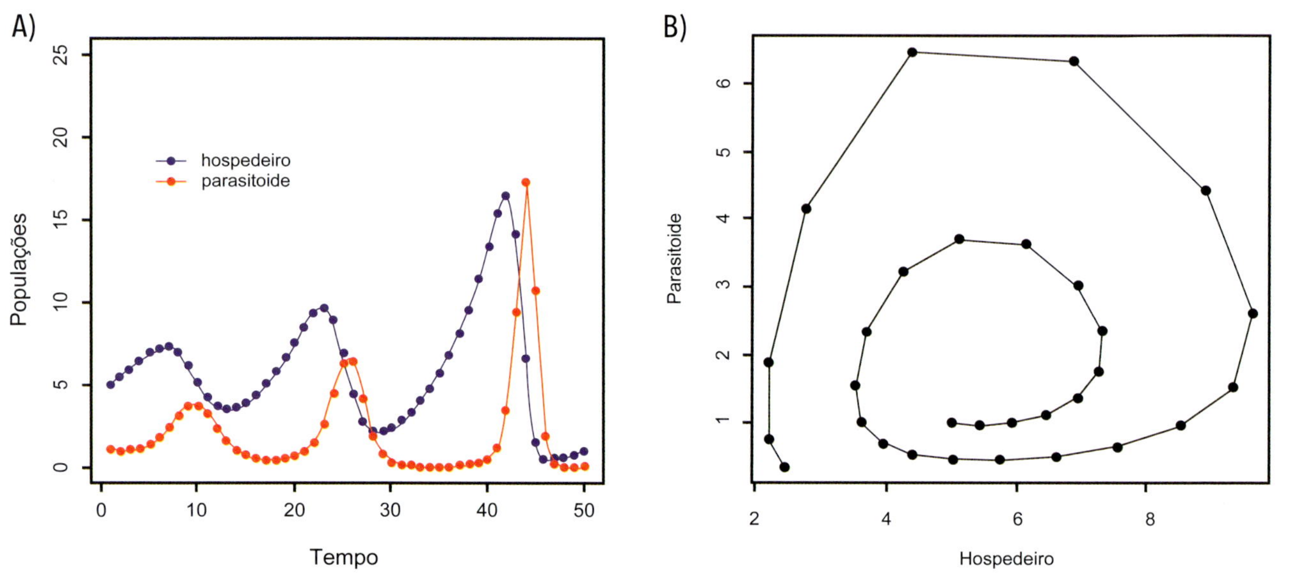

Figura 3. A) Dinâmica hospedeiro-parasitoide descrita pelo modelo de Nicholson-Bailey e B) Quantificação das oscilações populacionais de parasitoides em função do tamanho populacional de hospedeiros. Foram utilizados os seguintes valores de parâmetros para as simulações: $a = 0.1$, $\sigma = 1.2$ e $c = 2$.

O modelo matemático de Nicholson & Bailey incorpora o mínimo de detalhes biológicos necessários para descrever um sistema de interação hospedeiro-parasitoide, permitindo fazer estimativas gerais sobre estabilidade e surtos populacionais (Hassel, 1978; Godfray & Waage, 1991; Heimpel & Mills, 2017). Este modelo permite, por exemplo, avaliar o potencial de diferentes inimigos naturais, bem como a frequência com que as populações de espécies pragas ultrapassam o limiar de dano econômico. Entretanto, para tornar este modelo mais próximo da realidade do sistema de cultivo escolhido para aplicar o controle biológico, detalhes relevantes da interação dos organismos praga e seus inimigos naturais podem ser incluídos com base nos estudos biológicos das espécies e manejo da área de cultivo.

Através de modelos populacionais, fatores demográficos importantes, estimados da experimentação laboratorial e campo, tais como taxas de sobrevivência, viabilidade de ovos, tempo de desenvolvimento dos imaturos, fertilidade e longevidade podem ser incluídos nas simulações da dinâmica das populações de pragas em interação com seus inimigos naturais. Da mesma maneira, o potencial do inimigo natural para o controle da população praga pode ser quantificado através de simulações que consideram importantes fatores, tais como taxas de parasitismo/predação; resposta funcional (variação da taxa de parasitismo) e resposta numérica (conversão do parasitismo em prole) das espécies com potencial para ser utilizada como agente de controle biológico. Nestes sistemas com múltiplos agentes de controle, a interação das espécies também pode ser feita, de maneira a entender os custos e benefícios de se usar agentes múltiplos de controle biológico, considerando a competição pelos hospedeiros/presa (Hawkins & Cornell, 1999; McEvoy, 2018).

Nas equações (5) e (6), como mencionado anteriormente, é considerado que o ataque dos parasitoides aos hospedeiros se dá de maneira aleatória, sem que haja efeito da abundância de hospedeiros no comportamento do parasitoide. Entretanto, esta pressuposição é pouco realística para a maioria das interações que ocorrem na natureza, pois, as taxas de ataque de parasitoides normalmente são maiores onde há maior densidade de hospedeiros. Dessa forma, é mais plausível pensar que em uma área na qual serão liberados parasitoides locais com maior abundância de hospedeiros apresentarão maior agregação de parasitoides. Para inserir este comportamento de agregação de parasitoides em locais de maior abundância de hospedeiros, substitui-se o termo e^{-aP_t} por $\left[1 + \frac{aP_t}{k}\right]^{-k}$:

$$H_{t+1} = \sigma H_t \left[1 + \frac{aP_t}{k}\right]^{-k} \quad (7)$$

$$P_{t+1} = cH_t\left(1 - \left[1 + \frac{aP_t}{k}\right]^{-k}\right) \quad (8),$$

onde k é um índice que representa o grau de agregação do parasitismo em resposta a determinada abundância de hospedeiros. O valor de k pode variar de 1 (parasitismo aleatório – voltando a função para taxa de encontros anterior) a 0 (parasitismo agregado).

As simulações das equações 7 e 8 mostram que o tamanho populacional dos hospedeiros e parasitoides continuam a flutuar sincronicamente, entretanto, a população de parasitoides não se extingue como no caso anterior (Fig. 4). A persistência dos parasitoides se dá devido ao comportamento de menor agregação dos parasitoides nas situações em que os tamanhos populacionais de hospedeiros são menores. A inserção deste comportamento na dinâmica hospedeiro-parasitoide não permite a superexploração dos hospedeiros pelos parasitoides e, consequentemente, a falta de recurso para a progênie que emergirá no tempo seguinte.

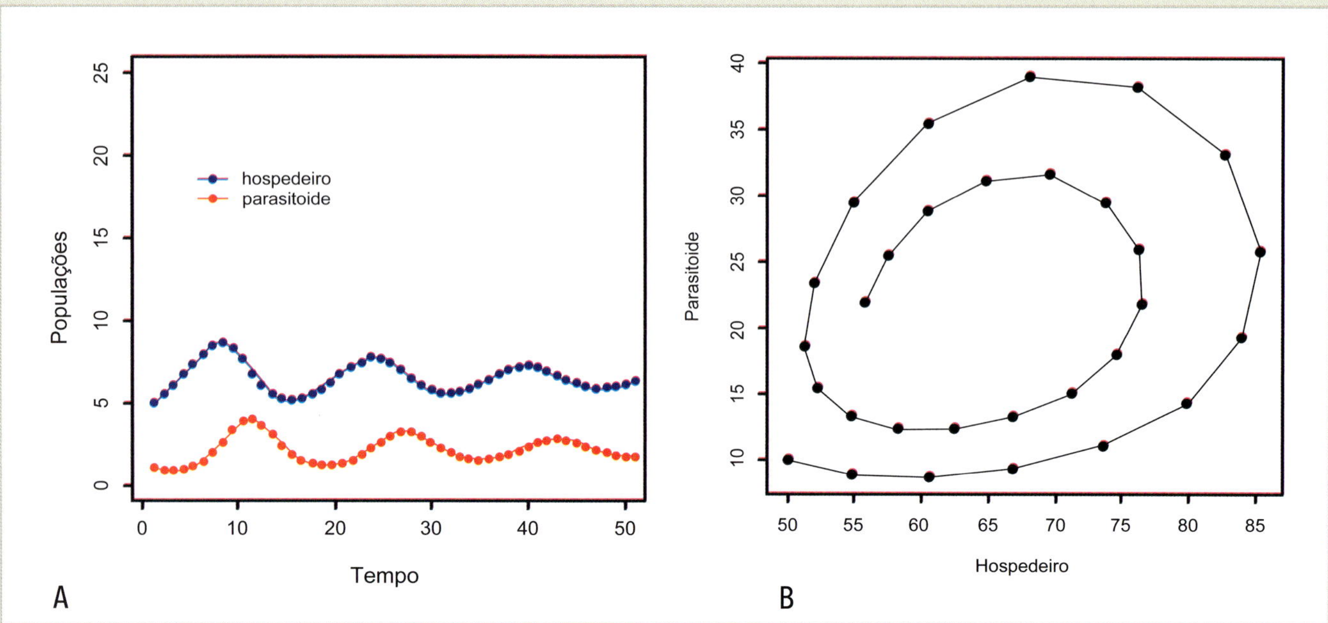

Figura 4. A) Dinâmica hospedeiro-parasitoide descrita pelo modelo de Nicholson-Bailey e B) Quantificação das oscilações populacionais de parasitoides em função do tamanho populacional de hospedeiros. Foram utilizados os seguintes valores de parâmetros para as simulações: considerando $a = 0.1$, $\sigma = 1.2$, $c = 2$ e $k = 0.6$.

Como mostrado na Figura 3, comumente os elementos do modelo de Nicholson-Bailey tendem a produzir oscilações crescentes que, por vezes, podem resultar na extinção populacional de hospedeiro, parasitoide ou ambos, dependendo dos valores assumidos para os parâmetros a, σ e c. As formulações dadas pelas equações (5-8) não levam em conta a movimentação de hospedeiros e parasitoides. A dimensão do espaço em modelos desta natureza adiciona ao sistema maior aproximação com sistemas reais e aumenta a probabilidade de persistência populacional, já que hospedeiros e parasitoides em movimento podem prevenir extinções locais ou mesmo aumentar a chance de sítios locais serem recolonizados por indivíduos que se movimentam entre diferentes hábitats. A movimentação de populações é capaz de evitar a extinção global, ou seja, extinções locais poderiam acontecer, mas a conexão entre os sítios evitaria o completo esvaziamento do conjunto de populações ou possibilitaria processos de recolonização em caso de extinções locais (Hassel, 1978; Briggs & Hoopes, 2004).

Modelos que consideram a distribuição espacial das espécies

O desenvolvimento de modelos matemáticos para o estudo da dinâmica populacional de insetos praga e seus inimigos naturais tradicionalmente é feito sob a perspectiva de um ambiente uniforme (Briggs & Hoopes, 2004). Sob esta perspectiva local, ou seja, quando considerada apenas uma área de cultivo focal, o efeito de fatores abióticos e bióticos sobre a demografia das populações são os fatores diretamente responsáveis pela regulação da dinâmica populacional das espécies. Entretanto, quando mudamos para uma perspectiva regional, considerando que a área de cultivo em questão está inserida em uma paisagem composta por diferentes componentes (planta hospedeira, variedade do cultivo, área de refúgio, relevo, elevação, intervenções e técnicas de manejo etc.) o arranjo do mosaico de hábitats pode afetar de diferentes formas a dinâmica das espécies de insetos (Briggs & Hoopes, 2004; Reigada & Aguiar, 2012; Garcia et al., 2014). Dessa forma, ao considerarmos uma escala espacial maior, temos que levar em conta que as populações dos insetos em cada localidade estão sob efeito de fatores bióticos, abióticos e manejo variados, que caracterizam cada local de maneira diferente. Consequentemente, estes fatores locais passam a ter efeitos não tão diretos sobre a área de cultivo focal, uma vez que o movimento dos insetos vindos de outras áreas também afeta o conjunto de populações da paisagem agrícola/florestal (Tscharntke et al., 2005). Neste contexto, o controle biológico deve ser avaliado numa perspectiva regional, considerando a dinâmica metapopulacional, definida como o conjunto de populações conectadas via dispersão (Levins, 1969), dos insetos praga e seus inimigos naturais.

A utilização de modelos matemáticos metapopulacionais considera não somente a dinâmica populacional das espécies distribuídas na paisagem agrícola, mas também a área na qual elas se encontram. Estes modelos consideram que a dinâmica das espécies na paisagem estudada depende do movimento, distribuição e abundância das espécies entre as áreas que compõe a paisagem agrícola. Dessa forma, aspectos como distância entre áreas de cultivo, tamanho e qualidade das áreas susceptíveis para os insetos, localização e grau de isolamento destas áreas e o potencial de dispersão das espécies podem ser levados em consideração nas simulações com modelos matemáticos.

O uso da abordagem espacial em modelos matemáticos é útil quando as espécies envolvidas apresentam taxas de dispersão (passivas ou ativas) significativas, e quando as áreas de cultivo em foco apresentam arranjo espacial que permitem o movimento das espécies entre elas. Neste contexto, por exemplo, as simulações podem ser usadas para prever a persistência ou recorrência da população de pragas após a liberação de inimigos naturais, possibilitando o cálculo da probabilidade de insetos provenientes de outras localidades colonizar novamente a área em que o controle foi aplicado. Neste caso, a probabilidade de persistência da praga devido ao balanço de colonização/ erradicação (ou redução populacional abaixo do limiar para dano econômico) populacional das pragas em diferentes áreas da paisagem agrícola, pode ser calculada em diferentes cenários. Por exemplo, a utilização do controle pontual em algumas áreas da paisagem ou a adoção de medidas de controle regionais, onde o controle é aplicado de maneira simultânea em diferentes propriedades, possibilitando dessa forma a avaliação de qual das estratégias é a mais eficaz para manter a população de praga sob controle.

Existem diferentes classes de modelos espaciais, bem como técnicas computacionais para inserir a problemática da paisagem em estudos de sistemas biológicos diversos e a escolha da abordagem adotada dependerá dos objetivos da pesquisa. A seguir é apresentado um exemplo de algoritmo (lógica computacional) na construção de um modelo metapopulacional estruturado espacialmente, onde é assumido que a dinâmica das populações de praga e parasitoides presentes na paisagem agrícola são descritas pelas equações de Nicholson & Bailey, discutidas anteriormente.

Construindo um modelo metapopulacional

A Figura 5 mostra um exemplo esquemático do algoritmo usado para a simulação computacional de um modelo matemático metapopulacional. Neste algoritmo a paisagem agrícola é dividida dentro em um "grid" de células. Cada célula é composta por diferentes áreas e/ou cultivos da paisagem agrícola. As populações (pragas e/ou parasitoides) podem ou não estar pre-

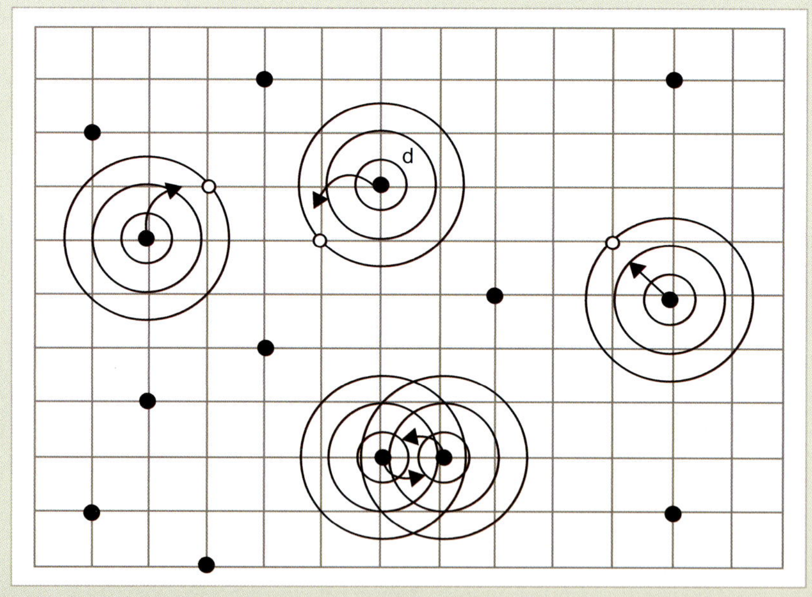

Figura 5. Esquema do algoritmo para estudar a dinâmica metapopulacional de espécies em uma paisagem agrícola. A paisagem é dividida em "grid" (conjunto de células) nos quais as populações podem ou não estar presentes. Os pontos pretos indicam populações já estabelecidas, das quais frações de indivíduos são enviados (setas) a outras localidades entro de uma distância (**d**) de um raio máximo para dispersão (circunferências maiores ao redor dos pontos). Os pontos em cinza indicam novas populações que são estabelecidas após a chegada de indivíduos que dispersaram das populações existentes (pontos pretos).

sentes em cada uma das células do "grid". Cada ponto na Figura 5 representa uma população (de uma espécie ou mais) presente nas diferentes áreas da paisagem agrícola. Os indivíduos de cada população interagem de acordo com as equações (5) e (6) no tempo t.

Após a reprodução, uma fração da população de hospedeiros (μ_H) e parasitoides (μ_P) dispersam para outros locais (células do grid) da paisagem. Entretanto, os indivíduos são capazes de dispersar somente dentro de um raio (d) ao redor do local de onde partiram (círculos maiores ao redor dos pontos na Figura 5). O raio (d) que podem dispersar é definido pela capacidade dispersiva das espécies em estudo. Ao chegar no novo local, após a dispersão, os indivíduos dispersores podem estabelecer uma nova população (se não houver população no local) ou fazer parte da população existente. Assim, na geração t+1, o tamanho populacional de hospedeiros e pragas em cada área i da paisagem será dado pelo número de indivíduos que permaneceram no local ($H^{out}_{i,t}$) menos a fração de indivíduos que deixaram o local mais os indivíduos que vieram de outras localidades da paisagem ($\Sigma r_{i,j\leq d} H^{in}_{i,t+1}$):

$$H_{i,t+1} = H^{in}_{i,t} - H^{out}_{i,t} + \Sigma r_{i,j\leq d} H^{in}_{i,t+1} \qquad (9)$$

$$P_{i,t+1} = P^{in}_{i,t} - P^{out}_{i,t} + \Sigma r_{i,j\leq d} P^{in}_{i,t+1} \qquad (10)$$

Os resultados das simulações para o conjunto de populações (metapopulações) de hospedeiros e parasitoides são mostrados na Figura 6. Ao considerar o efeito da troca de indivíduos entre áreas da paisagem, a persistência de ambas as espécies é obtida (Figura 6b), diferentemente da dinâmica de Nicholson & Bailey sem efeito da dispersão dada nas equações (5) e (6), em que uma das espécies sempre é extinta (Figura 3). Ao longo das gerações foram observadas variações da densidade de pragas na paisagem, de maneira que altas densidades de hospedeiros sucederam altas densidades de parasitoides, de maneira a reduzir ou até mesmo extinguir a população de pragas em alguns pontos da paisagem. Entretanto, devido à chegada de novos indivíduos vindos de outras áreas, a recorrência de pragas nas regiões em que elas foram controladas ocorre frequentemente. Estas flutuações populacionais ao longo do tempo determinam padrões espaciais (Figura 6a).

Conhecendo os efeitos do parasitismo e o padrão de movimentação da praga na paisagem, estratégias de liberação de parasitoides nas áreas da paisagem podem ser testadas e avaliadas otimizando o uso destes agentes de controle da praga. Com base no padrão de movimentação das espécies numa determinada região, também se torna possível a análise e identificação

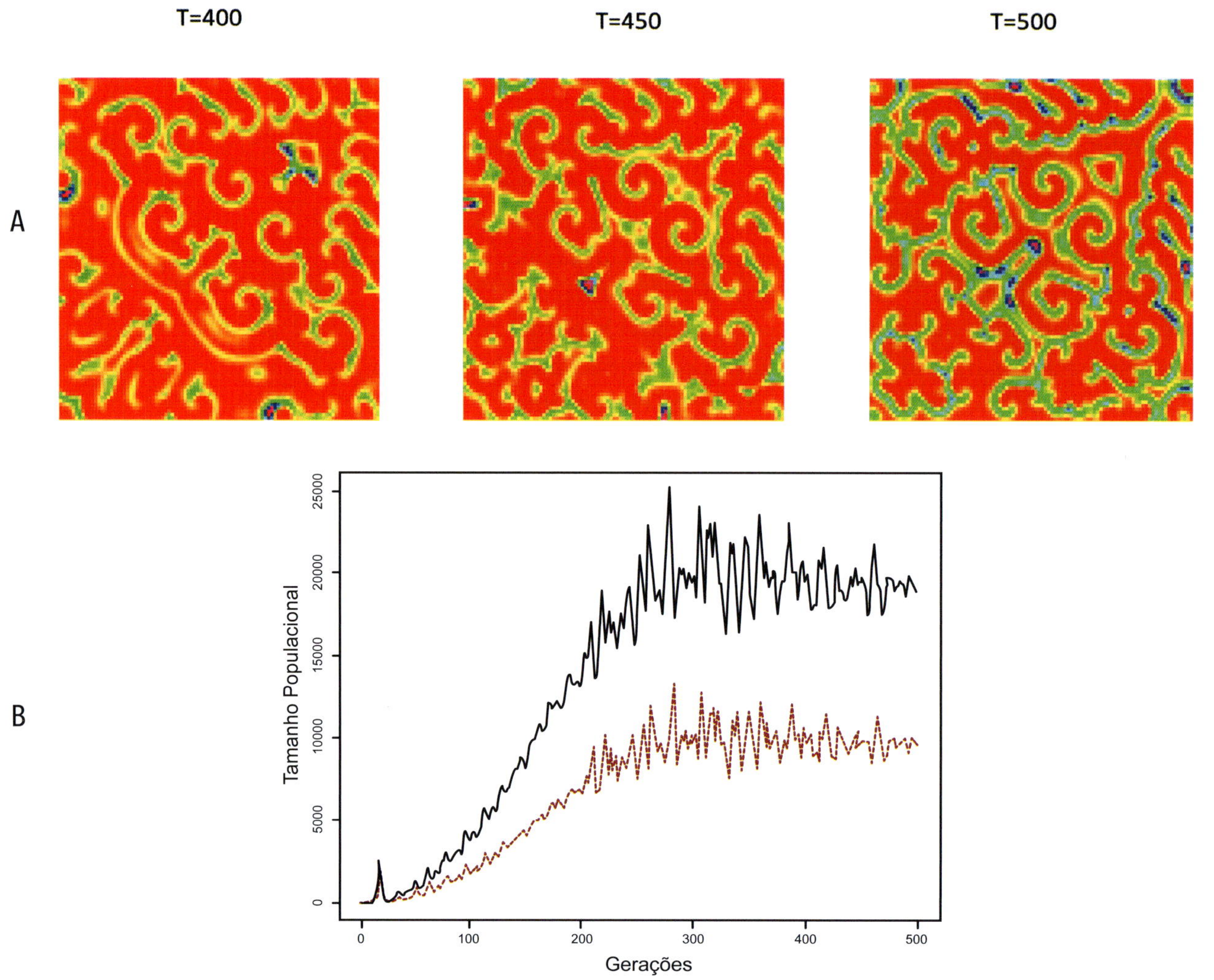

Figura 6. A) Distribuição espacial da praga (hospedeiro) em uma paisagem agrícola composta por 100 áreas. O padrão de distribuição da praga na paisagem é mostrado para as gerações 400, 450 e 500. As cores variam de vermelho a branco, indicando respectivamente, alta e baixa densidade de praga por área. B) Tamanho médio populacional da praga e parasitoide ao longo de 500 gerações na paisagem agrícola estudada. As populações de hospedeiros e parasitoides são representadas respectivamente por preto e vermelho. Valores dos parâmetros: $a = 1$, $\sigma = 2$ e $c = 1$, $\mu_H = 0.5$ e $\mu_P = 0.5$.

de possíveis "hot spots" de pragas na paisagem, auxiliando no planejamento, monitoramento e identificação dos locais da paisagem que precisam de maior atenção para evitar altas densidades de pragas e a ocorrência de surtos em novas áreas. Estes modelos também podem ser utilizados na escolha de pontos, quantidade e frequência de liberações de inimigos naturais em diferentes localidades da paisagem.

Uso de tecnologias SIG (Sistemas de Informações Geográficas) no manejo integrado de pragas

Sistemas de informações geográficas (SIG) são aplicações que permitem aos usuários utilizarem dados geoespaciais, incluindo coleta, análise, manipulação e a representação do conjunto de dados (Byrne & Pickard, 2016). Diferentes pacotes computacionais envolvendo matemática e geoestatística, têm sido utilizados na modelagem de fenômenos espaciais (Garcia et al., 2018).

Zoneamento ecológico de pragas e seus inimigos naturais

Provavelmente uma das principais aplicações de SIG no controle biológico ocorre em conjunto com a utilização de modelos que se baseiam em fatores abióticos para determinar a ocorrência dos insetos praga e parasitoides, permitindo seu zoneamento ecológico, destacando-se a temperatura como fator determinante da ocorrência dos mesmos (Briere et al., 1999; Ikemoto & Takai, 2001).

Um importante elemento do manejo de pragas é o desenvolvimento de estimativas que permitam uma avaliação de risco adequada a uma determinada localidade (Kolar & Lodge, 2001). A utilização de modelos de distribuição de espécies (Species Distribution Models – SDMs) é importante para estimar a relação entre os registros de ocorrência de espécies e as características ambientais e/ou espaciais desses locais (Elith et al., 2011). Por meio do estudo da distribuição geográfica potencial, regiões ambientalmente adequadas às espécies de praga podem ser identificadas, assim como as áreas de abrangência de seus parasitoides. Além disso, é possível estimar se os inimigos naturais são adequados para serem utilizados no controle biológico clássico, avaliar possíveis alterações em cenários futuros e estudar pragas quarentenárias, pois essas ferramentas também possibilitam a avaliação de potencial de risco de invasão.

Para conhecer a distribuição potencial de uma espécie são necessários os estudos das seguintes etapas: a) Dados de ocorrência da espécie; b) Seleção das variáveis ambientais; c) Definição do algoritmo e avaliação do desempenho do modelo computacional a ser empregado; d) Estabelecimento dos limiares para a definição de áreas de presença potencial.

Cada um dos tópicos citados é detalhado a seguir:

a. **Dados de ocorrência da espécie** – A precisão do mapeamento de ocorrência das espécies foco requer um número razoável de pontos de ocorrência bem distribuídos. Os dados de ocorrência (coordenadas geográficas) podem ser obtidos em registros de coleta a campo, em artigos científicos publicados e em coleções de museus de livre acesso. Deve-se dar preferência para dados de locais de origem da espécie e de locais os quais a espécie está comprovadamente estabelecida. É importante pesquisar os relatos de ocorrência através do nome científico válido, e também pelos sinônimos juniores. As coordenadas geográficas devem ser verificadas quanto a sua precisão.

b. **Seleção das variáveis ambientais** – Nessa etapa, o objetivo é identificar as condições ambientais que estão associadas à ocorrência geográfica das espécies, pressupondo que as condições climáticas que a espécie pode tolerar podem ser inferidas do conhecimento de sua distribuição (Pearson, 2007). Os dados de variáveis bioclimáticas (temperatura, precipitação pluviométrica, radiação solar, pressão de vapor de água, velocidade do vento, entre outras) devem ser obtidos. Na internet, estão disponíveis bancos de dados (p.ex., IBGE, NASA) nos quais é possível obter arquivos de camadas bioclimáticas de dados climáticos históricos e de cenários climáticos futuros. As camadas bioclimáticas são compostas por quadrículas, e em cada uma delas está associado o respectivo valor da variável ambiental. A definição da resolução da camada dependerá da abrangência geográfica do estudo (Soberón, 2010). São utilizados *softwares* de SIG para o tratamento das informações ambientais e a relação dessas com os dados de ocorrência da espécie. Informações de dados bióticos, tais como interação de espécies, competição, predação, barreiras geográficas, solo, vegetação quando disponíveis, também podem ser utilizados para aumentar a precisão do potencial de distribuição das espécies.

c. **Definição do algoritmo e avaliação do desempenho do modelo de distribuição da espécie** – Dentre os diferentes algoritmos existentes para modelar a distribuição potencial das espécies, é selecionado o que melhor se adequa aos dados bióticos, abióticos e os de ocorrência (ausência e presença) das espécies a serem estudadas. Por exemplo, o algoritmo de Máxima Entropia (Maxent) estima a probabilidade de ocorrência da espécie, encontrando a distribuição de probabilidade de máxima entropia (distribuição mais próxima da distribuição uniforme) em presença de um conjunto de restrições que representam a informação incompleta sobre a distribuição alvo. A informação disponível sobre a distribuição da espécie constitui um conjunto de valores tomados como verdade (oriundos dos dados de presença) e suas restrições são os valores esperados que devam corresponder às médias para o conjunto de dados tomados da distribuição alvo (Phillips et al., 2006; Phillips et al., 2017).

d. **Estabelecimento dos limiares para a definição de áreas de presença potencial** – Os mapas de distribuição resultantes da modelagem possuem dados contínuos de probabilidade de ocorrência (interpretados como a adequabilidade ambiental da espécie, e não uma probabilidade de presença verdadeira). Para transformarmos os mapas contínuos em dados binários (de presença e ausência potencial) aplicam-se limiares (limites de corte). Esses são valores mínimos que influenciam no cálculo da taxa de omissão do modelo e estão disponíveis nos dados de saída do modelo. De acordo com o propósito da pesquisa, opta-se por limiares que irão gerar mapas de potencial de distribuição menos ou mais abrangentes. Para relacionar a ocorrência de uma espécie praga com um determinado inimigo natural, são feitas sobreposições de mapas. As áreas geográficas com potencial de ocupação conjunta por ambas as espécies são definidas como áreas potenciais para utilização de controle biológico.

Um exemplo da aplicação destas etapas é dado por Müller et al. (2019), que realizaram um mapeamento para conhecer a distribuição potencial da mosca-da-azeitona *Bactrocera oleae* (Rossi) em locais onde a praga é ausente, especialmente na América do Sul (Figura 7). Além do mapeamento da praga, Müller et al. (2019) verificaram a adequabilidade ambiental dos parasitoides *Fopius arisanus* (Soman) e *Psyttalia concolor* (Szépligeti) serem utilizados como agente de controle em programas de controle biológico clássico, caso a praga seja introduzida e se estabeleça na América do Sul.

Devido ao fato de *B. oleae* ser considerada monófaga (suas larvas só se desenvolvem em frutos de azeitona), para o mapeamento foi levado em consideração a presença de plantas da família Oleaceae como condição para o estabelecimento da praga. Dos pontos de ocorrência obtidos para *B. oleae*, alguns foram utilizados para uma validação adicional do modelo. A validação consiste em avaliar se os pontos não utilizados na modelagem são apontados dentro da área de distribuição potencial prevista e, quanto maior o número de acertos, mais seguro é o modelo gerado (Figura 7).

Não foram obtidos pontos de ocorrência de *B. oleae* na América do Sul. Também se constatou que, para todos os países produtores de azeitona da América do Sul, como Argentina, Brasil, Chile, Uruguai e Peru, apenas no Peru as regiões com cultivo de oliveira não apresentaram potencial para o estabelecimento dos parasitoides estudados (Figura 8).

No Brasil, os modelos gerados para *B. oleae* apontam um potencial para a distribuição da espécie praga em todos os estados com produção de oliveira. A distribuição potencial de *F. arisanus* e *P. concolor* no Brasil coincidiu com as áreas projetadas para *B. oleae*. Apesar de *P. concolor* ter potencial de ocorrência em uma área menor do que *F. arisanus*, é possível destacar que esta espécie apresentou projeção da distribuição potencial em áreas sobrepostas às áreas de ocorrência de *B. oleae*, como é o caso do Rio Grande do Sul, no qual ocorre a maior parte da produção de oliveira do Brasil. Portanto, as duas espécies de parasitoides poderiam ser utilizadas para dar continuidade às pesquisas, caso houvesse invasão da praga.

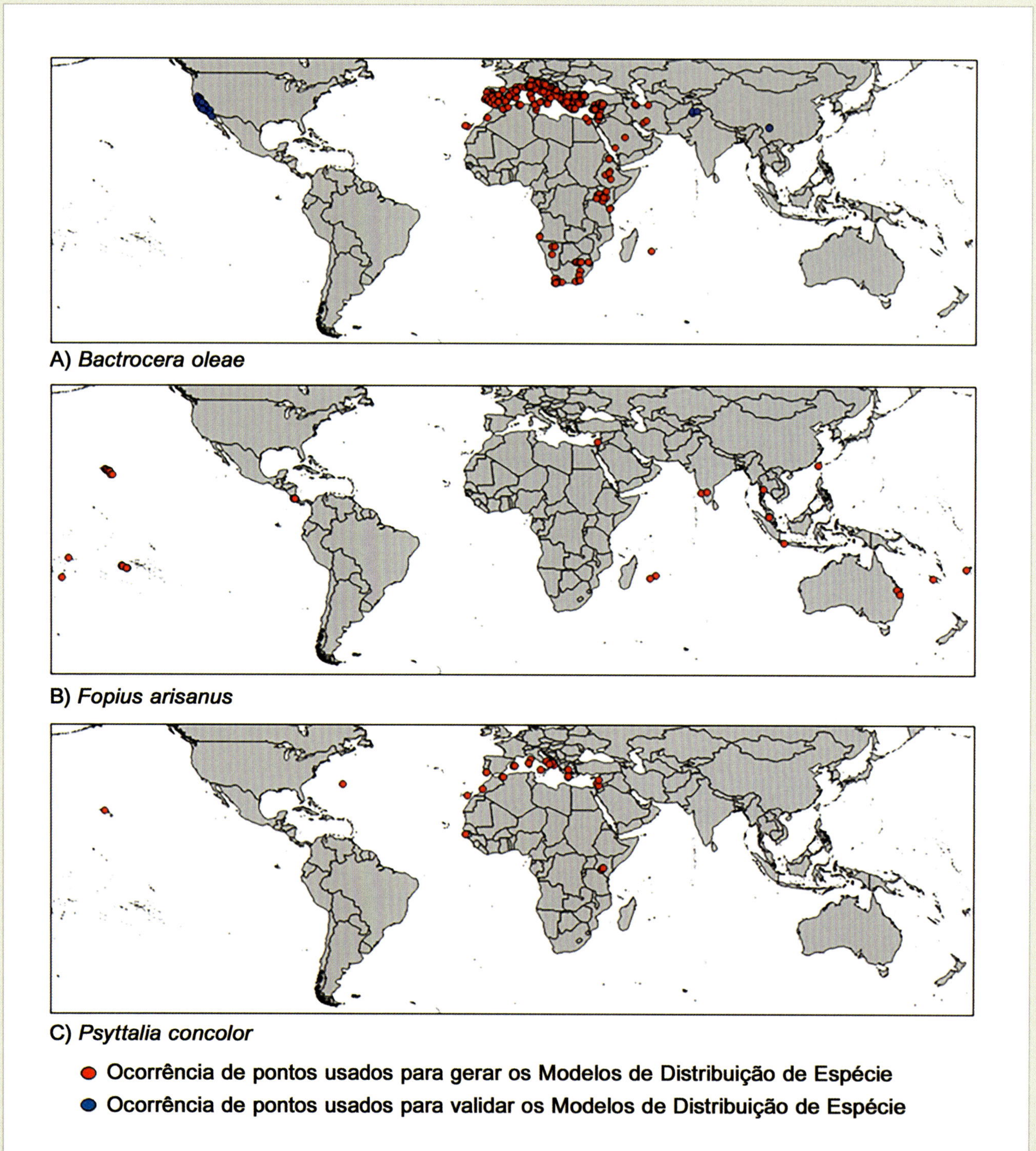

Figura 7. Pontos de ocorrência utilizados para a geração dos modelos de distribuição das espécies (pontos vermelhos) e pontos de ocorrência utilizados para validação do modelo de *Bactrocera oleae* (pontos azuis). A) Pontos de ocorrência de *B. oleae*; B) Pontos de ocorrência de *Fopius arisanus*; C) Pontos de ocorrência de *Psyttalia concolor* (Muller et al., 2019).

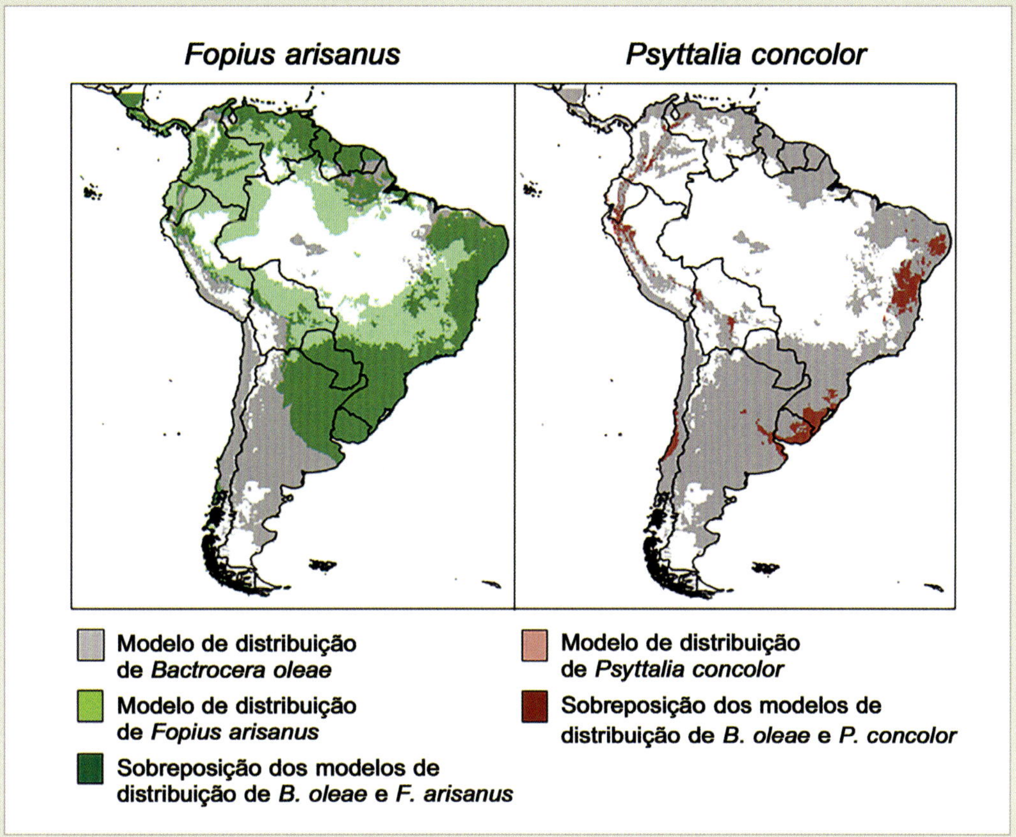

Figura 8. Mapas de sobreposição dos Modelos de Distribuição de *Fopius arisanus* e *Psyttalia concolor* sobre o modelo de *Bactrocera oleae* gerados com valores de Presença Mínima de Treino (*Minimum Training Presence* - MTP) projetados para a América do Sul.

O modelo aponta que *B. oleae* apresenta alta adequação ambiental na América do Sul, o que sinaliza que essa área pode ser suscetível a invasões futuras pela mosca-da-azeitona. Assim, o conhecimento do potencial de estabelecimento dos parasitoides pode auxiliar no controle da praga caso haja necessidade. Na América do Sul, por exemplo, *F. arisanus* poderia ser utilizado no controle biológico de *B. oleae* no Brasil, pois já foi introduzido no país (Groth et al., 2017), o que justificaria a escolha desse parasitoide, baseando-se na capacidade do mesmo em se desenvolver na mosca-da-azeitona (Calvitti et al., 2002; Sime et al., 2008).

As áreas de adequação ambiental no estudo de Muller et al. (2019) foram baseadas somente em variáveis climáticas; entretanto, para a utilização de parasitoides no controle biológico clássico, o desenvolvimento de estudos que consideram as interações biológicas e fatores históricos relacionados à distribuição geográfica das espécies também seriam necessários. A disponibilidade de oliveiras e azeitonas é essencial na definição do alcance geográfico da mosca-da-azeitona e o sucesso de um processo de invasão depende da identidade intraespecífica de *B. oleae*.

Utilização de Conjuntos Fuzzy no zoneamento ecológico

Uma interessante abordagem matemática em conjunto com ferramentas SIG é o uso da Teoria de Conjuntos Fuzzy. Conjuntos Fuzzy permitem a representação de incertezas inerentes aos dados e a descrição qualitativa em termos linguísticos do estudo de caso e permitem conclusões mais precisas em comparação a outras abordagens (Zadeh, 1965; Jamielniak & Garcia, 2011). Os Conjuntos Fuzzy representam uma determinada variável, associando a ela um grau de pertinência entre 0 e 1 por meio de uma função. Por exemplo, considere-se a qualidade "alto" e que uma pessoa com 190 cm, com certeza é considerada "alta"; logo, será associado um valor igual a 1 (total pertinência) a essa determinada altura. Contudo, para alguém com 175 cm, a classificação de "alta" ou "baixa" pode se tornar subjetiva; então, um grau de incerteza entre 0 e 1 será associado a ela. O desenvolvimento das funções que associam um determinado grau de pertinência a essas variáveis depende de conhecimento empírico prévio sobre o estudo de caso, além de dados coletados em campo ou laboratório (Zadeh, 1965).

No caso do zoneamento de insetos utilizando Conjuntos Fuzzy, o primeiro passo envolve a identificação das variáveis envolvidas que afetam a interação ecológica estudada (p.ex.. temperatura, pluviosidade etc.) e suas associações com determinada posição geográfica, utilizando SIG. Isso pode ser feito combinando técnicas de interpretação de imagens com dados coletados em campo, produzindo múltiplas camadas de informação que correspondem a diferentes variáveis. Dessa forma, um grau entre 0 e 1 será associado por meio de uma função, a cada valor possível assumido por cada variável que influencia a população (p.ex., temperatura), indicando sua adequabilidade à presença de determinado inseto (p.ex., em quais valores de temperatura o inseto se desenvolve).

De forma a exemplificar esses processos, considere-se um estudo de caso em que há a necessidade de se definir áreas adequadas para aplicação do controle biológico do psilídeo *Diaphorina citri* Kuwayama por *Tamarixia radiata* Waterston para o estado de São Paulo. Para que haja controle biológico, as condições devem permitir o desenvolvimento tanto do hospedeiro, quanto do parasitoide. Assume-se também que as seguintes variáveis que influenciam na presença de ambos os insetos: temperatura (hospedeiro e parasitoide), umidade relativa (hospedeiro e parasitoide) e fenologia da planta (Garcia et al., 2019).

Em relação à temperatura, as funções Fuzzy associarão um valor igual a 1 (máxima adequabilidade) para temperaturas que correspondam ao intervalo ótimo de desenvolvimento de cada inseto, pois, com certeza, essas condições favorecem tal desenvolvimento. Da mesma forma, a função associará um valor igual a 0 para temperaturas abaixo do limiar inferior de temperatura e acima do limiar superior. Para os demais intervalos de temperatura, será associado um valor entre 0 e 1 com base em conhecimento empírico e dados laboratoriais e de campo. O mesmo raciocínio é aplicado para as funções associadas à umidade relativa. Essas funções apresentarão um padrão similar ao mostrado na Figura 9.

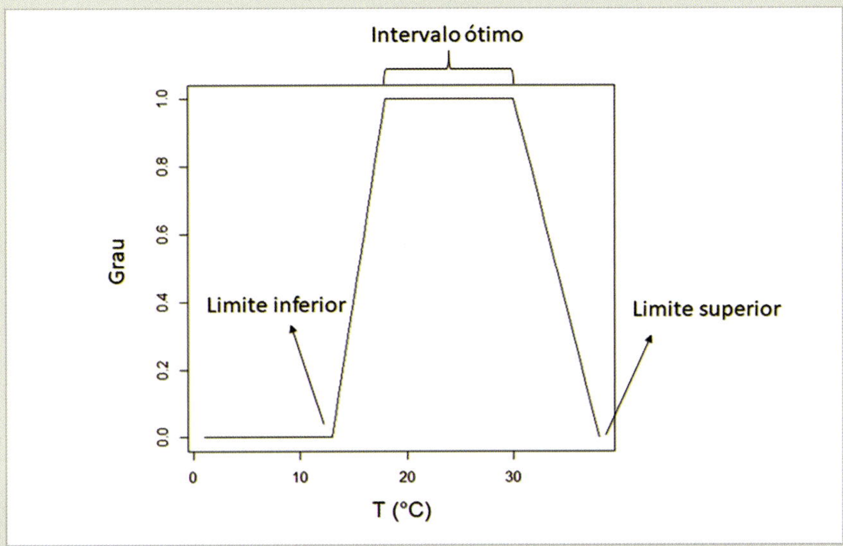

Figura 9. Exemplo de função utilizada para associar diferentes graus de adequabilidade a um determinado intervalo de temperatura.

Em relação à fenologia da planta, as funções de pertinência devem ser adaptadas caso a caso. Para *D. citri*, por exemplo, o grau da função irá variar de acordo com a proporção de plantas de citros apresentando brotação, período esse que em que as infestações são mais intensas. Após construídas as funções para cada variável, um operador Fuzzy (multiplicação dos graus associados a cada variável, por exemplo) produzirá um índice baseado em todas as funções construídas, que associado a um mapa, indicará a adequabilidade de cada localidade à interação hospedeiro-parasitoide (Figura 10).

No caso do zoneamento realizado, observa-se que as regiões Norte e Sul são mais favoráveis para *D. citri* e *T. radiata* durante o mês de abril, enquanto no mês de agosto, as mesmas regiões se tornaram desfavoráveis devido às condições climáticas. A Teoria de Conjuntos Fuzzy abre, dessa maneira, um amplo cenário de oportunidades para investigar áreas de coexistência de hospedeiros e parasitoides, visando ao planejamento e a implementação de programas de controle biológico.

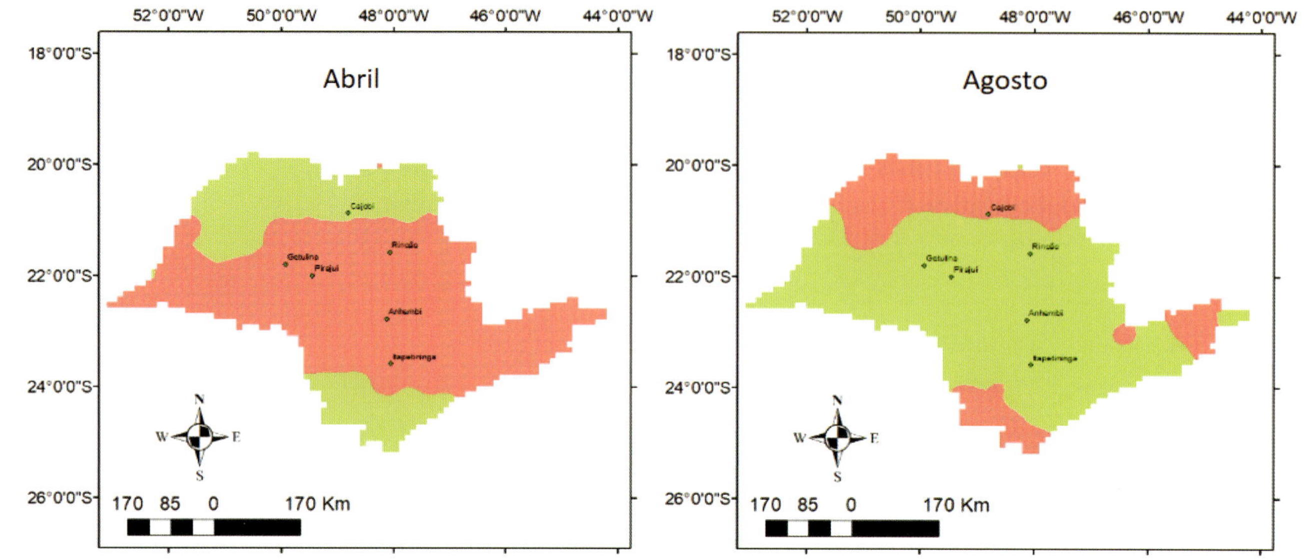

Figura 10. Mapas indicando a adequabilidade (áreas verdes) e inadequabilidade (áreas vermelhas) de cada região do estado de São Paulo para a presença de ambas as espécies, *Diaphorina citri* e *Tamarixia radiata*. Baseado em Garcia et al. (2019).

Considerações finais

Modelos matemáticos e computacionais podem complementar e ampliar o conhecimento advindo de estudos de campo e de laboratório. A inclusão da modelagem como tecnologia aplicada a programas de controle biológico permite rigorosa investigação dos efeitos de fatores ambientais (temperatura, umidade relativa, luminosidade etc.), fatores bióticos, interações ecológicas (parasitismo, predação, competição etc.) a sistemas de controle biológico reais, que muitas vezes não podem ser quantificados no campo, ou explorados de maneira viável em laboratório. O estudo teórico também pode ajudar a identificar problemas a serem resolvidos e sugerir maneiras de como investigá-los. Entretanto, a despeito do grande potencial do uso da modelagem, a maioria dos estudos teóricos com foco em controle biológico ainda são desenvolvidos de maneira dedutiva e raramente testados em sistemas reais. A utilização de dados biológicos e conhecimentos da prática da aplicação de inimigos naturais para controle de pragas na parametrização e calibragem dos modelos pode aproximar qualitativamente os resultados teóricos aos dados reais. Dessa forma, a colaboração entre pesquisadores que desenvolvem pesquisas práticas e teóricas se faz cada vez mais necessária para a modernização das técnicas e estratégias empregadas em controle biológico.

Referências Bibliográficas

Brière, J. F., Pracros, P., Le Roux, A. Y. & Pierre, J. S. (1999). A novel rate model of temperature-dependent development for arthropods. *Environmental Entomology, 28*, 22-29.

Briggs, C. J. & Hoopes, M. F. (2004). Stabilizing effects in spatial parasitoid-host and predator-prey models: A review. *Theoretical Population Biology, 65*, 299-315.

Byrne, D. & Pickard, A. J. (2016). Neogeography and the democratization of GIS: a metasynthesis of qualitative research. *Information, Communication & Society, 11*, 1.505-1.522.

Calvitti, M., Antonelli, M., Moretti, R. & Bautista, R. C. (2002). Oviposition response and development of the egg-pupal parasitoid *Fopius arisanus* on *Bactrocera oleae*, a tephritid fruit fly pest of olive in the Mediterranean basin. *Entomologia Experimentalis et Applicata, 102*, 65-73.

Cock, M. J. W., Murphy, S. T., Kairo, M. T. K., Thompson, E., Murphy, R. J. & Francis, A. W. (2016). Trends in the classical biological control of insects pests by insects: an update of the BIOCAT database. *BioControl, 61*, 349-363.

Eilenberg, J., Hajek, A. E. & Lomer, C. (2001). Suggestions for unifying the terminology in biological control. *BioControl, 46*, 387-400.

Elith, J., Phillips, S. J., Hastie, T., Dudík, M., Chee, Y. E. & Yates, C. J. (2011). A statistical explanation of MaxEnt for ecologists. *Diversity and Distributions, 17*, 43-57.

Ferreira, C. P. & Godoy, W. A. C. (2014). *Ecological Modelling Applied to Entomology*. Switzerland: Springer. 362p.

Garcia, A. G., Diniz, A. J. F. & Parra, J. R. P. (2019). A fuzzy-based index to identify suitable areas for host-parasitoid interactions: Case study of the Asian citrus psyllid *Diaphorina citri* and its natural enemy *Tamarixia radiata. Biological Control, 135*, 135-140.

Garcia, A. G., Godoy, W. A. C., Thomas, J. M. G., Nagoshi, R. N. & Meagher, R. L. (2018). Delimiting strategic zones for the development of fall armyworm (Lepidoptera: Noctuidae) on corn in the State of Florida. *Journal of Economic Entomology, 111*, 120-126.

Garcia, A., Cônsoli, L. F., Godoy, W. A. C. & Ferreira, C. P. (2014). A mathematical approach to simulate spatio-temporal patterns of an insect-pest, the corn rootworm *Diabrotica speciosa* (Coleoptera: Chrysomelidae) in intercropping systems. *Landscape Ecology*, 29, 1.531-1.540.

Godfray, H. C. J. & Waage, J. K. (1991). Predictive modelling in biological control: the mango mealy bug (*Rastrococcus invadens*) and its parasitoids. *Journal of Applied Ecology, 28*, 434-453.

Greathead, D. J. & Greathead, A. H. (1992). Biological control of insect pests by insect parasitoids and predators: the BIOCAT database. *Biocontrol News Information, 13*, 61-68.

Groth, M. Z., Loeck, A. E., Nornberg, S. D., Bernardi, D. & Nava, D. E. (2017). Biology and thermal requirements of *Fopius arisanus* (Sonan, 1932) (Hymenoptera: Braconidae) reared on *Ceratitis capitata* eggs (Wiedemann) (Diptera: Tephritidae). *Neotropical Entomology*, *46*, 554–560.

Hassell, M. P. (1978). *The Dynamics of Arthropod Predator – Prey Systems.* Princeton: Princeton University Press. 248 p.

Hawkins, B. A. & Cornell, H. V. (1999). *Theoretical Approaches to Biological Control.* Nova York: Cambridge University Press. 393 p.

Heimpel, G. E. & Mills, N. J. (2017). *Biological Control: Ecology and Applications.* Nova York: Cambridge University Press. 380 p.

Ikemoto, T. & Takai, K. A. (2001). A new linearized formula for the law of total effective temperature and the evaluation of line-fitting methods with both variables subject to error. *Environmental Entomology*, *29*, 671-682.

Jamielniak, J. A. & Garcia, A. G. (2011). A mathematical approach to study stress-related behaviors in captive golden-bellied capuchins (*Sapajus xanthosthernos*). *Computational Ecology and Software*, *6*, 83-94.

Kolar, C. S. & Lodge, D. M. (2001). Progress in invasion biology: predicting invaders. *Trends in Ecology & Evolution*, *16*, 199-204.

Kot, M. (2001). *Elements of Mathematical Ecology.* Cambridge: Cambridge University Press. 453 p.

Lima, E. A. B. F., Ferreira, C. P. & Godoy, W. A. C. (2009). Ecological modeling and pest population management: a possible and necessary connection in a changing world. *Neotropical Entomology*, *38*, 699-707.

McEvoy, P. B. (2018). Theoretical contributions to biological control success. *BioControl*, *63*, 87-103.

Moran, V. C. (1985). The Silwood international project on the biological control of weeds. In: *International Symposium on Biological Control of Weeds*, 6, Proceedings...Vancouver: Agriculture Canada.

Muller, F. A., Dias, N. P., Gottschalk, M. S., Garcia, F. R. M. & Nava, D. E. (2019). Potential distribution of *Bactrocera oleae* and the parasitoids *Fopius arisanus* and *Psyttalia concolor*, aiming at classical biological control. *Biological Control*, 132, 144-151.

Murdoch, W. W., Chesson, J. & Chesson, P. L. (1985). Biological control in theory and practice. *American Naturalist*, *125*, 324-366.

Pearson, R. G. (2007). Species distribution modelling for conservation educators and practitioners. *Lessons in Conservation*, *3*, 54-89.

Pereira, R. R., Neves, D. V. C., Campos, J. N., Santana-Junior, P. A., Hunt, T. E. & Picanço, M. C. (2018). Natural biological control of *Chrysodeixis includens. Bulletin of Entomological Research*, *108*, 831-842.

Phillips, S. J., Anderson, R. P. & Schapire, R. E. (2006). Maximum entropy modeling of species geographic distributions. *Ecological Modelling*, *190*, 231-259.

Phillips, S. J., Dudík, M. & Schapire, R. E. (2017). Maxent software for modeling species niches and distributions. Disponível em: http://biodiversityinformatics.amnh.org/open_source/maxent/. Acesso em 15-VIII-2017.

Reigada, C. & Aguiar, M. A. M. (2012). Host-parasitoid persistence over variable spatio-temporally susceptible habitats: bottom-up effects of ephemeral resources. *Oikos*, *121*, 1.665-1.679.

Sanchez, C., Gamez, M., Burguillo, F. J., Garay, J. & Cabello, T. (2018). Comparison of predator-parasitoid-prey interaction models for different host plant qualities. *Community Ecology*, *19*, 125-132.

Sime, K. R., Daane, K. M., Wang, X. G., Johnson, M. W. & Messing, R. H. (2008). Evaluation of *Fopius arisanus* as a biological control agent for the olive fruit fly in California. *Agricultural and Forest Entomology*, *10*, 423-431.

Soberón, J. M. (2010). Niche and area of distribution modeling: a population ecology perspective. *Ecography*, *33*, 159-167.

Tscharntke, T., Klein, A. M., Krues, A., Steffan-Dewenter, I. & Thies, C. (2005). Landscape perspectives on agricultural intensification and biodiversity – ecosystem service management. *Ecology Letters*, *8*, 857-874.

van Driesche, R. G. & Bellows Jr., T. S. (1996). *Biological Control*. London: Chapman and Hall. 539 p.

Zadeh, L. A. (1965). Fuzzy sets. *Information Control*, 8, 338-353.

PARTE 5

CONSIDERAÇÕES FINAIS

Uso de drone para liberação de inimigos naturais em cultivo de cana-de-açúcar

CAPÍTULO 21

Perspectivas e desafios do controle biológico no Brasil

José Roberto Postali Parra
Alexandre de Sene Pinto
Dori Edson Nava
Regiane Cristina de Oliveira
Alexandre José Ferreira Diniz

Introdução

Diferentemente de outros países da América Latina – como Peru, Venezuela, Colômbia, que tiveram forte influência da Universidade da Califórnia, especialmente com relação à utilização de CB (Controle Biológico) –, no Brasil, a *Entomologia Econômica* teve início com pesquisadores envolvidos com inseticidas. Dessa forma criou-se uma "cultura de agroquímicos" entre os entomologistas brasileiros, cultura essa arraigada e difícil de mudar, pois ela está voltada para tradições familiares, com a predominância de utilização de químicos. Isso talvez se deveu ao insucesso das importações de inimigos naturais que começaram em 1921, 32 anos após o primeiro caso de sucesso no mundo, de controle biológico clássico, com a importação de *Rodolia** *cardinalis* (Mulsant) da Austrália, para controle biológico de *Icerya purchasi* (Maskell) nos EUA (1888-1889).

O primeiro registro no Brasil, de um agente de CB, portanto foi em 1921, com a importação dos EUA de *Encarsia berlesei* (Howard) para o

* Hoje pertencente ao gênero *Novius*.

controle da cochonilha do pessegueiro *Pseudaulacaspis pentagona* (Targioni Tozzetti). Seguiram-se outros casos de insucesso quanto à utilização do CB Clássico com as importações de *Prorops nasuta* (Hempel) da África, para controle de *Hypothenemus hampei* Ferrari em cafeeiro em 1923; de *Aphelinus mali* (Haldeman) do Uruguai, para o controle do pulgão lanígero *Eriosoma lanigerum* Hausmann em 1928 em frutíferas; em 1937 importou-se do Havaí (EUA), *Tetrastichus giffardianus* Silvestri para o controle da mosca-do-mediterrâneo, *Ceratitis capitata* (Wiedemann) e em 1944, fechando o ciclo de importações foi trazido, também dos EUA, *Macrocentrus ancylivorus* (Rohwer), para o controle da mariposa oriental, *Grapholita molesta* (Busck). O insucesso se deveu ao fato de serem programas isolados, sem ações inter e multidisciplinares e de não se dispor, à época, de especialistas que trabalhassem em criação de insetos em larga escala e mesmo por não se dispor ainda de estudos com dietas artificiais, o que viria a se desenvolver a partir da década de 1960, para criações massais de inimigos naturais (*vide* capítulo 15).

A partir desse período (1921-1944), e coincidindo com o uso do DDT a partir de 1939, houve uma migração para o uso de inseticidas, como a solução de todos os problemas. Por mais de 20 anos, o Controle de Pragas foi feito única e tão somente com produtos químicos. Como era de se esperar, surgiram os problemas dessa aplicação, muitas vezes irracional, incluindo resistência de insetos e ácaros a agroquímicos, resíduos de químicos nos alimentos, água, solo e sérios problemas ao aplicador. Surgiram ainda desequilíbrios, devido à morte de inimigos naturais das pragas e ressurgência de tais pragas, além de pragas secundárias se tornarem primárias.

Em 1962, o clássico livro de Rachel Carson, *Primavera Silenciosa* (Silent Spring), chamou a atenção para os problemas apontados. Apareceu, então, a nova filosofia do Manejo Integrado de Pragas, especialmente a partir de 1970, levando em conta não somente aspectos econômicos, mas também ecológicos e sociais no controle de pragas.

A partir daí houve evolução de outros métodos de controle em nível mundial, incluindo o método biológico, com os parasitoides, predadores e patógenos, o método comportamental (com feromônios e outros semioquímicos), métodos de resistência de plantas a insetos e especialmente, a partir de 1980, o método de plantas transgênicas (organismos geneticamente modificados) e o manejo da resistência, evitando-se a aplicação sistemática e contínua do mesmo princípio ativo de produtos químicos (Parra, 2014). Desde então começou a se falar novamente em CB, com intensidades variáveis dependendo do país. O próprio Brasil importou dos EUA, em 1967, *Neodusmetia sangwani* (Subba Rao), para controle de *Antonina graminis* (Maskell), o primeiro caso real de sucesso de CB Clássico no Brasil.

A partir desse fato, na década de 1970, começaram a aparecer programas de CB, para cana-de-açúcar, utilizando-se dieta artificial (área que se desenvolveu a partir da década de 1960) (Leppla & de Clercq, 2019) e ações inter e multidisciplinares envolvendo empresas e cooperativas. Mas houve também à época iniciativas isoladas, sem grande sucesso. A partir daí, a massa crítica em CB no Brasil aumentou com o início dos cursos de pós-graduação (PG) em Entomologia em diversas partes do país, na década de 1960; com a criação da Embrapa (Empresa Brasileira de Pesquisa Agropecuária), com Centros nos diversos estados brasileiros, houve uma grande procura por CB e em determinado período, de 1960-2000, em muitos locais, 25% dos pós-graduandos dedicaram suas teses e/ou dissertações ao CB, sejam macro e/ou micro-organismos.

Começaram a aparecer programas maiores de controle biológico, envolvendo tais alunos, como o de *Trichogramma* na ESALQ, no departamento de Entomologia, na década de 1980, com ações inter e multidisciplinares (Parra & Zucchi, 1997; Parra & Zucchi, 2004; Parra et al., 2015) (*vide* capítulo 8).

Começaram a ser oferecidas disciplinas relacionadas à PG, em cursos de Entomologia sobre Controle Biológico, em 1975 na ESALQ/USP, coordenadas pelo professor Domingos Gallo; depois, pelos profs. Evôneo Berti Filho e José Roberto Postali Parra. Em 1974, o curso de Patologia de Insetos foi implementado na mesma Instituição, inicialmente sob a supervisão do dr. Nelson Suplicy Filho, do Instituto Biológico de São Paulo; sob coordenação do prof. Sérgio Batista Alves e atualmente, sob supervisão do prof. Ítalo Delalibera, ambos da ESALQ/USP; cursos de extensão sobre Técnicas de Criação de Insetos para Programas de Controle Biológico foram ministradas em todo o Brasil; a partir de 1980, anualmente ou a cada dois anos, pelo prof. José Roberto Postali Parra, um dos editores do presente livro.

Como resposta ao MIP, criou-se a mentalidade de que era necessário criar insetos e não os matar, para programas de controle biológico, diferentemente da utilização de controle químico, que visa única e tão somente eliminar os insetos. Como consequência, as publicações sobre o assunto no Brasil acompanharam a tendência mundial e surgiram muitos trabalhos e livros sobre técnicas de criação de insetos e CB, como os de Parra & Zucchi (1997); Parra (2001); Parra et al. (2002); Parra (2008); Bueno (2000, 2009); Pinto et al. (2006); Cônsoli et al. (2010), além de Panizzi & Parra (1991, 2009, 2012). Este foi o ponto de partida para a criação massal de insetos para CB (Parra, 2008).

No início, esses laboratórios de criação eram financiados pelo governo ou por usinas de cana-de-açúcar e hoje são conduzidos por companhias privadas para suprir o mercado em expansão de utilização de CB (*vide* capítulo 17). O pioneiro em CB no Brasil para controle de pragas agrícolas foi o prof. Domingos Gallo, do departamento de Entomologia da ESALQ, que para iniciar o programa de controle biológico de *Diatraea saccharalis* (Fabricius), a broca-da-cana, com *Cotesia flavipes* (Cameron), foi o primeiro a utilizar uma dieta artificial, a de Hensley & Hammond (1968), em 1969. Um dos grandes avanços do CB clássico foi a instalação pela Embrapa Meio Ambiente de Jaguariúna, SP, de um sistema de quarentena, "Sistema de Quarentena Costa Lima", em homenagem ao grande entomologista Ângelo Moreira da Costa Lima, em 1991.

Hoje a importação de agentes de CB se torna cada vez mais difícil, pois existem normas como ABS (Access and Benefit Sharing) (protocolo de Nagoya – extraído da Convenção de Diversidade Biológica), que dificultam a importação e utilização de espécies exóticas (Cock et al., 2010: van Lenteren et al., 2011, 2012; Coutinot et al., 2013). Assim, de 2000 a 2009, houve predominância de utilização de parasitoides nativos, com 76% das espécies utilizadas no período, contra 42% durante o período de 1960-1985 (Cock et al., 2010). No Brasil a conscientização da massa crítica da entomologia para o CB, cresceu com a publicação de Silva et al. (1968), *Quarto Catálogo dos Insetos que vivem nas plantas do Brasil: seus parasitos e predadores,* e foi ampliada em 1972, com a criação da Sociedade Entomológica do Brasil (SEB) organizada com um grande número de associados – chegando a estar entre as três maiores Sociedades de Entomologia do mundo. Passaram a ser organizados Congressos da Sociedade Entomológica de Brasil com mais de 1.000 participantes, alternando a cada dois anos com o Siconbiol (Simpósio de Controle Biológico) – que conta com a participação de 700-800 entomologistas envolvidos no assunto.

O número de pesquisadores aumentou, e começaram a ser feitas pesquisas desafiadoras, como a produção de inimigos naturais "in vitro", ou seja, criar parasitoides e/ou predadores em dietas artificiais. Houve avanço na área nas décadas de 1980-1990, mas não foram obtidos resultados satisfatórios comparáveis à criação tradicional, ou seja, criação do hospedeiro e do inimigo natural. Os chineses mostraram ao mundo em 1986 que era possível produzir *Trichogramma dendrolimi* Matsumura em dieta artificial (Li-Ying et al., 1988). Os estudos no Brasil foram interessantes para *T. pretiosum* Riley, *T. galloi* Zucchi (Cônsoli & Parra, 1999), *T. atopovirilia* Oatman & Platner (Dias et al., 2010) e para o ectoparasitoide *Habrobracon hebetor* (Say) (Magro & Parra, 2004), comparáveis aos resultados do resto do mundo, mas ainda inferiores à criação no hospedeiro natural ou alternativo. Esperam-se melhores resultados a partir da nutrigenômica (Coudron et al., 2006), e com abordagens multidimensionais para dietas artificiais (Huynh et al., 2019).

Com o desenvolvimento das áreas de biologia molecular e bioquímica, relacionando-as com insetos, diminuiu o número de pesquisadores envolvidos com a área de CB Aplicado, principalmente relacionados à criação de insetos. Assim, aquele número inicial de 25% de pesquisadores que defenderam as teses e dissertação em CB, foi bastante reduzido nos últimos 15 anos.

A despeito desse fato, houve nos últimos anos um interesse muito grande pelo CB pelo agricultor, considerando-se os casos de sucesso obtidos com macro (*vide* capítulo 4) e micro-organismos, e pelo fato do Brasil como grande exportador de "commodities", ter de atender às exigências dos mercados internacionais com relação a resíduos de produtos químicos. Além disso, o custo da síntese de uma molécula de um agroquímico, está em torno de 350 milhões de dólares; há restrições à utilização de moléculas no Brasil, muitas delas já retiradas do mercado internacional; há forte pressão da sociedade contra agroquímicos; a expectativa com relação aos transgênicos de que eles resolveriam todos os problemas de pragas (lepidópteros) não foi atingida. Os problemas se agravaram ainda mais, pois não é respeitado, em nosso país, o "vazio sanitário"; não são usados produtos seletivos (*vide* capítulo 18); não é feito o manejo da resistência (com rotação de princípios ativos); e não são mantidas áreas de "refúgio", no caso de plantas transgênicas – hoje representadas por mais de 50 milhões de ha em nosso país. O nosso sistema de produção agrícola com aplicação sistemática de produtos químicos está desequilibrado.

De qualquer forma, o CB assume importância cada vez maior pois o desafio do novo modelo tecnológico é "aumentar a produtividade agrícola, levando-se em conta a qualidade de processos e produtos, sem degradação ambiental e, se possível, de forma sustentável".

As perspectivas para utilização do Controle Biológico no Brasil são muito boas, considerando-se a nossa biodiversidade, ainda mal explorada e pouco conhecida, e a massa crítica atuante, ainda em pequeno número, mas com grande potencial. Entretanto, é conveniente salientar que o Brasil se tornou líder em Agricultura Tropical nos últimos 40 anos e a nossa agricultura em grandes áreas é muito diferente da agricultura de outros países que utilizam o CB nestas condições, por exemplo. É o caso da Espanha ou Holanda, que utilizam muito CB em casas-de-vegetação. É bem diferente de um país como o Brasil, em que não é difícil encontrar agricultores com 10.000, 20.000, 100.000 ha com uma única cultura. É a agricultura em campo aberto ("open fields"), na qual não dá para repetir o que vem sendo feito em outras regiões temperadas. Por essas características, alguns chegam a dizer que a Agricultura Brasileira é perversa para a utilização de CB. Assim, como o Brasil se tornou líder em Agricultura Tropical, o nosso desafio é desenvolver um "Modelo de CB para região tropical".

Além disso, a legislação com relação a produtos químicos é variável de país para país. Na Espanha, por exemplo, existem culturas como o pimentão (a Espanha é a primeira produtora mundial dessa hortaliça), na qual não é permitida a aplicação de agroquímicos. Neste caso, é bem mais fácil adotar o CB como medida principal de controle de pragas, e 90-95% dos agricultores chegam a utilizar o CB atualmente.

Desafios do CB no Brasil

São muitos os programas de CB no Brasil, alguns com sucesso, como descritos nos diversos capítulos deste livro, com ênfase ao CB em cana-de-açúcar, onde cerca de metade da área plantada chegou a ser tratada por produtos biológicos para controle das duas mais importantes pragas, a broca-da-cana-de-açúcar, *D saccharalis,* e a cigarrinha da raiz, *Mahanarva* spp.; a broca com *C. flavipes* (parasitoide larval) e/ou *T. galloi* (parasitoide de ovos) e a cigarrinha com o fungo *Metarhizium anisopliae*. Outros casos em citros, soja, tomateiro, milho, algodoeiro, florestas, hortaliças, mandioca, meloeiro poderiam ser citados (*vide* capítulos 4 e 11).

Os programas que deram certo são resultado de ações multi e interdisciplinares, envolvendo pesquisadores de diferentes áreas. Principalmente, hoje, com os avanços tecnológicos da agricultura, tais interações são cada vez mais necessárias e às vezes a automatização de um sistema de criação massal demanda um engenheiro e para um micro-organismo um indivíduo que trabalhe com nanotecnologia ou química, por exemplo, para a formulação do produto.

Portanto, programas de CB demandam ações inter e multidisciplinares. Ações isoladas ou não levam a bons resultados ou demoram muito para atingir os objetivos propostos.

Como no Brasil há predominância de aplicação de produtos químicos, o agricultor espera que o CB isoladamente resolva todos os problemas de pragas e/ou doenças de uma cultura. Isso não é verdadeiro: existem casos em que o CB pode até resolver, se a cultura tiver apenas uma praga, por exemplo. Entretanto, a utilização do CB deve ser vista como mais um componente do MIP, especialmente em culturas com grande número de pragas. Em alguns casos, integrado até com inseticidas, desde que eles sejam seletivos, outras vezes, com feromônios ou com métodos culturais; isto é válido para outros métodos de controle existentes.

A agricultura brasileira é dinâmica, com a ocupação frequente de novas áreas de cerrado e mesmo ocupação de pastagens; muitas áreas são irrigadas, outras não; há sucessão e rotação de culturas (às vezes são colhidas três safras por ano); utiliza-se plantio direto em grandes áreas, com a mudança de variedades, mesmo dentre as transgênicas; ocorrem frequentes introduções de pragas, como a introdução de *Helicoverpa armigera* (Hübner) em 2013 (Czepak et al., 2013).

Tudo isso, aliado à utilização maciça de inseticidas e áreas com plantas transgênicas (mais de 50 milhões de ha), como anteriormente comentado, contribuem para que a dinâmica das pragas seja variável de ano para ano, com condições climáticas e edáficas extremamente favoráveis às pragas, o que faz com que elas se multipliquem muito, sem a interrupção numa época do ano (diapausa) como ocorre em regiões temperadas; geralmente são polífagas e passam de uma cultura para outra, pois os nossos sistemas de produção assim permitem.

São grandes áreas plantadas. A soja, por exemplo, é um regulador de população de pragas. Devido à grande área plantada (36 milhões de ha) e com a introdução de variedades transgênicas, diminuíram os lepidópteros da cultura, mas aumentou o complexo *Spodoptera,* que não é controlado por plantas geneticamente modificadas; o percevejo marrom, *Euschistus heros* (Fabricius), é hoje o principal problema da cultura no Brasil. Assim há necessidade de massa crítica, especializada em CB, e investimento para desenvolvimento de programas inter e multidisciplinares (*vide* capítulo 2).

Há uma busca mundial por uma agricultura sustentável. Recentemente, o presidente da China lançou um programa mundial de pesquisa para a redução da utilização de pesticidas e fertilizantes no valor de 340 milhões de dólares (van Lenteren et al., 2018).

Portanto, temos desafios para desenvolver um modelo de CB para região tropical. Em primeiro lugar, temos que explorar melhor a nossa biodiversidade na busca de agentes de CB, sejam micro ou macro-organismos. Já existem alguns potenciais macro-organismos agentes de CB (incluindo inimigos naturais nativos e exóticos) como *Telenomus podisi* Ashmead para *E. heros; Telenomus remus* Nixon para *Spodoptera frugiperda* (J. E. Smith) e outras lagartas do complexo *Spodoptera; Macrolophus basicornis* (Stål) para a traça do tomateiro, *Tuta absoluta* (Meyrick) e para a mosca branca, *Bemisia tabaci* (Gennadius); *Tetrastichus howardi* (Ollif) como parasitoide pupal de *D. saccharalis; Doryctobracon areolatus* (Szépligeti), como parasitoide de moscas-das-frutas; *Orius* spp. como predador de tripes, mosca branca; *Opius* spp. como parasitoide de *Liriomyza* spp. Muitos outros poderiam ser indicados, como ácaros das famílias Phytoseiidae, Laelapidae, Macrochelidae e Cheyletidae. (*vide* capítulo 11).

Cabem estudos com agentes potenciais que englobem as diferentes etapas de um estudo inter e multidisciplinar (*vide* capítulo 2), cuja forma de utilização dependerá do modelo agrícola utilizado.

Dentre os desafios a serem enfrentados para a utilização do CB no Brasil, poderiam ser citados (Parra, 2014).

1. "Cultura" do agricultor
2. Amostragem para liberação
3. Transferência da tecnologia
4. Disponibilidade do insumo biológico
5. Qualidade do inimigo natural produzido
6. Logística de armazenamento e transporte
7. Legislação própria
8. Seletividade e manejo da resistência
9. Tecnologia de liberação
10. Plantas transgênicas

1. "Cultura" do agricultor

Começa a mudar, mas é fundamental ele entender o que está sendo feito. O agricultor está acostumado a aplicar o produto químico e ver o "inseto morto no chão". Isso não acontece com CB. Ele tem que aprender sobre o assunto e mudar a sua "cultura" sobre controle de pragas.

2. Amostragem

O momento da liberação é fundamental. Tem que ser utilizado um método que dê ideia ao agricultor de quando liberar. Se for um parasitoide de larvas tem que ter larvas, se for de ovos, tem que ter ovos, e assim por diante. As técnicas de sensoriamento remoto estão avançando, especialmente para grandes áreas. O feromônio pode ser uma ferramenta facilitadora (*vide* capítulo 19); existem para áreas menores, técnicas de amostragem por cultura para se avaliar o momento de liberação do parasitoide ou predador (Gallo et al., 2002) (*vide* capítulo 17).

3. Transferência da tecnologia

Um bom serviço de extensão, com dias de campo, por exemplo, poderá facilitar o processo, bem como treinamentos específicos.

4. Disponibilidade do insumo biológico

Dadas às grandes áreas a serem tratadas no Brasil, ainda não existe disponibilidade de insetos para todos. Há necessidade de se aumentar o número de empresas que produzem inimigos naturais, pois a qualidade do insumo biológico deve ser preservada e opções deverão ser dadas ao usuário.

5. Qualidade do inimigo natural

O inseto criado em laboratório deve ser competitivo com o inseto da natureza. As empresas devem ter acompanhamento da qualidade do inseto produzido (*vide* capítulo 16). O controle de qualidade do inseto deve ser feito, a nosso ver, por órgãos oficiais e Universidades.

6. Logística de armazenamento e transporte

Conhecimentos sobre o desenvolvimento do inseto, considerando-se as exigências térmicas, e a forma (empacotamento) para transporte são fundamentais para sucesso na liberação (*vide* capítulo 17), evitando que o inseto chegue ao local de liberação morto ou quase morto. O Brasil com grandes extensões territoriais deve ter um planejamento de logística de armazenamento e transporte bem feito (Figura 1).

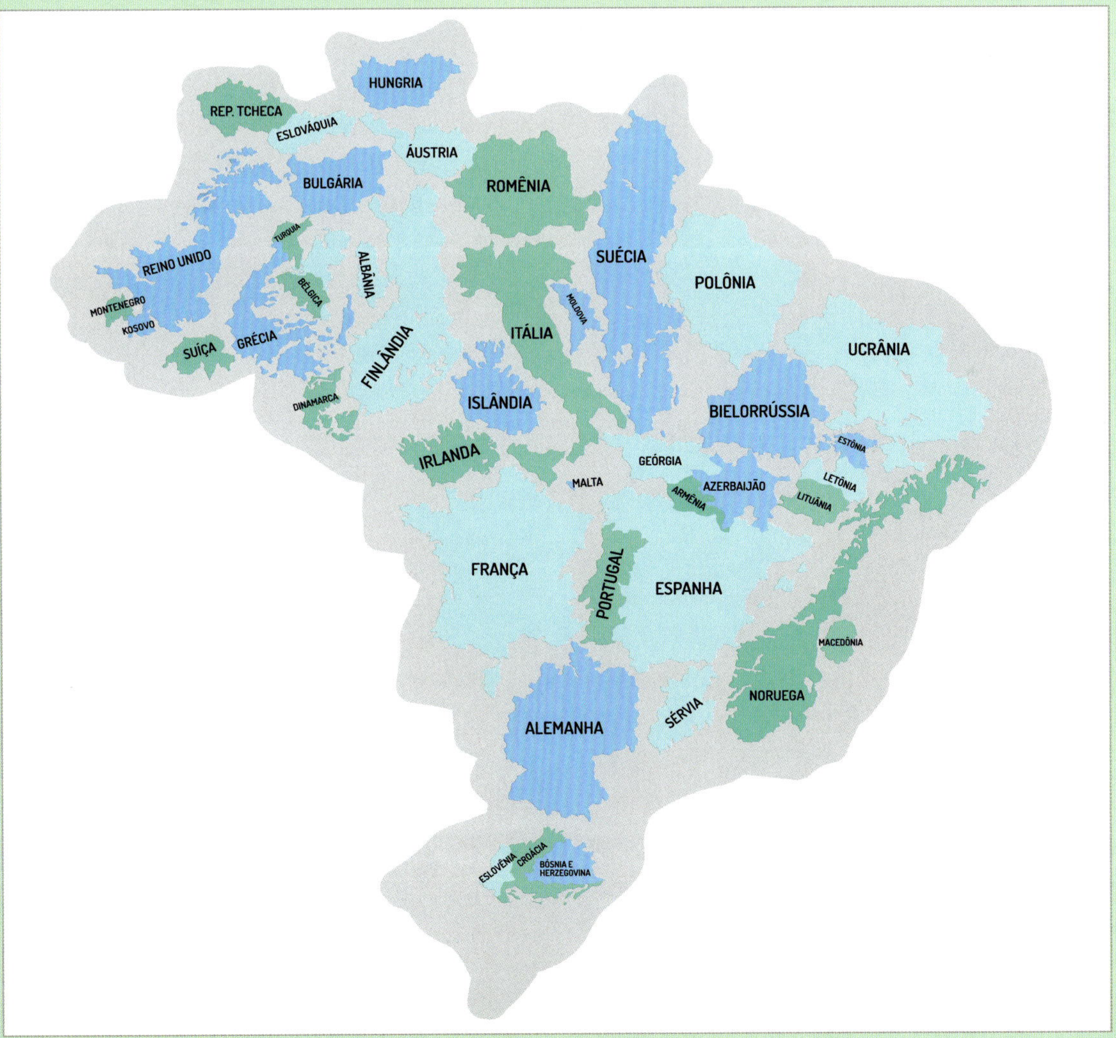

Figura 1. Extensão territorial do Brasil, mostrada pela sobreposição de vários países em relação ao território nacional

7. Legislação própria

A legislação sobre o assunto é ainda incipiente no Brasil, e foi adaptada de leis para químicos. A ABCBio (Associação Brasileira das Companhias de CB) esteve envolvida com tal legislação; posteriormente em 2019 a CropLife, passou a tratar do assunto, mas ainda há muito a ser feito. Discussões internacionais sobre ABS (Access and Benefit Sharing) devem ser levadas em consideração (Cock et al., 2010; van Lenteren et al., 2011; Coutinot et al., 2013).

8. Seletividade e manejo da resistência

Nos casos em que se aplicam produtos químicos, devem-se usar produtos seletivos, que matem a praga e preservem os inimigos naturais (*vide* capítulo 18) e preconizar-se a rotação de princípios ativos para evitar a seleção de material resistente (manejo da resistência).

9. Tecnologia de liberação

Talvez seja este um dos desafios vencido mais rapidamente, pois muitos já usam drones para liberação de inimigos naturais, ao lado de aviões (comparando-se os custos), importantes especialmente para grandes áreas onde não é possível a liberação pelo homem. A predação, especialmente por formigas é um dos grandes problemas em regiões tropicais. A proteção dos parasitoides e predadores, para evitar tal predação deve ser levada em consideração. Os métodos convencionais de liberação podem ser utilizados em áreas menores. Em cana-de-açúcar onde libera-se *Trichogramma galloi* em cerca de 3 milhões de ha no Brasil para controle de *Diatraea saccharalis*, mais de 90% dos parasitoides são liberados por meio de drones (*vide* capítulo 17).

10. Plantas transgênicas

Os refúgios, adequadamente plantados, poderão servir como local de liberação de agentes de CB.

O controle biológico é dependente do tipo de agricultor. Quanto maior a área maior o número de problemas (Figura 2).

O presente livro trata de macro-organismos que não têm o tempo de prateleira como têm os micro-organismos, tempo este de até seis meses, ou mais, em alguns casos. No caso de micro-organismos o problema é a formulação do produto.

Para macro-organismos, a disponibilidade dos insetos é fundamental. Como para produção de inimigos naturais são exigidas criações massais, ou seja, a produção de milhões de insetos (*vide* capítulo 15), há necessidade de reduzir a mão-de-obra com automatização das criações. A logística de

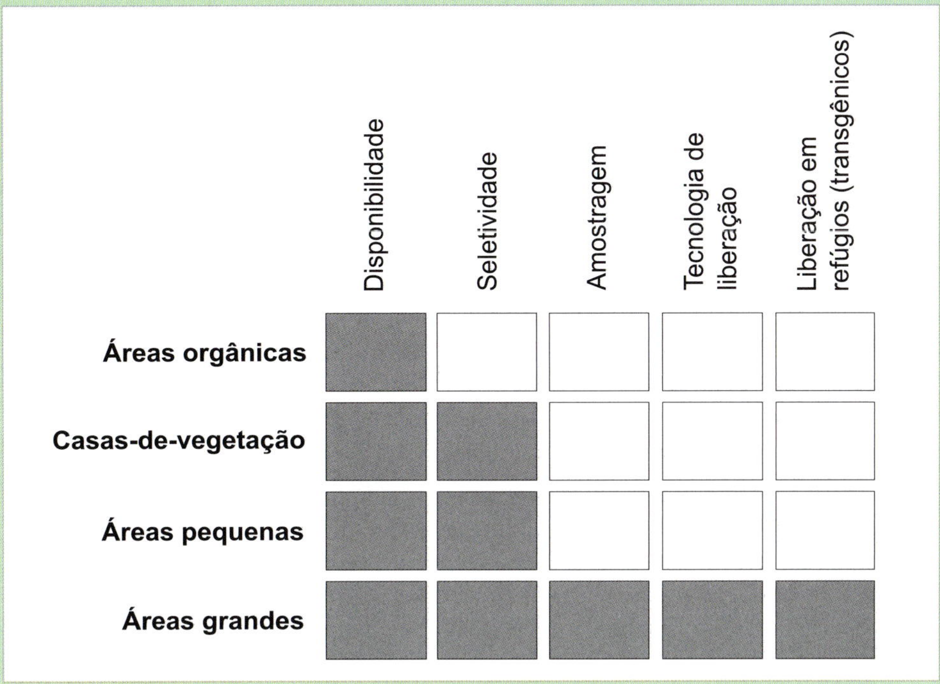

Figura 2. Variação das necessidades para utilização do CB em função da área agricultável.

armazenamento e transporte merece destaque especial para macro-organismos, pois no caso deste grupo, muitas vezes, o inseto chega morto no local de liberação.

Considerações finais

O Brasil tem enorme biodiversidade, que deve ser explorada para a busca de agentes de CB, sejam eles parasitoides, predadores ou patógenos. A partir daí, programas inter e multidisciplinares devem ser conduzidos, atendendo às características de uma região tropical, com sistema de produção próprio, dinâmico, com várias safras durante o ano, com sucessão de culturas, plantio direto, e outras técnicas envolvidas, com alteração constante das variedades utilizadas, com enormes áreas com plantas transgênicas e aplicação maciça de produtos químicos. As pragas se multiplicam e não interrompem o seu ciclo de vida numa época do ano, como em regiões temperadas com a diapausa, e são polífagas.

Por esse motivo deve ser desenvolvido, como foi para nossa Agricultura Tropical, um modelo de CB para região tropical, pois como o resto do mundo, buscam-se mecanismos para termos uma agricultura sustentável, e o CB, nesse contexto, ocupa posição de destaque.

Já existem excelentes exemplos de sucesso. Estão sendo vencidos os obstáculos que se nos apresenta, mas ainda há desafios, especialmente para as grandes áreas da Agricultura Brasileira. Muitos dos obstáculos já foram transpostos, como a "cultura" do agricultor, que começa a aceitar as mudanças da utilização do químico para o biológico. Os desafios dependem do tamanho da área de liberação do agente de CB; à medida que aumenta a área aumentam os desafios que vão desde a disponibilidade dos agentes de CB, a amostragem para liberação, uso de produtos seletivos, a tecnologia de liberação, esta já bastante adaptada com drones ou aviões e talvez, no futuro, a liberação de inimigos naturais em "refúgios" dos plantios com plantas transgênicas.

As empresas de químicos entram no Brasil na busca do seu espaço na área de biológicos e antevêem que há um grande mercado no país, levando-se em conta que para macro-organismos a produção é mais sofisticada, exige automação, além de exigir maior logística de armazenamento e transporte, pois, no caso de micro-organismos, os produtos têm o chamado "tempo de prateleira", enquanto os macro-organismos podem morrer antes de serem liberados, se não foram tomados os devidos cuidados, conforme já comentado anteriormente.

O importante é o que o assunto é hoje, tema de discussão, com *workshops*, como aquele realizado pela Fapesp em fevereiro de 2016, abordando os "Desafios da pesquisa em CB na Agricultura no estado de São Paulo". Isso gerou um documento com os gargalos para desenvolver programas de CB com sucesso, envolvendo neste caso macro e micro-organismos. A maioria desses temas foi discutida no presente livro, com ênfase a macro-organismos, envolvendo, desde a parte básica, com conceitos sobre Controle Biológico e elaboração de programa de CB, com sua visão multi e interdisciplinar dentro do Manejo Integrado de Pragas (MIP), iniciando com a taxonomia da espécie visada até a liberação dos inimigos naturais, dentro da moderna Agricultura 4.0.

Foram abordados temas relevantes para o sucesso do CB, como a criação massal de espécies e o controle de qualidade do inseto criado em larga escala. Foram enumerados os casos de sucesso no Brasil, especialmente do Controle Biológico Aumentativo, e as estratégias para o incremento da eficiência do CB no Brasil.

Há necessidade de investimentos na área e os governos estadual e federal se mostram interessados na interação empresa/universidade ou Institutos de Pesquisas. A Fapesp (Fundação de Amparo à Pesquisa do estado de São Paulo) por exemplo, incentiva tais interações em Centros de Engenharia, no caso específico de CB, com dois recentemente aprovados. Um, denominado SPARCBIO (São Paulo Advanced Research Center for Biological Control), sediado na ESALQ/USP em Piracicaba; outro na UNESP – Jaboticabal (CPE Fitossanidade em Cana-de-Açúcar) para tratar de manejo das pragas da cana-de-açucar. Por outro lado, o Governo Federal, através da Embrapii (Empresa Brasileira de Pesquisa e Inovação Industrial) incentiva de modo geral a interação por meio de projetos de Biocontroladores (Figura 3).

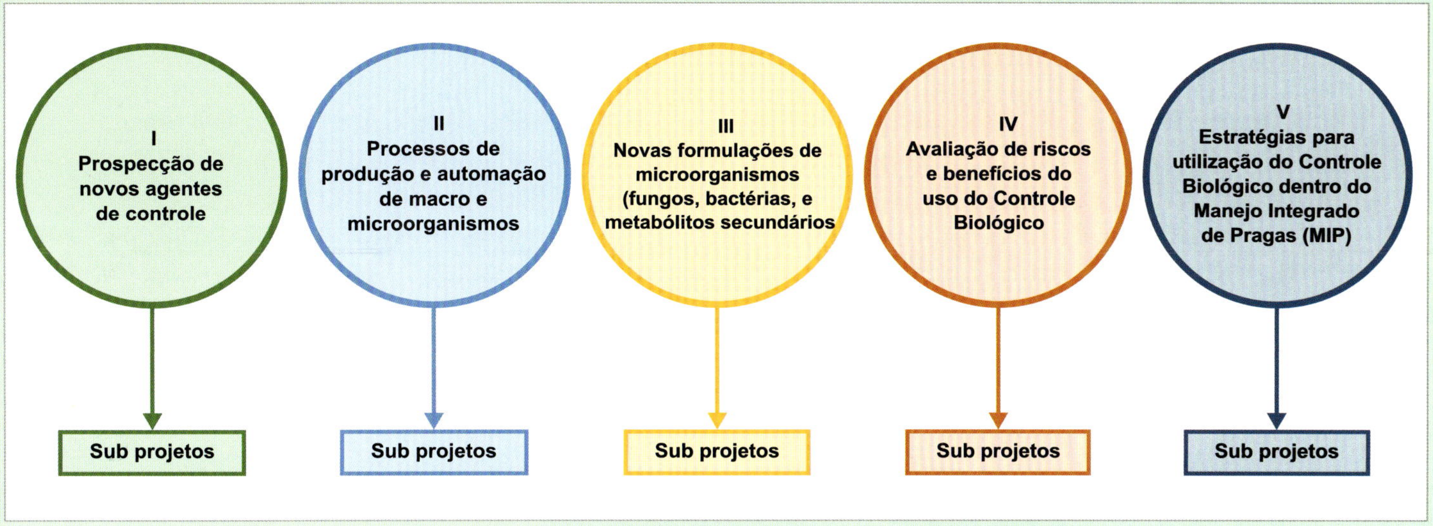

Figura 3. Linhas de pesquisa em desenvolvimento no **SPARCBio** (São Paulo Advanced Research Center for Biological Control).

É conveniente salientar que existe uma preocupação mundial com relação à utilização futura do controle biológico e os desafios são mais ou menos semelhantes nas diferentes partes do mundo (Barratt et al., 2018; Brodeur et al., 2018; Messing & Brodeur, 2018).

A despeito dos grandes desafios ainda por serem vencidos, o CB no Brasil avança a passos largos. Em 2019, a Agricultura Brasileira movimentou cerca de 500 milhões de reais em CB chegando a 1,8 bilhão em 2021 com 423 produtos registrados (Figura 4), avançando mais do que o resto do mundo com incremento anual superior a 10-15% de utilização desta medida de controle.

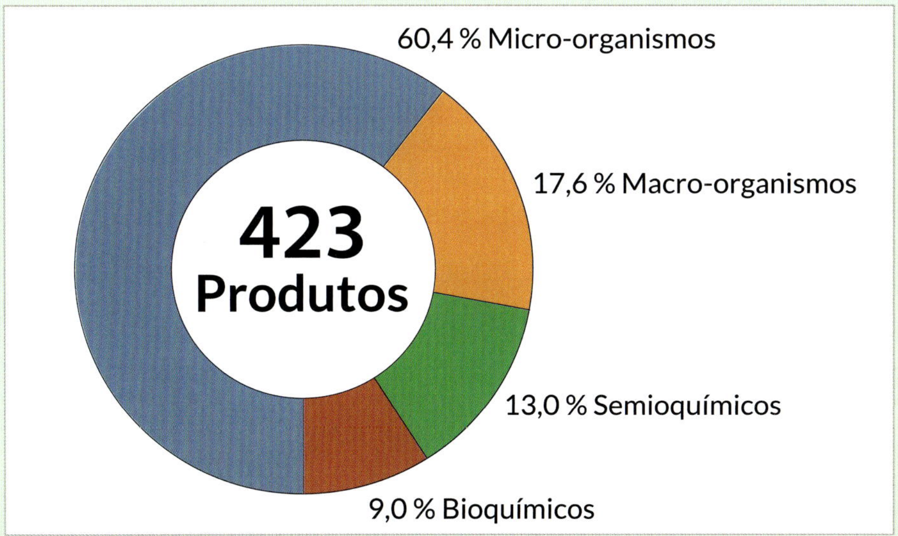

Figura 4. Produtos biológicos disponibilizados no mercado brasileiro por categoria de utilização (CropLife, 2021).

Referências Bibliográficas

Barratt, B. I. P., Moran, V. C., Bigler, F. & van Lenteren, J. C. (2018). The status of biological control and recommendations for improving uptake for the future. *BioControl*, *63*(1), 155–167. https://doi.org/10.1007/s10526-017-9831-y

Brodeur, J., Abram, P. K., Heimpel, G. E. & Messing, R. H. (2018). Trends in biological control: public interest, international networking and research direction. *BioControl*, *63*(1), 11–26. https://doi.org/10.1007/s10526-017-9850-8

Bueno, V. H. P. (Org.). (2000). *Controle biológico de pragas: produção massal e controle de qualidade*. (1ªEd.). Lavras: Editora UFLA. 328 p.

Bueno, V. H. P. (2009). *Controle Biológico de Pragas: Produção massal e Controle de qualidade* (2ªEd.). Lavras: Editora UFLA. 429 p.

Cock, M. J. W., van Lenteren, J. C., Brodeur, J., Barratt, B. I. P., Bigler, F., Bolckmans, K., Cônsoli, F. L., Haas, F., Mason, P. G. & Parra, J. R. P. (2010). Do new Access and Benefit Sharing procedures under the Convention on Biological Diversity threaten the future of biological control? *BioControl*, *55*(2), 199–218. https://doi.org/10.1007/s10526-009-9234-9

Cônsoli, F. L. & Parra, J. R. P. (1999). Development of an artificial host egg for in vitro egg laying of *Trichogramma galloi* and *T. pretiosum* using plastic membranes. *Entomologia Experimentalis et Applicata*, *91*(2), 327–336. https://doi.org/10.1046/j.1570-7458.1999.00499.x

Cônsoli, Fernando L, Parra, J. R. P. & Zucchi, R. A. (Orgs.). (2010). *Egg parasitoids in Agroecosystems with emphasis on Trichogramma*. Heidelberg: Springer. 465 p.

Coudron, T. A., Yocum, G. D. & Brandt, S. L. (2006). Nutrigenomics: a case study in the measurement of insect response to nutritional quality. *Entomologia Experimentalis et Applicata*, *121*(1), 1–14. https://doi.org/10.1111/j.1570-8703.2006.00461.x

Coutinot, D., Briano, J., Parra, J. R. P., De Sá, L. A. N. & Cônsoli, F. L. (2013). Exchange of Natural Enemies for Biological Control: Is it a Rocky Road?–The Road in the Euro-Mediterranean Region and the South American Common Market. *Neotropical Entomology*, *42*(1), 1–14. https://doi.org/10.1007/s13744-012-0103-3

Czepak, C. & Albernaz, K. C. (2013). First reported occurrence of *Helicoverpa armigera* in Brazil. *Pesquisa Agropecuária Tropical*, *43*(1), 110–113. https://doi.org/10.1590/S1983-40632013000100015

CropLife. (2021). Produtos Biológicos Registrados. Disponível em https://croplifebrasil.org/publicacoes/produtos-biologicos-registrados/

Dias, N. S., Parra, J. R. P. & Cônsoli, F. L. (2010). Egg laying and development of Neotropical trichogrammatid species in artificial eggs. *Entomologia Experimentalis et Applicata*, *137*(2), 126–131. https://doi.org/10.1111/j.1570-7458.2010.01045.x

Gallo, D., Nakano, O., Silveira Neto, S., Carvalho, R. P. L., Batista, G. C., Berti Filho, E., Parra, J. R. P., Zuchi, R. A., Alves, S. B., Vendramim, D. J., Marchini, L. C., Lopes, J. R. S. & Omoto, C. (2002). *Entomologia Agrícola*. Piracicaba: FEALQ. 920 p.

Hensley, S. D. & Hammond, A. M. (1968). Laboratory techniques for rearing the sugar cane borer on an artificial diet. *Journal of Economic Entomology*, *61*, 1.742–1.743.

Huynh, M. P., Hibbard, B. E., Lapointe, S. L., Niedz, R. P., French, B. W., Pereira, A. E., Finke, D. L., Shelby, K. S. & Coudron, T. A. (2019). Multidimensional approach to formulating a specialized diet for northern corn rootworm larvae. *Scientific Reports*, *9*(1), 3.709. https://doi.org/10.1038/s41598-019-39709-x

Leppla NC, de Clercq P (2019) History of the international organization for biological control global working group on mass rearing and quality assurance. *Journal of Insect Science*, *19*(2), 1-12. https://doi.org/10.1093/jisesa/iey125

Li-Ying, L., Wen-Huei, L., Chao-Shian, C., Shi-Tzou, H., Jia-Chi, S., Han-Sun, D. & Shu-Yi, F. (1988). In vitro rearing of *Trichogramma* spp. and *Anastatus* sp. in artificial "eggs" and the method of mass production. *Les Colloques de l'INRA, 43*, 339–352.

Magro, S. R. & Parra, J. R. P. (2004). Comparison of artificial diets for rearing *Bracon hebetor* Say (Hymenoptera: Braconidae). *Biological Control*, *29*(3), 341–347. https://doi.org/https://doi.org/10.1016/j.biocontrol.2003.07.001

Messing, R. & Brodeur, J. (2018). Current challenges to the implementation of classical biological control. *BioControl*, *63*(1), 1–9. https://doi.org/10.1007/s10526-017-9862-4

Panizzi, A. R. & Parra, J. R. P. (Orgs.). (1991). *Ecologia nutricional de insetos e suas implicações no manejo de pragas.* São Paulo: Manole. 359 p.

Panizzi, A. R. & Parra, J. R. P. (2009). *Bioecologia e Nutrição de Insetos base para o Manejo Integrado de Pragas.* Brasília: Embrapa. 1164 p.

Panizzi, A. R. & Parra, J. R. P. (2012). *Insect Bioecology and Nutrition for Integrated Pest Management.* Boca Raton: CRC Press. 750 p.

Parra, J. R. P. (2001). *Técnicas de criação de insetos para programas de Controle Biológico* (6ªed.). Piracicaba: FEALQ. 230 p.

Parra, J. R. P., Botelho, P. S. M., Correa-Ferreira, B. S. & Bento, J. M. S. (Eds.), (2002). *Controle Biológico no Brasil: Parasitoides e Predadores*. São Paulo: Manole. 609 p.

Parra, J. R. P. (2014). Biological Control in Brazil: An overview. *Scientia Agricola*, *71*(5), 420–429.

Parra, J. R. P., Zucchi, R. A., Coelho Jr., A., Geremias, L. D. & Consoli, F. L. (2015). *Trichogramma* as a tool for IPM in Brazil. In: Vinson, S. B., Greenberg, S. M., Liu, T.. Rao, A. & Volosciuk, L. F. (Orgs.). *Augmentative Biological Control Using Trichogramma spp.: Current Status and Perspectives.* YangLing:Northwest A&F University Press. 472–496.

Parra, J. R. P. & Zuchi, R. A. (Orgs.). (1997). *Trichogramma e o controle biológico aplicado.* Piracicaba: FEALQ. 324 p.

Parra, J. R. P. & Zucchi, R. A. (2004). *Trichogramma* in Brazil: feasibility of use after twenty years of research. *Neotropical Entomology, 33*(3), 271–281. https://doi.org/10.1590/s1519-566x2004000300001

Parra, J. R. P. (2008). Mass Rearing of Natural Enemies. In: Capinera, J. L. (Org.), *Encyclopedia of Entomology* (2ªed.). Heildelberg: Springer. 2301-2305. https://doi.org/10.1007/978-1-4020-6359-6_1741

Pinto, A. S., Nava, D. E., Rossi, M. M. & Malerbo-Souza, D. T. (2006). *Controle biológico de pragas na prática.* Piracicaba: CP2. 287 p.

Silva, A. G. D. A., Gonçalves, C. R., Galvão, D. M., Gonçalves, A. J. L., Gomes, J., Silva, M. & Simoni, L. (1968). *Quarto Catálogo dos Insetos que vivem nas plantas do Brasil, seus parasitos e predadores, II (1°).* Rio de Janeiro: Laboratório Central de Patologia Vegetal, SDSV/DDIA/ Ministério da Agricultura. 622p.

van Lenteren, J. C. (2012). The state of commercial augmentative biological control: plenty of natural enemies, but a frustrating lack of uptake. *BioControl, 57*(1), 1–20. https://doi.org/10.1007/s10526-011-9395-1

van Lenteren, J. C., Bolckmans, K., Köhl, J., Ravensberg, W. J. & Urbaneja, A. (2018). Biological control using invertebrates and microorganisms: plenty of new opportunities. *BioControl, 63*(1), 39–59. https://doi.org/10.1007/s10526-017-9801-4

van Lenteren, J. C., Cock, M. J. W., Brodeur, J., Barratt, B. I. P., Bigler, F., Bolckmans, K., Haas, F., Mason, P. G. & Parra, J. R. P. (2011). Will the convention on biological diversity put an end to biological control? *Revista Brasileira de Entomologia, 55*(1), 1–5. https://doi.org/10.1590/S0085-56262011000100001